# 好好学
# Java
## 从零基础到项目实战

欧阳燊 著

清华大学出版社

北京

# 内 容 简 介

本书是一部 Java 基础开发教程，使用 Java 11 版本，以 IntelliJ IDEA 为开发环境，从软件工程的视角讲解 Java 编程的各种知识，由浅入深，由理论到实战，带领读者走进 Java 编程的广袤世界。全书共分为 17 章。其中第 1～6 章介绍 Java 的常见数据类型及开发，包括基本变量类型、数组类型、包装变量类型、字符串类型以及日期时间类型；第 7～11 章介绍面向对象的开发过程，包括面向对象的三要素（封装、继承、多态）、面向对象的扩展（嵌套、枚举、抽象、接口）、面向对象的应用（容器、泛型、文件 IO）、面向对象的特殊处理（异常、反射、注解）以及基于面向对象的函数式编程；第 12～14 章介绍 Java 语言的界面编程，包括 AWT、Swing、JavaFX 三大图形框架的编码运用；第 15～17 章介绍 Java 编程的高级开发，包括多线程、网络通信和数据库操作，各章末尾着重描述打地鼠游戏、即时通信工具、诗歌管理系统三大实战项目的软件设计及编码实现。

本书适用于 Java 编程的初学者、有志于转型 Java 开发的程序员，也可作为大中专院校与培训机构的 Java 基础课程教材。

**图书在版编目（CIP）数据**

好好学 Java：从零基础到项目实战/欧阳燊著.—北京：清华大学出版社，2020.5
ISBN 978-7-302-55418-9

Ⅰ．①好…　Ⅱ．①欧…　Ⅲ．①JAVA 语言—程序设计　Ⅳ．①TP312.8

中国版本图书馆 CIP 数据核字（2020）第 073934 号

责任编辑：王金柱
封面设计：王　翔
责任校对：闫秀华
责任印制：沈　露

出版发行：清华大学出版社
　　　　　网　　　址：http://www.tup.com.cn，http://www.wqbook.com
　　　　　地　　　址：北京清华大学学研大厦 A 座　　　　　邮　　编：100084
　　　　　社 总 机：010-62770175　　　　　　　　　　　　邮　　购：010-62786544
　　　　　投稿与读者服务：010-62776969，c-service@tup.tsinghua.edu.cn
　　　　　质 量 反 馈：010-62772015，zhiliang@tup.tsinghua.edu.cn

印 装 者：清华大学印刷厂
经　　销：全国新华书店
开　　本：190mm×260mm　　　　　印　　张：38　　　　　字　　数：1070 千字
版　　次：2020 年 7 月第 1 版　　　　　　　　　　　　　印　　次：2020 年 7 月第 1 次印刷
定　　价：128.00 元

产品编号：082464-01

# 前　言

编程的本质是利用计算机为人们解决实际问题，这些问题可大可小，小的如加减乘除，大的如飞天登月，都离不开计算机指令的精确操作。但是计算机在诞生之初并不如此智能，相反它只会几种简单的指令，跟牙牙学语的婴儿差不多，那么计算机又是怎样精通十八般武艺的呢？虽然大家知道计算机程序由编程实现，但背后离不开两大基础学科的发展壮大，其中一个是数学，另一个是逻辑学。

数学是一切自然科学的基础，借助于数学已经发现的各种算法和定理，计算机才能通过四则运算实现各种科学计算，从而具备计算器的演算功能。而逻辑学提供了科学检验的方法，根据存在的某种事实，经过判断去推理结果，使得计算机能够完成状态机的因果判定。把计算器与状态机结合在一起，并利用编程技术进一步封装方法和结构，使之开展更复杂的业务操作，由此诞生了早期的软件程序，逐步发展成专业的软件开发领域。

依据编程规范的差异，程序开发又可划分为各类编程语言，从最早的机器语言，到稍后的汇编语言，再到以 C 语言为代表的中级语言，继之以 C++、Java 为代表的高级语言，每种语言顺应时代要求各领风骚若干年。Java 便是其中一个长盛不衰的语言，不仅老而且新。说它老，是因为 Java 诞生于 20 世纪 90 年代，可谓来自 20 世纪的老古董；说它新，是因为它每半年就发布一个新版本，迭代之快令人目不暇接。早在 Java 问世之时，它就提供了面向对象、跨平台运行等强大特性；自 Java 8 开始，它又增加了函数式编程、流式处理等先进理念，一直站在编程领域的发展前沿。

原本 Java 语言的设计者打算让它涉猎三个开发方向，分别是：用于服务器的 JavaEE、用于桌面程序的 JavaSE、用于移动终端的 JavaME。经过二十余年的大浪淘沙，Java 编程在企业服务器开发方向始终屹立不倒，它在国内的市场份额远超另外两个 Web 开发框架——PHP 和.NET。此外，Java 作为安卓系统的主要开发语言，它在移动互联网时代更是大放异彩。一个拥有 Java 编程技能的求职者，既可投递 Web 开发岗位，又能应聘 App 开发职位，就业渠道无疑拓宽了许多。

因此，在未来的相当长时期之内，Java 编程都将是软件开发的主力军，而非像一些语言那样昙花一现。尽管时代热点此起彼伏，各路豪强语言轮番登台，但多数语言缺乏庞大的产业基础，众人一窝蜂追逐的结果，必然导致学成之日即是失业之时。唯有 Java 历经数十年的风风雨雨，至今仍保有国内第一大编程语言的宝座。况且 Java 拥有这些年沉淀下来的众多框架组件，早已筑造一条难以逾越的护城河，加之各行各业推行"互联网+"的革新，长远来看，这场数字变革将持续开展，带动 Java 人才的需求居高不下。

本书是一本 Java 入门教程，可以帮助读者迅速上手 Java 基础编程。作为一本编程图书，本书将详细讲解 Java 语言的语法构成和编程技巧，但并不局限于传统的 Java 编码说明，而是以软件工程的视角铺叙编程知识，从基本的数学公式到专门的求解算法，从多样的数据结构到常见的设计模式，这些知识不仅适用于 Java 语言，也适用于其他编程语言。如此写作的目的是，力图让读者掌握通用的编程技能，而非仅仅学会某个语言的编码，以后读者若去学习其他编程语言，只要具备通用的编程技能，即可借此触类旁通、事半功倍。

全书共 17 章内容，可分为 4 大部分，其中第 1～6 章介绍 Java 的常见数据类型及开发，包括基本变量类型、数组类型、包装变量类型、字符串类型以及日期时间类型；第 7～11 章介绍面向对象的开发过程，包括面向对象的三要素（封装、继承、多态）、面向对象的扩展（嵌套、枚举、抽象、接口）、面向对象的应用（容器、泛型、文件 IO）、面向对象的特殊处理（异常、反射、注解）以及基于面向对象的函数式编程；第 12～14 章介绍 Java 语言的界面编程，包括 AWT、Swing、JavaFX 三大图形框架的编码运用；第 15～17 章介绍 Java 编程的高级开发，包括多线程、网络通信和数据库操作，各章末尾着重描述打地鼠游戏、即时通信工具、诗歌管理系统三大实战项目的软件设计及编码实现。

所谓零基础指的是 Java 零基础，不是数学零基础，读者在学习本书之前，应当至少掌握初中数学知识，像方程式、坐标系、勾股定理、三角函数这些概念均需了解。所以，只要是正常接受九年义务教育的读者，均已具备学习本书的条件，并非只有计算机相关专业才可学习 Java 编程。

本书所有代码都基于 Java 11 编写，且在 IDEA 上面编译和调试通过，读者在阅读本书时，若对书中的内容有疑问，可在笔者的博客（https://blog.csdn.net/aqi00）上留言，或者关注笔者的微信公众号"老欧说安卓"，更快、更方便地阅读技术干货。至于本书的最新源码，可访问笔者的 GitHub 主页获取，GitHub 地址是 https://github.com/aqi00/java。读者也可以扫描以下二维码获取本书的源码、38 节 Java 入门教学视频和 PPT 教学课件：

如果在下载过程中出现问题，请发送邮件至：booksoge@126.com 获得帮助，邮件标题为"好好学 Java：从零基础到项目实战"。

最后，感谢王金柱编辑的热情指点，感谢出版社同仁的辛勤工作，感谢我的家人一年多来的默默支持，感谢各位师长的谆谆教导，没有他们的鼎力相助，本书就无法顺利完成。

欧阳燊

2020 年 1 月

# 目 录

# 第1章

# Java 开发环境搭建

本章介绍在计算机上搭建 Java 开发环境的完整过程，包括如何安装和配置 Java 开发工具包、如何安装和配置集成开发环境 Intellij IDEA，在此基础上简要介绍 Java 程序的运行机制以及 Java 虚拟机的体系结构，最后讲解一些 Java 编程涉及的基本概念。

## 1.1 JDK 的安装和配置

本节介绍 Java 开发工具包的安装配置，首先回顾 Java 语言的发展历程及各版本 Java 的重要特性，接着描述 JDK 工具的下载和安装步骤，然后说明如何在计算机上添加与 Java 有关的环境变量。

### 1.1.1 Java 的发展历程

Java 是一门计算机编程语言，它吸收了 C++等高级语言的实践经验，实现了面向对象、跨平台运行等先进特性。Java 语言最早由 Sun 公司设计，首个版本于 1996 年 1 月推出，由于它简单易用且功能强大，因此一经推出就吸引了众多开发者。之后 Java 又推出了多个迭代版本，陆续添加了不少新特性，例如 2004 年推出的 Java 5 开始支持泛型、枚举、注解等，2014 年推出的 Java 8 开始支持 Lambda 表达式、函数式接口、本地日期时间等，2018 年推出的 Java 11 开始支持局部变量类型推断、HttpClient 等。各版本 Java 的发布时间及其新增特性参见表 1-1。

表 1-1　各版本 Java 的发布时间

| Java 版本 | 发 布 时 间 | 新 增 特 性 |
|---|---|---|
| JDK 1 | 1996 年 1 月 | |
| JDK 1.1 | 1997 年 2 月 | 日历工具 Calendar |
| JDK 1.2 | 1999 年 6 月 | 界面编程框架 Swing |
| JDK 1.3 | 2000 年 5 月 | |
| JDK 1.4 | 2002 年 2 月 | 正则表达式、非阻塞 NIO |

（续表）

| Java 版本 | 发 布 时 间 | 新 增 特 性 |
|---|---|---|
| Java 5 | 2004 年 9 月 | 泛型、枚举、注解、包装类型、可变参数、格式化输出、线程池 |
| Java 6 | 2006 年 4 月 | 轻量级服务器 HttpServer |
| Java 7 | 2011 年 7 月 | 二进制数表达、资源自动回收 try-with-resources、分治框架 Fork/Join、NIO2（Files 工具与 Path 工具）、switch 支持字符串比较 |
| Java 8 | 2014 年 3 月 | Lambda 表达式、函数式接口、方法引用、流式处理 Stream、可选器 Optional、本地日期时间、JavaFX、接口增加默认方法与静态方法 |
| Java 9 | 2017 年 9 月 | 接口增加私有方法、创建只读集合/只读映射/只读清单 |
| Java 10 | 2018 年 3 月 | 局部变量类型推断 |
| Java 11 | 2018 年 9 月 | HttpClient |
| Java 12 | 2019 年 3 月 | switch 支持合并分支 |
| Java 13 | 2019 年 9 月 | switch 升级为有返回值的表达式 |

随着 Java 语言的日益流行，它的应用领域也逐步拓展。早期的 Java 编程主要有 3 个方向，分别是面向服务器开发的 Java EE（Java Platform Enterprise Edition，企业版 Java）、面向桌面开发的 Java SE（Java Platform Standard Edition，标准版 Java）以及面向移动终端开发的 Java ME（Java Platform Micro Edition，微型版 Java）。经过大浪淘沙的市场检验，同时借助互联网行业大发展的东风，Java EE 攻占了服务器开发的大半江山，这块应用方向也被称作 Java Web 开发。传统互联网的发展方兴未艾，移动互联网的浪潮又继之而起，占据大多数手机市场份额的 Android 系统也采用 Java 开发，使得 Java 语言在编程界长期独领风骚。

正所谓人红是非多，Java 语言如此流行，导致它很早就被巨头盯上了。2009 年，甲骨文公司宣布收购 Sun 公司，Java 也随之收归 Oracle 旗下。傍上 Oracle 这么一棵大树，Java 的发展就更有助力，新版本的发布频率也变得更快了。不过 Sun 公司也没闲着，它在 Java 的开源版本——OpenJDK 上继续添砖加瓦，为与之区别，Oracle 推出的新版本 Java 工具包被称作 Oracle JDK。当然业界使用的 Java 大部分是由 Oracle 提供的，只有部分公司采用 OpenJDK，比如谷歌公司的最新 Android 系统用的便是 OpenJDK 而非 Oracle JDK。

## 1.1.2　下载和安装 JDK

对于程序员来说，主要还是用 Oracle 的 JDK（Java Development Kit，Java 开发工具包）来编程，JDK 里面集成了 Java 的运行环境以及一些常见的小工具。

JDK 的下载页面为 https://www.oracle.com/java/technologies/javase-downloads.html。使用浏览器打开该页面后，下拉找到如图 1-1 所示的 Java SE 11 网页区域。

单击图 1-1 右侧的 JDK DOWNLOAD 按钮打开最新版 JDK 的下载页面，继续下拉找到该 JDK 对应的各种操作系统的下载列表，如图 1-2 所示。

找到倒数第 2 行的"Windows x64 Installer"，单击该行右边的.exe 下载链接，并在弹窗中勾选"I reviewed and accept ……"，表示接受授权许可，再单击弹窗下方的 Download 按钮，接着会跳转到 Oracle 账户的登录页面。如果已经有 Oracle 账户，就输入用户名和密码，如果没有 Oracle 账户，就需要创建账户。登录成功后，浏览器会自动下载 JDK 的安装文件。

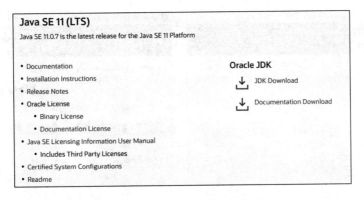

图 1-1　Oracle 官方的 JDK 下载页面

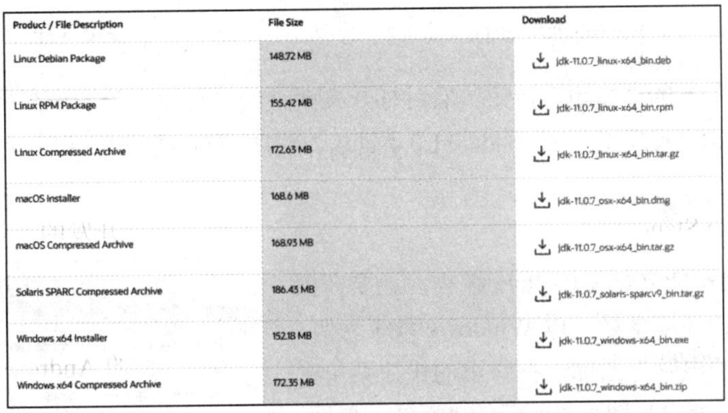

图 1-2　不同操作系统对应的 JDK 下载链接

以 Windows 系统为例，等待下载完成，双击.exe 文件启动程序，此时弹出如图 1-3 所示的安装向导界面。单击"下一步"按钮，跳转到如图 1-4 所示的定制安装界面，单击该界面右下角的"更改"按钮，可以手动修改 JDK 的安装路径，比如这里把安装目录改成"E:\Program Files\Java\jdk-11.0.4\"。

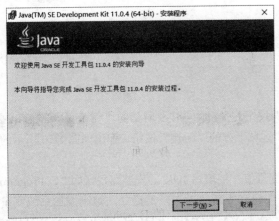

图 1-3　JDK 安装程序的向导界面 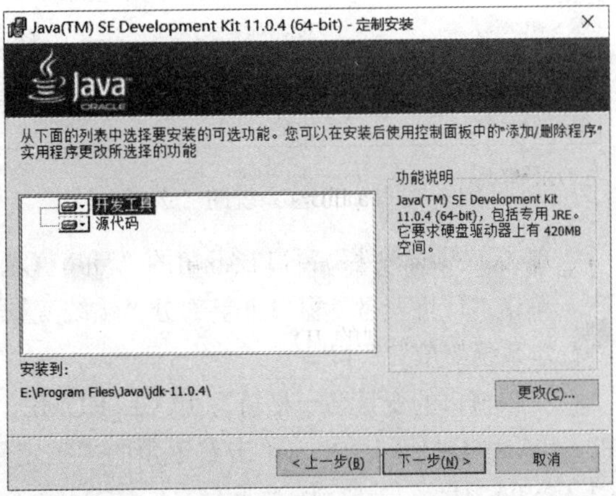　　　　　图 1-4　JDK 安装程序的定制安装界面

确定安装目录后，单击界面下方的"下一步"按钮，安装程序便会自动执行安装操作，同时跳转到如图 1-5 所示的进度界面。安装完毕之后，会从进度界面跳转到如图 1-6 所示的完成界面。

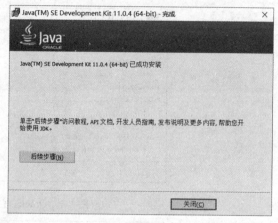

图 1-5　JDK 安装程序的进度界面　　　　　图 1-6　JDK 安装程序的完成界面

单击完成界面下方的"关闭"按钮，然后打开桌面上的"我的电脑"，在前面的 JDK 安装路径 E:\Program Files\Java 里发现多了一个 jdk-11.0.4 目录，说明 JDK 成功安装。

## 1.1.3　配置环境变量

安装 JDK 后尚不能立刻使用 Java 编程，还要在操作系统中添加指定的环境变量。以 Windows 系统为例，右击桌面上的"我的电脑"图标，在弹出的快捷菜单中选择"属性"，此时弹出如图 1-7 所示的"系统"界面。

单击该界面左边的"高级系统设置"，弹出如图 1-8 所示的"系统属性"窗口。

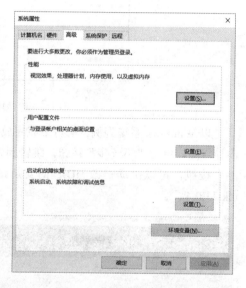

图 1-7　Windows 系统的"系统"界面　　　　　图 1-8　"系统属性"窗口

单击"系统属性"窗口右下角的"环境变量"按钮，弹出如图 1-9 所示的"环境变量"窗口。

单击"环境变量"窗口下半部分"系统变量"区域下方的"新建"按钮，弹出如图 1-10 所示的"新建系统变量"窗口。

在该窗口的变量名一栏填写 JAVA_HOME，变量值一栏填写 JDK 的安装路径（如"E:\Program Files\Java\jdk-11.0.4"），单击右下角的"确定"按钮完成新建操作。然后如法炮制添加系统变量 CLASSPATH，取值为"%JAVA_HOME%\bin;.;%JAVA_HOME%\lib\tools.jar;%JAVA_HOME%\lib\dt.jar"。再编辑系统变量 Path，在该变量末尾添加"%JAVA_HOME%\bin"（Windows 10 用户）或者";%JAVA_HOME%\bin"（Windows 7 用户，前面多了一个分号）。系统变量添加与修改完毕后，注意单击窗口下方的"确定"按钮保存设置。

图 1-9　"环境变量"窗口

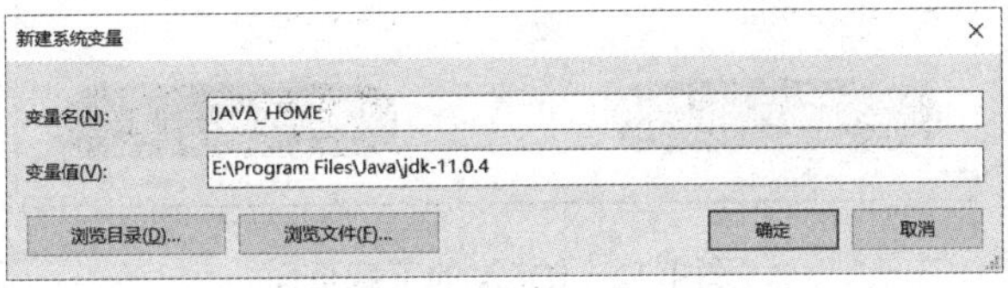

图 1-10　"新建系统变量"窗口

之后打开 Windows 的命令行工具，在命令行输入"java -version"再按回车键，命令行马上会显示如图 1-11 所示的命令执行结果。

图 1-11　在 Windows 命令行验证 JDK 的安装结果

从图 1-11 所示的结果可以看到，当前安装的 JDK 版本为 11.0.4，与之前安装的 JDK 版本吻合，说明 Java 开发工具包已经正常安装。

## 1.2　IntelliJ IDEA 的安装与配置

本节介绍 Java 编程的主流开发环境——IntelliJ IDEA 的安装与配置过程。首先描述如何下载和安装 IntelliJ IDEA，然后讲述怎样在首次运行时对 IDEA 初始化配置，最后通过一个简单的 Hello World 程序验证 Java 与 IDEA 开发环境成功搭建。

### 1.2.1 安装 IntelliJ IDEA

安装 JDK 仅搭建了 Java 的运行环境, 只能通过命令行执行 Java 程序。显然命令行的交互方式并不友好, 故而还需专门的可视化集成开发环境 (Integrated Development Environment, IDE), 利用 IDE 提供的菜单及快捷键有助于开发者提高编程效率。

Java 编程常见的 IDE 主要有 Eclipse、IDEA、NetBeans 等。其中, JetBrains 公司的 IntelliJ IDEA 发展迅猛, 现已占有 Java 开发的过半市场份额, 并且谷歌公司的 Android Studio (安卓应用开发环境) 也是基于 IDEA 改造而来的, 因此当前学习 Java 编程首选 IDEA。

IDEA 套件的下载页面为 https://www.jetbrains.com/idea/download/, 使用浏览器打开该网址, 即可看到如图 1-12 所示的下载向导区域。

图 1-12　IDEA 的下载页面

在图 1-12 所示的向导区域看到 IDEA 支持 3 种操作系统, 分别是 Windows、macOS 和 Linux, 读者可根据自己的计算机操作系统选择其中之一。对于每种操作系统, IDEA 又各自提供了两副套件, 分别是 Ultimate 完整版和 Community 社区版。其中, 完整版用于企业开发 (需要收费), 社区版用于个人学习 (完全免费)。当然, 这里下载社区版足够用了。单击右侧 Community 区域下方的 DOWNLOAD 按钮, 浏览器就会自动下载 IDEA 的安装程序。

以 Windows 系统为例, 等待下载完成, 双击.exe 文件启动程序, 此时弹出如图 1-13 所示的安装向导界面。单击界面下方的 Next 按钮, 跳转到图 1-14 所示的安装路径界面。

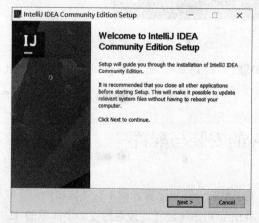

图 1-13　IDEA 安装程序的向导界面

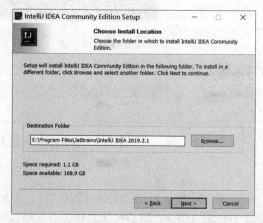

图 1-14　IDEA 安装程序的安装路径界面

在安装路径界面可修改 IDEA 的安装目录，更改完毕后，单击界面下方的 Next 按钮，跳转到如图 1-15 所示的选项界面。注意勾选左上角的 64-bit launcher 复选框，表示将在桌面上创建 64 位启动程序的快捷方式。单击界面下方的 Next 按钮，跳转到如图 1-16 所示的开始菜单界面，该界面提示会在开始菜单中创建名叫 JetBrains 的目录。

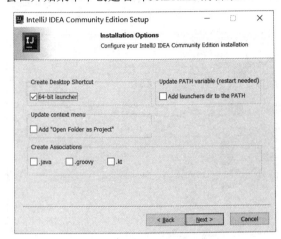

图 1-15　IDEA 安装程序的选项界面

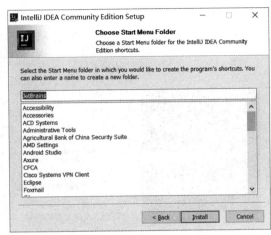

图 1-16　IDEA 安装程序的开始菜单界面

接着单击界面下方的 Install 按钮，安装程序便会自动执行安装操作，同时跳转到如图 1-17 所示的进度界面。安装完毕之后，又从进度界面跳转到如图 1-18 所示的完成界面。

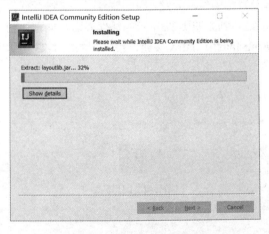

图 1-17　IDEA 安装程序的进度界面

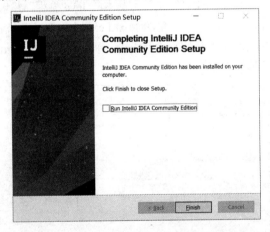

图 1-18　IDEA 安装程序的完成界面

单击完成界面下方的 Finish 按钮，结束 IDEA 的安装操作。回到 Windows 桌面，即可发现桌面上多了一个名叫 IntelliJ IDEA 的快捷图标，说明 IDEA 已经成功安装。

## 1.2.2　配置 IntelliJ IDEA

安装 IDEA 后，首次运行还得对它进行初始化配置。双击桌面上的 IntelliJ IDEA 图标，弹出如图 1-19 所示的提示窗口。

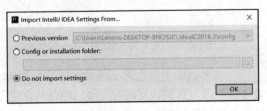

图 1-19　IDEA 首次运行的设置导入弹窗

在提示窗口中选择 Do not import settings，表示不导入任何设置，然后单击右下角的 OK 按钮，跳转到如图 1-20 所示的定制化界面。该界面提供了两种风格的开发界面，左边的 Darcula 代表深色主题（背景为黑色且文字为白色），右边的 Light 代表浅色主题（背景为白色且文字为黑色），推荐选择右边的浅色背景，接着单击右下角的 Next:Default Plugins 按钮，跳转到如图 1-21 所示的任务界面。

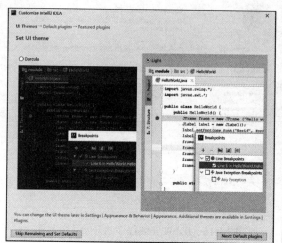

图 1-20　IDEA 首次运行的定制化界面

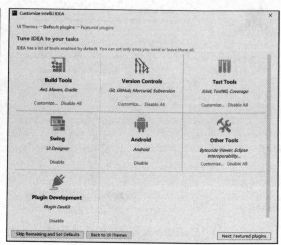

图 1-21　IDEA 首次运行的任务界面

由于初学者只是学习基本的 Java 编程，并未涉及特定的领域开发，因此该界面不必进行任何选择，直接单击右下角的 Next:Featured plugins 按钮，跳转到如图 1-22 所示的插件界面。同理，初学者无须关注额外的特色插件，单击右下角的 Start using IntelliJ IDEA 按钮，跳转到如图 1-23 所示的欢迎界面。

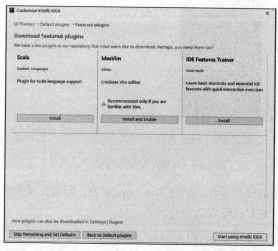

图 1-22　IDEA 首次运行的插件界面

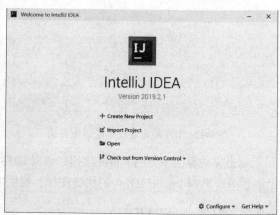

图 1-23　IDEA 首次运行的欢迎界面

在欢迎界面中单击第一项 Create New Project，表示创建新项目，随后跳转到如图 1-24 所示的项目创建界面，看到该界面右上角已经自动设定了项目的 SDK 版本为 Java 11。单击界面下方的 Next 按钮，跳转到如图 1-25 所示的模板界面。

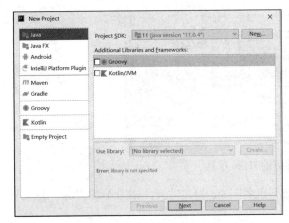

图 1-24　创建新项目的类型界面

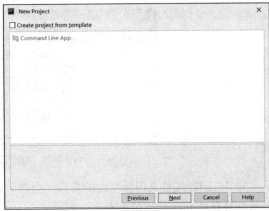

图 1-25　创建新项目的模板界面

这里无须选择什么模板，直接单击下方的 Next 按钮，跳转到如图 1-26 所示的项目路径界面。在该界面的 Project name 一栏填写新项目的名称，在 Project location 一栏填写新项目的存放目录，接着单击界面下方的 Finish 按钮完成创建操作。

稍等片刻，关掉 IDEA 的首次运行提示，便会进入 IDEA 的开发主界面，如图 1-27 所示。

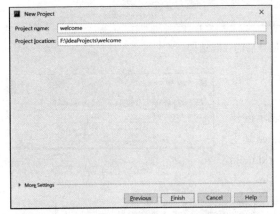

图 1-26　创建新项目的路径界面

图 1-27　新项目创建完成的 IDEA 主界面

由图 1-27 可见，主界面的左上角显示当前项目的名称为 welcome，同时其下展示着 welcome 项目的树形结构，说明成功创建了该项目。

## 1.2.3　运行第一个 Java 程序

经过一系列的向导指引，虽然成功创建了一个 Java 项目，但是项目里面空空如也，一行代码都没有。俗话说眼见为实，总得有一个简单的 Java 程序跑起来，才能算是真正搭建好了开发环境。现在就让我们白手起家，从无到有捣鼓一个 Hello World 程序出来。

1.2.2 小节在向导的指引下，首次打开 IDEA 便创建了 welcome 项目，不过这并非常规的项目创建步骤。正常情况下，要通过 IDEA 的菜单来创建项目，依次选择顶部菜单栏的 File→New→Project，弹出如图 1-24 所示的项目创建窗口。接着一路单击 Next 按钮，创建名叫 Hello 的 Java 项目，然后回到 IDEA 的主界面，发现界面左边的 Project 区域内部多了一个 Hello 文件夹，如图 1-28 所示。

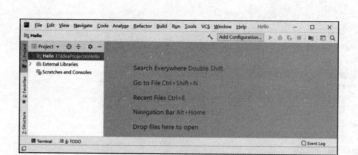

图 1-28　刚创建好的 Hello 项目

单击 Hello 文件夹图标左边的箭头，会在下方列出名叫 src 的文件夹，如图 1-29 所示。这里便是该项目存放 Java 代码的大本营。

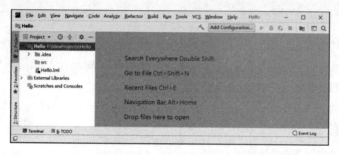

图 1-29　Hello 项目展开后的代码结构

右击 src 文件夹，依次在快捷菜单中选择 New→Package，弹出如图 1-30 所示的创建新包界面。

在界面中部的输入框中填写 com.world.hello，表示创建指定名称的代码包，然后单击界面下方的 OK 按钮。回到主界面，可以看到 src 文件夹下方多了一级目录 com.world.hello，具体如图 1-31 所示。

图 1-30　创建新包界面

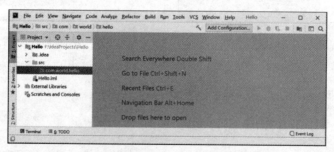

图 1-31　新包创建之后的 Hello 项目

右击新增的 hello 目录，依次在快捷菜单中选择 New→Java Class，弹出如图 1-32 所示的代码创建界面。

同样，在窗口上方的 Name 输入框中填写 Hello，表示创建指定名称的代码文件，然后双击下面的 Class 选项。此时回到主界面，发现 Hello 目录下多了一个文件 Hello.java，项目层级结构如图 1-33 所示。

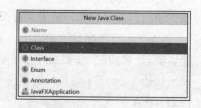

图 1-32　代码创建界面

图 1-33　代码创建之后的 Hello 项目

同时，注意到界面右边区域打开了 Hello.java，文件内容不多，只有下面的寥寥几行代码：

```
package com.world.hello;

public class Hello {

}
```

毫无疑问，这几行代码太少了，什么都干不了。需要再往里面添加一些内容，以便观察详细的程序运行情况，添加之后的完整代码如下：

```
package com.world.hello;

public class Hello {
    // 代码添加开始，下面的程序入口将会在控制台打印"Hello World"
    public static void main(String[] args) {
        System.out.println("Hello World");
    }
    // 代码添加结束
}
```

上述代码中新增的部分一共有 5 行，实现的功能很简单，只是在程序启动后在控制台打印"Hello World"罢了。

在该代码文件内部右击，并在快捷菜单中选择 Run 'Hello.main()'，命令编译器就会执行这段代码。代码运行结果显示在主界面下方的 Run 窗口中，这个 Run 窗口就是所谓的运行区，也称控制台，既能输出 Java 程序的打印文本，又能供开发者向 Java 程序输入文本。观察 Run 窗口可见输出了一行文字"Hello World"，如图 1-34 所示。

图 1-34　IDEA 底部的运行区域（可观察程序的输出结果）

看到上面 Run 窗口的文字信息，表示 Hello.java 程序成功跑起来了，这可是货真价实的第一个 Java 程序。

当然，前面的操作步骤完全依赖于 IDEA 开发环境，每当开发者选择指定菜单之后，IDEA 就会自动执行相关命令。为了更好地理解 Java 程序的工作机制，接下来不妨绕过 IDEA，自己动手编译和运行这个 Hello World 程序。

以 Windows 系统为例，打开系统自带的命令行窗口，输入 cd 命令切换到 Hello.java 所在的目录，然后输入下面这行命令，并按回车键：

```
javac Hello.java
```

假如提示报错"编码 GBK 的不可映射字符"，则是因为 IDEA 对 Java 文件采用了 UTF-8 编码造成的。这时改为输入下面这行命令：

```
javac -encoding UTF-8 Hello.java
```

回到 Hello.java 所在的目录，发现该目录下多了一个扩展名为.class 的文件——Hello.class，其实它是 Java 编译产生的字节码文件。class 文件并不是本地的可执行程序，只是 Java 虚拟机能够识别的"机器语言"。要想让它真正跑起来，还得在命令行窗口输入下面这行命令：

```
java Hello
```

不料好事多磨，这行指令报错"找不到或无法加载主类"，原因是 Java 命令需要指定完整的程序路径，所以要先返回 src 目录，再输入以下命令：

```
java com/world/hello/Hello
```

或者把斜杠换成点号，也就是输入以下命令：

```
java com.world.hello.Hello
```

然后按回车键，一番折腾之后，命令行窗口终于把"Hello World"打印出来了，如图 1-35 所示。

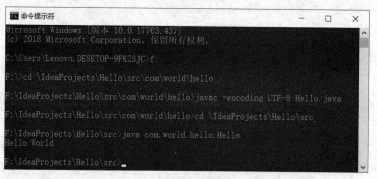

图 1-35　通过命令行编译和运行 Java 程序的步骤

这下大功告成，无论是通过 IDEA 执行 Java 程序，还是通过命令行跑 Java 程序，都成功地输出了"Hello World"。一个好的开始是成功的一半，Java 的编程世界正在打开大门，里面还有更多精彩的剧情等着你。

# 1.3　Java 虚拟机（JVM）

本节介绍 JVM（又称 Java 虚拟机）的产生背景及其体系结构，首先分析 Java 程序之所以能够跨平台运行的原因，并由此引出 JVM 的运行机制；然后深入阐述 JVM 的体系结构组成，以及各模块的功能说明；另外，还将比较 JVM、JRE 与 JDK 三者的区别及其关系。

## 1.3.1　Java 程序的运行机制

在编译 Hello World 程序时会生成名叫 Hello.class 的中间文件，但该文件并非.exe 那样的可执行程序，而是 Java 特有的字节码文件。在 Windows 系统上，通过 Java 命令可以运行.class 文件，把.class 文件原封不动地传到 Linux 系统上，也能通过 Linux 的 Java 命令运行.class 文件。这意味着编译出来的.class 文件是跨平台的，不会因为操作系统的改变而失效。

跨平台运行是 Java 编程的一大创举，它减少了程序移植的工作量，切实提高了程序开发的效率。在 Java 诞生之前，多数编程语言的程序依赖于编译时候的操作系统，一旦把程序挪到另一种系统上，那么该程序将无法正常运行。以 C++ 为例，在 Windows 系统编译出来的是.exe 文件和.dll 库文件，但.exe 与.dll 文件不能在 Linux 系统上运行；在 Linux 系统编译出来的是.o 文件与.so 库文件，但.o 与.so 文件不能在 Windows 系统上运行。也就是说，C++ 做不到跨平台运行，其代码在不同系统上的编译运行情况如图 1-36 所示。

那么 Java 是怎样实现跨平台运行的呢？这缘于 Java 引进了虚拟机的概念。所谓虚拟机，指的是一个虚构出来的计算机，它通过模拟实际计算机的功能来接管程序对系统底层的调用。这相当于在程序与操作系统之间增加了一层媒介，程序只管与媒介沟通，不管与系统的交互，因为底层操作都交给媒介与系统沟通了。好比租房子，房东只需把钥匙交给中介，接下来找租客、看房子等事项都让中介去办。

当然，虚拟机早就有了，只是 Java 将其发扬光大，为此制定了专门的 Java 虚拟机规范（Java Virtual Machine，JVM）。引入 Java 虚拟机之后，Java 代码编译出来的 class 文件可以直接传送到别的系统平台运行，而无须在这些平台上重新编译。Java 代码在不同系统上的编译运行情况如图 1-37 所示。

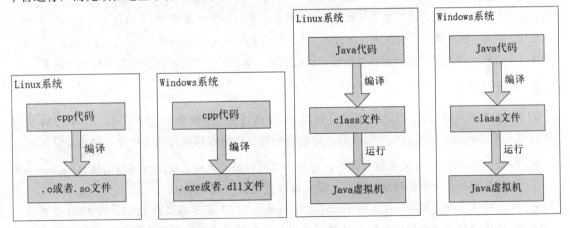

图 1-36　C++ 代码在不同系统上的编译运行情况　　图 1-37　Java 代码在不同系统上的编译运行情况

任何系统平台，只要事先安装了该平台对应的 Java 虚拟机，就能让 class 文件在它上面运行，从而实现"一次编译，到处运行"的美好愿景。

## 1.3.2　JVM 的体系结构

Java 虚拟机这个名称听起来很高端，其实它不过是一套程序包而已，这些程序构成了系统平台里面的 Java 运行环境。在 Java 编程领域，人们更习惯将 Java 虚拟机称作 JVM，免得产生误解。

JVM 主要分为 5 大模块，包括类加载器、运行时数据区、执行引擎、本地方法接口和垃圾收集模块，简要说明如下：

### 1. 类加载器

顾名思义，类加载器用于加载 Java 的类文件（class 文件），也就是把一个或若干个 class 文件读到内存中，并为其指定唯一标识，以便外部访问 class 文件内部的数据与接口。

### 2. 运行时数据区

数据区存放着 Java 程序在运行时需要的各种数据空间，包含栈区、堆区、PC 寄存器、本地方法栈、方法区 5 类数据，分别说明如下。

- 栈区：存放当前正在执行的方法所需的各项数据，包括基本类型变量、对象的引用、方法的返回地址等。每个线程都拥有自己的栈区，且栈内数据不可被其他线程访问。
- 堆区：存放程序用到的所有对象信息，堆区里的数据可被程序的所有线程共享。
- PC 寄存器（程序计数寄存器）：注意此 PC 指的是 Program Counter（程序计数器），而非 Personal Computer（个人计算机）。JVM 支持多线程运行，每个线程都拥有自己的 PC 寄存器，寄存器中保存着当前正在执行的指令地址。
- 本地方法栈：这是一个特殊的栈区，用于同本地方法接口之间的数据交互。
- 方法区：主要存放已经被虚拟机加载的类信息、常量、静态变量、即时编译后的代码等数据。

其中，栈区、堆区、方法区存放的数据是有关联的。每段 Java 代码定义了各自的类，这些类信息就保存在方法区；一个类可以创建多个对象，这些对象信息就保存在堆区；每个对象又会被多次用到，每次使用的时候，该对象的引用就保存在栈区。但不同版本的 JDK 对字符串常量的处理方式并不一样，在 JDK 1.7 之前，字符串常量保存在方法区，而在 JDK 1.7 之后，字符串常量改为保存到堆区了。

### 3. 执行引擎

因为 JVM 采用自己的一套指令系统，所以 JVM 通过执行引擎来运行字节码。不同 JVM 采用的执行技术不尽相同，常见的主要有 3 种，分别是解释、即时编译和自适应优化，简要介绍如下。

- 解释：第一代 JVM 采用解释执行，它将字节码解释为本地系统所能理解的机器码。由于在运行时才一条一条解释成机器码，因此该方式的执行效率较低。
- 即时编译：即时编译（Just-In-Time Compilation，JIT）属于第二代 JVM。当 JVM 发现某个代码块会特别频繁的运行时，就把该代码块全部编译成机器码，再执行编译好的这段机器码。通过将多次解释减少到一次编译，从而提高程序的运行效率。
- 自适应优化：该方式在即时编译的基础上继续改进，首次运行时对所有代码都采取解释执行，接着监视代码的执行情况，对那些经常调用的方法启动一个后台线程，将其编译为机器码并加以优化。如果某个方法不再频繁使用，就取消它对应的编译代码，恢复对其解释执行。

### 4. 本地方法接口

本地方法接口（Java Native Interface，JNI）允许 JVM 上的程序调用本地程序和类库，或者被对方调用。这些本地程序和类库由其他语言编写，例如 C 语言、C++语言或汇编语言。通过 JNI 的协助，JVM 能够让 Java 程序调用已经存在的本地支持库，而无须关心底层的实现过程，这类本地服务包括但不限于：文件的输入输出、图像的加工处理、音视频的录制与播放等。

#### 5. 垃圾收集模块

因为任何设备的内存都是有限的，所以 JVM 提供了垃圾收集机制，也就是回收那些已经不用的对象，把它们占用的内存空间释放出来重新利用。譬如租房子，等到原来的房客离去之后，管家就要重新收拾这个房子，打扫干净再去招徕新的房客。

总结一下，JVM 各模块的体系结构及其相互关系如图 1-38 所示。

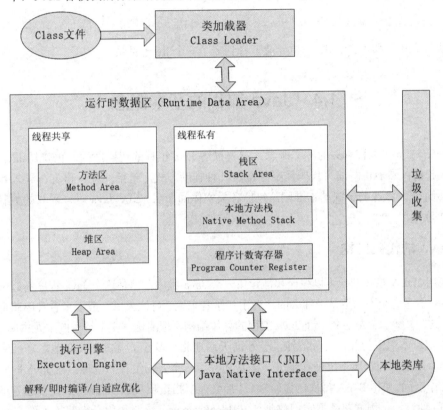

图 1-38　JVM 各模块的体系结构

## 1.3.3　JVM、JRE 与 JDK 的区别

既然 JVM 贵为 Java 程序的运行环境，为什么之前安装的是 JDK 而非 JVM 呢？这是因为 JVM 仅仅定义了一套运行规范，并未指明只有 Java 程序才能运行于 JVM。相反，如果其他编程语言遵循 JVM 的运行规范，那么同样能够运行于 JVM。除了 Java 语言外，还有 Kotlin、Scala、Clojure、Groovy 等编程语言支持 JVM，它们的代码也能由 JVM 编译运行。

不过由于 JVM 只定义了一套规范，本身没有包含更具体的实现类库，因此真正的 Java 运行环境是更上一层的 JRE（Java Runtime Environment，即 Java 运行环境）。JRE 是运行 Java 程序所必需的环境集合，它包含 JVM 的标准实现和 Java 的核心类库。

虽然有了 JRE 就能实时地运行 Java 程序，但是对开发人员来说远远不够，因为开发者还需要编译、排错、打包、数据分析、性能优化等功能支持，所以最终提供给开发者下载的是 JDK（Java

Development Kit，Java 开发工具包）。JDK 不但包含 JRE 的所有内容，而且附加了一些实用小工具，例如 javac.exe、java.exe、jar.exe 等。

综上所述，JVM、JRE 与 JDK 三者之间的包含关系为 JDK＞JRE＞JVM。

如果读者安装的 JDK 是 Java 8，在 JDK 的安装目录下就会看到有一个名叫 jre 的子目录，这是 JRE 程序包所在，同时说明 JDK 已经将 JRE 包括在内。如果读者安装的 JDK 是 Java 11，在 JDK 的安装目录下就看不到 jre 子目录，这是因为以前的 JDK 设立 jre 目录是为了方便独立更新 JRE，而从 Java 11 开始不再单设 jre 了。如果开发者确实需要单独的 JRE，那么可使用命令行进入 JDK 的安装目录，然后执行以下命令：

```
bin\jlink.exe --module-path jmods --add-modules java.desktop --output jre
```

命令执行完毕，即可在 JDK 安装目录下看到多了一个 jre 子目录。

# 1.4　Java 编程的基本概念

本节介绍与 Java 编程有关的基本概念，首先描述 Java 工程的代码结构，也就是 Java 代码是如何组织到一起的；然后讲解编写代码需要注意的几种辅助方式，包括注释、日志、导入其他包等；最后分析 Java 开发涉及的一些基本准则，包括各类实体的命名方式、Java 语言采取的数制、Java 定义的基准时间等。

## 1.4.1　Java 的代码结构

虽然使用 IDEA 按照向导可以编译和运行第一个 Java 程序，但是这个 Java 程序看起来很陌生，一个个名字、符号完全不知道是干什么的，对于初学者来说，好比天书一般，多看几眼感觉都要走火入魔了。因此，接下来好好分析一下 Java 工程的总体结构，理清这些文字符号的来龙去脉。

话说宇宙原本鸿蒙初开，一片混沌，分不清天南地北，多亏了盘古开天辟地，轻且清的物质上浮成为天空，重且浊的物质下沉变作地壳，于是才有了一个万物生长的星球。在 Java 世界中，这个星球便是工作空间。使用 IDEA 每次创建新项目，都会提示指定项目的保存路径，之前创建的 welcome 项目与 Hello 项目，示例截图都把它们放到了 F:\IdeaProjects，该路径便是当前的工作空间。

工作空间指定了一块硬盘区域，空间里的所有文件都位于该区域内部，犹如山川河流纵横于星球内。在这日月争辉的星球上，飞鸟走兽你追我跑，可是一片莽荒产生不了什么价值，还得进行开发才行。程序员作为这个星球的创造者，自然需要负责开疆拓土和建立秩序，接下来的事情就是创建国家机器了，对应到 Java 世界则叫作创建 Java 工程，每个工程都能单独运行，恰如每个国家都能单独发展一样。在 IDEA 的顶部菜单栏依次选择 File→New→Project，弹出如图 1-39 所示的项目创建窗口。

在该窗口的右边靠上区域可以选择不同的 Java 版本，版本号越大表示版本越新、越高级，好比一个国家有不同的社会发展阶段，如原始社会、奴隶社会、封建社会等，Java 版本也在不断地更新换代，版本越高表示技术越进步。单击窗口底部的 Next 按钮，在下一个弹窗中再单击 Next 按钮，来到创建项目的第 3 个窗口，如图 1-40 所示。在该界面的 Project name 输入框中填写项目名称（可以理解为国家名称）。注意输入框下方的 Project location 目录，这便是 Java 工程所处的工作空间，就像这个国家位于哪个星球之上。确认完项目名称与工作空间，接着单击窗口下方的 Finish 按钮，完成项目创建操作。

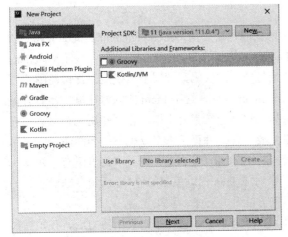 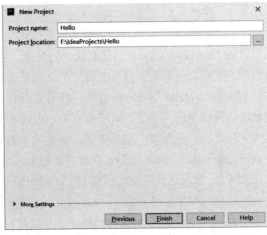

图 1-39　创建新项目的类型窗口　　　　　图 1-40　创建新项目的信息窗口

　　一个国家毕竟太大了，还得划分行政区划，分而治之才管得过来，所以 Java 工程也要层层划分，划分后的组织机构称作"包"（Package）。说是"包"，其实更像"树"，犹如树干到树枝再到树叶这般开枝散叶。最顶层的组织是这个国家的国体，有叫帝国（com）的，有叫王国（net）的，有叫邦国（org）的，还有叫书院（edu）的，甚是热闹。常见的 Java 工程一般来自帝国时代，因此包名开头通常是 com。国家政权下面又有郡县制，抑或省市制，总之要再分几级，故而 com 下面还会有 xxx.xxx.xxx 之类。譬如，曹操是沛国谯县人，那他在东汉帝国这个 Java 工程里的位置是 com.donghan.peiguo.qiaoxian；刘备是涿郡涿县人，那他的位置是 com.donghan.zhuojun.zhuoxian；孙权是吴郡富春人，他的位置便是 com.donghan.wujun. fuchun，以此类推。

　　有了包这种组织架构，现在可以往里面填充真材实料了，在一县土地之上，既有官府建造的城池，也有农民聚居的村落，每个聚集地都如同一个 Java 的代码文件。作为一座城池，首先要具备 3 要素，即：它归属哪个地区？它的名称是什么？它的范围有多大？一个合格的 Java 代码文件就要在文件内容中清楚地写明上述 3 个要素。以"关羽败走麦城"的麦城为例，经查史料得知，麦城在东汉时归属南郡当阳县，那么它应当位于包 com.donghan.nanjun.dangyang 之下。于是右击 Hello 工程的 src 目录，并选择快捷菜单中的 New→Package，在如图 1-41 所示的弹窗中填写包名。接着右击该包，并在快捷菜单中依次选择 New→Java Class，弹出 Class 文件的创建窗口，如图 1-42 所示。

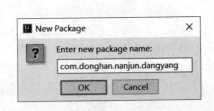 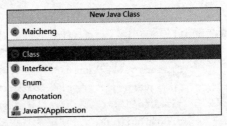

图 1-41　创建新包的弹窗　　　　　图 1-42　创建新类的弹窗

　　在窗口中部的输入框中填写城池名称 Maicheng，然后双击下方的 Class 选项，完成代码文件 Maicheng 的创建操作。自动生成的代码文件内容如下：

```java
package com.donghan.nanjun.dangyang;  // 东汉帝国南郡当阳县

public class Maicheng {
}
```

由以上代码可见，第一行指定了这个代码文件所处的包路径是 com.donghan.nanjun.dangyang；第三行的 Maicheng 表示麦城这座城池的名称，Maicheng 前面的 class 表示城池类型；而 Maicheng 后面的左右花括号就是该城池的城墙了，凡是在花括号内部的代码，都属于该城池的管辖范围。

前面运行 Hello World 的时候，代码里面有一个 main 方法，这个 main 方法好比城门，打开城门就能访问城里的人物了。城里有官衙、市场和民居，这些建筑都有围墙，也都能用花括号界定它们的区域范围。正所谓小城故事多，城里发生的事情要一件一件记录下来，可不能弄混淆了。对每件事情、每个动作，Java 代码也有相应的标点区分开来。古代每十里设置一长亭，每五里有一短亭，供行人休息，亲友远行常在此话别。这个分隔用的长亭对应 Java 代码里面的冒号，而短亭则对应 Java 代码的逗号。有了逗号和冒号，Java 代码讲起故事来方能井井有条、头头是道。

下面举一个具体的 Java 代码例子。东汉建安九年（204 年），曹操平定袁绍势力后，开始在魏郡邺县营建邺城，由此拉开了邺城作为六朝古都的序幕。邺城共有 7 个城门，其中正南门名叫凤阳门，城内建筑最有名的当数铜雀台，另有金虎台、冰井台与之齐名。现在给邺城创建对应的代码文件 Yecheng.java，并把它放在魏郡邺县这个包下，也就是 com.donghan.weijun.yexian 这个 package 之下。游客从凤阳门这个 main 方法进入邺城，一路先后参观了铜雀台、金虎台和冰井台，游览路线是 tongquetai→jinhutai→bingjingtai。这样便勾勒出 Yecheng（邺城）这座城池的大概风貌了，详细的 Java 代码如下：

```java
package com.donghan.weijun.yexian;  // 东汉帝国魏郡邺县

// 此乃魏国首都邺城
public class Yecheng {
    public static void tongquetai() {
        System.out.println("这里是铜雀台。");
    }

    public static void jinhutai() {
        System.out.println("这里是金虎台。");
    }

    public static void bingjingtai() {
        System.out.println("这里是冰井台。");
    }

    public static void main(String[] args) {
        System.out.println("欢迎来到魏国的都城——邺城。");
        System.out.println("这里是邺城的正南门——凤阳门。");
        tongquetai();        // 参观朱雀台
        jinhutai();          // 参观金虎台
        bingjingtai();       // 参观冰井台
    }
}
```

接着在该代码文件内部右击，并在快捷菜单中选择 Run 'Yecheng.main()'，表示运行这段 Java 代

码。运行结果可以在界面下方的 Run 窗口中观察，
如图 1-43 所示。

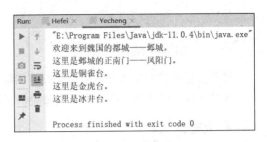

由此可见，游客从凤阳门进入邺城，依次参观
了铜雀台、金虎台、冰井台几个景点。看起来代码
逻辑的主要意思都在了，细节上面可能有一些陌生
的地方，不过不用担心，后面将会逐步拨开迷雾。

图 1-43　Yecheng 代码的运行结果

### 1.4.2　Java 的特殊官吏

1.4.1 小节末尾给出了一段 Java 代码例子，这段代码虽然勉强能看懂，但是有些细节令人不甚
了了。比如"// 参观朱雀台"为何能够直接跟在当前行后面？System.out.println 又为何被点号绕了 3
道弯？显然这里面必定有一些规则需要遵守，好比到了一个国家就要入乡随俗，为了方便游客更好、
更快地适应当地的风俗，Java 帝国特别设立了几个特殊官职，专门负责对内对外打交道的事情。其
中有几个官吏经常露面，尤其需要初学者注意，他们是：翻译官、太史公、贸易官。接下来分别介
绍如何与他们打招呼。

#### 1. 翻译官

Java 代码其实由一行一行的字母与符号组成，跟通俗易懂的自然语言没法比，因为 Java 只是一
种计算机编程的高级语言，它的代码逻辑是给计算机看的，不是给普通人看的，所以初学者不要指
望马上就能看懂 Java 代码。到了异国他乡，面对周围听不懂的语言，最好能找个翻译，把这些外国
人说的语言翻译成你我熟知的母语，这样才能待下来学习和生活。Java 帝国里面也有类似的翻译官，
大名叫作"注释"，意思就是在代码里添加一行或者一段说明性的文字，这些说明文字对程序运行
不起任何作用，仅仅是方便初学者理解 Java 代码的功能作用。

像前面代码里面的"// 参观朱雀台"，开头的两个双斜杆"//"便是注释的标记符号，表示当
前行在双斜杆之后的内容都属于注释文字，可以随便写开发者的母语文本，反正不会影响 Java 程序
的编译和运行。双斜杆的注释规则有两条：其一，只注释后面的文字，不注释前面的文字；其二，
只对当前行有效，对上一行和下一行都是无效的。因此，如果要添加多行的说明文字，就得在每行
文字开头都加上双斜杆符号。下面是给 Java 代码添加多行注释的例子：

```
// 先参观朱雀台
// 再参观金虎台
// 最后参观冰井台
```

然而，每行文字前面都要开发者手工输入双斜杠，实在是有点兴师动众，为减少开发者的工作
量，有两个办法可以避免重复的手工输入：第一个办法，先用鼠标选中需要注释的数行文本，再依
次选择 IDEA 顶部菜单的 Code→Comment with Line Comment，此时 IDEA 瞬间会在这几行文字开头
都加上双斜杆；第二个办法，采用 Java 代码的多行注释标记，这个多行注释需要一个标记头和一个
标记尾，夹在头尾标记中间的文字就是被注释的文本内容。标记头由符号"/*"组成，而标记尾则
由符号"*/"组成，二者之间可以有单行文字，也可以有多行文字。如果头尾标记和注释文字都在
同一行，那么该行的完整注释形如"/* 这里是注释文字 */"。如果头尾标记连同注释文字分散成多
行排列，那么完整的多行注释格式是下面这种形式：

```
/* 先参观朱雀台
再参观金虎台
最后参观冰井台 */
```

注释标记与说明文本之间的空格没有实际意义，仅仅是看上去显得不那么拥挤罢了。由于双斜杠表达的注释一般言简意赅，不会太啰唆，因此本书主要采取双斜杠添加注释。

### 2. 太史公

程序员写完代码之后，经常要检查运行过程是否符合预期，这就要求程序能够自动汇报运行情况，以便开发者事后分析整个运行过程的经过。或者说，小到一个人每天写日记，大到一个国家编史书，总之该工作好比史官（又称太史公）辛勤地记载各类史实，计算机程序的史料学名就称作"日志"。程序把自身的运行信息输出到控制台（Run 窗口）或者输出到文件中，便构成了程序的运行日志。一个简单的日志输出代码示例如下：

```
System.out.println("欢迎来到魏国的都城——邺城。");
```

从以上代码可见，输出日志的方法是 System.out.println。最前面的 System 表示这里在进行系统操作；中间的 out 表示向控制台输出信息；最后面的 println 表示打印括号内的文本，并跳到下面一行，末尾的 ln 是 line 的缩写。如果把最后面的 println 改成 print，那么打印括号内的文本之后，会定位在该行文本的末尾，而不会跳到下一行的开头。下面演示 println 和 print 的区别，先用 System.out.println 打印两句话，代码示例如下：

```
System.out.println("欢迎来到魏国的都城——邺城。");
System.out.println("这里是邺城的正南门——凤阳门。");
```

此时控制台输出的日志信息如下：

```
欢迎来到魏国的都城——邺城。
这里是邺城的正南门——凤阳门。
```

再用 System.out.print 打印同样的两句话，代码示例如下：

```
System.out.print("欢迎来到魏国的都城——邺城。");
System.out.print("这里是邺城的正南门——凤阳门。");
```

此时控制台输出的日志信息如下：

```
欢迎来到魏国的都城——邺城。这里是邺城的正南门——凤阳门。
```

由此可见，通过 println 打印的日志内容是分行显示的，而通过 print 打印的日志都显示在同一行。既然调用 System.out 可以往控制台输出日志，那么反过来，调用 System.in 可以从控制台向程序输入信息。只不过输入文字的接收分为以下两个步骤：

（1）创建一个控制台的扫描器，随时盯着控制台的输入操作，扫描器的创建代码见下：

```
Scanner scan = new Scanner(System.in);  // 从控制台接收输入文本
```

（2）通过扫描器的 nextLine 方法获得一行输入文字，按回车键表示当前输入完毕。

下面举一个从控制台获取输入信息的例子，曹操任命张辽镇守合肥，而孙权亲率大军进攻合肥，张辽在逍遥津之战中杀得东吴众将丢盔弃甲。现在往控制台输入向张辽挑战的吴国将领姓名，看看都有谁前来应战，完整的示例代码如下：

```
package com.donghan.huainan.hefei;  // 东汉帝国淮南郡合肥县

import java.util.Scanner;  // 导入系统自带的 Scanner 工具

public class Hefei {
    public static void main(String[] args) {
        System.out.print("这里是张辽镇守的合肥城，吴国谁来挑战？");
        Scanner scan = new Scanner(System.in);  // 从控制台接收输入文本
        /* nextLine 方法表示接收一行文字，以回车键结尾 */
        System.out.println("吴国前来挑战的将领是："+scan.nextLine());
    }
}
```

接着通过右键菜单 Run 'Hefei.main()'运行 Hefei 程序，并在控制台输入"甘宁"，然后按回车键。输入"甘宁"前后的控制台分别如图 1-44 和图 1-45 所示，可见程序成功读取到了控制台的输入文字。

```
"E:\Program Files\Java\jdk-11.0.4\bin\java.exe"
这里是张辽镇守的合肥城，吴国谁来挑战？
```

```
"E:\Program Files\Java\jdk-11.0.4\bin\java.exe"
这里是张辽镇守的合肥城，吴国谁来挑战？甘宁
吴国前来挑战的将领是：甘宁
```

图 1-44　输入"甘宁"之前的控制台窗口　　　图 1-45　输入"甘宁"之后的控制台窗口

### 3. 贸易官

帝国物产丰富，各地都有闻名遐迩的土特产，比如曹操南征宛城张绣，结果反遭张绣暗算，致使大将典韦阵亡，这个宛城便是汉代最大的冶铁中心。此外，蜀汉的成都平原盛产蜀锦，而东吴的景德镇则盛产陶瓷。既然各地特产多种多样，不妨互通有无，大家做个贸易，你卖你的，我卖我的，各取所需，皆大欢喜。这个进出口贸易就由专门的贸易官来掌管。贸易官既负责出口商品，也负责进口商品。对于出口贸易来说，需要区分哪些地方是对外开放城市，又有哪些货物是允许出口的普通商品。

对外开放在 Java 代码中使用关键字 public 来表达，凡是被 public 前缀修饰了的城池都是对外开放城市，凡是被 public 前缀修饰了的东西都是允许出口的货物。譬如下面的代码例子，指定了宛城是座对外开放城市，并且当地出产的铁器是可供出口的货物。

```
package com.donghan.nanyang.wanxian;  // 东汉帝国南阳郡宛县

public class Wancheng {
    public static void getIron() {
        System.out.println("从宛城得到了一大批的铸铁兵器。");
    }

    public static void main(String[] args) {
        System.out.println("欢迎来到大汉的冶铁中心——宛城。");
    }
}
```

现在其他地方想要进口宛城的铁器，就得通过贸易官开展进口贸易。贸易官首先通过关键字 import 说明将要从某地进口商品，就像如下代码这般表示：

```
import com.donghan.nanyang.wanxian.Wancheng;  // 准备从宛城进口商品
```

然后在具体运行的代码段中添加来自 Wancheng（宛城）的贸易进口代码。再举一个例子，想当年关羽大举北伐，消息传到襄阳，曹军主将曹仁赶忙从宛城进口了一批铁质兵器，意图加强军备抵抗蜀军。这样的话，Xiangyang（襄阳）这个地方需要声明 import（进口）来自 Wancheng（宛城）的铁器。于是完整的 Xiangyang 代码如下：

```
package com.donghan.nanjun.xiangyang;  // 东汉帝国南郡襄阳县

import com.donghan.nanyang.wanxian.Wancheng;  // 准备从宛城进口商品

public class Xiangyang {
    public static void main(String[] args) {
        System.out.println("这里是华夏第一城池——襄阳城。");
        Wancheng.getIron();  // 从宛城进口铁器
    }
}
```

仍旧通过右键菜单 Run 'Xiangyang.main()'运行 Xiangyang 程序，运行日志如下：

> 这里是华夏第一城池——襄阳城。
> 从宛城得到了一大批的铸铁兵器。

可见 Wancheng（宛城）的铁器被进口到了 Xiangyang（襄阳），用编程的专业术语来说，是 Xiangyang 类调用了 Wancheng 类的 getIron 方法。

### 1.4.3 Java 的度量衡

秦始皇统一中国之后，实行"书同文，车同轨"，把货币和各种度量衡统一起来，从而缔造了一个秩序井然的帝国。既然统一度量衡是每个帝国都要做的事情，Java 帝国也不例外，对于初学者来说，只有认识了 Java 帝国的各种度量衡，才能更好地入乡随俗。

#### 1. Java 帝国的人名称呼

若想在一个国家与当地人沟通交流，首先要理解当地的语言以及对人的称呼。在计算机世界里，Java 帝国的编程语言主要采用英文字母书写，另外包括阿拉伯数字与半角的标点符号。至于各种实体的名称，则基本遵守以下的命名规范（非强制性，建议遵守）：

（1）工作空间的名称：由英文字母、数字与下画线组成，推荐以字母开头。

（2）项目 Project 的名称：由英文字母、数字与下画线组成，推荐以大写字母开头。

（3）包 package 的名称：各层级的名称以点号分隔，每个层级的名称推荐采用小写字母。

（4）类 Class 的名称：由字母和数字组成，并且以大写字母开头。这很好理解，堂堂一座城池的大名当然开头要大写。

（5）方法的名称：由字母、数字和下画线组成，并且以小写字母开头。

（6）变量（其值允许修改）的名称：由字母、数字和下画线组成，并以小写字母开头。

（7）常量（其值不允许修改）的名称：由字母、数字和下画线组成，以大写字母开头并且里面的字母全为大写。

此外，代码的格式与对齐也很重要，规范的代码排版看起来使人舒服，也能提高编码效率。当然，这种排版工作无须开发者在编码时特别关注，可以在输入完一段代码后，再命令 IDEA 自动格式化代码。这个代码格式化操作有以下几个途径可以完成：

（1）依次选择顶部菜单栏的 Code→Reformat Code，即可对选中代码自动格式化。

（2）在主界面左侧的项目结构中右击某个 package，并选择右键菜单中的 Reformat Code，即可格式化该包下的所有代码。

## 2. Java 帝国的记数方式

数字的进制是一个重要的度量衡，由于人类的双手一共有 10 根手指，因此大部分文明的数制都是十进制，只有少量文明例外，比如巴比伦文明的楔形数字为 60 进制，而玛雅文明则为 20 进制。计算机行业的半导体在接通状态时表示 1，在断开状态时表示 0，故而计算机的数制采取二进制。显然二进制的数字不易为常人所理解，于是编程语言通常会再引入十进制、十六进制乃至八进制的数制表达。Java 语言固然也不例外，话虽如此，但又如何证明 Java 帝国的基础数制是二进制呢？

接下来，使用 Java 代码做一个实验，看看 Java 代码的基础数制究竟为何？为开展该实验，会用到一种位运算符，位运算符主要包括两个操作符：其一为左移操作符 “<<”，其二为右移操作符 “>>”。所谓左移右移，就是把数字往高位移动或者往低位移动。譬如数字 80，把它左移一位，则表示将该数字整体向高位挪动一格，末位空的地方补 0，于是数字 80 左移一位就变成了 800。若把数字 80 右移一位，则表示将该数字整体向低位挪动一格，挪走的末位直接略去，于是数字 80 右移一位就变成了 8。上面说的数字 80 左移一位变 800、右移一位变 8 其实是基于十进制数字的前提，倘若原始数字的基础数制并非十进制，那么左移和右移的结果将迥然不同。

现在有一个十进制的数字 8，换算成二进制数为 00001000。如果 Java 的基础数制为十进制，数字 8 左移一位的结果就是 80；如果 Java 的基础数制为二进制，00001000 左移一位的结果就是 00010000，移动后的二进制数换算成十进制则为 16。这样的话，数制实验只需观察左移和右移后的结果数字，即可验证当前环境采用的是哪一种基础数制。下面的测试代码便是检验左移与右移结果的例子：

```java
package com.donghan.test;

public class Number {
    public static void main(String[] args) {
        int x = 8;          // 8 对应的二进制数为 00001000
        int y = x << 2;    // 00001000 左移两位后变成 00100000，左移结果转换成十进制则为 32
        int z = x >> 2;    // 00001000 右移两位后变成 00000010，右移结果转换成十进制则为 2
        System.out.println("原始数字 x="+x);
        System.out.println("x 左移两位后="+y);
        System.out.println("x 右移两位后="+z);
    }
}
```

右击该代码，并选择右键菜单的 Run 'Number.main()'命令，执行 Number 程序。主界面下方的 Run 窗口的日志输出如下：

```
原始数字 x=8
x 左移两位后=32
x 右移两位后=2
```

可见数字 8 左移两位后的结果是 32，右移两位后的结果是 2，从而印证了二进制是 Java 帝国的基础数制。

### 3. Java 帝国的纪年开端

一个帝国除了制定响亮的国号，还要更换年号，以便社会生活通过纪年表达时间的先后顺序。例如，现代社会采用的公元纪年是以耶稣诞生之年作为纪年的开始；而东汉末年常见的建安年号则以曹操奉迎汉献帝到许昌为开端（也就是著名的"挟天子以令诸侯"），像官渡之战发生于建安五年，赤壁之战发生于建安十三年。那么 Java 作为美国人发明的编程语言，它是否也采用西方通行的公元纪年呢？

要想获取 Java 帝国的纪年倒也不难，只要引入系统日期库中的 Date 工具就能实现。Date 工具提供了一个 getYear 方法，利用该方法即可得知指定日期的年份是什么。因而检验 Java 的纪年方式可分解为以下两个步骤：

（1）获取当前日期。
（2）根据当前日期调用 getYear 方法得到当前年份。

根据上述两个验证步骤，下面的测试代码给出了具体的演示例子：

```java
package com.donghan.test;

import java.util.Date;  // 引入系统库中的 Date 工具

public class Year {
    public static void main(String[] args) {
        Date date = new Date();        // 创建一个当前日期的实例
        int year = date.getYear();      // 从当前日期中获取当前年份
        System.out.println("year="+year);
    }
}
```

右击该代码，并选择右键菜单的 Run 'Year.main()' 命令，执行 Year 程序，此时 Run 窗口的日志结果如下：

```
year=119
```

观察输出的日志结果为"year=119"，并非当前时间的公元纪年 2019，这个 2019 减去 119 等于 1900，原来 Java 帝国是以公元 1900 年为开端的。由此可见，编程世界自有一套规矩，初学者得小心谨慎，切不可自以为是。

# 1.5　小　　结

本章主要介绍了初学者在入门 Java 编程时所必需掌握的基本技能, 这些知识点主要包含 3 个方面: 首先要学会如何在计算机上搭建 Java 编程的开发环境, 包括如何安装和配置 JDK、如何安装和配置 IntelliJ IDEA; 其次要理解 Java 程序是如何运行的, JVM 由哪些模块组成, 它们的相互关系是怎样的; 再次要掌握 Java 编程中经常遇到的一些基本概念, 例如 Java 工程的代码结构是如何组织的、有哪些辅助手段可用于 Java 编码、Java 开发存在哪些基本准则等。

通过本章的学习, 读者应该能够成功搭建 Java 的开发环境, 并对 Java 程序的运行、Java 编码的注意事项有初步的了解, 从而具备进一步学习 Java 代码语法的基础。

# 第2章

# 数 学 运 算

本章介绍了 Java 编程对代数运算和几何运算的实现手段，包括各类数字的表达方式、与算术有关的运算符号、Java 自带的数学函数库等基础知识，并结合这些技能给出了两个实战练习（求平方根、求圆周率）的计算过程。

## 2.1 数 值 变 量

本节介绍 Java 语言对数字的表达方式，包括 6 种数值类型（字节型、短整型、整型、长整型、浮点型、双精度型），除了常规的十进制数外，还有其他进制的数字形式（二进制、八进制、十六进制），以及如何将一个数字变量从当前类型转换为别的数值类型。

### 2.1.1 数值变量的类型

如今个人计算机的配置越来越高，内存和硬盘的容量大小都是以 GB 为单位的，而 1GB=1024MB=1024×1024KB=1024×1024×1024 字节。不过在 PC 的早期发展阶段，计算机的存储空间却是十分有限的，像 2000 年前后广泛使用的 3.5 寸软盘，其存储容量只有区区 1.44MB，当时流行的 SDR 内存容量也才 32MB 和 64MB。所以早期的编程语言很注重节约存储，给每个变量分配空间都要精打细算，大环境如此，于是早在 1996 年诞生的 Java 语言也不例外，仅仅是处理整数和小数就分成了 byte、short、int、long、float、double 六种数值类型。

下面简要介绍一下这 6 种类型的数值表示范围。

#### 1. byte：字节型

该类型的变量只占用一字节大小，一字节可表达 8 位的二进制数，因为 8 位的第一位是符号位，为 0 时表示当前是正数，为 1 时表示当前是负数，所以 byte 类型实际囊括的数值范围是-128～127。其中，00000000～01111111 表示 0～127 区间，而 10000000～11111111 表示-128～-1 区间。需要注意的是，Java 使用补码表示二进制数，且正数的补码与其原码相同，但负数的补码是在其反码的末位加 1（负数的反码是正数）。因此，假设某负数为 $x$，若令"$x$ 取反+1=10000000"，则求得"$x$=(10000000-1)再取反=01111111 取反=10000000"，即 $x$=-128（对应 10000000）；若令"$x$ 取反+1=11111111"，则求得"$x$=(11111111-1)再取反=11111110 取反=00000001"，即 $x$=-1（对应 11111111）。

### 2. short：短整型

该类型的变量占用两字节大小，可表达的数值范围是-32768～32767，即-$2^{15}$～$2^{15}$-1。

### 3. int：整型

该类型的变量占用 4 字节大小，可表达的数值范围是-2147483648～2147483647，即-$2^{31}$～$2^{31}$-1。

### 4. long：长整型

该类型的变量占用 8 字节大小，可表达的数值范围是 -9223372036854775807 ～ 9223372036854775808，即-$2^{63}$～$2^{63}$-1。

### 5. float：浮点型，用来表示小数

该类型的变量占用 4 字节大小，它包括一个符号位、一个 8 位的指数和一个 23 位尾数，此时 1+8+23=32 位=4 字节。浮点数的计算公式为：正负符号*（2 的指数次方）*尾数，其中正负由符号位决定，8 位指数的表示范围是-128～127，尾数表示一个介于 1.0 和 2.0 之间的小数。这样 float 类型可表示的整数部分范围横跨±3.402823×$10^{38}$，小数部分范围低至 1.401298×$10^{-45}$，虽然看起来浮点数的表示位数大大增加，但是有效数字只有 6～7 位，也就是说，开头 6～7 位才是精确的数字，后面的数字统统不准。

### 6. double：双精度型，用来表示小数

该类型的变量占用 8 字节大小，它包括一个符号位、一个 11 位的指数和一个 52 位尾数，此时 1+11+52=64 位=8 字节。double 类型可表示的整数部分范围横跨±1.797693×$10^{308}$，小数部分范围低至 4.9000000×$10^{-324}$，并且有效数字提高到了 15～16 位。跟 double 类型相比，float 类型的有效位数明显不够，因此浮点数也被称作单精度数。

对于实际开发来说，byte 和 short 类型可表达的整数范围太小，同时现在计算机的存储容量毫不在乎几字节的差异，因此这两个类型在 Java 编程中基本无用武之地。int 类型可以表示高达 21 亿的整数，能够应付大部分的整数运算场景，故而 Java 编码中的整数变量最常使用 int 类型。至于 long 类型可表示多达 19 位的十进制数，常用于 int 类型覆盖不到的整数场合，比如世界人口数量 80 亿必须通过 long 类型来存储。小数计算方面，因为 float 类型的数字精度不够准，所以小数变量更常使用 double 类型来处理。

有了这些基本的数值类型，就能声明相应类型的变量了，声明语句的格式为"变量类型 变量名称;"。若在声明变量时就初始化赋值，则声明语句的格式为"变量类型 变量名称 = 具体的数值;"。下面是一个声明数值变量的代码例子，其中包含先声明再赋值和声明时即刻赋值两种情况（完整代码见本章源码的 src\com\arithmetic\numerical\Basic.java）。

```
public class Basic {
    public static void main(String[] args) {
        int zhumulanma; // 先声明变量
```

```
// 8844 是 2005 年中国测量得到的珠穆朗玛峰岩面高度，8848 是冰雪高度
zhumulanma = 8844;  // 再对变量赋值
System.out.println("珠穆朗玛峰的高度="+zhumulanma);
double yuanzhoulv = 3.1415926;  // 在声明变量之时就初始化赋值
System.out.println("圆周率="+yuanzhoulv);
    }
}
```

上述代码的运行日志如下：

```
珠穆朗玛峰的高度=8844
圆周率=3.1415926
```

### 2.1.2  特殊数字的表达

之前提到，Java 语言不但支持大众熟知的十进制数，也支持计算机特有的二进制数、八进制数和十六进制数。可是在给数值变量赋值的时候，等号右边的数字明显属于十进制，那么究竟要如何书写其他进制的数字呢？为此 Java 规定了几种数字前缀，以这些前缀开头的数字就表示特定进制的数值，二进制、八进制和十六进制及其对应的前缀说明如下。

（1）二进制：该进制的数值以 0b 或者 0B 开头，其后的数字只能是 0 和 1。注意，b 是 binary（二进制）的首字母。

（2）八进制：该进制的数值以 0 开头，其后的数字只能是 0～7。

（3）十六进制：该进制的数值以 0x 或者 0X 开头，其后的数字除了 0～9 之外，还包括字母 a～f（不区分大小写）。注意，x 代表 hexadecimal（十六进制）。

下面是声明各种进制变量的代码例子，依次演示二进制数、八进制数、十六进制数和十进制数的赋值操作（完整代码见本章源码的 src\com\arithmetic\numerical\Prefix.java）。

```
public class Prefix {
    public static void main(String[] args) {
        int binary = 0b11;  // 二进制数，0b 也可以写成 0B
        System.out.println("binary="+binary);
        int octonary = 011;  // 以 0 开头，后面非 bB、非 xX 的就是八进制数
        System.out.println("octonary="+octonary);
        int hexadecimal = 0x11;  // 十六进制数，0x 也可以写成 0X
        System.out.println("hexadecimal="+hexadecimal);
        int hexLetter = 0xff;  // 十六进制数不区分大小写，如 ff 也可以写成 FF
        System.out.println("hexadecimal="+hexLetter);
        int decimal = 11;  // 若没有任何前缀，则默认为十进制数
        System.out.println("decimal="+decimal);
    }
}
```

运行上述代码，从运行窗口的日志观察结果如下：

```
binary=3
octonary=9
```

```
hexadecimal=17
hexadecimal=255
decimal=11
```

可见二进制的 0b11 转换成了十进制数为 3,八进制的 011 转换成了十进数为 8,十六进制的 0x11 转换成了十进数为 17,十六进制的 0xff 转换成了十进数为 255。

由于 int 类型最大只能表示 21 亿 4 千多万的整数,因此再大的整数就要使用 long 类型变量了。例如,截至 2018 年元旦,世界总人口数达到 7 444 443 881,使用 long 变量保存世界人口的话,赋值代码本应如下:

```
long worldPopulation = 7444443881;  // 这样写会报错,因为整数默认是 int 类型
```

谁料 IDEA 居然报错,提示 Integer number too large,意思是该数字超出了 int 类型的表示范围。原来 Java 里面的整数默认是整型的,只分配 4 字节的临时空间,然而 7444443881 超出了整型数的范围,致使默认的存储空间不够用了。要想扩大临时的存储空间,得在数字后面补上小写的 l 或者大写的 L,表示该整数要求分配 8 字节的长整型临时空间,这样才供得起 7444443881 这个大神。于是修改后的长整型赋值代码如下(完整代码见本章源码的 src\com\arithmetic\numerical\Suffix.java):

```
// 截至 2018 年元旦,世界人口大约有 74 亿
long worldPopulation = 7444443881L;  // 长整型数要在数值末尾加上 l 或者 L
System.out.println("worldPopulation="+worldPopulation);
```

注意,上面的代码末尾的 L 只表示数据类型,变量值并不包括 L 这个字母。运行测试代码,可见日志打印结果为"worldPopulation=7444443881"。

刚提到 Java 的整数默认是整型的,相对应的,Java 的小数默认是双精度类型的,那么试试下面的代码能否将小数赋值给 float 变量?

```
float huilv = 3.14;  // 这样写会报错,因为小数默认是 double 类型的
```

果然 IDEA 提示出错了"Incompatible types",意思是类型不匹配,正确的写法要在小数末尾补上小写的 f 或者大写的 F,表示该小数按照浮点数类型分配存储空间。改写后的浮点数赋值代码如下:

```
// 3.14 是中国古代数学家刘徽求得的圆周率数值,又称徽率
float huilv = 3.14F;  // 浮点数要在数值末尾加上 f 或者 F
System.out.println("huilv="+huilv);
```

其实小数后面也可以补上 d 或者 D,表示该小数按照双精度类型分配存储空间,只是因为 Java 的小数默认就是 double 类型的,所以小数后面的 D 可加可不加,不影响正常的编译。

这下几种数字类型都能够正确地赋值了。但是还有一个细节问题,当数字的位数很多的时候,后面有多少个零会让初学者看得眼花缭乱。现实生活中,整数通常每隔 4 位就在中间补上空格或者补上逗号。譬如中国的领土面积是 960 万平方公里,实际书写一般为 9 600 000 或者 9,600,000,这样可以很清楚地区分万的单位乃至亿的单位。从 Java 7 开始,允许在数字中间插入下画线作为分隔符,下画线本身没有保存到变量中,它的作用类似前面的空格和逗号,仅仅是方便程序员数清具体的位数而已。

下面是在数字变量赋值时添加下画线的代码例子：

```
// 中国的领土面积是 960 万平方千米
int chinaArea = 960_0000;  // 从 Java 7 开始，数字中间允许添加下画线，从而可以更方便地区分位数
System.out.println("chinaArea="+chinaArea);
```

虽然下画线方便了程序员数数，数字的长度却变得更长了，倘若再来一个更大的整数，例如太阳到地球的距离为 1.5 亿千米，展开可是 150000000 千米，Java 赋值加了下画线则为 1_5000_0000，此时后面拖了许多个零。在数学上，可以通过科学记数法表示这种较大的数，也就是把一个数书写成 $a \times 10^n$ 的形式（$1 \leq a < 10$）。Java 代码也有与科学记数法类似的表达方式，像 1.5 亿这个数字，其实等于 $1.5 \times 10^8$，在代码中可以通过 E8 或者 e8 表示 $10^8$，于是采取科学记数法的 Java 赋值代码如下：

```
// 太阳距离地球 1.5 亿千米
double sunDistance = 1.5E8;  // E8 表示乘以 10⁸，E 是 exponent（指数）的首字母
System.out.println("sunDistance="+sunDistance);
```

注意上述代码中的 1.5 是小数，所以必须使用双精度数作为赋值变量，而不能用整型或长整型数。即使 E 前面的数字是整数，该变量也只能是双精度类型，因为 Java 约定了科学记数法专用于双精度数字。

## 2.1.3　强制类型转换

在编码过程中，不但能将数字赋值给某个变量，还能将一个变量赋值给另一个变量。比如下面的代码把整型变量 changjiang 赋值给整型变量 longRiver（完整代码见本章源码的 src\com\arithmetic\numerical\Convert.java）：

```
int changjiang = 6397;  // 长江的长度为 6397 千米
System.out.println("changjiang="+changjiang);
int longRiver = changjiang;  // 把一个整型变量赋值给另一个整型变量
System.out.println("longRiver="+longRiver);
```

运行上面的测试代码，从下面的输出日志可以发现两个整型变量的数值一模一样。

```
changjiang=6397
longRiver=6397
```

同类型的变量之间互相赋值完全没有问题，麻烦的是给不同类型的变量赋值。如果是把整型变量赋值给长整型变量，编译器睁一只眼闭一只眼就给放行了；如果是把长整型变量赋值给整型变量，IDEA 就会直接提示错误 Incompatible types。比如以下代码就会报错：

```
long changjiang = 6397;  // 长江的长度为 6397 千米
// 若把长整型变量直接赋值给整型变量，编译器会提示错误
int longRiver = changjiang;  // 把长整型变量赋值给整型变量，注意编译器会报错
```

此时需要在原变量前面添加"(新类型)"表示强制将该变量转换为新类型。改写后的变量赋值语句就变成了下面这样：

```
        long changjiang = 6397;  // 长江的长度为 6397 千米
        // 不同类型的变量相互赋值，需要在原变量前面添加"（新类型）"表示强制转换类型
        int longRiver = (int) changjiang;  // 把长整型数强制转换成整型数
```

然而，不同类型的变量相互赋值是有风险的，尤其是把高精度的数字赋值给低精度的数字，例如将 8 字节的长整型数强制转换成 4 字节的整型数，结果只有低位的 4 字节保留了下来，而高位的 4 字节被舍弃掉了。下面做一个实验，先用长整型变量保存世界人口的数量 74 亿，再把该长整型变量赋值给整型变量，具体代码如下：

```
        long worldPopulation = 7444443881L; //截至 2018 年元旦，世界人口大约有 74 亿
        System.out.println("worldPopulation="+worldPopulation);
        // 把长整型数赋值给整型数会丢失前 4 字节
        int shijierenkou = (int) worldPopulation;  // 把长整型数强制转换成整型
        System.out.println("shijierenkou="+shijierenkou);
```

运行以上的实验代码，打印出来的变量值见以下日志：

```
    worldPopulation=7444443881
    shijierenkou=-1145490711
```

可见将超大的长整型数强制转换成整型数，结果整个数值都变了。

既然整数之间强制转换类型存在问题，小数之间强制转换类型也不例外。倘若把双精度数强制转换成浮点数，数字精度也会变差。接下来，仍然通过实验观察，以常见的圆周率为例，它的密率是中国古代数学家祖冲之发现的，其数值约为 3.1415926，包括小数部分在内共有 8 位数字。由于 double 类型的数字精度达到 15～16 位，因此利用双精度变量保存圆周密率完全没有问题。但是如果将这个密率的双精度变量赋值给浮点变量，会发生什么情况呢？下面的代码将演示把双精度数强制转换成浮点数的场景：

```
        // 3.1415926 是中国古代数学家祖冲之求得的圆周率数值，又称祖率
        double zulv = 3.1415926;
        System.out.println("zulv="+zulv);
        // 把双精度数赋值给浮点数会丢失数值精度
        float pai = (float) zulv;  // 把双精度数强制转换成浮点数
        System.out.println("pai="+pai);
```

运行上述实验代码，日志打印的变量值如下：

```
    zulv=3.1415926
    pai=3.1415925
```

可见浮点变量保存的密率数值变成了 3.1415925，与双精度变量相比，末尾的 6 变为 5 了。之所以密率数值发生变化，是因为 float 类型的数字精度只有 6～7 位，而前述密率的总位数达到 8 位，显然超出了 float 类型的精度范围，使得强转之后的浮点变量损失了范围外的精度。

除了整数之间互转、小数之间互转以外，还有整数转小数和小数转整数的情况，不过整数与小数互转依然存在数值亏损的问题。譬如，一个双精度变量赋值给一个整型变量，由于整型变量没有空间保存小数部分，因此原本双精度变量在小数点后面的数字全被舍弃。以下代码将示范这种数字类型转换：

```
double jiage = 9.9;  // 某商品定价为 9.9 元
System.out.println("jiage="+jiage);
// 把小数赋值给整型变量，会直接去掉小数点后面的部分，不会四舍五入
int price = (int) jiage;  // 把双精度数强制转换成整型数
System.out.println("price="+price);
```

运行以上的测试代码，日志打印结果如下：

```
jiage=9.9
price=9
```

果然整型变量丢掉了双精度变量的小数部分。由此可见，不同类型之间的变量互转问题多多，若非必要，一般不要强制转换两个变量的数值类型。

## 2.2 算 术 运 算

本节介绍 Java 操作数值变量的几种运算符，包括四则运算符（相加、相减、相乘、相除、求余数）、以等号为基础的各种赋值运算符以及用于特殊情况的一元运算符（自增、自减、加号、负号）。

### 2.2.1 四则运算符

计算机科学起源于数学，早期的计算机也确实多用于数学运算，以至于后来的各个编程语言仍然保留着古老的加减乘除四则运算。四则运算在 Java 语言中有专门的运算符加以表示，像加法符号"＋"对应 Java 的"+"，减法符号"－"对应 Java 的"-"，乘法符号"×"对应 Java 的"*"，除法符号"÷"对应 Java 的"/"，除此之外，还有一个求余数运算，在数学上使用 mod 表示，而 Java 对应的求余运算符为"%"。它们的对照关系见表 2-1。

表 2-1　四则运算符号的对照关系

| 四 则 运 算 | 数学的四则运算符号 | Java 的四则运算符 |
| --- | --- | --- |
| 加法 | ＋ | + |
| 减法 | － | - |
| 乘法 | × | * |
| 除法 | ÷ | / |
| 取余数 | Mod | % |

四则运算加求余数运算构成了 Java 编程的基础算术，数字和运算符的书写顺序与大众写法并无差异。下面便是这几种基本运算的代码例子（完整代码见本章源码的 src\com\arithmetic\operator\Four.java）：

```
int sum = 1+2;                // 求两数相加之和
System.out.println("sum="+sum);
int differ = 7-3;             // 求两数相减之差
System.out.println("differ="+differ);
int product = 5*6;            // 求两数相乘之积
System.out.println("product="+product);
```

```
int quotient = 81/9;            // 求两数相除之商
System.out.println("quotient="+quotient);
int remainder = 40%3;           // 求两数相除之余数
System.out.println("remainder="+remainder);
```

运行以上测试代码，得到如下的运算日志：

```
sum=3
differ=4
product=30
quotient=9
remainder=1
```

可见上述运算结果符合平常的加减乘除逻辑。

整数的四则运算看来是波澜不惊，倘若有小数参与运算，计算结果还是一样的吗？接下来先看一个除法运算，前面的除法计算的是 81 除以 9，因为刚好能除尽，所以求得的商毫无疑义是 9。那么换一种除不尽的情况，比如 25 除以 4，按数学中的除法，此时求得的商应该是 6.25。但是 Java 语言另有规定，如果被除数和除数都是整型数，求得的商也只能是整型数，故而 25 除以 4 得到的商变成了 6，也就是省略了小数部分。要想让这个商成为包括小数部分的数值，就必须让被除数和除数之一变成小数，只有其中一个是小数，Java 才会把整数的除法运算转换为小数的除法运算。例如 25.0/4、25/4.0、25.0/4.0 这 3 种写法都将变成双精度类型的除法，最后求得的商也变作了双精度数 6.25。

下面是前述的除法运算用到的实验代码：

```
// 若被除数和除数都是整数，则求得的商为去掉小数部分的整数
int quotientInt = 25/4;
System.out.println("quotientInt="+quotientInt);
// 若被除数和除数只有一个是浮点或双精度数，则求得的商保留小数部分
double quotientDouble = 25.0/4;  // 25/4.0 的运算结果跟 25.0/4 是一样的
System.out.println("quotientDouble="+quotientDouble);
```

运行上面的实验代码，打印出来的运算日志如下：

```
quotientInt=6
quotientDouble=6.25
```

然而对小数做除法运算，有时候计算结果并不精确，譬如以下的测试代码：

```
// 因 float 和 double 类型为约数表示，故相除得到的商也是约数，不能保证小数部分是精确的
double quotientDecimal = 8.1/3;
System.out.println("quotientDecimal="+quotientDecimal);
// 对浮点数和双精度数求余数，也存在约数造成的问题，即余数的小数部分可能并不准确
double remainderDecimal = 5.1%2;
System.out.println("remainderDecimal="+remainderDecimal);
```

这个测试代码的运算很简单，8.1 除以 3 正常求得的商为 2.7，至于 5.1 除以 2 的余数正常应为 1.1。可是一旦运行上述的测试代码，会发现结果竟然是下面这样的：

```
quotientDecimal=2.6999999999999997
remainderDecimal=1.0999999999999996
```

以上得到的商和余数真是叫人目瞪口呆，说好的 2.7 和 1.1 怎么变了呢？其实这种情况在一开始便埋下伏笔了，之前介绍浮点类型和双精度类型时，提到它们本身并非精准的数值，而是一个尾数乘以 10 的若干次方，并且浮点类型的精度只有 6～7 位，双精度类型的精度则为 15～16 位，精度以外的数字纯属打酱油的。现在 Java 对小数做除法运算，打酱油部分的数字也来凑热闹，本来能除得尽的小数，由于些许的偏差反而变得除不尽了，以至于造成画蛇添足的尴尬。这就告诉我们，要谨慎对待小数的除法和取余数运算。

## 2.2.2  赋值运算符

前面的加减乘除四则运算的计算结果通过等号输出给指定变量，注意此时代码把变量放到等号左边。而在算术课本里，加法运算的完整写法类似于"1+1=2"这样，运算结果应该跟在等号右边。不过代数课本里的方程式存在"x=y+1"的写法，表示等号两边的结果数值是一样的，因此变量放在等号左边也是可以理解的。然而 Java 编程里的"="并非数学上相等的意思，而是一种赋值操作。所谓"赋值"，指的是将某一数值赋给某个变量的过程。计算机程序在运行的时候，无论操作什么类型的数据，都要有个地方保存运算前后的数值。变量在参与计算的时候，它可能存在多种身份，当变量作为运算过程的操作数时，它保存的是运算前的数值；当变量作为运算结果的结果数时，它保存的是运算后的数值。故而等号两边同时出现某个变量是完全正常的，就像下面的代码演示的那样：

```
// 数学中的加法例子是：1+1=2，运算结果在右边。但 Java 编程中是把运算结果放在左边的
int x = 1+1;
// 注意这里的等号是赋值操作，并非代数方程式里面的等号，否则 x=x+7 将会求得 0=7 的荒诞结果
x = x+7;
```

注意上述演示代码里的"x = x+7"，等号的左右两边虽然都出现了整型变量 x，但是这两个 x 所处的时间点不同，使得它们代表的数值也不一样。等号右边的 x 保存的是运算开始前的变量值，即 2；而等号左边的 x 保存的是运算结束后的数值，即 9。所以前面的代码看似代数方程式，其实表示的是一个存在时间先后概念的赋值语句。

就赋值语句"x = x+7"而言，尽管它从数学角度来看很是无理，可是在计算机编程中却十分常见。该语句仅仅要求给某个整型变量加上若干数值，并未涉及其他变量，好比某人的背包里原本装了 3 本书，然后往里面塞两本书，最终背包一共装了 5 本书。由于这种加法运算只对某个变量进行，因此 Java 又提供了"+="运算符来简化变量的自增操作，新运算符的使用示例如下：

```
// 对变量做加法运算后，假如相加之和仍然保存在原变量中，那么可按如下格式使用运算符"+="
x += 7;  // 该行代码等同于 x = x+7;
System.out.println("相加之和 x="+x);
```

既然有"+="开了一个自增运算的头，那么其他的四则运算以此类推，可分别演变出自减运算符"-="、自乘运算符"*="、自除运算符"/="以及对变量自身取余数的运算符"%="，相应的例子代码如下（完整代码见本章源码的 src\com\arithmetic\operator\Assign.java）：

```
// 运算符"-="的作用类似于"+="，即把相减之差保存到原变量中
x -= 7;  // 该行代码等同于 x = x-7;
System.out.println("相减之差 x="+x);
// 若要将相乘之积保存到原变量中，则可使用运算符"*="
x *= 7;  // 该行代码等同于 x = x*7;
```

```
System.out.println("相乘之积 x="+x);
// 若要将相除之商保存到原变量中，则可使用运算符"/="
x /= 7;  // 该行代码等同于 x = x/7;
System.out.println("相除之商 x="+x);
// 若要将相除之余数保存到原变量中，则可使用运算符"%="
x %= 7;  // 该行代码等同于 x = x%7;
System.out.println("相除之余数 x="+x);
```

推而广之，凡是对变量自身开展某种基础运算，然后运算结果又保存在该变量中，这些情况都适用于扩展了的赋值语句。譬如之前提到的按位左移操作符"<<"和按位右移操作符">>"，均可演化出对应的自身左移运算符"<<="和自身右移运算符">>="，这两个运算符的演示代码如下：

```
// 若要将按位左移结果保存到原变量中，则可使用运算符"<<="
x <<= 2;  // 该行代码等同于 x = x << 2;
System.out.println("x 按位左移两位="+x);
// 若要将按位右移结果保存到原变量中，则可使用运算符">>="
x >>= 2;  // 该行代码等同于 x = x >> 2;
System.out.println("x 按位右移两位="+x);
```

## 2.2.3  一元运算符

前面讲到赋值运算符的时候，提到"x = x+7"可以被"x += 7"取代，当然 Java 编程中给某个变量自加 7 并不常见，常见的是给某个变量自加 1，就像走台阶，一般都是一级一级台阶地走，用不着一下子跳上 7 级台阶。对于变量自加 1 的情况，既可以写成"x = x+1"，又可以写成"x += 1"，但是早期的 Java 设计师觉得前面的语句不够简洁，故而创造了新的运算符"++"，该运算符表示给变量自加 1，于是"x += 1"可再简化为"x++"。同理，运算符"--"表示给变量自减 1，语句"x--"等价于"x -= 1"和"x = x-1"。为深入理解"++"与"--"这两个运算符的作用，不妨运行下面的演示代码观察结果（完整代码见本章源码的 src\com\arithmetic\operator\Unary.java）：

```
int x = 3;
System.out.println("初始 x="+x);
x++;  // 等同于 x=x+1 或者 x+=1
System.out.println("自增 1 x="+x);
x--;  // 等同于 x=x-1 或者 x-=1
System.out.println("自减 1 x="+x);
```

既然有了自加 1 运算"++"和自减 1 运算"--"，那么有没有自乘运算"**"和自除运算"//"呢？很遗憾 Java 不存在自乘与自除。倘若自乘运算指的是求某变量的平方，还是老老实实地写成"x = x*x"或者"x *= x"；倘若自除运算指的是求某变量的倒数，也要老老实实地写成"double y = 1.0/x"。求平方与求倒数的代码如下：

```
// 没有"**"这个运算符，求平方还是按照常规写法
x *= x;  // 也可以写成 x = x*x
System.out.println("求平方 x="+x);
// "//"已经被用作注释标记了，求倒数也得按照常规写法，而且整数的倒数只能是小数
double y = 1.0/x;  // 注意这里的 1.0/x，由于 x 是整型数，因此 1/x 无法求得小数
System.out.println("求倒数 y="+y);
```

　　由于"++"和"--"从头到尾只有变量自身参与运算，并无其他的操作数，因此又被称作一元运算符。类似的一元运算符还有负号运算符"-"和正号运算符"+"，这两个符号其实也来源于数学，都放在数字前面，比如"-1"表示负 1，"+1"表示正 1。但在 Java 编程中，变量前面的正负号概念有所不同，例如"-x"指的是对 x 做负号运算，"x = -x"等价于"x = 0-x"。倘若整型变量 x 原来是正值，则负号运算的结果为负值；但若 x 原来是负值，则负号运算的结果变为正值，也就是所谓的负负得正。至于"x = +x"等价于"x = 0+x"，显然正号运算的结果与原值相同，正值的正号运算结果仍为正值，负值的正号运算结果仍为负值，而非数学上的正号意义。

　　要想验证上述的正负运算符，可运行以下代码观察测试结果：

```
x = -x;  // 等同于 x=0-x
System.out.println("负数 x="+x);
x = +x;  // 等同于 x=0+x
System.out.println("正数 x="+x);
```

　　注意到上面的正负运算符直接放在变量之前，实际上"++"和"--"也允许放在变量前面，单独的"++x"等价于"x++"，单独的"--x"等价于"x--"。之所以特别强调"单独"二字，是因为一旦它们放到了其他语句之中，运算结果就将大不相同。譬如以下代码演示了二者之间的区别：

```
int y1 = 7;
int z1 = y1++;  // 后加加操作的优先级较低
System.out.println("z1="+z1);
int y2 = 7;
int z2 = ++y2;  // 前加加操作的优先级较高
System.out.println("z2="+z2);
```

　　运行上面的演示代码，会得到下面的日志信息：

```
z1=7
z2=8
```

　　可见此时 z1 的数值不等于 z2。究其原因，乃是前加加与后加加的运行机制差异所致。对于"int z1 = y1++;"，该语句在执行时会分解成两个步骤：先执行对 z1 的赋值操作，再执行对 y1 的自增操作。此时，最终的运行步骤如以下代码：

```
int z1 = y1;     // 先执行赋值操作
y1 = y1+1;       // 再执行自增操作
```

　　对于"int z2 = ++y2;"，该语句在执行时也会分解成两个步骤：先执行对 y1 的自增操作，再执行对 z1 的赋值操作。此时，最终的运行步骤如以下代码：

```
y2 = y2+1;       // 先执行自增操作
int z2 = y2;     // 再执行赋值操作
```

　　其实这种情况很好理解，计算机语言跟人类文字的书写顺序一样，都是从上到下、从左往右。定睛一看"x++"，果然先看到变量 x，接着才看到自增运算++；回头再瞅"++x"，这下先看到自增运算，然后才看到变量 x。同样是书面文字，计算机语言和人类语言的语法逻辑大不相同。

　　最后来一个脑筋急转弯，现有变量 z1 值为 7，变量 z2 值为 8，看下面代码的运算结果，变量 z3 的数值为多少？有兴趣的读者不妨一试。

```
int z1=7, z2=8;        //假设 z1 为 7，z2 为 8
int z3 = ++z1+z2++;    //那么 z3 该为何值？
```

# 2.3 数 学 函 数

本节介绍 Java 提供的数学函数库 Math 中的常用函数，包括各种取整函数（四舍五入、往上取整、往下取整、取绝对值）、取随机数的函数（随机小数、随机整数）、科学计算函数（开平方、幂运算、求对数）以及三角函数（正弦、余弦、正切、反正弦、反余弦、反正切）。

## 2.3.1 取整函数

虽然 Java 提供了基础的加减乘除符号，但是数学上还有其他运算符号，包括四舍五入用到的约等号"≈"、求绝对值的"||"、开平方的"$\sqrt{\ }$"，这些运算符形态各异，而且并非 ASCII 码的基本字符，也就意味着它们无法原样搬到 Java 来。为此，Java 的设计师封装了一套数学函数库 Math，把加减乘除以外的常见数学运算都纳入在内，然后作为 Math 库的函数方法提供给程序员调用。比如四舍五入变成了 Math 库的 round 方法，取绝对值变成了 Math 库的 abs 方法，Math 库另外提供了取整方法 floor 和 ceil。其中，floor 方法指的是将变量往下取整，也就是往数值小的方向取整；ceil 方法指的是将变量往上取整，也就是往数值大的方向取整。

需要注意的是，如果变量值为负数（假设 x=-9.9），那么对 x 做 floor 取整将得到-10，对 x 做 ceil 取整将得到-9，这种情况与常人理解的正数取整并不相同。假设变量值为正数（如 x=9.9），则对 x 做 floor 向下取整将得到 9，对 x 做 ceil 向上取整将得到 10。负数的取整结果看似有悖常理，其实完全没有毛病，因为 floor 方法取的是数值更小的整数，而 ceil 方法取的是数值更大的整数。既然 -10<-9.9<-9，于是 floor 取整得到了数值更小的-10，而 ceil 取整得到了数值更大的-9。若想眼见为实，则可运行下面的测试代码加以验证（完整代码见本章源码的 src\com\arithmetic\math\Trunc.java）：

```java
double decimalPositive = 9.9;  //准备演示对正数四舍五入
long roundPositive = Math.round(decimalPositive);  //四舍五入
System.out.println("roundPositive=" + roundPositive);
double floorPositive = Math.floor(decimalPositive);  //往下取整，也就是往数值小的方向取整
System.out.println("floorPositive=" + floorPositive);
double ceilPositive = Math.ceil(decimalPositive);  //往上取整，也就是往数值大的方向取整
System.out.println("ceilPositive=" + ceilPositive);
double decimalNegative = -9.9;  //准备演示对负数四舍五入
long roundNegative = Math.round(decimalNegative);  //四舍五入
System.out.println("roundNegative=" + roundNegative);
double floorNegative = Math.floor(decimalNegative);  //往下取整，也就是往数值小的方向取整
System.out.println("floorNegative=" + floorNegative);
double ceilNegative = Math.ceil(decimalNegative);  //往上取整，也就是往数值大的方向取整
System.out.println("ceilNegative=" + ceilNegative);
double absoluteValue = Math.abs(decimalNegative);  //取绝对值
System.out.println("absoluteValue=" + absoluteValue);
```

## 2.3.2 取随机数

取整只能对已有数字取整，概率统计却时常要求生成随机数，Math 库虽然提供了制造随机数的 random 方法，但是该方法仅仅生成小于 1 的随机小数（包括 0 和正小数），并不能直接生成随机整数。

若想生成随机整数，则需引入专门的随机数工具 Random，该工具实例化后可调用 nextInt 方法 生成 int 类型的随机整数，调用 nextLong 方法生成 long 类型的随机长整数，调用 nextFloat 方法生成 float 类型的随机浮点小数，调用 nextDouble 方法生成 double 类型的随机双精度小数。特别注意，nextInt 与 nextLong 方法得到的随机整数可能是负数，而 nextFloat 与 nextDouble 方法只会返回正的 小数，不会返回负的小数。

因为 int 类型可表达的数值范围是-2147483648～2147483647，然而很多时候并不需要这么大的随 机数，往往只需要比较小的随机数（如小于 100 的随机整数），所以此时调用 nextInt 方法要填写数值 的上限，比如式子"new Random().nextInt(100)"表示生成 100 以内的随机整数（0≤随机整数＜100）。

下面是获取各种随机数的代码例子（完整代码见本章源码的 src\com\arithmetic\math\Rand.java）：

```
double decimal = Math.random();  //生成小于 1 的随机小数（包括 0 和正小数）
System.out.println("decimal=" + decimal);
int integer = new Random().nextInt();  //生成随机整数（包括负数）
System.out.println("integer=" + integer);
long long_integer = new Random().nextLong();  //生成随机长整数（包括负数）
System.out.println("long_integer=" + long_integer);
float float_decimal = new Random().nextFloat();  //生成随机的浮点小数（不包括负数）
System.out.println("float_decimal=" + float_decimal);
double double_decimal = new Random().nextDouble();  //生成随机的双精度小数（不包括负数）
System.out.println("double_decimal=" + double_decimal);
int hundred = new Random().nextInt(100);  //生成 100 以内的随机整数（0≤随机整数＜100）
System.out.println("hundred=" + hundred);
```

## 2.3.3 科学计算函数

科学计算常常还需要开平方、幂运算、求对数等复杂函数，Math 库也提供了相应的方法，例如 sqrt 方法对应开平方运算，pow 方法对应求某数的 n 次方，exp 方法对应求自然常数 e 的 n 次方，log 方法对应求自然对数的运算（exp 方法的逆运算），log10 方法对应求底数为 10 的对数。这些方法 的详细调用代码如下（完整代码见本章源码的 src\com\arithmetic\math\Science.java）：

```
double nine = 9;
double sqrt = Math.sqrt(nine);          // 开平方，对应数学符号√
System.out.println("sqrt=" + sqrt);
// 求 n 次方。pow 的第一个参数为幂运算的底数，第二个参数为幂运算的指数
double pow = Math.pow(nine, 2);
System.out.println("pow=" + pow);
double five = 5;
double exp = Math.exp(five);            // 求自然常数 e 的 n 次方
System.out.println("exp=" + exp);
double log = Math.log(exp);             // 求自然对数，为 exp 方法的逆运算。对应数学函数 1nN
System.out.println("log=" + log);
```

```
double log10 = Math.log10(100);        // 求底数为 10 的对数。对应数学函数 logN
System.out.println("log10=" + log10);
```

### 2.3.4  三角函数

除了代数运算的常见函数之外，Math 库还提供了几何方面的三角函数运算，包括正弦、余弦、正切、反正弦、反余弦、反正切都能找到对应的 Math 方法。不过 Math 库的三角函数方法与几何上的三角函数用法有所不同，几何的三角函数（如 sin、cos）后面跟着角度的数值，而 Math 库的三角函数方法跟着弧度的数值。所谓弧度，指的是该角度对应的圆弧长度与圆的半径之比，即：弧度=弧长/半径=（角度/360）×2πr/r = 角度×π/180。搞清楚弧度与角度之间的关系，利用 Math 库开展各种三角运算就简单了。下面是这些三角函数的调用代码例子（完整代码见本章源码的 src\com\arithmetic\math\Angle.java）：

```
double angle = 60;  // 三角函数的角度
// 弧度=该角度对应的弧长/半径。数学函数库 Math 专门提供了常量 PI 表示圆周率 π 的粗略值
double radian = angle * Math.PI / 180;
double sin = Math.sin(radian);  // 求某弧度的正弦。求反正弦要调用 asin 方法
System.out.println("sin=" + sin);
double cos = Math.cos(radian);  // 求某弧度的余弦。求反余弦要调用 acos 方法
System.out.println("cos=" + cos);
double tan = Math.tan(radian);  // 求某弧度的正切。求反正切要调用 atan 方法
System.out.println("tan=" + tan);
// 求某弧度的余切。Math 库未提供求余切值的方法，其实余切值就是正切值的倒数
double ctan = 1.0 / tan;
System.out.println("ctan=" + ctan);
```

# 2.4  实 战 练 习

本节介绍如何通过 Java 编程开展几个基本的数学运算，首先讲解利用牛顿迭代法结合四则运算求解某个数字的平方根近似值，然后阐述利用割圆术结合勾股定理求解圆周率的近似值。在编程实现时，借助迭代法这一基础算法，从而在有限次的迭代过程中求出合理的近似解。

### 2.4.1  利用牛顿迭代法求平方根

虽然 Java 自带了数学函数库 Math，但是该库仅支持开方运算中的开平方，并不支持开 N 次方的运算，连计算三次方根也无能为力。比如求解 27 的三次方根，中学生都知道 27 的三次方根为 3，但求三次方根的 Java 代码该怎么写呢？换句话说，Math 库的开平方函数 sqrt 是怎样实现的呢？开三次方与开二次方，乃至开 N 次方，本质上解法是一样的，只要掌握了具体的解题思路，开多少次方均可触类旁通。现在问题在于，Java 的基础运算只有加减乘除四则运算，如何才能利用四则运算实现开 N 次方根的功能呢？

在计算器发明之前，普通人要计算一个数的 N 次方根，可以先猜个约数，求得该约数的 N 次方，再与这个数比较，结果比这个数大则约数改小，结果比这个数小则约数改大。如此重复多次，直到约数的 N 次方足够接近这个数，那么该约数即可近似为这个数的 N 次方根。然而落实到编码上就不

容易了，一方面约数怎么猜，另一方面约数改小要改多少，约数改大又要改多大，这些都是很模糊的说法，没法写到代码里面。因为人类动脑子的同时用到了经验，猜多猜少依据的是后天获得的经验，但一段简单的计算机程序犹如学龄前幼儿，什么经验都没有，连瞎猜也不会，必须告诉它准确无误的做法才行。也就是说，每行程序代码都得由明确的数字与符号组成，就像求解方程式那样，严格按照式子开展运算，这样才能求得精确的数值。

仅仅依靠加减乘除就想计算 N 次方根，这不是天方夜谭，而是一种巧妙的数学解法，叫作"牛顿迭代法"。顾名思义，该解法是牛顿发现的，正如苹果砸到牛顿头上促使他发现了万有引力定律一样，牛顿对着 N 次方程式的函数曲线冥思苦想发现了牛顿迭代法。假定某个数字为 $a$，它的 N 次方根为 $x$，则方程式可写作 $a=x^n$。把 $a$ 挪到等号右边，此时方程式变为 $0=x^2-a$，对应的函数式为 $f(x)=x^n-a$，其中 $f(x)=0$ 的时候可求得方根 $x$ 的数值。

简单起见，假设 $n=2$、$a=2$，则函数式 $f(x)=x^n-a$ 可简化为 $f(x)=x^2-2$，该式子对应一条二次函数曲线，具体如图 2-1 所示。

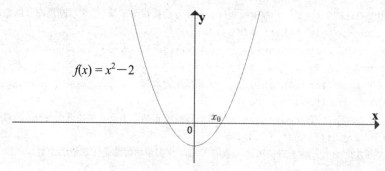

图 2-1　$f(x)=x^2-2$ 的函数曲线

从图 2-1 可见，该曲线经过坐标点 (0,-2)，并且它与 $x$ 轴有两个交点，其中右边的交点落在 (1,0) 与 (2,0) 之间，这里将该交点记作 $x_0$，显然 $x_0$ 的横坐标数值即为原函数式的解 $\sqrt{2}$。为了求得 $x_0$ 的横坐标，牛顿想了一个办法，他先在 $x$ 轴上挑一个坐标点 (3.5,0)，并将该点记作 $x_1$。接着在 $x_1$ 画一条垂线与曲线 $f(x)$ 交汇，并在交点处描绘函数曲线的切线，切线与 $x$ 轴相交于坐标点 $x_2$。继续在 $x_2$ 画一条垂线与曲线 $f(x)$ 交汇，仍在交点处描绘函数曲线的切线，新切线与 $x$ 轴相交于坐标点 $x_3$。此时添加了垂线和切线的坐标系空间，如图 2-2 所示。

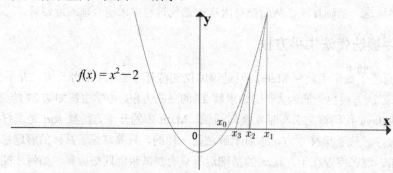

图 2-2　对函数曲线交替做垂线与切线的示意图

观察这几个点的位置，可知 $x_1$ 到 $x_2$ 再到 $x_3$，其值逐渐逼近 $x_0$，倘若在 $x_3$ 位置重复画垂线、描绘切线的操作，新求得的 $x_m$ 必然越来越趋向于 $x_0$，如此便能计算出方根的近似值。

　　在坐标系上画垂线很容易，但描绘曲线某点的切线就不简单了，因为你不知道该切线的斜率是多少。从几何角度看，切线与曲线只有一个交点，且在交点处二者近乎重合。物理学上有一个自由落体运动公式 $S = \dfrac{gt^2}{2}$，其中 g 表示重力加速度（值为 9.8m/s$^2$），$t$ 为下落时间，$S$ 为下落高度，这个自由落体曲线与前面讲的二次函数曲线相似，此时切线的斜率等价于物体在该时间点的瞬时速度 $V = gt$。在代数学体系中，函数式 $f(x)$ 对应的斜率式子为 $f'(x)$，它被称作原函数式的导数，意思是引导方向的函数。就式子 $f(x) = x^n - a$ 而言，它的导数为 $f'(x) = nx^{n-1}$，倘若已知 $x$ 的具体值，则 $f'(x)$ 求得的导数即为该点切线的斜率。

　　假设从坐标点 $x_m$ 开始做曲线方程 $f(x) = x_n - a$ 的垂线，并在垂线与曲线的交点处做切线，且该切线与 $x$ 轴相交于 $x_m + 1$ 点，则包含曲线、垂线、切线在内的坐标系如图 2-3 所示。

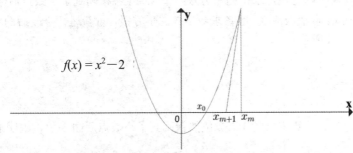

图 2-3　函数曲线在 $x_m$ 处的垂线与切线

　　此时可求得垂线与曲线的交点坐标为 $(x_m, x_m^n - a)$，根据斜率公式 $\dfrac{\Delta y}{\Delta x}$ 可得 $f'(x_m) = \dfrac{f(x_m)}{x_m - x_{m+1}}$，分别代入 $f'(x_m)$ 与 $f(x_m)$，方程式变为 $nx_m^{n-1} = \dfrac{x_m^n - a}{x_m - x_{m+1}}$，一番计算后求得 $x_{m+1} = x_m - \dfrac{x_m^n - a}{nx_m^{n-1}}$，该结果正是 $x_{m+1}$ 点的横坐标值。由 $x_m$ 求得 $x_{m+1}$ 的数值之后，还可如法炮制求得 $x_{m+2}$、$x_{m+3}$ 等各点的数值，并且 $x_{m+2}$、$x_{m+3}$ 越来越接近 $x_0$ 点，如此反复迭代多次，$x_{m+n}$ 的数值将非常逼近方根 $x_0$ 的真实值。以上求解 $x_{m+n}$ 的整个过程便构成了牛顿迭代法，通过多次迭代运算，从而求得 $N$ 次方程式的方根近似值。

　　当然，上述的迭代式 $x_{m+1} = x_m - \dfrac{x_m^n - a}{nx_m^{n-1}}$ 无疑太复杂了，因为该式子为 N 次方程的迭代式。对于二次方程式来说，可将 $n=2$ 代入，于是迭代式可逐步简化，$x_{m+1} = x_m - \dfrac{x_m^n - a}{nx_m^{n-1}} \rightarrow x_{m+1} = x_m - \dfrac{x_m^2 - a}{2x_m^{2-1}} \rightarrow$

$x_{m+1} = x_m - \dfrac{x_m^2 - a}{2x_m} \rightarrow x_{m+1} = \dfrac{x_m \times x_m - a}{2x_m} \rightarrow x_{m+1} = \dfrac{x_m}{2} + \dfrac{a}{2x_m}$，最终得到的 $x_{m+1} = \dfrac{x_m}{2} + \dfrac{a}{2x_m}$ 便是求平方根所需的迭代式。

　　接下来，利用求平方根的迭代式计算数字 2 的平方根，且令变量 $Xm$ 从数字自身开始迭代 3 次，据此编写的示例代码如下（完整代码见本章源码的 src\com\arithmetic\Pingfanggen.java）：

```
double number = 2;                  // 需要求平方根的数值
double Xm = number;                 // 每次迭代后的数值
Xm = (Xm + number/Xm) / 2;          // 第一次迭代后的平方根
```

```
System.out.println(number+"的平方根="+Xm);
Xm = (Xm + number/Xm) / 2;          // 第二次迭代后的平方根
System.out.println(number+"的平方根="+Xm);
Xm = (Xm + number/Xm) / 2;          // 第三次迭代后的平方根
System.out.println(number+"的平方根="+Xm);
```

运行上面的求方根代码，打印出来的日志如下：

```
2.0 的平方根=1.5
2.0 的平方根=1.4166666666666665
2.0 的平方根=1.4142156862745097
```

由日志可见，仅需 3 次迭代，求得的平方根数值 1.414 就精确到了小数点后面 3 位。

把代码里的 number 取值改成 3，准备求数字 3 的平方根，重新运行修改后的求方根代码，打印出来的日志如下：

```
3.0 的平方根=2.0
3.0 的平方根=1.75
3.0 的平方根=1.7321428571428572
```

可见 3 次迭代之后，计算出来的 1.732 依然精确到了小数点后面 3 位，说明通过牛顿迭代法求方根的效率很高。同理，可由式子 $x_{m+1} = x_m - \dfrac{x_m^n - a}{n x_m^{n-1}}$ 推出 3 次方根、4 次方根的迭代计算代码，有兴趣的读者不妨动手实践。

### 2.4.2　利用割圆术求解圆周率

通过加减乘除的运算迭代求得某数的 N 次方根，这是意义非凡的数学成就，因为 N 次方程式据此可以计算出明确的方根数值，从而一举奠定了代数学的坚实基础。同时，结合"勾三股四弦五"的勾股定理，能够使用开平方运算求得直角三角形的斜边长。假设直角三角形的两条直角边分别为 $a$ 和 $b$，斜边为 $c$，则有方程式 $a^2 + b^2 = c^2$，由此得到 $c = \sqrt{a^2 + b^2}$。已知 $a$ 和 $b$ 的长度，便能根据牛顿迭代法计算斜边的长度。不要小看勾股定理及其算法，利用它不但能开展三角函数运算，还能进一步求出圆周率 π 的数值。

众所周知，圆周率 π 是一个无限不循环小数，数学课本上给出的 π 近似值有 3.14 和 3.1416 两个，它跟勾股定理有什么关系呢？此事说来话长，早在上古时期的中国，人们就认为圆的周长与直径存在比例关系，当时成书的《周髀算经》中明确记载"圆径一而周三"，即圆的周长是直径的三倍（π=3）。后来于汉朝成书的《九章算术》沿用了《周髀算经》里"径一周三"的说法，当然这个估算的圆周率很不精确，三国时期的刘徽就发现"径一周三"只适用于圆的内接正六边形，具体情况如图 2-4 所示。

显然正六边形的每条边长外围还有一段弯曲的圆弧，六段圆弧构成了整个圆圈的周长，由于每段圆弧都比拉直的各边要长，因此圆周必然大于正六边形的周长，也就是说圆周率应当比数字 3 大一些。为了计算出精确的圆周率，刘徽在《九章算术注》中提出了著名的"割圆术"，从圆的内接正六边形开始，依次往外去割正十二边形、正二十四边形等，随着正 N 边形的边数增加，正 N 边形的周长越来越接近圆的周长。正所谓"割之弥细，所失弥少，割之又割，以至于不可割，则与圆周合体而无所失矣。"为了更直观地理解割圆术的精妙，来看图 2-5 所示的圆圈及其内接正六边形、内接正十二边形的形状组合。

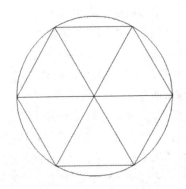

图 2-4　圆及其内接正六边形的周长

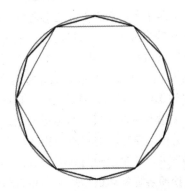

图 2-5　圆的内接正六边形与内接正十二边形

由图 2-5 可见，内接正十二边形的周长更加接近圆周，从而表明割圆术的理论是正确的。不过内接正十二边形的边长该如何计算呢？这个问题必须解决，因为只有求得正 $N$ 边形的边长，才能通过式子"正 $N$ 边形的边长*边数/直径"计算出圆周率的近似值。由于内接正六边形的边长刚好等于圆的半径，因此不妨借助于正六边形计算正十二边形的边长。假定圆心为 $O$ 点，内接正六边形的某条边为 $AB$，且线段 $AB$ 的两个端点都位于圆圈之上。接着在 $O$ 点做 $AB$ 的垂线，且垂线与圆圈相交于 $C$ 点，与 $AB$ 相交于 $D$ 点，此时各点的分布情况如图 2-6 所示。

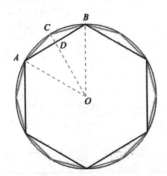

图 2-6　圆的内接正十二边形的边长计算

然后分别连接 $AC$ 两点与 $BC$ 两点，可见线段 $AC$ 和 $BC$ 构成了内接正十二边形的两条边长，于是正十二边形的边长解法就变成了计算 $AC$ 或 $BC$ 的长度。假设圆的半径长度为 $r$，则线段 $OA$、$OB$、$AB$ 的长度均为 $r$，同时因为垂线 $OD$ 将三角形 $OAB$ 二等分，所以线段 $AD$ 与 $BD$ 各为 $AB$ 的一半长即 $\frac{r}{2}$。在直角三角形 $ODB$ 中，根据勾股定理可知 $OB^2 = BD^2 + OD^2$，求得 $OD = \sqrt{OB^2 - BD^2} = \frac{\sqrt{3}}{2}r$，进一步求得线段 $CD$ 的长度：$CD = OC - OD = \left(1 - \frac{\sqrt{3}}{2}\right)r$。注意到 $CDB$ 三点依旧构成直角三角形，那么由勾股定理可得 $BC^2 = BD^2 + CD^2$，于是得到线段 $BC$ 的长度：$BC = \sqrt{BD^2 + CD^2} = \sqrt{\left(\frac{r}{2}\right)^2 + \left(\left(1 - \frac{\sqrt{3}}{2}r\right)\right)^2}$。倘若 $r$ 值为 1，求得内接正十二边形的边长 $BC = \sqrt{2 - \sqrt{3}} \approx 0.5176$，此时正

十二边形的周长≈0.5176×12=≈6.212，将这个周长除以圆的直径长度 2，可得正十二边形对应的圆周率 π = 6.212/2 = 3.106。显而易见，内接正十二边形的 3.106 要优于正六边形的 3，要是继续割到内接正二十四边形，正二十四边形对应的圆周率又会比正十二边形更逼近真实的 π 值。

　　上述求解内接正十二边形边长的办法同样适用于正二十四边形、正四十八边形等，中心思想是先二等分每条边对应的等腰三角形，再连续运用勾股定理依次求得直角三角形的各边长，进而计算出内接正 N 边形的边长数值。如此每迭代一次运算，正 N 边形的边数就翻倍，反复迭代多次之后，内接正 N 边形就越来越趋向于圆圈，相应的圆周率数值也越来越精确。

　　当年刘徽从圆的内接正六边形开始，一直割到内接正 192 边形，并求得圆周率的近似值为 3.14。但他拿官方的度量衡标准容器一验证，发现 3.14 还是偏小，于是继续往上一路割到圆的内接正 3072 边形，终于求出此时的圆周率值为 3.1416。为了计算准确的圆周率数值，古今中外的众多数学家穷尽智慧，纷纷各显神通谋划圆周，知名的数学家除了刘徽外，还包括东汉数学家张衡、南北朝数学家祖冲之以及古希腊数学家阿基米德、印度数学家阿耶波多、波斯数学家花拉子米、意大利数学家斐波那契、阿拉伯数学家卡西、德国数学家鲁道夫、英国数学家牛顿和梅钦等，真可谓"圆周率如此多娇，引无数天才竞折腰"。他们各自推导的圆周率精度见表 2-2。

表 2-2　古代数学家计算的圆周率纪录

| 计 算 时 间 | 数学家姓名 | 国籍/朝代 | 圆周率数值 |
| --- | --- | --- | --- |
| 前 3 世纪 | 阿基米德 | 古希腊 | 3.1418 |
| 130 年 | 张衡 | 东汉（中国） | 3.16 |
| 263 年 | 刘徽 | 三国（中国） | 3.1416 |
| 480 年 | 祖冲之 | 南北朝（中国） | 3.1415926～3.1415927 |
| 499 年 | 阿耶波多 | 印度 | 3.1416 |
| 800 年 | 花拉子米 | 波斯（今伊朗） | 3.1416 |
| 1220 年 | 斐波那契 | 意大利 | 3.141818 |
| 1400 年 | 卡西 | 阿拉伯 | 3.14159265359 |
| 1596 年 | 鲁道夫·范·科伊伦 | 德国 | 精确到小数点后 20 位 |
| 1665 年 | 牛顿 | 英国 | 精确到小数点后 16 位 |
| 1706 年 | 梅钦 | 英国 | 精确到小数点后 100 位 |

　　这些数学家中的佼佼者便是祖冲之，他在刘徽开创的割圆术的基础上，首次将圆周率推导至小数点后 7 位，即 π 值位于 3.1415926 和 3.1415927 之间，并且该纪录保持了近千年才被打破。为了便于日常运算，祖冲之还给出了圆周率的两个分数形式，其中 22/7 精确到小数点后两位，被称作"约率"；另一个 355/113 精确到小数点后 7 位，被称作"密率"，用于日常生活中的圆周、圆面积、球体积等运算已绰绰有余。

　　如今来到计算机时代，初学者只要利用割圆术的算法，结合编程语言的四则运算与数学函数，即可不费吹灰之力轻松求得较精确的圆周率值。仍从圆的内接正六边形开始，依次切割正十二边形、正二十四边形直至正三千零七十二边形，每次切割都根据勾股定理计算出直角三角形的各边长，且每次迭代过程编写的算法代码一模一样，后续迭代只需将首次的迭代代码复制粘贴一遍就行，具体的实现示例代码如下（完整代码见本章源码的 src\com\arithmetic\Yuanzhoulv.java）：

```java
// 假设圆的半径 r=1，则直径 d=2，内接正六边形的边长=1
int r = 1;  // 半径
long edgeNumber = 6L;  // 从正六边形开始内接圆
double edgeLength = r;  // 内接正 n 边形的边长（初始值为正六边形的边长）
double π = edgeLength * edgeNumber / (2*r);  // 圆周率
System.out.println("正 n 边形的边数="+edgeNumber+"，圆周率="+π);
double gou;  // 直角三角形中长度最短的边，称作"勾"
double gu;   // 直角三角形中长度居中的边，称作"股"
// 以下计算内接圆的正十二边形
edgeNumber = edgeNumber*2;  // 正 n 边形的边数乘 2
gou = edgeLength/2.0;  // 计算勾
gu = r - Math.sqrt(Math.pow(r,2) - Math.pow(gou,2));  // 计算股
// 通过勾股定理求斜边长（勾三股四弦五），斜边长也是新正 n 边形的边长
edgeLength = Math.sqrt(Math.pow(gou,2) + Math.pow(gu,2));
// 正 n 边形的周长除以直径，即可得到近似的圆周率数值
π = edgeLength * edgeNumber / (2*r);
System.out.println("正 n 边形的边数="+edgeNumber+"，圆周率="+π);
// 以下计算内接圆的正二十四边形
edgeNumber = edgeNumber*2;  // 正 n 边形的边数乘 2
gou = edgeLength/2.0;  // 计算勾
gu = r - Math.sqrt(Math.pow(r,2) - Math.pow(gou,2));  // 计算股
// 通过勾股定理求斜边长（勾三股四弦五），斜边长也是新正 n 边形的边长
edgeLength = Math.sqrt(Math.pow(gou,2) + Math.pow(gu,2));
// 正 n 边形的周长除以直径，即可得到近似的圆周率数值
π = edgeLength * edgeNumber / (2*r);
System.out.println("正 n 边形的边数="+edgeNumber+"，圆周率="+π);
// 此处省略正四十八边形、正九十六边形直到正三千零七十二边形的代码
```

运行以上的圆周率求解代码，观察到的输出日志如下：

```
正 n 边形的边数=6，圆周率=3.0
正 n 边形的边数=12，圆周率=3.105828541230249
正 n 边形的边数=24，圆周率=3.1326286132812378
正 n 边形的边数=48，圆周率=3.1393502030468667
正 n 边形的边数=96，圆周率=3.14103195089051
正 n 边形的边数=192，圆周率=3.1414524722854624
正 n 边形的边数=384，圆周率=3.141557607911858
正 n 边形的边数=768，圆周率=3.1415838921483186
正 n 边形的边数=1536，圆周率=3.1415904632280505
正 n 边形的边数=3072，圆周率=3.1415921059992717
```

可见随着内接正 N 边形的边数增加，求得的圆周率精度越来越高，当 n=96 的时候，圆周率精确到了 3.14，当 n=3072 的时候，圆周率精确到了小数点后 6 位。从程序的运行结果可知，史书记载的刘徽割圆之事所言非虚。

# 2.5 小　结

本章主要介绍了 Java 是如何将数学运算转换成编码实现的。首先讲解了数值变量的定义形式（基本类型划分、特殊数字表达、强制类型转换），其次描述了几种常见的运算符号（四则运算符、赋值运算符、一元运算符），再次演示了内置数学函数库的使用方法（取整函数、取随机数、代数函数、三角函数），最后借助迭代法的思想分别给出了利用牛顿迭代法求平方根的实现过程以及利用割圆术求圆周率的详细步骤。

通过本章的学习，读者应该能够掌握以下几种编程技能：

（1）学会声明不同类型的数值变量，并对它们强制转换类型。

（2）学会把简单的数学运算翻译成 Java 代码。

（3）学会调用数学函数库的常用函数。

（4）学会使用迭代法编写有关的算法求解代码。

# 第3章

---

# 逻 辑 控 制

本章介绍基于"真""假"法则的逻辑运算与流程控制，包括逻辑运算涉及的相关概念和运算符、常见的几种分支和循环语句以及数组的常见用法，并结合数组类型变量描述几个经典的数学问题的求解过程。

## 3.1 逻 辑 运 算

本节介绍与逻辑运算有关的概念及其编码实现。首先，阐述布尔类型变量的用途，以及该类型变量的专用运算符；其次，给出几种关系运算符的使用说明，这些关系运算符的运算结果正是布尔类型的；再次，对几种运算符比较它们互相之间的优先级顺序；最后，补充说明两类逻辑运算符（按位逻辑和短路逻辑）的区别及其适用场合。

### 3.1.1　布尔类型及其运算

在编程语言的设计之初，它们除了可以进行数学计算外，还常常用于逻辑推理和条件判断。为了实现逻辑判断的功能，Java 引入了一种布尔类型 boolean，用来表示"真"和"假"。该类型的变量只允许两个取值，即 true 和 false，其中 true 对应真值，而 false 对应假值。

如同数值变量拥有加减乘除四则运算那样，布尔变量也拥有逻辑方面的四则运算，包括"非""与""或""异或"。下面分别加以介绍。

#### 1．"非"运算

"非"运算求的是某布尔变量的对立值。若原变量值为 true，则"非"运算的结果为 false；若原变量值为 false，则"非"运算的结果为 true。Java 把符号"!"加在布尔变量前面，表示做"非"运算。

### 2. "与"运算

"与"运算求的是两个布尔变量的逻辑交集，只有两个变量都为 true 时，运算结果才为 true，其余情况的运算结果都为 false。Java 把符号"&"放在两个布尔变量之间，表示做"与"运算。

### 3. "或"运算

"或"运算求的是两个布尔变量的逻辑并集，只要两个变量有一个为 true，运算结果就为 true；只有两个变量都为 false 时，运算结果才为 false。Java 把符号"|"放在两个布尔变量之间，表示做"或"运算。

### 4. "异或"运算

"异或"运算求的是两个布尔变量的逻辑相异，当两个变量同为 true 或者同为 false 时，运算结果为 false；当两个变量一个为 true 另一个为 false 时，运算结果为 true。Java 把符号"^"放在两个布尔变量之间，表示做"异或"运算。

下面是对布尔变量开展"非""与""或""异或"等逻辑运算的代码例子（完整代码见本章源码的 src\com\control\logic\Bool.java）：

```
// boolean 表示布尔类型，该类型的变量只允许两个取值，即 true 和 false
boolean zhen = true;  // true 表示为真
System.out.println("zhen="+zhen);
boolean jia = false;  // false 表示为假
System.out.println("jia="+jia);
boolean not = !zhen;  // "!"放在布尔变量前面表示开展"非"运算
System.out.println("not="+not);
boolean and = zhen&jia;  // "&"放在两个布尔变量之间表示开展"与"运算
System.out.println("and="+and);
boolean or = zhen|jia;  // "|"放在两个布尔变量之间表示开展"或"运算
System.out.println("or="+or);
boolean xor = zhen^jia;  // "^"放在两个布尔变量之间表示开展"异或"运算
System.out.println("xor="+xor);
```

上述的四则逻辑运算中，"与""或""异或"3 种都需要两个布尔变量才能判断，这便意味着：倘若某个变量既参与逻辑运算，又能保存运算结果，此时的逻辑运算就转变为对该变量的自我操作。譬如，对一个布尔变量与另一个布尔值进行"与"运算，且运算结果仍旧保存在该变量中，则可使用运算符"&="简化赋值操作。如同数值计算"x = x+7"等价于"x += 7"那般，也存在布尔计算"value = value&false"简化成"value &= false"的情况。以此类推，对布尔变量自身做"或"运算，可利用新的赋值运算符"|="；对布尔变量自身做"异或"运算，可利用新的赋值运算符"^="。

这些逻辑赋值符的详细应用代码如下：

```
boolean value = true;  // 为布尔变量赋初始值
System.out.println("value="+value);
// 对布尔变量做"与"运算，且运算结果仍旧保存在该变量中，则可使用运算符"&="
value &= false;  // 该行代码等同于 value = value&false;
System.out.println("value="+value);
// 对布尔变量做"或"运算，且运算结果仍旧保存在该变量中，则可使用运算符"|="
```

```
value |= true;  // 该行代码等同于 value = value|true;
System.out.println("value="+value);
// 对布尔变量做"异或"运算，且运算结果仍旧保存在该变量中，则可使用运算符"^="
value ^= false;  // 该行代码等同于 value = value^false;
System.out.println("value="+value);
```

## 3.1.2 关系运算符

前面在 2.2.2 小节中提到，Java 编程中的等号"="表示赋值操作，并非数学上的等于的意思。Java 通过等式符号"=="表示左右两边相等，对应数学的等号"="；通过不等符号"!="表示左右两边不等，对应数学的不等号"≠"。

可是一个等式真的就一定成立吗？譬如半斤八两这个成语，用 Java 等式改写的话变为"半斤==八两"。话说当年秦始皇统一中国，不但推行"书同文、车同轨"，而且制定了重量单位的换算标准，当时规定 16 两为一斤，从此沿用了两千多年。直到公元 1959 年，为了与国际接轨，中国发布了《关于统一计量制度的命令》，正式将称重计量定为 10 两为一斤。那么在 1959 年之前，"半斤==八两"这个等式是成立的；而在 1959 年之后，"半斤==八两"是不成立的。

为了区分某个式子成立和不成立的情况，Java 把"=="看作是一种特殊的运算符。凡是运算符都会得到运算结果，等式符号"=="也不例外，它的运算结果为布尔类型，值为 true 时表示这个等式成立，值为 false 时表示这个等式不成立。不等符号"!="的运算结果与之类似，结果为 true 时表示不等式成立，为 false 时表示不等式不成立。下面是等式符号"=="和不等符号"!="的运算代码例子，可以体会一下七上八下的返回结果（完整代码见本章源码的 src\com\control\logic\Relation.java）：

```
int seven = 7;
int eight = 8;
//数学的等号"="对应 Java 的"=="符号
boolean equal = seven==eight;  //结果为真表示等式成立，为假表示等式不成立
System.out.println("equal="+equal);
//数学的不等号"≠"对应 Java 的"!="符号
boolean not_equal = seven!=eight;  //结果为真表示不等式成立，为假表示不等式不成立
System.out.println("not_equal="+not_equal);
```

除了等号和不等号外，数学上还有其他比较数字大小的符号，包括大于号">"、小于号"<"、大于等于号"≥"、小于等于号"≤"等。Java 也提供了对应的判断符号，如运算符">"表示大于，运算符"<"表示小于，运算符">="表示大于等于，运算符"<="表示小于等于。这些大小判断符号同样拥有布尔类型的运算结果，因此通过甄别结果值为 true 还是 false，即可判定大小比较的式子是否成立。下面是如何使用大于、小于符号的演示代码：

```
boolean greater = seven>eight;  // 数学的大于号">"对应 Java 的">"符号
System.out.println("greater="+greater);
boolean less = seven<eight;  // 数学的小于号"<"对应 Java 的"<"符号
System.out.println("less="+less);
boolean greater_and_equal = seven>=eight; //数学的大等号"≥"对应 Java 的">="符号
System.out.println("greater_and_equal="+greater_and_equal);
boolean less_and_equal = seven<=eight;  //数学的小等号"≤"对应 Java 的"<="符号
System.out.println("less_and_equal="+less_and_equal);
```

以上判断相等关系的两种运算符，加上判断大小关系的 4 种运算符，统称为"关系运算符"。这 6 种关系运算符与数学符号的对照关系见表 3-1。

表 3-1 大小关系的判断符号对照

| 大小关系的判断 | 数学采用的关系符号 | Java 采用的关系运算符 |
| --- | --- | --- |
| 等于 | = | == |
| 不等于 | ≠ | != |
| 大于 | > | > |
| 小于 | < | < |
| 大等于 | ≥ | >= |
| 小等于 | ≤ | <= |

### 3.1.3 运算符的优先级顺序

到目前为止，我们已经学习了 Java 语言的好几种运算符，包括算术运算符、赋值运算符、逻辑运算符、关系运算符等基础运算符，并且在书写赋值语句时都没添加圆括号，显然是默认了先完成算术运算、逻辑运算、关系运算，最后才开展赋值操作。也就是说，在这 4 类运算符中，赋值运算符的优先级最低。那么其他 3 种运算符的优先级顺序又是如何排列的呢？

首先来看算术运算符。Java 中的算术运算符主要包括正号、负号、加号、减号、乘号、除号以及取余数符号。对于数学上的四则运算来说，大家早已熟知乘法和除法的优先级高于加法和减法，它们在 Java 编程中的优先级顺序也是如此，因为取余数运算依赖于除法操作，所以取余数运算跟乘除运算的优先级是一样的。另外，还有正号和负号运算，其实主要是负号运算的优先级，数学上约定俗成负数可以直接参与四则运算，这意味着负号作为数字前面的减号，它的优先级比四则运算要高。

于是算术运算符内部各符号的优先级顺序依次为：正号（+）、负号（-）>乘号（*）、除号（/）、取余数符号（%）>加号（+）、减号（-）。下面是演示算术运算符优先级的代码例子（完整代码见本章源码的 src\com\control\logic\Priority.java）：

```
// 比较加减乘除以及取余数运算的优先级顺序
int fiveArithmetic = 7+5-4*6/3%9;  // 等价于"7+5-(4*6/3%9)"
System.out.println("fiveArithmetic="+fiveArithmetic);
// 比较负号与乘除运算的优先级顺序
int negativeArithmetic = -8/4+2*-3;  // 等价于"(-8)/4+2*(-3)"
System.out.println("negativeArithmetic="+negativeArithmetic);
```

再来看关系运算符。关系符号包括等号、不等号、大于号、小于号等，它们互相之间的优先级是一样的。把关系运算符跟算术运算符作比较，按惯例应当是大于号、小于号和等于号不如加号、减号、乘号、除号优先，Java 代码中的关系运算优先级也确实低于算术运算。也就是说，某个式子要等到加减乘除计算完毕，接下来才会开展大于、等于和小于的关系比较。下面是比较算术运算符和关系运算符优先级的代码示例：

```
// 以下比较算术运算符和关系运算符的优先级顺序
boolean greaterResult = 1+2>3+4;  // 等价于"(1+2)>(3+4)"
System.out.println("greaterResult="+greaterResult);
```

```
boolean lessResult = 1+2<3+4;  // 等价于"(1+2)<(3+4)"
System.out.println("lessResult="+lessResult);
```

接着看逻辑运算符。由于逻辑运算的与或非操作只对布尔变量生效，因此跟操作数值变量的算术运算没有可比性，布尔类型与数值类型二者井水不犯河水，完全是风马牛不相及。故逻辑运算只能与关系运算一较高下。因为关系运算的计算结果是布尔类型的，同时逻辑运算的操作元素也为布尔类型的，所以仅凭感觉就可认为关系运算优先于逻辑运算。这个推理的确适用于"与""或""异或"这 3 种逻辑运算，但并不适用于"非"运算，缘由在于"非"运算只有一个操作数。凡是只有一个操作数的运算符都归类为一元操作符，而一元操作符的优先级要高于二元操作符，因此负号运算比乘除运算优先，同理"非"运算也比大于、等于、小于优先。但凡布尔变量前面出现了感叹号"!"，那么一定会先对该变量做"非"运算，除非有一个圆括号把感叹号后面的式子括起来。

于是逻辑运算最终的优先级顺序为：逻辑非运算符（!）>关系运算符（含等号、不等号）>其他逻辑运算符（含与符号（&）、或符号（|）、异或符号（^））。下面是比较逻辑运算符和关系运算符的优先级的代码：

```
// 比较逻辑与运算符以及关系运算符的优先级顺序
boolean andResult = 1>2&3<4;  // 等价于"(1>2)&(3<4)"
System.out.println("andResult="+andResult);
// 比较逻辑或运算符以及关系运算符的优先级顺序
boolean orResult = 1>2|3<4;  // 等价于"(1>2)|(3<4)"
System.out.println("orResult="+orResult);
// 比较逻辑异或运算符以及关系运算符的优先级顺序
boolean xorResult = 1>2^3<4;  // 等价于"(1>2)^(3<4)"
System.out.println("xorResult="+xorResult);
// 比较逻辑非运算符以及关系运算符的优先级顺序
boolean zhen = true;
boolean jia = false;
boolean notResult = zhen==!jia;  // 等价于"zhen==(!jia)"
System.out.println("notResult="+notResult);
```

总结一下，倘若没有圆括号加以约束，那么对于数值变量来说，几种运算符的优先级顺序依次为：正号、负号>乘号、除号、取余号>加号、减号>大于号、等号、小于号、不等号>各种赋值符号；对于布尔变量来说，相关运算符的优先级顺序依次为：逻辑非>等号、不等号>逻辑与、逻辑或、逻辑异或>各种赋值符号。把这些运算符放到一起，则它们的优先级顺序排列见表 3-2。

表 3-2 几种运算符的优先级排序

| 优 先 级（数值越小，优先级越高） | 运算符说明 | 运算符清单 |
| --- | --- | --- |
| 1 | 算术运算符 | 正号、负号 > 乘号、除号、取余号 > 加号、减号 |
| 1 | 逻辑运算符（非） | 非号 |
| 2 | 关系运算符 | 大于号、等于号、小于号、不等号 |
| 3 | 逻辑运算符（其他） | 与号、或号、异或号 |
| 4 | 赋值运算符 | 赋值号 |

### 3.1.4 按位逻辑与短路逻辑

前面提到逻辑运算只能操作布尔变量，这其实是不严谨的，因为经过 Java 编程实践，会发现"&""|""^"这 3 个逻辑运算符竟然可以对数字做运算。譬如下面的代码就直接对数字分别开展了"与""或""异或"运算（完整代码见本章源码的 src\com\control\logic\ShortCircuit.java）：

```java
// 3 的二进制为 00000011，7 的二进制为 00000111
int andNumber = 3&7;  // 对两个数字开展"按位与"运算
System.out.println("andNumber="+andNumber);
int orNumber = 3|7;  // 对两个数字开展"按位或"运算
System.out.println("orNumber="+orNumber);
int xorNumber = 3^7;  // 对两个数字开展"按位异或"运算
System.out.println("xorNumber="+xorNumber);
```

上述代码也能成功编译运行，运行结果如下：

```
andNumber=3
orNumber=7
xorNumber=4
```

究其原因，原来这 3 个逻辑运算符属于按位逻辑运算符。所谓按位逻辑，指的是先将操作数转换成二进制，再对二进制的操作数逐位开展逻辑运算，最后把每位的逻辑结果重新拼成一个二进制的运算值。例如，数字 3 的二进制表达为 00000011，数字 7 的二进制表达为 00000111，那么对这两个二进制数开展"按位与"运算，得到的二进制结果为 00000011，即数字 3；对这两个二进制数开展"按位或"运算，得到的二进制结果为 00000111，即数字 7；对这两个二进制数开展"按位异或"运算，得到的二进制结果为 00000100，即数字 4。

以上的实验结果说明逻辑与、逻辑或、逻辑异或符号实质上是按位逻辑运算符，之前的布尔变量只是按位逻辑的一种运算类型。既然按位逻辑比较的是左右两边的各个二进制位，就意味着必须先确定左右两边的操作数值，然后才能对两个操作数进行按位运算。这么看来，按位逻辑并非真正意义上的逻辑操作，正常情况的逻辑运算应当具备下列特征：

（1）只判断真和假，不判断 0 和 1，更不是逐位判断。

（2）对于"与"运算，一旦左边的操作数为假，则无论右边的操作数是真还是假，运算结果一定为假。

（3）对于"或"运算，一旦左边的操作数为真，则无论右边的操作数是真还是假，运算结果一定为真。

对比发现，按位逻辑不但不符合上述的第一点特征，也不符合第二点和第三点特征，因为按位逻辑需要左右两边都确定之后，才能开展逻辑运算。显然这样做并不经济，倘若左边的操作数就能确定运算结果，那又何苦画蛇添足进行右边的计算呢？为解决按位逻辑存在的问题，Java 引入了新的短路符号来帮忙，包括短路与符号"&&"和短路或符号"||"。短路的意思是：如果左边已经接通，那就不绕道右边了。

话虽如此，但如何证明短路逻辑确实高效呢？下面通过一个例子来分辨按位逻辑和短路逻辑之间的区别，关键在于逻辑符号的右边需要修改变量值，为此引入了自增符号"++"。具体的逻辑运算代码如下，主要是比较逻辑与"&"和短路与"&&"的运算结果：

```
int i = 1, j = 1;
// 对于按位逻辑运算，需要等待左右两边都计算完毕，才进行按位逻辑判断
boolean result1 = 3 > 4 & ++i < 5;
System.out.println("result1=" + result1 + ", i=" + i);
// 对于短路逻辑运算，一旦左边的计算能够确定结果，就立即返回判断结果，不再进行右边的计算
boolean result2 = 3 > 4 && ++j < 5;
System.out.println("result2=" + result2 + ", j=" + j);
```

运行以上示例代码，得到以下运算日志：

```
result1=false, i=2
result2=false, j=1
```

可见，两个逻辑式子的运算结果都为 false，不同之处在于："&"符号同时执行了左右两边的运算，所以 i++ 执行之后 i 值变为 2；而"&&"符号先执行左边的运算，发现 3>4 为假，说明"与"运算肯定为假，此时整个式子直接返回假，不再执行右边的计算，于是 j 值仍然为 1（j++ 未执行）。从该实验看到，短路逻辑运算名副其实，其效率高于按位逻辑运算，因而在实际开发过程中更经常使用短路符号"&&"和"||"开展逻辑运算，很少使用单个的"&"和"|"。

# 3.2 控制语句

本节介绍编码过程中常见的几种控制语句，包括以 if/else 为代表的条件分支、以 switch/case 为代表的多路分支以及两类循环语句（分别是 while 循环和 for 循环），并详细说明如何继续循环、如何跳出循环等流程控制操作。

## 3.2.1 条件分支

在现实生活中，常常需要在岔路口抉择走去何方，往南还是往北，向东还是向西。在 Java 编程中，利用 if 语句可判断接下来要做什么，比如：如果某个条件成立，就执行某种处理；否则执行另一种处理。if 语句的具体格式为"if (条件) { /* 条件成立时的操作代码 */ } else { /* 条件不成立时的操作代码 */ }"，其中后面的 else 分支是可选的。下面是一个 if 判断的简单代码示例（完整代码见本章源码的 src\com\control\process\Condition.java）：

```
System.out.println("凉风有信，秋月无边。打二字");
System.out.println("获取"凉风有信"的谜底请按 1，获取"秋月无边"的谜底请按 2");
Scanner scan = new Scanner(System.in);  // 从控制台接收输入文本
int seq = scan.nextInt();  // nextInt 方法表示接收一个整数，以回车键结尾
if (seq == 1) {  // 按 1 时打印"凉风有信"的谜底
    System.out.println("凉风有信的谜底是"讽"");
}
if (seq == 2) {  // 按 2 时打印"秋月无边"的谜底
    System.out.println("秋月无边的谜底是"二"");
}
```

上面的例子，目的是根据输入的数字来显示对应的谜底，当输入数字 1 时，日志打印"凉风有

信"的谜底；当输入数字 2 时，日志打印"秋月无边"的谜底。然而，如果输入其他数字，就什么都不打印，这样未免太严格了，不如对所有非 1 的数字，都自动转换成数字 2。此时 else 分支就派上用场了，凡是非 1 的数字，自动默认变为数字 2。于是，补充了自动转换数字的赋值代码如下：

```
if (seq == 1) {  // 为1的情况
    seq = 1;
} else {  // 不为1的情况
    seq = 2;
}
```

以上的赋值转换代码虽然实现的功能很简单，但是足足占用了 5 行代码，着实拖泥带水。仔细分析它的代码逻辑，其实包括 3 个要素，其一为判断条件，其二为条件满足时的赋值，其三为条件不满足时的赋值，因而 Java 引入了新的三元运算符"?:"加以优化。该运算符的完整形式为"式子 A?式子 B:式子 C"，当式子 A 成立时，运算结果为 B，否则运算结果为 C。如此一来，先前的数值转换代码可以改写成下面这样的（完整代码见本章源码的 src\com\control\process\Condition2.java）：

```
// "式子 A ? 式子 B : 式子 C"里的问号加冒号构成了一个三元运算符
// 当式子 A 成立时，运算结果为 B，否则（式子 A 不成立）结果为 C
seq = seq==1?1:2;  // 等价于 seq = (seq==1)?1:2
```

改写后的代码仅有一行而已，尽管未出现 if 和 else 的身影，但它是一种从条件语句简化来的条件运算符。

当然，运算符"?:"最终是为了得到条件判断的运算结果，倘若业务逻辑并不要求返回什么数值，而是要求执行某项动作（比如打印日志），那么这个三元运算符便不再适用了。例如，前面的文字猜谜游戏，假设不需要对变量 seq 转换数值，而是发现非 1 数字时直接打印"秋月无边"的谜底，则应当书写完整的 if/else 语句，不可也无法再套用运算符"?:"。此时修改后的代码就变成下面这样了（完整代码见本章源码的 src\com\control\process\Condition3.java）：

```
if (seq == 1) {  // 条件式子为真时，进入 if 分支处理
    System.out.println("凉风有信的谜底是"讯"");
} else {  // 否则（条件式子为假），进入 else 分支处理
    System.out.println("秋月无边的谜底是"二"");
}
```

所以，三元运算符"?:"仅适用于需要返回计算结果的场合。

## 3.2.2 多路分支

前面提到条件语句的标准格式为"if(条件) {/* 条件成立时的操作代码 */} else {/* 条件不成立时的操作代码 */}"，乍看之下仿佛只有两个分支，一个是条件成立时的分支，另一个是条件不成立时的分支。很明显仅仅两个分支不能满足复杂的业务需求，自然 Java 代码也不会傻瓜到固步自封，为此 else 分支还允许嫁接别的 if 条件，形如"if(条件一) { } else if(条件二) { } else if(条件三) { } else {}"这样，无论来几个条件分支，都能通过"else if"加以判断和处理。

像之前的猜谜游戏，输入数字 1 时打印"凉风有信"的谜底，输入数字 2 时打印"秋月无边"的谜底，现在规定输入其他数字要打印"按键有误"的提示。此时一共存在 3 个条件分支，往原来

的 if/else 语句添加一个 "else if" 即可实现 3 个分支。下面便是改写成 3 个分支之后的代码例子（完整代码见本章源码的 src\com\control\process\Multipath.java）：

```
System.out.println("凉风有信，秋月无边。打二字");
System.out.println("获取"凉风有信"的谜底请按 1，获取"秋月无边"的谜底请按 2");
Scanner scan = new Scanner(System.in);  // 从控制台接收输入文本
int seq = scan.nextInt();  // nextInt 方法表示接收一个整数，以回车键结尾
if (seq == 1) {  // 条件式子 1 为真时，进入第一个 if 分支处理
    System.out.println("凉风有信的谜底是"讽"");
} else if (seq == 2){  //否则继续判断条件式子 2 为真时，进入第二个 if 分支处理
    System.out.println("秋月无边的谜底是"二"");
} else {  // 否则（前面的判断条件都不满足）进入 else 分支处理
    System.out.println("您的按键有误");
}
```

　　随着分支数量多了起来，岂不是得写一样多的"if else"？这种做法虽然可行，但毕竟大费周章，条理也不够清晰。故而早期的设计师构造了"swicth-case"语句，也被称作多路分支结构。在该控制流程中，对每个分支都指定了一个数值把关，只有设定的变量符合数值要求，才能进入相应的分支处理。这样做的好处是方便编译器在底层优化，既可利用二分查找法加快寻找速度，又可采取地址映射直接找到指定分支。兼容并蓄的 Java 自然继承了有利于调优的"swicth-case"，多路分支语句除了 swicth 和 case 外，还额外增加了 break 和 default 两个关键字。break 的作用是跳出整个多路分支，不再执行本分支及其余分支的代码；default 的作用相当于 else，所有不满足已知条件的数值都进入 default 这个默认分支处理。

　　仍以猜谜游戏为例，使用"swicth-case"改写后的多路分支代码如下（完整代码见本章源码的 src\com\control\process\Multipath2.java）：

```
// switch 允许判断某个变量的多个取值，并分别进行单独处理
switch (seq) {
    case 1:  // seq 值为 1 时进入该分支
        System.out.println("凉风有信的谜底是"讽"");
        break;  // 跳出多路分支，即跳到 switch 分支的右花括号之后
    case 2:  // seq 值为 2 时进入该分支
        System.out.println("秋月无边的谜底是"二"");
        break;  // 跳出多路分支，即跳到 switch 分支的右花括号之后
    default:  // seq 值为其他时进入该分支
        System.out.println("您的按键有误");
        break;  // 跳出多路分支，即跳到 switch 分支的右花括号之后
}
System.out.println("猜谜结束");
```

多路分支固然好用，但要特别注意以下几点：

　　（1）每个 case 分支末尾务必要加上 break 语句，否则即使该分支走完了也不会跳出多路分支，而是继续执行该分支的后面一个分支的代码，显然这并非程序员的本意。

　　（2）多路分支只能判断整型（含 byte、short、int）、字符型、枚举型 3 种类型的变量，无法判断布尔、浮点、双精度等其他类型的变量。

（3）case 语句后面的数值只能做相等判断，不能开展大于、小于等其他关系运算。

### 3.2.3　while 循环

循环是流程控制的又一重要结构，"白天-黑夜-白天-黑夜"属于时间上的循环，古人"年复一年、日复一日"的"日出而作、日落而息"便是每天周而复始的生活。计算机程序处理循环结构时，给定一段每次都要执行的代码块，然后分别指定循环的开始条件和结束条件，就形成了常见的循环语句。最简单的循环结构只需一个 while 关键字设置循环条件即可。下面是根据输入数字决定循环次数的代码例子（完整代码见本章源码的 src\com\control\process\WhileLoop.java）：

```
System.out.println("长夜漫漫，无心睡眠，请给他设定一个睡醒的年限");
Scanner scan = new Scanner(System.in);  // 从控制台接收输入文本
int limit = scan.nextInt();  // nextInt 方法表示接收一个整数，以回车键结尾
int year = 0;
while (year < limit) {  // 当条件满足时，在循环内部持续处理
    System.out.println("已经过去的年份："+year);
    year++;
}
System.out.println("他足足睡了这么多年："+year);
```

运行上面的测试代码，输入数字 3，连同处理结果的完整日志如下：

```
长夜漫漫，无心睡眠，请给他设定一个睡醒的年限
3
已经过去的年份：0
已经过去的年份：1
已经过去的年份：2
他足足睡了这么多年：3
```

单纯的 while 语句是在每次循环开始前判断条件，符合条件就执行一遍代码，不符合的话就退出循环。Java 还提供了另一种形式的 do-while 循环，该循环以 do 关键字开头，以 while 语句结尾，并且条件判断挪到了每次循环结束后再处理。条件判断的位置变更造成了 while 循环和 do-while 循环之间的差异：while 循环在开始工作前必定先判断循环条件是否成立，一旦条件不成立，那么当前循环一次都不会执行，直接跳到循环后面的语句；而 do-while 循环直至第一次循环执行完毕才做条件判断，只有发现循环条件不成立时才姗姗来迟退出循环。这意味着，即使循环条件一开始就不满足，do-while 循环也一定要进入循环内部，到此一游后才拍拍屁股离开。

下面通过一个实验观察 while 循环和 do-while 循环的不同之处，演示代码如下，主要是把循环外围的 while 改成 do-while（完整代码见本章源码的 src\com\control\process\WhileLoop2.java）：

```
int year = 0;
do {  // 开始循环处理
    System.out.println("已经过去的年份："+year);
    year++;
} while (year < limit);  // 当条件满足时，在循环内部持续处理
System.out.println("他足足睡了这么多年："+year);
```

然后运行演示代码，倘若输入正数，则 while 循环和 do-while 循环打印的日志信息并无区别；要是输入负数，二者打印的日志就分道扬镳了。假设两种循环情况下都输入-1，则 while 循环的日志打印结果如下：

```
长夜漫漫，无心睡眠，请给他设定一个睡醒的年限
-1
他足足睡了这么多年：0
```

而 do-while 循环的日志打印结果如下：

```
长夜漫漫，无心睡眠，请给他设定一个睡醒的年限
-1
已经过去的年份：0
他足足睡了这么多年：1
```

从上面的实验结果看出，在条件不满足的情况下，do-while 循环依旧强行蹓跶了一圈，这种先斩后奏的特性过于武断，故而限制了它的使用范围。

无论是 while 循环还是 do-while 循环，它们的条件判断都独立于循环内部代码，要么在循环开始前判断，要么在循环结束后判断。如果要求在内部代码的中间就插入条件判断，并据此决定是退出循环还是继续循环，该如何实现呢？为此 Java 给循环语句引入了 break 和 continue 两个关键字，其中 break 的作用是跳出整个循环，而 continue 的作用是跳过本次循环的剩余代码，继续下次的循环判断和处理。

现在准备修改之前的代码，打算在 println 和 year++中间判断是否继续循环。首先要把 while 语句后面的条件式子改为 true，表示每次循环前后取消默认的条件校验。然后在 println 和 year++之间插入 if 语句判断条件，条件满足的话，就执行 year++和 continue 操作；条件不满足的话，就直接跳出整个循环，继续循环以外的代码处理。根据上述思路修改循环代码，改好的代码如下（完整代码见本章源码的 src\com\control\process\WhileLoop3.java）：

```
int year = 0;
while (true) {  // 当条件满足时，在循环内部持续处理
    System.out.println("已经过去的年份："+year);
    if (year < limit) {  // 这里判断能否跳出循环
        year++;
        continue;  // 继续下一次循环
    } else {
        break;  // 跳出循环，即跳到 while 循环的右花括号之后
    }
}
System.out.println("他足足睡了这么多年："+year);
```

接着运行修改之后的代码，打印出来的循环运行日志如下：

```
长夜漫漫，无心睡眠，请给他设定一个睡醒的年限
3
已经过去的年份：0
已经过去的年份：1
已经过去的年份：2
```

```
已经过去的年份：3
他足足睡了这么多年：3
```

可见此时循环内部接连打印了年份 0、年份 1、年份 2、年份 3，共 4 行日志。对比修改之前只打印年份 0、年份 1、年份 2 的 3 行日志，显然修改之后的代码逻辑更灵活，因为无论循环的内部代码如何千变万化，程序总能找到合适的地方退出循环处理。

### 3.2.4　for 循环

前面介绍 while 循环时，有一个名叫 year 的整型变量频繁出现，它是控制循环进出的关键要素。无论哪一种 while 写法，都存在 3 处与 year 有关的操作，分别是 "year = 0" "year<limit" "year++"。第一个 "year = 0" 用来给该变量赋初始值，第二个 "year<limit" 则为是否退出循环的判断条件，第三个 "year++" 用于该变量的自增操作。这 3 处语句结合起来才能实现循环的有限次数处理，而非无限次数的运转。换句话说，要想实现一个标准的循环结构，就必须具备上述的 3 种基本操作。于是 Java 设计了新的 for 循环，意图让形态规整的 for 语句取代结构散乱的 while 语句。

for 循环的书写格式形如 "for (式子 A; 式子 B; 式子 C;) {/* 这里是循环的内部代码 */}"。其中，式子 A 是初始化语句，在首次进入循环时执行；式子 B 是循环的判断条件，当 B 成立时继续循环，当 B 不成立时退出循环；式子 C 一般是变量的自增或自减操作，在开始下一次循环之前执行。仍以前述的唤醒游戏为例，使用 for 语句改写后的循环代码如下（完整代码见本章源码的 src\com\control\process\ForLoop.java）：

```java
System.out.println("长夜漫漫，无心睡眠，请给他设定一个睡醒的年限");
Scanner scan = new Scanner(System.in);  // 从控制台接收输入文本
int limit = scan.nextInt();  // nextInt 方法表示接收一个整数，以回车键结尾
int year;
// for (式子 A; 式子 B; 式子 C;)的三个式子 A、B、C 说明如下
// 式子 A 在首次进入循环时执行
// 式子 B 是循环的判断条件，B 成立时继续循环，不成立时退出循环
// 式子 C 在开始下一次循环之前执行
// 注意，每次循环结束之后，先执行式子 C，再判断式子 B
for (year=0; year<limit; year++) {
    System.out.println("已经过去的年份："+year);
}
System.out.println("他足足睡了这么多年："+year);
```

从以上代码可见，for 循环把 3 种基本操作放到了同一行，大大缩减了代码行数。仅仅 3 行 for 语句，等价于以下十几行的 while 循环代码：

```java
year = 0;
if (year<limit) {
    while (true) {  // 开始循环处理
        System.out.println("已经过去的年份："+year);
        year++;
        if (year<limit) {  // 年份未达到条件，继续循环
            continue;
        } else {  // 年份已达到条件，退出循环
```

```
            break;
        }
    }
}
```

不过精简代码的代价是缺乏灵活性。for 语句的条件判断默认在每次循环开始之前执行，倘若希望在循环内部的指定位置判断是否继续循环，仍然要把式子 B 的判断条件挪到循环里面，此时 for 语句原先给式子 B 的地方可以留空。于是挪动条件判断之后的 for 循环代码变成了下面这样（完整代码见本章源码的 src\com\control\process\ForLoop2.java）：

```
for (int year=0; ; year++) {
    System.out.println("已经过去的年份: "+year);
    if (year >= limit) {  // 这里判断能否跳出循环
        System.out.println("他足足睡了这么多年: "+year);
        break;  // 跳出循环，即跳到 for 循环的右花括号之后
    } else {
        continue;  // 继续下一次循环。此时先执行 year++，再执行循环内部语句
    }
}
```

既然式子 B 原来的位置允许留空，那么只要处理得当，式子 A 和式子 C 的位置也是允许留空的。3 个位置同时留空后的 for 循环代码示例如下（完整代码见本章源码的 src\com\control\process\ForLoop3.java）：

```
int year = 0;  // 把式子 A 挪到整个循环的前面
for (; ; ) {  // for 语句后面的 3 个位置全部留空
    System.out.println("已经过去的年份: "+year);
    if (year >= limit) {  // 这里判断能否跳出循环
        System.out.println("他足足睡了这么多年: "+year);
        break;  // 跳出循环，即跳到 for 循环的右花括号之后
    } else {
        year++;  // 把式子 C 挪到 continue 之前
        continue;  // 继续下一次循环。此时先执行 year++，再执行循环内部语句
    }
}
```

可是一旦紧跟 for 语句之后的 3 个位置全部留空，这个 for 就变得毫无特点了，此时的"for (; ; )"完全等价于"while (true)"。所以说，具体采取哪种循环形式，还得根据实际的业务要求来定夺。

## 3.3 数　组

相同类型的几个变量聚集到一起，就凑成了数组类型，利用数组方便统一管理变量元素。常见的数组基本上属于一维数组，有的场合会用到二维数组，通过循环语句可以有效地遍历数组元素。本节将详细讲述一维数组和二维数组，除此之外，还将描述冒号在 Java 编程中的几种用法，以及数组工具 Arrays 对数组变量的管理操作。

### 3.3.1 一维数组

之前介绍的各类变量都是单独声明的，倘若要求定义相同类型的一组变量，则需定义许多同类型的变量，显然耗时耗力且不易维护。为此，编程语言引入了数组的概念，每个数组都由一组相同类型的数据构成，对外有统一的数组名称，对内通过序号区分每个数组元素。

数组类型由基本的变量类型扩展而来，在基本类型后面加上一对方括号便形成了该类型对应的数组类别。Java 代码声明数组变量有两种形式：一种是在变量名称后面添加方括号，例如"int numbers[]"；另一种是在类型后面添加方括号，例如"int[] numbers"。两种形式表达的含义完全一致，都是声明一个名叫 numbers 的整型数组，只是书写习惯上有所区别。

声明完数组变量，还得给它分配存储空间。一个数组有多长，包含几个元素，这需要程序员事先予以指定。分配数组空间的途径有 3 种，分别说明如下：

（1）利用语句"new 变量类型[数组长度]"分配空间，比如希望数组 numbers 能够容纳 4 个元素，则可通过下面这行语句实现：

```
// 在方括号内填入数字，表示数组有多大
numbers = new int[4];
```

其中，关键字 new 的意思是创建一块存储空间，方括号内的数字表示该数组的元素个数。

（2）在分配存储空间的时候立即对数组初始化赋值，此时方括号中间不填数字，而在方括号后面添加花括号，并且花括号内部是以逗号分隔的一组数值。此时初始化赋值的代码如下：

```
// 方括号内留空，然后紧跟花括号，花括号内部是以逗号分隔的一组数值
numbers = new int[]{2, 3, 5, 7};
```

（3）上面的第二种写法，之所以方括号内没填数字，是因为花括号里已经确定了具体的元素数量。既然程序能够自动推导元素的数量，那么从元素值也能推导该元素的变量类型。如此一来，花括号前面的"new int[]"完全是冗余的，于是就形成了以下的简化写法：

```
// 以下是分配数组空间的第 3 种形式：赋值等号右边直接跟着花括号
numbers = {2, 3, 5, 7};
```

以上的赋值等号右边直接跟着花括号，花括号里面有 4 个整型数字，这便告诉编译器：该数组需要分配 4 个元素，并且每个元素都是整型数值。

现在数组变量总算占据一块地盘，根据数组名称加上元素序号即可访问对应位置的数组元素。获取某个数组元素的格式形如"数组名称[元素序号]"，譬如 numbers[0]表示获取下标为 0 的数组元素，Java 代码里的下标 0 对应日常生活中的第一个，因此 numbers[0]指的就是第一个数组元素。这个数组元素的用法跟普通变量一样，既能对它赋值，又能把它打印出来。若要打印数组内部的所有元素数值，则可通过循环语句实现，通过"数组名称.length"获取该数组的长度，然后依次打印长度范围之内的所有元素。下面是声明一个整型数组，并对每个数组元素赋值，最后遍历打印各元素的完整代码例子（完整代码见本章源码的 src\com\control\array\OneDimensional.java）：

```
// 以下是声明数组的第一种形式："变量类型 数组名称[]"
int numbers[];
// 以下是分配数组空间的第一种形式：在方括号内填入数字，表示数组有多大
numbers = new int[4];
```

```
// 数组名称后面的"[数字]"就是数组元素的下标，表示当前操作的是第几个数组元素
numbers[0] = 2;  // 给下标为 0 的数组元素赋值，下标 0 对应日常生活中的第一个
numbers[1] = 3;  // 给下标为 1 的数组元素赋值，下标 1 对应日常生活中的第二个
numbers[2] = 5;  // 给下标为 2 的数组元素赋值，下标 2 对应日常生活中的第三个
numbers[3] = 7;  // 给下标为 3 的数组元素赋值，下标 3 对应日常生活中的第四个
// 通过循环语句依次读出数组中的所有元素，"数组名称.length"表示获取该数组的长度
for (int i=0; i<numbers.length; i++) {
    System.out.println("number = "+numbers[i]);  // 打印下标为 i 的数组元素
}
```

数组的一个应用方向为数学上的数列运算，比如常见的斐波那契数列。话说数学家斐波那契养了一对兔子，他发现兔子出生两个月后就有繁殖能力，并且一对兔子每个月能生产一对小兔子，那么一年过后，总共有多少对兔子？这个兔子问题看起来得一个月一个月去数，第一个月只有一对小兔子；第二个月小兔子长成大兔子，但总共仍是一对兔子；第三个月大兔子生下一对小兔子，加起来有两对兔子；第四个月大兔子又生下一对新的小兔子，上个月的小兔子长成大兔子，这下共有三对兔子……这么一路数到第十二个月，每个月的兔子数量情况整理如表 3-3 所示。

表 3-3 兔子繁衍而来的斐波那契数列

| 第几个月 | 1 | 2 | 3 | 4 | 5 | 6 | 7 | 8 | 9 | 10 | 11 | 12 |
|---|---|---|---|---|---|---|---|---|---|---|---|---|
| 小兔子对数 | 1 | 0 | 1 | 1 | 2 | 3 | 5 | 8 | 13 | 21 | 34 | 55 |
| 大兔子对数 | 0 | 1 | 1 | 2 | 3 | 5 | 8 | 13 | 21 | 34 | 55 | 89 |
| 兔子总对数 | 1 | 1 | 2 | 3 | 5 | 8 | 13 | 21 | 34 | 55 | 89 | 144 |

表 3-3 所示的每月兔子的对数就构成了斐波那契数列，它的前 12 个数字依次为：1、1、2、3、5、8、13、21、34、55、89、144。仔细观察发现该数列有一个规律，从第 3 个数字开始，每个数字都是前两个数字之和，如 3=2+1、5=3+2、8=5+3 等。于是大可不必绞尽脑汁计算每个月的兔子生育情况，完全可以把这项工作交给计算机程序，让 Java 代码帮助我们求解斐波那契数列。为此先声明一个大小为 12 的整型数组，接着循环遍历该数组，依次填入每个元素的数值。按照上述思路编写的程序代码示例如下（完整代码见本章源码的 src\com\control\Feibonaqi.java）：

```
int[] rabbitNumbers;  // 声明一个兔子数量（多少对）的数组变量
rabbitNumbers = new int[12];  // 一年有 12 个月，故兔子数组大小为 12
// 用循环计算兔子数组在每个月的兔子对数
for (int i=0; i<rabbitNumbers.length; i++) {
    if (i < 2) {  // 数列的头两个元素都是 1
        rabbitNumbers[i] = 1;
    } else {  // 从第 3 个元素开始，每个元素都等于它的前面两个元素之和
        rabbitNumbers[i] = rabbitNumbers[i-2] + rabbitNumbers[i-1];
    }
    int month = i+1;
    // 打印当前的月份和兔子对数
    System.out.println("第"+month+"个月，兔子对数="+rabbitNumbers[i]);
}
```

最后运行上述的运算代码，得到以下日志记录，从中可见斐波那契数列的前 12 个数字。

第 1 个月，兔子对数=1
第 2 个月，兔子对数=1
第 3 个月，兔子对数=2
第 4 个月，兔子对数=3
第 5 个月，兔子对数=5
第 6 个月，兔子对数=8
第 7 个月，兔子对数=13
第 8 个月，兔子对数=21
第 9 个月，兔子对数=34
第 10 个月，兔子对数=55
第 11 个月，兔子对数=89
第 12 个月，兔子对数=144

### 3.3.2 二维数组

3.3.1 小节的数组容纳的是一串数字，仿佛一根线把这组数字串了起来，故而它只是一维数组。一维数组用来表示简单的数列尚可，要是表示复杂的平面坐标系，就力不从心了。

由于平面坐标系存在水平和垂直两个方向，因此可用二维数组来保存平面坐标系上的一组坐标顶点，其中第一维是顶点队列，第二维是顶点的横纵坐标。许多个平面组合起来变成一个动画，每个平面都构成动画的一个帧，这样就形成了三维数组。二维数组、三维数组，乃至更多维度的数组统称为多维数组。多维数组全由一维数组扩展而来，它们的用法大同小异，因而只要学会如何使用二维数组，即可举一反三运用其他多维数组。下面就以二维数组为例，统一介绍多维数组的常见用法。

如同一维数组那样，二维数组也有两种声明形式：一种是在变量名称后面添加两对方括号，例如"double triangle[][]"；另一种是在类型后面添加两对方括号，例如"double[][] triangle"。前述的二维数组 triangle 表示平面坐标系上的三角形，其中第一对方括号表示这个三角形有几个顶点，第二对方括号表示每个顶点由几个坐标方向构成。

给二维数组分配存储空间有 3 种方式，分别说明如下：

（1）利用语句"new 变量类型[顶点数量][方向数量]"分配空间，比如三角形 triangle 有 3 个顶点，每个顶点由横纵两个坐标方向组成，则可通过下面这行语句实现：

```
// 在两对方括号内分别填入数字，表示数组有多少行多少列
triangle = new double[3][2];
```

（2）在分配存储空间的时候立即对数组初始化赋值，此时方括号中间不填数字，而在方括号后面添加花括号，并且花括号内部是以逗号分隔的几个一维数组。此时初始化赋值的代码如下：

```
// 方括号内留空，然后紧跟花括号，花括号内部是以逗号分隔的几个一维数组
double[][] triangle = new double[][]{
    new double[]{-2.0, 0.0},
    new double[]{0.0, -1.0},
    new double[]{2.0, 1.0}
};
```

（3）上面的第二种写法实在啰唆，完全可以参照一维数组的简化写法，把多余的"new double***"统统去掉，于是整个初始化代码精简如下：

```
// 赋值等号右边直接跟着花括号，花括号又内嵌好几个花括号，分别表示对应的一维数组
double[][] triangle = { {-2.0, 0.0}, {0.0, -1.0}, {2.0, 1.0} };
```

以上的赋值等号右边直接跟着花括号，花括号里面又有 3 组花括号，每组花括号分别容纳两个数字。这便告诉编译器：该二维数组需要分配 3 个顶点，并且每个顶点都有两个坐标方向。

若要获取二维数组里面的某个元素，则可采取"数组名称[元素行号][元素列号]"的形式，表示当前操作的是第几行第几列的数组元素。与一维数组不同的是，对于二维数组来说，"数组名称.length"不能获取所有元素的数量，而是获取该数组的行数；要想获取某行的列数，则需通过"triangle[行号].length"来得到。把所有行的列数累加起来，才能求得该二维数组的元素个数。

下面是声明一个浮点型的二维数组，并对每个数组元素赋值，最后遍历打印各元素的代码例子（完整代码见本章源码的 src\com\control\array\TwoDimensional.java）：

```
// 以下是声明二维数组的第一种形式："变量类型 数组名称[][]"
double triangle[][];
// 以下是分配二维数组空间的第一种形式：在两对方括号内分别填入数字，表示数组有几行几列
triangle = new double[3][2];
// 数组名称后面的"[数字][数字]"为数组元素的行列下标，表示当前操作第几行第几列的元素
triangle[0][0] = -2.0;
triangle[0][1] = 0.0;
triangle[1][0] = 0.0;
triangle[1][1] = -1.0;
triangle[2][0] = 2.0;
triangle[2][1] = 1.0;
// 通过循环语句依次读出数组中的所有元素。"二维数组名称.length"表示获取该数组的行数
for (int i=0; i<triangle.length; i++) {
    // "triangle[i].length"表示获取该数组第 i 行的列数
    for (int j=0; j<triangle[i].length; j++) {
        // 打印第 i 行第 j 列的数组元素
        System.out.println("triangle["+i+"]["+j+"]="+triangle[i][j]);
    }
}
```

上述示例代码中的二维数组存放着平面坐标系上的 3 个顶点，它们的坐标分别是(-2.0, 0.0)、(0.0, -1.0)、(2.0, 1.0)。这 3 个坐标点构成了一个三角形的 3 个顶点，即如图 3-1 所示的 A 点（坐标为(-2,0)）、B 点（坐标为(0,-1)）、C 点（坐标为(2,1)）。

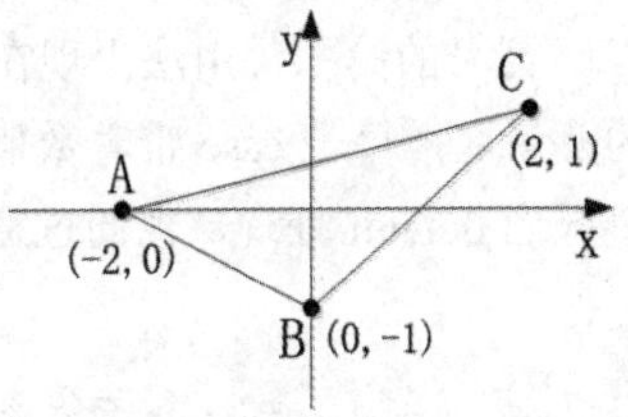

看到了熟悉的平面坐标图，这下平面几何的知识可派上用场了，比如根据两点的坐标来计算两点之间的距离。既然三角形有 3 个顶点 A、B、C，接下来不妨计算它的 3 条边长，包括 AB、AC 和 BC

图 3-1　平面坐标系上的三角形

3 条边的长度。于是分别求得两个顶点在横轴方向的距离和在纵轴方向的距离，然后利用勾股定理计算出连接两个顶点的斜边长度。以下便是根据二维数组保存的坐标数值求解三角形各边长的演示代码（完整代码见本章源码的 src\com\control\array\TwoDimensional3.java）：

```
// 下面通过循环语句依次计算三角形每条边的长度
// 假设第一个数组元素代表点 A，第二个数组元素代表点 B，第三个数组元素代表点 C
// 则本循环将依次求得 AB、AC、BC 这 3 条边的长度
```

```
        for (int i=0; i<triangle.length-1; i++) {
            for (int j=i+1; j<triangle.length; j++) {
                // 获取两个顶点在横轴方向的距离
                double xDistance = Math.abs(triangle[j][0] - triangle[i][0]);
                // 获取两个顶点在纵轴方向的距离
                double yDistance = Math.abs(triangle[j][1] - triangle[i][1]);
                // 根据勾股定理计算连接两个顶点的斜边长度
                double distance = Math.sqrt(xDistance*xDistance + yDistance*
yDistance);
                System.out.println("i=" + i + ", j=" + j + ", distance=" + distance);
            }
        }
```

运行上述的演示代码，打印出来的三角形边长计算结果如下：

```
    i=0, j=1, distance=2.23606797749979
    i=0, j=2, distance=4.123105625617661
    i=1, j=2, distance=2.8284271247461903
```

### 3.3.3 冒号的几种用法

Java 中的标点符号主要有两类用途：一类是运算符，包括加号"+"、减号"-"、乘号"*"、除号"/"、取余号"%"、等号"="、大于号">"、小于号"<"、与号"&"、或号"|"、非号"!"、异或号"^"等；另一类是分隔符，包括区分代码块的花括号"{}"，容纳特定语句的圆括号"()"，标明数组元素的方括号"[]"，分隔长句的分号"；"，分隔短句的逗号"，"，分隔包名、类名、方法名的点号"."，等等。当然还有几个特殊的分隔符，比如三元运算符"?:"，它的完整形式为"式子 A ？式子 B：式子 C"。当式子 A 成立时，得到式子 B 的结果；当式子 A 不成立时，得到式子 C 的结果。在这些标点符号中，尤以冒号最为特殊，之所以这么说，是因为 Java 编程一遇到特殊的分隔场景，基本都拿冒号做标记。

冒号除了用在三元运算符"?:"中外，至少还有其他 3 种用法，分别介绍如下。

#### 1. switch-case 的分支标记

冒号的第二种用法出现在多路分支中。犹记得当年 switch-case 并肩作战，switch 给出了待判断的变量名，每个 case 带着数值再拖上具体的处理语句，case 条件与处理语句之间以冒号分隔，其他情况由 default 处理，也通过冒号同处理语句区分开。譬如下面的多路分支代码，就能看到冒号的分隔作用：

```
    // switch 允许判断某个变量的多个取值，并分别进行单独处理
    switch (seq) {
        case 1:  // seq 值为 1 时进入该分支
            System.out.println("凉风有信的谜底是"讽"");
            break;  // 跳出多路分支，即跳到 switch 分支的右花括号之后
        case 2:  // seq 值为 2 时进入该分支
            System.out.println("秋月无边的谜底是"二"");
            break;  // 跳出多路分支，即跳到 switch 分支的右花括号之后
        default:  // seq 值为其他时进入该分支
```

```
        System.out.println("您的按键有误");
        break;  // 跳出多路分支，即跳到 switch 分支的右花括号之后
    }
```

#### 2. for 循环的数组元素遍历

冒号的第三种用法跟数组的循环遍历有关。要想把某个数组里的所有元素数值都打印出来，就得通过 for 循环依次取出数组的每个元素，再打印该元素的数值。以整型数组为例，利用 for 语句遍历并打印元素的代码如下：

```
int[] numbers = {2, 3, 5, 7};
for (int i = 0; i < numbers.length; i++) {
    int number = numbers[i];  // 获取下标为 i 的元素，并赋值给名为 number 的变量
    System.out.println("number = " + number);
}
```

上面的循环语句很常规，用法形式也很常见，无非是依次取出数组里的每个元素罢了。倘若此时不修改元素数值，仅仅是读取数值的话，那么可以简化成一套通用的循环模板，就像以下循环语句一样（完整代码见本章源码的 src\com\control\array\ColonErgodic.java）：

```
int[] numbers = {2, 3, 5, 7};
// 在 for 循环中，可利用"变量类型 变量名称 ： 数组名称"的形式，直接把数组元素赋值给该变量
for (int number : numbers) {
    System.out.println("number = "+number);
}
```

上述的 Java 代码把原循环内部的变量 number 提前放到 for 后面的圆括号中，并且 number 与数组 numbers 之间用冒号分开，表示每次循环处理之前都把数组元素逐个赋值给 number 变量，然后循环内部即可直接处理该变量。如此这般便优化了先前的 for 循环代码，免去了冗余的数组下标、判断条件以及自增操作。

#### 3. 多层循环的跳转标记

冒号的第四种用法也与循环语句有关，但不限于 for 循环，而是与 for 和 while 都有关联。前述的循环处理基本上都只有一层循环，然而实际开发中常常会遇到多层循环，也就是一个循环内部嵌套了另一个循环，看起来像是层峦叠嶂、反复重叠，故又被称作多重循环。例如有一个二维数组，要想把它里面的所有元素都打印出来，这便需要两层循环才能搞定，第一层循环负责遍历第一个维度的下标，而第二层循环负责遍历第二个维度的下标，编码上则需一个 for 循环嵌套另一个 for 循环，具体的 Java 实现代码如下（完整代码见本章源码的 src\com\control\array\ColonJump.java）：

```
double[][] triangle = { {-2.0, 0.0}, {0.0, -1.0}, {2.0, 1.0} };
// 下面通过多重循环依次打印二维数组里面的所有元素
for (int i=0; i<triangle.length; i++) {
    for (int j=0; j<triangle[i].length; j++) {
        System.out.println("value = "+triangle[i][j]);
    }
}
```

可见以上的多重循环代码还是挺简单的，并未涉及复杂的 break 和 continue 操作。即使用到 break

和 continue，处理逻辑也没有什么特别之处，因为 break 语句只能跳出当前层次的循环，不能跳出上一个层次的循环，continue 语句同理。所以要想从内层循环跳出外层循环，就得设置一个标记，从内层循环跳到外层循环时，通过判断该标记再决定是否立刻跳出外层循环。仍以前面的二维数组为例，假设在内层循环找到某个元素为 0.0，则立即结束全部循环（包括外层循环和内层循环），按此思路编写的代码例子如下：

```java
// 处理要求：一旦发现数组元素等于 0.0，就立即从第二层循环跳出第一层循环（跳出两层循环）
for (int i=0; i<triangle.length; i++) {
    boolean isFound = false;  // 该布尔变量用来标记是否找到 0.0
    for (int j=0; j<triangle[i].length; j++) {
        if (triangle[i][j] == 0.0) {
            isFound = true;  // 找到了 0.0
            System.out.println("simple found 0.0");
            break;  // 跳出第二层循环
        }
    }
    if (isFound) {  // 根据布尔变量判断是否找到了 0.0
        break;  // 跳出第一层循环
    }
}
```

以上代码固然实现了功能要求，但是两个 break 的写法着实令人憋屈，而且布尔变量 isFound 纯粹是到此一游。有没有一种写法允许代码直接从内层循环跳出外层循环呢？与其让布尔变量做标记，不如给外层循环加一个记号，然后内层循环就能告诉编译器，接下来的 break 语句要跳出指定标记的循环。这时冒号便派上用场了，通过形如"标记名称：for 或者 while"的表达式，即可给指定循环起一个外号，于是语句"break 标记名称"便实现了跳出指定循环的需求。使用新写法改造前面的循环跳出代码，修改之后的代码如下：

```java
// 下面的 loop1 是一个记号，连同后面的冒号加在 for 前面，表示它指代这个 for 循环
loop1 : for (int i=0; i<triangle.length; i++) {
    for (int j=0; j<triangle[i].length; j++) {
        if (triangle[i][j] == 0.0) {  // 找到了 0.0，准备跳出外层循环
            System.out.println("loop1 found 0.0");
            break loop1;  // 跳出 loop1 代表的循环，也就是跳出第一层循环
        }
    }
}
```

以上代码先在外层的 for 循环之前添加"loop1 ："，表明外层循环的绰号叫 loop1，然后内层循环的 break 语句改成"break loop1;"，表示跳出 loop1 这个外层循环，这样只需一个 break 语句就跳出多重循环了。除了 break 语句外，continue 语句也允许带上标记名称，比如"continue loop1"表示继续 loop1 这个外层循环的下一次循环处理，并且 while 循环同样认可在 break 和 continue 后面添加标记。当然，利用前面介绍的冒号的第三种用法，上面的多重循环还能简化成以下代码：

```java
// 下面用到了两种冒号：一种用来标记循环；另一种用来简化数组遍历
loop2 : for (double[] dot : triangle) {  // dot 等价于前面的 triangle[i]
    for (double coordinate : dot) {  // coordinate 等价于前面的 triangle[i][j]
```

```
            if (coordinate == 0.0) {   // 找到了 0.0，准备跳出外层循环
                System.out.println("loop2 found 0.0");
                break loop2;   // 跳出 loop2 代表的循环
            }
        }
    }
```

如此一来，上述的循环代码联合应用了冒号的两种用法，代码也变得更加精练了。

### 3.3.4 数组工具 Arrays

数组作为一种组合形式的数据类型，必然要求提供一些处理数组的简便办法，包括数组比较、数组复制、数组排序等。为此，Java 专门设计了 Arrays 工具，该工具包含几个常用方法，方便程序员加工数组。Arrays 工具的常见方法简述如下：

- Arrays.equals(a1, a2);  判断 a1 和 a2 两个数组是否相等，也就是每个元素是否都相等。
- Arrays.fill(a, val);  往数组 a 中填入指定的数值 val。
- dest = Arrays.copyOf(src, newLength);  把数组 src 的内容赋值给数组 dest，且 dest 的长度为 newLength。
- Arrays.sort(a);  对数组 a 的内部元素排序，默认按照升序排序。

下面详细介绍以上 4 个数组处理方法的使用。

#### 1. Arrays.equals 方法

前面说过，双等号"=="可用来判断两个变量的数值是否相等，但只适合基本变量类型之间的比较，例如比较两个整型变量是否相等、两个双精度数是否相等、两个布尔变量是否相等。若两个数组变量通过"=="判断相等与否，则比较的是这两个数组是否为同一个数组，而不是比较两个数组的所有元素是否都相等。要想判断两个数组内部的每个元素是否一一相等，就必须通过 Arrays 工具的 equals 方法来辨别。equals 方法返回 true 表示两个数组的所有元素都相等，返回 false 表示两个数组至少有一个元素不相等。

#### 2. Arrays.fill 方法

在声明数组变量的时候，经常需要对它初始化赋值，比如书店进了 10 本书，每本书的售价都是 99 元，那么按照常规写法只能书写 10 遍 99，就像下面的代码这样：

```
// 构造一个包含 10 个 99 的数组变量
int[] prices = {99, 99, 99, 99, 99, 99, 99, 99, 99, 99};
```

显然输入重复的数字是个负担，尤其重复数量很多的时候更甚。现在利用 Arrays 的 fill 方法，只需一行代码即可对该数组的所有元素都填上相同的数值，于是数组的初始赋值代码便优化为下面这样（完整代码见本章源码的 src\com\control\array\ArrayFill.java）：

```
int[] prices = new int[10];      // 声明一个整型数组，数组大小为 10
Arrays.fill(prices, 99);         // 给整型数组的每个元素全部填写 99
for (int price : prices) {       // 循环遍历并打印整型数组的所有元素数值
    System.out.println("price = "+price);
}
```

### 3. Arrays.copyOf 方法

把一个数组变量赋值给另一个数组变量，似乎可以用等号直接赋值，这在一般情况下没有问题，但如果赋值之后修改了原数组的某个元素，就会出现问题了。譬如以下的演示代码，先把数组变量 pricesOrigin 赋值给 pricesAssign，接着修改原数组 pricesOrigin 的元素值，再打印新数组 pricesAssign 的所有元素（完整代码见本章源码的 src\com\control\array\ArrayCopy.java）：

```
int[] pricesOrigin = {99, 99, 99, 99, 99};// 声明一个整型数组，数组大小为 5，且 5
个元素全为 99
// 复制数组的第一个办法：利用等号直接赋值。新数组只是原数组的别名
int[] pricesAssign = pricesOrigin;
pricesOrigin[1] = 80;
for (int price : pricesAssign) {  // 循环遍历并打印整型数组的所有元素数值
    System.out.println("assign price = "+price);
}
```

运行以上的演示代码，完整的日志输出如下：

```
assign price = 99
assign price = 80
assign price = 99
assign price = 99
assign price = 99
```

没想到打印出来的第二个数组元素竟然变了，可是演示代码明明只改了原数组 pricesOrigin，并未修改新数组 pricesAssign？让测试程序错乱的缘故是数组之间的等号赋值相当于给数组起一个别名，并非从头到尾完整复制一个新数组出来。既然只是起了别名，那么实际上还是原名称所指的数组，无非是该数组有两个名字罢了。

显然这种情况不是程序员期望的结果，程序员的本意是复制另外的数组，新数组不再与原数组有任何关联，大家井水不犯河水，互不干涉、互不影响，最好克隆一个一模一样的新数组出来。Java 恰巧给每个数组变量都提供了 clone 方法，该方法正是拿来克隆数组用的。克隆出来的新数组分配了单独的存储空间，并且数组元素的数值与原数组完全一致，如此便实现了正常意义上的数组赋值功能。利用 clone 方法复制数组变量的示例代码如下：

```
// 复制数组的第二个办法：调用原数组的 clone 方法。新数组由原数组克隆而来
int[] pricesClone = pricesOrigin.clone();
pricesOrigin[1] = 80;
for (int price : pricesClone) {  // 循环遍历并打印整型数组的所有元素数值
    System.out.println("clone price = "+price);
}
```

运行以上示例代码，得到下面的日志输出结果：

```
clone price = 99
clone price = 99
clone price = 99
clone price = 99
clone price = 99
```

可见此时修改了原数组的元素值，并没有改变新数组的元素值，真正做到了完整的复制操作。

clone 方法正如其名，它把原数组的所有元素一个不漏地全部复制到新数组，这意味着，如果只想复制部分元素给新数组，clone 方法就无能为力了。为此，Java 给 Arrays 工具增配了一个 copyOf 方法，该方法允许从来源数组复制若干元素给目标数组。当待复制的元素个数恰好等于原数组的大小时，copyOf 方法的作用等同于数组变量的 clone 方法。下面是通过 copyOf 方法将数组原样复制到新数组的代码例子：

```
// 复制数组的第 3 个办法：调用 Arrays 工具的 copyOf 方法。允许复制部分元素
int[] pricesCopy = Arrays.copyOf(pricesOrigin, pricesOrigin.length);
for (int price : pricesCopy) {  // 循环遍历并打印整型数组的所有元素数值
    System.out.println("copy price = "+price);
}
```

从上面的代码看到，copyOf 方法后面跟着两个参数：第一个参数是原数组的名称；第二个参数是要复制的元素个数。接下来，把第二个参数改小一点，看看 copyOf 方法是否真的支持只复制部分元素。于是第二个参数改为 pricesOrigin.length-1 之后的代码如下：

```
// 改变 copyOf 方法的第二个参数值，允许复制指定大小的数组元素
int[] pricesPart = Arrays.copyOf(pricesOrigin, pricesOrigin.length-1);
for (int price : pricesPart) {  // 循环遍历并打印整型数组的所有元素数值
    System.out.println("part price = "+price);
}
```

重新运行修改后的数组复制代码，日志输出结果如下：

```
part price = 99
part price = 99
part price = 99
part price = 99
```

可以看到新数组的元素只有 4 个，而原数组共有 5 个元素，说明此时的确只复制了部分元素。

Arrays 工具的 copyOf 方法还有一个妙用，比如有一个数组分配了初始大小为 5，现在想把该数组的长度扩大到 10，这时利用 copyOf 方法就能动态调整数组的大小。具体做法是：调用 copyOf 方法时，来源数组和目标数组都填该数组的名称，然后待复制的元素大小填写扩大后的长度。下面的代码将演示如何将某数组的大小增大一位：

```
// 把 copyOf 方法的返回值赋给原数组，可以动态调整该数组的大小
pricesOrigin = Arrays.copyOf(pricesOrigin, pricesOrigin.length+1);
for (int price : pricesOrigin) {  // 循环遍历并打印整型数组的所有元素数值
    System.out.println("origin price = "+price);
}
```

运行调整数组大小的演示代码，观察到以下的日志输出：

```
origin price = 99
origin price = 99
origin price = 99
origin price = 99
```

```
origin price = 99
origin price = 0
```

由此可见，数组大小果然增大了一位，并且新增的数组元素值为 0，这正是整型变量的默认数值。

### 4. Arrays.sort 方法

顾名思义，Arrays 工具的 sort 方法是给数组元素排序的，并且默认的排序结果为升序。sort 方法用起来很简单，只要把待排序的数组名称填进圆括号，编译器就会自动完成该数组的排序任务。举一个给整型数组排序的例子，简单的 Java 实现代码如下：

```
int[] prices = { 99, 80, 18, 68, 8 };
// 对整型数组 prices 里的元素排序，sort 方法得到的结果是升序排列
Arrays.sort(prices);
for (int price : prices) {  // 循环遍历并打印整型数组的所有元素数值
    System.out.println("price = " + price);
}
```

运行上述的排序代码，得到下面的结果日志：

```
price = 8
price = 18
price = 68
price = 80
price = 99
```

从日志看到，排序后的数组元素从小到大打印，很明显这是升序排列。

当然，在前面的例子中，数组元素早在声明数组时便初始化赋值了，实战性不强。接下来，尝试动态生成一个随机数数组，再对该数组排序，这样更贴近实际业务。详细的实现代码涉及数组、循环、冒号跳转等技术，有兴趣的读者不妨动手实践。下面是生成随机数组并对其排序的代码例子（完整代码见本章源码的 src\com\control\array\ArraySort.java）：

```
int[] numbers = new int[10];  // 创建一个大小为 10 的整型数组
loop: for (int i = 0; i < numbers.length; i++) {
    int item = new Random().nextInt(100);  // 生成一个小于 100 的随机整数
    // 下面的循环用来检查数组中是否已经存在该随机数
    for (int j = 0; j < i; j++) {
        if (numbers[j] == item) {
                            // 若已经存在该随机数，则继续第一层循环，重新生成随机数
            i--;            // 本次循环做了无用功，取消当前的计数
            continue loop;  // 继续以 loop 标记的外层循环
        }
    }
    numbers[i] = item;      // 若原数组不存在该随机数，则把随机数加入数组中
}
// 对整型数组 numbers 里的元素排序，sort 方法得到的结果是升序排列
Arrays.sort(numbers);
for (int number : numbers) {  // 循环遍历并打印整型数组的所有随机数
```

```
        System.out.println("number = " + number);
    }
```

## 3.4 实 战 练 习

本节介绍几种经典数学问题的求解过程。首先，利用条件分支和循环语句，结合穷举法的思想，求解"鸡兔同笼"问题；其次，仍旧使用流程控制语句，搭配数组变量求解"韩信点兵"问题；最后，描述如何通过二分法快速找到数组中的某个元素。

### 3.4.1 求解"鸡兔同笼"问题

有了条件分支和循环遍历这两类基本的流程控制，我们就能通过 Java 编程来解决复杂一点的问题了。现在通过一个阶段性的实战练习帮助大家加深对流程控制语句的理解。

在南北朝时期成书的数学著作《孙子算经》中，有一道趣味的"鸡兔同笼"问题，题干是"今有雉兔同笼，上有三十五头，下有九十四足，问雉兔各几何？"这段文言文翻译成白话文，意思是：笼子里关着一群鸡和兔子，上面有 35 个头，下面有 94 条腿，请问鸡和兔子各有几只？显然这是一个二元一次方程组，列出代数方程式求解即可。按照中学课本里的常规解法，假设鸡的数量为 $x$，兔子的数量为 $y$，则有等式 $x+y=35$（35 个头）。又因为鸡有两条腿，兔子有 4 条腿，所以存在等式 $2x+4y=94$（94 条腿）。结合 $x+y=35$ 与 $2x+4y=94$ 两个等式构成的方程组，很容易采取代数手段求得 $x=23$ 且 $y=12$，即笼子里有 23 只鸡加 12 只兔子。

不过代数方程式是西方的舶来品，中国的古人并不认识，我们的祖先使用另一种巧妙的办法，同样成功解开了鸡兔同笼问题。我国数学家命令笼子里的鸡和兔子都抬起一半的腿，于是两条腿的鸡抬起一条腿，4 条腿的兔子抬起两条腿，瞬间笼子里站着的腿只剩下 94 的一半，也就是 47 条腿。这时每只兔子比每只鸡还多一条站立的腿，同时兔子跟鸡都只有一个头，那么笼子里腿的数量减去头的数量，必然等于兔子的数量。据此求得，兔子的个数=还站着的腿数量-头的数量=47-35=12，鸡的个数=头的数量-兔子个数=35-12=23。

无论是西方的方程式解法，还是东方的命令式解法，都依赖于解题者的算术素养，通过某种精巧的思路求得题解。然而程序代码非常笨，只会基本的加减乘除，即使引入牛顿迭代法，也只能求解一元 $N$ 次方程的方根，你让它去计算二元一次方程组，没见过世面的程序还真要束手无策了。但计算机程序有一个优点，它的运算速度非常快，一秒钟能开展亿次运算，俗话说"笨鸟先飞"，计算机程序正是如此。虽然程序没有人那么聪明，可是笨办法总是会的，比如使用简单的穷举法把二元方程式可能的解一个一个试过去，只要方程式存在合理的解，穷举法就一定能够试出方程解。

就鸡兔同笼问题而言，鸡加上兔子的总数为 35，意味着鸡的数量范围是 0～35，真实的鸡个数必定是其中一个数字。那么我们可以设计一个循环语句，让鸡的个数从 0 开始算起，则兔子的个数=35-鸡的个数，于是全部腿的数量=鸡的个数×2+兔子的个数×4=94。这里的等式依然包含两个变量，分别是鸡的个数和兔子的个数，看起来仍是二元方程式，但运用了穷举法之后，在每次循环里面鸡的个数都是确定的（从 0 开始递增），兔子的个数也是确定的，代码只需判断表达式"鸡的个数×2+兔子的个数×4"的结果是否等于 94。一旦发现腿的数量的计算结果符合条件，就表示本次循环预设的鸡的个数与兔子的个数正好是鸡兔同笼问题的答案。

根据以上的穷举法思路，编写对应的循环处理代码示例如下（完整代码见本章源码的 src\com\control\Jitutonglong.java）：

```
// 今有雉兔同笼，上有三十五头，下有九十四足，问雉兔各几何？
int chick, rabbit;  // chick 表示鸡的数量，rabbit 表示兔子的数量
int sum = 35;  // 鸡和兔子加起来一共 35 只
for (chick=0, rabbit=0; chick <= sum; chick++){  //利用穷举法逐个尝试可能的鸡兔组合
    rabbit = sum - chick;  // 计算兔子的数量
    if (chick * 2 + rabbit * 4 == 94) {  // 若满足鸡兔同笼的问题条件，则结束循环
        break;
    }
}
System.out.println("鸡的数量为" + chick + "，兔子的数量为" + rabbit);
```

别看穷举法很傻，上面的几行代码分别运用了条件判断与循环操作两种控制语句，足以逐个筛查所有可能的鸡兔组合，并找到正确的问题答案。运行以上的穷举法代码，可以观察到以下的输出日志：

鸡的数量为 23，兔子的数量为 12

从日志可见，利用穷举法成功求得了鸡兔各自的数量，而且上述代码的解法适用于任何二元一次方程组，如果将代码里的 35 与 94 换成其他数字，那么这段代码仍然能够求出正确的方程解（只要存在的话）。

### 3.4.2 求解"韩信点兵"问题

相传西汉名将韩信的打仗水平了得，他带领千军万马攻无不克、战无不胜。汉高祖刘邦曾经问韩信："你看我能指挥多少士兵？"韩信回答："陛下能够率领十万兵马。"刘邦又问："那你能带多少？"韩信答道："臣多多益善。"意思是韩信认为自己能指挥很多兵马，越多越好。

韩信的自信不靠吹不靠蒙，而是在实战中锻炼出来的。话说韩信有次带兵遭遇楚军，好不容易打退了这股楚军，又来一队楚军前来增援，在此千钧一发之际，应当继续迎战还是撤退？这取决于我方还有多少人马，若兵力损耗较大，无疑走为上策。只见韩信立即命令士兵先后以三人一排、五人一排、七人一排地变换队形，每次变完队形，他瞄一眼队尾不足一排的士兵人数。几次队形变换之后，韩信已经知晓己方的剩余兵力，发现我军足堪一战，于是马上布好阵型，一举歼灭了新来的楚军。原来韩信是一位数学天才，在部队转换队形之时，他的脑海便建立了对应的方程式，迅速心算求出了士兵的数量。

"韩信点兵"的故事流传已久，可惜未有"韩信兵法"这样的兵书存世，导致如今无从考证韩信的数学造诣。后世的《孙子算经》倒是记载了类似的算术问题，题目是"有物不知其数，三三数之剩二，五五数之剩三，七七数之剩二。问物几何？"，翻译成白话文便是："现在有一个数字，除以三得到的余数是二，除以五得到的余数是三，除以七得到的余数是二，请问这个数字是多少？"该题不同于寻常的加减乘除方程式，因为它用到了取余数运算，而余数运算存在无数多个解，例如五除以三可得余数二，八、十一、十四等数字除以三也能得到余数二。既然取余数运算会找到多个解，那么如何快速找到"物不知数"问题的答案呢？

显然"物不知数"问题无法通过 $N$ 元一次方程组求解，它实际上属于一元线性同余方程组，详细的方程组形式如图 3-2 所示。

$$\begin{cases} a_1 = x \bmod m_1 \\ a_2 = x \bmod m_2 \\ a_3 = x \bmod m_3 \end{cases}$$

方程组里面的 mod 表示求余数运算，$m_1$、$m_2$、$m_3$ 分别表示每次的除数 3、5、7，而 $a_1$、$a_2$、$a_3$ 分别表示每次的余数 2、3、2，至于 $x$ 则为同余方程组的解。当每次的除数和余数都确定的时候，《孙子算经》给出了该问题的一种解法：除以三余二，则记个数字一百四十；除以五余三，则记个数字六十三；除以七余二，则记个数字三十；把三个记数相加得到二百三十三，再减去二百一十，最终得到二十三就是同余方程组的一个解。

图 3-2 一元线性同余方程组

可是这个解法太高深了，令人一时不明就里，后来南宋数学家秦九韶在著作《数书九章》中提出"大衍求一术"，对"物不知数"问题给出了完整的解答。当然，专业的"大衍求一术"不易为常人所理解，于是明朝数学家程大位将具体解法编成一首《孙子歌诀》，歌曰：

三人同行七十稀，五树梅花廿一支。

七子团圆正半月，除百零五便得知。

歌诀表达的算法是：将除以 3 得到的余数乘以 70，将除以 5 得到的余数乘以 21，将除以 7 得到的余数乘以 15，把前面 3 个乘积相加，再减去 105 的倍数，其结果便是同余方程组的最小解。由于中国数学家对同余方程组的解法贡献甚大，因此国际上将"物不知数"问题的求解算法称作"中国剩余定理"，国内则叫它"孙子定理"。

按《孙子歌诀》固然能够正确求解"物不知数"问题，可是歌诀提到的几个数字为什么是 70、21、15、105 呢？原来 70 是 5 跟 7 的最小公倍数 35 的两倍（此时除数为 3），21 是 3 跟 7 的最小公倍数（此时除数为 5），15 是 3 跟 5 的最小公倍数（此时除数为 7），105 是 3、5、7 三者的最小公倍数。那么疑问又来了，为什么第一个要用 70 而不用 35，大家都取最小公倍数岂不更好？这是因为 35 除以 3 得到的余数是 2，所以要给 35 乘以 2 得到 70 作为第一项乘法的系数；以此类推，21 除以 5 得到的余数是 1，21 乘以 1 仍旧是 21；同理，15 除以 7 得到的余数是 1，15 乘以 1 仍旧是 15。故而歌诀采用的 3 项乘数分别是 70、21 和 15，最后减去 105 的倍数，相当于以 105 为除数做取余数运算。

然而"孙子定理"的解法实在奇妙，呆头呆脑的计算机程序不懂其中的奥妙，况且 Java 代码的运算符很有限，一时半会实现不了复杂的算法。好在如今的计算机跑得快，有时简单的解法反而更有效，就"物不知数"问题而言，它的整数解不会很大，在数字 1000 之内便可能找到多个解。那么通过穷举法对 1 到 1000 之间的整数逐个验证，检查是否满足"除三余二、除五余三、除七余二"的条件，只要某个整数符合这个校验条件，就表示它是"物不知数"问题的解。

鉴于穷举法很可能会找到该问题的多个解，因此需要引入数组变量来保存所有的整数解，据此可编写如下的算法代码（完整代码见本章源码的 src\com\control\SunziDingli.java）：

```java
// 有物不知其数，三三数之剩二，五五数之剩三，七七数之剩二。问物几何？
int count = 0; // 数组的容量计数
int[] numbers = new int[0]; // 符合条件的整数都放在这个数组
for (int i = 1; i < 1000; i++) { // 查找 1000 以内所有符合要求的整数
    if (i%3==2 && i%5==3 && i%7==2) { // 找到了一个满足条件的整数
        count++; // 计数加 1
        numbers = Arrays.copyOf(numbers, count); // 数组容量增大一个
```

```
                numbers[count-1] = i;  // 往数组末尾填入刚才找到的整数
            }
        }
        for (int number : numbers) {  // 遍历并打印所有找到的整数解
            System.out.println("符合孙子定理的整数 number=" + number);
        }
```

运行上述的"物不知数"问题求解代码，观察到以下的程序日志：

符合孙子定理的整数 number=23
符合孙子定理的整数 number=128
符合孙子定理的整数 number=233
符合孙子定理的整数 number=338
符合孙子定理的整数 number=443
符合孙子定理的整数 number=548
符合孙子定理的整数 number=653
符合孙子定理的整数 number=758
符合孙子定理的整数 number=863
符合孙子定理的整数 number=968

由日志可见，在 1～1000 之间一共找到了"物不知数"问题的 10 个解，其中最小的整数解即为《孙子算经》给出的答案 23。

### 3.4.3 利用二分查找法定位数组元素

古代两大经典问题"鸡兔同笼"和"物不知数"各有巧妙的解法，可见通过代数手段求解颇具技巧，程序代码使用穷举法反而更容易。虽然穷举法能够有效解决问题，但它的缺陷很明显，就是效率太低了。在某些场合，完全可以用其他算法来替代笨拙的穷举法。假设有一串顺序排列的数字，它们从小到大依次排列，然后想要找到特定数字在该队伍中的位置。倘若使用穷举法，就得从队列的第一个数字开始，一个一个比较过去，要是目标数字正好在队伍末尾，穷举法走完一整圈才能找到该数字。

考虑到待查找的数列本身是有序的，将目标数字与数列中的某个数字比较时，如果发现目标数字较大，就无须再跟之前的数字比较，因为序号靠前的数字还不如已比较的那个数字大，还用得着去跟铁定较小的数字比较吗？反之，如果发现目标数字较小，那么无须再拿它跟序号靠后的数字比较，因为那些数字更大。

为了更直观地理解前述的算法思想，来看图 3-3 所示的数列队伍。

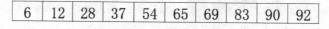

图 3-3　待查找的有序数列

由图 3-3 可见，该数列共有 10 个数字，且从左到右依次增大。接着准备在该数列中找到 65 所在的位置，光凭肉眼看很容易发现数字 65 在第 6 个，意味着穷举法需要历经 6 次查找才能找到 65，效率显然不高。

现在打算换一种方式，首次查找时，不去比较数列的第一个数字 6，而去比较数列的中间数字 54，结果发现目标数字 65 比 54 要大，表示 65 不可能在 54 之前，只可能在 54 之后。于是第二次查找改为比较后半段数列的中间位置，也就是 83，结果发现目标数字 65 比 83 小，表示 65 不可能在 83 后面，只可能在 83 前面。那么第 3 次查找又改为比较后半段数列的前半段，这个范围的数字大于 54 且小于 83，落在该区间的只有两个数字（65 和 69），继续比较目标数字 65 与该区间的第一个数字 65，发现二者相等，表示成功找到了目标数字的所处位置是第 6 个。

总而言之，新的查找算法总共只花了 3 次比较就找到了目标数字 65，说明其效率优于花了 6 次比较的穷举法，详细的查找步骤如图 3-4 所示。

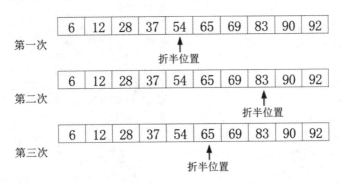

图 3-4　对有序数列折半查找的过程

由于这种算法每次都比较指定范围的中间位置（二分之一处），因此该查找算法名叫"二分查找法"，也叫"折半查找法"。不过为什么首次查找从中间位置开始，而不是从三分之一位置开始，或者从三分之二位置开始呢？这是因为折半查找符合概率学的最佳选择，以中间位置为分割线，目标数字落在前半段的概率是二分之一，落在后半段的概率也是二分之一，说明在这两段找到目标数字的机会是均等的。在机会均等的情况下，二分法的查找开销是各种组合中最小的，好比人民币有 10 元钞票和 5 元钞票，却没有 3 元钞票，也没有 7 元钞票。

接下来，通过具体代码来演示二分查找法的实现过程。首先构建一个有顺序的整数数组，可以利用循环语句依次生成若干随机数填入数组，再调用数组工具 Arrays 的 sort 方法对数组排序。构建随机数数组的代码示例如下（完整代码见本章源码的 src\com\control\BinaryChop.java）：

```java
int item = 0; // 随机数变量
int[] numbers = new int[20]; // 随机数构成的数组
// 以下生成一个包含随机整数的数组
loop: for (int i = 0; i < numbers.length; i++) {
    item = new Random().nextInt(100); // 生成一个小于 100 的随机整数
    for (int j = 0; j < i; j++) { // 遍历数组进行检查，避免塞入重复数字
        if (numbers[j] == item) { // 若已经存在该随机数，则继续第一层循环，重新生成随机数
            i--; // 本次循环做了无用功，取消当前的计数
            continue loop; // 直接继续上一级循环
        }
    }
    numbers[i] = item; // 往数组填入新生成的随机数
}
Arrays.sort(numbers); // 对整数数组排序（默认升序排列）
for (int seq=0; seq<numbers.length; seq++){ // 遍历并打印数组中的所有数字
```

```
    System.out.println("序号="+seq+", 数字="+numbers[seq]);
}
    System.out.println("最后生成的随机数="+item);
```

运行以上的随机数组构建代码，观察到如下的输出日志：

```
序号=0, 数字=1
序号=1, 数字=5
序号=2, 数字=12
序号=3, 数字=15
序号=4, 数字=17
序号=5, 数字=20
序号=6, 数字=26
序号=7, 数字=38
序号=8, 数字=42
序号=9, 数字=45
序号=10, 数字=48
序号=11, 数字=50
序号=12, 数字=60
序号=13, 数字=70
序号=14, 数字=72
序号=15, 数字=79
序号=16, 数字=84
序号=17, 数字=88
序号=18, 数字=89
序号=19, 数字=95
最后生成的随机数=60
```

然后希望在随机数组中找到目标数字 60，采取二分查找的话，需要声明 3 个位置变量，分别是本次查找范围的开始位置、本次查找的结束位置、本次查找的中间位置，这 3 个变量依据含义分别命名为 start、end 和 middle。在每次循环的查找过程中，先计算本次循环的中间位置，接着比较中间数字与目标数字的大小，再根据比较结果调整下次循环的开始位置或结束位置。一旦在第二步的比较操作中发现找到目标数字，就打印查找日志并退出循环。据此可编写如下的二分查找代码（完整代码见本章源码的 src\com\control\BinaryChop.java）：

```java
// 下面通过二分查找法确定目标数字排在第几位
int aim_item = item;  // 最后生成的整数
System.out.println("准备查找的目标数字="+aim_item);
int start = 0;  // 二分查找的开始位置
int end = numbers.length - 1;  // 二分查找的结束位置
int middle = 0;  // 开始位置与结束位置之间的中间位置
for (int count = 1, position = -1; start <= end; count++) {
    middle = (start + end) / 2;  // 折半获得中间的位置
    System.out.println("折半查找的中间数字="+numbers[middle]);
    if (numbers[middle] > aim_item) {
        // 该位置的数字比目标数字大，表示目标数字在该位置左边
        end = middle - 1;
```

```
        } else if (numbers[middle] < aim_item) {
            // 该位置的数字比目标数字小，表示目标数字在该位置右边
            start = middle + 1;
        } else {  // 找到目标数字，跳出循环
            position = middle;
            System.out.println("查找次数="+count+", 序号位置="+position);
            break;
        }
    }
```

把上述的查找代码添加到前面的数组构建代码末尾，重新运行修改之后的测试程序，即可观察到程序日志多出了以下的查找信息：

```
准备查找的目标数字=60
折半查找的中间数字=45
折半查找的中间数字=72
折半查找的中间数字=50
折半查找的中间数字=60
查找次数=4, 序号位置=12
```

由查找日志可知，通过二分查找法找到目标数字只花了 4 次比较，倘若使用穷举法来查找，同一个目标数字得比较 13 次才能找到，无疑二分法的执行效率大大高于穷举法。

## 3.5 小 结

本章主要介绍了如何有效开展逻辑运算，怎样合理使用流程控制，包括逻辑运算的相关概念（布尔类型、逻辑运算符、关系运算符以及它们的优先级顺序）、控制语句的几种类型（条件分支、多路分支、while 循环、for 循环）、数组变量的种类及其用法（一维数组、二维数组、数组工具 Arrays），最后运用本章介绍的逻辑控制知识讲述了 3 个经典数学问题的求解过程（"鸡兔同笼"问题、"韩信点兵"问题、二分法查找数组元素）。

通过本章的学习，读者应该能够掌握以下编程技能：

（1）学会布尔变量的逻辑运算和关系运算操作。

（2）学会两种分支语句（条件/多路）和两种循环语句（while/for）的用法。

（3）学会数组变量的常见用法。

（4）学会穷举法、二分法这两种基础的编程算法。

# 第4章

## 方法与包装

本章介绍方法的用途、定义以及简单实现，包括方法的结构定义及其组成部分，把基本类型包装起来以便提供更多的运算方法，还有两种包装之后的大数字类型（大整数和大小数），并通过几个实战练习加深对方法与包装类型的理解和运用。

## 4.1  方法定义

本节介绍如何把一段代码块定义为一个方法，首先说明方法由哪几个部分组成（访问权限、方法名称、输入参数、输出参数、方法内容），然后阐述输入参数的详细用法（参数列表、方法重载、可变参数），最后描述输出参数的类型及其返回方式。

### 4.1.1  方法的组成形式

经过前面的学习，我们发现演示的 Java 代码越来越复杂，而且每个例子的代码都堆在入口方法 main 内部，这会导致如下问题：

（1）一个方法内部堆砌了太多的代码行，看着费神，维护起来也吃力。

（2）部分代码描述的是通用算法，比如牛顿迭代法、二分查找法等，这些通用的算法代码结构固定，很多地方都会用到，倘若每次都要复制粘贴，无疑太过烦琐。

基于此，亟需对纷繁复杂的代码段加以梳理：一方面把若干代码依据功能划分，这样剥离出来的各段代码不会相互影响；另一方面封装通用的算法代码，做到只定义一次，就能被多次调用。这样既可以提高代码的可读性，又使得代码易于维护，还能减少无谓的重复劳动。

就代码的封装途径而言，每种编程语言都采取了方法包装的形式，通过定义形态完整、兼具输入和输出功能的新方法，即可将一大段逻辑复杂的代码分解成各个功能单一的代码块，然后在原位置依次调用这些代码块对应的方法名称便省事了。

可是费了许多口舌，这个方法定义到底是怎样的呢？前面的大部分演示代码基本上都装载在对应代码文件的 main 方法中，这个 main 方法不但是该代码文件的入口，也是程序员最开始接触到的常用方法。接下来通过 main 方法来研究一下究竟如何定义一个方法。下面来看一段简单的 main 方法代码：

```
public static void main(String[] args) {  // String[]表示字符串数组
}
```

上面的 main 方法除了名称与包括内部代码的花括号之外，方法名称左右两边还有几个关键词，从而构成了完整的方法定义形式"访问权限类型 可选的 static 返回值的数据类型 方法名称(参数类型 参数名称)"。这几个关键词分别介绍如下：

（1）最前面的 public 的意思是公开的，表示该方法可被其他代码文件访问；反过来，倘若此处写的是 private，则表示该方法不可被其他文件访问。

（2）public 后面的 static 的意思是静态的，表示该方法类似于通用函数，可被外部直接访问，比如 Math 工具类的 round、sqrt、abs、sin 等方法都属于静态方法。

（3）main 名称前面的 void 表示该方法不返回任何数据，即不存在输出参数。若该方法需要返回整型数，则此处应填 int；若该方法需要返回双精度数，则此处应填 double。

（4）main 名称后面紧跟着带参数的圆括号，表示该方法需要填写指定的输入参数。若不存在输入参数，则圆括号内部留空；若存在好几个输入参数，则以逗号分隔多个参数，形如"参数 1 类型 参数 1 名称, 参数 2 类型 参数 2 名称"。

关于方法的输入参数，既可以在方法调用处填写，也可能是 Java 命令行输入的。譬如以下的代码例子将演示如何读取命令行输入的命令参数（完整代码见本章源码的 src\com\method\function\Simple.java）：

```
package com.method.function;
//说明main方法的格式定义
public class Simple {
    // 方法的定义格式为："访问权限 可选的 static 返回值的数据类型 方法名称(参数类型 参数名称)"
    // 其中多个参数之间以逗号分隔，如"参数 1 类型 参数 1 名称，参数 2 类型 参数 2 名称"
    // 若该方法无须返回任何数值，则返回值的数据类型填 void
    public static void main(String[] args) {  // String[]表示字符串数组
        if (args.length == 0) {
            System.out.println("您没有输入任何参数");
        }
        for (int i=0; i<args.length; i++) {  // 依次取出并打印该 Java 程序在命令行执行的输入参数
            int seq = i+1;
            System.out.println("您输入的第"+seq+"个参数是："+args[i]);
        }
    }
}
```

先打开 DOS 窗口，进入 Simple.java 所在的目录，运行以下命令编译程序：

```
javac -encoding UTF-8 Simple.java
```

再回到 src 目录下，输入以下指令：

```
java com.method.function.Simple
```

此时程序输出界面如图 4-1 所示。

图 4-1　命令行未输入参数

可见打印的文字为"您没有输入任何参数"，这是因为命令行的 Simple 后面没带任何参数。现在往 Simple 右边添加一个参数"hello"，则修改后的程序指令是这样的：

```
java com.method.function.Simple hello
```

再次运行 Simple 程序，此时界面输出信息如图 4-2 所示。

图 4-2　命令行输入了一个参数

可以看到打印文字为"您输入的第 1 个参数是：hello"，说明程序成功读取到了命令行的输入参数。趁热打铁，接着往 Simple 右边添加第二个参数"world"，于是拥有两个参数的程序指令变成下面这样：

```
java com.method.function.Simple hello world
```

第三次运行 Simple 程序，此时程序运行界面如图 4-3 所示。

图 4-3　命令行输入了两个参数

该程序果然不负众望，把"hello"和"world"这两个参数全都打印出来了，从而验证了 main 方法的输入参数是有效的。

### 4.1.2　方法的输入参数

对于方法的输入参数来说，还有几个值得注意的地方，接下来分别对输入参数的几种用法加以阐述。一个方法可以有输入参数，也可以没有输入参数，倘若无须输入参数，则方法定义的圆括号内部直接留空。以打印当前时间为例，下面的 showTime 方法没有输入参数也能实现（完整代码见本章源码的 src\com\method\function\Input.java）：

```java
// 若没有输入参数，则方法名称后面的圆括号内部留空。showTime 方法的用途是显示当前时间
private static void showTime() {
    Date date = new Date();              // 创建一个时间实例
    int hour = date.getHours();          // 获取当前时钟
    int minute = date.getMinutes();      // 获取当前分钟
    int second = date.getSeconds();      // 获取当前秒钟
```

```
    System.out.println("当前时间是"+hour+"时"+minute+"分"+second+"秒");
  }
```

在 main 方法里面只要以下简单的一行代码，即可调用 showTime 方法，成功运行 showTime 内部的时间打印代码：

```
    showTime();  // 显示当前时间
```

当然，方法定义的多数情况是存在输入参数的，并且参数格式为"参数类型 参数名称"。像闹钟的设置操作，就必须输入闹钟提醒的时分秒，或者设定闹钟在当前时刻之后的某个时间触发。于是形成了以下的 setAlarm 方法，该方法准备延迟若干小时后打印日志：

```
// 只有一个输入参数，参数格式为"参数类型 参数名称"
// setAlarm方法的用途是设置指定时刻的闹钟，其中时钟为在当前时间上增加若干小时
private static void setAlarm(int addedHour) {
    Date date = new Date();  // 创建一个时间实例
    int hour = date.getHours()+addedHour;  // 给当前时钟加上若干小时
    int minute = date.getMinutes();  // 获取当前分钟
    int second = date.getSeconds();  // 获取当前秒钟
    System.out.println("设定的闹钟时间是"+hour+"时"+minute+"分"+second+"秒");
}
```

如需设定闹钟在一个小时后触发，则调用 setAlarm 方法时填写参数 1，代码如下：

```
    setAlarm(1);  // 设置一小时之后的闹钟
```

若想输入多个参数，则在圆括号内通过逗号来分隔参数列表。例如下面的 setAlarm 方法，支持同时输入小时数和分钟数：

```
// 有两个输入参数，参数格式为"参数1类型 参数1名称，参数2类型 参数2名称"
// 下面的setAlarm方法与上面的setAlarm方法名称相同，但参数个数不同，该情况被称作方法重载
// 虽然两个方法的方法名称一样，但是编译器能够根据参数个数和参数类型来判断要调用哪个方法
private static void setAlarm(int addedHour, int addedMinute) {
    Date date = new Date();  // 创建一个时间实例
    int hour = date.getHours()+addedHour;  // 给当前时钟加上若干小时
    int minute = date.getMinutes()+addedMinute;  // 给当前分钟加上若干分钟
    int second = date.getSeconds();  // 获取当前秒钟
    System.out.println("设定的闹钟时间是"+hour+"时"+minute+"分"+second+"秒");
}
```

注意到带两个参数的 setAlarm 方法和带一个参数的 setAlarm 方法居然同名，为什么变量不能重名，方法却能重名呢？这是因为两个方法的参数个数不一样，即使代码里的方法名称看起来相同，其实编译器会偷偷给它们改名。比如只带一个参数的 setAlarm 方法，编译器给它的编号可能是 setAlarm_1；而带两个参数的 setAlarm 方法，编译器可能给它分配编号 setAlarm_2。所以只要参数个数不同或者参数类型不同，代码中的同名方法都会被编译器当作不同的方法，这种情况也称作"方法重载"。

有了方法重载，再添加第三个、第四个参数，也能通过重载同名方法来实现。可是如此一来，方法数量就多了许多，有没有一种机制能够动态调整参数的个数呢？有，该机制在 Java 中叫作可变

参数，意思是参数的个数是允许变化的，只要这些参数的类型保持一致即可。仍旧以闹钟为例，提醒的时间单位时、分、秒分别对应 3 个整型参数，那么完全可以定义整型的可变参数，参数的数量可多可少，有几个参数就用几个参数。Java 的参数"可变"符号利用变量类型后面的三个点号"..."来表示，比如"int..."表示整型的可变参数，而"double..."表示双精度型的可变参数。于是采用了可变参数的 setAlarm 方法便改写成下面这样：

```
// 参数类型后面添加三个点号"...", 表示这里的参数数量并不固定, 可以有一个、两个, 也可以有三个,
也可以没有参数。因此此时的输入参数被称为可变参数, 意思是参数的数量允许变化, "..."可以看作是方法参数的省
略号
    private static void setAlarm(int... addedNumber) {
        Date date = new Date();                    // 创建一个时间实例
        int hour = date.getHours();                // 获取当前时钟
        int minute = date.getMinutes();            // 获取当前分钟
        int second = date.getSeconds();            // 获取当前秒钟
        // 可变参数的数量也是通过".length"获得的
        if (addcdNumber.length > 0) {   // 至少有一个输入参数
            // 获取指定位置的可变参数, 依然通过下标"[数字]"实现, 就像是访问数组元素一般
            hour += addedNumber[0];
        }
        if (addedNumber.length > 1) {   // 至少有两个输入参数
            minute += addedNumber[1];
        }
        if (addedNumber.length > 2) {   // 至少有三个输入参数
            second += addedNumber[2];
        }
        System.out.println("可变参数设定的闹钟时间是"+hour+"时"+minute+"分"+second+"秒");
    }
```

外部调用带可变参数的方法时，既允许不输入任何参数，又允许输入多个参数。以下即为拥有可变参数的 setAlarm 方法的调用代码例子：

```
        setAlarm();                     // 带可变参数的方法允许没有输入参数
        setAlarm(1, -10, 3);            // 带可变参数的方法允许有多个输入参数
```

注意，若已经存在同名且参数个数确定的方法，则编译器优先调用参数个数确定的方法。只有不存在参数个数确定的同名方法，编译器才会调用定义了可变参数的方法。

输入参数的类型还可以是数组，例如整型数组的参数定义格式为"int[] 参数名称"，这样方法内部就会将该参数当作数组一样操作。使用了数组参数的闹钟设置方法 setAlarmByArray 代码示例如下：

```
    // 编译器认为"int..."与"int[]"类型相同, 所以不允许定义参数为"int..."和"int[]"
的同名方法
    private static void setAlarmByArray(int[] addedNumber) {
        Date date = new Date();                    // 创建一个时间实例
        int hour = date.getHours();                // 获取当前时钟
        int minute = date.getMinutes();            // 获取当前分钟
        int second = date.getSeconds();            // 获取当前秒钟
```

```
        if (addedNumber.length > 0) {          // 数组大小大于 0
            hour += addedNumber[0];
        }
        if (addedNumber.length > 1) {          // 数组大小大于 1
            minute += addedNumber[1];
        }
        if (addedNumber.length > 2) {          // 数组大小大于 2
            second += addedNumber[2];
        }
        System.out.println("设定的闹钟时间是"+hour+"时"+minute+"分"+second+"秒");
    }
```

可见该方法的内部代码竟然与采用可变参数的 setAlarm 代码是一样的,这缘于编译器把"int..."和"int[]"看作是同一种类型,既然是同一种类型,那么这两个方法就不能叫一样的名称,只能换别的名称才行。此外,二者被外部调用时也有差别,带可变参数的方法调用时输入的参数列表以逗号分隔;而带数组参数的方法,它的输入参数必须是数组类型,就像下面的调用代码例子一样:

```
        int[] addedArray = {1, -10, 3};
        setAlarmByArray(addedArray);  // setAlarmByArray 方法的输入参数为数组类型
```

至此,终于把方法的几种输入参数变化讲完了。最后总结一下与输入参数有关的几个要点:

(1)名称相同,但是参数个数与参数类型不同的方法,是通过方法重载机制区分开的。

(2)输入参数在变量类型后面添加三点号"...",表示这个输入参数是可变参数,调用时填写的参数数量可多可少。

(3)可变参数与数组参数在方法内部的处理代码基本没有区别,但在外部调用时书写的参数形式是不一样的。

### 4.1.3　方法的输出参数

与输入参数相对应的则为输出参数,输出参数也被称作方法的返回值,意思是经过方法的处理最终得到的运算数值。这个返回值可能是整型数,也可能是双精度数,也可能是数组等其他类型,甚至允许不返回任何参数。与输入参数类似,输出参数也需要定义数据类型,它的返回值类型在方法名称前面定义,具体位置参见方法的定义形式"访问权限类型 可选的 static 返回值的数据类型 方法名称(参数类型 参数名称)"。

这里要特别注意,即使方法不返回任何输出参数,也需定义一个名叫 void 的返回值类型,而不像输入参数那样若没有则直接留空。方法内部倘若中途就要结束处理,就得在指定地点添加一行"return;",表示代码执行到这里便退出方法。对于无须返回输出参数的方法,方法末尾既可添加"return;",又可不添加"return;",因为此时编译器会自动结束方法。

接下来,以求数字的 N 次方根为例,演示如何实现一个返回值类型为 void 的 printNsquareRoot 方法。该方法的输入参数包括待求 N 次方根的数字,以及 N 次方根的整型数 n。为了避免程序运行出错,必须在方法一开头就判断合法性,比如 N 次方根的 n 必须是自然数,而不能为 0 或负数;又比如在开偶次方根运算时,底数不能为负数。一旦输入参数的合法性校验不通过,就应当跳过剩余代码直接结束方法。据此给出方法 printNsquareRoot 的示例代码(完整代码见本章源码的 src\com\method\function\Output.java):

```java
// 若不返回任何数据，也就是不存在输出参数，则返回值类型填 void
// printNsquareRoot 方法用于打印指定数字的 N 次方根
private static void printNsquareRoot(double number, int n) {
    if (n <= 0) {
        System.out.println("n 必须为自然数");
        return;  // 不带任何参数直接返回，return 语句表示该方法的剩余代码都不予执行
    } else if (n%2==0 && number<0) {
        System.out.println("不能对负数开偶次方根");
        return;  // 不带任何参数直接返回，return 语句表示该方法的剩余代码都不予执行
    }
    // 下面利用牛顿迭代法求数字的 N 次方根
    double nsquareRoot = number;
    for (int i=0; i<n*2; i++) {  // 只需迭代 2n 次，即可求得较为精确的方根
        double slope = n * Math.pow(nsquareRoot, n-1);  //求导数，即切线的斜率
        nsquareRoot = nsquareRoot - (Math.pow(nsquareRoot, n)-number)/slope;
    }
    System.out.println(number+"的"+n+"次方根="+nsquareRoot);
    //return;  // 若方法的返回值类型为 void，则方法末尾的 return 语句可加可不加
}
```

因为 printNsquareRoot 方法不返回具体参数，所以外部可通过格式"方法名称(逗号隔开的参数列表)"调用该方法。下面便是外部调用 printNsquareRoot 方法的代码例子：

```java
// 下面的 printNsquareRoot 方法打印指定数字的 N 次方根
printNsquareRoot(2, 2);  // 求数字 2 的 2 次方根，即对 2 开平方
```

当然，许多时候更希望求方根方法能够返回具体的方根数值，那么就要将方法的返回值类型从 void 改为 double，并且凡是需要结束方法处理的地方，都得使用语句"return 方根数值;"返回输出参数，同时方法末尾必须写明 return 语句。于是求方根方法改写成如下代码：

```java
// 若只返回一个数值，则返回值类型填该数值的变量类型
// getNsquareRoot 方法用于计算并返回指定数字的 N 次方根
private static double getNsquareRoot(double number, int n) {
    if (n <= 0) {
        System.out.println("n 必须为自然数");
        return 0;  // 若输入参数非法，则默认返回 0
    } else if (n%2==0 && number<0) {
        System.out.println("不能对负数开偶次方根");
        return 0;  // 若输入参数非法，则默认返回 0
    }
    // 下面利用牛顿迭代法求数字的 N 次方根
    double nsquareRoot = number;
    for (int i=0; i<n*2; i++) {  //只需迭代 2n 次，即可求得较为精确的方根
        double slope = n * Math.pow(nsquareRoot, n-1);  //求导数，即切线的斜率
        nsquareRoot = nsquareRoot - (Math.pow(nsquareRoot, n)-number)/slope;
    }
```

```
        return nsquareRoot;  // return 后面跟着要返回的变量名称, 该变量的类型与返回值类型保
持一致
    }
```

既然改写后的 getNsquareRoot 方法存在输出参数, 那么外部调用该方法时, 应当定义一个变量
用来接收方法的返回值, 就像下面的代码示范的这样:

```
// 下面的 getNsquareRoot 方法返回指定数字的 N 次方根
double number1 = 3;
int n1 = 2;
double nsquareRoot = getNsquareRoot(number1, n1);
System.out.println(number1+"的"+n1+"次方根="+nsquareRoot);
```

运行上面的方法调用代码, 程序的日志输出结果如下:

```
3.0 的 2 次方根=1.7320508100147274
```

从日志发现, getNsquareRoot 方法在计算数字的偶次方根时, 只会返回正值方根。这其实是不
严谨的, 比如 3 和-3 都是 9 的平方根, 然而 getNsquareRoot 方法只返回 3, 却把-3 给漏掉了。因此
需要对该方法加以完善, 可考虑将返回值类型改为数组, 这样偶次方根的正值和负值都能通过数组
返回。于是重新定义一个 getNsquareRootArray 方法, 同时新方法的返回值类型为 double[], 并修改
相关的 return 语句, 把返回的输出参数统统改为数组类型。经过数组改造后的 getNsquareRootArray
方法代码如下:

```
// 若需要返回多个数值(包括 0 个、1 个、2 个以及更多), 则返回值类型可以填这些数值的数组类型
// getNsquareRootArray 方法用于计算并返回指定数字的 N 次方根数组(比如 2 和-2 都是 4 的平方根)
private static double[] getNsquareRootArray(double number, int n) {
    if (n <= 0) {
        System.out.println("n 必须为自然数");
        return new double[]{};  // 若输入参数非法, 则默认返回一个空的双精度数组
    } else if (n%2==0 && number<0) {
        System.out.println("不能对负数开偶次方根");
        return new double[]{};  // 若输入参数非法, 则默认返回一个空的双精度数组
    }
    // 下面利用牛顿迭代法求数字的 N 次方根
    double nsquareRoot = number;
    for (int i=0; i<n*2; i++) {  // 只需迭代 2n 次, 即可求得较为精确的方根
        double slope = n * Math.pow(nsquareRoot, n-1);  //求导数, 即切线的斜率
        nsquareRoot = nsquareRoot - (Math.pow(nsquareRoot, n)-number)/slope;
    }
    double[] rootArray;  // 声明一个方根数组
    if (n%2 == 0) {  // 求偶次方根, 则方根有正值和负值两个数值
        rootArray = new double[]{nsquareRoot, -nsquareRoot};
    } else {  // 求奇次方根, 则方根只会有一个数值
        rootArray = new double[]{nsquareRoot};
    }
    return rootArray;  // return 后面跟着 rootArray, 其变量类型与返回值类型一样都是双精
度数组
}
```

外部调用 getNsquareRootArray 方法的时候，需要声明一个双精度数组变量，并将方法的输出参数赋值给该变量。下面是外部调用 getNsquareRootArray 方法的代码例子：

```
// 下面的 getNsquareRootArray 方法返回指定数字的 N 次方根数组
double number2 = 3;
int n2 = 2;
double[] rootArray = getNsquareRootArray(number2, n2);
for (double root : rootArray) {
    System.out.println(number2+"的"+n2+"次方根="+root);
}
```

运行上述测试代码，日志打印结果如下：

```
3.0 的 2 次方根=1.7320508100147274
3.0 的 2 次方根=-1.7320508100147274
```

可见调用最新的 getNsquareRootArray 方法，在计算数字的偶次方根时，正确返回了正负两个方根。

# 4.2 基本类型包装

本节介绍几种基本变量类型对应的包装类型，主要包括数值类型包装（包装整型、包装长整型、包装浮点型、包装双精度型等）和布尔类型包装，引入包装类型是为了方便拓展应用场合，而不仅限于简单的数学运算和逻辑判断。

## 4.2.1 数值类型包装

方法的出现缘于优化代码结构，但它的意义并不局限于此，正因为有了方法定义，编程语言才更像一门能够解决实际问题的工具，而不仅仅是用于加减乘除的计算器。在数学的发展过程中，为了表示四则运算，人们创造了加减乘除符号，对应 Java 编程的 "+" "-" "*" 和 "/"。但是随着运算类型的增多，新的运算符号来不及创造了，于是出现了函数形式的运算操作，譬如三角函数 sin、cos 等。这种数学函数就是方法的雏形，对于三角函数来说，弧度类似方法的输入参数，而函数值类似方法的输出参数。

自从有了方法，大部分的数学计算都可以使用方法来表达，不过基本数值类型如 int、long 等由于设计上的缘故，它们的变量并不能直接调用方法。因此，Java 另外为基本类型定义了对应的包装类型，通过包装变量才能调用相关的算术方法。表 4-1 是基本数值类型与包装数值类型的关系说明。

表 4-1　基本类型与包装类型的对照关系

| 基本类型说明 | 基本类型名称 | 包装类型说明 | 包装类型名称 |
|---|---|---|---|
| 字节型 | byte | 包装字节类型 | Byte |
| 短整型 | short | 包装短整类型 | Short |
| 整型 | int | 包装整型 | Integer |
| 长整型 | long | 包装长整类型 | Long |
| 浮点型 | float | 包装浮点类型 | Float |
| 双精度型 | double | 包装双精度类型 | Double |

包装类型与基本类型一样，首先要声明包装变量，然后对该变量赋值。给包装变量赋值（或称初始化）有 3 种方式，分别介绍如下：

（1）直接通过等号把具体数字赋值给包装变量，代码示例如下：

```
// 初始化包装变量的第一种方式：直接用等号赋值
Integer oneInteger = 1;
```

（2）调用 Integer 的 valueOf 方法完成指定数字的赋值，这里可将 Integer 换成该数字想要表达的包装类型，具体赋值代码如下：

```
// 初始化包装变量的第二种方式：调用包装类型的 valueOf 方法
Integer oneInteger = Integer.valueOf(1);
```

（3）使用关键字 new 创建新的包装变量，形如"new 包装类型名称（具体数字）"。下面是该方式的赋值代码例子：

```
// 初始化包装变量的第三种方式：使用关键字 new 创建新变量
Integer oneInteger = new Integer(1);
```

包装变量的初始化方式为什么这么多呢？仿佛孔乙己号称茴香豆的茴字有 4 种写法。其实无论是设计师还是程序员，大家都是人，有的喜欢简单点，有的希望严谨点，有的邋里邋遢，有的循规蹈矩，所谓萝卜青菜各有所爱，众口难调罢了。所以给包装变量赋值的写法只好一一照顾众人的口味，既有简单直白的写法，又有意思明了的写法，还有面向对象的写法，总有一款适合你。

既然可以把基本类型的变量直接赋值给包装变量，那么反过来能否直接将包装变量赋值给基本变量呢？很遗憾这个操作是不允许的，并且不能使用基本类型之间的强制类型转换，只能通过指定方法获得对应的基本变量数值。例如，要想把包装变量赋值给整型变量，则需调用该包装变量的 intValue 方法。以此类推，从包装变量获取字节数值、短整数值、长整数值、浮点数值、双精度数值，就得分别调用包装变量的 byteValue 方法、shortValue 方法、longValue 方法、floatValue 方法、doubleValue 方法。下面是将包装变量赋值给各种基本类型变量的代码例子（完整代码见本章源码的 src\com\method\pack\PackNumber.java）：

```
Integer oneInteger = 1;  // 初始化包装变量的第一种方式：直接用等号赋值
System.out.println("oneInteger="+oneInteger);
// 把包装变量转换成字节变量，需要调用包装变量的 byteValue 方法
byte oneByte = oneInteger.byteValue();            //把包装变量转换成字节变量
System.out.println("oneByte="+oneByte);
short oneShort = oneInteger.shortValue();          //把包装变量转换成短整变量
System.out.println("oneShort="+oneShort);
int oneInt = oneInteger.intValue();               //把包装变量转换成整型变量
System.out.println("oneInt="+oneInt);
long oneLong = oneInteger.longValue();            //把包装变量转换成长整变量
System.out.println("oneLong="+oneLong);
float oneFloat = oneInteger.floatValue();          //把包装变量转换成浮点变量
System.out.println("oneFloat="+oneFloat);
double oneDouble = oneInteger.doubleValue();       //把包装变量转换成双精度变量
System.out.println("oneDouble="+oneDouble);
```

### 4.2.2 包装变量的运算

对于数值包装变量来说，它们仍旧允许使用四则运算符执行计算操作，包括运算符 "+" "-" "*" "/" "%" 等。然而若要判断两个包装变量的数值是否相等，便不可通过双等号 "==" 来判断，而要调用包装变量的 equals 方法来校验。equals 方法返回 true 表示待比较的两个包装变量值相等，返回 false 表示两个数值不等。调用 equals 方法的代码示例如下：

```
Integer oneInteger = 1;
boolean equalResult = oneInteger.equals(2);  // 包装变量的 equals 方法相当于关系
运算符 "=="
System.out.println("equalResult="+equalResult);
```

为什么包装变量之间不能通过 "==" 比较是否相等呢？这是因为数值包装类型不单单保存数值，还保存了各种方法信息。如果对两个包装变量使用运算符 "=="，程序只会比较两个变量是否为同一个东西，不会比较它们的数值是否相等。欲知究竟为何，且看下面的代码（完整代码见本章源码的 src\com\method\pack\PackOperation.java）：

```
Integer ten1=10, ten2=10;  //准备演示两个包装变量之间的==运算
boolean equalTen = (ten1==ten2);  //当变量值小于 128 时，==运算侥幸得手
System.out.println("equalTen="+equalTen);
Integer thousand1=1000, thousand2=1000;  //准备演示两个包装变量之间的==运算
boolean equalThousand = (thousand1==thousand2);  //当变量值大于 128 时，==运算
不幸失手
System.out.println("equalThousand="+equalThousand);
```

上面的代码准备比较两个值为 10 的包装变量是否相等，以及两个值为 1000 的包装变量是否相等。运行这段测试代码，输出以下的日志信息：

```
equalTen=true
equalThousand=false
```

由日志可见，采用运算符 "==" 比较的话，两个值为 10 的包装变量判作相等，而两个值为 1000 的包装变量却判作不等。其实不等的判断结果才是正常的，因为相等的判断结果只在数值小于 128 时出现。当包装变量的数值小于 128 时，程序会复用内存中已有的包装变量，否则将另外创建新的包装变量。所以切不可把特例当作惯例，若要比较两个包装变量的数值是否相等，务必通过 equals 方法比较才行。

除了基本的类型转换与数值运算之外，包装类型还提供了其他几种常见的逻辑方法，比如 sum 方法用来求两个数字之和，max 方法用来求两个数字的较大值，min 方法用来求两个数字的较小值。另有 compare 方法用来比较两个数字的大小：若二者相等，则返回 0；前者较小，则返回-1；若后者较小，则返回 1。这几个方法的调用代码例子如下：

```
int a = 7, b = 8;
int sum = Integer.sum(a, b);  // 数值包装类型的 sum 方法相当于算术运算符 "+"
System.out.println("sum="+sum);
int max = Integer.max(a, b);  // 数值包装类型的 max 方法用来求两个数字的较大值
System.out.println("max="+max);
```

```
int min = Integer.min(a, b);  // 数值包装类型的 min 方法用来求两个数字的较小值
System.out.println("min="+min);
// 数值包装类型的 compare 方法用来比较两个数字的大小,
// 若二者相等, 则返回 0; 前者较小, 则返回-1; 若后者较小, 则返回 1
int compareResult = Integer.compare(a, b);
System.out.println("compareResult="+compareResult);
```

### 4.2.3 布尔类型包装

因为无论是整数还是小数, 它们的运算操作都是类似的, 所以只要学会了 Integer 的用法, 其他数值包装类型即可一并掌握。但是对于布尔类型 boolean 来说, 它定义的是 true 和 false 的布尔值, 并非 1、2、3 之类的数字, 因此还需专门的包装类型 Boolean 来包装 boolean 变量。

Boolean 作为包装类型, 与数值包装类型相似, 它也拥有 3 种变量初始化方式。由于布尔包装类型的初始化代码雷同数值包装类型, 这里不再赘述, 具体代码示例如下 (完整代码见本章源码的 src\com\method\pack\PackBoolean.java):

```
// 初始化包装变量的第一种方式: 直接用等号赋值
Boolean boolPack = true;
// 初始化包装变量的第二种方式: 调用包装类型的 valueOf 方法
//Boolean boolPack = Boolean.valueOf(true);
// 初始化包装变量的第三种方式: 使用关键字 new 创建新变量
//Boolean boolPack = new Boolean(true);
System.out.println("boolPack="+boolPack);
```

要把布尔包装变量转换成基本类型的布尔变量, 同样不能通过强制类型转换, 而是必须调用包装变量的 booleanValue 方法, 如此方能得到布尔类型的变量值。与数值包装类型保持一致的还有 equals 方法, 该方法相当于关系运算符 “==”, 可用于判断两个布尔包装变量是否相等。booleanValue 方法和 equals 方法的调用代码示例如下:

```
// 把包装变量转换成布尔变量, 需要调用包装变量的 booleanValue 方法
boolean bool = boolPack.booleanValue();
System.out.println("bool="+bool);
boolean equalResult = boolPack.equals(false);  // 包装变量的 equals 方法相当于
关系运算符 “==”
System.out.println("equalResult="+equalResult);
```

除此之外, 布尔包装变量之间允许使用逻辑运算符, 包括非运算符 “!”、与运算符 “&”、或运算符 “|”、异或运算符 “^”。当然, 这些逻辑运算符早就用于基本布尔类型, 倘若包装布尔类型只有这点本事, 不免拾人牙慧。所以包装类型另外提供了几个逻辑方法, 如 logicalAnd 方法相当于 “逻辑与” 运算符 “&”, logicalOr 方法相当于 “逻辑或” 运算符 “|”, logicalXor 方法相当于 “逻辑异或” 运算符 “^”。通过方法包装了常见的逻辑运算操作, 这样 Java 代码更像是常人看得懂的编程语言, 而非只有数学家才能看得懂的逻辑式子。

下面是布尔包装类型使用几个逻辑方法的代码例子:

```
boolean a = true, b = false;
// 布尔包装类型的 logicalAnd 方法相当于 “逻辑与” 运算符 “&”
boolean andResult = Boolean.logicalAnd(a, b);
```

```
System.out.println("andResult="+andResult);
// 布尔包装类型的 logicalOr 方法相当于 "逻辑或" 运算符 "|"
boolean orResult = Boolean.logicalOr(a, b);
System.out.println("orResult="+orResult);
// 布尔包装类型的 logicalXor 方法相当于 "逻辑异或" 运算符 "^"
boolean xorResult = Boolean.logicalXor(a, b);
System.out.println("xorResult="+xorResult);
```

# 4.3 大数字类型

本节介绍两种大数字类型，分别是用于表达超大整数的大整数类型和能够表达许多位小数的大小数类型。引入大数字类型的目的是为了破除基本类型因为精度限制而存在表达范围的藩篱。

## 4.3.1 大整数 BigInteger

早期的编程语言为了节约计算机的内存，给数字变量定义了各种存储规格的数值类型，比如字节型 byte 只占用 1 字节大小，短整型 short 占用 2 字节大小，整型 int 占用 4 字节大小，长整型 long 占用 8 字节大小。但是长整型只能表达到 $-2^{63}$～$2^{63}-1$，超出这个范围的巨大整数竟连 long 类型也放不下。何况现在无论是手机还是计算机的内存都是以 GB 计量的，因此原先锱铢计较几字节的数值类型便不合时宜了。为此，Java 又设计了一种大整数类型 BigInteger。BigInteger 能够表示任意大小的整数，而不再局限于多少位的数值范围。

乍看起来，BigInteger 仿佛与 Integer 相似，仅仅在类型开头添加了 Big 字样。事实上，它们的类型设计有颇多异曲同工之处，二者的很多基本方法是一模一样的，例如初始化赋值的 valueOf 方法、比较相等的 equals 方法以及转换为基本数字类型的几个方法（包括 byteValue、shortValue、intValue、longValue、floatValue、doubleValue 等）。当然，BigInteger 要处理的可是超大整数，故而它的用法还是与 Integer 有所区别的。接下来一一介绍 BigInteger 特别的地方。

首先，介绍如何初始化一个大整数变量。前面介绍 Integer 的时候，提到 Java 代码有 3 种给包装变量赋值的方式，分别是使用等号直接赋予具体数字、调用 valueOf 方法赋值、通过关键字 new 创建指定数字的包装变量。然而到了大整数 BigInteger 这里，3 种方式只剩下 valueOf 方法能够对大整数变量初始化。

其次，包装变量允许使用 "+" "-" "*" "/" "%" 等运算符执行四则运算，到了大整数变量这里却不能使用算术运算符，而要通过专门的计算方法才能开展运算。具体说来，大整数类型使用 add 方法取代了加法运算符 "+"，使用 subtract 方法取代了减法运算符 "-"，使用 multiply 方法取代了乘法运算符 "*"，使用 divide 方法取代了除法运算符 "/"，使用 remainder 方法取代了取余数运算符 "%"，使用 negate 方法取代了负号运算符 "-"。这些新方法的调用代码示例如下（完整代码见本章源码的 src\com\method\big\TestInteger.java）：

```
BigInteger nine = BigInteger.valueOf(9);      //生成一个指定数值的大整数变量
BigInteger four = BigInteger.valueOf(4);      //生成一个指定数值的大整数变量
BigInteger sum = nine.add(four);              //add 方法用来替代加法运算符 "+"
System.out.println("sum="+sum);
BigInteger sub = nine.subtract(four);         //subtract 方法用来替代减法运算符 "-"
```

```
        System.out.println("sub="+sub);
        BigInteger mul = nine.multiply(four);       //multiply 方法用来替代乘法运算符"*"
        System.out.println("mul="+mul);
        BigInteger div = nine.divide(four);             //divide 方法用来替代除法运算符 "/"
        System.out.println("div="+div);
        BigInteger remainder = nine.remainder(four);  //remainder 方法用来替代取余数运
算符 "%"
        System.out.println("remainder="+remainder);
        BigInteger neg = nine.negate();                 //negate 方法用来替代负号运算符 "-"
        System.out.println("neg="+neg);
```

再次，Java 虽然提供了常用的数学函数库 Math，但是 Math 库只能操作基本数字类型的变量，不能操作大数字类型的变量。因而 BigInteger 另外提供了 abs 方法和 pow 方法，分别用于求大数字变量的绝对值和大数字变量的 *N* 次方。下面是大整数类型 BigInteger 调用这两个方法的代码例子：

```
        BigInteger abs = nine.abs();  // abs 方法用来替代数学库函数 Math.abs
        System.out.println("abs="+abs);
        BigInteger pow = nine.pow(2);  // pow 方法用来替代数学库函数 Math.pow
        System.out.println("pow="+pow);
```

总结一下，包装数字类型相比基本数字类型，表达的数值范围并没有扩大，仅仅是调用方式上有所区别，可谓是换汤不换药。而大数字类型真正解决了数值范围的表达限制，并且取消了带有明显数学印记的算术运算符，这才形成了面向方法而非面向运算的编程风格。

## 4.3.2　大小数 BigDecimal

BigInteger 只能表达任意整数，但不能表达小数，要想表达任意小数，还需专门的大小数类型 BigDecimal。如果说设计 BigInteger 的目的是替代 int 和 long 类型，那么设计 BigDecimal 的目的便是替代浮点型 float 和双精度型 double。正如它的兄弟 BigInteger 一般，BigDecimal 不存在数值范围限制，无论是整数部分还是小数部分，只要你能写得出来，BigDecimal 就能表达出来，从此不必担心基本数字类型的精度问题了。

既然同为大数字家族，BigDecimal 的绝大部分用法就与 BigInteger 保持一致，像 add 方法、subtract 方法、abs 方法、pow 方法等直接拿来用便是，这里不再啰唆了。下面来看 BigDecimal 的方法调用代码（完整代码见本章源码的 src\com\method\big\TestDecimal.java）：

```
        BigDecimal sevenAndHalf = BigDecimal.valueOf(7.5);  // 生成一个指定数值的大小
数变量
        BigDecimal three = BigDecimal.valueOf(3);  // 生成一个指定数值的大小数变量
        BigDecimal sum = sevenAndHalf.add(three);  // add 方法用来替代加法运算符 "+"
        System.out.println("sum="+sum);
        BigDecimal sub = sevenAndHalf.subtract(three);  // subtract 方法用来替代减法运
算符 "-"
        System.out.println("sub="+sub);
        BigDecimal mul = sevenAndHalf.multiply(three);  // multiply 方法用来替代乘法运
算符 "*"
        System.out.println("mul="+mul);
        BigDecimal div = sevenAndHalf.divide(three);  // divide 方法用来替代除法运算符 "/"
```

```
System.out.println("div="+div);
BigDecimal remainder = sevenAndHalf.remainder(three);   // remainder 方法用来
替代取余数运算符 "%"
System.out.println("remainder="+remainder);
BigDecimal neg = sevenAndHalf.negate();   // negate 方法用来替代负号运算符 "-"
System.out.println("neg="+neg);
BigDecimal abs = sevenAndHalf.abs();   // abs 方法用来替代数学库函数 Math.abs
System.out.println("abs="+abs);
BigDecimal pow = sevenAndHalf.pow(2);   // pow 方法用来替代数学库函数 Math.pow
System.out.println("pow="+pow);
```

难道这么容易就学会使用 BigDecimal 了吗？仔细看上面的代码，被除数是 7.5，除数是 3，二者相除得到的商为 2.5。注意这是除得尽的情况，倘若换成除不尽的情况，例如把除数改成 7，计算 7.5 除以 7，结果理应得到一个无限循环小数。但是运行以下的测试代码，没想到程序竟然运行异常，未能打印那个值为无限循环小数的商：

```
// 只有一个输入参数的 divide 方法，要求被除数能够被除数除得尽
// 倘若除不尽，也就是商为无限循环小数，则程序会异常退出
// 报错 "Non-terminating decimal expansion; no exact representable decimal
result."
BigDecimal seven = BigDecimal.valueOf(7);
BigDecimal divTest = sevenAndHalf.divide(seven);
System.out.println("divTest="+divTest);
```

虽说大小数能够表示任意范围的小数，但必须是一个有限的范围，而不能是无限的范围。由于内存容量是有限的，一个无限循环小数写出来都写不完，如果放到内存中就需要无限大小的内存，因此为了让内存能够放得下无限循环小数，只好给该小数指定需要保留的小数位数，也就意味着 BigDecimal 表示无限循环小数时还是有精度要求的。

除了规定小数部分的保留位数外，还需明确多余部分的数字是直接舍弃还是四舍五入。这样对于无限循环小数来说，除法运算的 divide 方法需要 3 个输入参数，包括除数、需要保留的小数位数和多余数字的舍入规则。BigDecimal 提供的数字舍入规则见表 4-2。

表 4-2　大小数类型的数字舍入规则

| BigDecimal 的舍入类型 | 舍 入 说 明 |
| --- | --- |
| ROUND_CEILING | 往数值较小的方向取整，类似于 Math 库的 ceiling 函数 |
| ROUND_FLOOR | 往数值较大的方向取整，类似于 Math 库的 floor 函数 |
| ROUND_HALF_UP | 四舍五入取整，若精度范围之后的数字等于 5，则前一位进 1，类似于 Math 库的 round 函数 |
| ROUND_HALF_DOWN | 类似四舍五入取整，区别在于：若精度范围之后的数字等于 5，则直接舍弃 |
| ROUND_HALF_EVEN | 若保留位数的末尾为奇数，则按照 ROUND_HALF_UP 方式取整；若保留位数的末尾为偶数，则按照 ROUND_HALF_DOWN 方式取整 |

由上述规则可知，通常情况下的四舍五入应当采取 ROUND_HALF_UP 方式。于是重新指定了小数精度和舍入规则，改写后大小数的除法运算代码示例如下：

```
BigDecimal one = BigDecimal.valueOf(100);
BigDecimal three = BigDecimal.valueOf(3);
// 大小数的除法运算, 小数点后面保留 64 位, 其中最后一位四舍五入
BigDecimal div = one.divide(three, 64, BigDecimal.ROUND_HALF_UP);
System.out.println("div="+div);
```

运行修改后的除法代码, 控制台打印的日志结果如下:

```
div=33.3333333333333333333333333333333333333333333333333333333333333333
```

可见此时除法计算正常工作, 并且结果值的小数部分确实保留到了 64 位。

上述带 3 个输入参数的 divide 方法固然实现了符合精度的除法运算, 但若代码存在多处调用 divide 方法, 则意味着该方法后面的两个精度参数 "64, BigDecimal.ROUND_HALF_UP" 在每处调用的地方都会出现, 这样不但造成代码重复, 而且在变更精度规则时还得改动多处。为此, Java 又提供了精度工具 MathContext, 利用该工具可以事先指定包含小数精度和舍入规则在内的精度规则, 然后把设置好的工具实例传给 divide 方法就好了。下面是使用 MathContext 工具辅助除法运算的代码例子:

```
// 利用工具 MathContext 可以把 divide 方法的输入参数减少为两个
MathContext mc = new MathContext(64, RoundingMode.HALF_UP);
BigDecimal divByMC = one.divide(three, mc);  // 根据指定的精度规则执行除法运算
System.out.println("divByMC="+divByMC);
```

在大小数的除法中引入精度工具 MathContext 至少有以下两个好处:

（1）精度规则只要定义一次, 即可多处使用。
（2）若要变更精度规则, 则只需修改一个地方。

# 4.4　实　战　练　习

本节介绍如何使用自定义的方法求解较复杂的数学式子, 包括通过方法递归实现阶乘函数、利用牛顿迭代法求大数开方、利用大数字求更精确的圆周率等, 从而在实践中更熟练地掌握方法的定义及其调用。

## 4.4.1　通过方法递归实现阶乘函数

编程里的方法概念有点类似数学中的函数, 事实上, Java 自带的数学工具 Math 就集成了不少对应的数学函数, 包括开方函数 sqrt、幂函数 pow、取整函数 round、正弦函数 sin、余弦函数 cos 等。可是 Math 工具只提供了一些基本的数学函数, 仍有许多数学函数未能提供, 比如阶乘函数（$n!=1*2*3*...*n$）就不支持。对于这些系统尚不支持的数学运算, 只要可以用程序代码描述它们的算法, 就能自己编写专门的方法来实现对应的函数功能。

仍以阶乘函数为例, 按照该函数的定义, $n!=1*2*3*...*n$, 显然运算结果是 $1\sim n$ 这一串连续自然数的乘积, 该算法很适合采用循环语句实现。先声明一个结果变量 *result* 和一个整型变量 $i$, 令 *result* 与 $i$ 的初始值都为 1, 接着每次循环都给 $i$ 加 1, 并将 *result* 赋值为自身乘以 $i$ 的运算结果, 直到 $i$

等于 $n$ 为止。也可令 *result* 与 $i$ 的初始值都为 $n$，接着每次循环都给 $i$ 减 1，并将 *result* 赋值为自身乘以 $i$ 的运算结果，直到 $i$ 等于 1 为止。按此思路编写的循环方式计算阶乘函数的示例代码如下（完整代码见本章源码的 src\com\method\RecursionFactorial.java）：

```java
// 利用循环语句实现阶乘函数 n!
private static long factorialRepeat(int n) {
    long result = n;
    for (int i = n - 1; i > 1; i--) {
        result = result * i;  // 只要 i 大于 1，就乘上它
    }
    return result;
}
```

考虑到 $n!=n×(n-1)!$，等式右边的 $(n-1)!$ 同样是一个阶乘函数，区别在于输入参数由 $n$ 变为了 $n-1$，并且 $n$ 大于 1 时都存在阶乘运算 $(n-1)!$，只有 $n$ 值减少到 1 的时候，才不再需要计算 $(n-1)!$。像 $n!=n×(n-1)!$，然后 $(n-1)!=(n-1)×(n-2)!$ 这般反复调用函数自身的情况，被称作函数的递归调用。它包含两个方面的含义：一方面是递进调用自身方法，直到满足某个条件后结束自身调用；另一方面是逐次回归到上一个调用处，从刚才提到的条件位置开始返回，携带输出参数一路回到最初的方法调用。递归手段把一个复杂的问题转化为规模较小的相似问题，达到一定条件后将问题消弭于无形当中，可谓"大事化小、小事化了"，因而它比常规的循环语句要节省代码。

依据递归调用的算法思想，可将前述的阶乘方法代码改写为如下的递归方式代码：

```java
// 利用方法递归实现阶乘函数 n!
private static long factorialRecursion(int n) {
    if (n <= 1) {  // n 小于等于 1，结束递归
        return n;
    } else {  // 若 n 是一个大于 1 的整数，则重复递归调用
        return n * factorialRecursion(n - 1);
    }
}
```

可见采用递归手段之后，原方法内部的 for 循环被消除掉了，只剩下简单的 if 分支语句。注意到上面的分支代码由单行的 if/else 语句组成，那么借助于三元运算符 "?:" 可进一步简化代码，简化后的阶乘方法代码如下：

```java
// 利用三元运算符 "?:" 简化阶乘函数 n!
private static long factorialSimplify(int n) {
    return (n <= 1) ? n : n * factorialSimplify(n - 1);
}
```

这下有了自定义的阶乘方法，外部仅需以下一行代码，即可获得阶乘函数的运算结果：

```java
int n = 20;
// 注意：使用 long 类型，阶乘方法只能计算到 "20!"，再往上面计算只能癫狂了
long resultLong = factorialSimplify(n);
System.out.println(n+"!的长整数阶乘结果="+resultLong);
```

运行以上的阶乘代码，观察到下面的输出日志：

```
20!的长整数阶乘结果=2432902008176640000
```

由于目前的阶乘方法使用 long 类型保存运算结果，而 long 类型的表达范围只有-2$^{63}$~2$^{63}$-1，因此该阶乘方法最多只能计算到 20!，若让它计算 21!，则阶乘结果超出 long 类型的表达能力，导致阶乘方法无法返回正确的结果数字。真是没想到，原本以为 long 类型能够表示高达 19 位的整数范围，用作平常的整数运算理应不在话下，不料仅仅一个 21!就让 long 类型不堪重负，看来基本变量类型并不适合高级的科学运算。

幸亏 Java 另外提供了大整数类型 BigInteger，使用 BigInteger 可以表达任意大小的整数，只要计算机内存吃得消就行。引入大整数之后，原先的阶乘方法可改写为如下的代码逻辑：

```
// 利用大数字实现精确计算的阶乘方法
private static BigInteger factorialBig(int n) {
    BigInteger bigN = BigInteger.valueOf(n);  // 把整型的 n 转换为大整数类型
    return (n <= 1) ? bigN : bigN.multiply(factorialBig(n - 1));
}
```

外部依然按照原方式调用阶乘方法，只是把输入的参数值改为 100，表示准备计算 100!。此时的调用代码如下：

```
int n = 100;
// 使用大数字类型，阶乘方法可以一直计算下去，计算到"1000!"都没问题
BigInteger resultBig = factorialBig(n);
System.out.println(n+"!的大整数阶乘结果="+resultBig);
```

运行上述的阶乘代码，观察到下面的输出日志，可见有了大整数的襄助，再大的整数运算也不怕了。

```
100!的大整数阶乘结果=93326215443944152681699238856266700490715968264381621468592963
8952175999932299156089414639761565182862536979208272237582511852109168640000000000000
00000000000000
```

## 4.4.2　利用牛顿迭代法求大数开方

自从把一段功能独立的代码剥离为可以复用的方法，计算机语言的编码效率顿时得到了飞跃的提升，因为许多数学函数都能书写为公共方法给外部调用。除了前面介绍的阶乘函数之外，开方函数也能编写为公共的开根号方法，尽管系统自带的 Math 库已经提供了 sqrt 这么一个开平方函数，但 JDK 的源码并非给出该方法的 Java 实现代码，故而我们有必要了解一下如何通过 Java 代码实现开根号方法。

根据之前介绍的牛顿迭代法，能够得出求平方根的迭代式子为 $x_{m+1} = \dfrac{x_m}{2} + \dfrac{a}{2x_m}$。由于多次迭代的过程可以借助循环语句完成，因此可通过 while 关键字编写求方根的方法定义，具体的方法代码示例如下（完整代码见本章源码的 src\com\method\BigNewton.java）：

```
// 计算双精度数的平方根
private static double sqrtByDouble(double number) {
    double Xm = number;  // 每次迭代后的数值
    while (true) {
```

```
        double lastXm = Xm;  // 上次迭代的平方根
        Xm = (Xm + number/Xm) / 2;  // 本次迭代后的平方根
        // 迭代前后的两个平方根相等，表示已经达到变量精度，再计算下去就没意义了
        if (Xm >= lastXm) {
            break;
        }
    }
    return Xm;
}
```

上述代码之所以添加了 if 判断，是因为要校验迭代前后的 $x_m$ 与 $x_{m+1}$ 是否相等，如果二者等值，便说明本次迭代已经达到了双精度类型的精度范围，此时继续迭代也无法获得更好的方根精度，当然要退出循环以避免无谓的运算操作。注意到 if 判断语句位于 while 循环的末尾，且满足 if 条件时就退出循环，因而这段 while 语句可以改写为 do/while 语句，改写后的方法代码如下：

```
// 计算双精度数的平方根（使用 do/while 循环）
private static double sqrtByDoubleWithDo(double number) {
    double Xm = number;  // 每次迭代后的数值
    double lastXm = Xm;  // 上次迭代的平方根
    do {
        lastXm = Xm;  // 保存上次迭代的平方根
        Xm = (Xm + number/Xm) / 2;  // 本次迭代后的平方根
    } while (Xm < lastXm);  // 只有迭代前后的两个平方根不等的时候，才要继续执行循环
    return Xm;
}
```

无论是采用 while 循环，还是采用 do/while 循环，两个方法计算出来的方根结果是一样的。以下是外部调用其中一个开根号方法的代码例子，准备计算整数 2 的平方根：

```
// 测试双精度数的开方运算
private static void testSqrtByDouble() {
    double number = 2;  // 需要求方根的数字
    double root = sqrtByDouble(number);  // 计算双精度数的平方根
    System.out.println("双精度数开方运算,原始数字=" + number + ", 它的平方根=" + root);
}
```

运行上面的开方代码，观察到下面的日志信息，可见通过自定义的方法也能正确求得数字的方根。

```
双精度数开方运算,原始数字=2.0，它的平方根=1.414213562373095
```

然而受到存储空间限制，双精度类型只能表达到小数点后面 15 位，再往后的小数位就无能为力了。虽然这点误差在日常生活中算不了什么，但在精细的金融领域和精密的工程领域是不可接受的，为了计算出足够精确的方根数值，需要采取大小数类型进行开方运算。由于大小数的除法运算不允许出现无限小数，必须在调用相除方法 divide 时指定保留位数，因此还要引入精度工具 MathContext 来设定精度参数。同样利用牛顿迭代法编写大小数的开方运算，详细的实现代码如下（完整代码见本章源码的 src\com\method\BigNewton.java）：

```
// 计算大小数的平方根
private static BigDecimal sqrtByBigDecimal(BigDecimal number, int precision){
    BigDecimal two = BigDecimal.valueOf(2);
    // 指定运算精度，保留若干位数，最后一位四舍五入取整
    MathContext mc = new MathContext(precision, RoundingMode.HALF_UP);
    if (number.compareTo(BigDecimal.ZERO) <= 0) {  // 0 和负数不允许开方
        return BigDecimal.valueOf(0);
    } else {
        BigDecimal X = number;  // 上次迭代的平方根
        // 下面利用牛顿迭代法计算某个大小数的平方根
        while (true) {
            // 简化之后求平方根的迭代式子：Xm = (Xm + number/Xm) / 2
            BigDecimal Xm = (X.add(number.divide(X, mc))).divide(two, mc);
            // 如果运算前后的结果相等，就跳出循环。因为已经达到运算精度，再计算下去也无用
            if (X.equals(Xm)) {
                break;
            }
            X = Xm;  // 保留本次迭代后的方根
        }
        return X;
    }
}
```

仍然以 2 为底数计算它的方根，调用大小数的求方根方法时，假定保留小数点后面 100 位，则外部的调用代码可书写为下面这样：

```
// 测试大小数的开方运算
private static void testSqrtByBigDecimal() {
    BigDecimal number = BigDecimal.valueOf(2);  // 需要求方根的数字
    // 求得的平方根保留小数点后面 100 位
    BigDecimal root = sqrtByBigDecimal(number, 100);  // 计算大小数的平方根
    System.out.println("大小数开方运算，原始数字=" + number + "，它的平方根=" + root);
}
```

运行上面的大小数开方代码，观察到下面的日志信息：

大小数开方运算，原始数字=2，它的平方根
=1.4142135623730950488016887242096980785696718753769480731766679737909073247846210703885038753432764157

由日志结果可见，大小数保留了足够的位数，再也不用担心那些专业领域的数值偏差了。既然通过大小数能够求得更精确的平方根，那么也能求得更精确的三次方根、四次方根乃至 $N$ 次方根，有兴趣的读者可实践一下。

## 4.4.3 利用大数字求更精确的圆周率

既然开平方的运算代码可以提取为单独的公共方法，同样圆周率的求解代码也能提取为公共方法。利用割圆术逐次在圆圈内部切割内接的正 $N$ 边形，由此求得的圆周率近似值将越来越逼近它的

真实值。根据之前讲述的计算方式，可将迭代部分改写为如下的方法代码（完整代码见本章源码的 src\com\method\ExactPai.java）：

```java
// 计算粗略的圆周率
private static double getPaiRough(int n) {
    int r = 1;                        // 圆的半径
    int d = 2 * r;                    // 圆的直径
    double edgeLength = r;            // 正 n 边形的边长
    long edgeNumber = 6L;             // 正 n 边形的边数
    double π = edgeLength * edgeNumber / d;          // 正六边形对应的圆周率
    for (int i = 0; i < n; i++) {                    // 利用 for 循环实现迭代功能
        edgeNumber = edgeNumber * 2;                 // 正 n 边形的边数乘 2
        double gou = edgeLength / 2.0;               // 计算勾
        double gu = r - Math.sqrt(Math.pow(r, 2) - Math.pow(gou, 2));  // 计算股
        // 通过勾股定理求斜边长（勾三股四弦五），斜边长也是新正 n 边形的边长
        edgeLength = Math.sqrt(Math.pow(gou, 2) + Math.pow(gu, 2));
        // 正 n 边形的周长除以直径，即可得到近似的圆周率数值
        π = edgeLength * edgeNumber / d;
    }
    return π;
}
```

接着外部调用上面的 getPaiRough 方法，想要计算双精度类型的圆周率数值，则调用代码示例如下：

```java
// 利用双精度数计算圆周率
private static void calculateByDouble() {
    int n = 60; // double 类型最多只能割 60 次
    long edgeNumber = (long) (Math.pow(2, 60) * 6);
    System.out.println("割圆次数=" + n + "，内接正 N 边形的边数=" + edgeNumber);
    // 使用 double 类型，割圆术只能内接到正 6917529027641081856 边形（n=60）
    // 再往上割圆的话，Java 程序就会错乱
    double π_rough = getPaiRough(n);
    System.out.println("粗略的圆周率数值=" + π_rough);
}
```

运行以上的圆周率计算代码，观察到以下的日志信息：

```
割圆次数=60，内接正 N 边形的边数=6917529027641081856
粗略的圆周率数值=3.1415926535897936
```

注意到这里的割圆次数只有 60 次，却不能继续割下去了，因为再割下去程序就会计算得乱七八糟，原因有二：

（1）double 类型最多表达到小数点后 16 位，再往后不但计算不精确，还会因超出精度范围而导致勾、股、弦计算错误。

（2）long 类型也有数值范围限制，割圆次数较多的话，内接正 N 边形的边数将会超出 long 类型的表示范围。

　　为了解决上述两个问题，势必需要分别引入大小数 BigDecimal 和大整数 BigInteger。可是纵然借助大小数和大整数把圆周率计算得更精确，这又有什么意义呢？毕竟初学者离工程等专业领域还远着呢。话虽如此，却也挡不住疯狂理工男的求知热情，日本有人出版了一本书，书名叫作《π》，这本书讲的就是圆周率小数点后面 100 万位的数字，而且还很畅销。既然人家这么有钻研精神，我们也不能落后，继续发扬老祖宗割圆术的光荣传统，结合勾股定理的神机妙算，一样能够将圆周率计算到小数点之后 N 位。

　　于是把原来通过双精度数计算圆周率的方法定义稍加改造，使用大小数类型替换掉双精度类型，并指定除法情况下的小数位精度，则可改造为如下的新式计算方法（完整代码见本章源码的 src\com\method\ExactPai.java）：

```java
// 计算精确的圆周率
private static BigDecimal getPaiExact(int n) {
    BigDecimal two = BigDecimal.valueOf(2.0);
    BigDecimal r = BigDecimal.valueOf(1);               // 圆的半径
    BigDecimal d = r.multiply(two);                      // 圆的直径
    BigDecimal edgeLength = r;                           // 正 n 边形的边长
    BigDecimal edgeNumber = BigDecimal.valueOf(6);       // 正 n 边形的边数
    BigDecimal π = edgeLength.multiply(edgeNumber).divide(d);  // 正六边形对应的
圆周率

    int precision = 110;   // 默认保留小数点后面 110 位
    // 设定小数的精度，保留小数点若干位，最后一位四舍五入
    MathContext mc = new MathContext(precision, RoundingMode.HALF_UP);
    for (int i = 0; i < n; i++) {   // 利用 for 循环实现迭代功能
        edgeNumber = edgeNumber.multiply(two);   // 正 n 边形的边数乘2
        BigDecimal gou = edgeLength.divide(two, mc);   // 计算勾
        BigDecimal gu = r.subtract(sqrt(r.pow(2).subtract(gou.pow(2)),
precision));   // 计算股
        // 通过勾股定理求斜边长（勾三股四弦五），斜边长也是新正 n 边形的边长
        edgeLength = sqrt(gu.pow(2).add(gou.pow(2)), precision);
        // 正 n 边形的周长除以直径，即可得到近似的圆周率数值
        π = edgeLength.multiply(edgeNumber).divide(d, mc);
    }
    return π;
}
```

然后外部调用新改造的 getPaiExact 方法，具体的调用代码示例如下：

```java
// 利用大小数计算圆周率
private static void calculateByBigDecimal() {
    int n = 165;   // 大数字割到第 165 次，求得的圆周率可精确到小数点后 100 位
    BigInteger edgeNumber = BigInteger.valueOf(2).pow(n).
multiply(BigInteger.valueOf(6));
    System.out.println("割圆次数=" + n + ", 内接正 N 边形的边数=" + edgeNumber);
    // 割圆术内接到正 28060831436753336029510748788152633977393939048251392 边形
(n=165)
    // 计算出来的圆周率精确到小数点后 100 位
    BigDecimal π_exact = getPaiExact(n);
```

```
            System.out.println("精确的圆周率数值=" + π_exact);
    }
```

运行上面的圆周率求解代码，观察到下面的输出日志：

割圆次数=165，内接正 N 边形的边数
=2806083143675333602951074878815263397739390482513920
精确的圆周率数值
=3.1415926535897932384626433832795028841971693993751058209749445923078164062 86208998628034825342117067916 5188670

由日志可见，利用大整数类型成功求得了内接正 N 边形的边数，同时利用大小数类型也成功将圆周率数值推导至小数点后面 100 位。

# 4.5 小　结

本章主要介绍了方法的用法及其相关的包装概念，首先讲述了如何定义一个完整的方法（组成结构、输入参数、输出参数），其次描述了几种基本变量类型对应的包装类型用法（包装整型、包装长整型、包装浮点型、包装双精度型、包装布尔型等），再次阐述了专门用于表达超多位数的大数字类型用法（表示超大整数的大整数类型、表示超微小数的大小数类型），最后结合方法与包装类型的知识演示了 3 个实战练习的编码过程（通过方法递归实现阶乘函数、利用牛顿迭代法求大数开方、利用大数字求更精确的圆周率）。

通过本章的学习，读者应该能够掌握以下编程技能：

（1）学会如何定义一个方法，以及如何调用该方法。
（2）学会几种基本类型对应的包装类型用法。
（3）学会大整数类型和大小数类型的用法。
（4）学会通过方法调用实现递归法、迭代法的算法过程。

# 第5章

## 字符串与正则表达式

本章介绍从字符到字符串的概念与运用。首先讲解字符类型及其包装类型的用法，然后阐述字符串类型的赋值定义及其方法调用，最后通过正则表达式进一步深入处理字符串，并结合两个实战练习演示字符串的具体应用。

## 5.1 字　　符

本节介绍字符类型的用法及其延伸技术，包括字符类型变量的声明、赋值、数组遍历，还有字符型变量与整型变量之间的相互转换，以及字符型对应的包装类型 Character 的详细用法。

### 5.1.1 字符类型

前面介绍的 Java 编程要么是与数字有关的计算，要么是与逻辑有关的推理，充其量只能实现计算器和状态机。若想让 Java 运用于更广阔的业务领域，就得使其支撑更加血肉丰满的业务场景，而丰满的前提是能够表达大众熟知的人类语言和文字。对于英文世界来说，除了数字之外，编程语言起码还要支持 A、B、C、D、x、y、z 等大小写字母，以及常见的标点符号。由于现有的基本变量类型仅能表示各类数字与布尔值，因此要引入新的变量类型来存放字母和符号，这个新的类型被称作字符型 char。

有别于其他的基本类型，一个具体的字符值必须用单引号引起来，这样才能区分数字数值与数字字符，而且变量名称和字符形式的变量值也不会混淆。譬如下面的代码来示范如何声明字符变量，以及如何把各类字符赋值给该字符变量（完整代码见本章源码的 src\com\string\character\TypeChar.java）：

```java
char a = 'A';  // 声明一个字符变量，并对其赋值
System.out.println("a=" + a);
char tian = '田';  // 字符包括英文字符，也包括中文字符
System.out.println("tian=" + tian);
```

```
char one = '1';  // 字符还包括数字字符和标点符号
System.out.println("one=" + one);
```

与其他类型相似，字符类型也有对应的字符数组 char[]。除了类型名称变更外，其他的用法与整型数组保持一致。下面是字符数组简单用法的代码例子：

```
char[] array = new char[]{'A', 'B', 'C'};  // 声明一个字符数组，并对其初始化
//char[] array = { 'A', 'B', 'C' };  // 简化之后的字符数组初始化操作
for (char item : array) {  // 遍历并打印字符数组中的每个字符
    System.out.println("item=" + item);
}
```

虽然大部分的字母和符号都能直接书写自身字符，但是少数特殊符号没有对应的表现字符，包括制表符、回车符、换行符等，此时必须通过某种格式的式子来表示这些特定字符。在 Java 代码中，使用'\t'表达一个制表符，使用'\r'表达一个回车符，使用'\n'表达一个换行符。还有其他几个符号，尽管存在对应的标点，可是标点已经约定另有用途，比如两个单引号''用来包裹单个字符，两个双引号""用来包裹一串文本，反斜杠\则被用于表达换行符'\n'等。因此，这几个标点只好另想办法，一样得在符号前面补充反斜杠，如'\''表达的是单引号字符，'\"'表达的是双引号字符，'\\'表达的是反斜杠字符。这些特殊符号的赋值代码示例如下：

```
// 下列是特殊字符的转义表达形式
char tab = '\t';  // 制表符的转义符为\t
System.out.println("tab=" + tab);
char enter = '\r';  // 回车符的转义符为\r
System.out.println("enter=" + enter);
char line = '\n';  // 换行符的转义符为\n
System.out.println("line=" + line);
char singleQuote = '\'';  // 单引号的转义符为\'
System.out.println("singleQuote=" + singleQuote);
char doubleQuote = '\"';  // 双引号的转义符为\"
System.out.println("doubleQuote=" + doubleQuote);
char reverseTilt = '\\';  // 反斜杠的转义符为\\
System.out.println("reverseTilt=" + reverseTilt);
```

像上面通过添加反斜杠来表达特殊字符的方式，在编程语言里面称作"转义"，添加了反斜杠的字符形式被称为"转义符"。

## 5.1.2  字符型与整型的相互转化

字符类型是一种新的变量类型，然而在编码实践的过程中，发现某个具体的字符值居然可以赋值给整型变量。就像下面的代码一样，把字符值赋给整型变量，编译器不但没报错，而且还能正常运行（完整代码见本章源码的 src\com\string\character\intToChar.java）。

```
// 字符允许直接赋值给整型变量
private static void charToInt() {
    int a = 'A';  // 把一个字符赋值给整型变量
    System.out.println("int a="+a);
    int tian = '田';  // 把一个字符值给整型变量
```

```
    System.out.println("int tian="+tian);
}
```

马上运行上面的测试代码，输出日志如下：

```
int a=65
int tian=30000
```

之所以出现字符变成整数的情况，是因为计算机为了方便处理，将包括英文在内的拉丁字母都采用数字编码，这样字符才能保存在只认得二进制数的计算机系统中。因为计算机编程诞生在西方，所以早期的编程语言只支持英语和其他西欧语言。英文字母才 26 个，区分大小写也才 52 个，加上标点符号等，最多 128 个，只用一字节来表达西方世界的字符已然绰绰有余（一字节为 8 位二进制数，可表达 255 个数值）。这套单字节的字符编码标准源自美国，故而它被称作 ASCII 码（American Standard Code for Information Interchange，美国信息交换标准代码）。

计算机编程传播到其他国家时发现了问题，很多国家都有自己的语言文字，像常用的汉字就有 3000 多个，单字节的 ASCII 码根本不够用。于是后来又制定了 DBCS（Double-Byte Character Set，双字节字符集）标准，该标准使用两字节来表示一个字符，这样一共可以表示 256×256-1=65535 个字符，其中前 128 个字符与 ASCII 码保持一致，剩余的位置留给了别的语言文字和扩展符号。其中，以汉字为主的东亚象形文字占据了从 0x3000～0x9FFF 之间的编码，足足占去了 DBCS 所有字符的 7/16。

既然字符值允许直接赋予整型变量，反过来整数（0～65535）也能直接赋予字符变量。譬如整数 65 赋值给字符变量就变成了字母 A，整数 30000 赋值给字符变量就变成了汉字"田"。当然只有 0～65535 之间的整数才能正常给字符变量赋值，因为其他整数不在 Java 的字符型范围之内。下面是将整数赋值给字符型变量的代码例子：

```
// 0～65535 之间的整数允许直接赋值给字符变量。字符类型占两字节
private static void intToChar() {
    char a = 65;  // 把一个数字赋值给字符变量
    System.out.println("char a="+a);
    char tian = 30000;  // 把一个数字赋值给字符变量
    System.out.println("char tian="+tian);
    // 以汉字为主的东亚象形文字（中、日、韩）占据了从 0x3000～0x9FFF 之间的编码
    char begin = 0x3000;
    System.out.println("chinese begin="+begin);
    char end = 0x9FFF;
    System.out.println("chinese end="+end);
    char max = 65535;  // 字符型可表达的范围是 0～65535
    System.out.println("char max="+max);
}
```

上面说到整型数与字符型之间允许直接相互赋值，也就是说可以把字符变量当作整型变量看待，这意味着字符变量也能参与加减乘除四则运算。不过一旦字符变量参与计算，由于编译器不能确定计算结果是否还落在 0～65535 的整数区间，因此必须显式地把运算结果强制转换成字符 char 类型。以打印所有的大写英文字母为例，只要指定初始字符为 A，那么便能对初始字符逐次加 1，从而完成从 A～Z 之间所有字符的遍历操作。具体的大写字母遍历代码示例如下：

```
// 字符变量允许跟整数直接加减乘除
private static void printCapital() {
```

```
char a = 'A';
for (int i=0; i<26; i++) {  // 英语的大写字母总共有 26 个
    // 因为不确定 a+i 之和是否超出 0～65535 的范围，所以需要强制转换成字符类型
    char capital = (char) (a+i);
    System.out.println("capital="+capital);
}
}
```

### 5.1.3  字符包装类型

正如整型 int 有对应的包装整型 Integer 那样，字符型 char 也有对应的包装字符型 Character。初始化字符包装变量也有 3 种方式，分别是：直接用等号赋值、调用包装类型的 valueOf 方法、使用关键字 new 创建新变量。倘若要把字符包装变量转换成字符变量，则调用包装变量的 charValue 方法即可。甚至可以对字符包装变量做加减乘除运算，就像之前对待字符变量一般。字符包装类型的基本使用代码示例如下（完整代码见本章源码的 src\com\string\character\PackChar.java）：

```
Character character = 'A';  // 声明一个包装字符变量
System.out.println("character=" + character);
char value = character.charValue();  // 把包装字符变量转换成基本字符变量
System.out.println("value="+value);
// Character 类型与 char 类型的变量之间允许直接赋值，靠的是"自动装箱"和"自动拆箱"
Character plusResult = (char) (character+1);
System.out.println("plusResult="+plusResult);
```

注意到上述代码里面，包装字符变量 character 直接加 1，相加之和强制转换成 char 类型后又直接赋给另一个包装变量 plusResult。这里不免令人疑惑，整型和浮点型同属于基本类型，它们的变量相互赋值尚且需要显式地强制类型转换，如今有 Character 和 char，一个是包装类型，另一个是基本类型，为何它们的变量相互赋值不需要强制转换类型呢？

这是因为包装类型仅仅对基本类型加了一层封装而已，内部的数据格式并没有发生变化，所以为了尽量减少代码的改动，在包装变量和基本变量之间赋值的时候，编译器会自动进行装箱和拆箱操作。所谓装箱，指的是编译器会默认调用 valueOf 方法，将基本类型的变量转换成对应包装类型的变量；至于拆箱，指的是编译器会默认调用***Value 方法，将包装类型的变量转换成对应基本类型的变量。通过自动装箱和自动拆箱，Java 代码实现了包装变量与基本变量的无缝衔接，从而简化了相关处理代码。

除了上面介绍的基本方法外，Character 类型针对文本加工操作额外提供了一些字符处理方法，主要说明如下。

- isDigit: 判断输入的字符是否为数字。
- isLetter: 判断输入的字符是否为字母。
- isLowerCase: 判断输入的字符是否为小写字母。
- isUpperCase: 判断输入的字符是否为大写字母。
- isSpaceChar: 判断输入的字符是否为空格。
- isWhitespace: 判断输入的字符是否为空白（非数字、非字母、非标点）。
- toLowerCase: 输入一个字符，如果原字符是大写字母，就返回对应的小写字母；否则原样返回该字符。

- toUpperCase: 输入一个字符, 如果原字符是小写字母, 就返回对应的大写字母; 否则原样返回该字符。

以上的字符处理方法均需按照 "Character.方法名称(输入字符)" 的形式调用, 具体的方法调用代码示例如下:

```
Character letter = 'A'; // 声明一个包装字符变量
// 下面是 Character 常用的字符处理方法
boolean isDigit = Character.isDigit(letter); // isDigit 方法判断字符是否为数字
System.out.println("isDigit=" + isDigit);
boolean isLetter = Character.isLetter(letter); // isLetter 方法判断字符是否为字母
System.out.println("isLetter=" + isLetter);
boolean isLowerCase = Character.isLowerCase(letter); // isLowerCase 方法判
断字符是否为小写
System.out.println("isLowerCase=" + isLowerCase);
boolean isUpperCase = Character.isUpperCase(letter); // isUpperCase 方法判
断字符是否为大写
System.out.println("isUpperCase=" + isUpperCase);
Character line = '\n'; // 声明一个包装字符变量
boolean isSpaceChar = Character.isSpaceChar(line); // isSpaceChar 方法判断字
符是否为空格
System.out.println("isSpaceChar=" + isSpaceChar);
// isWhitespace 方法判断字符是否为空白 (非数字、非字母、非标点, 包括空格、制表、回车、换行等)
boolean isWhitespace = Character.isWhitespace(line);
System.out.println("isWhitespace=" + isWhitespace);
char lowerCase = Character.toLowerCase(letter); // toLowerCase 方法把字符转
换为大写
System.out.println("lowerCase=" + lowerCase);
char upperCase = Character.toUpperCase(letter); // toUpperCase 方法把字符转
换为小写
System.out.println("upperCase=" + upperCase);
```

# 5.2　字　符　串

本节介绍字符串类型的详细用法。首先描述如何声明字符串变量并对其赋值, 以及如何将字符串转换成包装类型, 然后阐述如何把多种多样的数字和符号格式化成规整的字符串, 最后讲述如何调用字符串类型的其他常见方法 (含比较、查找、修改)。

## 5.2.1　字符串的赋值与转换

无论是基本的 char 字符型, 还是包装字符类型 Character, 它们的每个变量只能存放一个字符, 无法满足对一串字符的加工需求。为了能够直接操作一连串的字符, Java 设计了专门的字符串类型 String, 该类型允许保存一整串字符, 并对字符串进行各种处理。

字符串类型不属于基本类型, 它的用法与包装类型更为接近。例如给字符串变量赋初始值, 就有多达 4 种赋值形式 (包装类型只有 3 种赋值), 分别介绍如下:

（1）被双引号包裹着的字符串可直接用等号赋值给字符串变量，代码示例如下：

```
// 第一种方式：用双引号把字符串引起来
String fromQuote = "Hello";
System.out.println("fromQuote="+fromQuote);
```

（2）调用 String 类型的 valueOf 方法把整型、浮点型、布尔型、字符型、字符数组等变量转换为字符串，方法调用的代码示例如下：

```
// 第二种方式：使用 String 的 valueOf 方法把数值、布尔、字符、字符数组等变量转换为字符串
String fromValueOf = String.valueOf(111);
System.out.println("fromValueOf="+fromValueOf);
```

（3）对于字符数组来说，可通过 new 关键字创建字符串变量，此时赋值代码如下：

```
// 第三种方式：对于字符数组来说，还能通过 new 关键字创建字符串变量
char[] array = {'A', 'B', 'C'};
String fromArray = new String(array);
System.out.println("fromArray="+fromArray);
```

（4）对于基本变量类型（数组除外）来说，也可以利用加号连接基本变量和空串，下面的代码便是一个例子：

```
// 第四种方式：对于基本变量类型（数组除外）来说，也可以利用加号连接基本变量和空串
// 注意，数值变量之间的加号为算术上的相加运算，而字符串之间的加号为两个字符串的合并操作
String fromPlus = true+"";
System.out.println("fromPlus="+fromPlus);
```

以上给字符串变量的赋值方式不多不少正好 4 种，恰似茴香豆的茴有 4 种写法那样。既然知晓了字符串的 4 种赋值，不妨温习一下鲁迅笔下"茴"的 4 种写法，看看你还记得几个？茴字上边为草头，下边为回家的回，其实有 4 种写法的是"回"字，包括：回、囬、囘，还有一种是"口"字里面有一个"目"字。回头再复习刚才提到的字符串的 4 种赋值方式，如果还记得具体是哪 4 种，那么恭喜你已经掌握了字符串的入门诀窍。

既然能够把各种基本类型的变量赋值给字符串变量，那么公平起见，也要求字符串变量允许转换成其他类型的变量。然而字符串类型不支持直接转换为基本类型，必须先转换成包装类型，再从包装类型转换成基本类型。像包装整型 Integer 提供了 parseInt 方法，可将输入的字符串变量转换成包装整型变量并返回。类似的字符串转换方法还有：包装长整型 Long 的 parseLong 方法，包装浮点型 Float 的 parseFloat 方法，包装双精度型 Double 的 parseDouble 方法，包装布尔型 Boolean 的 parseBoolean 方法。但是包装字符型并没有相应的 parse*** 方法，这是怎么回事呢？仔细想想字符串内部由一串连续的字符组成，然而一个字符型变量只能容纳一个字符，由于一串字符无法转换成一个字符，必须拆开变为多个字符，因此字符串类型不能转换成字符型，只允许转换成字符数组。要想把字符串变量转换为字符数组，则需调用字符串变量的 toCharArray 方法，该方法的输出参数即为字符数组类型 char[]。

下面的代码例子将演示如何将字符串类型转换成包装类型和字符数组类型的变量（完整代码见本章源码的 src\com\string\string\StrAssign.java）：

```
        String number = "13456";
        Integer packInt = Integer.parseInt(number);  // 将字符串变量转换成包装整型变量
        System.out.println("packInt=" + packInt);
        Long packLong = Long.parseLong(number);  // 将字符串变量转换成包装长整型变量
        System.out.println("packLong=" + packLong);
        Float packFloat = Float.parseFloat(number);  // 将字符串变量转换成包装浮点型变量
        System.out.println("packFloat=" + packFloat);
        Double packDouble = Double.parseDouble(number);  // 将字符串变量转换成包装双精
度型变量
        System.out.println("packDouble=" + packDouble);
        String zhen = "true";
        Boolean packBoolean = Boolean.parseBoolean(zhen);  // 将字符串变量转换成包装布
尔型变量
        System.out.println("packBoolean=" + packBoolean);
        char[] numberArray = number.toCharArray();  // 将字符串转换成字符数组
        for (char item : numberArray) {  // 遍历并打印字符数组中的各元素
            System.out.println("item=" + item);
        }
```

前面介绍大数字类型的时候，提到可以通过 valueOf 方法给大数字变量赋值，但是该方法的输入参数要求为基本数字类型，因为基本类型可表达的数值范围存在限制，比如长整型 long 表示的数字大小为 19 位整数，双精度型 double 表示的有效数字大小只有 15~16 位，所以一旦某个巨大的整数或者长尾巴的小数超出有效位数，这个数字就无法通过 valueOf 方法赋值给大数字类型。

为了解决超大数字的赋值问题，BigInteger 和 BigDecimal 提供了第二种赋值方式：先利用字符串变量保存超大数字，再使用关键字 new 创建该字符串对应的大数字变量，具体的超大数字赋值代码示例如下：

```
        String bigNumber = "13456789013456789013456789O";
        BigInteger bigInt = new BigInteger(bigNumber);  // 将字符串变量转换成大整数变量
        System.out.println("bigInt=" + bigInt);
        BigDecimal bigDec = new BigDecimal(bigNumber);  // 将字符串变量转换成大小数变量
        System.out.println("bigDec=" + bigDec);
```

既然字符串变量能够转换成包装类型和大数字类型，那么反过来，包装变量和大数字变量也能转换成字符串类型，并且转换为字符串的方式很简单，只要由包装变量和大数字变量调用自身的 toString 方法即可。

## 5.2.2　字符串的格式化

字符串变量的 4 种赋值方式对于简单的赋值来说完全够用了，即便是两个字符串拼接，也只需通过加号把两个目标串连起来即可。但对于复杂的赋值来说就麻烦了，假设现在需要拼接一个很长的字符串，字符串内部包含各种类型的变量，有整型、双精度型、布尔型、字符型，中间还夹着一些起黏合作用的子串，如此一来只能使劲地填写加号，把各种变量努力加上去，就像有时打印日志调用 System.out.println 一样，加号多到让你眼花缭乱。

为了不让加号如此横行霸道，String 类型从 Java 5 开始额外提供了 format 方法用来格式化这些准备填入字符串的各种变量。具体地说，是在一个模板字符串中填写类似"%s""%d""%f"这样的记号先占几个位置，然后给 format 方法的输入参数分别指定对应位置的变量名称，表示这些变量值依次替换模板中的"%s""%d""%f"等记号。以上模板串用到的占位记号也叫作格式转换符，详细说明见表 5-1。

表 5-1 字符串模板的格式转换符

| 转换符标记 | 转换符说明 |
| --- | --- |
| %s | 这是字符串的占位记号，可原样展示字符串，如"Hello" |
| %c | 这是字符的占位记号，可原样展示字符，如'A' |
| %b | 这是布尔值的占位记号，可原样展示 true 或者 false |
| %d | 这是十进制整数（含字节型、短整型、整型、长整型）的占位记号，可原样展示十进制数，如 255 |
| %o | 这是八进制整数的占位记号，填写十进制数，格式化后会转换成八进制数。例如，输入整数 255 会输出八进制数 377 |
| %x | 这是十六进制整数的占位记号，填写十进制数，格式化后会转换成十六进制数。例如，输入整数 255 会输出十六进制数 ff |
| %f | 这是浮点数的占位记号，格式化后会转换成 7 位小数（整数部分与小数部分加起来） |

下面是利用 format 方法格式化单个变量值与多个变量值的代码例子（完整代码见本章源码的 src\com\string\string\StrFormat.java）：

```
// 往字符串中填入另一个字符串
String fromString = String.format("格式化子串的字符串：%s", "Hello");
System.out.println("fromString="+fromString);
// 往字符串中填入字符
String fromChar = String.format("格式化字符的字符串：%c", 'A');
System.out.println("fromChar="+fromChar);
// 往字符串中填入布尔值
String fromBoolean = String.format("格式化布尔值的字符串：%b", false);
System.out.println("fromBoolean="+fromBoolean);
// 往字符串中填入十进制整数
String fromInt = String.format("格式化整型数的字符串：%d", 255);
System.out.println("fromInt="+fromInt);
// 往字符串中填入十六进制数
String fromOct = String.format("格式化十六进制数的字符串：%o", 255);
System.out.println("fromOct="+fromOct);
// 往字符串中填入八进制数
String fromHex = String.format("格式化八进制数的字符串：%x", 255);
System.out.println("fromHex="+fromHex);
// 往字符串中填入浮点数
String fromFloat = String.format("格式化浮点数的字符串：%f", 3.14);
System.out.println("fromFloat="+fromFloat);
// 格式化字符串的时候，同时填充多个变量
String manyVariable = String.format("以下字符串包括多个变量值：%s, %c, %b, %d,
                       %o, %x, %f", "Hello", 'A', false, 255, 255, 255, 3.14);
System.out.println("manyVariable="+manyVariable);
```

观察上面的代码，可见大部分的基本类型都支持格式化，除了双精度类型外。如果双精度数的精度刚好在浮点数范围之内，能够借助标记%f来格式化，如果双精度数超过了浮点数的精度，还能使用%f格式化吗？接下来通过以下测试代码看看3.1415926这个双精度数会被%f格式化成什么样子：

```
// 注意，若是通过%f 格式化双精度数，则会强制转换成浮点数
String fromDouble = String.format("双精度数格式化后丢失精度的字符串：%f",
3.1415926);
        System.out.println("fromDouble="+fromDouble);
```

运行以上的测试代码，打印的日志结果如下：

```
fromDouble=双精度数格式化后丢失精度的字符串：3.141593
```

可见使用%f 格式化双精度数时，超出范围的小数部分被强行四舍五入了，因而%f 并不适合用于直接格式化双精度数。若想让双精度数在格式化时不损失精度，需要事先指定小数点后面保留的位数，比如%.8f 表示格式化时保留 8 位小数部分，f 前面的数字越大代表保留的位数越多，双精度数的数值精度就越高。利用%.8f 改写之前的双精度数格式化代码，改写后的演示代码如下：

```
// 格式化双精度数时，需要指定小数点后面保留的位数
String fromDecimal = String.format("格式化双精度数的字符串：%.8f", 3.1415926);
        System.out.println("fromDecimal="+fromDecimal);
```

运行以上的演示代码，程序运行结果如下：

```
fromDecimal=格式化双精度数的字符串：3.14159260
```

从日志信息可见，此时双精度数的小数部分得以完整地保存下来。

所谓格式化，不单单是按照标记填写具体数值，还要求字符串格式整齐划一。譬如统计世界各国人口，列表中的各国人口数值应当右对齐，这样谁多谁少方能一目了然。既然要求支持对齐，那么得先明确该列数字的最大位数，之后才能在位数范围内选择左对齐还是右对齐。整数部分最大位数的标记方式与小数部分的保留位数类似，唯一的区别是整数位数的标记不加点号，而小数位数的标记要加点号，例如%8d 表示待格式化的整数将占据 8 个字符空间，并且默认右对齐、左补空格。倘若要求左对齐，则格式化标记需添加横线符号，像%-8d 表示待格式化的整数在8位空间内左对齐，并且右补空格。有时候数字代表一串编码，即使未达到最大位数也得在左边补 0，此时格式化标记要在位数前面补充 0，代表空出来的位置填 0 而不是填空格，如标记%08d 表示待格式化的整数要求右对齐、左补 0。

下面是各种格式化整数位数的代码例子：

```
// 对整数分配固定长度，该整数默认右对齐、左补空格
String fromLenth = String.format("格式化固定长度（默认右对齐）的整数字符串：(%8d)",
255);
        System.out.println("fromLenth="+fromLenth);
// 对整数分配固定长度，且该整数左对齐、右补空格
String fromLeft = String.format("格式化固定长度且左对齐的整数字符串：(%-8d)",
255);
        System.out.println("fromLeft="+fromLeft);
// 对整数分配固定长度，该整数默认右对齐、左补 0
String fromZero = String.format("格式化固定长度且左补0的整数字符串:(%08d)", 255);
        System.out.println("fromZero="+fromZero);
```

运行上述的格式化代码，得到以下日志打印结果：

```
fromLenth=格式化固定长度（默认右对齐）的整数字符串：(      255)
fromLeft=格式化固定长度且左对齐的整数字符串：(255      )
fromZero=格式化固定长度且左补 0 的整数字符串：(00000255)
```

由此可见，格式化后的数字既实现了右对齐，又实现了左对齐，还支持在空位补 0。

一旦格式化用得多了，便会出现某个变量需要多次填入的情况，比如"重要的事情说 3 遍"，后面的句子就得输入 3 次，像以下代码一样，"别迟到" 3 个字反复写了 3 次：

```
// 字符串格式化的时候，可能出现某个变量被多次填入的情况
String fromRepeat1 = String.format("重要的事情说3遍：%s, %s, %s", "别迟到", "别迟
到", "别迟到");
System.out.println("fromRepeat1="+fromRepeat1);
```

这种做法无疑非常拖沓，不但写起来费劲，看起来也费神。为此格式化又设计了形如 "%n$s" 的标记，其中 n 表示当前标记取的是第几个参数值，尾巴上的 s 就是普通的格式化标记，中间的美元符号$把两者隔开。例如，标记%1$s 表示当前要取第一个参数，且该参数类型为字符串，于是前述的 "重要的事情说3遍" 即可简化为以下代码：

```
// 重复填入某个变量值，可利用 "%数字$" 的形式，其中 "数字$" 表示这里取后面的第几个变量值
String fromRepeat2 = String.format("重要的事情说三遍：%1$s, %1$s, %1$s", "别迟到");
System.out.println("fromRepeat2="+fromRepeat2);
```

现在有一个比较常见的业务要求，金额数字通常都要保留小数点后面两位，像余额宝的每日收益就精确到小数点后两位的单位 "分"。此时采取标记%.2f 即可实现要求，但是余额宝内部对账可不能仅仅保留两位小数，一般至少保留小数点后 3 位的单位 "厘"，那么对账用的格式化标记就变成了%.3f。这样有的场合要求更高精度，有的场合对精度的要求不高，意味着标记%.nf 中间的 n 值是随时变化着的。若要处理变化的输入数值，则必须通过方法实现相关功能，也就是需要设计一个新方法，该方法的输入参数包括待格式化的数字和需要保留的小数位数，方法的返回值为截取指定小数位的字符串。

对于双精度数字来说，此时要先根据小数位数构建一个形如%.nf 的格式化标记串，再依据该标记格式化最终的数值字符串。由于百分号 "%" 是格式化的保留字符，因此要用两个百分号 "%%" 来表达一个百分符号 "%"，于是双精度数的小数位数格式化代码如下：

```
// 对双精度类型的变量截取小数位，多余部分的数字默认四舍五入
public static String formatWithDouble(double value, int digit) {
    // 先根据小数位数构建格式化标记串。两个百分号 "%%" 可转义为一个百分符号 "%"
    String format = String.format("%%.%df", digit);
    // 再依据该标记将具体数字格式化为字符串
    String result = String.format(format, value);
    return result;
}
```

对于大小数类型而言，BigDecimal 提供了专门的 setScale 方法，该方法不但允许指定截取的小数位，还支持设置特定的舍入规则，当然通常情况下使用 RoundingMode.HALF_UP 代表四舍五入即可。下面便是截取大小数的例子：

```
// 对大小数类型的变量截取小数位，可指定多余部分数字的舍入规则
public static String formatWithBigDecimal(BigDecimal value, int digit) {
    // 大小数类型的 setScale 方法需要指定明确的舍入规则，其中 HALF_UP 表示四舍五入
    BigDecimal result = value.setScale(digit, RoundingMode.HALF_UP);
    return result.toString();
}
```

接下来，外部分别调用上面的双精度数格式化方法 formatWithDouble 和大小数格式化方法 formatWithBigDecimal，具体的测试调用代码如下：

```
double normalDecimal = 19.895;
// 保留双精度数的小数点后面两位
String normalResult = formatWithDouble(normalDecimal, 2);
System.out.println("normalResult="+normalResult);
BigDecimal bigDecimal = new BigDecimal("123456789012345678.901");
// 保留大小数的小数点后面两位
String bigResult = formatWithBigDecimal(bigDecimal, 2);
System.out.println("bigResult="+bigResult);
```

运行上述的精度格式化代码，输出以下的日志打印信息：

```
normalResult=19.90
bigResult=123456789012345678.90
```

可见无论是双精度格式化，还是大小数格式化，都实现了四舍五入保留两位小数的目标。

## 5.2.3　其他常见的字符串方法

无论是给字符串赋值，还是对字符串格式化，都属于往字符串填充内容，一旦内容填充完毕，就需进一步处理。譬如一段 Word 文本，常见的加工操作就有查找、替换、追加、截取等，按照字符串的处理结果异同，可将这些操作方法归为 3 大类，分别说明如下。

### 1. 判断字符串是否具备某种特征

该类方法主要用来判断字符串是否满足某种条件，返回 true 代表条件满足，返回 false 代表条件不满足。判断方法的调用代码示例如下（完整代码见本章源码的 src\com\string\string\StrMethod.java）：

```
String hello = "Hello World. 你好世界。";
boolean isEmpty = hello.isEmpty();  // isEmpty 方法判断该字符串是否为空串
System.out.println("是否为空 = " + isEmpty);
boolean equals = hello.equals("你好");  //equals 方法判断该字符串是否与目标串相等
System.out.println("是否等于你好 = " + equals);
boolean startsWith = hello.startsWith("Hello");  // startsWith 方法判断该字符串是否以目标串开头
System.out.println("是否以 Hello 开头 = " + startsWith);
boolean endsWith = hello.endsWith("World");  // endsWith 方法判断该字符串是否以目标串结尾
System.out.println("是否以 World 结尾 = " + endsWith);
```

```
        boolean contains = hello.contains("or");  // contains 方法判断该字符串是否包含
目标串
        System.out.println("是否包含 or = " + contains);
```

运行以上的判断方法代码，得到以下的日志信息：

```
    是否为空 = false
    是否等于你好 = false
    是否以 Hello 开头 = true
    是否以 World 结尾 = false
    是否包含 or = true
```

### 2. 在字符串内部根据条件定位

该类方法与字符串的长度有关，要么返回指定位置的字符，要么返回目标串的所在位置。定位方法的调用代码如下：

```
        String hello = "Hello World. 你好世界。";
        int char_length = hello.length();  // length 方法返回该字符串的字符数
        System.out.println("字符数 = " + char_length);
        int byte_length = hello.getBytes().length;  // getBytes 方法返回该字符串对应的
字节数组
        System.out.println("字节数 = " + byte_length);
        char first = hello.charAt(0);  // charAt 方法返回该字符串在指定位置的字符
        System.out.println("首字符 = " + first);
        int index = hello.indexOf("l");  // indexOf 方法返回目标串在源串第一次找到的位置
        System.out.println("首次找到 l 的位置 = " + index);
        int lastIndex = hello.lastIndexOf("l");  // lastIndexOf 方法返回目标串在源串最
后一次找到的位置
        System.out.println("最后找到 l 的位置 = " + lastIndex);
```

运行以上的定位方法代码，得到以下的日志信息：

```
    字符数 = 18
    字节数 = 28
    首字符 = H
    首次找到 l 的位置 = 2
    最后找到 l 的位置 = 9
```

### 3. 根据某种规则修改字符串的内容

该类方法可对字符串进行局部或者全部的修改，并返回修改之后的新字符串。内容变更方法的调用代码示例如下：

```
        String lowerCase = hello.toLowerCase();  // toLowerCase 方法返回转换为小写字母
的字符串
        System.out.println("转换为小写字母 = " + lowerCase);
        String upperCase = hello.toUpperCase();  // toUpperCase 方法返回转换为大写字母
的字符串
        System.out.println("转换为大写字母 = " + upperCase);
        String trim = hello.trim();  // trim 方法返回去掉首尾空格后的字符串
```

```
        System.out.println("去掉首尾空格 = " + trim);
        String concat = hello.concat("Fine, thank you.");  // concat 方法返回在末尾添
加目标串后的字符串
        System.out.println("追加了目标串 = " + concat);
        // 只有一个输入参数的 substring 方法，从指定位置一直截取到源串的末尾
        String subToEnd = hello.substring(6);
        System.out.println("从第六位截取到末尾 = " + subToEnd);
        // 有两个输入参数的 substring 方法，返回从开始位置到结束位置中间截取的子串
        String subToCustom = hello.substring(6, 9);
        System.out.println("从第六位截取到第九位 = " + subToCustom);
        String replace = hello.replace("l", "L");  // replace 方法返回目标串替换后的字
符串
        System.out.println("把 l 替换为 L = " + replace);
```

运行以上的内容变更方法代码，得到以下的日志信息：

```
转换为小写字母 = hello world. 你好世界。
转换为大写字母 = HELLO WORLD. 你好世界。
去掉首尾空格 = Hello World. 你好世界。
追加了目标串 = Hello World. 你好世界。Fine, thank you.
从第六位截取到末尾 = World. 你好世界。
从第六位截取到第九位 = Wor
把 l 替换为 L = HeLLo WorLd. 你好世界。
```

# 5.3　正则表达式

正则表达式是匹配字符串的一类逻辑式子，它通过代表特定含义的保留字符，能够描述符合规则的一组字符串。在 Windows 命令行输入一行"dir *"，接着按回车键会显示当前目录下的所有文件；输入"dir a*"，再按回车键会显示当前目录下以 a 打头的所有文件。这里的"*"和"a*"就是一种正则表达式。在字符串中运用正则表达式常见于字符串的分割操作和字符串的匹配校验。

## 5.3.1　利用正则串分割字符串

除了前述的字符串处理方法外，还有一种分割字符串的场景也很常见，就是按照某个规则将字符串切割为若干子串。分割规则通常是指定某个分隔符，根据字符串内部的分隔符将字符串分割，例如逗号、空格等都可以作为字符串的分隔符。正好 String 类型提供了 split 方法用于切割字符串，只要字符串变量调用 split 方法，并把分隔符作为输入参数，该方法即可返回分割好的字符串数组。

下面的 split 调用代码例子将演示如何按照逗号和空格切割字符串（完整代码见本章源码的 src\com\string\regular\RegexSplit.java）：

```
// 通过逗号分割字符串
private static void splitByComma() {
    String commaStr = "123,456,789";
    String[] commaArray = commaStr.split(","); //利用 split 方法指定按照逗号切割字符串
    for (String item : commaArray) {  //遍历并打印分割后的字符串数组元素
```

```java
        System.out.println("comma item = " + item);
    }
}

// 通过空格分割字符串
private static void splitBySpace() {
    String spaceStr = "123 456 789";
    String[] spaceArray = spaceStr.split(" "); //利用 split 方法指定按照空格切割字符串
    for (String item : spaceArray) {  // 遍历并打印分割后的字符串数组元素
        System.out.println("space item = " + item);
    }
}
```

除了逗号和空格以外，点号和竖线也常常用来分隔字符串，但是对于点号和竖线，split 方法的调用代码不会得到预期的结果。相反，split(".")无法得到分割后的字符串数组，也就是说结果的字符串数组为空；而 split("|")分割得到的字符串数组，每个数组元素只有一个字符，其结果类似于toCharArray。究其原因，缘于 split 方法的输入参数理应是一个正则串，并非普通的分隔字符。由于点号和竖线都是正则串的保留字符，因此无法直接在正则串中填写，必须转义处理方可。如同回车符和换行符在普通字符串中通过前缀的反斜杆转义那样（回车符对应\r，换行符对应\n），正则字符串通过在原字符串前面添加两个反斜杆来转义，像点号字符在正则串中对应的转义符为"\\."，而竖线在正则串中对应的转义符为"\\|"。

经过转义处理之后，通过点号和竖线切割字符串的正确写法如下：

```java
// 通过点号分割字符串
private static void splitByDot() {
    String dotStr = "123.456.789";
    // split(".")无法得到分割后的字符串数组
    //String[] dotArray = dotStr.split(".");
    // 点号是正则串的保留字符，需要转义（在点号前面加两个反斜杆）
    String[] dotArray = dotStr.split("\\.");
    for (String item : dotArray) {  // 遍历并打印分割后的字符串数组元素
        System.out.println("dot item = "+item);
    }
}

// 通过竖线分割字符串
private static void splitByLine() {
    String lineStr = "123|456|789";
    // split("|")分割得到的字符串数组，每个数组元素只有一个字符，类似于 toCharArray 的结果
    //String[] lineArray = lineStr.split("|");
    // 竖线是正则串的保留字符，需要转义（在竖线前面加两个反斜杆）
    String[] lineArray = lineStr.split("\\|");
    for (String item : lineArray) {  // 遍历并打印分割后的字符串数组元素
        System.out.println("line item = "+item);
    }
}
```

竖线符号之所以被定为正则串的保留字符，是因为它在正则表达式里起到了"或"的判断作用，例如正则串",| "表示逗号和空格都是满足条件的分隔符。一个字符串如果同时包含一个逗号和一个空格，那么按照"| "切割的结果将是长度为 3 的字符串数组。也就是说，原始串被逗号分割一次后又被空格分割一次，这样一共分割两次，最终得到了 3 个子串。下面的代码将演示使用正则串"| "切割字符串的效果：

```
// 利用竖线同时指定多个串来分割字符串
private static void splitByMixture() {
    String mixtureStr = "123,456 789";
    // 正则串里的竖线表示"或"，竖线左边和右边的字符都可以用来分割字符串
    String[] mixtureArray = mixtureStr.split(",| ");
    for (String item : mixtureArray) {  // 遍历并打印分割后的字符串数组元素
        System.out.println("mixture item = "+item);
    }
}
```

当然，正则串中的保留字符不仅包括点号和竖线，还包括好多常见的符号，比如加号（+）、星号（*）、横线（-），在正则串中均需转义。其中，加号的正则转义符为"\\+"，星号的正则转义符为"\\*"，横线的正则转义符为"\\-"。这样来看，加减乘除的四则运算符号只有除法的斜杆符（/）、取余数的百分号（%）无须转义处理。倘若有一个字符串，要求以四则运算的 5 个符号进行切割，则需通过竖线把这几个转义后的字符加以连接，构成形如"\\+|\\*|\\-|/|%"的正则串。于是按照加减乘除与取余数符号切割字符串的代码就变为下面这样：

```
// 通过算术的加减乘除符号来分割字符串
private static void splitByArith() {
    String arithStr = "123+456*789-123/456%789";
    // 正则串里的加号、星号、横线都要转义，加减乘除与取余数符号之间通过竖线隔开
    String[] arithArray = arithStr.split("\\+|\\*|\\-|/|%");
    for (String item : arithArray) {  // 遍历并打印分割后的字符串数组元素
        System.out.println("arith item = "+item);
    }
}
```

分割用的正则串不单单是一个个字符，还支持好几个字符组成的字符串，譬如"(1)""(2)""(3)"都可以作为分隔串。注意圆括号内部的数字可以是 0～9。如此一来，"(0)"～"(9)"的分隔串合集岂不是要写成这般："(0)|(1)|(2)|(3)|(4)|(5)|(6)|(7)|(8)|(9)"？然而以上正则串的写法有两个错误：

（1）圆括号是正则表达式的保留字符，所以不能直接在正则串中书写"("和")"，而必须写成转义形式"\\("和"\\)"。

（2）作为保留字符的圆括号，其作用类似于数值计算时的圆括号，都是通过圆括号把括号内外的运算区分开的。而竖线符号"|"的"或"运算优先级不如圆括号，因此每逢复杂一点的"或"运算，应当把圆括号放在整个逻辑运算式子的外面。

综合以上两点，修正之后的正则串应该改成："\\((0|1|2|3|4|5|6|7|8|9)\\)"。但是该式子的竖线太多，只是用于获取 0～9 之间的某个数字之一。针对这种情况，正则表达式引入了另外一种简化的写

法，即通过方括号包裹 0123456789，形如"\\([0123456789]\\)"，同样指代 0～9 之间的某个数字，从而省略了若干个竖线。进一步说，日常生活中的 0 到 9，常常写作"0-9"，于是对应更简单的正则串"\\([0-9]\\)"。

其实 0～9 正好涵盖了所有的一位数字，对于一位数字而言，正则表达式提供了专门的表达式"\\d{1}"。式子前面的"\\d"代表某个数字，式子后面的"{1}"代表字符数量是 1 位。推而广之，"\\d{2}"表示两位数字，"\\d{3}"表示三位数字，等等。像这个正则例子只有一位数字，甚至尾巴的"{1}"都可以去掉，因为"\\d"默认就是一位数字。

前面介绍了多种从 0～9 的正则表达串，接下来不妨逐一验证这些正则串是否有效，验证用的代码例子如下：

```java
    // 通过圆括号及其内部数字来分割字符串
    private static void splitByBracket() {
        String bracketStr = "(1)123;(2)456;(3)789;";
        // 圆括号也是正则串的保留字符，0～9这10个数字使用竖线隔开
        //String[] bracketArray = bracketStr.split ("\\((0|1|2|3|4|5|6|7|8|9)\\)");
        // 利用方括号聚集一群字符，表示这些字符之间是"或"的关系，故而可省略竖线
        //String[] bracketArray = bracketStr.split("\\([0123456789]\\)");
        // 连续的数字可使用横线连接首尾数字，例如"0-9"表示从0～9之间的所有数字
        //String[] bracketArray = bracketStr.split("\\([0-9]\\)");
        // 利用"\\d"即可表达0～9的数字，后面的{1}表示1位数字，以此类推，{3}表示三位数字
        //String[] bracketArray = bracketStr.split("\\(\\d{1}\\)");
        // "\\d"默认就是1位数字，此时后面的{1}可直接略去
        String[] bracketArray = bracketStr.split("\\(\\d\\)");
        for (String item : bracketArray) {  // 遍历并打印分割后的字符串数组元素
            System.out.println("bracket item = "+item);
        }
    }
```

上述的几种正则串只能表达从"(0)"～"(9)"的分隔串，然而圆括号内部还可能是两位数字或者三位数字，比如"(10)""(12)""(001)"。对于数字位数不固定的情况，可以把"\\d"改为"\\d+"，末尾多出来的加号表示前面的字符允许有一位，也允许有多位。此时正则串添加了加号的字符串切割代码如下：

```java
    // 通过特殊符号的加号来分割字符串
    private static void splitWithPlus() {
        String bracketStr = "(1)123;(2)456;(13)789;";
        // 正则串里的加号表示可以有一到多个前面的字符
        String[] bracketArray = bracketStr.split("\\(\\d+\\)");
        for (String item : bracketArray) {  // 遍历并打印分割后的字符串数组元素
            System.out.println("plus item = "+item);
        }
    }
```

上面介绍的字符位数不固定，毕竟至少还有一位。假设现在某个字符不但位数不确定，甚至还可能没有该字符（位数为 0），采用写法"\\d+"就无法奏效了。要想满足位数可有可无的情况，需将末尾的加号换成星号，也就是改成\\d*。此时改用星号的字符串切割代码变为下面这般：

```
    // 通过特殊符号的星号来分割字符串
    private static void splitWithStar() {
        String bracketStr = "()123;(2)456;(13)789;";
        // 正则串里的星号表示可以有 0 到多个前面的字符
        String[] bracketArray = bracketStr.split("\\(\\d*\\)");
        for (String item : bracketArray) {  // 遍历并打印分割后的字符串数组元素
            System.out.println("star item = "+item);
        }
    }
```

截至目前，分隔符还仅限于标点和数字，如果引入英文字母作为分隔串，又该如何书写呢？注意英文字母区分大小写，因而使用 "a-z" 表示所有的小写字母，使用 "A-Z" 表示所有的大写字母。如果采纳 "(a)" "(B)" "(c)" 这种大小写混合的分隔串，就得通过正则串 "\\([a-zA-Z]\\)" 来表达，对应的分割字符串代码如下：

```
    // 通过大小写字母来分割字符串
    private static void splitWithLetter() {
        String bracketStr = "(a)123;(B)456;(c)789;";
        // 在正则串中表达小写字母和大写字母
        String[] bracketArray = bracketStr.split("\\([a-zA-Z]\\)");
        for (String item : bracketArray) {
            System.out.println("letter item = "+item);
        }
    }
```

现在有一个麻烦的业务场景，圆括号内部不但可能是数字和字母，还可能是其他标点符号，这时难不成把众多标点符号一个一个罗列出来？要知道标点符号并没有 "0-9" "a-z" "A-Z" 的简单写法。不过这难不倒强大的正则表达式，因为点号作为正则的保留字符，它代表了除回车 "\r" 和换行 "\n" 以外的其他字符，所以使用 "\\(.\\)" 即可表达符合要求的任意字符。当然，这是被圆括号包裹着的除了回车 "\r" 和换行 "\n" 以外的任意字符。下面便是匹配前述场景的分割字符串代码例子：

```
    // 通过特殊符号的点号来分割字符串
    private static void splitWithDot() {
        String bracketStr = "(1)123;(B)456;(%)789;";
        // 正则串里的点号表示除了回车 "\r" 和换行 "\n" 以外的其他字符
        String[] bracketArray = bracketStr.split("\\(.\\)");
        for (String item : bracketArray) {  // 遍历并打印分割后的字符串数组元素
            System.out.println("dot item = "+item);
        }
    }
```

### 5.3.2　利用正则表达式校验字符串

5.3.1 小节多次提到了正则串和正则表达式，那么正则表达式究竟是符合什么定义的字符串呢？正则表达式是编程语言处理字符串格式的一种逻辑式子，它利用若干保留字符定义了形形色色的匹配规则，从而通过一个式子来覆盖满足上述规则的所有字符串。正则表达式的保留字符主要有：圆括号、方括号、花括号、竖线、横线、点号、加号、星号、反斜杆等，这些保留字符的作用详见 5.3.1 小节，它们的用途总结见表 5-2。

表 5-2　字符串模板的格式转换符

| 正则保留字符 | 保留字符在正则表达式中的作用 |
|---|---|
| 圆括号 "()" | 把圆括号内外的表达式区分开来 |
| 方括号 "[]" | 表示方括号内部的字符互相之间是"或"的关系 |
| 花括号 "{}" | 在花括号中间填写数字，表示花括号前面的字符有多少位 |
| 竖线 "\|" | 对前面和后面的字符做"或"运算，表示既可以是前面的字符，又可以是后面的字符 |
| 横线 "-" | 与前面和后面的字符组合起来，代表两个字符之间的所有连续字符 |
| 点号 "." | 代表除了回车符和换行符以外的其他字符 |
| 加号 "+" | 表示加号前面的字符可以有一位，也可以有多位 |
| 星号 "*" | 表示星号前面的字符可以有一位，也可以有多位，还可以没有（0 位） |
| 反斜杆 "\" | 两个反斜杆可对保留字符做转义，表示保留字符的自身符号 |

正则表达式除了用在 split 方法中切割字符串外，还可以用在 matches 方法中判断字符串是否符合正则条件。以手机号码为例，无论是移动、联通还是电信的手机号，统统都是 11 位数字，并且第一位数字固定为 1，第二位数字可能是 3、4、5、7、8，再加上 9 位数字凑成 11 位手机号。那么通过正则表达式书写 11 位手机号码的规则，第一位就用"1"表示，第二位可用"[34578]"表示，后面的 9 位数字使用"\\d{9}"表示，整合起来便形成了最终的手机号码正则串"1[34578]\\d{9}"。下面是使用 isPhone 方法根据这个正则表达式校验手机号码的例子（完整代码见本章源码的 src\com\string\regular\RegexMatch.java）：

```
// 利用正则表达式检查字符串是否为合法的手机号码
public static boolean isPhone(String phone) {
    // 开头的"1"代表第一位为数字 1，"[3-9]"代表第二位可以为 3~9 的某个数字
    // "\\d{9}"代表后面是 9 位数字
    String regex = "1[3-9]\\d{9}";
    // 字符串变量的 matches 方法返回正则表达式对该串的检验结果
    // 返回 true 表示符合字符串规则，返回 false 表示不符合规则
    return phone.matches(regex);
}
```

再来一个更复杂的字符串校验——身份证号码的格式校验。中国的二代身份证号码共有 18 位，其中前 6 位是地区编码，中间 8 位是公民的出生年月日，后面 3 位是该地区当日的出生序号，最后一位是校验码。身份证的前 6 位地区编码可通过正则表达式"\\d{6}"校验，中间的 8 位出生年月日可再拆分为 4 位的年份、两位的月份和两位的日期。一个健在公民的出生年份只能是 20 世纪和 21 世纪的某一年，也就是说，4 位年份必定以 19 或者 20 开头，因此正则串"(19|20)\\d{2}"即可覆盖这两个世纪的 200 个年份。此时校验年份的正则方法代码如下：

```
// 校验 4 位的年份字符串
public static void checkYear() {
    String regex = "(19|20)\\d{2}";  // 4 位年份数字必须以 19 或者 20 开头
    for (int i=1899; i<=2100; i++) {
```

```
        if (i>1910 && i<2090) {   // 缩小待校验年份的区间范围
            continue;
        }
        String year = i+"";
        boolean check = year.matches(regex);   // 校验该年份是否匹配正则表达式的规则
        System.out.println("year = "+year+", check = "+check);
    }
}
```

年份校验完毕，后面的月份更简单，因为两位月份就是 01～12 中间的 12 个数字。如果月份首位是 0，那么第二位可以是 1～9；如果月份首位是 1，那么第二位只能是 0～2。据此可把月份的正则表达式分解成两个关系为"或"的子表达式，其中第一个表达式可使用"0[1-9]"，第二个表达式可使用"1[0-2]"，两个表达式通过竖线连接起来便形成了完整的月份表达式"0[1-9]|1[0-2]"。此时校验月份的正则方法代码如下：

```
// 校验两位的月份字符串
public static void checkMonth() {
    String regex = "0[1-9]|1[0-2]";   // 月份的校验规则，合法的月份数字从 01～12
    for (int i=0; i<=13; i++) {
        String month = String.format("%02d", i);
        boolean check = month.matches(regex);   // 校验该月份是否匹配正则表达式的规则
        System.out.println("month = "+month+", check = "+check);
    }
}
```

月份后面的日期校验起来稍微有些复杂。合法的两位日期可以是 01～31 中间的 31 个数字，故而日期的正则校验需要分解成以下 3 种情况：

（1）日期首位是 0，那么第二位可以是 1～9，这种情况的正则表达式应为"0[1-9]"。

（2）日期首位是 1 或者 2，那么第二位可以是 0～9，这种情况的正则表达式应为"[12]\\d"。

（3）日期首位是 3，那么第二位只能是 0～1，这种情况的正则表达式应为"3[01]"。

综合以上 3 种情况，得到完整的日期校验正则串为"0[1-9]|[12]\\d|3[01]"。此时校验日期的正则方法代码如下：

```
// 校验两位的日期字符串
public static void checkDay() {
    String regex = "0[1-9]|[12]\\d|3[01]";   // 日期的校验规则
    for (int i=0; i<=32; i++) {
        String day = String.format("%02d", i);
        boolean check = day.matches(regex);   // 校验该日期是否匹配正则表达式的规则
        System.out.println("day = "+day+", check = "+check);
    }
}
```

然后还要校验身份证号码的末尾 4 位，包括 3 位出生编码和一位校验码。其中出生编码为 3 位数字，而校验码除了数字以外还可能是小写的 x 或者大写的 X，因此出生编码和校验码也得分别加以判断。3 位的出生编码对应的正则表达式为"\\d{3}"，一位的校验码对应的正则表达式为

"[0-9xX]"，二者的式子合起来就变成了"\\d{3}([0-9xX])"。下面的代码可生成 4 位的字符串，并进行身份证末 4 位的正则校验：

```
// 校验身份证号码末尾的 4 位编号串
public static void checkLastFour() {
    String regex = "\\d{3}([0-9xX])";  // 身份证末尾 4 位的校验规则
    for (int i = 0; i < 36; i++) {  // 循环生成多个待校验的 4 位字符串
        char last;
        if (i < 10) {  // 小于 10 的时候，取数字符号
            last = (char) ('0' + i);  // 转换成数字字符
        } else {  // 大等于 10 的时候，取字母符号
            last = (char) ('A' + i - 10);  // 转换成字母字符
        }
        String lastFour = String.format("%03d%c", i * 13, last);
        boolean check = lastFour.matches(regex);  // 校验该字符串是否是合法的身份证末 4 位
        System.out.println("lastFour = " + lastFour + ", check = " + check);
    }
}
```

以上把 18 位身份证号码的各个区间分别做了正则校验，最后还要组装各区间的正则表达式。这时，为了避免各区间的表达式互相干扰，可以利用圆括号将各区间的作用范围先行界定，就像这样："(6 位地区编码)(4 位年份)(两位月份)(两位日期)(末尾 4 位编号)"，接着再把各区间的正则表达式分别填入该区间的圆括号中，便形成了最终的身份证号码正则串。包含正则串在内的身份证校验的完整方法如下：

```
// 利用正则表达式检查字符串是否为合法的身份证号码
public static boolean isICNO(String icno) {
    //String regex = "(6 位地区编码)(4 位年份)(两位月份)(两位日期)(末尾 4 位编号)";
    String regex = "(\\d{6})((19|20)\\d{2})(0[1-9]|1[0-2])(0[1-9]|[12]\\d|3[01])(\\d{3}([0-9xX]))";
    return icno.matches(regex);
}
```

# 5.4  实战练习

本节介绍了字符串处理的两个实际应用，分别是：如何从地址串中解析收件人信息、如何校验一个身份证号码是否合法。在讲解过程中，除了调用字符串的各种方法外，还利用正则表达式校验了若干合法性，包括但不限于：手机号码、区域编码、年份日期等。

## 5.4.1  从地址串中解析收件人信息

整型、浮点型、双精度类型等专用于计算机语言，一般人不知道这些是什么，而在日常生活中频繁使用的当数字符串类型，几个字乃至一段文本都可以通过字符串来表达。无论是用计算机还是用手机，人们灵巧地拨动手指，一个个句子便从指间流淌出来。但是对于程序来说，更喜欢类型可

靠、含义明确的信息，这样才方便数据的保存和传输。以接收包裹的收件人信息为例，至少需要收件人姓名、联系电话、收件地址等数据，才能安排发送商品。为了获得这些必要的信息，势必要求程序提供一个表单页面供用户填写，然而这种用户体验不甚理想，原因有三：

（1）复杂的表单界面犹如一份试卷，让人相当有压力。

（2）表单页面过于专业，多个控件之间的切换操作很烦琐。

（3）很多 C2C 交易通过聊天软件完成，而聊天软件并未提供特定的收件人表单页。

其实对于用户来说，越傻瓜的操作越合适，最好跟发短信、发聊天消息一样简单。比如这个句子："张三 1596***8696 北京市海淀区双清路 30 号"，用户觉得这里已经包含所有的收件人信息，为什么程序识别不出姓名、号码和地址呢？难道一定要用户在表单界面分开填写每个字段吗？这就变成典型的程序员思维，生搬硬套在用户身上。理想的做法是，程序自动识别字符串中的详细收件信息，因为字符串允许复制和粘贴，而表单数据不支持复制和粘贴。如此一来，首先要把字符串中的各个要素区分开。常见的分隔符可能是空格，也可能是逗号，于是分割字符串可以采用如下代码：

```
String info = "张三 1596***8696 北京市海淀区双清路 30 号";
String[] splits = info.split(" |,");  // 以空格或者逗号分割字符串
```

显然以上代码通过空格将字符串分割成了 3 个子串，接着还要确定每个子串分别对应哪种信息。直观上看，手机号码最好区分，因为它是 11 位数字，考虑到联系电话还可能是固定电话，为此将号码匹配的正则表达加以改进，凡是纯数字的字符串，都认为是联系电话（包括手机号与固定电话号码）。这样一来，联系电话的校验方法代码定义如下：

```
// 利用正则表达式检查字符串是否为纯数字的号码（包括手机号与固定电话号码）
private static boolean isPhone(String phone) {
    // "\\d" 代表数字，后面的加号代表允许有一个到多个前面的字符
    String regex = "\\d+";
    // 字符串变量的 matches 方法返回正则表达式对该串的检验结果
    // 返回 true 表示符合字符串规则，返回 false 表示不符合规则
    return phone.matches(regex);
}
```

除了电话号码外，剩下的两个子串再区分姓名与地址，正常情况下地址串比姓名串长很多，那么依据子串长度判定，短的子串就是姓名，长的子串就是地址。按照上述逻辑编写的字符串解析代码示例如下（完整代码见本章源码的 src\com\string\ParseAddress.java）：

```
String name="", phone="", address="";  // 分别声明姓名、号码、地址 3 个字符串变量
for (String str : splits) {
    if (isPhone(str)) {  // 找到电话号码
        phone = str;
    } else if (name.equals("")) {  // 非号码的字符串先放到姓名变量这里
        name = str;
    } else if (str.length() > name.length()) {  // 地址串应当长于姓名
        address = str;
    } else {  // 地址串不如姓名长，说明姓名变量放错了，要纠正过来
        address = name;
        name = str;
```

```
        }
      }
      System.out.println(String.format("姓名:%s, 电话:%s, 收件地址:%s", name, phone,
address));
```

整合以上 3 段演示代码，并运行整合后的测试代码，观察到下面的解析日志，可见成功获得了收件信息。

姓名：张三，电话：15960238696，收件地址：北京市海淀区双清路 30 号

不过对于快递公司来说，上述的收件地址还是太模糊，它们还需要省份、地市、区县、详细地址等更细致的信息，因为下列几项快递业务依赖于具体的行政区域：

（1）寄到不同省份的运费是不一样的，只有识别出省份、自治区、直辖市，才能给包裹运费定价。

（2）不同地市对应的转运中心不一样。

（3）不同区县对应的营业部不一样。

（4）详细地址与快递员有关，每个快递员负责自己包干片区的快递收发。

程序员不光要为用户着想，还得为快递公司着想，不妨把地址详情的解析一起做了。各级行政区通常可通过后缀辨别，例如省份名称通常带着"省"字，地市名称通常带着"市"字，区县名称要么带着"区"字，要么带着"县"字，至于区县后面的街道、乡镇则没必要细分，当作详细地址就行。然而我们中国幅员辽阔，行政区的叫法多种多样，程序必须兼容所有的行政区命名方式，详尽的命名方式参考如下：

（1）省级行政区，除了带"省"字外，还可能带"自治区"，譬如内蒙古自治区、广西壮族自治区等。

（2）地级行政区，除了带"市"字外，还可能带"地区""自治州"，以及内蒙古特有的"盟"，譬如阿里地区、凉山彝族自治州、阿拉善盟等。

（3）县级行政区，除了带"区"或者"县"字外，还可能带"市"（县级市），以及内蒙古特有的"旗"，譬如西昌市、额济纳旗等。

（4）像北京市、上海市等直辖市，它们属于省级行政区，但代码只能按照地级行政区来解析，解析完了回头再补省级行政区的名称。

由于同级行政区存在多个后缀，因此要根据后缀数组去解析行政区，详细的解析方法代码如下：

```
    // 获取区域名称和剩下的地址
    private static String[] getAreaName(String address, String[] suffixArray){
        // 声明一个字符串数组，其中第一个元素存放区域名称，第二个元素存放剩下的地址
        String[] areaArray = new String[]{"", address};
        int pos = 0;  // 后缀文字的位置
        for (String suffix : suffixArray) {  // 遍历所有的后缀字符串
            pos = address.indexOf(suffix);  // 查找后缀文字所处的位置
            if (pos > 0) {  // 在地址串中找到后缀文字
                // 从原地址中截取该后缀对应的区域名称
                areaArray[0] = address.substring(0, pos+suffix.length());
                // 从原地址中截取剩下的地址字符串
```

```
                areaArray[1] = address.substring(pos+suffix.length());
                break;  // 已找到区域名称，退出循环
            }
        }
        return areaArray;
    }
```

有了上面携带后缀数组的解析方法，外部便支持同时判断行政区的多个后缀形式，只要把多个后缀串构成数组传入方法就行。此时解析各级行政区的调用代码如下：

```
        // 声明一个字符串数组，其中第一个元素存放区域名称，第二个元素存放剩下的地址
        String[] areaArray = new String[]{"", address};
        // 获取省级行政区的名称
        areaArray = getAreaName(areaArray[1], new String[]{"省", "自治区"});
        String province = areaArray[0];        // 省份名称
        // 获取地级行政区的名称
        areaArray = getAreaName(areaArray[1], new String[]{"自治州", "地区", "盟",
"市"});
        String city = areaArray[0];            // 地市名称
        // 获取县级行政区的名称
        areaArray = getAreaName(areaArray[1], new String[]{"县", "市", "区", "旗"});
        String district = areaArray[0];        // 区县名称
        String detail = areaArray[1];          // 详细地址
        if (province.length() <= 0) {          // 未找到省份名称，说明这是直辖市
            province = city;
        }
        System.out.println(String.format("省份：%s, 地市：%s, 区县：%s, 详细地址：%s",
            province, city, district, detail));
```

最后构建一个包含若干种组合的收件人数组，方便测试整个信息解析流程，这些组合不但要打乱字段顺序，而且要兼容复杂多变的地址详情，东西南北中统统囊括在内的数组构建代码示例如下：

```
        String[] infoArray = new String[]{
                "张三 11900000000 北京市海淀区双清路 30 号",
                "059100000000,福建省福州市闽侯县上街镇工贸路 3 号,李四",
                "11900000000 王五 四川省凉山彝族自治州西昌市大水井 12 号",
                "西藏自治区阿里地区噶尔县狮泉河镇迎宾大道 26 号,赵六, 059100000000",
                "刘七 内蒙古自治区阿拉善盟额济纳旗达来呼布镇黑水城遗址 11900000000"
        };
```

重新整合以上所有解析代码，再次运行整合后的测试代码，观察到以下解析日志：

姓名：张三，电话：11900000000, 收件地址：北京市海淀区双清路 30 号
省份：北京市, 地市：北京市, 区县：海淀区, 详细地址：双清路 33 号
姓名：李四，电话：059100000000, 收件地址：福建省福州市闽侯县上街镇工贸路 3 号
省份：福建省, 地市：福州市, 区县：闽侯县, 详细地址：上街镇工贸路 3 号
姓名：王五，电话：11900000000, 收件地址：四川省凉山彝族自治州西昌市大水井 12 号
省份：四川省, 地市：凉山彝族自治州, 区县：西昌市, 详细地址：大水井 12 号
姓名：赵六，电话：059100000000, 收件地址：西藏自治区阿里地区噶尔县狮泉河镇迎宾大道 26 号
省份：西藏自治区, 地市：阿里地区, 区县：噶尔县, 详细地址：狮泉河镇迎宾大道 26 号

姓名：刘七,电话：11900000000，收件地址：内蒙古自治区阿拉善盟额济纳旗达来呼布镇黑水城遗址
省份：内蒙古自治区，地市：阿拉善盟，区县：额济纳旗，详细地址：达来呼布镇黑水城遗址

由此可见，前面构建的收件人数组全部解析到了正确的收件信息。

## 5.4.2 校验身份证号码的合法性

5.3.2 小节介绍了如何利用正则表达式来校验身份证号码，当时除了数字位检查之外，只增加了
出生年月日的日期校验。但是这种基本的手段仅能开展简单的验证，并不足以进行全面的合法性校
验，例如身份证前 6 位的地区编码有没有具体的编码规则？身份证最后一位的校验码又该如何使用？
毕竟办理许多业务都需要真实的身份证，而不能让虚假身份证鱼目混珠。

单就 6 位地区编码而言，这涉及全国各省区的归属区域划分。国家把各省区划分为 7 大块，地
区编码的首位为 1 代表华北地区，为 2 代表东北地区，为 3 代表华东地区，为 4 代表中南地区，为
5 代表西南地区，为 6 代表西北地区，为 8 代表港澳台地区。地区编码的第二位代表各大区下面的
具体省份，再后面的位数表示下面的地市乃至县区，通常只要校验地区编码的前两位就行了，前两
位的详细编码规则参见表 5-3。

表 5-3 中国各行政区的编码规则

| 大 区 名 称 | 行政区名称 | 行政区编码 |
| --- | --- | --- |
| 华北地区 | 北京市 | 110000 |
| | 天津市 | 120000 |
| | 河北省 | 130000 |
| | 山西省 | 140000 |
| | 内蒙古自治区 | 150000 |
| 东北地区 | 辽宁省 | 210000 |
| | 吉林省 | 220000 |
| | 黑龙江省 | 230000 |
| 华东地区 | 上海市 | 310000 |
| | 江苏省 | 320000 |
| | 浙江省 | 330000 |
| | 安徽省 | 340000 |
| | 福建省 | 350000 |
| | 江西省 | 360000 |
| | 山东省 | 370000 |
| 中南地区 | 河南省 | 410000 |
| | 湖北省 | 420000 |
| | 湖南省 | 430000 |
| | 广东省 | 440000 |
| | 广西壮族自治区 | 450000 |
| | 海南省 | 460000 |

（续表）

| 大 区 名 称 | 行政区名称 | 行政区编码 |
|---|---|---|
| 西南地区 | 重庆市 | 500000 |
| | 四川省 | 510000 |
| | 贵州省 | 520000 |
| | 云南省 | 530000 |
| | 西藏自治区 | 540000 |
| 西北地区 | 陕西省 | 610000 |
| | 甘肃省 | 620000 |
| | 青海省 | 630000 |
| | 宁夏回族自治区 | 640000 |
| | 新疆维吾尔自治区 | 650000 |
| 港澳台地区 | 香港特别行政区 | 810000 |
| | 澳门特别行政区 | 820000 |
| | 台湾省 | 830000 |

根据表 5-3 列举的大区及省份编码，可以得到前两位校验的正则表达式如下：

（1）华北地区：首位是 1，第二位从 1～5，可采用正则表达式"1[1-5]"。
（2）东北地区：首位是 2，第二位从 1～3，可采用正则表达式"2[1-3]"。
（3）华东地区：首位是 3，第二位从 1～7，可采用正则表达式"3[1-7]"。
（4）中南地区：首位是 4，第二位从 1～6，可采用正则表达式"4[1-6]"。
（5）西南地区：首位是 5，第二位从 0～4，可采用正则表达式"5[0-4]"。
（6）西北地区：首位是 6，第二位从 1～5，可采用正则表达式"6[1-5]"。
（7）台港澳地区：首位是 8，第二位从 1～3，可采用正则表达式"8[1-3]"。

合并以上的各大区编码规则，每个大区的正则表达式之间用竖线连接，表示"或"的关系，式子末尾再补充"\\d{4}"表示跟着 4 位数字，于是校验 6 位地区编码的正则表达式摇身变为"(1[1-5]|2[1-3]|3[1-7]|4[1-6]|5[0-4]|6[1-5]|8[1-3])\\d{4}"。把这个正则式子代入之前的身份证号码验证方法，修改之后的方法代码变成了下面这样：

```
// 利用正则表达式检查字符串是否为合法的身份证号码（增加地区编码的校验）
public static boolean isICNO(String icno) {
    String regex = "((1[1-5]|2[1-3]|3[1-7]|4[1-6]|5[0-4]|6[1-5]|8[1-3])
\\d{4})((19|20)\\d{2})(0[1-9]|1[0-2])(0[1-9]|[12]\\d|3[01])(\\d{3}([0-9xX]))";
    return icno.matches(regex);
}
```

身份证号的最后一位特别重要，因为前面 17 位数字容易仿造，而最后一位的校验码要靠计算得来，胡编乱造是无法蒙混过关的。这个校验码的算法有点复杂，整个运算过程包含以下几个步骤：

（1）将身份证号码的前 17 位数分别乘以不同的系数，其中第 1～17 位的系数分别为：7、9、10、5、8、4、2、1、6、3、7、9、10、5、8、4、2。
（2）将第一步得到的 17 项乘积累加，累加后的总和除以 11 求余数。

（3）第二步得到的余数可能是：0、1、2、3、4、5、6、7、8、9、10，这 11 个数字分别对应的校验码为：1、0、X、9、8、7、6、5、4、3、2。

注意上面第（3）步求得的校验码便是身份证号的第 18 位字符，有人身份证号最后一位是 X，正缘于第二步得到的余数为 2。

按照上述的校验码计算流程可编写身份证最后一位的校验方法，详细的代码示例如下（完整代码见本章源码的 src\com\string\IcnoExtract.java）：

```java
// 检查身份证号码的最后一位校验码是否正确
public static boolean isValidIc(String icno) {
    // 定义相乘的系数列表
    int[] factors = { 7, 9, 10, 5, 8, 4, 2, 1, 6, 3, 7, 9, 10, 5, 8, 4, 2 };
    int sum = 0;  // 累加之和
    for (int i = 0; i < 17; i++) {
        // 提取指定位置的数字，注意要转换成整型数值
        int perNum = Integer.parseInt(icno.substring(i, i+1));
        sum += perNum * factors[i];  // 累加每次的乘积
    }
    int remainder = sum % 11;  // 求除以 11 的余数
    // 定义余数对应的校验码列表
    char[] lastChars = { '1', '0', 'X', '9', '8', '7', '6', '5', '4', '3', '2' };
    char lastChar = lastChars[remainder];  // 获得余数对应的校验码
    // 获取身份证号码的最后一位字符，注意统一转换为大写，避免 x 和 X 的判断问题
    char realLastChar = Character.toUpperCase(icno.charAt(17));
    if (lastChar == realLastChar) {  // 最后一位校验码与计算结果是吻合的
        return true;
    } else {  // 最后一位校验失败
        return false;
    }
}
```

除了以上的两项新增校验外，在具体的业务场景中可能还需要判断其他的条件，包括但不限于：

（1）判断一个身份证是否属于某个地区的身份证，比如北京身份证才能办卡等。

（2）通过身份证中的 4 位年份计算它的主人年龄以及适合办理什么样的保险。

（3）抽取身份证中的出生日期，在用户的生日当天可享受一定折扣的优惠。

（4）鉴定身份证主人的性别，若是女性，则在三八妇女节可参加特定的优惠活动。

如此一来，还得从 18 位身份证号码中提取相应的个人信息。对于如何鉴定是否是北京身份证，可通过表 5-4 所示的北京区域编码加以判断。

表 5-4　北京市的区域编码说明

| 区 域 编 码 | 区 域 名 称 | 区 域 编 码 | 区 域 名 称 |
|---|---|---|---|
| 110101 | 东城区 | 110112 | 通州区 |
| 110102 | 西城区 | 110113 | 顺义区 |
| 110105 | 朝阳区 | 110114 | 昌平区 |

（续表）

| 区 域 编 码 | 区 域 名 称 | 区 域 编 码 | 区 域 名 称 |
| --- | --- | --- | --- |
| 110106 | 丰台区 | 110115 | 大兴区 |
| 110107 | 石景山区 | 110116 | 怀柔区 |
| 110108 | 海淀区 | 110117 | 平谷区 |
| 110109 | 门头沟区 | 110118 | 密云区 |
| 110111 | 房山区 | 110119 | 延庆区 |

至于用户性别可根据身份证号倒数第二位来判断，该位数字为奇数时代表男性，为偶数时代表女性。综合前述的各种校验手段以及身份信息的判断方式，可编写如下完整的身份证校验代码：

```
// 检查身份证号码，并返回它包含的信息描述
private static String extractIc(String icno) {
    if (!isICNO(icno)) {  // 不符合身份证号的格式定义
        return "该身份证的号码不合法";
    }
    if (!isValidIc(icno)) {  // 最后一位的校验字符非法
        return "该身份证的最后一位计算有误";
    }
    // 定义北京市的各区域编码
    String[] areaIds = { "110101", "110102", "110105", "110106",
            "110107", "110108", "110109", "110111", "110112", "110113",
            "110114", "110115", "110116", "110117", "110118", "110119" };
    // 定义北京市的各区域名称
    String[] areaNames = { "东城区", "西城区", "朝阳区", "丰台区",
            "石景山区", "海淀区", "门头沟区", "房山区", "通州区", "顺义区",
            "昌平区", "大兴区", "怀柔区", "平谷区", "密云区", "延庆区" };
    String icPrefix = icno.substring(0, 6);  // 截取身份证号码的前 6 位（地区编码）
    String icArea = "";
    for (int i = 0; i < areaIds.length; i++){  //通过匹配区域编码来查找该地区的名称
        if (icPrefix.equals(areaIds[i])) {
            icArea = "北京市" + areaNames[i];
            break;
        }
    }
    if (icArea.isEmpty()) {  // 未找到对应的居住地址
        return "该身份证不是北京号码";
    }
    // 从身份证号码中截取出生年月日
    String birthday = String.format("%s 年%s 月%s 日", icno.substring(6, 10),
            icno.substring(10, 12), icno.substring(12, 14));
    String seqNro = icno.substring(14, 17);  // 从身份证号码中截取出生序号
    int sexSign = Integer.parseInt(icno.substring(16, 17));  // 从身份证号码中截取性别标志
    // 身份证号码的倒数第二位，奇数表示男性，偶数表示女性
    String sexName = (sexSign % 2 == 1) ? "男" : "女";
```

```
        return String.format("居住地址是%s，出生日期是%s，出生序号是%s，性别是%s。",
                icArea, birthday, seqNro, sexName);
    }
```

接下来准备几个来自公元 2088 年的身份证号，以此检验上面的验证方法是否可靠，具体的调用代码示例如下：

```
String[] icnoArray = new String[]{
    "110108208802290199", "11011420880903294x", "110101208806180030"
};
for (String icno : icnoArray) {           // 依次校验几个可能的北京身份证号码
    String result = extractIc(icno);      // 获取身份证号的校验结果
    System.out.println(String.format("%s 的校验结果为：%s", icno, result));
}
```

运行以上的检验代码，观察到的验证日志如下：

- 110108208802290199 的校验结果为：居住地址是北京市海淀区，出生日期是 2088 年 02 月 29 日，出生序号是 019，性别是男。
- 11011420880903294x 的校验结果为：居住地址是北京市昌平区，出生日期是 2088 年 09 月 03 日，出生序号是 294，性别是女。
- 110101208806180030 的校验结果为：该身份证的最后一位计算有误。

由日志结果可见，尽管这几个身份证号来自未来，它们的身份信息依然能够被如今的计算机程序识别。

# 5.5 小　结

本章主要介绍了字符串的各种处理方式，包括如何表达和使用单个字符（字符类型、字符型与整型转化、字符包装类型）、如何表达和使用由多个字符组成的字符串（字符串的赋值、格式化、比较、查找、修改）、如何利用正则表达式实现字符串的分割与匹配操作，最后演示了两个实战练习（如何从地址串中解析收件人信息、如何校验一个身份证号码是否合法），通过练习加深对字符串的理解和应用。

通过本章的学习，读者应该能够掌握以下编程技能：

（1）学会字符类型及其包装类型的用法。

（2）学会字符串类型的常见用法。

（3）学会使用正则表达式分割字符串，以及校验字符串是否匹配成功。

（4）学会从日常生活的字符串中拆分出有价值的信息。

# 第 6 章

# 日 期 时 间

本章介绍 Java 用来处理日期时间的几个工具，包括日期工具 Date、日历工具 Calendar 以及本地日期时间家族（含 LocalDate、LocalTime、LocalDateTime 等），并通过 1582 年问题比较了这几个时间工具的适用范围。

## 6.1 日期工具 Date

本节介绍 Date 日期工具的详细用法，包括获取年月日时的几个注意事项、如何比较两个日期实例的先后关系，以及如何将日期变量转换为字符串类型、如何将字符串变量转换为日期类型。

### 6.1.1 日期工具的用法

Date 是 Java 最早的日期工具，编程中经常通过它来获取系统的当前时间。当然使用 Date 也很简单，只要一个 new 关键字就能创建日期实例，就像以下代码示范的这样：

```
Date date = new Date();   // 创建一个新的日期实例，默认保存的是系统时间
```

有了这个日期实例，再来调用 getYear（获取年份）、getMonth（获取月份）、getDate（获取日）、getDay（获取星期几）、getHours（获取时钟）、getMinutes（获取分钟）、getSeconds（获取秒钟）等方法，即可获得相应的时间单位数值。然而由于 Date 早在 Java 诞生之初就一同问世，实际用的时候并不利索，往往需要程序员二次加工，才能得到符合现实生活的时间数值。下面列举几个额外处理的例子，说明 Date 工具有哪些地方需要特别注意。

#### 1. 关于如何获取日期实例中的年份

调用日期实例的 getYear 方法，结果得到的年份数值并非公元纪年，而是从 1900 年开始计数的年份。因此，getYear 方法返回的结果还要加上 1900，二者相加之和才是真正的公元年份，于是通过 Date 获取正常年份的代码应该改成下面这样：

```
int year = date.getYear() + 1900;  // 获取日期实例中的年份
System.out.println("year="+year);
```

### 2. 关于如何获取日期实例中的月份

虽然 getMonth 方法获得的是两位月份，但是该方法的月份居然是从 0 开始计数的。也就是说，如果当前日期位于一月份，那么 getMonth 返回的数值是 0 而不是 1；以此类推，如果当前日期位于 12 月份，则 getMonth 返回的数值为 11。很明显，早期的 Java 设计人员把 12 个月当作一个整型数组了，既然一月份处于该数组的第一个位置，那么它对应的下标就是 0。如此一来，若要得到现实生活中的月份序号，则必须给 getMonth 的结果加一才行，修改后的代码如下：

```
int month = date.getMonth() + 1;  // 获取日期实例中的月份
System.out.println("month="+month);
```

### 3. 关于如何获取日期实例中的星期几

按照大众的普遍认知，一个星期中的 7 天理应从星期一开头，以星期日结尾。但是日期实例的 getDay 方法却从星期日开始，接下来才是星期一、星期二等，并且这 7 个星期数值依然被当作一个整型的星期数组。所以，对于星期日来说，getDay 返回的是 0；对于星期一来说，getDay 返回的是 1。故而有必要修正 getDay 的结果，将星期日对应的数值改为 7，处理之后的获取代码示例如下：

```
int dayWeek = date.getDay();              // 获取日期实例中的星期几
dayWeek = (dayWeek==0) ? 7 : dayWeek;     // 将星期日对应的数值改为 7
System.out.println("dayWeek="+dayWeek);
```

经过以上的数番折腾，真教人倒吸一口冷气，原本是小学生都知道的常识，未曾想被 Date 这个日期工具搞得如此诘屈聱牙，可见即便是设计一种编程语言，也得调研一下大众的寻常认知，切不可闭门造车使人徒增烦恼。幸好通过 Date 获取其余的时间单位比较常规，像 getDate 方法返回的就是当月的日子，getHours、getMinutes、getSeconds 这 3 个方法分别返回当前的时钟、分钟、秒钟。这些时间数值的获取代码如下：

```
int day = date.getDate();  // 获取日期实例中的日子
System.out.println("day=" + day);
int hour = date.getHours();  // 获取日期实例中的时钟
System.out.println("hour="+hour);
int minute = date.getMinutes();  // 获取日期实例中的分钟
System.out.println("minute="+minute);
int second = date.getSeconds();  // 获取日期实例中的秒钟
System.out.println("second="+second);
long time = date.getTime();  // 获取日期实例中的时间总数（单位毫秒）
System.out.println("time="+time);
```

除了上述的一系列 get*** 方法用来获取各种时间单位数值外，Date 工具还提供了对应的 set*** 方法，用于设置日期实例的某个时间数值。下面是设置时间单位数值的相关方法说明。

- setYear：设置日期实例中的年份。
- setMonth：设置日期实例中的月份。
- setDate：设置日期实例中的日子。

- setHours: 设置日期实例中的时钟。
- setMinutes: 设置日期实例中的分钟。
- setSeconds: 设置日期实例中的秒钟。
- setTime: 设置日期实例中的时间总数（单位毫秒）。

时间看似复杂，其实就是一种特殊的数字，只不过被人为地换算成年月日、时分秒的各种单位组合。既然数字有大小之分，时间也存在先后顺序，当然我们不说哪个时间较大、哪个时间较小，而是说哪个时间较早、哪个时间较晚。

犹记得数值包装类型提供了 equals 方法比较两个数字是否相等，Date 类型同样提供了 equals 方法比较两个时间是否相等。与时间相等比起来，大家更关心两个时间的早晚先后关系，所以 Date 类型又提供了 before 方法，用来检查 A 时间是否在 B 时间之前；也提供了 after 方法，用来检查 A 时间是否在 B 时间之后。如此一来，便有了 3 种时间校验方法：相等、更早和更晚。显然这 3 种方法都是检查两个时间的先后关系，不妨将它们统一起来，通过方法的返回值来判断两个时间的早晚次序。于是就有了 Date 类型的 compareTo 方法，该方法返回-1 的时候，表示 A 时间较早；返回 0 的时候，表示两个时间相等；返回 1 的时候，表示 B 时间较早。下面给出上述时间判断的演示代码（完整代码见本章源码的 src\com\datetime\earlydate\TestDate.java）：

```java
// 比较两个日期时间的先后关系
private static void compareDate() {
    Date dateOld = new Date();  // 创建一个日期实例
    Date dateNew = new Date();  // 创建一个日期实例
    // 设置 dateNew 的时间总数（单位毫秒）。此处表示给当前时间增加一毫秒
    dateNew.setTime(dateNew.getTime() + 1);
    boolean equals = dateOld.equals(dateNew);       // 比较两个时间是否相等
    System.out.println("equals=" + equals);
    boolean before = dateOld.before(dateNew);       // 比较A时间是否在B时间之前
    System.out.println("before=" + before);
    boolean after = dateOld.after(dateNew);         // 比较A时间是否在B时间之后
    System.out.println("after=" + after);
    // 比较A时间与B时间的先后关系
    // 返回-1表示A时间较早，返回0表示两个时间相等，返回1表示B时间较早
    int compareResult = dateOld.compareTo(dateNew);
    System.out.println("compareResult=" + compareResult);
}
```

### 6.1.2 日期时间的格式化

前面介绍了如何通过 Date 工具获取各个时间数值，但是用户更喜欢形如"2018-11-24 23:04:18"这种结构清晰、简洁明了的字符串，而非复杂的依次汇报每个时间单位及其数值的描述。既然日期时间存在约定俗成的习惯表达，那就需要程序员手工把日期时间转换成字符串，于是可利用 String 类型的 format 方法将各个时间单位按照规定格式拼接成符合要求的字符串。下面是通过 String.format 方法转换日期时间的代码例子：

```
Date date = new Date();  // 创建一个日期实例
// 手工拼接指定格式的日期时间字符串
String dateTimeDesc = String.format("%d-%d-%d %d:%d:%d",
        date.getYear()+1900, date.getMonth()+1, date.getDate(),
        date.getHours(), date.getMinutes(), date.getSeconds());
System.out.println("dateTimeDesc="+dateTimeDesc);
```

运行上面的格式化代码，得到的日志结果如下：

```
dateTimeDesc=2019-11-25 11:18:53
```

虽然利用 String.format 方法能够得到大众熟知的日期时间串，但是这个办法实在太拖沓冗长了，一个简简单单的功能却写了好几行代码。为此，Java 又提供了专门的日期格式化工具 SimpleDateFormat。首先为该工具创建一个指定规则的格式化实例，然后调用它的 format 方法，即可将某个日期实例转换为规定格式的字符串。按照以上步骤编写的格式化代码示例如下（完整代码见本章源码的 src\com\datetime\earlydate\FormatDate.java）：

```
// 获取当前的日期时间字符串
public static String getNowDateTime() {
    // 创建一个日期格式化的工具
    SimpleDateFormat sdf = new SimpleDateFormat("yyyy-MM-dd HH:mm:ss");
    return sdf.format(new Date());  // 将当前日期时间按照指定格式输出格式化后的日期时
间字符串
}
```

注意到上述代码的日期时间格式存在大小写字母糅合的情况，为避免混淆，有必要对这些格式字符串补充取值说明，具体的时间格式对应关系见表 6-1。

表 6-1　日期时间格式的定义说明

| 日期时间格式 | 说　　明 |
| --- | --- |
| 小写的 yyyy | 表示 4 位年份数字，如 1949、2019 等 |
| 大写的 MM | 表示两位月份数字，如 01 表示一月份，12 表示 12 月份 |
| 小写的 dd | 表示两位日期数字，如 08 表示当月 8 号，26 表示当月 26 号 |
| 大写的 HH | 表示 24 小时制的两位小时数字，如 19 表示晚上 7 点 |
| 小写的 hh | 表示 12 小时制的两位小时数字，如 06 可同时表示早上 6 点与傍晚 6 点。因为 12 小时制的表达会引发歧义，所以实际开发中很少这么使用 |
| 小写的 mm | 表示两位分钟数字，如 30 表示某个点钟的 30 分 |
| 小写的 ss | 表示两位秒钟数字 |
| 大写的 SSS | 表示 3 位毫秒数字 |

其余的横线"-"、空格" "、冒号":"、点号"."等字符，仅仅是连接符号，方便观看各种单位的时间数字而已。对于中文世界来说，也可采用形如"yyyy 年 MM 月 dd 日 HH 时 mm 分 ss 秒"的格式标记。

现在有了日期格式化工具 SimpleDateFormat，以及每个时间单位的标记字符，想要输出特定格式的日期时间串就易如反掌了。譬如只需单独的日期串，无须后面的时间串，则可指定格式化标记为 "yyyy-MM-dd"，相应的日期格式化代码如下：

```java
// 获取当前的日期字符串
public static String getNowDate() {
    SimpleDateFormat sdf = new SimpleDateFormat("yyyy-MM-dd"); // 创建一个日期格式化的工具
    return sdf.format(new Date()); // 将当前日期按照指定格式输出格式化后的日期字符串
}
```

又如仅需单独的时间串，无须前面的日期串，则可指定格式化标记为 "HH:mm:ss"，相应的时间格式化代码如下：

```java
// 获取当前的时间字符串
public static String getNowTime() {
    SimpleDateFormat sdf = new SimpleDateFormat("HH:mm:ss"); // 创建一个日期格式化的工具
    return sdf.format(new Date()); // 将当前时间按照指定格式输出格式化后的时间字符串
}
```

以上的时间格式化只精确到秒，若需精确到毫秒，则可在原来的时间标记末尾添加 ".SSS"，表示输出的时间串需要补充 3 位毫秒数字，此时的时间格式化代码如下：

```java
// 获取当前的时间字符串（精确到毫秒）
public static String getNowTimeDetail() {
    // 创建一个日期格式化的工具
    SimpleDateFormat sdf = new SimpleDateFormat("HH:mm:ss.SSS");
    // 将当前时间按照指定格式输出格式化后的时间字符串（精确到毫秒）
    return sdf.format(new Date());
}
```

有时候考虑到代码内部方便处理，要求日期时间串为不带任何标点的纯数字串，那么可采取形如 "yyyyMMddHHmmss" 的日期时间标记，于是将格式化代码改写成下面这样：

```java
// 获取当前的日期时间字符串（纯数字，不包含其他标点符号）
public static String getSimpleDateTime() {
    // 创建一个日期格式化的工具
    SimpleDateFormat sdf = new SimpleDateFormat("yyyyMMddHHmmss");
    return sdf.format(new Date()); // 将当前日期时间按照指定格式输出格式化后的日期时间字符串
}
```

SimpleDateFormat 的作用并不限于将日期类型转换为字符串类型，它还支持将字符串转换为日期类型，这时用到的便是 parse 方法。具体的转换步骤依旧分成两步，第一步先创建一个指定标记的格式化实例，第二步调用该实例的 parset 方法，即可将某个对应格式的字符串转换为日期实例。以下代码将演示把字符串转换为日期类型的过程：

```
String str = "2019-11-25 11:18:53";
// 创建一个日期格式化的工具
SimpleDateFormat sdf = new SimpleDateFormat("yyyy-MM-dd HH:mm:ss");
Date dateFromStr = sdf.parse(str);  //从字符串中按照指定格式解析日期时间信息
```

# 6.2　日历工具 Calendar

本节介绍 Calendar 日历工具的详细用法，包括获取年月日时的几个注意事项、如何修改日历实例中各时间单位的数值、如何比较两个日历实例的先后关系，以及日历工具的几种常见应用（日期实例与日历实例的相互转换、计算两个日历时间的天数、打印月历等）。

## 6.2.1　日历工具的用法

6.1.1 小节提到，Date 是 Java 最早的日期工具，估计当时的设计师是一个技术宅男，未经过充分调研就写下了 Date 的源码，造成该工具存在先天不足，比如 getYear 方法返回的不是纯正的公元纪年、getHours 方法无法区分 12 小时制和 24 小时制等，这很不利于 Java 语言的国际化。故而从 JDK 1.1 开始，Java 又提供了一个日历工具 Calendar，官方建议采用 Calendar 代替 Date，同时 Date 的相关 get 方法都被标记为 Deprecated（意思是已废弃）。接下来就来看看这个全新的 Calendar 应该如何使用。

首先，创建日历实例调用的是 getInstance 方法，而非 new 关键字，日历实例的获取代码如下：

```
Calendar calendar = Calendar.getInstance();  // 创建一个日历实例
```

其次，调用日历实例的 get 方法，获得指定时间单位的具体数值，例如类型 Calendar.YEAR 对应的是公元年份，类型 Calendar.MONTH 对应的是月份序号等。以年份为例，具体的获取代码如下：

```
int year = calendar.get(Calendar.YEAR);  // 获取日历实例中的年份
System.out.println("year="+year);
```

从以上代码可见，此时得到的年份数值无须额外加上 1900，果然比 Date 省事多了。不过通过 Calendar 获取其他时间单位仍有两点需要注意：

（1）Calendar 的月份依然从 0 开始计数，也就是说，日历工具获取的一月份数值为 0，十二月份的数值为 11，于是获取月份的代码需要记得加一：

```
int month = calendar.get(Calendar.MONTH)+1;  // 获取日历实例中的月份
System.out.println("month="+month);
```

（2）原来 Date 的星期几从 0 开始计数，现在 Calendar 的星期几改为从 1 开始计数，可谓一大进步，不料它的星期仍旧以星期日打头、以星期六结尾。也就是说，日历工具获取的星期日数值为 1，星期一数值为 2，这样一来只好由程序员手工调整，按照国人习惯把星期一对应的数值改为 1、把星期日对应的数值改为 7 等。修改后的星期获取代码示例如下：

```
int dayOfWeek = calendar.get(Calendar.DAY_OF_WEEK);  // 获取日历实例中的星期几
dayOfWeek = dayOfWeek==1 ? 7 : dayOfWeek-1;
System.out.println("dayOfWeek="+dayOfWeek);
```

其他的时间单位中规中矩，无须额外处理。与 Date 相比，Calendar 新增了类型 Calendar.DAY_OF_YEAR（从年初开始数的日子）和 Calendar.MILLISECOND（秒钟后面的毫秒），另外把时钟区分为 Calendar.HOUR（十二小时制的时钟数值）和 Calendar.HOUR_OF_DAY（二十四小时制的时钟数值）两种类型。这些时间单位的获取代码如下（完整代码见本章源码的 src\com\datetime\calendar\TestCalendar.java）：

```
        int dayOfMonth = calendar.get(Calendar.DAY_OF_MONTH);  // 获取日历实例中的日子
        System.out.println("dayOfMonth=" + dayOfMonth);
        int dayOfYear = calendar.get(Calendar.DAY_OF_YEAR);  // 获取日历实例中从年初开
始数的日子
        System.out.println("dayOfYear=" + dayOfYear);
        int hour = calendar.get(Calendar.HOUR);  // 获取日历实例中的时钟（12 小时制）
        System.out.println("hour=" + hour);
        int hourOfDay = calendar.get(Calendar.HOUR_OF_DAY);  // 获取日历实例中的时钟（24
小时制）
        System.out.println("hourOfDay=" + hourOfDay);
        int minute = calendar.get(Calendar.MINUTE);  // 获取日历实例中的分钟
        System.out.println("minute=" + minute);
        int second = calendar.get(Calendar.SECOND);  // 获取日历实例中的秒钟
        System.out.println("second=" + second);
        int milliSecond = calendar.get(Calendar.MILLISECOND);  // 获取日历实例中的毫秒
        System.out.println("milliSecond=" + milliSecond);
```

再次，Calendar 提供了 set 方法用于设置时间数值，并且重载了参数个数不同的多种 set 方法，其中带 3 个参数的 set 方法支持同时设置年月日，带 6 个参数的 set 方法支持同时设置年月日、时分秒。这两种 set 方法的调用代码示例如下：

```
        Calendar calendar = Calendar.getInstance();  // 创建一个日历实例
        // 调用带 3 个参数的 set 方法同时设置日历实例的年、月、日
        calendar.set(2019, 11, 27);
        // 调用带 6 个参数的 set 方法同时设置日历实例的年、月、日、时、分、秒
        calendar.set(2019, 11, 27, 12, 30, 40);
```

若只想修改某个时间单位，则可调用带两个参数的 set 方法。第一个参数为单位类型，包括 Calendar.YEAR、Calendar.MONTH 等；第二个参数为具体的时间数值。比如以下代码表示把某个日期改为当月 1 号：

```
        // 带两个参数的 set 方法允许把某个时间单位改为指定数值
        calendar.set(Calendar.DAY_OF_MONTH, 1);
        System.out.println("end set
dayOfMonth="+calendar.get(Calendar.DAY_OF_MONTH));
```

注意到以上代码设置的日期是绝对值，有时候可能需要在当前日期上增增减减，也就是设置日期的相对值，此时可以联合使用 get 方法和 set 方法，先通过 get 方法获得当前的时间数值，对当前数值增减之后再传给 set 方法。下面的代码将演示设置时间相对值的实现过程：

```
        // 联合使用 get 方法和 set 方法，可对某个时间单位增减
        int dayResult = calendar.get(Calendar.HOUR_OF_DAY) + 1;  //给当前日期加上一天
```

```
        calendar.set(Calendar.HOUR_OF_DAY, dayResult);  // 设置日历实例中的日期
        System.out.println("end set hourOfDay="+calendar.get(Calendar.HOUR_OF_DAY));
```

联合使用 get 方法和 set 方法固然实现了相对时间的修改，但是简简单单的功能还得两个步骤稍显烦琐，因此 Calendar 另外提供了 add 方法，利用 add 方法允许直接设置相对数值，就像以下代码示范的这样：

```
        // 调用 add 方法直接在当前时间的基础上增加若干数值
        calendar.add(Calendar.MINUTE, 10);  // 给当前时间加上 10 分钟
        System.out.println("end add minute="+calendar.get(Calendar.MINUTE));
```

日历工具 Calendar 就像它的前辈 Date 一样，仍然保留了与时间校验相关的几个方法，包括 equals、before、after、compareTo 等，并且它们的用法与 Date 类型的同名方法保持一致，这里不再赘述，还是直接看下面的时间比较代码好了：

```
        // 比较两个日历时间的先后关系
        private static void compareCalendar() {
            Calendar calendarOld = Calendar.getInstance();  //创建一个日历实例
            Calendar calendarNew = Calendar.getInstance();  //创建一个日历实例
            calendarNew.add(Calendar.SECOND, 1);  // 给 calendarNew 加上一秒
            boolean equals = calendarOld.equals(calendarNew);  //比较两个时间是否相等
            System.out.println("equals=" + equals);
            boolean before = calendarOld.before(calendarNew); //比较 A 时间是否在 B 时间之前
            System.out.println("before=" + before);
            boolean after = calendarOld.after(calendarNew);  //比较 A 时间是否在 B 时间之后
            System.out.println("after=" + after);
            //比较 A 时间与 B 时间的先后关系
            //返回-1 表示 A 较早，返回 0 表示二者相等，返回 1 表示 B 较早
            int compareResult = calendarOld.compareTo(calendarNew);
            System.out.println("compareResult=" + compareResult);
        }
```

## 6.2.2　日历工具的常见应用

前面介绍了日历工具 Calendar 的基本用法，乍看起来 Calendar 与 Date 半斤八两，似乎没有多大区别，那又何苦庸人自扰捣鼓一个新玩意呢？显然这样小瞧了 Calendar，其实它的作用大着呢。接下来深入探讨一下 Calendar 的几种实际应用，主要包括：Calendar 类型和 Date 类型互相转换、计算两个日历时间的天数、打印当前月份的月历等，分别说明如下。

### 1. Calendar 类型和 Date 类型互相转换

虽说 Date 早就应该被 Calendar 取代，但毕竟是前辈，而且 Java 也一直没有抛弃它，特别有一点：Date 拥有搭配的日期格式化工具 SimpleDateFormat，可以很方便地输出指定格式的日期时间字符串，敢问 Calendar 有此绝活吗？既然 Calendar 无法覆盖 Date 的所有功能，那就必须支持互相转换 Calendar 和 Date 类型，从而让日期实例去执行日历实例所不能完成的任务。因为类型转换的要求是 Calendar 提出来的，所以这个转换动作理应由它实现，这里用到了 Calendar 的 getTime 方法和 setTime 方法，其中 getTime 方法的返回值就是 Date 类型的实例，而 setTime 方法的输入参数则为 Date 实例。

下面是通过 getTime 和 setTime 方法转换日期类型和日历类型的代码例子（完整代码见本章源码的 src\com\datetime\calendar\ConvertCalendar.java）：

```
// 把 Calendar 类型的数据转换为 Date 类型
private static void convertCalendarToDate() {
    Calendar calendar = Calendar.getInstance();  // 创建一个日历实例
    Date date = calendar.getTime();  // 调用日历实例的 getTime 方法，获得日期信息
    System.out.println("日历转日期 date=" + date.toString() + ", calendar=" +
calendar.toString());
}

// 把 Date 类型的数据转换为 Calendar 类型
private static void convertDateToCalendar() {
    Calendar calendar = Calendar.getInstance();  // 创建一个日历实例
    Date date = new Date();  // 创建一个日期实例
    calendar.setTime(date);  // 调用日历实例的 setTime 方法，设置日期信息
    System.out.println("日期转日历 date=" + date.toString() + ", calendar=" +
calendar.toString());
}
```

### 2. 计算两个日历时间之间的天数

根据两个给定的时间，计算二者间隔的天数，这个业务场景很常见。例如为了安全起见，网站每隔若干天就要求用户重新登录；又如信用卡还款，银行需要在还款日之前多少天提醒用户。这时用到了 Calendar 的 getTimeInMillis 方法，该方法可返回毫秒计量的时间总数，只要把两个日历实例的时间总数相减，再把二者的差额从毫秒单位换算成以天为单位，即可求得这两个日历时间之间的天数。据此编写的计算方法代码如下：

```
// 计算两个日历实例间隔的天数
private static void countDays() {
    Calendar calendarA = Calendar.getInstance();  // 创建一个日历实例
    calendarA.set(2019, 3, 15);  // 设置第一个日历实例的年月日
    Calendar calendarB = Calendar.getInstance();  // 创建一个日历实例
    calendarB.set(2019, 9, 15);  // 设置第二个日历实例的年月日
    long timeOfA = calendarA.getTimeInMillis();  // 获得第一个日历实例包含的时间总数
（单位毫秒）
    long timeOfB = calendarB.getTimeInMillis();  // 获得第二个日历实例包含的时间总数
（单位毫秒）
    // 先计算二者的差额，再把毫秒计量的差额转换为天数
    long dayCount = (timeOfB - timeOfA) / (1000 * 60 * 60 * 24);
    System.out.println("dayCount=" + dayCount);
}
```

### 3. 打印当前月份的月历

对于期待周末的学生和上班族来说，一份安排妥当的月历是必不可少的，现在利用 Calendar 功能便能制作一个简单的月历。月历的每行均为一个星期，行首是星期一，行尾是星期日，然后分行打印当月从 1 号到月末的所有日子。其中的年、月、星期都是明确的，唯有月末的日子是变化着的，

比如 1、3、5、7、8、10、12 这 7 个月的月末是 31 号，4、6、9、11 这 4 个月的月末是 30 号，2月每逢闰年有 29 天，其他年份则有 28 天。

倘若为了确定当月的最后一天，就得自己编码判断这些繁复的细节，可谓是让人绞尽脑汁。所幸 Calendar 早已提供了 getActualMaximum 方法，该方法用于获得指定时间单位的最大合法值，如果指定的时间单位是 Calendar.DATE，该方法的返回值就为当月的最后一天。于是获取月末日子的代码仅需以下一行而已：

```
int lastDay = calendar.getActualMaximum(Calendar.DATE); // 获取当月的最后一天
```

这下月历具备的所有要素都集齐了，包括当前年份、当前月份、当月 1 号、当月最后一天，再把中间的日子分星期依次排列，一个简洁朴素的月历便出炉了。下面是使用日历工具计算并打印当前月历的代码例子：

```
// 打印当前月份的月历
private static void printMonthCalendar() {
    Calendar calendar = Calendar.getInstance(); // 创建一个日历实例
    calendar.set(Calendar.DATE, 1); // 设置日期为当月 1 号
    int dayOfWeek = calendar.get(Calendar.DAY_OF_WEEK); // 获得该日期对应的星期几
    dayOfWeek = dayOfWeek == 1 ? 7 : dayOfWeek - 1;
    int lastDay = calendar.getActualMaximum(Calendar.DATE); //获取当月的最后一天
    // 拼接月历开头的年月
    String yearAndMonth = String.format("\n%21s%d 年%d 月", "",
            calendar.get(calendar.YEAR), calendar.get(calendar.MONTH) + 1);
    System.out.println(yearAndMonth);
    System.out.println(" 星期一 星期二 星期三 星期四 星期五 星期六 星期日");
    for (int i = 1; i < dayOfWeek; i++) { // 先补齐 1 号前面的空白
        System.out.printf("%7s", "");
    }
    for (int i = 1; i <= lastDay; i++) { // 循环打印从一号到本月最后一天的日子
        String today = String.format("%7d", i);
        System.out.print(today);
        if ((dayOfWeek + i - 1) % 7 == 0) { // 如果当天是星期日，末尾就另起一行
            System.out.println();
        }
    }
}
```

运行上述的月历运算代码，观察到的日志打印结果如图 6-1 所示。

| 2019年6月 | | | | | | |
|---|---|---|---|---|---|---|
| 星期一 | 星期二 | 星期三 | 星期四 | 星期五 | 星期六 | 星期日 |
| | | | | | 1 | 2 |
| 3 | 4 | 5 | 6 | 7 | 8 | 9 |
| 10 | 11 | 12 | 13 | 14 | 15 | 16 |
| 17 | 18 | 19 | 20 | 21 | 22 | 23 |
| 24 | 25 | 26 | 27 | 28 | 29 | 30 |

图 6-1  使用日历工具打印的月历效果

# 6.3 Java 8 的本地日期时间工具

本节介绍 Java 8 新增的本地日期时间工具用法，主要包括本地日期 LocalDate 和本地时间 LocalTime，以及二者的结合体本地日期时间 LocalDateTime，还将介绍如何对本地日期时间和字符串相互转换。

## 6.3.1 本地日期 LocalDate 和本地时间 LocalTime

话说 Java 一连设计了两套时间工具，分别是日期类型 Date 和日历类型 Calendar，按理说用在编码开发中绰绰有余了。然而随着 Java 的日益广泛使用，人们还是发现了这两套时间工具的种种弊端。且不说先天不良的 Date 类型，单说后起之秀的 Calendar 类型，这个日历工具在实际开发中仍然存在以下毛病：

（1）日历工具获取当前月份的时候，与 Date 一样都是从 0 开始计数的，比如通过 get 方法获得的一月份数值为 0。

（2）日历工具获取当天是星期几的时候，星期日是排在最前面的，通过 get 方法获得的星期日数值为 1，而星期一数值居然是 2。

（3）日历工具能够表达的最小时间单位是毫秒，使得时间精度不够高，难以用在更加精密的科学运算场合。

（4）日历工具没有提供闰年的判断方法。

（5）日历工具缺乏自己的格式化工具，还得借助 Date 类型的格式化工具 SimpleDateFormat，才能将日期时间按照指定格式输出为字符串。

总而言之，无论是 Date 还是 Calendar，在解决复杂问题时的编码都很别扭，故而每个 Java 工程都要重新编写一个日期处理工具 DateUtil，在新工具内部封装常见的日期处理操作，这样才能满足实际业务的开发要求。于是 Date 和 Calendar 两个难兄难弟从 JDK 1.1 开始并肩作战，一路走到 Java 5、Java 6 乃至 Java 7，后来估摸着无可救药了，Oracle 终于在 Java 8 推出了全新的本地日期时间类型，意图通过新类型一劳永逸地治好 Date 和 Calendar 的沉疴宿疾。

全新的本地日期时间类型不单单是一个类型，而是一个家族，它的成员主要有 LocalDate、LocalTime、LocalDateTime 等。接下来分别介绍这几个日期时间类型。

### 1. 本地日期类型 LocalDate

获取本地日期的实例很简单，调用该类型的 now 方法即可，并且顾名思义得到的是当前日期。通过本地日期获取年月日的数值，就是日常生活中的习惯数字，例如一月份对应的数值是 1，十二月份对应的数值是 12，星期一对应的数值是 1，星期日对应的数值是 7，等等。此外，本地日期额外提供了几个常用的统计方法，包括：该日期所在的年份一共有多少天、该日期所在的月份一共有多少天、该日期所在的年份是否为闰年等。

下面的代码将演示如何从本地日期获取各种数值的例子（完整代码见本章源码的 src\com\datetime\localdate\TestLocalDate.java）：

```
LocalDate date = LocalDate.now();  // 获得本地日期的实例
System.out.println("date=" + date.toString());
int year = date.getYear();  // 获得该日期所在的年份
System.out.println("year=" + year);
//获得该日期所在的月份。注意 getMonthValue 返回的是数字月份，getMonth 返回的是英文月份
int month = date.getMonthValue();
System.out.println("month=" + month + ", english month=" + date.getMonth());
int dayOfMonth = date.getDayOfMonth();  // 获得该日期所在的日子
System.out.println("dayOfMonth=" + dayOfMonth);
int dayOfYear = date.getDayOfYear();  // 获得该日期在一年中的序号
System.out.println("dayOfYear=" + dayOfYear);
//获得该日期是星期几。注意 getDayOfWeek 返回的是英文，后面的 getValue 才返回数字星期几
int dayOfWeek = date.getDayOfWeek().getValue();
System.out.println("dayOfWeek=" + dayOfWeek + ", english weekday=" +
date.getDayOfWeek());
int lengthOfYear = date.lengthOfYear();  // 获得该日期所在的年份一共有多少天
System.out.println("lengthOfYear=" + lengthOfYear);
int lengthOfMonth = date.lengthOfMonth();  // 获得该日期所在的月份一共有多少天
System.out.println("lengthOfMonth=" + lengthOfMonth);
boolean isLeapYear = date.isLeapYear();  // 判断该日期所在的年份是否为闰年
System.out.println("isLeapYear=" + isLeapYear);
```

除了创建处于当前日期的本地实例外，LocalDate 还支持创建指定日期的本地实例，就像以下代码示范的这样：

```
LocalDate dateManual = LocalDate.of(2019, 11, 22);  // 构造一个指定年月日的日期实例
System.out.println("dateManual=" + dateManual.toString());
```

至于针对某个单位的数值，LocalDate 也提供了专门的修改方法，例如以 plus 打头的系列方法用来增加日期数值，以 minus 打头的系列方法用来减少日期数值，以 with 打头的系列方法用来设置日期数值，这些日期修改的具体用法示例如下：

```
dateManual = dateManual.plusYears(0);         // 增加若干年份
dateManual = dateManual.plusMonths(0);        // 增加若干月份
dateManual = dateManual.plusDays(0);          // 增加若干日子
dateManual = dateManual.plusWeeks(0);         // 增加若干星期
dateManual = dateManual.minusYears(0);        // 减少若干年份
dateManual = dateManual.minusMonths(0);       // 减少若干月份
dateManual = dateManual.minusDays(0);         // 减少若干日子
dateManual = dateManual.minusWeeks(0);        // 减少若干星期
dateManual = dateManual.withYear(2000);       // 设置指定的年份
dateManual = dateManual.withMonth(12);        // 设置指定的月份
dateManual = dateManual.withDayOfYear(1);     // 设置当年的日子
dateManual = dateManual.withDayOfMonth(1);    // 设置当月的日子
```

此外，作为一种日期类型，LocalDate 一如既往地支持判断两个日期实例的早晚关系，比如 equals 方法用于判断两个日期是否相等，isBefore 方法用于判断 A 日期是否在 B 日期之前，isAfter 方法用于判断 A 日期是否在 B 日期之后。具体的本地日期校验代码如下：

```
boolean equalsDate = date.equals(dateManual);   //判断两个日期是否相等
System.out.println("equalsDate=" + equalsDate);
boolean isBeforeDate = date.isBefore(dateManual);  //判断A日期是否在B日期之前
System.out.println("isBeforeDate=" + isBeforeDate);
boolean isAfterDate = date.isAfter(dateManual);  //判断A日期是否在B日期之后
System.out.println("isAfterDate=" + isAfterDate);
boolean isEqualDate = date.isEqual(dateManual);  //判断A日期是否与B日期相等
System.out.println("isEqualDate=" + isEqualDate);
```

### 2. 本地时间类型 LocalTime

前面介绍的 LocalDate 只能操作年月日，若要操作时分秒，则需通过本地时间类型 LocalTime。获取本地时间的实例依然要调用该类型的 now 方法，接着就能通过该实例分别获取对应的时分秒乃至纳秒（一秒的十亿分之一）了。下面的代码将演示如何调用 LocalTime 的基本方法：

```
LocalTime time = LocalTime.now();        // 获得本地时间的实例
System.out.println("time=" + time.toString());
int hour = time.getHour();               // 获得该时间所在的时钟
System.out.println("hour=" + hour);
int minute = time.getMinute();           // 获得该时间所在的分钟
System.out.println("minute=" + minute);
int second = time.getSecond();           // 获得该时间所在的秒钟
System.out.println("second=" + second);
// 一秒等于一千毫秒，一毫秒等于一千微秒，一微秒等于一千纳秒，计算下来 一秒等于十亿纳秒
int nano = time.getNano();               // 获得该时间秒钟后面的纳秒单位
System.out.println("nano=" + nano);
```

如同本地日期 LocalDate 那样，LocalTime 也允许创建指定时分秒的时间实例，还支持单独修改时钟、分钟、秒钟和纳秒。当然，修改时间的途径包括 plus 系列方法、minus 系列方法、with 系列方法等，它们的调用方式示例如下：

```
LocalTime timeManual = LocalTime.of(14, 30, 25); //构造一个指定时分秒的时间实例
System.out.println("timeManual=" + timeManual.toString());
timeManual = timeManual.plusHours(0);            // 增加若干时钟
timeManual = timeManual.plusMinutes(0);          // 增加若干分钟
timeManual = timeManual.plusSeconds(0);          // 增加若干秒钟
timeManual = timeManual.plusNanos(0);            // 增加若干纳秒
timeManual = timeManual.minusHours(0);           // 减少若干时钟
timeManual = timeManual.minusMinutes(0);         // 减少若干分钟
timeManual = timeManual.minusSeconds(0);         // 减少若干秒钟
timeManual = timeManual.minusNanos(0);           // 减少若干纳秒
timeManual = timeManual.withHour(0);             // 设置指定的时钟
timeManual = timeManual.withMinute(0);           // 设置指定的分钟
timeManual = timeManual.withSecond(0);           // 设置指定的秒钟
timeManual = timeManual.withNano(0);             // 设置指定的纳秒
```

另外，LocalTime 依然提供了 equals、isBefore、isAfter 等方法用于判断两个时间的先后关系，具体的方法调用如下：

```
boolean equalsTime = time.equals(timeManual); //判断两个时间是否相等
System.out.println("equalsTime=" + equalsTime);
boolean isBeforeTime = time.isBefore(timeManual); //判断 A 时间是否在 B 时间之前
System.out.println("isBeforeTime=" + isBeforeTime);
boolean isAfterTime = time.isAfter(timeManual); //判断 A 时间是否在 B 时间之后
System.out.println("isAfterTime=" + isAfterTime);
```

### 3. 本地日期时间类型 LocalDateTime

现在有了 LocalDate 专门处理年月日,又有了 LocalTime 专门处理时分秒,还需要一种类型能够同时处理年月日和时分秒,那就是本地日期时间类型 LocalDateTime。LocalDateTime 基本等价于 LocalDateTime 与 LocalTime 的合集,它同时拥有二者的绝大部分方法,故这里不再赘述。下面是创建该类型实例的代码片段,大家可参考之前 LocalDateTime 与 LocalTime 的调用代码,尝试补齐 LocalDateTime 的方法调用过程。

```
// 演示 LocalDateTime 的各种方法
private static void showLocalDateTime() {
    LocalDateTime datetime = LocalDateTime.now();  // 获得本地日期时间的实例
    System.out.println("datetime=" + datetime.toString());
    // LocalDateTime 的方法是 LocalDate 与 LocalTime 的合集
    // 也就是说 LocalDate 与 LocalTime 的大部分方法可以直接拿来给 LocalDateTime 使用
    // 因而下面不再演示 LocalDateTime 的详细方法如何调用了
    // 注意 LocalDateTime 不提供 lengthOfYear、lengthOfMonth、isLeapYear 这 3 个方法
}
```

## 6.3.2 本地日期时间与字符串的互相转换

之前介绍 Calendar 的时候提到日历实例无法直接输出格式化后的时间字符串,必须先把 Calendar 类型转换成 Date 类型,再通过格式化工具 SimpleDateFormat 获得字符串。而日期时间的格式化恰恰是最常用的场合,这就很尴尬了,原本设计 Calendar 是想取代 Date,结果大家还在继续使用 Date 类型,没有达到预期的效果。Java 8 重新设计的本地日期时间家族为了完全取代 Date,推出了自己的格式化工具 DateTimeFormatter,并定义了几种常见的日期时间格式,具体说明见表 6-2。

表 6-2　格式化工具的日期时间类型说明

| DateTimeFormatter 类的格式类型 | 对应的日期时间格式 |
| --- | --- |
| BASIC_ISO_DATE | yyyyMMdd |
| ISO_LOCAL_DATE | yyyy-MM-dd |
| ISO_LOCAL_TIME | HH:mm:ss |
| ISO_LOCAL_DATE_TIME | yyyy-MM-ddTHH:mm:ss |

现在只要调用本地日期时间的 parse 方法,即可将字符串形式转换为日期时间,无须像 Calendar 那样还得借助于 Date。下面是本地日期时间家族结合 DateTimeFormatter 实现日期时间格式化的代码例子(完整代码见本章源码的 src\com\datetime\localdate\FormatLocalDate.java):

```
String strDateSimple = "20190729";
// 把日期字符串转换为 LocalDate 实例。BASIC_ISO_DATE 定义的日期格式为 yyyyMMdd
```

```
        LocalDate dateSimple = LocalDate.parse(strDateSimple,
DateTimeFormatter.BASIC_ISO_DATE);
        System.out.println("dateSimple="+dateSimple.toString());
        String strDateWithLine = "2019-07-29";
        // 把日期字符串转换为 LocalDate 实例。ISO_LOCAL_DATE 定义的日期格式为 yyyy-MM-dd
        LocalDate dateWithLine = LocalDate.parse(strDateWithLine,
DateTimeFormatter.ISO_LOCAL_DATE);
        System.out.println("dateWithLine="+dateWithLine.toString());
        String strTimeWithColon = "12:44:50";
        // 把时间字符串转换为 LocalTime 实例。ISO_LOCAL_TIME 定义的时间格式为 HH:mm:ss
        LocalTime timeWithColon = LocalTime.parse(strTimeWithColon,
DateTimeFormatter.ISO_LOCAL_TIME);
        System.out.println("timeWithColon="+timeWithColon.toString());
        String strDateTimeISO = "2019-11-23T14:46:30";
        // 把日期时间字符串转换为 LocalDateTime 实例。此处的日期时间格式为 yyyy-MM-ddTHH:mm:ss
        LocalDateTime datetimeISO = LocalDateTime.parse(strDateTimeISO,
                DateTimeFormatter.ISO_LOCAL_DATE_TIME);
        System.out.println("datetimeISO="+datetimeISO.toString());
```

除了系统自带的几种日期时间格式外，程序员也可以自己定义其他格式，此时需要调用 DateTimeFormatter 的 ofPattern 方法完成格式定义，使用 ofPattern 方法得到某个格式化实例，就能直接代入本地日期时间的 parse 方法中。本地日期时间的自定义格式化代码如下：

```
        String strDateWithSway = "2019/07/29";
        // 自己定义了一个形如"yyyy/MM/dd"的日期格式
        DateTimeFormatter dateFormatWithSway =
DateTimeFormatter.ofPattern("yyyy/MM/dd");
        // 把日期字符串按照格式"yyyy/MM/dd"转换为 LocalDate 实例
        LocalDate dateWithSway = LocalDate.parse(strDateWithSway, dateFormatWithSway);
        System.out.println("dateWithSway="+dateWithSway.toString());
        String strTimeSimple = "125809";
        // 自己定义了一个形如"HHmmss"的时间格式
        DateTimeFormatter timeFormatSimple = DateTimeFormatter.ofPattern("HHmmss");
        // 把时间字符串按照格式"HHmmss"转换为 LocalTime 实例
        LocalTime timeSimple = LocalTime.parse(strTimeSimple, timeFormatSimple);
        System.out.println("timeSimple="+timeSimple.toString());
        String strWithCn = "2019年07月29日12时58分09秒";
        // 自己定义了一个形如"yyyy年MM月dd日HH时mm分ss秒"的日期时间格式
        DateTimeFormatter formatCn = DateTimeFormatter.ofPattern("yyyy年MM月dd日HH时
mm分ss秒");
        // 把日期时间字符串按照格式"yyyy年MM月dd日HH时mm分ss秒"转换为 LocalDateTime 实例
        LocalDateTime datetimeWithCn = LocalDateTime.parse(strWithCn, formatCn);
        System.out.println("datetimeWithCn="+datetimeWithCn.toString());
```

既然字符串能够转换为本地日期时间，反过来也可以将本地日期时间转换为字符串，这时 parse 方法就变成了 format 方法，具体的转换代码示例如下：

```java
    // 把日期时间转换为字符串
    private static void convertLocalToString() {
        LocalDate date = LocalDate.now();  // 获得当前日期的实例
        // 把 LocalDate 实例转换为日期字符串。BASIC_ISO_DATE 定义的日期格式为 yyyyMMdd
        String strDateSimple = date.format(DateTimeFormatter.BASIC_ISO_DATE);
        System.out.println("strDateSimple="+strDateSimple);
        // 把 LocalDate 实例转换为日期字符串。ISO_LOCAL_DATE 定义的日期格式为 yyyy-MM-dd
        String strDateWithLine = date.format(DateTimeFormatter.ISO_LOCAL_DATE);
        System.out.println("strDateWithLine="+strDateWithLine);
        // 自己定义了一个形如 "yyyy/MM/dd" 的日期格式
        DateTimeFormatter dateFormatWithSway =
DateTimeFormatter.ofPattern("yyyy/MM/dd");
        // 把 LocalDate 实例按照格式 "yyyy/MM/dd" 转换为日期字符串
        String strDateWithSway = date.format(dateFormatWithSway);
        System.out.println("strDateWithSway="+strDateWithSway);
        LocalTime time = LocalTime.now();  // 获得当前时间的实例
        // 把 LocalTime 实例转换为时间字符串。ISO_LOCAL_TIME 定义的时间格式为 HH:mm:ss
        String strTimeWithColon = time.format(DateTimeFormatter.ISO_LOCAL_TIME);
        System.out.println("strTimeWithColon="+strTimeWithColon);
        // 自己定义了一个形如 "HHmmss" 的时间格式
        DateTimeFormatter timeFormatSimple = DateTimeFormatter.ofPattern("HHmmss");
        // 把 LocalTime 实例按照格式 "HHmmss" 转换为时间字符串
        String strTimeSimple = time.format(timeFormatSimple);
        System.out.println("strTimeSimple="+strTimeSimple);
        LocalDateTime datetime = LocalDateTime.now();  // 获得当前日期时间的实例
        // 自己定义了一个形如 "yyyy 年 MM 月 dd 日 HH 时 mm 分 ss 秒" 的日期时间格式
        DateTimeFormatter formatCn = DateTimeFormatter.ofPattern("yyyy 年 MM 月 dd 日 HH 时
mm 分 ss 秒");
        // 把 LocalDateTime 实例按照格式 "yyyy 年 MM 月 dd 日 HH 时 mm 分 ss 秒" 转换为日期时间字符串
        String strWithCn = datetime.format(formatCn);
        System.out.println("strWithCn="+strWithCn);
    }
```

# 6.4 实战练习

本节从 Date 工具和 Calendar 工具存在的 1582 年问题切入，阐述儒略历与格里历的由来，并描述 1582 年问题出现的时代背景，由此证明 Date 工具和 Calendar 工具在换算古代日期时的局限性，从而论述本地日期类型 LocalDate 的必要性，并借助 LocalDate 实现一个更通用的万年历。

## 6.4.1 从 1582 年问题浅谈 Date 工具的局限

若要说某个计算机程序存在 Bug，这倒真的有可能；而要说某个编程语言存在 Bug，那可非常稀罕，哪个语言竟敢这么久了都不修复 Bug？Java 语言就出现了这样一个历史遗留的 Bug，且看下面这段代码（完整代码见本章源码的 src\com\datetime\DateProblem.java）：

```java
// 日历工具 Calendar 存在 1582 年问题
private static void calendar1582() {
    Calendar calendar = Calendar.getInstance();  // 获取一个日历实例
    calendar.set(1582, 9, 4);  // 设置日历实例为 1582 年 10 月 4 日
    String originDate = String.format("%d-%d-%d", calendar.get(Calendar.YEAR),
            calendar.get(Calendar.MONTH) + 1,
calendar.get(Calendar.DAY_OF_MONTH));
    System.out.println("原始的日历实例=" + originDate);
    calendar.add(Calendar.DAY_OF_MONTH, 1);  // 给日历实例加一天
    String newDate = String.format("%d-%d-%d", calendar.get(Calendar.YEAR),
            calendar.get(Calendar.MONTH) + 1,
calendar.get(Calendar.DAY_OF_MONTH));
    System.out.println("加了一天之后，新的日历实例=" + newDate);
}
```

上面代码的功能很简单，先给日历实例设置 1582 年 10 月 4 日，然后给它加上一天，再分别打印相加前后的日期。运行这段日历代码，未曾想观察到的日志却是这样的：

```
原始的日历实例=1582-10-4
加了一天之后，新的日历实例=1582-10-15
```

有没有大吃一惊？日志结果显示的日期是"1582-10-15"而非"1582-10-5"，多出来的 1 代表整整多了 10 天。然而回头检查刚才的演示代码，并未发现任何不妥之处。莫非是日历工具 Calendar 在增加日期时出现了问题？不然引入日期工具 Date，由 Date 来完成日期增加操作。于是调用日期实例的 setTime 方法，先设置初始时间为 1582 年 10 月 4 日，再设置最新时间为加一之后的日子。一番修改之后的日期调整代码如下：

```java
// 日期工具 Date 也存在 1582 年问题
private static void date1582() {
    Calendar calendar = Calendar.getInstance();  // 获取一个日历实例
    calendar.set(1582, 9, 4);  // 设置日历实例为 1582 年 10 月 4 日
    Date date = new Date();  // 创建一个日期
    date.setTime(calendar.getTimeInMillis());  // 设置日期实例的具体时间
    SimpleDateFormat formatter = new SimpleDateFormat("yyyy-MM-dd");
    System.out.println("原始的日期实例=" + formatter.format(date));
    // 给日期实例加一天
    date.setTime(calendar.getTimeInMillis() + 1 * 24 * 60 * 60 * 1000);
    System.out.println("加了一天之后，新的日期实例=" + formatter.format(date));
}
```

运行以上的日期代码，不料输出的日志信息依然显示成 10 月 15 日：

```
原始的日期实例=1582-10-04
加了一天之后，新的日期实例=1582-10-15
```

这真是匪夷所思，Calendar 居然连同 Date 一起出现了日期相加的问题，难道 Java 一直都没有修复这个 Bug 吗？此事说来话长，它的确是历史遗留问题，却不是 Java 遗留下的。欲知真相究竟为何，还得到故纸堆里翻翻史书。

众所周知，当今的公历源自西方，最早由古罗马皇帝凯撒颁布，由于他姓凯撒名儒略，因此早期的西历被称作儒略历。儒略历规定平年有 365 天，闰年有 366 天，每 4 年中分配 3 个平年加一个闰年，闰年把多出来的一天放到了二月末，故而儒略历平均每年有 365.25 日。但是根据现代科学家的天文观测，地球的平均回归年实际只有 365.2422 日，与儒略历之间相差 0.0078 日，这意味着每隔 128 年儒略历就会多出一天。本来这点差距也没什么，只要在改朝换代之际重新测量定个新历法即可，然而欧洲自古罗马之后陷入了漫长黑暗的中世纪，人民愚昧、科技落后、封建诸侯攻伐不断，根本无暇修订历法。

这么拖着一千多年，终于到了 1582 年，文艺复兴时期的科学家突然发现儒略历整整多出了 10 天。当时的教皇格列高利十三世掐指一算，按照儒略历过的话，当年的耶稣生日要晚 10 天才能过，因为当年儒略历的 12 月 15 日就相当于千年以前的 12 月 25 日，儒略历的 12 月 25 日在千年之前都到次年 1 月了。一想到冒犯耶稣，格列高利惊出一身冷汗，赶紧命人颁定新历法，新历对四年一闰补充规定：遇到整百的年份，再判断该年份能否被 400 整除，能被 400 整除的才算闰年，不能被 400 整除的仍按平年过。为了与儒略历区分开，新历法被命名为格里历，调整之后的格里历平均每年有 365.2425 日，它与平均回归年的 365.2422 日相当接近，大约 3300 年才会相差一天。

尽管新历较旧历准确许多，但是 1582 年的日历早已无可挽回地多算了 10 天，这该怎么办？一种办法是取消今后 40 年的 10 个闰年，但是格列高利为了耶稣的生日等不起，他下令当年的 10 月 4 日过完，第二天直接跳到 10 月 15 日，中间的 10 天（5 日到 14 日）直接没了。于是在西方的史书里面，1582 年的 10 月只有 21 天，从 5 日到 14 日留下整整 10 天的空白，完全消失地无影无踪。

那么中国古代为什么没有发生日子丢失的情况呢？这是因为中国的传统历法——农历是一种阴阳合历，每个月经历月盈月亏的一次过程，月初是新月称作"朔"，月中是满月称作"望"。按照月亮变化的周期计算，月份又分为大月和小月，大月 30 天，小月 29 天。当然 12 个朔望月离 365 天还差好几天，为了协调阴历年与阳历年，农历每隔几年就增加一个闰月，从而补上月亮周期与太阳周期之间的差距。

早在东周王朝的春秋后期，中国便出现了四分历，意思是把一天四等分，也就是说一年包含三百六十五又四分之一日，这比相同精度的儒略历要早 500 年。后来的南北朝时期，祖冲之创制了大明历，他通过引入岁差概念求得每年有 365.2428 日，与现代人测的回归年只差 0.0006 日，一年才差五十几秒，可谓相当精确了。到了南宋庆元五年（1199 年），开始推行杨忠辅创制的统天历，该历法以 365.2425 日为一年，其精度等同格里历，但比格里历早了 383 年。一路算下来，中国的历法越来越先进，何况农历月份按照月相轮回，怎会出现因为多算 10 天导致初一看到满月的笑谈呢？

无论怎样，在欧洲人的历史中，1582 年 10 月的 5 日到 14 日这 10 天永远地消失了，乃至后世的 Java 语言不得不兼容如此奇葩的西历，是故日期工具 Date 与日历工具 Calendar 相继中招，实在是有苦难言。如今格里历已推广到全球，并成为世界通用的公历，这又产生一个问题：像中国、印度、埃及这些亚非国家的古代史应该如何转换为对应的公历日期？由于儒略历的先天缺陷，西历不但存在 1582 年凭空丢失 10 天的问题，而且 1582 年之前的一千多年也都存在日期多算的毛病。倘若将亚非各国的古代史接轨儒略历，势必造成历史事件换算日期错误的后果，显然大家不希望出现这种令人啼笑皆非的情况。

鉴于 1582 年问题是当时的西历——儒略历的自身不足引起的，不应要求亚非古国的历史接受它，早期的 Java 在计算古代日子时沿用这套错误历法实属不该，后来的 Java 8 推出本地日期工具 LocalDate，一个重要原因便是纠正儒略历的问题。LocalDate 把现行公历反推至 1582 年之前，从而避免儒略历莫名其妙丢失日子的情况，各国的古代史日期换算成公历也更加准确了。下面来看看 LocalDate 是否真的做好了，同样设置本地日期实例为 1582 年 10 月 4 日，再给它加上一天，本地日期的验证代码如下：

```
// 本地日期不存在 1582 年问题
private static void localDate1582() {
    LocalDate localDate = LocalDate.of(1582, 10, 4);  // 设置本地日期实例为 1582 年
10 月 4 日
    System.out.println("原始的本地日期实例=" + localDate);
    localDate = localDate.plusDays(1);  // 给本地日期实例加 1 天
    System.out.println("加了一天之后，新的本地日期实例=" + localDate);
}
```

运行上面的本地日期验证代码，观察到如下的日志结果，可见 LocalDate 的确消除了 1582 年问题。

原始的本地日期实例=1582-10-04
加了一天之后，新的本地日期实例=1582-10-05

Java 8 新增本地日期工具的时候，也支持对 LocalDate 和 Date 二者相互转换，不过尽量不要在它们之间转来转去。先看一段代码例子，这段代码一会儿把 Date 日期转成本地日期，一会儿又把本地日期转成 Date 日期：

```
//本地日期转成 Date 日期会丢失一天
private static void dateToLocal1899() {
    System.out.println("——1899 年的本地日期转换成 Date 日期——");
    Calendar calendar = Calendar.getInstance();  //获取一个日历实例
    calendar.set(1899, 11, 31);  //设置日历实例为 1899 年 12 月 31 日
    Date date = new Date();        //创建一个日期
    date.setTime(calendar.getTimeInMillis());  //设置日期实例的具体时间
    SimpleDateFormat formatter = new SimpleDateFormat("yyyy-MM-dd");
    System.out.println("原始的日期实例=" + formatter.format(date));
    // 把日期实例转换为本地日期时间的实例
    LocalDateTime localDateTime = LocalDateTime.ofInstant(date.toInstant(),
ZoneId.systemDefault());
    LocalDate localDate = localDateTime.toLocalDate();  //把本地日期时间转为本地日期
    System.out.println("转换之后的本地日期实例=" + localDate);
    // 把本地日期转换为当前时区对应的日期时间
    ZonedDateTime zdt = localDate.atStartOfDay(ZoneId.systemDefault());
    Date convertDate = Date.from(zdt.toInstant());  //把时区实例转换为日期实例
    System.out.println("再次转换之后的日期实例=" + formatter.format(convertDate));
}
```

运行以上的演示代码，从如下的输出日志可见转来转去竟然转没了一天。

——1899 年的本地日期转换成 Date 日期——
原始的日期实例=1899-12-31
转换之后的本地日期实例=1899-12-31
再次转换之后的日期实例=1899-12-30

如果待转换的日期撞上 1582 年 10 月 15 日之前的日子，那就更糟了，且看以下的 1582 年测试代码：

```
// 本地日期转换成 Date 日期时会遇到 1582 年问题
private static void localToDate1582() {
    System.out.println("——1582 年的本地日期转换成 Date 日期——");
    LocalDate localDate = LocalDate.of(1582, 10, 15);  // 设置本地日期实例为 1582
年 10 月 15 日
    System.out.println("原始的本地日期实例=" + localDate);
    // 把本地日期转换为当前时区对应的日期时间
    ZonedDateTime zdt = localDate.atStartOfDay(ZoneId.systemDefault());
    Date date = Date.from(zdt.toInstant());  // 把时区实例转换为日期实例
    SimpleDateFormat formatter = new SimpleDateFormat("yyyy-MM-dd");
    System.out.println("转换之后的日期实例=" + formatter.format(date));
}
```

运行以上的测试代码，观察到如下的日志信息：

```
——1582 年的本地日期转换成 Date 日期——
原始的本地日期实例=1582-10-15
转换之后的日期实例=1582-10-04
```

由日志结果可见，这下连 10 月 15 日都不正常了，原因是 1900 年之前的本地日期转换成 Date 日期时少了一天，所以 1582 年 10 月 15 日变成 10 月 14 日，又因为 10 月 14 日在儒略历中并不存在，它对应的儒略日期为 10 月 4 日，结果本地日期的 1582 年 10 月 15 日转换成 Date 日期变成了 1582 年 10 月 4 日。

总的来说，Java 的几种日期工具在使用时需要注意以下几点：

（1）Calendar 与 Date 只适用于简单的现代日期计算，复杂的日期计算还得靠本地日期家族。

（2）古代日期的换算必须使用本地日期 LocalDate，不能使用 Calendar 与 Date。

（3）若非必要，尽量不在 LocalDate 和 Date 之间转换日期。

## 6.4.2 利用本地日期时间实现万年历

日期工具与本地日期工具在处理古代时间上存在差异，其实就是儒略历与格里历对闰年的判断有别。那么换算万年历的时候，显然采用格里历更合适，也就是应当使用本地日期工具 LocalDate 来编制从古至今的万年历。虽然之前介绍日历工具 Calendar 时演示了简单的月历，但是当时仅仅把每个日子顺序打印出来，并未将整个月历的日子保存下来，不利于后续的加工处理。结合以上几点需求，新的万年历应该采取以下几点改进措施：

（1）引入本地日期工具 LocalDate，它提供了丰富的方法功能，不但方便判断是否闰年，而且月份、星期的取值也符合日常习惯。

（2）引入二维数组保存当月的各个日期分布，第一维表示当月的 5 个星期，第二维表示每个星期的 7 天。

（3）除了日期之外，还可以考虑添加每个日期对应的节日名称（如果存在的话）。

具体到详细的编码上面，需要对日期数组的几种情况分支处理：

（1）首个星期可能存在上个月份的日子，此时应忽略上月的日期。

（2）归属本月的日期，填入二维数组的相应位置。

（3）本月的最后一天，填完数组后要跳出整个循环。

按照上述逻辑，准备根据输入的年月生成月历，据此可编写下面的万年历方法代码（完整代码见本章源码的 src\com\datetime\PerpetualCalendar.java）：

```
// 根据指定年月显示当月的月历
public static void showCalendar(int year, int month) {
    // 行分隔标记
    String line = "\n ————————————————————————————\n";
    String slit = " | "; // 列分隔标记
    String[] weekTitles = { "星期一", "星期二", "星期三", "星期四", "星期五", "星期六", "星期日" };
    LocalDate date = LocalDate.of(year, month, 1); // 获取当月1日的本地日期实例
    // 拼接当前日历的年月标题（包含年份、月份、是否闰年、当月天数等信息）
    String calendar = String.format("\n%20s%d 年（%s）%d 月（共%d 天）%s",
            "", date.getYear(), date.isLeapYear() ? "闰年" : "平年",
            date.getMonthValue(), date.lengthOfMonth(), line);
    String weekTitle = slit; // 月份的星期标题
    // 拼接星期一到星期日的周标题
    for (int i = 0; i < weekTitles.length; i++) {
        weekTitle = String.format("%s%3s%s", weekTitle, weekTitles[i], slit);
    }
    int firstWeekNum = date.getDayOfWeek().getValue(); // 当月第一天是星期几
    int[][] weekdays = new int[5][7];                  // 星期的二维数组，每月横跨5个星期
    loop : for (int i = 0; i < 5; i++) {               // 遍历组装各个星期
        for (int j = 0; j < 7; j++) {                  // 通过循环填满星期数组
            if (i==0 && j < firstWeekNum-1) {          // 当前日期还是上个月份的日子
                continue;    // 不处理，继续下个日期
            } else {         // 当前日期位于本月份
                weekdays[i][j] = date.getDayOfMonth(); // 给星期数组填写本月的日期
                if (date.getDayOfMonth() == date.lengthOfMonth()) { // 如果是本月
的最后一天
                    break loop; // 跳出外层的遍历循环
                } else {
                    date = date.plusDays(1); // 日期加一
                }
            }
        }
    }
    String weekDetail = "";          // 月份的星期详情
    for (int i = 0; i < 5; i++) { // 遍历星期的二维数组，把各星期以及分隔串拼接起来
        weekDetail = String.format("%s%s%s", weekDetail, line, slit);
        for (int j = 0; j < 7; j++) { // 拼接本星期的内容，每个日子占据6位空间，且靠
右对齐
```

```
                if (weekdays[i][j] > 0) {  // 若属于本月的日期，则填写具体日期
                    weekDetail = String.format("%s%6d%s", weekDetail, weekdays[i][j],
slit);
                } else {  // 若不属本月的日期，则留空
                    weekDetail = String.format("%s%6s%s", weekDetail, "", slit);
                }
            }
        }
        calendar = String.format("%s%s%s%s", calendar, weekTitle, weekDetail, line);
        System.out.println(calendar);  // 打印拼接好的万年历日期
    }
```

接着外部调用新写的 showCalendar 方法，年份参数填 2020，月份参数填 2，希望展示 2020 年 2 月份的月历。调用代码如下：

```
public static void main(String[] args) {
    showCalendar(2020, 2);  // 根据指定年月显示当月的月历
}
```

运行以上的测试代码，观察到的万年历结果如图 6-2 所示。

| 2020年（闰年）2月（共29天） | | | | | | |
|:---:|:---:|:---:|:---:|:---:|:---:|:---:|
| 星期一 | 星期二 | 星期三 | 星期四 | 星期五 | 星期六 | 星期日 |
|  |  |  |  |  | 1 | 2 |
| 3 | 4 | 5 | 6 | 7 | 8 | 9 |
| 10 | 11 | 12 | 13 | 14 | 15 | 16 |
| 17 | 18 | 19 | 20 | 21 | 22 | 23 |
| 24 | 25 | 26 | 27 | 28 | 29 |  |

图 6-2　利用本地日期打印的月历效果

# 6.5　小　结

本章主要介绍了几种日期时间工具的详细用法，包括最早的日期工具 Date（日期类型的基本用法、日期类型与字符串类型的相互转换）、继之而起的日历工具 Calendar（日历类型的基本用法、日历类型的实际应用）、Java 8 推出的本地日期时间家族（本地日期类型 LocalDate、本地时间类型 LocalTime、本地日期时间类型 LocalDateTime），然后经由 1582 年问题指出 Date 工具与 Calendar 工具存在局限性，表明采取本地日期才是稳妥的做法，并使用本地日期类型实现了一个可靠的万年历。

通过本章的学习，读者应该能够掌握以下编程技能：

（1）学会日期工具 Date 的用法。

（2）学会日历工具 Calendar 的用法。

（3）学会几种本地日期时间工具（LocalDate、LocalTime、LocalDateTime）的用法。

（4）了解日期工具、日历工具、本地日期时间工具之间的区别，并在不同场合选用合适的日期时间工具。

# 第7章

# 类的三要素

本章介绍面向对象设计的 3 个组成要素，分别是：用于包装数据属性和动作方法的封装、用于派生并扩展已有类型的继承、用于父类和子类之间类型转换与类型检查的多态，并结合 3 个要素演示银行账户类的具体定义及其实现过程。

## 7.1 类 的 封 装

本节介绍面向对象三要素之一的封装的概念，首先回顾编程语言的发展历史，引出"类"这个既包含数据又包含动作的结构体。类在内部使用成员属性保存数据，通过成员方法表达动作，类的初始化操作则由专门的构造方法完成。另外讲解了如何利用 this 关键字区分同名的输入参数和属性字段。

### 7.1.1 类的成员定义

除了基本类型如整型 int、双精度型 double、布尔型 boolean 之外，还有高级一些的如包装整型 Integer、字符串类型 String、本地日期类型 LocalDate 等。那么这些数据类型为何会分成基本和高级两种呢？这与编程语言的发展历程息息相关，像中文、英文这些是人类社会的自然语言，而计算机能够识别的是机器语言，但是机器语言全为以 0 和 1 表达的二进制串，看起来仿佛天书一般，读都读不懂，更别说写出来了。

为了方便程序员能够操纵计算机，科学家把机器语言所表达的一些常见操作归纳起来，分别使用特定的英语单词来代替它们，例如 MOV 表示移动指令、ADD 表示加法指令、SUB 表示减法指令、MUL 表示乘法指令、DIV 表示除法指令等。那时的数字放在一个个寄存器中。所谓寄存器，指的是某个存储单位，每个存储单位可保存 8 位的二进制数，计算机中有 8 个通用的 8 位寄存器，分别是AH、AL、BH、BL、CH、CL、DH、DL。对于汇编语言来说，指令相当于操作符，寄存器相当于变量，此时没有明确的数据类型之分，因为所有数据都是 8 位二进制数。虽然汇编语言比起机器语言来说，总算能被程序员看懂了，但是它的表达手段无疑很原始，所以汇编语言属于计算机的低级语言。

然而汇编语言实在是太低级了，每次操作只能处理 8 位的二进制数，如果需要对很大的数字进行运算，汇编语言就得把大数运算拆分成若干条指令处理。比如 300 与 400 相加，由于 300 和 400 各需 16 位二进制数存放，因此它们的加法运算至少要分解为三条加法指令；第一条是两个数字的前面 8 位相加，第二条是两个数字的后面 8 位相加，倘若第二条加法之和超出 255，则第三条还得给第一条的运算结果加一。大数相加已然如此烦琐，大数相乘或者相除只会更加麻烦，为了进一步简化汇编语言，科学家又发明了以 C 语言为代表的中级语言。C 语言相对汇编语言的一个显著进步是把基本数据类型分门别类，推出了整型 int、长整型 long、浮点型 float、双精度型 double、布尔型 boolean 等类型，每种基本类型都有明确的数字表达范围，若在精度要求范围之内开展加减乘除四则运算，则只要书写一次带有运算符 "+" "-" "*" "/" 的操作语句即可。正因为 C 语言屏蔽了不同数字类型在机器存储上的差异，使得程序员能够专注于业务逻辑层面的编码，从而促进了软件行业的飞跃发展。

但是 C 语言仅仅划分了基本的数据类型，如果想处理更复杂的数据，就得定义新的结构体 struct 来存放复杂数据。这个结构体只是若干基本类型变量的堆砌，对结构体的操作等同于修改它的某个变量值，导致程序代码严重依赖于最初的编码人员，因为一个变量的含义往往只有最初的编码人员才知道，要是换了别人接手，得费很多工夫才能搞清楚某个变量的含义。于是科学家又设计了基于 C 的 C++语言。C++提供了全新的类 class 意图替代结构体 struct。在 class 这个类里面，变量被称作类的属性，函数被称作类的方法，外部通过类的方法来读写类的属性。这样做的好处是显而易见的：首先，方法名可以起一个有意义的名称；其次，方法拥有输入参数和输出参数，能够处理更多的信息量；再次，方法内部允许编写复杂的业务逻辑，而不仅限于单纯读写某个属性。如此一来，C++通过类便能定义和处理接近自然界的事物概念，好比你妈催你找对象，对象可不是几块布缝制而成的洋娃娃，而是有血有肉能说会唱的伊人。C 语言的结构体犹如不会动的洋娃娃，C++的类才与活生生的伊人相仿，因此工业界将 C++称作面向对象的编程语言，并归入高级语言的行列。

至于 Java 语言，则继承了 C++的衣钵，一方面保留了面向对象的精髓，另一方面去掉了烦琐的指针操作。Java 中的类同样使用关键字 class 来表达，类内部的各种要素被称为类的成员，例如类的属性也叫作成员属性，类的方法也叫作成员方法。先前介绍的那些高级类型诸如 Integer、String、LocalDate，它们的源码都是通过 class 定义的，包含的成员属性与成员方法各不相同。譬如 Integer 拥有一个整型的成员属性，还有包括 equals 在内的几个成员方法；String 拥有一个字符数组的成员属性，还有包括 indexOf、replace 在内的若干个成员方法；LocalDate 拥有整型的年、月、日这 3 个成员属性，还包括 getDayOfMonth、plusMonths、isLeapYear 等成员方法。不过 Java 开发包提供的高级类型毕竟是有限的，要想满足更加具体的业务需求，则需由程序员自己定义新的数据类型，也就是从头编写新的 class。

早在本书的第 1 章，便给出了一个如下的简单类定义：

```
package com.donghan.nanjun.dangyang;  // 东汉帝国南郡当阳县

public class Maicheng {
}
```

以上的类定义代码开头的 public 表示这个类对外开放，class 是类的标识符，Maicheng 则是类的名称，其后的左右花括号内部用来填写类的各种成员。现在往类内部添加几个成员属性，把它变成一个拥有实际意义的事物，就像下面的橘子类代码，定义了橘子的名称、重量、是否成熟、产地等物品特征（完整代码见本章源码的 src\com\object\encapsulate\OrangeSimple.java）：

```
//演示如何定义类的属性
public class OrangeSimple {
    public String name;        // 定义了橘子的名称
    public double weight;      // 定义了橘子的重量
    public boolean isRipe;     // 定义了橘子是否成熟。true 表示成熟，false 表示未成熟
    public String place;       // 定义了橘子的产地
}
```

上面的类代码合计定义了橘子的 4 种属性，接下来外部先利用关键字 new 创建橘子类的一个实例，再通过形如"实例名.属性名"的格式访问该实例的各个属性，具体的操作代码如下（完整代码见本章源码的 src\com\object\encapsulate\TestOrange.java）：

```
// 演示 OrangeSimple 类的调用
private static void testSimple() {
    OrangeSimple orange = new OrangeSimple();  // 创建 OrangeSimple 的一个实例
    orange.name = "橘子";        // 设置名称属性
    orange.place = "淮南";       // 设置产地属性
    orange.isRipe = true;        // 设置是否成熟的属性
    orange.weight = 200;         // 设置重量属性
}
```

但是这个 OrangeSimple 类只有成员属性，没有成员方法，充其量是 C 语言时代的孑遗，还得补充几个成员方法，才配得上高级语言的身份。况且使用成员方法至少有以下几项好处：

**1. 把属性的读写操作分开**

比如通过 get***方法获取某个属性的值，通过 set***方法修改某个属性的值，此时属性定义的前缀需要把 public 改为 private，表示该属性不对外开放。以名称属性 name 为例，新增 getName 方法用于读取橘子的名称，新增 setName 方法用于变更橘子的名称，另外把 name 属性的开放性改为private，修改之后的代码片段如下：

```
private String name;  // 定义了橘子的名称
// 设置橘子的名称
public void setName(String inputName) {
    name = inputName;
}
// 获取橘子的名称
public String getName() {
    return name;
}
```

### 2. 一个方法可以同时修改多个属性的值

古人云"橘生淮南则为橘，生于淮北则为枳"，可知橘子的名称与其产地是有关联的，一旦产地字段发生变更，则橘子名称也可能跟着变化。那么依照"橘生淮北则为枳"的规则，可将产地设置方法 setPlace 更改为以下逻辑：

```
// 设置橘子的产地
public void setPlace(String inputPlace) {
    place = inputPlace;
    name = (place.equals("淮北")) ? "枳子" : "橘子";
}
```

### 3. 一个方法可以同时输出多个属性的值

当某个类型拥有多个属性的时候，最好能够一次性输出所有属性值。譬如本地日期类型 LocalDate，其内部包含年、月、日 3 种属性，调用日期实例 toString 方法，即可返回完整的年月日字符串。对于橘子类型来说，也可在该类的内部定义一个 toString 方法，把该类的所有属性值拼接成字符串并返回，就像下面的代码示范的这样：

```
// 输出各属性字段的取值
public String toString() {
    String desc = String.format("这个%s的重量是%f克，%s成熟，产地是%s。",
            name, weight, isRipe?"已":"未", place);
    return desc;
}
```

综合上述的几点修改，得到添加了成员方法的 OrangeMember 类，它的定义代码如下（完整代码见本章源码的 src\com\object\encapsulate\OrangeMember.java）：

```
//演示类的封装，对成员属性和成员方法的定义
public class OrangeMember {
    private String name;         // 定义了橘子的名称
    private double weight;       // 定义了橘子的重量
    private boolean isRipe;      // 定义了橘子是否成熟。true 表示成熟，false 表示未成熟
    private String place;        // 定义了橘子的产地

    // 设置橘子的产地
    public void setPlace(String inputPlace) {
        place = inputPlace;
        name = (place.equals("淮北")) ? "枳子" : "橘子";
    }
    // 获取橘子的产地
    public String getPlace() {
        return place;
    }

    // 设置橘子的名称
    public void setName(String inputName) {
```

```
        name = inputName;
    }

    // 获取橘子的名称
    public String getName() {
        return name;
    }

    // 设置橘子的重量
    public void setWeight(double inputWeight) {
        weight = inputWeight;
    }

    // 获取橘子的重量
    public double getWeight() {
        return weight;
    }

    // 设置橘子是否成熟
    public void setRipe(boolean inputRipe) {
        isRipe = inputRipe;
    }

    // 获取橘子是否成熟
    public boolean getRipe() {
        return isRipe;
    }

    // 输出各属性字段的取值
    public String toString() {
        String desc = String.format("这个%s 的重量是%f 克，%s 成熟，产地是%s。",
                name, weight, isRipe?"已":"未", place);
        return desc;
    }
}
```

然后外部在创建该类的实例之后，便能调用实例的成员方法进行相应操作了。下面是外部使用 OrangeMember 类型的代码例子：

```
// 演示 OrangeMember 类的调用
private static void testMember() {
    OrangeMember orange = new OrangeMember();  // 创建 OrangeMember 的一个实例
    orange.setName("橘子");           // 调用名称设置方法
    orange.setPlace("淮南");          // 调用产地设置方法
    orange.setRipe(true);            // 调用是否成熟设置方法
    orange.setWeight(200);           // 调用重量设置方法
    System.out.println(orange.toString());  // 打印该实例的详细信息
}
```

运行上面的例子代码，得到如下的日志信息，可见 OrangeMember 类的几个成员方法正常工作：

这个橘子的重量是 200.000000 克，已成熟，产地是淮南。

### 7.1.2 类的构造方法

前面介绍了如何定义一个简单的类，以及它的成员属性和成员方法，从示例代码可以看到，无论是 OrangeSimple 还是 OrangeMember，都要先利用关键字 new 创建一个实例，然后才能通过实例名称访问成员属性和成员方法。不知道大家有没有注意到，new 后面的类名跟着一副圆括号，就像下面的代码这样：

```
OrangeMember orange = new OrangeMember();  // 创建 OrangeMember 的一个实例
```

但是圆括号通常是方法的标配，为什么类名后面也能直接跟着圆括号呢？这是因为，类的定义除了成员属性和成员方法外，还有一种构造方法，构造方法的用途是构建并返回该类的实例。比如 OrangeMember()实际上对应的是类定义中的下述构造方法：

```
// 默认的构造方法
public OrangeMember() {

}
```

由于构造方法就是要给外部创建实例用的，因此必须声明为 public 对外开放；同时因为构造方法的返回值固定是该类的实例，所以不必重复写明它的返回值；至于类名后面的一对圆括号及一对花括号，显然与普通方法的定义保持一致。但是之前 OrangeSimple 和 OrangeMember 的类定义都没有看到它们的构造方法，这又是何故？原来上述形如"类名()"的构造方法其实是默认的构造方法，即使程序员未在类定义中写明该方法，Java 在编译时也会自动补上默认的构造方法，所以对于简单的类定义来说，不写这个默认的构造方法也不影响类的正常使用。

既然构造方法拥有一对圆括号，就意味着它允许定义输入参数，并且花括号内部也支持填写业务逻辑代码。假如重新定义一个橘子类 OrangeConstruct，同时编写带有输入参数的构造方法，且输入参数为产地字段，则该类的构造方法应当书写如下（完整代码见本章源码的 src\com\object\encapsulate\OrangeConstruct.java）：

```
// 只有一个输入参数的构造方法
public OrangeConstruct(String inputPlace) {
    place = inputPlace;
    name = (place.equals("淮北")) ? "枳子" : "橘子";
}
```

如果需要其他的输入参数，也可以定义输入参数各异的另一个构造方法，就像普通方法的重载操作那样。例如再定义一个拥有 3 个输入参数的构造方法，在方法内部对成员属性加以赋值，此时新构造方法的实现代码如下：

```
// 拥有 3 个输入参数的构造方法
public OrangeConstruct(String inputPlace, double inputWeight, boolean inputRipe) {
    place = inputPlace;
    name = (place.equals("淮北")) ? "枳子" : "橘子";
    weight = inputWeight;
    isRipe = inputRipe;
}
```

对于输入参数非空的构造方法，外部调用的时候，同样依次填写参数字段即可，具体的调用代码示例如下：

```
// 演示 OrangeConstruct 类的调用
private static void testConstruct() {
    // 创建 OrangeConstruct 的一个实例
    OrangeConstruct orange = new OrangeConstruct("淮北", 100, false);
    System.out.println(orange.toString());  // 打印该实例的详细信息
}
```

需要注意的是，一旦定义了带输入参数的构造方法，Java 在编译时就不会自动补上默认的构造方法。此时，若想继续使用默认的构造方法，则需在类定义中写明不带参数的构造方法。

### 7.1.3　this 关键字的用法

类的基本定义包括成员属性、成员方法、构造方法 3 个组成要素，可谓是具备了类的完整封装形态。不过在下一阶段的学习之前，有必要梳理一下前述的类定义代码，看看是否存在哪些需要优化的地方。

首先观察以下的代码片段，主要是重量属性的定义及其设置方法：

```
private double weight;  // 定义了橘子的重量

// 设置橘子的重量
public void setWeight(double inputWeight) {
    weight = inputWeight;
}
```

注意到 setWeight 方法的输入参数名叫 inputWeight，而重量属性的名称则为 weight，之所以给参数名与属性名分配不同的名称，是因为在 setWeight 方法里面，有一个名叫 weight 的变量，编译器焉知这是名叫 weight 的输入参数，还是名叫 weight 的成员属性？事实上，对于名称一样的输入参数和成员属性，该方法内部只会把这个 weight 当作输入参数，而非成员属性。这就带来一个问题：万一不幸遇到参数名与属性名相同的情况，如何才能在方法内部操作同名的成员属性？为此，Java 提供了 this 关键字，它用于指代当前类自身，于是 "this.变量名" 就表示该类指定名称的成员属性了。

如此一来，处理橘子重量的相关代码便可改成下面这样：

```
private double weight;  // 定义了橘子的重量

// 设置橘子的重量
public void setWeight(double weight) {
    this.weight = weight;
}
```

关键字 this 不仅可以修饰成员属性，也能修饰成员方法，且看以下的构造方法代码（完整代码见本章源码的 src\com\object\encapsulate\OrangeThis.java）：

```
// 只有一个输入参数的构造方法
public OrangeThis(String inputPlace) {
    place = inputPlace;
```

```
    this.name = (place.equals("淮北")) ? "枳子" : "橘子";
}
```

可见该构造方法的内部代码只是设置橘子的产地，顺带修改橘子的名称，其作用等同于 setPlace 这个成员方法。故而以上的构造方法完全可以简化成下面这般：

```
// 只有一个输入参数的构造方法
public OrangeThis(String place) {
    this.setPlace(place);  // 调用该类的成员方法
}
```

由于此处 setPlace 指的必定是成员方法 setPlace，而不可能是别的，因此这里的前缀"this."可加可不加，不加也没有任何不良影响。所以类内部调用成员方法通常不加关键字 this，此时构造方法的代码如下：

```
// 只有一个输入参数的构造方法
public OrangeThis(String place) {
    setPlace(place);  // 调用该类的成员方法
    // 此时成员方法前面的 this 可加可不加，即使不加也不会产生歧义
    //this.setPlace(place);
}
```

再来看以下的另一个构造方法，它拥有 3 个输入参数：

```
// 拥有 3 个输入参数的构造方法
public OrangeThis(String inputPlace, double inputWeight, boolean inputRipe) {
    place = inputPlace;
    name = (place.equals("淮北")) ? "枳子" : "橘子";
    weight = inputWeight;
    isRipe = inputRipe;
}
```

以上的构造方法中，内部代码的前半部分仍旧是设置橘子产地并修改橘子名称，其功能与前述的构造方法 OrangeThis(String place)类似。既然前面的构造方法已经实现了同样的功能，后面的构造方法不妨直接调用前一个构造方法，这时依然利用关键字 this 代替构造方法之前的类名，譬如语句"this();"表示调用当前类默认的构造方法。那么依葫芦画瓢，语句"this(place);"表达的便是拥有一个输入参数的构造方法，这下可将原先带 3 个输入参数的构造方法改写成如下代码：

```
// 拥有 3 个输入参数的构造方法
public OrangeThis(String place, double weight, boolean isRipe) {
    //在一个构造方法中调用另一个构造方法，不能直接写类的名称，而要使用 this 指代构造方法
    this(place);
    this.weight = weight;
    this.isRipe = isRipe;
}
```

现在好了，不但类的局部代码得到了简化，而且实现了方法复用，从而增强了代码的可维护性。

# 7.2　类 的 继 承

　　本节介绍面向对象三要素之二的继承的概念，通过继承已有的类可以获得该类的所有成员定义，从而避免重复的编码工作。同时，利用 super 关键字可在子类中引用父类的成员，但不是所有的父类成员皆可引用，能否引用某类的成员还得看具体的开放性范围（由开放性修饰符所界定的）。

## 7.2.1　类的简单继承

　　所谓"物以类聚，人以群分"，之所以某些事物会聚在一起，是因为它们拥有类似的品性。面向对象的目的就是将一群事物之间共同的行为特征提炼出来，从而归纳为具有普适性的类型。像日常生活中说的昆虫、鱼类、鸟类，便是人们把外表相似、习性相近的一系列动物归类的结果。

　　以鸟类为例，按照科学家的定义，它们是动物界→脊索动物门→鸟纲下面所有动物的总称。倘若按照大众的观点，鸟类为长着一对翅膀和两条腿的有羽毛动物的统称，特别是羽毛把鸟类与各种昆虫以及蝙蝠区分开来。假设现在有一群鸟类，需要通过几项特征将它们区分开来，则可提几个问题，诸如它的名称是什么、它的叫声是什么、它的性别是什么等。这些用来区分鸟儿个体的特征对应面向对象理论的属性概念。那么在 Java 编程中，可以设计一个名叫 Bird 的鸟类，并给 Bird 类定义名称、叫声、性别等成员属性，以及读写属性的成员方法，如此便构成了程序世界里面的鸟类定义。

　　至于 Bird 类的具体定义，相信大家参照之前的类封装即可轻车熟路地填写其中的成员属性、成员方法，乃至构造方法等要素。下面是一个 Bird 类的详细定义代码例子（完整代码见本章源码的 src\com\object\inherit\Bird.java）：

```java
//定义一个名叫 Bird 的鸟类
public class Bird {
    private String name;        // 定义鸟的名称
    private String voice;       // 定义鸟的叫声
    private int sexType;        // 定义鸟的性别类型。0 表示雄性，1 表示雌性
    private String sexName;     // 定义鸟的性别名称

    // 鸟类的构造方法（无任何输入参数）
    public Bird() {
        this.name = "鸟";
    }

    // 鸟类的构造方法（输入参数包含：名称、性别、叫声）
    public Bird(String name, int sexType, String voice) {
        this.name = name;
        this.voice = voice;
        setSexType(sexType);  // 该方法内部同时修改性别类型和性别名称
    }

    // 设置鸟的名称
    public void setName(String name) {
        this.name = name;
```

```
    }
    // 获取鸟的名称
    public String getName() {
        return this.name;
    }

    // 设置鸟的叫声
    public void setVoice(String voice) {
        this.voice = voice;
    }

    // 获取鸟的叫声
    public String getVoice() {
        return this.voice;
    }

    // 设置鸟的性别类型，并自动调整性别名称
    public void setSexType(int sexType) {
        this.sexType = sexType;
        this.sexName = (sexType==0) ? "雄" : "雌";
    }

    // 获取鸟的性别类型
    public int getSexType() {
        return this.sexType;
    }

    // 获取鸟的性别名称
    public String getSexName() {
        return this.sexName;
    }

    // 输出鸟类的基本信息描述文字
    public String toString() {
        String desc = String.format("这是一只%s%s，它会%3$s、%3$s 地叫。",
                this.sexName, this.name, this.voice);
        return desc;
    }
}
```

有了上面的鸟类定义，外部才能按部就班地使用 Bird 类，譬如通过 Bird 类声明一个鸽子的实例，相关的调用代码如下（完整代码见本章源码的 src\com\object\inherit\TestBird.java）：

```
Bird pigeon = new Bird();  // 创建一个鸟类的实例
pigeon.setName("鸽子");
pigeon.setSexType(1);
pigeon.setVoice("咕咕");
System.out.println(pigeon.toString());
```

运行以上的代码例子，可观察到以下的日志输出结果：

这是一只雌鸽子，它会咕咕、咕咕地叫。

　　但是鸽子并非单独的一种鸟类，而是鸟纲→鸽形目→鸠鸽科→鸽属下面所有鸽类的统称，包括家鸽、岩鸽、银鸽、雪鸽、斑鸽、黄腿鸽、白头鸽等，这些鸽类动物相互之间具备更接近的习性特征，理应拥有自己的类定义，如 Pigeon 类。

　　考虑到所有的鸟类动物都存在大类之下再分小类的需求，小类在大类的基础上再体现本类的特色属性，故而定义小类时不必另起炉灶，完全可以基于大类然后修修补补形成新的小类定义。这种小类基于大类的关系在面向对象体系中被称作"继承"，意思是小类继承了大类的所有成员，大类更专业的称呼叫"基类"，基于大类的小类则被叫作"派生类"。

　　现在就以前述的 Bird 为基类，给它扩展出一个新的派生类 Swallow（燕子类），准备把鸟纲→雀形目→燕科下面的家燕、雨燕、金丝燕等包罗在内。Java 代码中表示继承关系的关键字是 extends，从 A 类派生出 B 类的写法为"class B extends A"，其余的类定义框架保持不变。于是从 Bird 类派生而来的 Swallow 类定义代码示例如下（完整代码见本章源码的 src\com\object\inherit\Swallow.java）：

```
//定义了一个继承自鸟类的燕子类
public class Swallow extends Bird {
    // 燕子类未重写任何构造方法，因此默认使用不带输入参数的构造方法
}
```

　　仅仅看 Swallow 类的代码定义，发现内部空空如也，其实它早已继承了 Bird 类的所有成员属性和成员方法，以及默认的构造方法。外部使用 Swallow 类的时候，用法就像操作 Bird 类一样，比如下面的代码将演示如何创建燕子类的实例以及如何调用该实例的方法：

```
Swallow swallow = new Swallow();  //Swallow 类使用不带任何参数的默认构造方法
swallow.setName("燕子");
swallow.setSexType(0);
swallow.setVoice("啾啾");
System.out.println(swallow.toString());
```

　　运行上面的演示代码，可以看到下述的日志信息：

　　　　这是一只雄燕子，它会啾啾、啾啾地叫。

　　由此可见，Swallow 类的确完整地继承了 Bird 类的所有成员。

## 7.2.2　父类：关键字 super 的用法

　　前面介绍了如何从 Bird 类派生出 Swallow 类，按道理子类应当继承父类的所有要素，但是对于构造方法来说，Swallow 类仅仅继承了 Bird 类的默认构造方法，并未自动继承带参数的构造方法。如果子类想继续使用父类的其他构造方法，就得自己重写心仪的构造方法。例如老鹰属于鸟类，那么可以编写继承自 Bird 类的 Eagle 类，同时要在 Eagle 类内部重新定义拥有多个输入参数的构造方法，由此得到如下的 Eagle 类代码（完整代码见本章源码的 src\com\object\inherit\Eagle.java）：

```
//定义了一个继承自鸟类的老鹰类
public class Eagle extends Bird {
    // 老鹰类重写了带 3 个参数的构造方法，因此不使用没有输入参数的构造方法
    public Eagle(String name, int sexType, String voice) {
        super(name, sexType, voice);  // 利用 super 指代父类的构造方法名称
    }
}
```

注意到以上代码用到了关键字 super，它的字面意思是"超级的"，但并非说它是超人，而是用 super 指代父类的名称，所以这里 super(name, sexType, voice)实际表达的是 Bird(name, sexType, voice)，也就是依然利用了 Bird 类的同名且同参数的构造方法。外部若想创建 Eagle 类的实例，则要调用新定义的带 3 个参数的构造方法，此时创建实例的代码如下：

```java
// 通过构造方法设置属性值
private static void setConstruct() {
    Bird cuckoo = new Bird("杜鹃", 1, "布谷");  //调用 Bird 类带 3 个参数的构造方法
    System.out.println(cuckoo.toString());
    Eagle eagle = new Eagle("鹰", 0, "啁啁");  //Eagle 类重写了带 3 个参数的构造方法
    System.out.println(eagle.toString());
}
```

在类继承的场合，关键字 super 表示父类，对应的 this 表示本类。如同 this 的用法一般，super 不但可用于构造方法，还可作为成员属性和成员方法的前缀，例如"super.属性名称"代表父类的属性，"super.方法名称"代表父类的方法。

在中文世界里，性别名称的"雄"和"雌"专用于野生动物，而家畜、家禽的性别应当采用"公"和"母"，比如公鸡、公牛、母鸭、母猪等。前述的 Bird 类，默认的性别名称为"雄"和"雌"，显然并不适用于家禽。为此几种家禽从 Bird 类派生而来时，需要重新定义它们的性别名称属性，也就是重写 setSexType 方法，在该方法内部另行对 sexName 属性赋值。以鸭子类为例，重写方法后的类定义代码如下（完整代码见本章源码的 src\com\object\inherit\Duck.java）：

```java
//定义了一个继承自鸟类的鸭子类
public class Duck extends Bird {
    private String sexName;  // 定义一个家禽类的性别名称

    public Duck(String name, int sex) {
        super(name, sex, "嘎嘎");  // 利用 super 指代父类的构造方法名称
    }

    public void setSexType(int sexType) {
        // 在方法前面添加前缀"super."，表示这里调用的是父类的方法
        super.setSexType(sexType);
        // 修改家禽类的性别名称，此时父类和子类都有属性 sexName，不加前缀的话默认为子类的属性
        sexName = (sexType==0) ? "公" : "母";
    }

    // 父类的 getSexName 方法需要重写，否则父类的方法会使用父类的属性
    public String getSexName() {
        return this.sexName;
    }

    // 父类的 toString 方法需要重写，否则父类的方法会使用父类的属性
    public String toString() {
        String desc = String.format("这是一只%s%s，它会%3$s、%3$s 地叫。",
                this.sexName, getName(), getVoice());
        return desc;
    }
}
```

以上的 Duck 类代码看起来颇有一些奇特之处，且待下面细细道来：

（1）由于 Bird 类的 sexName 属性为 private 类型，表示其为私有属性，不可被子类访问，因此 Duck 类另外定义自己的 sexName 属性，好让狸猫换太子。

（2）重写后的 setSexType 方法只有 sexName 属性才需额外设置，而 sexType 属性仍遵循父类的处理方式，故此时要调用父类的 setSexType 方法，即给该方法添加前缀"super."。

（3）因为 Duck 类重新定义了 sexName 属性，所以与 sexName 有关的方法都要重写，改为读写当前类的属性，否则父类的方法依旧访问父类的属性。

再来看一个以 super 修饰成员属性的例子，倘若 Bird 类的 sexName 属性为 public 类型，就意味着子类也可以访问它，那么 Duck 类便能通过 super.sexName 操作该属性了。此时新定义的 DuckPublic 类代码就变成下面这样（完整代码见本章源码的 src\com\object\inherit\DuckPublic.java）：

```
//演示同名的父类属性、子类属性、输入参数三者的优先级顺序
public class DuckPublic extends Bird {
    public DuckPublic(String name, int sex) {
        super(name, sex, "嘎嘎");
    }

    public void setSexType(int sexType) {
        super.setSexType(sexType);
        // 若想对父类的属性直接赋值，则考虑把父类的属性从 private 改为 public
        super.sexName = (sexType==0) ? "公" : "母";
    }

    private String sexName;  // 性别名称
    public void setSexName(String sexName) {
        // 若输入参数与类的属性同名，则不带前缀的参数字段默认为输入参数
        this.sexName = sexName;
    }
}
```

假设 DuckPublic 类也定义了同名属性，还另外实现了 setSexName 方法，则该类里面将会出现 3 个 sexName，分别是：super.sexName 表示父类的属性，this.sexName 表示本类的属性，而 setSexName 内部的 sexName 表示输入参数。若三者同时出现两个，则必定有一个需要添加 super 或者 this 前缀，否则编译器哪知同名字段有什么含义。或者说，假如有一个 sexName 未加任何前缀，那么编译器应该优先认定它是父类属性，还是优先认定它是本类属性，又或者优先认定它是输入参数呢？对于这些可能产生字段名称混淆的场合，Java 制定了以下优先级判断规则：

（1）若方法内部存在同名的输入参数，则该字段名称默认代表输入参数。

（2）若方法内部不存在同名的输入参数，则该字段名称默认代表本类的成员属性。

（3）若方法内部不存在同名的输入参数，且本类也未重新定义同名的成员属性，则该字段名称只能代表父类的成员属性。

概括地说，对于同名的字段而言，它所表达含义的优先级顺序为：输入参数>本类属性>父类属性。

### 7.2.3 几种开放性修饰符

之前介绍子类继承父类的时候，提到了 public（公共）和 private（私有）两个修饰符。其中，public 表示它所修饰的实体是允许外部访问的；而 private 表示它所修饰的实体不允许外部访问，只能在当前类内部访问 private 成员，即便是子类也不能访问父类的私有成员。这种情况就令人产生了困惑，私人财产当然不会给外人，但是为什么连儿子都无法动用父亲的财物呢？看起来 public 与 private 的规则不甚合理，毕竟儿子同外人还是有区别的，所谓亲疏有别，一家人不说两家话。为此，Java 设计了新的修饰符 protected，意思是受保护的，其实就是给子类网开一面，凡是被 protected 修饰的成员，外部仍然不可访问，唯有从当前类派生而来的子类可以访问。那么对于受保护的成员来说，它对外部而言如同私有成员一样不能访问，但它对子类而言如同公共成员一样能够访问。

当然，引入 protected 不仅仅是面子上好看，还带来了实实在在的好处。比如之前编写鸭子类继承鸟类的时候，发现性别名称字段需要由"雄/雌"改为家禽通用的"公/母"，当时尝试了以下两种写法：

（1）在 Duck 类里面重新定义与父类同名的属性字段 sexName，这样没有变更外部对 sexName 的访问权限，但是需要重写与该字段有关的所有方法。

（2）把 Bird 类的 sexName 改为使用 public 修饰，此时新的鸭子类 DuckPublic 无须全部重写相关方法，但同时外部变得能够直接读写 sexName 字段，从而破坏了原来 Bird 类对该字段的良好封装。

既要保持外部的访问权限不变，又要避免子类冗余的方法重写，这两个愿景看似鱼与熊掌不可兼得。现在有了修饰符 protected，原本自相矛盾的问题立马迎刃而解，具体的解决步骤说明如下：

首先给 Bird 类的 sexName 属性添加 protected 修饰，表示该字段是受保护的成员属性，只可在本家族内部使用，不可对外部开放。于是改写后的 Bird 类代码片段如下：

```
//定义一个名叫 Bird 的鸟类（作为可被其他类继承的基类）
public class Bird {
    protected String sexName;  //定义鸟的性别名称。与 DuckProtected 搭配使用

    // 此处省略其他成员的定义……
}
```

接着编写与之配套的鸭子类代码 DuckProtected，并重写 setSexType 方法，将 sexName 属性的取值改为"公"或者"母"。详细的 DuckProtected 类定义代码示例如下（完整代码见本章源码的 src\com\object\inherit\DuckProtected.java）：

```
// 演示关键字 protected 的用法
public class DuckProtected extends Bird {
    public DuckProtected(String name, int sex) {
        super(name, sex, "嘎嘎");
    }

    public void setSexType(int sexType) {
        super.setSexType(sexType);
        // 若想对父类的属性直接赋值，又不想对外开放该属性，则可将父类的属性从 private 改为
protected
        // 被 protected 修饰的成员，表示受保护，它允许子类访问，但不允许外部访问
```

```
    // 倘若父类的属性被 protected 修饰，则子类可以直接读写该属性
    // 倘若父类的方法被 protected 修饰，则子类可以直接读写该方法
    // 所谓读方法，就是方法的调用操作；所谓写方法，就是方法的重写操作
    sexName = (sexType==0) ? "公" : "母";
  }
}
```

　　注意，被 protected 修饰的成员属性，对于子类来说可读可写，既能把原值读出来，又能把新值写进去。然而被 protected 修饰的成员方法，又何来所谓的读写操作？确实，方法不像属性，它没有读方法和写方法的概念，只有方法调用和方法重写的说法。那么对于方法而言，方法调用可看作是一种读操作，而方法重写可看作是一种写操作，瞅瞅"重写"二字带着一个"写"字嘛。

　　从公共的 public，到私有的 private，再到受保护的 protected，正好 3 个单词都以字母 p 开头，3p 系列这下总算凑齐了吧？但是还有一种情况，就是某个实体不加任何开放性修饰符。Java 居然允许某个东西既非公共又非私有也非受保护，那这东西究竟要给谁使用？不加修饰符的话，其实 Java 也给它分配了一个默认的开放性，譬如某人在美国出生，他便自动获得了美国国籍；某人在北京出生，理应要获得北京户口，这个国籍或户口即可看成是默认的归属地。拥有北京户口的人，可以优先享受当地的教育、医疗等资源，为的就是他/她是北京人，所以当地资源对他/她够友好。在 Java 的编程世界中，"当地"指的是同一个 package（代码包），既然大家生活在同一个 package 的屋檐下面，就应当互相帮助互相爱护。因而未加 3p 修饰符的实体，表示它属于当地资源，对当地人很友好，凡是有当地户口的都允许访问它。

　　如此算来，Java 实际上存在 4 种开放性，它们的开放程度说明详见表 7-1。

表 7-1　开放性修饰符的对比说明

| 开放性修饰符 | 说　明 |
| --- | --- |
| public | 公共的，允许所有人访问 |
| 无修饰符 | 友好的，允许当地人访问，对同一个包下面的类很友好 |
| protected | 受保护的，允许本家族访问，包括自身及其子类 |
| private | 私有的，只有自身可以访问 |

# 7.3　类　的　多　态

　　本节介绍面向对象三要素之三的多态的概念，首先描述多态的发生场景及其调用方式，然后分别叙述检查对象类型的 3 种手段，最后阐述 final 关键字在表达终态时的意义及其用法。

## 7.3.1　多态的发生场景

　　江湖上传闻，面向对象之所以厉害，是因为它拥有封装、继承与多态 3 项神技，只要三板斧一出，号令天下谁敢不从。前面花费很多工夫才讲清楚封装和继承，那么多态又是怎样的神乎其神呢？下面先通过一个简单的例子来说明多态的使用场景。

　　首先把鸡这种家禽通过面向对象来表达，方便起见只定义两个属性（名称和性别），以及一个 call 方法，定义好的鸡类代码如下（完整代码见本章源码的 src\com\object\polymorphic\Chicken.java）：

```
//定义一个鸡类
public class Chicken {
    public String name;        // 定义一个名称属性
    public int sex;            // 定义一个性别属性

    // 定义一个叫唤方法
    public void call() {
        System.out.println("半夜鸡叫");
    }
}
```

接着从上面的 Chicken 类派生出公鸡类 Cock，将公鸡的性别固定设置为雄性，同时重写 call 这个叫唤方法。公鸡类的代码示例如下（完整代码见本章源码的 src\com\object\polymorphic\Cock.java）：

```
//定义一个继承自鸡类的公鸡类
public class Cock extends Chicken {
    public Cock() {
        sex = 0;  // 公鸡的性别固定为雄性
    }

    // 重写了公鸡的叫唤方法
    public void call() {
        System.out.println("喔喔喔");
    }
}
```

同样，编写母鸡类 Hen 继承自 Chicken 类，将母鸡的性别固定设置为雌性，同时重写 call 这个叫唤方法。母鸡类的代码示例如下（完整代码见本章源码的 src\com\object\polymorphic\Hen.java）：

```
//定义一个继承自鸡类的母鸡类
public class Hen extends Chicken {
    public Hen() {
        sex = 1;  // 母鸡的性别固定为雌性
    }

    // 重写了母鸡的叫唤方法
    public void call() {
        System.out.println("咯咯咯");
    }
}
```

最后在外部创建一个鸡类实例 chicken，先将公鸡实例赋值给这个鸡类实例 chicken，紧接着调用 chicken 的 call 方法；再将母鸡实例赋值给鸡类实例 chicken，紧接着调用 chicken 的 call 方法。按此步骤编写的测试调用代码如下（完整代码见本章源码的 src\com\object\polymorphic\TestChicken.java）：

```
//演示类的多态性
public class TestChicken {

    public static void main(String[] args) {
        Chicken chicken = new Cock();        // 鸡类的实例变成了一只公鸡
```

```
        chicken.call();                    // 此时鸡类的叫声就变为公鸡的叫声
        chicken = new Hen();               // 鸡类的实例变成了一只母鸡
        chicken.call();                    // 此时鸡类的叫声就变为母鸡的叫声
    }
}
```

运行以上的测试代码，观察到以下的日志信息：

```
喔喔喔
咯咯咯
```

由日志结果可见，尽管 chicken 本来是鸡类的实例，然而两次调用 chicken 的 call 方法，却没有输出鸡类的叫声，而是先后打印了公鸡类的叫声和母鸡类的叫声。这个现象便是多态特性的一个实际运用。所谓多态，意思是有多种状态，好比古代的屯田制度，穿上盔甲去打仗就是士兵，卸下盔甲去种田就是农民。多态的实现依赖于继承，先声明一个父类的实例，再于合适之时给它分别赋予不同的子类实例，此后操作该实例就仿佛操作子类的实例一般。

引入多态概念的好处是，只要某些类型都从同一个父类派生而来，就能在方法内部把它们当作同一种类型来处理，而无须区分具体的类型。仍以鸡叫为例，无论是公鸡叫还是母鸡叫，都是某种鸡在叫，于是完全可以定义一个叫唤方法，根据输入的鸡参数，让这只鸡自己去叫即可。叫唤方法的具体代码如下：

```
// 定义一个叫唤方法，传入什么鸡，就让什么鸡叫
private static void call(Chicken chicken) {
    chicken.call();
}
```

这下有了通用的鸡叫方法，外部就能把鸡类的实例作为输入参数填进去。当输入参数为公鸡实例的时候，call 方法上演的是公鸡"喔喔"叫；当输入参数为母鸡实例的时候，call 方法上演的是母鸡"咯咯"叫。

```
call(new Cock());     // 公鸡叫
call(new Hen());      // 母鸡叫
```

## 7.3.2 对象的类型检查

前面提到的 chicken 实例来自于鸡类，它既能用来表达公鸡实例，又能用来表达母鸡实例。但是这导致了一个问题，假如在 call 方法内部需要手工判断输入参数属于公鸡实例还是母鸡实例，那该如何是好？所谓"雄兔脚扑朔，雌兔眼迷离，双兔傍地走，安能辨我是雄雌"，固然编译器在运行时能够自动判断这是哪种鸡，但是若让代码自己辨别的确是一件伤脑筋的事情。虽说伤脑筋，却也并非无法实现，粗略算来大致有 3 个办法能够派上用场，接下来分别加以阐述。

第一个办法，区别公鸡和母鸡，关键在于识别鸡的性别。注意到 Chicken 鸡类刚好有一个性别类型属性 sex，在公鸡类中 sex 固定为 0，在母鸡类中 sex 固定为 1。于是通过检查 chicken 实例的 sex 属性取值，即可判断该实例属于公鸡类还是属于母鸡类。据此可编写实例类型的鉴别方法，具体代码如下（完整代码见本章源码的 src\com\object\polymorphic\TestInstance.java）：

```
// 通过属性字段type检查某实例的归属类
private static void checkType(Chicken chicken) {
```

```
        if (chicken.sex == 0) {  // 判断性别是否为雄性
            System.out.println("检查类型字段：这是只公鸡。");
        } else if (chicken.sex == 1) {  // 判断性别是否为雌性
            System.out.println("检查类型字段：这是只母鸡。");
        } else {
            System.out.println("检查类型字段：这既不是公鸡也不是母鸡。");
        }
    }
```

通过性别类型鉴定归属类，这种做法虽然在理论上可行，但事实上并不可靠。因为如果公鸡实例的 sex 取值被意外篡改为 1，那么该公鸡实例岂不是被误判为母鸡了？篡改只能改变局部特征，并不能改变该事物的内在本质，或者说，血液中流淌着的基因是无法改变的。只要 DNA 里面携带雄性染色体，那么这只鸡从根本上说就是公鸡，而不管它外表上如何整形。

由此可见，依据基因检测才是检查实例类型的可靠办法。在 Java 代码中，获取某实例基因的手段是调用该实例的 getClass 方法，一旦获得某只鸡的基因，再跟公鸡的基因和母鸡的基因去比较，很快就比较出结果了。对于公鸡类 Cock 来说，它的基因可通过 Cock.class 提取；对于母鸡类 Hen 来说，它的基因可通过 Hen.class 提取。于是实例类型的鉴别过程便分解为两个步骤：先调用实例的 getClass 方法得到它的基因，再将该基因与目标基因匹配，倘若匹配成功，则表示二者是同一种类型。下面是按照基因来检查实例归属类的代码例子：

```
// 通过类的基因检查某实例的归属类
private static void checkClass(Chicken chicken) {
    if (chicken.getClass().equals(Cock.class)) {  // 判断这只鸡的 DNA 是不是公鸡 DNA
        System.out.println("检查对象的类名：这是只公鸡。");
    } else if (chicken.getClass().equals(Hen.class)) {  // 判断这只鸡的 DNA 是不是
母鸡 DNA
        System.out.println("检查对象的类名：这是只母鸡。");
    } else {
        System.out.println("检查对象的类名：这既不是公鸡也不是母鸡。");
    }
}
```

上述的基因检测手段很强大，然而其缺点也很明显，就是太专业、太啰唆了。本来仅仅是一个判断实例类型的小事，何必要搞得兴师动众呢？因此，Java 专门提供了一个类型检查的关键字 instanceof，使用格式形如"A instanceof B"，意思是检查 A 实例是否属于 B 类型，该表达式返回 true 表示属于，返回 false 表示不属于。这样关于鸡类实例的类型判断，借助于新关键字 instanceof 又有了第 3 个鉴别办法，详细的鉴别代码如下：

```
// 利用关键字 instanceof 检查某实例的归属类
private static void checkInstance(Chicken chicken) {
    if (chicken instanceof Cock) {  // 判断这只鸡是不是公鸡
        System.out.println("检查对象实例：这是只公鸡。");
    } else if (chicken instanceof Hen) {  // 判断这只鸡是不是母鸡
        System.out.println("检查对象实例：这是只母鸡。");
    } else {
```

```
        System.out.println("检查对象实例：这既不是公鸡也不是母鸡。");
    }
}
```

可见利用 instanceof 判断实例的类型不但简化了代码的写法，而且看起来也更易懂了。

## 7.3.3　终态：关键字 final 的用法

在多态机制中，一个子类从父类继承之后，便能假借父类的名义到处晃悠。这种机制在正常情况下没什么问题，但有时为了预防意外发生，往往只接受当事人来处理，不希望它的儿子乃至孙子瞎掺和。但是犹记得几种开放性修饰符只能控制某个实体能否被外部访问，从未听说控制某个类能否被其他类所继承。

毫无疑问，是否开放与能否继承是两种不同的概念，无论是被 public 修饰的公共类，还是被 private 修饰的私有类，它们默认都是允许继承的。要想让某个类不能被其他类继承，还得在类名前面额外添加一个关键字 final，表示这个类已经是最终的类，不要再去派生子类了。相对多态概念而言，final 也可以理解为终态，即最终的状态，终态当然是不可改变的，否则就不叫终态了。

仍旧以鸡类为例，长大以后的鸡很容易区分是公鸡还是母鸡，无论是从鸡冠、羽毛还是叫声，都能迅速分辨公鸡和母鸡。但是区分小鸡的性别可不容易，要知道有一种职业叫作"小鸡性别鉴定师"，年薪高达 4 万英镑（折合人民币 40 万左右）。所以，与其花费九牛二虎之力去分辨小鸡的性别，不如直接忽略它们的区别，反正看起来都是一群毛茸茸的小家伙。既然小鸡不再区分性别，那么小鸡类就无须派生公小鸡、母小鸡之类。如此一来，新定义的小鸡类必须是最终状态的类，不可被其他类继承。在一个类定义的最前面添加 final 修饰符，该类就变成了终态类，于是保持终态的小鸡类 Chick 的定义代码示例如下（完整代码见本章源码的 src\com\object\polymorphic\Chick.java）：

```
//定义一个小鸡类。因为小鸡的性别难以辨别，所以不再定义性别属性，小鸡类也不允许被继承
final public class Chick {
    public String name;  // 定义一个名称属性

    // 定义一个叫唤方法
    public void call() {
        System.out.println("叽叽喳喳");
    }
}
```

上面的 Chick 类与普通类的区别仅仅是多了一个 final，正因为有了 final，它才成为无儿无女的终类。

关键字 final 除了用于修饰类外，还能用来修饰类的成员属性和成员方法。当一个成员属性戴上了 final 的帽子，它就必须在变量声明的同时一起赋值，并且这个初始值也是该属性的终值。凡是被 final 修饰的成员属性，只能在初始化时赋值，事后不能再次给它赋值了。如果一个成员方法也戴上了 final 的帽子，就意味着该方法是最终方法，不可在子类中重写，即使它是 public 类型也无济于事。

总的来说，final 存在的意义是为了维护某个实体的纯洁性，不允许外部肆意篡改该实体。final 可修饰的实体及其产生的影响说明如下：

（1）一旦某个类被 final 修饰，则该类无法再派生出任何子类。

（2）一旦某个成员属性被 final 修饰，则该属性不能再次赋值。

（3）一旦某个成员方法被 final 修饰，则该方法禁止被子类重写。

接下来尝试给鸡类增加几个终态的 final 成员，原先在公鸡类中使用数字 0 表示雄性，在母鸡类中使用数字 1 表示雌性，显然数字取值很容易混淆。现在利用两个终态的整型变量 MALE 和 FEMALE 分别保存 0 和 1，由于终态属性无法被再次修改，因此这两个变量形同常量。具体的性别常量定义代码如下：

```
// 以下利用 final 修饰成员属性和成员方法
public final int MALE = 0;        // 雄性
public final int FEMALE = 1;      // 雌性
```

假如 Chicken 原来有一个 canSwim 方法，考虑到鸡类不会游泳，那么该方法肯定返回 false。故 canSwim 方法完全可以披上 final 的护身符，无论是公鸡类还是母鸡类，都不能重写该方法。于是包含终态属性和终态方法的鸡类定义代码变成了下面这样（完整代码见本章源码的 src\com\object\polymorphic\ChickenFinal.java）：

```
//定义一个鸡类，它内部定义了终态属性和终态方法
public class ChickenFinal {
    public String name;  // 定义一个名称属性
    public int sex;      // 定义一个性别属性

    // 定义一个叫唤方法
    public void call() {
        System.out.println("半夜鸡叫");
    }
    // 以下利用 final 修饰成员属性和成员方法
    public final int MALE = 0;        // 雄性
    public final int FEMALE = 1;      // 雌性
    // 定义一个能否游泳的方法
    public final boolean canSwim() {
        return false;
    }
}
```

对于外部来说，访问终态属性和终态方法的方式没有改变，仍然是以"实例名称.成员名称"的形式。下面是外部调用新鸡类的代码例子：

```
ChickenFinal chicken = new ChickenFinal();  // 创建一个鸡类的实例
// ChickenFinal 类的 MALE 属性是一个终态属性，首次初始化后就不能再进行修改
System.out.println("MALE=" + chicken.MALE);
// ChickenFinal 类的 FEMALE 属性是一个终态属性，首次初始化后就不能再进行修改
System.out.println("FEMALE=" + chicken.FEMALE);
// ChickenFinal 类的 canSwim 方法是一个终态方法，子类不能重写该方法
System.out.println("Chicken canSwim=" + chicken.canSwim());
```

## 7.4   实战练习：定义银行的账户类

面向对象的思想在现实生活中无处不在，很多事物彼此之间存在着某些共性，这些共性联合起来可以构成一个抽象的实体，或者归纳为一个基本的种类。譬如到银行存钱，既能存活期又能存定期，活期存款与定期存款的共同点为它们都拥有账户，不同点为是否设置了固定的存款期限。这里的账户即可看作一种基类，它包含各种具体账户的共同点，然后派生出实际的存款账户。那么这个基类账户应当具备哪些特征与行为呢？根据平常的存取款操作，可以归纳出以下几点基类信息：

（1）账户得有名称，还要有金额。

（2）账户得有存款和取款这两项基本操作。

（3）支持输出当前账户的详细文字描述，能够让柜员和用户一目了然。

针对上述的几点要求，利用面向对象的手段，需要给基类账户设计以下要素：

（1）为了方便程序处理，一般把金额信息分解为数字类型的余额字段和描述金额单位的计量字段，再加上账户名称字段，凑成账户类的 3 个基本属性：name、balance、unit。同时要定义这 3 个属性各自的 get 方法和 set 方法。

（2）定义账户存入方法 saveIn、账户取出方法 takeOut，调用这两个方法会引起余额数值的增减。

（3）定义 toString 方法，该方法内部把账户名称、账户余额、余额单位等信息拼接为一句话，方便人们理解。

按照以上的设计思路，编写账户类的定义代码示例如下（完整代码见本章源码的 src\com\object\account\Account.java）：

```java
//定义一个账户类
public class Account {
    private String name;         // 账户名称
    private long balance;        // 账户余额
    private String unit;         // 余额单位

    // 账户的构造方法
    public Account(String name) {
        this.name = name;
        this.balance = 0;
    }

    // 获取账户的名称
    public String getName() {
        return this.name;
    }

    // 设置账户的名称
    public void setName(String name) {
        this.name = name;
    }
```

```java
    // 获取账户的余额
    public long getBalance() {
        return this.balance;
    }

    // 设置账户的余额
    public void setBalance(long balance) {
        this.balance = balance;
    }

    // 获取余额的单位
    public String getUnit() {
        return this.unit;
    }

    // 设置余额的单位
    public void setUnit(String unit) {
        this.unit = unit;
    }

    // 存入操作。返回 true 表示存入成功，false 表示存入失败
    public boolean saveIn(long amount) {
        if (amount > 0) {
            this.balance += amount;  // 余额增加
            return true;
        } else {
            return false;
        }
    }

    // 取出操作。返回 true 表示取出成功，false 表示取出失败
    public boolean takeOut(long amount) {
        if (amount > 0) {
            this.balance -= amount;  // 余额减少
            return true;
        } else {
            return false;
        }
    }

    // 输出账户信息
    public String toString() {
        String desc = String.format("名称为%s，余额为%d%s", this.name, this.balance,
this.unit);
        return desc;
    }
}
```

接着从这个账户类派生出其他的实际账户，比如活期存款对应的现金账户，活期存款的特点是既能随时存又能随时取，比较像钱包里的现金，只不过交由银行保管。现金基本是本币，也可能是

外币，那么继承自 Account 类的子类添加一个现金类型，便形成了新的现金账户类 CashAccount。这个现金账户类的定义代码示例如下（完整代码见本章源码的 src\com\object\account\CashAccount.java）：

```
// 定义一个现金账户类
public class CashAccount extends Account {
    public final static int RMB = 0;  // 人民币
    public final static int SGD = 1;  // 新加坡元
    public final static int USD = 2;  // 美元
    public final static int EUR = 3;  // 欧元
    public final static int GBP = 4;  // 英镑
    public final static int JPY = 5;  // 日元
    public final static String[] typeNames = new String[]{"人民币","新加坡元",
                                        "美元", "欧元","英镑","日元"};

    private int cashType;  // 现金类型

    // 现金账户的构造方法
    public CashAccount(int cashType, String cashName) {
        super(cashName);
        this.cashType = cashType;
        setUnit(cashType==GBP ? "镑" : "元");  // 设置余额的单位
    }

    // 获取现金的类型
    public int getCashType() {
        return this.cashType;
    }

    // 设置现金的类型
    public void setCashType(int cashType) {
        this.cashType = cashType;
    }

    // 输出现金账户信息
    public String toString() {
        String desc = String.format("现金类型为%s, %s", typeNames[this.cashType],
super.toString());
        return desc;
    }
}
```

既然活期存款对应现金账户，定期存款也有相应的定期账户，不同的定期账户通过存款期限来区分，例如半年定期的存款期限为 6 个月，一年定期的存款期限为 12 个月，三年定期的存款期限为 36 个月。于是在 Account 类的基础上添加存款期限属性，就派生出了新的子类定期存款账户类 DepositAccount。除了新增存款期限之外，定期存款还需注意只能一次性全部取出，不能分批取出。据此编写的 DepositAccount 类代码例子如下（完整代码见本章源码的 src\com\object\account\DepositAccount.java）：

```
// 设定一个定期存款账户类
public class DepositAccount extends Account {
    private int depositTerm;  // 存款期限，单位月

    // 存款账户的构造方法
    public DepositAccount(int depositTerm, String depositName) {
        super(depositName);
        this.depositTerm = depositTerm;
        setUnit("元");  // 设置余额的单位
    }

    // 获取存款的期限
    public int getDepositTerm() {
        return this.depositTerm;
    }

    // 设置存款的期限
    public void setDepositTerm(int depositTerm) {
        this.depositTerm = depositTerm;
    }

    // 这里的定期存款只能一次性全部取出，不能分批取出，适合整存整取、零存整取
    public boolean takeOut(long amount) {
        if (amount == getBalance()) {  // 全部取出
            return super.takeOut(amount);
        } else {
            return false;
        }
    }

    // 输出存款现金账户信息
    public String toString() {
        String desc = String.format("存款期限为%d个月，%s", this.depositTerm,
super.toString());
        return desc;
    }
}
```

有了现金账户与定期账户之后，就能建立通用的银行账户类，该类的内部分别声明现金账户对象和定期账户对象，即可同时支持活期存款与定期存款。由于一个用户可能拥有不同期限的多种定期存款，因此定期账户对象要声明为数组形式，以便随时添加新期限的定期账户。接着给银行账户类补充活期存款与定期存款的存取操作方法，注意判断定期账户是否有重复的情况，若已存在指定期限的定期账户，则直接在该账户上存钱取钱；若不存在指定期限的定期账户，则要先创建该定期账户，才能往上面存钱。

下面是银行账户类BankAccount的代码定义例子（完整代码见本章源码的src\com\object\account\BankAccount.java）：

```
//定义一个银行账户类
public class BankAccount {
```

```java
private CashAccount current;                    // 活期存款账户
private DepositAccount[] deposits;              // 定期存款账户数组

// 银行账户的构造方法
public BankAccount() {
    current = new CashAccount(CashAccount.RMB, "活期存款");
    deposits = new DepositAccount[] {};
}

// 往活期账户存入
public boolean saveCurrent(long amount) {
    return current.saveIn(amount);
}

// 从活期账户取出
public boolean takeCurrent(long amount) {
    return current.takeOut(amount);
}

// 往定期账户存入
public boolean saveDeposit(int depositTerm, long amount) {
    boolean result = false;
    int pos = getDepositPos(depositTerm);  // 查找指定期限的定期账户
    if (pos >= 0) {  // 已找到
        DepositAccount depositAccount = deposits[pos];  // 获得已有的定期账户
        result = depositAccount.saveIn(amount);         // 存入已有的定期账户
        deposits[pos] = depositAccount;                 // 更新已有的定期账户
    } else {  // 未找到
        // 创建新的定期账户
        DepositAccount depositAccount = new DepositAccount(
                depositTerm, depositTerm + "个月定期存款");
        result = depositAccount.saveIn(amount);         // 存入新的定期账户
        deposits = Arrays.copyOf(deposits, deposits.length + 1);  // 数组大小扩容
        deposits[deposits.length - 1] = depositAccount;  // 插入新的定期账户
    }
    return result;
}

// 从定期账户取出
public boolean takeDeposit(int depositTerm) {
    boolean result = false;
    int pos = getDepositPos(depositTerm);       // 查找指定期限的定期账户
    if (pos >= 0) {                             // 已找到
        DepositAccount depositAccount = deposits[pos];  // 获得已有的定期账户
        // 取出已有的定期账户
        result = depositAccount.takeOut(depositAccount.getBalance());
        deposits[pos] = depositAccount;         // 更新已有的定期账户
    }
    return result;
}
```

```
    // 查找指定期限的定期账户
    private int getDepositPos(int depositTerm) {
        int pos = -1;
        for (int i = 0; i < deposits.length; i++) {              // 遍历定期账户数组
            if (deposits[i].getDepositTerm() == depositTerm) {  // 找到指定期限的定期
账户

                pos = i;
                break;
            }
        }
        return pos;
    }

    // 输出银行账户的详细信息
    public String toString() {
        String desc = "银行账户信息如下：\n";
        desc = String.format("%s\t%s\n", desc, current.toString());
        for (DepositAccount item : deposits) {  // 遍历定期账户数组
            desc = String.format("%s\t%s\n", desc, item.toString());
        }
        return desc;
    }
}
```

最后利用 BankAccount 演示银行账户的操作过程，第一次往活期账户存入 5000 元，并存入 6 个月定期的 5000 元。第二次先从活期账户取出 2000 元，再取出 6 个月定期存款，同时存入 12 个月定期的 5000 元。这般操作对应的调用代码如下（完整代码见本章源码的 src\com\object\account\TestAccount.java）：

```
    // 演示银行账户的操作
    private static void testBankAccount() {
        BankAccount bank = new BankAccount();  // 创建一个银行账户
        bank.saveCurrent(5000);                // 活期账户存入 5000 元
        bank.saveDeposit(6, 5000);             // 存入 6 个月定期的 5000 元
        System.out.println("第一次存款操作之后，"+bank.toString());
        bank.takeCurrent(2000);                // 活期账户取出 2000 元
        bank.takeDeposit(6);                   // 取出 6 个月定期存款
        bank.saveDeposit(12, 5000);            // 存入 12 个月定期的 5000 元
        System.out.println("第二次存款操作之后，"+bank.toString());
    }
```

运行上面的存取款代码，观察到下面的运行日志：

第一次存款操作之后，银行账户信息如下：

现金类型为人民币，名称为活期存款，余额为 5000 元
存款期限为 6 个月，名称为 6 个月定期存款，余额为 5000 元

第二次存款操作之后，银行账户信息如下：

> 现金类型为人民币，名称为活期存款，余额为 3000 元
> 存款期限为 6 个月，名称为 6 个月定期存款，余额为 0 元
> 存款期限为 12 个月，名称为 12 个月定期存款，余额为 5000 元

从日志结果可见，两次存款操作之后的余额信息符合预期。不过以上的各个账户类仅仅保存最后一次操作后的余额，无法找到之前的交易明细。若想让账户类也能留存每次交易操作的明细流水，则可考虑引入数组类型存放详细的流水信息，包括操作时间、操作类型（存入还是取出）、账户类型、交易金额等，有兴趣的读者不妨加以实践。

# 7.5 小 结

本章主要介绍了面向对象三要素的相关概念及其详细用法，包括如何实现类的封装（成员定义、构造方法、运用关键字 this）、如何实现类的继承（简单继承、运用关键字 super、开放性修饰符）、如何实现类的多态（多态场景、类型检查、运用关键字 final），最后通过银行账户类的定义过程（账户、现金账户、存款账户）讲解了面向对象的实际应用。

通过本章的学习，读者应该能够掌握以下编程技能：

（1）学会如何封装类的成员属性与成员方法。
（2）学会如何从父类派生出子类，以及派生过程中的开放性用法。
（3）学会如何运用多态实现对象的类型转换，以及通过类型检查鉴别对象的实际类型。
（4）学会运用三要素定义现实生活中存在相互关系的几种事物。

# 第8章

# 特 殊 的 类

本章介绍面向对象体系中的几种特殊类型，例如内部类、嵌套类、枚举类型，又如抽象类、接口类、匿名内部类，再如 Java 8 引入的函数式编程相关概念，并给出两种设计模式的实现过程。

## 8.1 类 的 嵌 套

本节从类的嵌套用法引申开来，首先讲解内部类与嵌套类二者的区别（是否被 static 修饰），接着指出 static 关键字不仅能修饰类，还能修饰方法和属性，然后由静态属性到普通常量，再从普通常量到枚举常量，进而阐述枚举类型的详细用法。

### 8.1.1  内部类和嵌套类

通常情况下，一个 Java 代码文件只定义一个类，即使两个类是父类与子类的关系，也要把它们拆成两个代码文件分别定义。但是有些事物相互之间有密切联系，又不同于父子类的继承关系，比如一棵树会开很多花朵，这些花朵作为树木的一份子，它们依附于树木，却不是树木的后代。花朵不但拥有独特的形态，包括花瓣、花蕊、花萼等，而且拥有完整的生命周期，从含苞欲放到盛开绽放再到凋谢枯萎。这样一来，倘若把花朵抽象为花朵类，那么花朵类将囊括花瓣、花蕊、花萼等成员属性，以及含苞、盛开、凋谢等成员方法。既然花朵类如此规整，完全可以定义为一个 class，但是花朵类又依附于树木类，说明它不适合从树木类独立出来。

为了解决这种依附关系的表达问题，自然就得打破常规思维，其实 Java 支持类中有类，在一个类的内部再定义另一个类，仿佛新类是已有类的成员一般。一个类的成员包括成员属性和成员方法，还包括刚才介绍的成员类，不过"成员类"的叫法不常见，大家约定俗成的叫法是"内部类"，与内部类相对应，外层的类也可称作"外部类"。仍旧以前述的树木类和花朵类为例，可在树木类的内部增加定义花朵类，就像下面的代码这样（完整代码见本章源码的 src\com\special\inner\Tree.java）：

```
//演示内部类的简单定义。这是一个树木类
public class Tree {
    private String tree_name;  // 树木名称

    public Tree(String tree_name) {
        this.tree_name = tree_name;
    }

    public void sprout() {
        System.out.println(tree_name + "发芽啦");
        // 外部类访问它的内部类，就像访问其他类一样，都要先创建类的实例，再访问它的成员
        Flower flower = new Flower("花朵");
        flower.bloom();  // 调用花朵对象的开花方法
    }

    // Flower 类位于 Tree 类的内部，它是一个内部类
    public class Flower {
        private String flower_name;  // 花朵名称

        public Flower(String flower_name) {
            this.flower_name = flower_name;
        }

        public void bloom() {
            System.out.println(flower_name+"开花啦");
        }
    }
}
```

从以上代码可见，从外部类里面访问内部类 Flower，就像访问其他类一样，都要先创建类的实例，再访问它的成员。至于在外面别的地方访问这里的外部类 Tree，自然也跟先前的用法没什么区别。但是如果别的地方也想调用内部类 Flower，就没这么容易了，因为直接通过 new 关键字是无法创建内部类实例的。只有先创建外部类的实例，才能基于该实例创建内部类的实例，内部实例的创建代码格式形如"外部类的实例名.new 内部类的名称(...)"。

下面是外部调用内部类的具体代码例子（完整代码见本章源码的 src\com\special\inner\TestInner.java）：

```
// 先创建外部类的实例，再基于该实例创建内部类的实例
Tree tree = new Tree("杨树");  // 创建一个树木实例
tree.sprout();  // 调用树木实例的 sprout 方法
Tree.Flower flower = tree.new Flower("杨花"); //通过树木实例创建内部类的花朵实例
flower.bloom();  // 调用花朵实例的 bloom 方法
```

所谓好事多磨，引入内部类造成的麻烦不仅仅一个，还有另一个问题也挺棘手的。由于内部类是外部类的一个成员类，因此二者不可避免存在命名冲突。假设外部类与内部类同时拥有某个同名属性，比如它俩都定义了名叫 tree_name 的树木名称字段，那么在内部类里面，tree_name 到底指的是内部类自身的同名属性，还是指外部类的同名属性呢？

从第 7 章的 7.2.2 小节了解到，一旦遇到同名的父类属性、子类属性、输入参数，则编译器采取的是就近原则，例如在方法内部优先表示同名的输入参数，在子类内部优先表示同名的子类属性，

等等。同理，对于同名的内部类属性和外部类属性来说，tree_name 在内部类里面优先表示内部类的同名属性。为了避免混淆，也可以在内部类里面使用"this.属性名"来表达内部类的自身属性。

但如此一来，内部类又该怎样访问外部类的同名属性呢？确切地说，内部类 Flower 的定义代码应当如何调用外部类 TreeInner 的 tree_name 字段呢？显然这个问题足以让关键字 this 抓狂，明明在 TreeInner 里面，却代表不了 TreeInner。为了拯救可怜的 this，Java 允许在 this 之前补充类名，从而限定此处的 this 究竟代表哪个类。譬如 TreeInner.this 表示的是外部类 TreeInner 自身，而 TreeInner.this.tree_name 则表示 TreeInner 的成员属性 tree_name。于是在内部类里面终于能够区分内部类和外部类的同名属性了，详细的区分代码如下（完整代码见本章源码的 src\com\special\inner\TreeInner.java）：

```
// 该方法访问内部类自身的 tree_name 字段
public void bloomInnerTree() {
    // 内部类里面的 this 关键字指代内部类自身
    System.out.println(this.tree_name+"的"+flower_name+"开花啦");
}

// 该方法访问外部类 TreeInner 的 tree_name 字段
public void bloomOuterTree() {
    // 要想在内部类里面访问外部类的成员，就必须在 this 之前添加"外部类的名称."
    System.out.println(TreeInner.this.tree_name+"的"+flower_name+"开花啦");
}
```

当然，多数场合没有这种外部与内部属性命名冲突的情况，故而在 this 前面添加类名纯属多此一举。只有定义了内部类，并且内部类又要访问外部类成员的时候，才需要显式地指定 this 的归属类名。

苦口婆心地啰唆了许久，内部类的小脾气总算搞定了。不料一波三折，之前介绍其他地方调用内部类的时候，必须先创建外部类的实例，然后才能创建并访问内部类的实例。这个流程实在烦琐，好比我想泡一杯茉莉花茶，难道非得到田里种一株茉莉才行？很明显这么做既费时又费力，理想的做法是：只要属于对茉莉花的人为加工，而非紧密依赖茉莉植株的自然生长，那么这个茉莉花类理应削弱与茉莉类的耦合关系。为了把新的类间关系同外部类与内部类区分开来，Java 允许在内部类的定义代码前面添加关键字 static，表示这是一种静态的内部类，它无须强制绑定外部类的实例即可正常使用。

静态内部类的正式称呼叫"嵌套类"，外层类于它而言仿佛一层外套，有没有外套不会对嵌套类的功能运用产生实质性影响，添加外套的目的仅仅表示二者比较熟悉而已。下面是把 Flower 类改写为嵌套类的代码定义例子，表面上只加了一个 static（完整代码见本章源码的 src\com\special\inner\TreeNest.java）：

```
//演示嵌套类的定义
public class TreeNest {
    private String tree_name;  // 树木名称

    public TreeNest(String tree_name) {
        this.tree_name = tree_name;
    }

    public void sprout() {
```

```
        System.out.println(tree_name+"发芽啦");
    }

    // Flower 类虽然位于 TreeNest 类的里面，但是它被 static 修饰，故而与 TreeNest 类的关系比一
般的内部类要弱。为了与一般的内部类区分开来，这里的 Flower 类被叫作嵌套类
    public static class Flower {
        private String flower_name;  // 花朵名称

        public Flower(String flower_name) {
            this.flower_name = flower_name;
        }

        public void bloom() {
            System.out.println(flower_name+"开花啦");
        }

        public void bloomOuterTree() {
            // 注意下面的写法是错误的，嵌套类不能直接访问外层类的成员
            //System.out.println(TreeNest.this.tree_name+"的"+flower_name+"开花啦");
        }
    }
}
```

现在 Flower 类变成了嵌套类，别的地方访问它就会省点事，按照格式"new 外层类的名称.嵌套类的名称(...)"即可直接创建嵌套类的实例，不必画蛇添足先创建外层类的实例。完整的调用代码如下：

```
    // 演示嵌套类的调用方法
    private static void testNest() {
        // 创建一个嵌套类的实例，格式为"new 外层类的名称.嵌套类的名称(...)"
        TreeNest.Flower flower = new TreeNest.Flower("桃花");
        flower.bloom();  // 调用嵌套类实例的 bloom 方法
    }
```

正所谓有利必有弊，外部调用嵌套类倒是省事，嵌套类自身如果要访问外层类就不能随心所欲了。原先花朵类作为内部类时，通过前缀"外部类的名称.this"便可访问外部类的各项成员；现在花朵类摇身一变，变成嵌套类，要访问外层的树木类就不再容易了。对嵌套类而言，外层类犹如一个熟悉的陌生人，想跟它打招呼就像跟路人打招呼一样无甚区别，都得先创建对方的实例，然后才能通过实例访问它的每个成员。

迄今为止已经介绍了好几种类，它们相互之间的关系各异，通俗地说，子类与父类之间是继承关系，内部类与外部类之间是共存关系，嵌套类与外层类之间是同居关系。

## 8.1.2 静态：关键字 static 的用法

注意到嵌套类为关键字 static 所修饰，使用 static 修饰某个类，该类就变成了嵌套类。从嵌套类的用法可知，其他地方访问嵌套类时，无须动态创建外层类的实例，直接创建嵌套类的实例就行。

其实 static 不仅修饰类，还能用来修饰方法、属性等，例如学习 Java 一开始就遇到的 main 方法，便为 static 所修饰。当一个成员方法被 static 修饰之后，该方法就成为静态方法；当一个成员属性被

static 修饰之后，该属性就成为静态属性。静态方法和静态属性与嵌套类一样不依赖于所在类的实例。外部若要访问某个类的静态方法，则只需通过"类名.静态方法名"即可；同理，通过"类名.静态属性名"就能访问该类的静态属性。由于静态方法和静态属性拥有独立调用的特性，因此它们常常出现在一些通用的工具场景，例如系统的数学函数库 Math，便提供了大量的静态方法和静态属性。其中，常见的静态方法包括四舍五入函数 Math.round、取绝对值函数 math.abs、求平方根函数 Math.sqrt 等，常见的静态属性则有圆周率近似值 Math.PI 等。

那么开发者自己定义一个新类，如何得知哪些属性需要声明为静态属性，哪些方法需要声明为静态方法呢？在多数情况下，静态属性的取值一般要求是固定不变的，而静态方法只允许操作输入参数，不允许操作其他的成员变量（静态属性除外）。以树木类为例，凡是会动态变化的性状与事件，显然不适合声明为静态成员；只有与生长过程无关的概念，才适合声明为静态成员。譬如树木可分为乔木与灌木两大类，可想而知乔木与灌木的类型取值与每棵树木的生长情况没有关联，这两种树木类型就适合作为静态属性。根据树木的类型，推断该树木的类型名称是"乔木"还是"灌木"，这个类型名称的判断方法就适合作为静态方法。如此一来，TreeStatic 类便可添加下面的静态成员声明代码（完整代码见本章源码的 src\com\special\inner\TreeStatic.java）：

```java
// static 的字面意思是"静态的"，意味着无须动态创建即可直接使用
// 利用 static 修饰成员属性，外部即可通过"类名.属性名"直接访问静态属性
public static int TYPE_ARBOR = 1;      // 乔木类型
public static int TYPE_BUSH = 2;       // 灌木类型

// 利用 static 修饰成员方法，外部即可通过"类名.方法名"直接访问静态方法
public static String getTypeName(int type) {
    String type_name = "";  // 类型名称
    if (type == TYPE_ARBOR) {
        type_name = "乔木";
    } else if (type == TYPE_BUSH) {
        type_name = "灌木";
    }
    return type_name;
}
```

外部访问树木类的静态成员，只要按照"类名.静态成员名"的格式就可以，具体的调用代码如下（完整代码见本章源码的 src\com\special\inner\TestStatic.java）：

```java
// 演示静态成员的调用方式
private static void testStaticMember() {
    // 使用静态属性无须创建该类的实例，只要通过"类名.静态属性名"即可访问静态属性
    System.out.println("类型 TYPE_ARBOR 的取值为"+TreeStatic.TYPE_ARBOR);
    System.out.println("类型 TYPE_BUSH 的取值为"+TreeStatic.TYPE_BUSH);
    // 使用静态方法无须创建该类的实例，只要通过"类名.静态方法名"即可访问静态方法
    String arbor_name = TreeStatic.getTypeName(TreeStatic.TYPE_ARBOR);
    System.out.println("类型 TYPE_ARBOR 对应的名称是"+arbor_name);
    String bush_name = TreeStatic.getTypeName(TreeStatic.TYPE_BUSH);
    System.out.println("类型 TYPE_BUSH 对应的名称是"+bush_name);
}
```

神通广大的 static 不仅可以修饰类、属性、方法,它居然还能修饰一段代码块。被 static 修饰的代码段示例如下:

```
static {
    // 这里是被 static 修饰的代码段内容
}
```

以上为 static 所包裹的代码段,又被称作"静态代码块",其作用是在系统加载该类时立即执行这部分代码。因为此处的代码位于 static 范围之内,所以静态代码块只能操作同类的静态属性和静态方法,而不能操作普通的成员属性和成员方法。但是这里有一个问题,早先提到构造方法才是创建实例时的初始操作,那么静态代码块与构造方法比起来,它们的执行顺序孰先孰后?倘若从 Java 的运行机制来解答该问题,不但费口舌,而且伤脑筋。都说实践出真知,接下来不如做一个实验,看看它们究竟是怎样先来后到的。

首先在树木类中声明一个静态的整型变量 leaf_count,之所以添加 static 修饰符,是因为要给静态代码块使用;接着在静态代码块内部对该变量做自增操作,并将变量值打印到日志;同时在树木类的构造方法里面进行 leaf_count 的自增运算,并往控制台输出它的变量值。修改后的相关代码片段示例如下(完整代码见本章源码的 src\com\special\inner\TreeStatic.java):

```
// 叶子数量,用来演示构造方法与初始静态代码块的执行顺序
public static int leaf_count = 0;

// static 还能用来包裹某个代码块,一旦当前类加载进内存,静态代码块就立即执行
static {
    leaf_count++;
    System.out.println("这里是初始的静态代码块,此时叶子数量为"+leaf_count);
}
public TreeStatic(String tree_name) {
    this.tree_name = tree_name;
    leaf_count++;  // 每调用一次构造方法,叶子数量就加一
    System.out.println("这里是构造方法,此时叶子数量为"+leaf_count);
}
```

最后回到外部创建该树木类的新实例,对应代码如下:

```
// 演示静态代码块与构造方法的执行顺序
private static void testStaticBlock() {
    System.out.println("开始创建树木类的实例");
    TreeStatic tree = new TreeStatic("月桂");
    System.out.println("结束创建树木类的实例");
}
```

运行以上的演示代码,观察到以下日志信息:

```
这里是初始的静态代码块,此时叶子数量为1
开始创建树木类的实例
这里是构造方法,此时叶子数量为2
结束创建树木类的实例
```

从日志结果可见，静态代码块的内部代码早早就执行了，而构造方法的内部代码要等到外部调用 new 的时候才会执行，这证明了静态代码块的执行时机确实先于该类的构造方法。

静态修饰符一边给开发者带来了便利，一边也带来了不大不小的困惑。为了说明问题的迷惑性，接下来照例做一个代码实验。仍旧在树木类中先声明一个静态的整型变量 annual_ring，再补充一个成员方法 grow，该方法内部对 annual_ring 自增的同时也打印日志。依据上述步骤给树木类新增如下代码：

```
public static int annual_ring = 0;  // 树木年轮，用来演示静态属性的持久性

// 注意每次读取静态属性，得到的都是该属性最近一次的数值
public void grow() {
    annual_ring++;  // 每调用一次 grow 方法，树木年轮就加一
    System.out.println(tree_name+"的树龄为"+annual_ring);
}
```

然后在外部先后创建这个树木类的两个实例，就像下面的代码示范的这样：

```
// 演示静态属性的持久性
private static void testStaticProperty() {
    TreeStatic bigTree = new TreeStatic("大树");        // 创建一个大树实例
    bigTree.grow();                                      // 大树在生长
    TreeStatic littleTree = new TreeStatic("小树");      // 创建一个小树实例
    littleTree.grow();                                   // 小树在生长
}
```

继续运行上面的测试代码，发现打印的日志如下：

```
这里是构造方法，此时叶子数量为 3
大树的树龄为 1
这里是构造方法，此时叶子数量为 4
小树的树龄为 2
```

虽然 bigTree 和 littleTree 是新创建的实例，但是从日志结果看它们的 annual_ring 数值竟然是递增的，这可真是咄咄怪事，两个实例分明都是通过 new 创建出来的呀。产生怪异现象的罪魁祸首原来就是 static 这个始作俑者，凡是被 static 修饰的静态变量，就在内存中占据了一块固定的区域，无论这个类创建了多少个实例，每个实例引用的静态变量依然是最初分配的那个。于是后面创建的树木实例 littleTree，其内部的 annual_ring 与之前实例 bigTree 的 annual_ring 保持一致，无怪乎前后两个实例的 annual_ring 数值是递增的了。

由此可见，静态属性总是保存最后一次的数值，倘若它的取值每次都发生变化，即使创建新实例也得不到静态属性最初的数值。这种后果显而易见违背了静态变量的设计初衷，在多数时候，开发者定义一个静态属性，原本是想作为取值不变的常量使用，而不希望它变来变去。对于此类用于常量定义的静态属性，可以在 static 前面再添加修饰符 final，表示该属性只允许赋值一次，从而避免多次赋值导致取值更改的尴尬。下面是联合修饰 final 和 static 的属性定义代码例子：

```
// 如果想静态属性始终如一保持不变，就得给该属性添加 final 修饰符，表示终态属性只能被赋值一次
public final static int FINAL_TYPE_ARBOR = 1;    // 乔木类型
public final static int FINAL_TYPE_BUSH = 2;     // 灌木类型
```

### 8.1.3 枚举类型

联合利用 final 和 static 可实现常量的定义,该方式用于简单的常量倒还凑合,要是用于复杂的、安全性高的常量,那就力不从心了。例如以下几种情况,final 结合 static 的方式便缺乏应对之策:

(1)虽然常量的名称以大写字母拼写,但是对应的取值基本为 1、2、3 之类的整数,如果把 1、2、3 直接写在调用的代码里面,岂不是浑水摸鱼,顶替现有的常量蒙混过关?

(2)代码可以从常量名推出对应的常量值,但是反过来并不能从常量值推出对应的常量名,开发者知道不代表程序也知道。

(3)每个常量只有唯一的数值表达,无法表示更丰富的含义。比如星期一这个常量,可能包括数字“1”、英文单词“Monday”、中文词语“星期一”这些信息组合,然而 final 联合 static 的方式只能表达其中一个信息。

听起来似乎言之有理,但是不用整型常量的话,还有什么常量类型能派上用场呢?其实 Java 语言在设计之初就考虑到了这种情况,在之前的学习中,已经出现过类似的处理方案。早在介绍本地日期类型 LocalDate 的时候,就提到获取当前月份的办法是调用日期实例的 getMonthValue 方法,为什么这里不是调用 getMonth 方法?原来 getMonth 方法返回的并非整型数值,而是一个 Month 类型的月份实例,它属于枚举类型。调用该实例的 getValue 方法得到的才是月份数字,调用该实例的 name 方法可得到大写英文月份的英文单词。先来看以下一段月份测试代码:

```
// 演示 Month 类型的调用方式。注意,Month 类型是 Java 自带的一种枚举类型
private static void testMonth() {
    LocalDate date = LocalDate.now();        // 获得本地日期的实例
    Month month = date.getMonth();           // 获得该日期所在的英文月份
    System.out.println("month 序号=" + month.getValue() + ", 名称=" + month.name());
}
```

运行以上的测试代码,观察到如下的日志文本:

```
month 序号=8, 名称=AUGUST
```

根据日志结果发现 getValue 方法返回了 8,且 name 方法返回了 AUGUST。从中发现 Month 类型既包含月份的数字信息,又包含月份的英文单词,这正是枚举类型相对于普通常量的优势。

所谓枚举,指的是某些同类型常量的有限集合。Java 不但提供了 Month 这种枚举类型,而且允许程序员自己定义新的枚举类型,如同定义类那样。不同的是,类定义使用 class 来标识,而枚举类型使用 enum 来标识。一个简单的枚举定义只需一个名称列表,就像以下代码这般(完整代码见本章源码的 src\com\special\inner\Season.java):

```
//演示枚举类型的简单定义。这是一个季节枚举
public enum Season {
    // 几个枚举变量之间以逗号分隔
    SPRING, SUMMER, AUTUMN, WINTER
}
```

以上代码定义了一种季节枚举 Season,它包含春天 SPRING、夏天 SUMMER、秋天 AUTUMN、冬天 WINTER 4 个枚举项。这 4 个枚举项既是常量,又都属于 Season 类型,外部访问它们的格式为

"Season.枚举项的名称"。下面是外部访问季节枚举项的代码例子（完整代码见本章源码的 src\com\special\inner\TestEnum.java）：

```java
// 演示简单枚举类型的调用方式
private static void testEnum() {
    Season spring = Season.SPRING;  // 声明一个春天的季节实例
    Season summer = Season.SUMMER;  // 声明一个夏天的季节实例
    Season autumn = Season.AUTUMN;  // 声明一个秋天的季节实例
    Season winter = Season.WINTER;  // 声明一个冬天的季节实例
    // 枚举类型提供的通用方法主要有两个
    // 其中 ordinal 方法可获得该枚举的序号，toString 可获得该枚举的字段名称
    System.out.println("spring 序号=" + spring.ordinal() + "，名称=" +
spring.toString());
    System.out.println("summer 序号=" + summer.ordinal() + "，名称=" +
summer.toString());
    System.out.println("autumn 序号=" + autumn.ordinal() + "，名称=" +
autumn.toString());
    System.out.println("winter 序号=" + winter.ordinal() + "，名称=" +
winter.toString());
    }
```

运行上面的测试代码，输出以下的日志信息：

```
spring 序号=0，名称=SPRING
summer 序号=1，名称=SUMMER
autumn 序号=2，名称=AUTUMN
winter 序号=3，名称=WINTER
```

结合代码和日志结果，可知枚举项的 ordinal 方法返回了该枚举所处的序号，toString 方法返回了该枚举的常量名称。由于 ordinal 方法和 toString 方法是枚举类型 enum 自带的保留方法，因此无须开发者显式定义即可拿来调用。然而这两个方法毕竟是系统提供的，无法满足丰富多变的个性要求，譬如以下两点需求，简单的枚举类型就无法实现：

（1）枚举项的默认序号从 0 开始计数，但现实生活中很多组合是从 1 开始计数的。例如一月份对应的数字是 1，星期一对应的数字也是 1，诸如此类。

（2）枚举项的默认名称取的是枚举定义里的列表项名称，但往往更需要中文名称。例如界面上希望展示"春天"而非"SPRING"，希望展示"夏天"而非"SUMMER"，等等。

既然枚举的默认序号与默认名称时常不符合实际情况，这势必要求开发者额外定义新的序号和新的名称。假如给某个类增加新的属性，那真是易如反掌，但现在待处理的是枚举类型而不是类。其实枚举类型 enum 本来就源自类 class，故而完全可以把枚举当作类一样来定义，也就是说，枚举允许定义自己的成员属性、自己的成员方法，乃至自己的构造方法。

于是重新定义一个季节枚举，在新的枚举定义中添加序号与名称这两个属性及其对应的 get 方法，并补充包含初始化赋值的构造方法。特别注意要在枚举项列表中把每个枚举项都换成携带构造方法的枚举声明，表示该枚举项是由指定构造方法生成的，重写后的季节枚举定义代码示例如下（完整代码见本章源码的 src\com\special\inner\SeasonCn.java）：

```java
//演示枚举类型的扩展定义
public enum SeasonCn {
    // 在定义枚举变量的同时，调用该枚举变量的构造方法
    SPRING(1,"春天"), SUMMER(2,"夏天"), AUTUMN(3,"秋天"), WINTER(4,"冬天");

    private int value;          // 季节的数字序号
    private String name;        // 季节的中文名称

    // 在构造方法中传入该季节的阿拉伯数字和中文名称
    private SeasonCn(int value, String name) {
        this.value = value;
        this.name = name;
    }

    // 获取季节的数字序号
    public int getValue() {
        return this.value;
    }

    // 获取季节的中文名称
    public String getName() {
        return this.name;
    }
}
```

根据新的枚举定义代码，枚举项的序号数值与中文名称如愿换了过来。接着轮到外部调用新的枚举类型，大致流程保持不变，只需将原来的 ordinal 方法替换为 getValue 方法；将原来的 toString 方法替换为 getName 方法。修改之后的调用代码如下：

```java
    // 演示扩展枚举类型的调用方式
    private static void testEnumCn() {
        SeasonCn spring = SeasonCn.SPRING; // 声明一个春天的季节实例
        SeasonCn summer = SeasonCn.SUMMER; // 声明一个夏天的季节实例
        SeasonCn autumn = SeasonCn.AUTUMN; // 声明一个秋天的季节实例
        SeasonCn winter = SeasonCn.WINTER; // 声明一个冬天的季节实例
        // 通过扩展而来的getName方法，可获得该枚举预先设定的中文名称
        System.out.println("spring 序号=" + spring.getValue() + ", 名称=" +
spring.getName());
        System.out.println("summer 序号=" + summer.getValue() + ", 名称=" +
summer.getName());
        System.out.println("autumn 序号=" + autumn.getValue() + ", 名称=" +
autumn.getName());
        System.out.println("winter 序号=" + winter.getValue() + ", 名称=" +
winter.getName());
    }
```

运行上述的调用代码，得到以下的日志结果：

```
spring 序号=1, 名称=春天
summer 序号=2, 名称=夏天
```

```
autumn 序号=3, 名称=秋天
winter 序号=4, 名称=冬天
```

由此可见，经过重新编写的 SeasonCn 枚举，顺利实现了个性化定制序号和名称的目标。

# 8.2 类 的 抽 象

本节依次介绍类在不同层次上的抽象用法。首先说明如果只有部分方法为抽象方法，那么这是一个抽象类，如果全部方法都为抽象方法，那么这是一个接口；然后描述抽象类与接口的使用差异：在定义派生类时，只能继承唯一的父类，却能实现多个接口；最后详述接口的相关用法，包括 Java 8 对接口做了哪些扩展，以及如何通过匿名内部类简化接口的实现编码。

## 8.2.1 抽象类

面向对象的强大令人感叹，几乎日常生活中的所有事物都可以抽象成 Java 的基类及其子类。然而抽象操作也有副作用，就是某个抽象而来的行为可能是不确定的，比如半夜鸡叫，若是公鸡则必定"喔喔喔"地叫，若是母鸡则必定"咯咯咯"地叫，但要是不能确定这只鸡是公鸡还是母鸡亦或是小鸡，程序怎么知道它会怎么叫？落实到鸡类 Chicken 的代码定义中，它的 call 方法便无法给出具体的叫声了，尽管鸡类能够派生出公鸡类和母鸡类，再令公鸡类和母鸡类重写 call 方法，但是外部仍然可以创建鸡类的实例，接着调用鸡类实例的 call 方法，此时该期望这只鸡发出什么叫声呢？无论是让鸡类胡言乱语、语无伦次，还是让鸡类默不作声、噤若寒蝉，显然都与真实情况有很大出入。

由此可见，某些类其实并不能直接拿来使用，充其量只能算半成品，必须经过进一步的加工，形成最终的成品方能给外部调用。鉴于前述的鸡类存在叫唤这个不确定的方法，故而应将它归入半成品之列；而由鸡类派生而来的公鸡类与母鸡类，因为包括叫唤在内的每个方法都是明确的，所以它们才成为机能健全的完整类。在 Java 编程中，功能不确定的方法被称作抽象方法，而包含抽象方法的类受到牵连就变成了抽象类。在类的定义代码里面，通过关键字 abstract 来标识抽象方法和抽象类。凡是被 abstract 修饰的抽象方法，由于方法的具体实现并不明确，因此抽象方法没有花括号所包裹着的方法体；凡是被 abstract 修饰的抽象类，由于包含至少一个抽象方法，因此不允许外部创建抽象类的实例，否则就会造成鸡类实例不知如何叫唤的尴尬。除此之外，抽象类还有以下两点需要注意：

（1）abstract 只能用来修饰抽象方法和抽象类，不可用于修饰成员属性，因为属性值本身就允许通过赋值来改变，无所谓抽象不抽象。

（2）虽然抽象类可以拥有构造方法，但它的构造方法并不能直接被外部调用，因为外部不允许通过构造方法来创建抽象类的实例，抽象类的构造方法只能提供给它的子类调用。

絮絮叨叨了这么多抽象概念，接着尝试把之前的鸡类改写成抽象类，修改后的抽象鸡类定义代码示例如下（完整代码见本章源码的 src\com\special\behavior\Chicken.java）：

```
//演示抽象类的定义。这是一个抽象鸡类
abstract public class Chicken {
```

```
    public String name;          // 鸡的名称
    public int sex;              // 鸡的性别

    // 定义一个抽象的叫唤方法。注意后面没有花括号，并且以分号结尾
    abstract public void call();

    // 即使抽象类定义了构造方法，外部也无法创建它的实例
    public Chicken() {
    }
}
```

然后分别编写由鸡类派生而来的公鸡类和母鸡类，其中鸡类的抽象方法 call 必须在子类中重写，只有这样，子类才具备所有完善的行为动作；否则，这个子类仍旧是一个尚未完工的半成品，依然属于抽象类的行列。下面是重写了 call 方法的公鸡类代码（完整代码见本章源码的 src\com\special\behavior\Cock.java）：

```
//定义一个继承自抽象鸡类的公鸡类
public class Cock extends Chicken {
    public Cock() {
        sex = 0;  // 公鸡的性别固定为雄性
    }

    // 重写了公鸡的叫唤方法。如果不重写父类的抽象方法，那么该子类仍旧为抽象类
    public void call() {
        System.out.println("喔喔喔");
    }
}
```

同样重写了 call 方法的母鸡类代码如下（完整代码见本章源码的 src\com\special\behavior\Hen.java）：

```
//定义一个继承自抽象鸡类的母鸡类
public class Hen extends Chicken {
    public Hen() {
        sex = 1;  // 母鸡的性别固定为雌性
    }

    // 重写了母鸡的叫唤方法。如果不重写父类的抽象方法，那么该子类仍旧为抽象类
    public void call() {
        System.out.println("咯咯咯");
    }
}
```

最后轮到外部调用各种鸡类了，对于外部而言，唯一的区别是不能创建抽象类的实例，其他子类的调用则跟从前一样没有变化。具体的外部调用代码如下（完整代码见本章源码的 src\com\special\behavior\TestAbstract.java）：

```
        //Chicken chicken = new Chicken();  // 不能创建抽象类的实例，因为抽象类是一个尚未完工的类
        Cock cock = new Cock();         // 创建一个公鸡实例，公鸡类继承自抽象类 Chicken
        cock.call();                    // 调用公鸡实例的叫唤方法
```

```
Hen hen = new Hen();          // 创建一个母鸡实例，母鸡类继承自抽象类 Chicken
hen.call();                    // 调用母鸡实例的叫唤方法
```

运行上面的调用代码，得到以下的日志结果，可见子类重写后的 call 方法正常工作。

```
喔喔喔
咯咯咯
```

### 8.2.2　简单接口

抽象方法和抽象类看似解决了不确定行为的方法定义，既然叫唤动作允许声明为抽象方法，那么飞翔、游泳也能声明为抽象方法，并且鸡类涵盖的物种不够多，最好把这些行为动作扩展到鸟类这个群体，于是整个鸟类的成员方法都可以如法炮制了。但是这种做法带来了一些弊端，包括但不限于：

（1）能飞的动物不仅仅是鸟类，还有蝴蝶、蝙蝠等其他动物也能飞，难不成昆虫类、哺乳动物类也要自行声明飞翔方法？这么做显然产生了重复的方法定义。反过来，要是把飞翔方法挪到更底层的动物类，一大群动物为了不沦为抽象类都得重写飞翔方法，比如鳄鱼、大象等根本不会飞的动物也要装模作样扑腾几下，实在是滑天下之大稽。

（2）除了几种常见的鸟类为大众所熟知之外，大部分鸟类其实人们一时半刻叫不出它们的名字，倘若在路上偶遇一只鸟儿，难道因为不认识它就没法描述它的模样了吗（如果鸟类是一个抽象类，外部是不能创建鸟类实例的）？

（3）即使给整个动物类都添加了叫唤、飞翔、游泳这些抽象方法，并且费尽九牛二虎之力把所有派生而来的子类都实现了这 3 个抽象方法，也不意味着万事大吉。譬如青蛙擅长跳跃这个动作，哪天程序员突发奇想要给抽象的动物类补充跳跃方法，从而支持青蛙的跳跃行为，随之而来的代价便是让动物类的所有子类都重写跳跃方法，这样也太伤筋动骨了。

综上所述，抽象类解决不了层出不穷的问题，远非什么灵丹妙药，只能用于处理某些特定要求。若想真正有效地应对这些刁钻古怪的挑战，还得指望新的抽象技术——接口。接口不从属于类，而是与类平级，类通过关键字 class 标识，而接口通过关键字 interface 标识。接口身为类的伙伴，它在结构上与类比较相似，不过也有不少不同之处，举例如下：

（1）凡是类都有构造方法，即便是抽象类也支持定义构造方法，但接口不允许定义构造方法，因为接口只用于声明某些行为动作，本身并非一个实体。

（2）在 Java 8 以前，接口内部的所有方法都必须是抽象方法，具体的方法内部代码有赖于该接口的实现类来补充。因为有这个强制规定，所以接口内部方法的 abstract 前缀可加可不加，即使不加 abstract，编译器也会默认把该方法当作抽象方法。

（3）至于接口内部的属性，则默认为终态属性，即添加了 final 前缀的成员属性。当然这个 final 前缀也是可加可不加的，即使不加 final，编译器仍会默认把该属性当作终态属性。

按照上述的接口规定，再来编写一个定义了动物行为的接口代码，其中主要包括飞翔方法、游泳方法、奔跑方法等，详细的接口定义代码示例如下（完整代码见本章源码的 src\com\special\behavior\Behavior.java）：

```
//定义一个接口。接口主要声明一些特定的行为方法
public interface Behavior {
    // 注意，接口内部的方法默认为抽象方法，所以不必添加 abstract 前缀
    public void fly();          // 声明了一个抽象的飞翔方法
    public void swim();         // 声明了一个抽象的游泳方法
    public void run();          // 声明了一个抽象的奔跑方法
    // 接口内部的属性默认都是终态属性，所以不必添加 final 前缀
    public String TAG = "动物世界";

    // 接口不允许定义构造方法。在 Java 8 以前，接口内部的所有方法都必须是抽象方法
}
```

接着定义一个鹅类，它不但继承自 Bird 鸟类，而且实现了新的行为接口 Behavior。注意子类继承父类的格式为"extends 父类名"，实现某个接口的格式则为"implements 接口名"，同时该类还要重写接口的所有抽象方法。于是实现了行为接口的鹅类代码如下（完整代码见本章源码的 src\com\special\behavior\Goose.java）：

```
//定义一个实现了接口 Behavior 的鹅类。注意鹅类需要实现 Behavior 接口的所有抽象方法
public class Goose extends Bird implements Behavior {
    public Goose(String name, int sexType) {
        super(name, sexType);
    }

    // 实现了接口的 fly 方法
    public void fly() {
        System.out.println("鹅飞不高，也飞不远。");
    }

    // 实现了接口的 swim 方法
    public void swim() {
        System.out.println("鹅，鹅，鹅，曲项向天歌。白毛浮绿水，红掌拨清波。");
    }

    // 实现了接口的 run 方法
    public void run() {
        System.out.println("槛外萧声轻荡漾，沙间鹅步满蹒跚。");
    }
}
```

对于外部来说，这个鹅类跟一般的类没什么区别，鹅类所实现的接口方法，在外部看来都是鹅类的成员方法，原来怎么调用现在依然怎么调用。下面是外部使用鹅类的代码例子（完整代码见本章源码的 src\com\special\behavior\TestInterface.java）：

```
// 演示简单接口的实现类用法
private static void testSimple() {
    Goose goose = new Goose("家鹅", 0);  // 创建一个家鹅实例
    goose.fly();        // 实现了接口的 fly 方法
    goose.swim();       // 实现了接口的 swim 方法
    goose.run();        // 实现了接口的 run 方法
}
```

接口与类相比还有一个重大区别，在 Java 体系中，每个类最多只能继承一个父类，不能同时继承多个类，也就是不允许多重继承。而接口不存在这方面的限制，某个类可以只实现一个接口，也可以同时实现两个接口、三个接口等，待实现的接口名称之间以逗号分隔。例如，除了飞翔、游泳、奔跑这 3 种动作之外，有些动物还擅长跳跃，比如青蛙、袋鼠等，倘若在现有的 Behavior 接口中增加跳跃方法 jump，那么包括 Goose 在内所有实现了 Behavior 的类都要重写 jump 方法，显然改造量巨大。现在借助接口的多重实现特性，完全可以另外定义新的行为接口 Behavior2，在新接口中声明跳跃方法，那么只有实现 Behavior2 接口的类才需要重写 jump 方法。按此思路单独定义的新接口 Behavior2 代码如下（完整代码见本章源码的 src\com\special\behavior\Behavior2.java）：

```
//定义另一个行为接口
public interface Behavior2 {
    public void jump();  // 声明了一个抽象的跳跃方法
}
```

然后编写 Frog 蛙类的定义代码，这个蛙类同时实现了接口 Behavior 和 Behavior2，这样它要重写 Behavior 的 3 个方法以及 Behavior2 的跳跃方法。下面是蛙类代码的简单例子（完整代码见本章源码的 src\com\special\behavior\Frog.java）：

```
//定义一个实现了接口 Behavior 和 Behavior2 的蛙类。类只能继承一个，但接口可以实现多个
public class Frog implements Behavior, Behavior2 {
    // 实现了 Behavior2 接口的 jump 方法
    public void jump() {
        System.out.println("青蛙跳跃的技能叫作"蛙跳"");
    }

    // 实现了 Behavior 接口的 fly 方法。因为青蛙不会飞，所以 fly 方法留空
    public void fly() {}

    // 实现了 Behavior 接口的 swim 方法
    public void swim() {
        System.out.println("青蛙游泳的技能叫作"蛙泳"");
    }

    // 实现了 Behavior 接口的 run 方法。因为青蛙不会跑，所以 fly 方法留空
    public void run() {}
}
```

由于新增的 jump 方法属于新接口 Behavior2，不属于原接口 Behavior，因此实现了 Behavior 接口的鹅类代码无须任何修改，只有实现 Behavior2 的蛙类代码才需额外处理。当然，这个特殊处理也仅限于蛙类的定义，对于外部而言，蛙类 Frog 仍是一个普通的类，外部调用它并没有什么两样，具体的调用代码示例如下：

```
    // 演示某个类同时实现了多个接口
    private static void testMultiple() {
        Frog frog = new Frog();  // 创建一个青蛙实例
        frog.swim();  // 实现了 Behavior 接口的 swim 方法
        frog.jump();  // 实现了 Behavior2 接口的 run 方法
    }
```

## 8.2.3　Java 8 之后的扩展接口

在 8.2.2 小节中，有心的读者可能注意到这么一句话"在 Java 8 以前，接口内部的所有方法都必须是抽象方法"。如此说来，在 Java 8 之后，接口的内部方法也可能不是抽象方法吗？之所以 Java 8 对接口的定义规则发生变化，是因为原来的接口定义存在先天不足，例如以下几点需求就难以满足：

（1）Java 8 以前规定接口的内部方法只能是抽象方法，在该接口的实现类里面全部都要重写。这个规定明显太霸道了，为什么非得所有都重写呢？有的行为分明是通用的，比如呼吸动作，凡是陆上的脊椎动物都用鼻子呼吸，把新鲜空气吸进去，再把循环后的空气呼出来，这个呼吸方法理应放之四海而皆准，根本无须在每个实现类中依次重写过去。

（2）Java 8 以前的接口不支持构造方法也就算了，但是它居然也不支持静态成员（包括静态属性和静态方法）。这下可苦了程序员，因为与行为有关的常量和工具方法不能放到接口内部，只能另外写一个工具类填入这些常量和工具方法，于是原本应当在一个屋檐之下的行为动作和行为概念不得不分居两地了。

鉴于此，从 Java 8 开始，接口顺应时代要求修订了规则，针对以上的两点需求分别补充了相应的处理对策：

（1）增加了默认方法，并通过前缀 default 来标识。接口内部需要编写默认方法的完整实现代码，这样实现类无须重写该方法即可直接继承并使用，仿佛默认方法就是父类方法一样，唯一的区别在于实现类不允许重写默认方法。

（2）增加了静态属性和静态方法，而且都通过前缀 static 来标识。接口的静态属性同时也是终态属性，初始化赋值之后便无法再次修改。接口的静态方法不能被实现类继承，因而实现类允许定义同名的静态方法，缘于接口的静态方法与实现类的静态方法没有任何关联，仅仅是它们两个恰好同名而已。

据此增强先前的行为接口 Behavior，按照 Java 8 的新特性补充了默认方法与静态方法，修补之后 的 新 接 口 ExpandBehavior 代 码 如 下 （完 整 代 码 见 本 章 源 码 的 src\com\special\behavior\ExpandBehavior.java）：

```java
//定义一个增加了 Java 8 新特性的接口
public interface ExpandBehavior {
    public void fly();          // 声明了一个抽象的飞翔方法
    public void swim();         // 声明了一个抽象的游泳方法
    public void run();          // 声明了一个抽象的奔跑方法

    // 默认方法，以前缀 default 标识。默认方法不支持重写，但可以被继承
    public default String getOrigin(String place, String name, String ancestor) {
        return String.format("%s%s的祖先是%s。", place, name, ancestor);
    }

    // 接口内部的静态属性也默认为终态属性，所以 final 前缀可加可不加
    public static int MALE = 0;         // 雄性
    public static int FEMALE = 1;       // 雌性
    // 静态方法，以关键字 static 标识。静态方法支持重写，但不能被继承
    public static String getNameByLeg(int leg_count) {
```

```
        if (leg_count == 2) {
            return "二足动物";
        } else if (leg_count == 4) {
            return "四足动物";
        } else if (leg_count >= 6) {
            return "多足动物";
        } else {
            return "奇异动物";
        }
    }
}
```

根据上面的扩展接口，重新编写实现了该接口的鹅类，其中 fly、swim、run 这 3 个抽象方法均需重写，唯有默认方法 getOrigin 无须重写，并且鹅类代码中可以直接调用这个默认方法。新写的鹅类代码 ExpandGoose 示例如下（完整代码见本章源码的 src\com\special\behavior\ExpandGoose.java）：

```
//定义实现了扩展接口的鹅类
public class ExpandGoose extends Bird implements ExpandBehavior {
    public ExpandGoose(String name, int sexType) {
        super(name, sexType);
    }

    // 实现了接口的 fly 方法
    public void fly() {
        System.out.println("鹅飞不高，也飞不远。");
    }

    // 实现了接口的 swim 方法
    public void swim() {
        System.out.println("鹅，鹅，鹅，曲项向天歌。白毛浮绿水，红掌拨清波。");
    }

    // 实现了接口的 run 方法
    public void run() {
        System.out.println("槛外萧声轻荡漾，沙间鹅步满蹒跚。");
    }

    // 根据产地和祖先拼接并打印该动物的描述文字
    public void show(String place, String ancestor) {
        // getOrigin 是来自扩展接口 ExpandBehavior 的默认方法，可以在实现类中直接使用
        String desc = getOrigin(place, getName(), ancestor);
        System.out.println(desc);
    }
}
```

接着轮到外部访问这个鹅类 ExpandGoose 了，表面上外部仍跟平常一样调用鹅类的成员方法，然而在调用接口的静态成员时有所差别。对于接口的静态属性，外部依然能够通过鹅类直接访问，访问格式形如"实现类的名称.静态属性名"；对于接口的静态方法，外部却不能通过鹅类访问了，因为实现类并未继承接口的静态方法，所以外部只能通过接口自身访问它的静态方法，访问格式形

如 "扩展接口的名称.静态方法名(***)"。下面是外部调用鹅类 ExpandGoose 的代码例子（完整代码见本章源码的 src\com\special\behavior\TestInterface.java）：

```
// 演示扩展接口的实现类用法
private static void testExpand() {
    // 实现类可以继承接口的静态属性
    ExpandGoose goose = new ExpandGoose("鹅", ExpandGoose.FEMALE);
    goose.show("中国", "鸿雁");
    goose.show("欧洲", "灰雁");
    // 接口中的静态方法没有被实现类所继承，因而只能通过扩展接口自身访问
    String typeName = ExpandBehavior.getNameByLeg(2);
    System.out.println("鹅是"+typeName);
}
```

运行上面的测试代码，观察到如下的日志结果，可见无论是默认方法 getOrigin，还是静态方法 getNameByLeg，都得到了正确执行：

```
中国鹅的祖先是鸿雁。
欧洲鹅的祖先是灰雁。
鹅是二足动物
```

## 8.2.4 匿名内部类

前述的接口范例都是自定义的接口代码，其实 Java 系统本身就自带了若干行为接口，为了更好地理解系统接口的详细用法，接下来从一个基础的例子出发，抽丝剥茧地说明接口的几种调用方式。

早在阐述如何使用数组的时候，就提到 Java 提供了 Arrays 工具可用于数组变量的常见处理，例如该工具的 copyOf 方法用来复制数组、sort 方法用来给数组排序等。当时特别指出，对数组调用 sort 方法的排序结果是升序排列，若想对数组降序排列，则只有一个输入参数的 sort 方法便无能为力了。好在 Arrays 工具重载了其他几种 sort 方法，有一个 sort 方法允许在第二个参数中传入比较器对象，编译器会自动把排序规则替换为指定的比较器。这个数组元素的比较器就是系统自带的接口，名称叫作 Comparator，该接口只定义了一个抽象方法 compare，该方法的两个输入参数分别是待比较的两个数组元素，返回-1 表示前一个元素要排在后一个元素的前面，返回 1 表示前一个元素要排在后一个元素的后面。故而只要自己写一个新的比较器，并调整 compare 方法的返回数值，即可命令编译器按照指定规则排序。

为了理清排序方法及其比较器的因缘脉络，下面将从基本的、只有一个输入参数的 sort 方法讲起。首先对一个整型数组初始化赋值，再调用 Arrays 工具的 sort 方法对该数组排序，相应的操作代码如下（完整代码见本章源码的 src\com\special\behavior\TestAnonymous.java）：

```
// 演示数组工具的默认升序排列
private static void sortIntArrayAsc() {
    Integer[] intArray = { 89, 3, 67, 12, 45 };
    Arrays.sort(intArray);                  // Arrays 的 sort 方法默认为升序
    String ascDesc = "intArray 的升序结果为: ";
    for (Integer item : intArray) {         // 拼接排序后的数组元素
        ascDesc = ascDesc + item + ", ";
    }
```

```
        System.out.println(ascDesc);
    }
```

运行如上的测试代码，得到以下的日志信息，可见 sort 方法果然是默认按照升序排列的。

整型数组的升序结果为：3, 12, 45, 67, 89,

接着尝试自己定义一个数组比较器，主要是实现 Comparator 接口里面的 compare 方法，调整一下输入参数对应的返回值，使之按照降序方式排列。新定义的比较器代码示例如下（完整代码见本章源码的 src\com\special\behavior\SortDescend.java）：

```
//定义一个整型数组的降序比较器
public class SortDescend implements Comparator<Integer> {
    public int compare(Integer o1, Integer o2) {
        //return Integer.compare(o1, o2);          // 默认的参数顺序是升序
        return Integer.compare(o2, o1);          // 倒过来的参数顺序变成了降序
    }
}
```

然后在比较方法 sort 中输入第二个参数，取值为之前定义的比较器实例 new SortDescend()，修改之后的数组排序代码如下：

```
// 利用新定义的降序比较器实现对数组的降序排列
private static void sortIntArrayDesc() {
    Integer[] intArray = { 89, 3, 67, 12, 45 };
    // sort 方法支持按照指定的排序器进行排列判断，新定义的 SortDescend 类实现了降序排列
    Arrays.sort(intArray, new SortDescend());
    String descDesc = "intArray 的降序结果为：";
    for (Integer item : intArray) {    // 拼接排序后的数组元素
        descDesc = descDesc + item + ", ";
    }
    System.out.println(descDesc);
}
```

再次运行数组排序的测试代码，此时输出了以下的日志信息：

整型数组的降序结果为：89, 67, 45, 12, 3,

从日志结果发现，利用比较器 SortDescend 果真实现了整型数组的降序处理。

通过书写全新的数组比较器，固然能够实现指定的排序操作，但是也有几个不便之处：

（1）简简单单的几行 compare 代码，就得专门用一个代码文件保存，着实耗费不小。

（2）即使不另外开辟代码文件，仅仅在源代码中增加一个内部类，也会把排序方法与比较器隔开一段距离，尽管说距离产生美，但距离也会产生隔阂呀。

（3）如果比较器的判断逻辑依赖于 sort 方法之前的某个局部变量，难不成比较器还得弄一个构造方法传入这个局部变量的数值？

上述的几个问题虽然总有办法解决，不过若有便捷的方案显然更受欢迎。为此，Java 创造了一种名叫"匿名内部类"的概念，这个"匿名内部类"本质上属于内部类，但它表面看来没有名字，因而被称作"匿名内部类"。其实即使开发者没给它命名，编译器也会自动给它取一个代号，比如路人甲、路人乙、类 A、类 B 等，之所以省略了内部类的名称，是因为这种方式是一种简化的写法。

只要程序员给足了必要的信息，内部类的形态不完整没有关系，编译器会根据上下文自行推断此处的代码逻辑。并且匿名内部类的方法定义与实例创建操作合二为一，代码写起来更加流利，看到这里是不是跃跃欲试了呢？下面马上给出"匿名内部类"的实例创建格式：

```
new 接口名称() {
    // 这里要实现该接口声明的抽象方法
}
```

观察上面的匿名代码格式，可以看到两个重要信息：一个是 new 表示创建实例对象；另一个是接口名称表示该对象实现了指定接口。剩下起名字这种例行公事就交给编译器代劳了。既然见过了匿名内部类的使用格式，接着就把它应用到数组排序器中，对于 sort 方法而言，相当于原来 new SortDescend()的位置换成了匿名内部类的实例创建代码，替换之后的排序代码如下（完整代码见本章源码的 src\com\special\behavior\TestAnonymous.java）：

```
// 通过匿名内部类完成自定义的排序操作
private static void sortIntArrayDescAnonymous() {
    Integer[] intArray = { 89, 3, 67, 12, 45 };
    // 匿名内部类无须专门定义形态完整的类，只需指明新创建的实例从哪个接口扩展而来
    Arrays.sort(intArray, new Comparator<Integer>() {
        public int compare(Integer o1, Integer o2) {
            return Integer.compare(o2, o1);  // 倒过来的参数顺序变成了降序
        }
    });
    String descDesc = "intArray 采取匿名内部类的降序结果为：";
    for (Integer item : intArray) {  // 拼接排序后的数组元素
        descDesc = descDesc + item + ", ";
    }
    System.out.println(descDesc);
}
```

可见有了匿名内部类，从此无须额外定义专门的内部类，甚至是单独的代码文件了。

数组比较器不仅适用于整型数组，还能用于其他类型，比如字符串数组。当 Arrays 工具的 sort 方法给字符串数组排序的时候，默认是根据首字母的拼写顺序来升序排列的，但是字符串时常需要按照长度排序，如此一来就得重新实现一个按照字符串长度排序的比较器。现在利用匿名内部类比较两个字符串长度的代码也能放在 sort 方法内部，具体的字符串排序代码如下：

```
// 通过匿名内部类对字符串数组按照字符串长度排序
private static void sortStrArrayByLength() {
    String[] strArray = { "说曹操曹操就到", "东道主", "风马牛不相及", "亡羊补牢", "无
巧不成书",
            "冰冻三尺非一日之寒", "同窗", "青出于蓝而胜于蓝" };
    // 字符串数组的默认排序方式为根据首字母的拼写顺序
    // 下面的匿名内部类把排序方式改成了按照字符串长度排序
    Arrays.sort(strArray, new Comparator<String>() {
        public int compare(String o1, String o2) {
            return o1.length() < o2.length() ? -1 : 1;  // 比较前后两个数组元素的字
符串长度大小
```

```
        }
    });
    String desc = "strArray 比较字符串长度的升序结果为：";
    for (String item : strArray) {   // 拼接排序后的数组元素
        desc = desc + item + ", ";
    }
    System.out.println(desc);
}
```

运行以上的排序代码，观察到日志的确输出了排序好的字符串数组：

> 字符串数组比较字符串长度的升序结果为：同窗，东道主，亡羊补牢，无巧不成书，风马牛不相及，说曹操曹操就到，青出于蓝而胜于蓝，冰冻三尺非一日之寒

# 8.3 函数式编程

本节介绍 Java 8 引入的函数式编程理念，函数式编程本质上想把函数作为方法的输入参数，由于 Java 并未规定函数或方法是一种数据类型，因此需要借助接口来表达函数参数。简化后的函数参数可使用 Lambda 表达式书写，但不是所有的接口都能采用 Lambda 表达式，只有专门的函数式接口才可以加以运用。对于符合某种规则的函数参数，还能改写为相应的方法引用，使之看起来更像是一个方法类型的输入参数。

## 8.3.1 Lambda 表达式

通过在 Arrays 工具的 sort 方法中运用匿名内部类，不但能够简化代码数量，还能保持业务代码的连续性。只是匿名内部类的结构仍显啰唆，虽然它省去了内部类的名称，但是花括号里面的方法定义代码一字不落，依然占据了好几行代码。比如下面排序方法的调用代码例子：

```
Integer[] intArray = { 89, 3, 67, 12, 45 };
// 匿名内部类无须专门定义形态完整的类，只需指明新创建的实例从哪个接口扩展而来
Arrays.sort(intArray, new Comparator<Integer>() {
    public int compare(Integer o1, Integer o2) {
        return Integer.compare(o2, o1);   // 倒过来的参数顺序变成了降序
    }
});
```

尽管这种匿名内部类的代码有点别扭，然而在早期的 Java 编程中也只能如此了，毕竟还得按照面向对象的规矩来，否则缺胳膊断腿的匿名内部类，编译器怎知它是什么？直到 Java 8 推出了 Lambda 表达式，才迎来了匿名内部类代码优化的曙光。

Lambda 表达式其实是一个匿名方法。所谓匿名方法，指的是：它是一个没有名字的方法，但方法体的内部代码是完整的。但是常规的方法调用都必须指定方法名称，假如匿名方法不存在方法名称，那么别的地方怎样才能调用它呢？为了保证编译器能够识别匿名方法的真身，Java 对它的调用时机规定了以下限制条件：

（1）调用匿名方法的地方，本身必须知晓该位置的参数类型。举一个例子，Math 库的对数函数 log，根据方法定义可知，它的输入参数是双精度类型，则程序员书写 Math.log(1)的时候，虽然这个 1 看不出数值类型，编译器也会自动将它转换为双精度数。

（2）参数类型必须是某个接口，并且该接口仅声明了一个抽象方法。由于 Java 体系里的方法参数要么是基本变量类型（如 int、double），要么是某个类或某个接口，就是不支持把方法作为参数类型，因此需要借助接口把方法单独包装一下，这样每当给这个接口创建匿名内部类的时候，编译器便知道接下来只能且必定调用该接口的唯一方法。

根据以上的两个行规，对比排序方法 sort 可知该方法满足第一项条件，同时排序比较器 Comparator 满足第二项条件，于是调用 sort 方法出现的匿名内部类完全支持改写为 Lambda 表达式。一方面，因为拥有两个参数的 sort 方法早已声明第二个参数是 Comparator 类型，所以匿名内部类中的该接口名称允许略去；另一方面，因为比较器 Comparator 只有唯一的抽象方法 compare，所以匿名内部类里面的方法名称也允许略去。如此一来，既省略接口名又省略方法名的 Lambda 排序代码示例如下（完整代码见本章源码的 src\com\special\function\TestLambda.java）：

```
// Lambda 表达式第一招，去掉了 new、接口名称、方法名称
Arrays.sort(intArray, (Integer o1, Integer o2) -> {
    return Integer.compare(o2, o1);  // 按照降序排列
});
```

仔细观察上述的 Lambda 表达式，发现 compare 方法的参数列表与方法体之间多了箭头标志"->"，这正是 Lambda 表达式的特征标记，箭头左边为匿名方法的参数列表，箭头右边为匿名方法的方法体。注意到参数列表中仍然保留了每个参数的类型名称，其实依据 compare 方法的定义，对于整型数组而言，此处的两个输入参数一定是 Integer 类型，故参数列表里的类型名称可以统统去掉。这样进一步简化后的 Lambda 表达式变成了下面的代码：

```
// Lambda 表达式第二招，去掉了输入参数的变量类型
Arrays.sort(intArray, (o1, o2) -> {
    return Integer.compare(o2, o1);  // 按照降序排列
});
```

尽管上面的 Lambda 表达式已经足够简洁了，但对于这种内部只有一行代码的方法体来说，还能用点劲继续压缩代码。首先，只有一行代码的话，包裹方法体的花括号赶紧去掉；其次，compare 方法需要一个整型返回值，刚好 Integer.compare(o2, o1)返回的正是整型数，因而这行代码前面的 return 也可以去掉，顺便把末尾的分号一块扔了。于是经过 3 次精简的 Lambda 排序代码如下：

```
// Lambda 表达式第三招，去掉了方法体的花括号，以及方法返回的 return 和分号
Arrays.sort(intArray, (o1, o2) -> Integer.compare(o2, o1));
```

这下终于把 Lambda 表达式压缩到极致了，连同 sort 方法在内只有短短一行，比起匿名内部类的实现代码又前进了一大步。

再来一个字符串数组的排序练练手，有利于加深对 Lambda 表达式的理解。在 8.2.4 小节中，对字符串数组按照长度排序的功能，通过匿名内部类的实现代码是下面这样的：

```
// 下面的匿名内部类把排序方式改成了按照字符串长度排序
Arrays.sort(strArray, new Comparator<String>() {
```

```
        public int compare(String o1, String o2) {
            return o1.length() < o2.length() ? -1 : 1;  // 比较前后两个数组元素的字
符串长度大小
        }
    });
```

现在把排序器的匿名内部类代码改写为匿名方法，则精兵简政之后的 Lambda 表达式缩短到了如下一行代码：

```
// 下面的 Lambda 表达式把排序方式改成了按照字符串长度排序
Arrays.sort(strArray, (o1, o2) -> o1.length() < o2.length() ? -1 : 1);
```

别看 Lambda 代码如此精练，该做什么事一个都没落下。运行包含 Lambda 表达式的测试代码，输出的日志结果明明白白，可见字符串数组果然按照升序排列了。

字符串数组比较字符串长度的升序结果为：同窗，东道主，亡羊补牢，无巧不成书，风马牛不相及，说曹操曹操就到，青出于蓝而胜于蓝，冰冻三尺非一日之寒。

## 8.3.2 函数式接口的定义

无论是匿名内部类还是 Lambda 表达式，之前所举的例子都离不开各类数组的排序方法，倘若 Lambda 表达式仅能用于 sort 方法，无疑限制了它的应用范围。那么除了 sort 方法外，还有哪些场景能够将 Lambda 表达式派上用场呢？既然匿名内部类与 Lambda 表达式都依附于某种接口，就得好好研究一下这种接口的特别之处。

关于排序方法 sort 的第二个输入参数，原本定义的参数类型是比较器 Comparator，然而这个比较器真正有用的是唯一一个抽象方法 compare。之前阐述 Lambda 表达式概念的时候，提到 Lambda 表达式指的是匿名方法，并且由于 Java 不支持把方法作为参数类型，因此只好再给方法加一层接口的包装，于是 sort 方法里的参数类型变为 Comparator 接口而非 compare 方法了。

像 Comparator 这种挂羊头卖狗肉的接口，表面上是接口的结构，实际上给某个方法专用，为了与其他的接口区分开，它被 Java 称作"函数式接口"。函数式接口拥有一般接口的形态，但其内部有且仅有一个抽象方法（方法也叫作函数），而这也是外部调用时采取 Lambda 表达式改写的方法。除此之外，函数式接口还允许定义别的非抽象方法，包括默认方法与静态方法。

搞清楚了函数式接口的来龙去脉，接下来不妨自定义一个全新的函数式接口。之前讲到普通接口时，定义了一个行为接口给各个动物类实现，这意味着行为动作的方法代码与类的代码在一起定义。如果来了一个新的动物，就得提供对应的动物类定义及其动作代码，日积月累，各种动物类势必越来越多。但是很多业务场景希望更灵活的逻辑，往往只要定义一个基础的动物类，然后动物的每样属性都由成员方法读写，甚至动物的行为动作也由外部传入。这样可以制定一个"行动"方法，并通过"行为"接口包装起来，再提供给动物类使用。

下面便是一个简单的行为接口代码例子：

```
//定义一个行为接口，给动物类调用
public interface Behavior {
    public void act();  // 声明一个名叫行动的抽象方法
}
```

从上面的接口定义可知，Behavior 接口有且仅有一个抽象方法 act，因而它属于函数式接口。接着编写动物类的定义代码，其中的 midnight 方法用来控制该动物在半夜干什么，具体的行动内容由输入参数指定（参数类型为 Behavior），具体的动物类代码如下（完整代码见本章源码的 src\com\special\function\Animal.java）：

```
//演示动物类的定义，其中 midnight 方法的输入参数为 Behavior 类型
public class Animal {
    private String name;  // 动物名称

    public Animal(String name) {
        this.name = name;
    }

    public String getName() {
        return this.name;
    }

    // 定义一个半夜行动的方法。具体的动作由输入行为的 act 方法执行
    public void midnight(Behavior behavior) {
        behavior.act();
    }
}
```

然后外部就能创建动物类 Animal 的实例，并调用该实例的 midnight 方法传入规定的行为动作。以公鸡为例，大公鸡喜欢在半夜鸣叫，那么先创建一个公鸡实例，再命令它的 midnight 方法执行叫唤动作，这里的叫唤动作若以匿名内部类书写，则可参考以下调用代码（完整代码见本章源码的 src\com\special\function\TestFunctional.java）：

```
// 测试公鸡在半夜干了什么
private static void testCock() {
    Animal cock = new Animal("公鸡");  // 创建一个公鸡实例
    // 调用 midnight 方法时，传入匿名内部类的实例
    cock.midnight(new Behavior() {
        public void act() {
            System.out.println(cock.getName()+"在叫啦。");
        }
    });
}
```

把以上的匿名内部类写法改为 Lambda 表达式，将冗余部分掐头去尾简化成如下一行代码：

```
// 调用 midnight 方法时，传入 Lambda 表达式的代码
// 匿名方法不存在输入参数的话，也要保留一对圆括号占位子
cock.midnight(() -> System.out.println(cock.getName()+"在叫啦。"));
```

单单看这个 Lambda 表达式，姑且不论事实上的参数是什么类型，至少在表面上是把一段方法代码作为输入参数传给了 midnight。如此一来，函数式接口借助 Lambda 表达式，成功地瞒天过海摇身变成了一种方法类型。

继续演示其他动物，每当夜深人静的时候，老猫便瞪圆眼睛出来捉老鼠了，于是往老猫实例的 midnight 方法输入捉老鼠动作，相应的调用代码如下：

```
// 测试老猫在半夜干了什么
private static void testCat() {
    Animal cat = new Animal("老猫");  // 创建一个老猫实例
    // 调用 midnight 方法时，传入 Lambda 表达式的代码
    cat.midnight(() -> System.out.println(cat.getName()+"在捉老鼠。"));
}
```

可见函数式接口结合 Lambda 表达式，将与行为有关的代码减肥减得不能再瘦了。再奉上一段猪仔在半夜呼呼大睡的代码例子：

```
// 测试猪仔在半夜干了什么
private static void testPig() {
    Animal pig = new Animal("猪仔");  // 创建一个猪仔实例
    // 调用 midnight 方法时，传入 Lambda 表达式的代码
    pig.midnight(() -> System.out.println(pig.getName()+"在呼呼大睡。"));
}
```

最后运行包含上述 3 种动物的测试代码，得到以下的日志结果：

```
公鸡在叫啦。
老猫在捉老鼠。
猪仔在呼呼大睡。
```

总结一下，函数式接口适用于外部把某个方法当作输入参数的场合。通过利用函数式接口，一群实例可在调用时单独传入具体动作，而无须像从前那样派生出许多子类，还要在各个子类中分别实现它们的动作方法。

### 8.3.3  双冒号标记的方法引用

数组工具 Arrays 提供了 sort 方法用于数组元素排序，但是并未提供更丰富的数组加工操作，比如从某个字符串数组中挑选符合条件的字符串并形成新的数组。现在就利用函数式接口实现数组元素筛选的功能。

首先定义一个字符串的过滤器接口，该接口内部声明了一个匹配字符串的抽象方法，由此构成了如下的函数式接口代码：

```
//定义字符串的过滤接口
public interface StringFilter {
    public boolean isMatch(String str);  // 声明一个输入参数只有源字符串的抽象方法
}
```

接着编写一个字符串处理工具类，在工具类里面定义一个字符串数组的筛选方法 select，该方法的输入参数包括原始数组和过滤器实例，方法内部根据过滤器的 isMatch 函数判断每个字符串是否符合筛选条件，并把所有符合条件的字符串重新生成新数组。按此思路实现的工具类代码如下（完整代码见本章源码的 src\com\special\function\StringUtil.java）：

```
//定义字符串工具类
public class StringUtil {
```

```
// 根据过滤器 StringFilter 从字符串数组挑选符合条件的元素，并重组成新数组返回
// 其中 StringFilter 只校验完整的字符串
public static String[] select(String[] originArray, StringFilter filter) {
    int count = 0;
    String[] resultArray = new String[0];
    for (String str : originArray) {                    // 遍历所有字符串
        if (filter.isMatch(str)) {                      // 符合过滤条件
            count++;
            resultArray = Arrays.copyOf(resultArray, count);   // 数组容量增大一个
            resultArray[count-1] = str;    // 往数组末尾填入刚才找到的字符串
        }
    }
    return resultArray;
}
```

　　然后在外部构建原始的字符串数组，并通过 StringUtil 工具的 select 方法对其挑选数据。为了能看清过滤器实例的完整面貌，一开始还是以匿名内部类形式声明，这样外部的调用代码示例如下（完整代码见本章源码的 src\com\special\function\TestColon.java）：

```
// 在挑选符合条件的数组元素时，可采取方法引用
private static void testSelect() {
    // 原始的字符串数组
    String[] strArray = { "Hello", "world", "What", "is", "The", "Wether", "today",
"" };
    String[] resultArray;  // 筛选后的字符串数组
    // 采取匿名内部类方式筛选字符串数组
    resultArray = StringUtil.select(strArray, new StringFilter() {
        public boolean isMatch(String str) {
            return str.contains("e");  // 是否包含字母 e
        }
    });
}
```

　　显然匿名内部类太过啰唆，仅仅是挑选包含字母 e 的字符串，就得写上好几行代码。俗话说"一回生，二回熟"，前面用了许多次 Lambda 表达式，现在闭着眼睛就能信手拈来字符串筛选的 Lambda 代码，请看以下改写后的调用代码：

```
// 采取 Lambda 表达式来筛选字符串数组
resultArray = StringUtil.select(strArray, (str) -> str.contains("e"));
                                            // 挑出包含 e 的字符串
resultArray = StringUtil.select(strArray, (str) -> str.indexOf("e")>=0);
                                            // 挑出包含 e 的字符串
resultArray = StringUtil.select(strArray, (str) -> str.isEmpty());
                                            // 挑出为空的字符串
```

　　没想到已经把 Lambda 表达式运用得如此炉火纯青了。Lambda 表达式固然精练，但是 Java 又设计了另一种更加简约的写法，它的大名叫作"方法引用"。之前介绍函数式接口时，提到 Java 的

输入参数类型只能是基本变量类型、某个类、某个接口，总之不能是某个方法，故而一定要通过接口将方法包装起来才行。然而分明仅需某个方法的动作，结果硬要塞给它一个接口对象，实在是强人所难。为此，Java 专门提供了"方法引用"，只要符合一定的规则，即可将方法名称作为输入参数传进去。

以上述的字符串筛选为例，其中的"(str) -> str.isEmpty()"便满足方法引用的规定，则该 Lambda 表达式可进一步简化成"String::isEmpty"，就像下面的代码这样：

```
// 采取双冒号的方法引用来筛选字符串数组。只挑选空串
resultArray = StringUtil.select(strArray, String::isEmpty);
```

可见采取了方法引用的参数格式为"变量类型::该变量调用的方法名称"，其中，变量类型和方法名称之间用双冒号隔开。之所以挑选空串允许写成方法引用，是因为表达式"(str) -> str.isEmpty()"满足了以下 3 个条件：

（1）里面的 str 为字符串 String 类型，并且式子右边调用的 isEmpty 正好属于字符串变量的方法。

（2）式子左边有且仅有一个 String 类型（含 String 数组）的参数，同时式子右边有且仅有一行字符串变量的方法调用。

（3）isEmpty 的返回值为布尔类型，Lambda 表达式对应的匿名方法的返回值也是布尔类型。

既然表达式"(str) -> str.isEmpty()"支持通过方法引用改写，那么前两个式子"(str) -> str.contains("c")"和"(str) -> str.indexOf("e")>=0"能否如法炮制改写成方法引用呢？可惜的是，这两个式子里的方法有别于 isEmpty 方法，因为 isEmpty 方法不带输入参数，而无论是 contains 方法还是 indexOf 方法都存在输入参数，如果在 select 方法中填写"String::contains"或"String::indexOf"，它们两个的输入参数"e"该往哪里放呢？所以必须另外想办法。就式子"(str) -> str.contains("e")"而言，匿名方法内部的 contains 仅仅比 isEmpty 多了一个匹配串，可否考虑把这个匹配串单独拎出来另外定义输入参数呢？如此一来，需要修改原先的过滤器接口，给校验方法 isMatch 添加一个匹配串参数。于是重新定义的过滤器接口代码如下：

```
//定义字符串的过滤接口 2
public interface StringFilter2 {
    public boolean isMatch(String str, String sign);  // 声明一个输入参数包括源字符串和
标记串的抽象方法
}
```

眼瞅着 isMatch 增加了新参数，工具类 StringUtil 也得补充对应的挑选方法 select2，该方法不但在调用 isMatch 时传入匹配串，而且自身的输入参数列表也要添加这个匹配串，否则编译器怎知该匹配串来自何方？下面便是新增的挑选方法的代码例子：

```
// 根据过滤器 StringFilter2 从字符串数组挑选符合条件的元素，并重组成新数组返回
// 其中 StringFilter2 根据标记串校验字符串
public static String[] select2(String[] originArray, StringFilter2 filter, String
sign) {
    int count = 0;
    String[] resultArray = new String[0];
    for (String str : originArray) {               // 遍历所有字符串
        if (filter.isMatch(str, sign)) {           // 符合过滤条件
```

```
                count++;
                resultArray = Arrays.copyOf(resultArray, count);  // 数组容量增大一个
                resultArray[count - 1] = str;  // 往数组末尾填入刚才找到的字符串
            }
        }
        return resultArray;
    }
```

现在回到外部筛选字符串数组的地方，此时外部调用 StringUtil 工具的 select2 方法，终于可以将方法引用 "String::contains" 堂而皇之传进去了，同时 select2 方法的第 3 个参数填写 contains 所需的匹配串。推而广之，不单单是 contains 方法，String 类型的 startsWith 方法和 endsWith 方法也支持采取方法引用的形式，这 3 个方法的引用代码示例如下：

```
// 若被引用的方法存在输入参数，则将该参数挪到挑选方法 select2 的后面，只挑选包含字母 o 的串
resultArray = StringUtil.select2(strArray, String::contains, "o");
print(resultArray, "contains 方法");
// 被引用的方法换成了 startsWith，只挑选以字母 W 开头的串
resultArray = StringUtil.select2(strArray, String::startsWith, "W");
print(resultArray, "startsWith 方法");
// 被引用的方法换成了 endsWith，只挑选以字母 y 结尾的串
resultArray = StringUtil.select2(strArray, String::endsWith, "y");
print(resultArray, "endsWith 方法");  // 打印排序后的数组元素遍历结果
```

运行上述包含方法引用的测试代码，观察到以下的日志信息，可见字符串筛选方法运行正常：

```
contains 方法的挑选结果为: Hello, world, today,
startsWith 方法的挑选结果为: What, Wether,
endsWith 方法的挑选结果为: today,
```

不料 indexOf 方法并不适用于方法引用，缘于式子 "(str) -> str.indexOf("e")>=0" 多了一个 ">=0" 的判断。要知道方法引用的条件非常严格，符合条件的表达式只能有方法自身，不允许出现其他额外的逻辑运算。被引用方法的输入参数尚能通过给过滤器添加参数来实现，多出来的逻辑运算就无能为力了。不过对于字符串的筛选过程来说，更复杂的条件判断完全能够交给正则匹配方法 matches，只要给定待筛选的字符串格式规则，matches 方法就会自动校验某个字符串是否符合正则条件。假如要挑选首字母为 w 或者 W 的字符串数组，则采取方法引用的 matches 调用代码如下：

```
// 如需对字符串筛选更复杂的条件，可利用 matches 方法通过正则表达式来校验
resultArray = StringUtil.select2(strArray, String::matches, "[wW][a-zA-Z]*");
print(resultArray, "matches 方法");  // 打印排序后的数组元素遍历结果
```

再来运行上面的测试代码，日志结果显示字符串筛选的结果符合预期：

```
matches 方法的挑选结果为: world, What, Wether,
```

除了字符串数组的过滤功能外，方法引用还能用于字符串数组的排序操作，正如大家熟悉的比较器接口 Comparator。回顾 Arrays 工具的 sort 方法，它在判断两个字符串的先后顺序时，默认比较它们的首字母，也就是调用字符串类型的 compareTo 方法。使用 sort 方法给字符串数组排序的时候，用到的比较器既支持以匿名内部类方式书写，又支持以 Lambda 表达式书写，合并了两种书写方式的排序代码如下（完整代码见本章源码的 src\com\special\function\TestColon.java）：

```
    // 在对字符串数组排序时，也可采取方法引用
private static void testCompare() {
    String[] strArray = { "Hello", "world", "What", "is", "The", "Wether",
"today" };
        // 采取匿名内部类方式对字符串数组进行默认的排序操作
    Arrays.sort(strArray, new Comparator<String>() {
        public int compare(String o1, String o2) {
            return o1.compareTo(o2);
        }
    });
        // 采取 Lambda 表达式对字符串数组进行默认的排序操作
    Arrays.sort(strArray, (o1, o2) -> o1.compareTo(o2));
    print(strArray, "字符串数组按首字母不区分大小写");   // 打印排序后的数组元素遍历结果
}
```

从上面的排序方法用到的 Lambda 表达式可知，该式子对应的匿名方法有 o1 和 o2 两个输入参数，它们的数据类型都是 String。相比之下，之前介绍字符串数组的挑选功能时，采用的过滤器内部方法 isMatch 只有一个字符串参数。过滤器和比较器的共同点在于，无论是只有一个入参，还是有两个入参，它们的方法内部都用到了唯一的字符串方法，前者是 contains 方法，而后者是 compareTo 方法。因此，比较器的匿名方法也允许改写成方法引用，反正编译器知道该怎么办就行，于是修改之后的方法引用代码如下：

```
    // 因为 compareTo 前后的两个变量都是数组的字符串元素
    // 所以可直接简写为该方法的引用形式，反正编译器知道该怎么调用
Arrays.sort(strArray, String::compareTo);
print(strArray, "字符串数组按首字母拼写顺序");   // 打印排序后的数组元素遍历结果
```

运行以上的排序代码，得到下面的日志结果，可见 compareTo 方法会把首字母大写的字符串排在前面，把首字母小写的字符串排在后面：

　　字符串数组按首字母拼写顺序的挑选结果为：Hello, The, Wether, What, is, today, world,

与 compareTo 相似的方法还有 compareToIgnoreCase，区别在于：该方法在比较字符串首字母时忽略了大小写。利用 compareToIgnoreCase 排序的方法引用代码示例如下：

```
    // 把 compareTo 方法换成 compareToIgnoreCase 方法，表示首字母不区分大小写
Arrays.sort(strArray, String::compareToIgnoreCase);
print(strArray, "字符串数组按首字母不区分大小写");   // 打印排序后的数组元素遍历结果
```

再次运行新写的排序代码，从输入的日志信息可知，compareToIgnoreCase 比较首字母时的确忽略了大小写的区别：

　　字符串数组按首字母不区分大小写的挑选结果为：Hello, is, The, today, Wether, What, world

## 8.3.4　静态方法引用和实例方法引用

前面介绍了方法引用的概念及其业务场景，虽然在所列举的案例中方法引用确实好用，但是显而易见这些案例的适用范围非常狭窄，因为被引用的方法必须属于外层匿名方法（即 Lambda 表达式）的数据类型，像 isEmpty、contains、startsWith、endsWith、matches、compareTo、compareToIgnoreCase

等无一例外全部归属于 String 字符串类型，假使 Lambda 表达式输入参数的数据类型并不拥有式子右边的方法，那么方法引用还能派上用场吗？

当然，Java 8 的方法引用这么一个大招，绝非只想让它走过场而已，而是要除旧革新深入应用。8.3.3 小节费了许多口舌介绍的案例，其实仅仅涉及方法引用的其中一个分支——参数方法引用，该分支顾名思义被引用的方法对应入参的数据类型。方法引用还有其他两个分支，分别是静态方法引用和实例方法引用，接下来依次详细说明。

首先介绍静态方法引用。所谓"静态"，表示被引用的方法是某个工具类的静态方法。为了逐步展开相关论述，先定义一个专属的计算器接口，同时该接口也是一个标准的函数式接口。下面是计算器接口的定义代码：

```
//定义一个计算器接口，给算术类使用
public interface Calculator {
    public double operate(double x, double y);  // 声明一个名叫运算的抽象方法
}
```

可见计算器接口声明了一个运算方法，该方法有两个双精度型入参。之所以把运算方法当作抽象类型，是为了支持动态指定两个数字的运算操作，例如可以对这两个数字做相加运算和相乘运算，求两个数的最大值和最小值，等等。为此还要定义一个算术工具类，在该工具类中编写 calculate 方法，将计算器接口以及两个操作数作为 calculate 方法的输入参数。这个算术工具类的角色相当于数组工具类 Arrays，它的定义代码示例如下：

```
//定义一个算术类
public class Arithmetic {
    // 定义一个静态的计算方法，根据传入的计算器接口，对后面两个数字做运算
    public static double calculate(Calculator calculator, double x, double y) {
        return calculator.operate(x, y);  // 这里调用了计算器接口的运算方法
    }
}
```

现在轮到外部调用算术类 Arithmetic，倘若命令计算器去求两个数字的较大值，则参照 Arrays 工具的 sort 方法格式，可编写如下的运算代码（包括匿名内部类方式与 Lambda 表达式）（完整代码见本章源码的 src\com\special\function\TestColon.java）：

```
// 演示静态方法的方法引用
private static void testStatic() {
    double result;
    // 采取匿名内部类方式对两个操作数做指定运算（求较大值）
    result = Arithmetic.calculate(new Calculator() {
        public double operate(double x, double y) {
            return Math.max(x, y);
        }
    }, 3, 2);
    // 采取 Lambda 表达式对两个操作数做指定运算（求较大值）
    result = Arithmetic.calculate((x, y) -> Math.max(x, y), 3, 2);
}
```

显然求最大值用到的 max 方法属于 Math 数学函数库，不属于 x 与 y 二者的变量类型，并且 max

是 Math 工具的静态方法而非实例方法。尽管此时 max 方法不符合参数方法引用，但它恰恰跟静态方法引用对上号了，因而 Lambda 表达式"(x, y) -> Math.max(x, y)"允许简写为"Math::max"。以此类推，通过 Arithmetic 工具的 calculate 方法求两个数字的较小值，也能代入方法引用"Math::min"；求某个数字的 n 次方，可代入方法引用"Math::pow"；求两个数字之和，可代入方法引用"Double::sum"。于是在算术工具中运用静态方法引用的代码变成了下面这样：

```
result = Arithmetic.calculate(Math::max, 3, 2);   //静态方法引用，求两数的较大值
System.out.println("两数的较大值=" + result);
result = Arithmetic.calculate(Math::min, 3, 2);   //静态方法引用，求两数的较小值
System.out.println("两数的较小值=" + result);
result = Arithmetic.calculate(Math::pow, 3, 2);   //静态方法引用，求某数的 n 次方
System.out.println("两数之乘方=" + result);
result = Arithmetic.calculate(Double::sum, 3, 2);  // 静态方法引用，求两数之和
System.out.println("两数之和=" + result);
```

运行上述的计算代码，输出两个数字的各项运算结果如下：

```
两数的较大值=3.0
两数的较小值=2.0
两数之乘方=9.0
两数之和=5.0
```

如果接着求两个数字之差、两个数字之积等，就会发现无论是 Math 工具，还是包装浮点型 Double，它们都没有可用的静态方法。不过这难不倒我们，即使系统不提供，我们也能自己定义相应的计算方法。说时迟那时快，熟练的程序员早早准备好了包括常见运算在内的数学工具类，不但有四则运算，还有乘方和开方运算，完整的工具类代码如下（完整代码见本章源码的 src\com\special\function\MathUtil.java）：

```
//定义数学工具类
public class MathUtil {
    // 加法运算
    public double add(double x, double y) {
        return x+y;
    }

    // 减法运算
    public double minus(double x, double y) {
        return x-y;
    }

    // 乘法运算
    public double multiply(double x, double y) {
        return x*y;
    }

    // 除法运算
    public double divide(double x, double y) {
        return x/y;
    }
```

```java
    // 取余数运算
    public double remainder(double x, double y) {
        return x%y;
    }

    // 取两数的较大值
    public double max(double x, double y) {
        return Math.max(x, y);
    }

    // 取两数的较小值
    public double min(double x, double y) {
        return Math.min(x, y);
    }

    // 幂运算，即乘方
    public double pow(double x, double y) {
        return Math.pow(x, y);
    }

    // 求方根运算，即开方
    public double sqrt(double x, double y) {
        double number = x;              // 需要求 n 次方根的数字
        double root = x;                // 每次迭代后的数值
        double n = y;                   // n 次方根的 n
        for (int i=0; i<5; i++) {       // 下面利用牛顿迭代法求 n 次方根
            root = (root*(n-1)+number/Math.pow(root, n-1))/n;
        }
        return root;
    }
}
```

注意到 MathUtil 的内部方法全部是实例方法，而非静态方法，意味着外部若想调用这些方法，则需先创建 MathUtil 的实例才行。比如下面这般：

```java
    MathUtil math = new MathUtil();  // 创建一个数学工具的实例
```

有了 MathUtil 类的实例之后，外部即可通过 "math::add" 表示相加运算的方法引用，通过 "math::minus" 表示相减运算的方法引用。这种 "实例名称::方法名称" 的引用形式，正是方法引用的第三个分支——实例方法引用。下面的运算代码将演示实例方法引用的具体用法（完整代码见本章源码的 src\com\special\function\TestColon.java）：

```java
    // 演示实例方法的方法引用
    private static void testInstance() {
        MathUtil math = new MathUtil();  // 创建一个数学工具的实例
        double result;
        result = Arithmetic.calculate(math::add, 3, 2);      // 实例方法引用，求两数之和
        System.out.println("两数之和=" + result);
        result = Arithmetic.calculate(math::minus, 3, 2);    // 实例方法引用，求两数之差
        System.out.println("两数之差=" + result);
        result = Arithmetic.calculate(math::multiply,3,2);   // 实例方法引用，求两数之积
```

```
        System.out.println("两数之积=" + result);
        result = Arithmetic.calculate(math::divide,3,2);  //实例方法引用，求两数之商
        System.out.println("两数之商=" + result);
        result = Arithmetic.calculate(math::remainder,3,2);  // 实例方法引用，求两数之余
        System.out.println("两数之余=" + result);
        result = Arithmetic.calculate(math::max, 3, 2);  //实例方法引用，求两数的较大值
        System.out.println("两数的较大值=" + result);
        result = Arithmetic.calculate(math::min, 3, 2);  //实例方法引用，求两数的较小值
        System.out.println("两数的较小值=" + result);
        result = Arithmetic.calculate(math::pow, 3, 2);  //实例方法引用，求某数的 n 次方
        System.out.println("两数之乘方=" + result);
        result = Arithmetic.calculate(math::sqrt,3,2);  // 实例方法引用，求某数的 n 次方根
        System.out.println("两数之开方=" + result);
    }
```

运行如上的计算代码，可得到以下的计算结果日志：

```
两数之和-5.0
两数之差=1.0
两数之积=6.0
两数之商=1.5
两数之余=1.0
两数的较大值=3.0
两数的较小值=2.0
两数之乘方=9.0
两数之开方=1.7320508075688772
```

当然，对于算术运算，本来就没有必要非得创建实例，完全可以将 add、minus、multiply 等诸多方法声明为静态方法，然后外部通过 MathUtil::add、MathUtil::minus、MathUtil::multiply 来引用对应方法。如此变更的唯一代价便是把实例方法引用改成了静态方法引用。

# 8.4  实 战 练 习

本节介绍两种基本设计模式的实现过程，分别是采取嵌套类技术的建造者模式，以及规定只能创建唯一实例的单例模式，并详细叙述单例模式的 3 种实现方式：懒汉方式、饿汉方式、嵌套方式。

## 8.4.1  实现建造者模式

面向对象的封装性屏蔽了外部直接访问属性，改为调用 get***和 set***这样的读写方法来间接访问属性，这在一定程度上加强了安全性。但是它仍然无法满足特定的安全要求，比如现有一个用户信息类，该类定义了用户名和密码两个属性，用于保存账号注册时填写的用户名和密码，且用户名和密码两个字段各自提供了 get***和 set***方法。正常情况下，注册完成后用户实例的密码字段就不能变更了，否则该用户的密码将在本人不知情的时候被篡改。然而密码字段的 setPassword 方法是对外公开的，谁能保证黑客不会植入一条"setPassword("1111")"的代码呢？可知允许多次调用的 set***方法存在很大的安全风险。

为了杜绝多次调用可能导致的信息篡改隐患，势必要求去掉 set*** 方法。如此一来，只能在构造方法中把各字段值传进去。仍以用户信息为例，去掉 set*** 方法之后的类定义代码改写为下面这般（完整代码见本章源码的 src\com\special\builder\UserCommon.java）：

```java
//定义一个不能修改属性的用户类
public class UserCommon {
    private final String name;            // 姓名
    private final String password;        // 密码

    public UserCommon(String name, String password) {
        this.name = name;
        this.password = password;
    }

    // 获取用户的姓名
    public String getName() {
        return this.name;
    }

    // 获取用户的密码
    public String getPassword() {
        return this.password;
    }
}
```

由于每个实例只会在创建时调用一次构造方法，因此上面的用户信息类确保各字段仅有一次写入动作，除非在别处创建了新的实例。当然，新旧实例本来就不一样，无所谓篡改不篡改。外部对这个 UserCommon 的调用方式不变，依然先创建该类的实例，再通过 get*** 方法获取各属性值，正如以下代码这样（完整代码见本章源码的 src\com\special\builder\TestBuilder.java）：

```java
// 测试普通方式的用户实例
private static void testCommon() {
    // 创建用户实例，在构造方法中传入各属性
    UserCommon user = new UserCommon("张三", "111111");
    System.out.println("普通方式，用户名为"+user.getName()+",密码为"
                                        +user.getPassword());
}
```

运行以上的测试代码，观察到如下的输出日志，看起来没什么问题。

普通方式，用户名为张三，密码为 111111

但是上述做法并不明智，原因有二：

（1）所有的字段值都必须在构造方法中一次性传入，如果字段数量较多，构造方法显然就会不堪重负。

（2）倘若后续用户类增加新的字段，不但要修改构造方法增加新的输入参数，而且得搜索现有代码，给该类的实例创建代码统统补上新参数。即使原先的代码并不需要该参数，也得强制为其画蛇添足，实在是劳民伤财。

没想到小改动也会造成两难局面，这可如何是好？解决问题的关键在于吸取构造方法与 set***方法二者的长处，而非把某个排除在外。如果只定义一个用户信息类，囿于该类的空间狭小，确实难以施展。那么不妨换种思路，能否加一个辅助类来帮助用户信息类，人说一个好汉都要三个帮。作为主人的用户信息类，让它保留构造方法；作为仆人的辅助类，让它保留 set***方法。这样主仆二人相得益彰，齐心协力方能干成大事。

具体到编码实现上，辅助类可采取被 static 修饰的嵌套类，该类只有 set***方法，没有构造方法与 get***方法，也就是说，它仅仅实现信息写入功能，相当于只管盖房子的建筑工人。于是用户类的建造者初步定义如下：

```java
// 定义用户类的建造者
public static class Builder {
    private String name;          // 姓名
    private String password;      // 密码

    // 设置用户的姓名
    public void setName(String name) {
        this.name = name;
    }

    // 设置用户的密码
    public void setPassword(String password) {
        this.password = password;
    }
}
```

至于用户信息类则保留构造方法与 get***方法，同时去掉 set***方法。接下来，还得把用户类及其建造者搭配起来，将建造者中保存的各字段值传给用户类。鉴于构造方法不便传递多个输入参数，那么干脆传入建造者实例，用户类从建造者实例逐个获取各字段就行。考虑到构造方法未来可能增加新参数，最好连构造方法一并在内部封装，由建造者提供专门的 build 方法生成用户对象，不再让外部直接访问用户类的构造方法。综上所述，可以描绘用户类及其建造者的大概面貌了，有关要点列举如下：

（1）把原来的用户信息类拆分为用户和建造者两个类，且两个类定义了一模一样的属性字段。

（2）用户类实现了各属性的 get***方法，建造者实现了各属性的 set***方法。

（3）用户类定义私有的构造方法，建造者提供 build 方法，build 方法内部通过用户类的构造方法创建用户对象并返回。

根据以上几点要求，可编写如下的完整用户类定义（包含嵌套的建造者类，完整代码见本章源码的 src\com\special\builder\User.java）：

```java
//定义一个采用建造者模式的用户类
public class User {
    private final String name;          // 姓名
    private final String password;      // 密码

    // 获取用户的姓名
    public String getName() {
```

```
        return this.name;
    }

    // 获取用户的密码
    public String getPassword() {
        return this.password;
    }

    // 用户类的构造方法。通过该类的建造者来传递具体参数。注意它是私有方法，外部不能直接调用
    private User(Builder builder) {
        this.name = builder.name;
        this.password = builder.password;
    }

    // 定义用户类的建造者
    public static class Builder {
        private String name;  // 姓名
        private String password;  // 密码

        // 设置用户的姓名
        public void setName(String name) {
            this.name = name;
        }

        // 设置用户的密码
        public void setPassword(String password) {
            this.password = password;
        }

        // 建造方法，返回用户类的实例
        public User build() {
            return new User(this);
        }
    }
}
```

外部要创建用户对象时，需先通过建造者设置各项用户信息，再调用建造者的 build 方法获取用户对象。具体的调用代码如下：

```
    // 测试建造者模式的用户实例
    private static void testBuilder() {
        User.Builder builder = new User.Builder();       // 创建用户类的建造者实例
        builder.setName("李四");                          // 设置用户的姓名
        builder.setPassword("888888");                   // 设置用户的密码
        User user = builder.build();                      // 通过建造者实例获取用户的实例
        System.out.println("建造者模式，用户名为"+user.getName()+",
                                            密码为"+user.getPassword());
    }
```

运行上述测试代码，观察到下面的日志信息，证明它是正确的。

建造者模式，用户名为李四，密码为888888

可见引入建造者的代码兼顾了安全性和扩展性，由于该写法借鉴了房屋建造的思想，因此被称作设计模式中的"建造者模式"。

## 8.4.2　实现单例模式

虽然面向对象具备封装、继承与多态 3 大特性，但是这只能应付寻常的业务逻辑，对于某些特殊的业务场景，一般的面向对象规则并不适用。比如，每个程序内部应当只有一套日历，否则多个日历可能产生时间冲突；又如，当前设备有且仅有一个摄像头，该摄像头必须对应唯一的控制器，因为如果存在两个控制器实例，一个控制器要打开摄像头，另一个控制器要关闭摄像头，请问此时摄像头该如何是好？

从以上两个例子可知，特定的实体要求只能存在唯一的对象实例，这个唯一实例的正式叫法是"单例"。那么如何实现单例功能呢？倘若依照常规的面向对象写法，编写普通的类定义代码如下（完整代码见本章源码的 src\com\special\singleton\Plain.java）：

```java
//普通类，未实现单例模式
public class Plain {
    private static int count = 0;  // 创建实例的次数

    // 构造方法。每调用一次构造方法，实例的创建次数就加一
    public Plain() {
        count++;
    }

    // 获取实例的创建次数
    public int getCount() {
        return count;
    }
}
```

这个 Plain 类的功能很简单，每调用一次构造方法，该类的实例创建次数就加一，据此可统计 Plain 类的对象个数。外部调用 Plain 类的测试代码示例如下（完整代码见本章源码的 src\com\special\singleton\TestSingleton.java）：

```java
// 测试未采取单例模式的普通类
private static void testNotSingleton() {
    Plain plain;
    for (int i = 0; i < 3; i++) {  // 依次创建普通类的 3 个实例
        plain = new Plain();
        System.out.println("i="+i+", 普通类的实例创建次数=" + plain.getCount());
    }
}
```

运行上面的测试代码，观察到以下的日志信息：

```
i=0, 普通类的实例创建次数=1
i=1, 普通类的实例创建次数=2
i=2, 普通类的实例创建次数=3
```

由日志结果可见，每次 new 操作都会创建新的实例，无奈面向对象的 3 个特性太宽泛，未能直接支持单例的需求。为此，我们需要设计一种单例模式，通过调整若干编码细节，从而实现业务要求的单例功能。单例模式常见的实现方式主要有 3 种：懒汉方式、饿汉方式和嵌套方式，分别详述如下。

### 1. 懒汉方式

因为普通类的构造方法是公开的，致使外部能够多次创建实例，所以要想避免对实例的重复创建，就得关闭公开的构造方法，具体的实现步骤参考如下：

（1）把构造方法改为私有，禁止外部调用该方法。

（2）在类内部声明一个当前类的静态实例，并适时对其赋值。

（3）提供一个静态方法 getInstance，该方法返回当前类的实例。

按照以上步骤的做法，理论上可以实现单例模式，但编码方面则需考虑一个关键之处：应该在什么时候给静态实例赋值？一种途径是在 getInstance 方法内部加以判断，如果发现当前类的实例为空，就先给它创建新实例，再返回当前实例；如果当前类的实例非空，就直接返回这个实例。然而getInstance 方法本来要马上获取实例的，结果迟至外部调用 getInstance 方法时才去创建实例，犹如平时不练兵、临阵抱佛脚，由于这种方式看起来很懒，因此被形象地称作"懒汉方式"。

综合上述的懒汉逻辑，编写的单例模式代码如下（完整代码见本章源码的src\com\special\singleton\SingletonLazy.java）：

```java
//懒汉方式实现单例模式。在调用 getInstance 方法时才创建实例
public class SingletonLazy {
    private static int count = 0;                // 创建实例的次数
    private static SingletonLazy instance;       // 声明一个当前类的实例

    // 构造方法。每调用一次构造方法，实例的创建次数就加一
    private SingletonLazy() {
        count++;
    }

    // 获取当前类的实例
    public static SingletonLazy getInstance() {
        // 第一次调用 getInstance 方式时，instance 变量是空的，需要给它创建新实例
        if (instance == null) {
            instance = new SingletonLazy();      // 创建当前类的实例
        }
        return instance;
    }

    // 获取实例的创建次数
    public int getCount() {
        return count;
    }
}
```

接着外部对之前定义的 SingletonLazy 类测试，通过循环语句多次调用懒汉类的 getInstance 方法，看看它的实例究竟创建了多少次。详细的调用代码示例如下：

```
// 测试采取了懒汉方式的单例类
private static void testLazySingleton() {
    SingletonLazy lazy;
    for (int i = 0; i < 3; i++) {  // 先后获取 3 次的单例实例
        lazy = SingletonLazy.getInstance();
        System.out.println("i="+i+", 懒汉方式单例类的实例创建次数=" + lazy.getCount());
    }
}
```

运行上面的测试代码，观察到以下的日志信息，可见懒汉方式初步实现了单例模式。

```
i=0，懒汉方式单例类的实例创建次数=1
i=1，懒汉方式单例类的实例创建次数=1
i=2，懒汉方式单例类的实例创建次数=1
```

### 2. 饿汉方式

尽管懒汉方式表面上实现了单例模式，但是它的弊端也很明显：每个类的规模可大可小，对应的实例创建时间可长可短，那么倘若有两个地方几乎同时调用 getInstance 方法，很可能同时认定静态实例为空，于是两处各自创建了新实例，结果原本应该单例的类却得到两个不同的实例。显而易见，懒汉果然是有代价的，谁叫它那么懒呢？既然懒惰会引起麻烦，那便勤快点，不必等到调用 getInstance 方法才去创建实例，而要在一开始就创建实例。这么做是有理由的，因为凡是类的静态变量，在程序启动之后都会自动加载到内存，所以静态变量的初始化操作在启动程序时会自动执行，从而避免了重复创建实例的问题。由于该方式不管三七二十一先行加载，仿佛饿汉一样饥不择食，因此它被称作"饿汉方式"。

结合饿汉的处理逻辑，可将先前的类定义代码改成下面这般（完整代码见本章源码的 src\com\special\singleton\SingletonHungry.java）：

```
//饿汉方式实现单例模式。在程序启动时就创建实例
public class SingletonHungry {
    private static int count = 0;  // 创建实例的次数
     // 声明一个当前类的实例。在程序启动之后，会自动给类的静态属性赋初始值
    private static final SingletonHungry instance = new SingletonHungry();

    // 构造方法。每调用一次构造方法，实例的创建次数就加一
    private SingletonHungry() {
        count++;
    }

    // 获取当前类的实例
    public static SingletonHungry getInstance() {
        return instance;
    }
}
```

```
    // 获取实例的创建次数
    public int getCount() {
        return count;
    }
}
```

上面的代码不但给静态实例赋初始值，而且为其添加了 final 前缀，确保该变量只能赋值一次，不能多次赋值。外部照样通过循环语句调用饿汉类的 getInstance 方法，相关的调用代码示例如下：

```
// 测试采取了饿汉方式的单例类
private static void testHungrySingleton() {
    SingletonHungry hungry;
    for (int i = 0; i < 3; i++) {                    // 先后获取 3 次单例实例
        hungry = SingletonHungry.getInstance();
        System.out.println("i="+i+", 饿汉方式单例类的实例创建次数="
                                                   + hungry.getCount());
    }
}
```

运行以上的测试代码，观察到以下的日志信息，可见饿汉方式同样实现了单例模式。

```
i=0，饿汉方式单例类的实例创建次数=1
i=1，饿汉方式单例类的实例创建次数=1
i=2，饿汉方式单例类的实例创建次数=1
```

### 3. 嵌套方式

饿汉方式固然消除了懒汉方式的毛病，但它实在太饥饿了，饿得慌也不是什么好事。譬如刚才的饿汉类，不由分说兀自创建并加载了自身的静态实例，全然不顾这个实例到底有没有机会使用。很可能程序压根用不到这个实例，饿汉却只顾吃，结果把刚启动的程序吃成一个大胖子，拖累启动速度不说，还占用了不少的额外内存。理想的方式是有针对性地处理，启动程序之际先不着急加载，等到将要使用之时再去加载也不迟。为此需要在当前类的内部定义一个嵌套类，再在嵌套类的内部声明当前类的实例，并对该实例初始化赋值。这样做的好处是，启动程序时加载当前类的静态变量，但没加载嵌套类的静态变量，直到首次使用嵌套类时，才去加载该类的静态变量。

经过嵌套类这层过滤，饿汉方式的毛病总算得以纠正。下面是采取嵌套方式编写的类代码例子（完整代码见本章源码的 src\com\special\singleton\SingletonNest.java）：

```
//嵌套方式实现单例模式。在 SingletonHolder 类首次加载时创建实例
public class SingletonNest {
    private static int count = 0;  // 创建实例的次数

    // 定义一个嵌套类，并在嵌套类的内部声明当前类的实例
    private static class SingletonHolder {
        private static SingletonNest instance = new SingletonNest();  // 创建一个外
层类的实例
    }

    // 构造方法。每调用一次构造方法，实例的创建次数就加一
```

```
    private SingletonNest() {
        count++;
    }

    // 获取当前类的实例
    public static SingletonNest getInstance() {
        return SingletonHolder.instance;
    }

    // 获取实例的创建次数
    public int getCount() {
        return count;
    }
}
```

接下来，依旧由外部多次调用嵌套方式的 **getInstance** 方法，调用代码例子如下：

```
    // 测试采取了嵌套方式的单例类
    private static void testNestSingleton() {
        SingletonNest inner;
        for (int i = 0; i < 3; i++) {  // 先后获取 3 次单例实例
            inner = SingletonNest.getInstance();
            System.out.println("i="+i+"，嵌套方式单例类的实例创建次数=" +
inner.getCount());
        }
    }
```

运行上面的测试代码，观察到以下的日志信息，可见嵌套方式的确实现了单例模式。

```
    i=0，嵌套方式单例类的实例创建次数=1
    i=1，嵌套方式单例类的实例创建次数=1
    i=2，嵌套方式单例类的实例创建次数=1
```

# 8.5 小　　结

本章介绍了某些形态特异的类概念及其具体运用，包括与静态相关的特殊类（内部类、嵌套类、枚举类型）、与抽象有关的类型（抽象类、接口及其扩展、匿名内部类）、与函数参数有关的若干用法（Lambda 表达式、函数式接口、方法引用），最后结合以上技术实现了两种基础的设计模式（建造者模式、单例模式），从而弥补面向对象在某些场合力有不逮的缺憾。

通过本章的学习，读者应该能够掌握以下编程技能：

（1）学会内部类、嵌套类以及枚举类型的用法。

（2）学会抽象类、接口以及匿名内部类的用法。

（3）学会函数式接口的定义及其两种调用方式（Lambda 表达式、方法引用）。

（4）学会建造者模式与单例模式的编码实现。

# 第**9**章

## 容器与泛型

本章介绍容器类型的详细用法及其所采用的泛型技术，首先描述 3 种常见的容器类型（集合、映射、清单），然后叙述泛型的规则定义和具体运用，最后阐述容器数据的几种加工办法，并给出两个实战练习加深对容器与泛型的理解。

## 9.1 容器的种类

本节介绍 3 种主要的容器用法，包括两种常见的集合（哈希集合 HashSet、二叉集合 TreeSet）、两种常见的映射（哈希图 HashMap、红黑树 TreeMap）以及两种常见的清单（列表 ArrayList 和链表 LinkedList），并着重描述每种容器所支持的元素遍历方式。

### 9.1.1 集合：HashSet 和 TreeSet

对于相同类型的一组数据，虽然 Java 已经提供了数组加以表达，但是数组的结构实在太简单了，第一它无法直接添加新元素，第二它只能按照线性排列，故而数组用于基本的操作倒还凑合，如果要用于复杂的处理就无法胜任了。为此，Java 设计了一个数据类型——容器，它仿佛容纳物品的器皿一般，可大可小，既能随时往里放入新物件，又能随时从中取出某物件。当然，依据不同的用途，容器也分为好几类，包括集合 Set、映射 Map、清单 List 等。本节从基础的集合开始介绍。

所谓集合，指的是一群同类聚集在一起。集合的最大特点是里面的每个事物都是唯一的，即使重复加入也只算同一个元素。Java 给集合分配的类型名称叫作 Set，在使用时还得在 Set 后面补充一对尖括号，里面填写集合内部元素的数据类型。比如一个字符串集合，它的完整类型写法为"Set<String>"。下面是声明字符串集合变量的代码例子：

```
Set<String> set;  // 声明字符串类型的集合
```

由于 Set 实际上属于接口，因此不能直接用来创建集合实例，在编程开发中，往往使用 Set 的两个实现类：HashSet（哈希集合）和 TreeSet（二叉集合）。

HashSet 内部采取哈希表来存储数据，而 TreeSet 内部采取二叉树来存储数据。尽管 HashSet 与 TreeSet 二者的存储结构不同，但它们在编码调用时大体类似，所以接下来就以 HashSet 为例，概要描述集合的基本用法。

一开始使用集合，当然要先创建该集合的实例。创建集合实例的方式跟创建一个类的实例相同，都得调用它们的构造方法，集合实例的具体创建代码如下：

```
HashSet<String> set = new HashSet<String>(); // 创建字符串类型的哈希集合
```

有了集合实例，再通过实例调用具体的集合方法。以下是常用的集合方法说明。

- add：把指定元素添加到集合。
- remove：从集合中删除指定元素。
- contains：判断集合是否包含指定元素。
- clear：清空集合。
- isEmpty：判断集合是否为空。
- size：获取集合的大小（所包含元素的个数）。

从以上说明可见，这些集合方法还是蛮基础的，不但基础而且通用，不仅集合会用到这些方法，连映射和清单也要用到它们。因此，在后面介绍映射和清单时，就不再重复说明上述基本方法了。

接着介绍集合的初步运用，功能很简单，仅仅在字符串集合中添加 5 个字符串，然后获取并打印该集合的大小，示例代码如下（完整代码见本章源码的 src\com\collect\container\TestSet.java）：

```
HashSet<String> set = new HashSet<String>(); // 创建字符串类型的哈希集合
set.add("hello");           // 往集合中添加一个元素
set.add("world");           // 往集合中添加一个元素
set.add("how");             // 往集合中添加一个元素
set.add("are");             // 往集合中添加一个元素
set.add("you");             // 往集合中添加一个元素
System.out.println("set.size()=" + set.size());
```

运行上面的测试代码，可得日志结果为"set.size()=5"。不过这里只获得集合大小，若想知晓集合内部到底有哪些字符串，还得依次遍历该集合的所有元素才行。集合元素的遍历方式主要有 3 种：for 循环遍历、迭代器遍历和 forEach 遍历。接下来分别介绍。

### 1. for 循环遍历

这个 for 循环属于简化的 for 循环，早在遍历数组元素的时候，大家已经见识过了。废话不多说，直接看代码好了：

```
// 第一种遍历方式：简化的 for 循环同样适用于数组和容器
for (String hash_item : set) {
    System.out.println("hash_item=" + hash_item);
}
```

运行以上的循环代码，输出了如下的日志信息，可见该集合的 5 个元素全都找到了：

```
hash_item=how
hash_item=world
hash_item=are
hash_item=hello
hash_item=you
```

### 2. 迭代器遍历

迭代器又称指示器，其作用类似于数据库的游标和 C 语言的指针。调用集合实例的 iterator 方法即可获得该集合的迭代器，初始的迭代器指向集合的存储地址。迭代器的 hasNext 方法用来判断后方是否存在集合元素，倘若不存在，则表示到末尾了。迭代器另有 next 方法用于获取下一个元素，同时迭代器移动到下一个地址。于是多次调用集合实例的 next 方法，即可逐次取出该集合的每个元素。下面是利用迭代器遍历集合的代码例子：

```
// 第二种遍历方式：利用迭代器循环遍历集合
Iterator<String> iterator = set.iterator();
while (iterator.hasNext()) {  // 迭代器后方是否存在元素
    String hash_iterator = (String) iterator.next();  // 获取迭代器后方的元素
    System.out.println("hash_iterator=" + hash_iterator);
}
```

### 3. forEach 遍历

forEach 是 Java 8 新增的容器遍历方法，同样适用于映射和清单。它借助 Lambda 表达式能够完成简化的遍历操作，仅仅一行代码就搞定了集合元素的循环输出功能，具体实现代码如下：

```
// 第三种遍历方式：使用 forEach 方法夹带 Lambda 表达式
set.forEach(hash_each -> System.out.println("hash_each=" + hash_each));
```

讲完了集合的 3 种遍历方式，按说集合的常见用法均涉及了，那么为什么集合还要分成哈希集合与二叉集合两类呢？这缘于集合规定了里面的每个元素是唯一的，但并未规定这些元素需要按照顺序排列。从前面哈希集合的遍历结果可知，哈希集合里面保存的各元素是无序的，因为一个数据的哈希结果是散列值，天南地北到处跑，自然无法按照元素值排序。二叉集合的设计正是要解决这个顺序问题，由于二叉集合内部采取二叉树存储数据，因此每个新加入的元素都要与原住民比较一番，好决定这个新元素是放在某个原住民的左节点还是右节点。倘若把一组字符串先后加入二叉集合，那么每次新增元素的操作都会比较大小，最终得到的二叉集合必定是有序的。

为了验证二叉集合的添加操作是否符合设计原理，接下来不妨创建一个二叉集合的实例，再在其中添加多个字符串，然后遍历打印该字符串集合的所有元素。据此重新编写后的二叉集合演示代码如下：

```
TreeSet<String> set = new TreeSet<String>();  // 创建字符串类型的二叉集合
set.add("hello");          // 往集合中添加一个元素
set.add("world");          // 往集合中添加一个元素
set.add("how");            // 往集合中添加一个元素
set.add("are");            // 往集合中添加一个元素
set.add("you");            // 往集合中添加一个元素
// 第一种遍历方式：简化的 for 循环同样适用于数组和容器
for (String tree_item : set) {
```

```
        System.out.println("tree_item=" + tree_item);
    }
```

运行上述的演示代码，观察以下的日志信息可知，这个二叉集合的遍历结果为按照字符串首字母升序排列：

```
tree_item=are
tree_item=hello
tree_item=how
tree_item=world
tree_item=you
```

需要注意的是，无论是哈希值计算，还是二叉节点比较，都需要元素归属的数据类型提供计算方法或者比较方法。对于包装类型、字符串等系统自带的数据类型来说，Java 已经在它们的源码中实现了相关方法，所以这些数据类型允许程序员在集合中直接使用。然而如果是开发者自己定义的数据类型（新的类），就要求开发者自己实现计算方法和比较方法。

譬如，有一个自定义的手机类 MobilePhone，该类的定义代码如下（完整代码见本章源码的 src\com\collect\container\MobilePhone.java）：

```java
//定义一个手机类
public class MobilePhone {
    private String brand;          // 手机品牌
    private Integer price;         // 手机价格

    public MobilePhone(String brand, int price) {
        this.brand = brand;
        this.price = price;
    }

    // 获取手机品牌
    public String getBrand() {
        return this.brand;
    }

    // 获取手机价格
    public int getPrice() {
        return this.price;
    }
}
```

现在给手机类分别创建对应的哈希集合与二叉集合，并对两种集合分别添加若干手机实例，结果会发现，手机的哈希集合居然会插入品牌与价格重复的元素。同时，手机的二叉集合也变成乱序的了，因为编译器不知道究竟要按照品牌排序还是按照价格排序。既然编译器无从判断待添加的元素是否重复，也无法判断新添加的元素根据哪个字段排序，程序员就得在手机类的定义代码中指定相关的判断规则。

就哈希集合的哈希值计算而言，自定义的手机类需要重写 hashCode 方法和 equals 方法，其中 hashCode 方法计算得到的哈希值对应于该对象的保存位置，而 equals 方法用来判断该位置上的几个元素是否完全相等。一方面，我们要保证品牌与价格都相同的两个元素，它们的哈希值也必须相等；

另一方面，即使两个元素的品牌和价格不一致，它们的哈希值也可能恰巧相等，于是还需要 equals 方法进一步校验是否存在重复。按照上述要求，重写后的 hashCode 方法和 equals 方法代码如下（完整代码见本章源码的 src\com\collect\container\MobilePhoneHash.java）：

```java
// hashCode 方法计算出来的哈希值对应于该对象的保存位置
public int hashCode() {
    return brand.hashCode() + price.hashCode();
}

// 同一个存储位置上可能有多个对象（哈希值恰好相等）
// 此时系统自动调用 equals 方法判断是否存在相同的对象
public boolean equals(Object obj) {
    if (!(obj instanceof MobilePhoneHash)) {
        return false;
    }
    MobilePhoneHash other = (MobilePhoneHash) obj;
    // 手机品牌和手机价格都相等，这两个手机才相等
    boolean equals = this.brand.equals(other.brand) &&
                        this.price.equals(other.price);
    return equals;
}
```

至于二叉集合的节点大小比较，则需手机类实现接口 Comparable，并重写该接口声明的 compareTo 方法（该方法用来比较两个元素的大小关系）。其实这里的 Comparable 接口与数组排序用到的 Comparator 接口作用类似，都是判断两个对象谁大谁小。若要求二叉集合里面的手机元素按照价格排序，则 compareTo 方法要校验当前手机的价格与其他手机的价格。详细的接口实现代码如下（完整代码见本章源码的 src\com\collect\container\MobilePhoneTree.java）：

```java
public class MobilePhoneTree implements Comparable<MobilePhoneTree> {
    // 此处省略手机类的构造方法、成员属性与成员方法定义

    // 二叉树除了检查是否相等外，还要判断先后顺序
    // 相等和先后顺序的校验结果从 compareTo 方法获得
    public int compareTo(MobilePhoneTree other) {
        if (this.price.compareTo(other.price) > 0) {       // 当前价格较高
            return 1;
        } else if (this.price.compareTo(other.price) < 0) { // 当前价格较低
            return -1;
        } else {  // 二者价格相等，再比较它们的品牌
            return this.brand.compareTo(other.brand);
        }
    }
}
```

经过一番折腾之后，再对新定义的两个手机类分别验证哈希集合与二叉集合的处理，结果应当为：哈希集合不会插入重复的手机对象，并且二叉集合里的各手机元素按照价格升序排列。

### 9.1.2 映射：HashMap 和 TreeMap

前述的两种集合的共性为每个元素都是唯一的，区别在于一个无序一个有序。虽说往集合里面保存数据还算容易，但要从集合中取出数据就没那么方便了，因为集合居然不提供 get 方法，没有 get 方法怎么从一堆数据中挑出你想要的呢？难道只能从头遍历集合的所有元素，再逐个加以辨别吗？显然这个缺陷是集合的硬伤，好比去银行开账户，存钱的时候大家都开开心心，但是等到取钱的时候，却发现柜员拿出一叠存单一张一张找过去，等找到你的存单时，黄花菜都凉了。因此，实际开发中一般很少直接使用集合，而是使用集合的升级版本——映射。

映射指的是两个实体之间存在一对一的关系，例如一个身份证号码对应某个公民，一个书名对应某本图书，等等。有了映射关系之后，从一堆数据中寻找目标对象就好办了，只要给定目标对应的号码或者名称，根据映射关系就能够立刻找到号码或名称代表的对象。这样下次去银行取钱，就不必等柜员兀自地翻存单，只要在计算机上输入身份证号，即可自动找到当初的存款记录。

Java 编程通过"键值对"的概念来表达映射关系，它包含"键名"和"键值"两个实体，且键名与键值是一一对应的，相同的键名指向的键值也必然是相同的。如此一来，映射里面的每个元素都是一组键值对，即"Key→Value"，在代码中采取形如"Map<Key, Value>"的格式来表达，其中 Key 表示键名的数据类型，Value 表示键值的数据类型。往映射里面保存数据的时候，需要填写完整的键值对信息；而从映射中取出数据，只需提供键名即可获得相应的键值信息。

由于 Map 属于接口，因此开发过程通常调用它的两个实现类，包括哈希图 HashMap 和红黑树 TreeMap。映射与集合密切相关，它们的存储原理也类似，比如 HashMap 和 HashSet 一样采取哈希表结构，而 TreeMap 和 TreeSet 一样采取二叉树结构；不同的是，映射元素的唯一性和有序性是由各元素的键名决定的。因为 HashMap 和 TreeMap 仅仅是内部存储结构存在差异，外部的代码调用仍然保持一致，所以接下来就以 HashMap 为例阐述映射的具体用法。

与 HashSet 相比，HashMap 在编码上主要有 3 处改动，分别说明如下。

#### 1. 每个元素由键值对组成，而非单个数据

创建映射实例必须同时指定键名和键值的数据类型，即 HashMap 后面的那对尖括号内部要有两个类型名称。下面是创建一个手机映射的代码例子：

```
// 创建一个哈希映射，该映射的键名为 String 类型，键值为 MobilePhone 类型
HashMap<String, MobilePhone> map = new HashMap<String, MobilePhone>();
```

#### 2. 添加新元素改成了 put 方法

往映射中添加新的键值对，调用的是 put 方法而非 add 方法，并且 put 方法的第一个参数为新元素的键名，第二个参数为新元素的键值。如果映射内部不存在该键名，映射就会直接增加一组键值对；如果映射已经存在该键名，映射就会自动将新的键值覆盖旧的键值。给手机映射添加若干组手机信息的代码示例如下：

```
map.put("米 8", new MobilePhone("小米", 3000));
map.put("Mate20", new MobilePhone("华为", 6000));
map.put("荣耀 10", new MobilePhone("荣耀", 2000));
map.put("红米 6", new MobilePhone("红米", 1000));
map.put("OPPO R17", new MobilePhone("OPPO", 2800));
```

### 3. 所有元素的遍历方式进行了调整

遍历映射内部的所有元素也有好几种方式，分别说明如下。

（1）通过迭代器遍历。首先调用映射实例的 entrySet 获得该映射的集合入口，然后调用入口对象的 iterator 方法获得映射的迭代器，最后使用迭代器遍历整个映射。在遍历过程中，每次调用 next 方法得到的是下一个位置的键值对记录，此时还需调用该记录的 getKey 方法才能获取键值对中的键名，调用 getValue 方法获取键值对中的键值。详细的迭代器遍历代码如下（完整代码见本章源码的 src\com\collect\container\TestMap.java）：

```
// 第一种遍历方式：显式指针，即使用迭代器
Set<Map.Entry<String, MobilePhone>> entry_set = map.entrySet();
Iterator<Map.Entry<String, MobilePhone>> iterator = entry_set.iterator();
while (iterator.hasNext()) {   // 迭代器还有效时就持续遍历
    // 注意这里要先把入口取出来，这样才能分别 getKey 和 getValue
    Map.Entry<String, MobilePhone> iterator_item = iterator.next();
    String key = iterator_item.getKey();           // 获取该键值对的键名
    MobilePhone value = iterator_item.getValue();  // 获取该键值对的键值
    System.out.println(String.format("iterator_item key=%s, value=%s %d",
            key, value.getBrand(), value.getPrice()));
}
```

（2）通过 for 循环遍历。第一种遍历方式可以看到明确的迭代器对象，故而又被称作显式指针。其实迭代器仅仅起到了指示的作用，它完全可以被简化的 for 循环所取代。尽管在 for 循环中看不到迭代器对象，但编译器知道这里有一个隐含的迭代器，因此 for 循环遍历也被称作隐式指针。下面是采取 for 循环遍历手机映射的代码例子：

```
// 第二种遍历方式：隐式指针，即使用 for 循环
for (Map.Entry<String, MobilePhone> for_item : map.entrySet()) {
    String key = for_item.getKey();           // 获取该键值对的键名
    MobilePhone value = for_item.getValue();  // 获取该键值对的键值
    System.out.println(String.format("for_item key=%s, value=%s %d",
            key, value.getBrand(), value.getPrice()));
}
```

（3）通过键名集合遍历。有别于上述两种依次遍历键值对的方式，第三种方式先调用映射的 keySet 方法获得只包含键名的集合，再通过遍历键名集合来获取每个键名对应的键值。该方式的映射遍历代码示例如下：

```
// 第三种遍历方式：先获得键名的集合，再通过键名集合遍历整个映射
Set<String> key_set = map.keySet(); // 注意：HashMap 的 keySet 方法返回的是无序集合
for (String key : key_set) {
    MobilePhone value = map.get(key);  // 通过键名获取该键值对的键值
    System.out.println(String.format("set_item key=%s, value=%s %d",
            key, value.getBrand(), value.getPrice()));
}
```

（4）通过 forEach 方法遍历。显然前面的几种方式都很啰唆，自从 Java 8 引入了 Lambda 表达式，遍历映射的所有元素就变得异常简洁，只用下面的代码就全部搞定：

```
// 第四种遍历方式：使用 forEach 方法夹带 Lambda 表达式
map.forEach((key, value) ->
        System.out.println(String.format("each_item key=%s, value=%s %d",
                key, value.getBrand(), value.getPrice())) );
```

### 9.1.3  清单：ArrayList 和 LinkedList

集合与映射这两类容器的共同特点是每个元素都是唯一的，同时采用二叉树方式的类型，还自带有序性。然而这两个特点也存在弊端：其一，为什么内部元素必须是唯一的呢？像手机店卖出了两部华为 Mate 20 手机，虽然这两部手机一模一样，但理应保存两条销售记录才是；其二，无论是哈希类型还是二叉树类型，居然都不允许按照加入时间的先后排序，要知道现实生活中不乏各种先来后到的业务场景。为了更方便地应对真实场景中的各类需求，Java 又设计了清单（List）这么一种容器，用来处理集合与映射所不支持的业务功能。

提到清单，脑海里顿时浮现出从上往下排列的一组表格，例如购物清单、愿望清单、待办事项等，它们的共同点一是都有序号，二是按线性排列。清单里的元素允许重复加入，并且根据入伙的时间顺序先后罗列，这些特征决定了清单是一种贴近日常生活的简易容器。不过 Java 中的 List 属于接口，实际开发用到的是它的一个实现类 ArrayList（列表，又称动态数组）。在某种程度上，列表的确跟数组很像，比如二者的内部元素都分配了整数序号/下标、都支持通过序号/下标来访问指定位置的元素等。列表作为容器中的一员，自然拥有几点数组所不能比拟的优势，包括但不限于：

（1）列表允许动态添加新元素，无论调用多少次 add 方法，都不必担心列表空间是否够用。下面的代码将演示如何声明列表实例并对其依次添加元素（完整代码见本章源码的 src\com\collect\container\TestList.java）：

```
// 创建一个列表（动态数组），其元素为 MobilePhone 类型
ArrayList<MobilePhone> list = new ArrayList<MobilePhone>();
list.add(new MobilePhone("华为", 5000));  // 第一个添加的元素，默认分配序号为 0
list.add(new MobilePhone("小米", 2000));  // 第二个添加的元素，默认分配序号为 1
list.add(new MobilePhone("OPPO", 4000));  // 第三个添加的元素，默认分配序号为 2
list.add(new MobilePhone("vivo", 1000));  // 第四个添加的元素，默认分配序号为 3
list.add(new MobilePhone("vivo", 1000));  // 第五个添加的元素，默认分配序号为 4
```

而数组的大小一经初始化设定就不可调整，除非另外给它分配新的数组空间。

（2）数组只能修改指定位置的元素，列表不但支持修改指定位置的元素（set 方法），还支持在指定位置插入新元素（add 方法），或者移除指定位置的元素（remove 方法）。

（3）数组只有两种遍历方式：按下标遍历和通过简化的 for 循环遍历。而列表支持多达 4 种遍历方式，分别说明如下：

① 简化的 for 循环。该方式同样适用于数组和容器，具体的遍历代码示例如下：

```
// 第一种遍历方式：简化的 for 循环同样适用于数组和容器
for (MobilePhone for_item : list) {
    System.out.println(String.format("for_item:%s %d",
```

```
            for_item.getBrand(), for_item.getPrice()));
    }
```

② 迭代器遍历。该方式与利用迭代器遍历集合是一样的，都要先获得当前容器的迭代器，然后依次调用迭代器的 next 方法逐个获取元素。利用迭代器遍历列表的代码如下：

```
// 第二种遍历方式：利用迭代器循环遍历列表
// 迭代器又称指示器，其作用类似于数据库的游标、C 语言的指针
Iterator<MobilePhone> iterator = list.iterator();
while (iterator.hasNext()) {  // 迭代器后方是否存在元素
    // 获取迭代器后方的元素
    MobilePhone iterator_item = (MobilePhone) iterator.next();
    System.out.println(String.format("iterator_item:%s %d",
            iterator_item.getBrand(), iterator_item.getPrice()));
}
```

③ 索引遍历。这里的索引是以 0 开始的序号，对应数组的下标，只不过列表通过 get 方法获取指定位置的元素，而数组通过方括号引用某个下标。下面是使用索引遍历列表的代码例子：

```
// 第三种遍历方式：与数组通过下标访问相似，列表通过索引获取指定位置的元素
for (int i = 0; i < list.size(); i++) {
    MobilePhone index_item = list.get(i);  // 获取指定下标位置的元素
    System.out.println(String.format("index_item:%s %d",
            index_item.getBrand(), index_item.getPrice()));
}
```

④ forEach 遍历。Java 8 之后，每种容器都支持联合应用 forEach 与 Lambda 表达式的遍历方式，该方式的遍历代码如下：

```
// 第四种遍历方式：使用 forEach 方法夹带 Lambda 表达式
list.forEach(each_item -> System.out.println(String.format(
        "each_item:%s %d", each_item.getBrand(), each_item.getPrice())));
```

尽管列表对于大多数的业务场景来说够用了，但是仍旧无法满足部分特定的业务需求，因为 ArrayList 的 add 方法默认把新元素添加到列表末尾，remove 方法却不能默认删除末尾元素（只能删除指定位置的元素）。而在计算机科学常见的数据结构中，至少还有两种是列表所不能实现的，其中一个叫作队列（Deque），另一个叫作栈（Stack）。

队列取材于生活中的排队场景，譬如春运期间大家在火车站排队买车票，虽然有个别人叫嚷着"我要插队"且自顾自地插了进去，也有人忍受不了漫长的等待而中途放弃排队改为骑单车回家，但多数人都会循规蹈矩地从队尾开始排队，买了票之后再从队首离队。于是排队业务就抽象成为这么一种队列结构：添加时默认往末尾添加，删除时默认从开头删除。

栈取材于计算机系统的寄存器操作，特点是里面保存的数据为先进后出（同时也是后进先出），即最早添加的元素会被最后移除、最晚添加的元素会被最先移除。基于栈具有的数据先进后出的特性，它常用于保存中断时的断点、保存子程序调用后的返回点、保存 CPU 的现场数据、在程序间传递参数等。把栈当作一种容器的话，每次添加的元素会默认添加到开头，且每次删除操作会默认删除开头的元素，从而实现后进先出/先进后出的机制。

然而无论是队列还是栈，它们的存储形式都如同清单那样线性排列，区别在于数据进出的默认方位。因此，Java 把队列、栈以及清单三者加以融合，推出了链表（LinkedList，又称双端队列）这种数据结构，它一起实现了 List 与 Deque 接口，并在某种程度上模拟了栈的功能，从而变成专治各种不服的万能清单。

作为清单大家族的一员，链表（LinkedList）的基本用法与列表（ArrayList）相同，并基于它的3 个祖先进分别开拓出了以下新方法。

（1）在清单（List）的功能增强方面，补充了如下的扩展方法。

- addFirst：添加到清单开头。
- addLast：添加到清单末尾。
- removeFirst：获取并删除清单开头的元素。
- removeLast：获取并删除清单末尾的元素。
- getFirst：获取清单开头的元素。
- getLast：获取清单末尾的元素。

（2）在队列（Queue）的功能实现方面，提供了如下的队列方法。

- offer：添加到队列末尾。
- offerFirst：添加到队列开头。
- offerLast：添加到队列末尾。
- peek：获取队列开头的元素。
- peekFirst：获取队列开头的元素。
- peekLast：获取队列末尾的元素。
- poll：获取并删除队列开头的元素。
- pollFirst：获取并删除队列开头的元素。
- pollLast：获取并删除队列末尾的元素。

（3）在栈（Stack）的功能模拟方面，添加了如下的额外方法。

- pop：队列开头的元素出栈，相当于方法 removeFirst 和 pollFirst。
- push：新元素入栈，相当于方法 addFirst 和 offerFirst。

总的来说，链表的数据存储兼顾清单和队列的组织结构，常用于对数据进出有特殊要求的场合，例如采取先进先出（FIFO）的队列操作，以及采取先进后出（FILO）的栈操作。

## 9.2　泛型的规则

本节介绍泛型的格式定义及其适用范围，首先引出 Java 的通用基类 Object，对输入参数的数据类型通过基类泛化，就演变出了泛型方法。进而将泛型应用于类的定义中，便形成了泛型类，也叫模板类，其代表为 9.1 节介绍的各种容器类型。最后阐述 Java 8 新增的几种泛型接口用法，包括断言接口、消费接口、函数接口等。

### 9.2.1 从泛型方法探究泛型的起源

声明容器对象时，除了书写容器名称外，还要在其后添加包裹数据类型的一对尖括号，表示该容器存放的是哪种类型的元素。这样一来，总算把 Java 中的各类括号都凑齐了，例如包裹一段代码的花括号、指定数组元素下标的方括号、容纳方法输入参数的圆括号，还有最近跟在容器名称之后的尖括号。但是为什么尖括号要加到容器后面呢？它还能不能用于其他场合？若想对尖括号的来龙去脉追根究底，就得从泛型的概念说起了。

无论是方法还是类，都支持输入指定类型的参数，其中方法的输入参数在调用方法时填写，而类的输入参数可通过构造方法传递。在这两种参数输入的情况中，参数类型是早就确定好的，只有参数值才会动态变化，如果连参数类型都不确定，那么得等到方法调用或者创建实例的时候才能确定参数类型，这可如何是好？为了应对这种需求，各种编程语言纷纷祭出"泛型"的绝招。所谓"泛型"，表面意思是空泛的类型，也就是不明确的类型，既然类型在方法定义或者类定义时仍不明确，只好留待要用的时候再指定了。

为了更好地理解泛型的根源，接下来先看一个简单的例子。现有两个数字，一个是整数 1，另一个是带小数点的 1.0，只从算术方面比较的话，1 与 1.0 肯定相等。但是到了 Java 语言这里，使用包装整型变量保存整数 1，使用包装浮点型变量保存小数 1.0f，然后二者通过 equals 方法校验，判断结果却是不等的。此处对整数与小数比较的代码如下（完整代码见本章源码的 src\com\collect\generic\TestFunction.java）：

```
Integer oneInt = 1;
Float oneFloat = 1.0f;
boolean equalsSimple = oneInt.equals(oneFloat);
System.out.println("equalsSimple="+equalsSimple);
```

运行以上的测试代码，发现日志输出信息为"equalsSimple=false"。该结果看似奇怪，其实是必然的，因为它们的变量类型都不一样，导致编译器认为二者的类型尚不吻合，遑论其他。若想进行包装数值变量之间的相等判断，则必须把有关变量转换为相同类型，再作指定精度的数值一致性检验。考虑到 Integer 和 Float 都继承自 Number 类型，系出同源的还有 Long、Double 等类型，于是可将这些包装变量统统转为 Number 类型，然后从 Number 变量获取双精度数值加以比较。据此编写的方法代码示例如下：

```
// 通过 Number 基类比较两个数值变量是否相等
public static boolean equalsNumber(Number n1, Number n2) {
    return n1.doubleValue() == n2.doubleValue();
}
```

从上面的 equalsNumber 方法可见，它的输入参数为 Number 型，同时涵盖 Number 及其派生出来的所有子类。对于这种情况，Java 允许泛化参数类型，即先声明一个由 Number 扩展而来的类型 T，再把 T 作为输入参数的变量类型。下面是具体的类型泛化代码：

```
// 通过泛型变量比较两个数值变量是否相等。利用尖括号包裹泛型的派生操作
public static <T extends Number> boolean equalsGeneric(T t1, T t2) {
    return t1.doubleValue() == t2.doubleValue();
}
```

虽然 equalsNumber 与 equalsGeneric 的参数格式有所不同，但实际上两个方法是等价的，它们支持的入参类型都属于 Number 及其子类。

紧接着再来看一个数组元素拼接成字符串的例子。在编码调试的过程中，程序员常常想知道某个数组里面究竟放了哪些元素，这时便需要将数组的所有元素都打印出来。然而数组变量自身不能自动转换成字符串，只能通过 Arrays 工具的 toString 方法输出拼接好的字符串，倘若由程序员自己编码去拼接数组元素，那又该如何处理？因为普通的数据类型也支持数组形式，所以要想实现通用的字符串拼接方法，必须找到这些数据类型的共同基类。恰好 Java 提供了这个基类，名叫 Object，把 Object[]当作通用的数组类型真是再合适不过了。如此一来，数组各元素的字符串拼接代码就变成了下面这般：

```java
// 把对象数组里的各个元素拼接成字符串
public static String objectsToString(Object[] array) {
    String result = "";
    if (array!=null && array.length>0) {
        for (int i=0; i<array.length; i++) {    // 遍历数组里的所有元素
            if (i > 0) {
                result = result + " | ";        // 各元素之间以竖线连接
            }
            result = result + array[i].toString();
        }
    }
    return result;
}
```

接着让外部运行一段测试代码，检查字符串拼接是否正常运行，测试代码如下：

```java
Double[] doubleArray = new Double[] { 1.1, 2D, 3.1415926, 11.11 };
System.out.println("objectsToString=" + objectsToString(doubleArray));
```

运行上述的测试代码，观察输出的日志发现拼接功能完全正常：

```
objectsToString=1.1 | 2.0 | 3.1415926 | 11.11
```

Object 作为普通数据类型的基类，自然它也支持泛化的写法，即先声明一个由 Object 扩展而来的类型 T，再把 T 作为输入参数的变量类型，于是类型泛化的代码格式形如"<T extends Object>"。由于 Object 是 Java 默认的原始基类，如同大家自定义新类时都没写"extends Object"那样，类型泛化也不必显式写明"extends Object"，因此"<T extends Object>"完全可以简写为"<T>"。这样采取泛化简写的字符串拼接泛型代码如下（完整代码见本章源码的 src\com\collect\generic\TestFunction.java）：

```java
// 把泛型数组里的各个元素拼接成字符串。<T> 等同于 <T extends Object>
public static <T> String arraysToString(T[] array) {
    String result = "";
    if (array!=null && array.length>0) {
        for (int i=0; i<array.length; i++) {    // 遍历数组里的所有元素
            if (i > 0) {
                result = result + " | ";        // 各元素之间以竖线连接
```

```
            }
            result = result + array[i].toString();
        }
    }
    return result;
}
```

现在给出了数组类型的泛型写法，容器类型也能依葫芦画瓢，对应泛型数组的"T[]"，原先通用的清单数据就变成了类型"List<T>"。改写之后的清单元素拼接代码示例如下：

```
// 把 List 清单里的各个元素拼接成字符串，此处使用了泛型
public static <T> String listToString(List<T> list) {
    String result = "";
    if (list!=null && list.size()>0) {
        for (int i=0; i<list.size(); i++) {        // 遍历清单里的所有元素
            if (i > 0) {
                result = result + " | ";           // 各元素之间以竖线连接
            }
            result = result + list.get(i).toString();
        }
    }
    return result;
}
```

对于包括清单在内的容器类型来说，还能在尖括号内部填上问号，同样表示里面的数据类型是不确定的，就像以下代码演示的这样：

```
// 把 List 清单里的各个元素拼接成字符串，此处使用了问号表示不确定类型
public static String listToStringByQuestion(List<?> list) {
    String result = "";
    if (list!=null && list.size()>0) {
        for (int i=0; i<list.size(); i++) {        // 遍历清单里的所有元素
            if (i > 0) {
                result = result + " | ";           // 各元素之间以竖线连接
            }
            result = result + list.get(i).toString();
        }
    }
    return result;
}
```

不过带有问号的"<?>"写法有很大的局限性，它既不如泛型灵活，又不如 Object 通用。问号写法仅仅适用于个别场合，并不推荐在一般方法中运用。单单拿问号跟泛型比较的话，主要有以下几点区别：

（1）问号只能表示已有的实例，本身不能创建实例。而泛型 T 既可以表示已有的实例，又可以给自身创建实例，如"T t;"。

（2）问号只可用作输入参数，不可用作输出参数。而泛型 T 用于二者皆可。

（3）使用了问号的容器实例，只允许调用 get 方法，不允许调用 add 方法；而泛型容器不存在方法调用的限制。

## 9.2.2　泛型类的定义及其运用

既然单个方法允许拥有泛化的参数类型，那么一个类也应当支持类级别的泛化类型，例如各种容器类型 ArrayList、HashMap 等。一旦某个类的定义代码在类名称后面添加"<T>"这种泛型声明，该类就变成了泛型类（也称模板类）。泛型类不单单支持一种泛型参数，还支持同时声明多种泛型参数，像"<T>"表示当前类存在唯一一种泛型参数。若想声明当前类拥有两种泛型参数，则可使用"<T, R>"这种以逗号隔开的泛型列表；同时声明三种泛型参数的话，尖括号内的泛型列表就有三个参数，形如"<U, V, W>"这般；至于更多种泛型参数的声明方式可以此类推。

在泛型类的内部代码中，事先已经声明的泛型可以拿来直接使用，无须在成员方法前面额外添加"<T>"。除此之外，在类代码中使用泛型 T 就跟使用普通类型一样，可以用它创建泛型实例、表示输入参数的类型，也可以用它表示输出参数的类型。举一个泛型类的简单应用例子，现在准备利用清单 List 来保存数据，然后想获取这组数据中最长的元素和最短的元素。按照前面的需求，划分该泛型类应当具备的功能，初步包括以下几点：

（1）泛型类要声明一个泛型参数"<T>"，用于给清单需要的元素类型占位。

（2）定义泛型类的构造方法，传入待保存的清单对象，其中对象类型为"List<T>"。

（3）定义 getMaxLengthItem 方法，用于获取长度最大的清单元素，注意该方法的输出参数类型为 T。

（4）定义 getMinLengthItem 方法，用于获取长度最小的清单元素，该方法的输出参数类型也为 T。

根据上面的几点功能要求，编码实现的泛型类代码如下（完整代码见本章源码的 src\com\collect\generic\SimpleList.java）：

```
//定义简单的泛型清单
//类名后面添加"<T>"，表示该类的内部代码中，所有的 T 类型都为外部需要时再指定泛型
//如果泛型不止一个，就用逗号隔开，比如两个泛型可用"<T,R>"
public class SimpleList<T> {
    private List<T> list;  // 清单。注意清单元素的数据类型为泛型 T

    // 构造方法，传入要保存的清单数据
    public SimpleList(List<T> list) {
        this.list = list;
    }

    // 获取当前保存的清单数据
    public List<T> getData() {
        return this.list;
    }

    // 获取长度最大的清单元素。注意这里的返回数据为泛型 T
    public T getMaxLengthItem() {
```

```
        if (list == null || list.size() <= 0) {
            return null;
        }
        T t = list.get(0);  // 利用 T 声明了一个泛型变量 t
        for (int i = 0; i < list.size(); i++) {
            if (list.get(i).toString().length() > t.toString().length()) {
                t = list.get(i);  // 把较长的元素保存到变量 t
            }
        }
        return t;
    }

    // 获取长度最短的清单元素。注意这里的返回数据为泛型 T
    public T getMinLengthItem() {
        if (list == null || list.size() <= 0) {
            return null;
        }
        T t = list.get(0);  // 利用 T 声明了一个泛型变量 t
        for (int i = 0; i < list.size(); i++) {
            if (list.get(i).toString().length() < t.toString().length()) {
                t = list.get(i);  // 把较短的元素保存到变量 t
            }
        }
        return t;
    }
}
```

　　从这个泛型类的代码可知，泛型 T 犹如系统自带的数据类型一般，它在泛型类内部的使用毫无障碍，你可以把它想象为 Integer 类型或者 Double 类型。纵观整个泛型类的代码，唯有最开始的类名后面多了 "<T>"，其他地方跟普通类没什么两样。

　　外部调用泛型类的时候，可参照 ArrayList、HashMap 等容器类型的用法，同样在类名后面添加形如 "<具体的数据类型名称>" 的模板。下面是一段 SimpleList 的测试代码，先构造指定清单的泛型实例，再分别调用 getMaxLengthItem 与 getMinLengthItem 方法获取最长的元素和最短的元素，代码如下（完整代码见本章源码的 src\com\collect\generic\TestClass.java）：

```
// 数组工具 Arrays 的 asList 方法可以把一系列元素直接赋值给清单对象
List<Double> doubleList = Arrays.asList(1.1, 2D, 3.1415926, 11.11);
// 泛型实例的参数类型跟在类名称后面，以尖括号包裹
SimpleList<Double> simpleList = new SimpleList<Double>(doubleList);
// 打印清单中最长的元素
System.out.println("最长的元素=" + simpleList.getMaxLengthItem());
// 打印清单中最短的元素
System.out.println("最短的元素=" + simpleList.getMinLengthItem());
```

　　运行以上的测试代码，观察到下面的日志结果，可见泛型类 SimpleList 正确挑选出了最长的元素和最短的元素：

```
最长的元素=3.1415926
最短的元素=1.1
```

## 9.2.3 Java 8 新增的几种泛型接口

由于泛型存在某种不确定的类型，因此很少直接运用于泛型类，它更经常以泛型接口的面目出现。例如几种基本的容器类型 Set、Map、List 都被定义为接口，像 HashSet、TreeMap、LinkedList 等只是实现了对应容器接口的具体类罢了。泛型的用途各式各样，近的不说，远的如数组工具 Arrays 的 sort 方法，它在排序时用到的比较器 Comparator 就是一个泛型接口。别看 Comparator.java 的源码 洋洋洒洒数百行，其实它的精华部分仅仅以下寥寥数行：

```
//数组排序需要的比较器主要代码，可见它是一个泛型接口
public interface Comparator<T> {
    int compare(T o1, T o2);
}
```

当然，系统提供的泛型接口不止是 Comparator 一个，从 Java 8 开始，又新增了好几个系统自带 的泛型接口，它们的适用范围各有千秋。接下来分别加以介绍。

### 1. 断言接口 Predicate

在 8.3.3 小节介绍方法引用的时候，要求从一个字符串数组中挑选出符合条件的元素生成新数 组，为此定义了一个过滤器接口 StringFilter，该接口声明了字符串匹配方法 isMatch，然后利用该过 滤器编写字符串数组的筛选方法，进而由外部通过 Lambda 表达式或者方法引用来过滤。但是 StringFilter 这个过滤器只能用于筛选字符串，不能用来筛选其他数据类型。若想让它支持所有类型 的数据筛选，则势必要把数据类型空泛化，Java 8 推出的断言接口 Predicate 正是用于匹配校验的泛 型接口。

在详细说明 Predicate 之前，先定义一个苹果类 Apple，本小节的几个泛型接口都准备拿苹果类 练手，它的类定义代码如下（完整代码见本章源码的 src\com\collect\generic\Apple.java）：

```
//定义一个苹果类
public class Apple {
    private String name;        // 名称
    private String color;       // 颜色
    private Double weight;      // 重量
    private Double price;       // 价格

    public Apple(String name, String color, Double weight, Double price) {
        this.name = name;
        this.color = color;
        this.weight = weight;
        this.price = price;
    }

    // 获取该苹果的详细描述文字
    public String toString() {
        return String.format("\n(name=%s,color=%s,weight=%f,price=%f)", name,
```

```
                color, weight, price);
    }

    // 判断是否是红苹果
    public boolean isRedApple() {
        return this.color.toLowerCase().equals("red");
    }

    // 为节省篇幅，此处省略每个成员属性的 get/set 方法
}
```

接着构建一个填入若干苹果信息的初始清单，清单数据的构建代码示例如下（完整代码见本章源码的 src\com\collect\generic\TestInterface.java）：

```
// 获取默认的苹果清单
private static List<Apple> getAppleList() {
    // 数组工具 Arrays 的 asList 方法可以把一系列元素直接赋值给清单对象
    List<Apple> appleList = Arrays.asList(
            new Apple("红苹果", "RED", 150d, 10d),
            new Apple("大苹果", "green", 250d, 10d),
            new Apple("红苹果", "red", 300d, 10d),
            new Apple("大苹果", "yellow", 200d, 10d),
            new Apple("红苹果", "green", 100d, 10d),
            new Apple("大苹果", "Red", 250d, 10d));
    return appleList;
}
```

然后当前的主角——断言接口终于登场了。别看"断言"二字似乎很吓人，其实它的关键代码只有以下几行，真正有用的就是校验方法 test：

```
public interface Predicate<T> {
    boolean test(T t);
}
```

再定义一个清单过滤的泛型方法，输入原始清单和断言实例，输出筛选后符合条件的新清单。过滤方法的处理逻辑很简单，仅仅要求遍历清单的所有元素，一旦通过断言实例的 test 方法检验，就把该元素添加到新的清单。具体的过滤代码如下：

```
// 利用系统自带的断言接口 Predicate，过滤某个清单里的元素
private static <T> List<T> filterByPredicate(List<T> list, Predicate<T> p) {
    List<T> result = new ArrayList<T>();
    for (T t : list) {
        if (p.test(t)) {  // 如果满足断言的测试条件，就把该元素添加到新的清单
            result.add(t);
        }
    }
    return result;
}
```

接着轮到外部调用刚才的过滤方法了。现在要求从原始的苹果清单中挑出所有的红苹果，为了更直观地理解泛型接口的运用，先通过匿名内部类方式来表达 Predicate 实例。此时的调用代码是下面这样的：

```
// 测试系统自带的断言接口 Predicate
private static void testPredicate() {
    List<Apple> appleList = getAppleList();
    // 第一种调用方式：匿名内部类实现 Predicate，挑出所有的红苹果
    List<Apple> redAppleList = filterByPredicate(appleList, new
Predicate<Apple>() {
        public boolean test(Apple t) {
            return t.isRedApple();
        }
    });
    System.out.println("红苹果清单：" + redAppleList.toString());
}
```

运行上述的测试代码，从输出的日志信息可知，通过断言接口正确筛选出了红苹果清单：

```
红苹果清单：[
(name=红苹果,color=RED,weight=150.000000,price=10.000000),
(name=红苹果,color=red,weight=300.000000,price=10.000000),
(name=大苹果,color=Red,weight=250.000000,price=10.000000)]
```

显然匿名内部类的实现代码过于冗长，改写为 Lambda 表达式仅有以下一行代码：

```
// 第二种调用方式：Lambda 表达式实现 Predicate
List<Apple> redAppleList = filterByPredicate(appleList, t -> t.isRedApple());
```

或者采取方法引用的形式，也只需以下一行代码：

```
// 第三种调用方式：通过方法引用实现 Predicate
List<Apple> redAppleList = filterByPredicate(appleList, Apple::isRedApple);
```

除了挑选红苹果外，还可以挑选大个的苹果，比如要挑出所有重量大于半斤的苹果，则采取 Lambda 表达式的调用代码如下：

```
// Lambda 表达式实现 Predicate，挑出所有重量大于半斤的苹果
List<Apple> heavyAppleList = filterByPredicate(appleList, t ->
t.getWeight() >= 250);
    System.out.println("重苹果清单：" + heavyAppleList.toString());
```

再次运行测试代码，观察到下面的输出日志：

```
重苹果清单：[
(name=大苹果,color=green,weight=250.000000,price=10.000000),
(name=红苹果,color=red,weight=300.000000,price=10.000000),
(name=大苹果,color=Red,weight=250.000000,price=10.000000)]
```

以上的代码演示结果充分说明了断言接口完全适用于过滤判断和筛选操作。

### 2. 消费接口 Consumer

断言接口只判断逻辑，不涉及数据修改，若要修改清单里的元素，则需用到另一个消费接口
Consumer。譬如下馆子消费，把肚子撑大了；又如去超市消费，手上多了装满商品的购物袋。因此，
消费行为理应伴随着某些属性的变更，变大或变小，变多或变少。Consumer 同样属于泛型接口，它
的核心代码只有以下区区几行：

```
public interface Consumer<T> {
    void accept(T t);
}
```

接着将消费接口运用于清单对象，意图修改清单元素的某些属性，那么得定义泛型方法
modifyByConsumer，根据输入的清单数据和消费实例，从而对清单执行指定的消费行为。详细的修
改方法示例如下（完整代码见本章源码的 src\com\collect\generic\TestInterface.java）：

```
// 利用系统自带的消费接口 Consumer，修改某个清单里的元素
private static <T> void modifyByConsumer(List<T> list, Consumer<T> c) {
    for (T t : list) {
        // 根据输入的消费指令接受变更，下面的 t 既是输入参数，又允许修改
        c.accept(t);  // 如果 t 是 String 类型，那么 accept 方法不能真正修改字符串
    }
}
```

消费行为仍然拿苹果清单小试牛刀，外部调用 modifyByConsumer 方法时，传入的消费实例要
给苹果名称加上"好吃"二字。下面便是具体的调用代码例子，其中一起列出了匿名内部类与 Lambda
表达式这两种写法：

```
// 测试系统自带的消费接口 Consumer
private static void testConsumer() {
    List<Apple> appleList = getAppleList();
    // 第一种调用方式：匿名内部类实现 Consumer。在苹果名称后面加上"好吃"二字
    modifyByConsumer(appleList, new Consumer<Apple>() {
        public void accept(Apple t) {
            t.setName(t.getName() + "好吃");
        }
    });
    // 第二种调用方式：Lambda 表达式实现 Consumer
    modifyByConsumer(appleList, t -> t.setName(t.getName() + "好吃"));
    System.out.println("好吃的苹果清单" + appleList.toString());
}
```

运行上面的调用代码，可见输入的日志记录果然给苹果名称补充了两遍"好吃"：

```
好吃的苹果清单[
(name=红苹果好吃好吃,color=RED,weight=150.000000,price=10.000000),
(name=大苹果好吃好吃,color=green,weight=250.000000,price=10.000000),
(name=红苹果好吃好吃,color=red,weight=300.000000,price=10.000000),
(name=大苹果好吃好吃,color=yellow,weight=200.000000,price=10.000000),
```

```
(name=红苹果好吃好吃,color=green,weight=100.000000,price=10.000000),
(name=大苹果好吃好吃,color=Red,weight=250.000000,price=10.000000)]
```

不过单独使用消费接口的话，只能把清单里的每个元素全部修改过去，不加甄别的做法显然太粗暴了。更好的办法是挑出符合条件的元素再做变更，如此一来就得联合运用断言接口与消费接口，先通过断言接口 Predicate 筛选目标元素，再通过消费接口 Consumer 处理目标元素。于是结合两种泛型接口的泛型方法就变成了以下这般：

```java
// 联合运用 Predicate 和 Consumer，可筛选出某些元素并给它们整容
private static <T> void selectAndModify(List<T> list, Predicate<T> p,
                                                       Consumer<T> c) {
    for (T t : list) {
        if (p.test(t)) {              // 如果满足断言的条件要求
            c.accept(t);              // 就把该元素送去美容院整容
        }
    }
}
```

针对特定的记录进行调整，正是实际业务场景中的常见做法。比如现有一堆苹果，因为每个苹果的质量参差不齐，所以要对苹果分类定价。一般的苹果每公斤卖 10 块钱；若是红彤彤的苹果，则单价提高 50%；若苹果个头很大（重量大于半斤），则单价也提高 50%；既红又大的苹果想都不用想肯定特别吃香，算下来它的单价足足是一般苹果的 1.5×1.5=2.25 倍了。那么调整苹果定价的代码逻辑就得先后调用两次 selectAndModify 方法，第一次调整红苹果的价格，第二次调整大苹果的价格，完整的价格调整代码如下：

```java
// 联合测试断言接口 Predicate 和消费接口 Consumer
private static void testPredicateAndConsumer() {
    List<Apple> appleList = getAppleList();
    // 如果是红苹果，就涨价五成
    selectAndModify(appleList, t -> t.isRedApple(), t -> t.setPrice(t.getPrice()
* 1.5));
    // 如果重量大于半斤，再涨价五成
    selectAndModify(appleList, t -> t.getWeight() >= 250, t ->
t.setPrice(t.getPrice() * 1.5));
    System.out.println("涨价后的苹果清单: " + appleList.toString());
}
```

运行以上的价格调整代码，从以下输出的日志结果可知，每个苹果的单价都经过计算重新改过了：

```
涨价后的苹果清单: [
(name=红苹果,color=RED,weight=150.000000,price=15.000000),
(name=大苹果,color=green,weight=250.000000,price=15.000000),
(name=红苹果,color=red,weight=300.000000,price=22.500000),
(name=大苹果,color=yellow,weight=200.000000,price=10.000000),
(name=红苹果,color=green,weight=100.000000,price=10.000000),
(name=大苹果,color=Red,weight=250.000000,price=22.500000)]
```

### 3. 函数接口 Function

刚才联合断言接口和消费接口顺利实现了修改部分元素的功能，然而这种做法存在问题，就是直接在原清单上面修改，一方面破坏了原始数据，另一方面仍未抽取到新清单。于是 Java 又设计了泛型的函数接口 Function，它的泛型接口定义代码如下：

```
public interface Function<T, R> {
    R apply(T t);
}
```

从 Function 的定义代码可知，该接口不但支持输入某个泛型变量，而且支持返回另一个泛型变量。这样的话，把输入参数与输出参数区分开，就避免了二者的数据处理发生干扰。据此可编写新的泛型方法 recycleByFunction，该方法输入原始清单和函数实例，输出处理后的新清单，从而满足了数据抽取的功能需求。详细的方法代码示例如下（完整代码见本章源码的 src\com\collect\generic\TestInterface.java）：

```
// 利用系统自带的函数接口 Function，把所有元素处理后加到新的清单里面
private static <T, R> List<R> recycleByFunction(List<T> list, Function<T, R> f) {
    List<R> result = new ArrayList<R>();
    for (T t : list) {
        R r = f.apply(t);          // 把原始材料 t 加工一番后输出成品 r
        result.add(r);             // 把成品 r 添加到新的清单
    }
    return result;
}
```

接下来，由外部调用新定义的 recycleByFunction 方法，照旧采取匿名内部类与 Lambda 表达式同时编码，轮番对红苹果和大苹果涨价，修改后的调用代码例子如下：

```
// 测试系统自带的函数接口 Function
private static void testFunction() {
    List<Apple> appleList = getAppleList();
    List<Apple> appleRecentList;
    // 第一种调用方式：匿名内部类实现 Function。把涨价后的苹果放到新的清单中
    appleRecentList = recycleByFunction(appleList,
        new Function<Apple, Apple>() {
            public Apple apply(Apple t) {
                Apple apple = new Apple(t.getName(), t.getColor(),
                                        t.getWeight(), t.getPrice());
                if (apple.isRedApple()) {  // 如果是红苹果，就涨价五成
                    apple.setPrice(apple.getPrice() * 1.5);
                }
                if (apple.getWeight() >= 250) {  // 如果重量大于半斤，再涨价五成
                    apple.setPrice(apple.getPrice() * 1.5);
                }
                return apple;
            }
        });
```

```
            // 第二种调用方式：Lambda 表达式实现 Function
            appleRecentList = recycleByFunction(appleList, t -> {
                    Apple apple = new Apple(t.getName(), t.getColor(), t.getWeight(),
t.getPrice());
                    if (apple.isRedApple()) {  // 如果是红苹果，就涨价五成
                        apple.setPrice(apple.getPrice() * 1.5);
                    }
                    if (apple.getWeight() >= 250) {  // 如果重量大于半斤，再涨价五成
                        apple.setPrice(apple.getPrice() * 1.5);
                    }
                    return apple;
                });
            System.out.println("涨价后的新苹果清单：" + appleRecentList.toString());
        }
```

注意到上面的代码中，函数接口的入参类型为 Apple，而出参类型也为 Apple。假设出参类型不是 Apple，而是别的类型（如 String），那应该怎么办？其实很简单，只要把函数接口的返回参数改成其他类型就好了。譬如现在无须返回苹果的完整清单，只需返回苹果的名称清单，则调用代码可调整为下面这样：

```
            // 返回的清单类型可能与原清单类型不同，比如只返回苹果名称
            List<String> colorList = recycleByFunction(appleList,
                    t -> t.getName() + "(" + t.getColor() + ")");
            System.out.println("带颜色的苹果名称清单：" + colorList.toString());
```

运行以上的调整代码，果然打印了如下的苹果名称清单日志：

带颜色的苹果名称清单：[红苹果(RED)，大苹果(green)，红苹果(red)，大苹果(yellow)，红苹果(green)，大苹果(Red)]

# 9.3  容器的加工

本节介绍容器类型的数据加工方式，除了对容器与数组互相转换之外，还有两种加工办法：一种是使用传统的容器工具 Collections；另一种是使用 Java 8 新增的流式工具 Stream。

## 9.3.1  容器与数组互转

容器可以看作是数组的高级形式，反之数组可以看作是容器的简化形式，那么二者之间能否互相转换呢？常见的 3 种容器中，除了映射 Set 之外，集合 Set 和清单 List 都支持通过 toArray 方法转化为数组。具体的转换步骤包含以下两步：

（1）先声明与集合或清单同样大小的数组变量。

（2）再调用 toArray 方法将集合或清单对象转换为数组类型。

下面便是将容器对象转化为数组变量的代码例子(完整代码见本章源码的 src\com\collect\handle\TestConvert.java）：

```
    // 将集合对象转换为数组类型
    private static void setToArray() {
        Set<String> fruitSet = new HashSet<String>();
        fruitSet.add("苹果");
        fruitSet.add("香蕉");
        fruitSet.add("西瓜");
        String[] fruitArray = new String[fruitSet.size()];  // 先声明与集合同样大小的
数组变量
        fruitArray = fruitSet.toArray(fruitArray);  // 再调用 toArray 方法将集合对象转换
为数组类型
        for (String fruit : fruitArray) {
            System.out.println("集合转换，来自数组的水果="+fruit);
        }
    }

    // 将清单对象转换为数组类型
    private static void listToArray() {
        List<String> fruitList = new ArrayList<String>();
        fruitList.add("苹果");
        fruitList.add("香蕉");
        fruitList.add("西瓜");
        String[] fruitArray = new String[fruitList.size()];  // 先声明与清单同样大小的
数组变量
        fruitArray = fruitList.toArray(fruitArray);  // 再调用 toArray 方法将清单对象转
换为数组类型
        for (String fruit : fruitArray) {
            System.out.println("清单转换，来自数组的水果="+fruit);
        }
    }
```

　　既然容器能够转换成数组，反过来数组也能转换为容器，转换过程用到了 Arrays 工具的 asList 方法，该方法允许将数组变量直接转换为清单对象，详细的转化代码示例如下：

```
    // 方式一：先初始化数组变量，再调用 Arrays 工具的 asList 方法将数组变量转换为清单类型
    String[] fruitArray = new String[]{"苹果", "香蕉", "西瓜"};
    List<String> fruitList = Arrays.asList(fruitArray); //将数组变量转换为清单类型
```

上述的代码写法还可进一步简化成如下形式：

```
    // 方式二：直接在 asList 方法的输入参数中填写数组元素的列表
    List<String> fruitList = Arrays.asList("苹果", "香蕉", "西瓜");  // 在 asList
方法中直接填数据列表
```

　　需要注意的是，通过 Arrays.asList 得到的清单对象不能添加和删除元素，否则运行时会报错 UnsupportedOperationException，意思是不支持该操作。缘由在于 asList 方法返回的对象类型是 Arrays 里面的嵌套类 ArrayList，并非平常所见的 java.util.ArrayList，这个嵌套类恰恰没有实现 add 方法，也没有实现 remove 方法，导致它的清单对象无法增加新元素，也无法删除已有元素。

此类不能增删的清单对象类似于不可变的清单，不过 asList 方法返回的清单对象仍非严格意义上的不可变清单，虽然它不支持 add 与 remove 方法，但是依然支持数据更新的 set 方法，这意味着里面的元素还是可能遭到篡改。若想创建完全固定不变的清单，则要借助于 Java 9 新增的 List.of 方法，在 of 方法内部填写数据列表，结果返回的清单对象才是真正不可变的。此时创建固定清单的代码如下：

```
// 通过 List.of 创建的固定清单，既不能添加和删除，又不能修改
List<String> fruitList = List.of("苹果", "香蕉", "西瓜");
```

有了不可变清单，再也不必担心里面的数据被误改了。除了 List.of 方法以外，Java 9 还提供了 Set.of 方法用于创建固定的集合对象，以及 Map.of 方法用于创建固定的映射对象，相应的调用代码示例如下：

```
// 通过 Set.of 创建的固定集合，不能添加和删除
Set<String> fruitSet = Set.of("苹果", "香蕉", "西瓜");
// 通过 Map.of 创建的固定映射，不能增删改
Map<String, String> fruitMap = Map.of("苹果", "apple", "香蕉", "banana", "西瓜", "watermelon");
```

### 9.3.2 容器工具 Collections

清单作为一组数据的有序队列，它在组织形式上与数组有一些异曲同工之妙，数组有专门的数组工具 Arrays，清单也配备了对应的容器工具 Collections。首先值得一提的依然是常用的 sort 排序方法，Collections 的 sort 方法与 Arrays 的同名方法一样，都采用比较器 Comparator 对指定数组或清单完成排序操作，并且它们的代码用法极其相似。比如下面便是采取匿名内部类方式对某清单排序的代码例子（完整代码见本章源码的 src\com\collect\handle\TestCollection.java）：

```
// 演示如何给清单排序
private static void testSort() {
    List<Apple> appleList = getAppleList();
    // 匿名内部类方式给清单排序，按照苹果的重量升序排列
    Collections.sort(appleList, new Comparator<Apple>() {
        public int compare(Apple o1, Apple o2) {
            return o1.getWeight().compareTo(o2.getWeight());
        }
    });
    System.out.println("排序后的苹果清单="+appleList.toString());
}
```

运行以上的排序代码，观察日志结果可知处理后的清单果然按照苹果的重量升序排列了。

```
排序后的苹果清单=[
(name=红苹果,color=green,weight=100.000000,price=10.000000),
(name=红苹果,color=RED,weight=150.000000,price=10.000000),
(name=大苹果,color=yellow,weight=200.000000,price=10.000000),
(name=大苹果,color=green,weight=250.000000,price=10.000000),
(name=大苹果,color=Red,weight=250.000000,price=10.000000),
(name=红苹果,color=red,weight=300.000000,price=10.000000)]
```

清单的排序代码也可改写为 Lambda 表达式，从而更简洁、更高效，修改后的排序代码如下：

```
// Lambda 表达式给清单排序
Collections.sort(appleList, (o1, o2) -> o1.getWeight().compareTo
(o2.getWeight()));
```

其次是求最大值元素的 max 方法，以及求最小值元素的 min 方法。虽然排序后的清单很容易获得最大值和最小值，例如升序情况下最后一个元素就为最大值，且第一个元素为最小值，但是毕竟得先经过排序的步骤，所谓多一事不如少一事，倘若能够直接获取最大元素和最小元素，那又何乐而不为呢？max 方法和 min 方法的使用很简单，仍旧是指定待处理的清单实例，以及判断大小的比较器实例即可。通过 max 和 min 求某清单最大元素与最小元素的代码示例如下：

```
// 演示如何获取最大值和最小值
private static void testMaxAndMin() {
    List<Apple> appleList = getAppleList();
    // Lambda 表达式获取容器的最大值，求最重的苹果
    Apple heavestApple = Collections.max(appleList,
            (o1, o2) -> o1.getWeight().compareTo(o2.getWeight()));
    System.out.println("最重的苹果="+heavestApple.toString());
    // Lambda 表达式获取容器的最小值，求最轻的苹果
    Apple lightestApple = Collections.min(appleList,
            (o1, o2) -> o1.getWeight().compareTo(o2.getWeight()));
    System.out.println("最轻的苹果="+lightestApple.toString());
}
```

运行上述求最值的代码，观察以下输出日志，可见正确求得了最大元素和最小元素。

```
最重的苹果=
(name=红苹果,color=red,weight=300.000000,price=10.000000)
最轻的苹果=
(name=红苹果,color=green,weight=100.000000,price=10.000000)
```

除了 sort、max 和 min 方法外，Collections 还提供了 fill 和 swap 方法，其中前者用于给指定清单填满某元素，而后者用于交换清单中两个元素的位置。

### 9.3.3 Java 8 新增的流式处理

对于简单的增删改和遍历操作，各容器实例都提供了相应的处理方法；对于实际开发中频繁使用的清单 List，还提供了专门的 Collections 工具用于排序、求最大元素、求最小元素等操作。那么涉及更加复杂的数据处理，又该如何有针对性地筛选和加工呢？

依次遍历目标容器，对所有元素逐个加以分析判断，并酌情将具体数据调整至满意的状态，这种千篇一律的业务流程固然能够解决问题，可惜由此带来的副作用是显而易见的，包括但不限于：代码冗长、分支众多、逻辑烦琐、不易重用等。为了改进相关业务逻辑的编程方式，帮助开发者形成良好的编码风格，Java 的每次版本更新都试图给出有效的解决方案，其中影响深远的当数 Java 8 推出的两项新特性：新增的泛型接口与流式处理。关于前一个泛型接口特性，用于容器操作的泛型接口主要有 3 个，分别是断言接口、消费接口和函数接口，有关的应用案例可参见之前的 9.2.3 小节，这里不再赘述。真正具有革命性意义的是本小节的主角——流式处理。

所谓流，隐含着流水线的意思，也就是由开发者事先设定一批处理指令，说明清楚每条指令的前因后果，然后启动流水线作业，即可得到最终的处理结果。流式处理的精髓在于一气呵成，只要万事俱备，决不拖泥带水。它的处理过程主要包括 3 个步骤：获得容器的流对象、设置流的各项筛选和加工指令以及规划处理结果的展示形式。下面分别予以详细介绍。

### 1. 获得容器的流对象

Java 8 给每种容器都准备了两条流水线：一条是串行流；另一条是并行流。串行流顾名思义各项任务是前后串在一起的，只有处理完前一项任务，才能继续执行后一项任务。调用容器实例的 stream 方法即可获得该容器的串行流对象，而调用容器实例的 parallelStream 方法可获得该容器的并行流对象。

流对象的获取操作同时也是流式处理的开始指令，每次在流式处理之前，都必须先获取当前容器的流对象，要么获取串行流，要么获取并行流。

### 2. 设置流的各项筛选和加工指令

无论是串行流还是并行流，它们承载的都是容器内部的原始数据，这些原材料经过各道加工工序后，才会得到具备初步形态的半成品。加工数据期间所调用的流方法说明如下。

- filter：按照指定条件过滤，即筛选出符合条件的那部分数据。
- sorted：根据指定字段对所有记录排序，可选择升序或者降序。
- map：映射成指定的数据类型。
- limit：只取前面若干条数据。
- distinct：去掉重复记录，保证每条记录都是唯一的。

以上的加工方法属于流式处理的中间指令，每次流水线作业都允许设置一条或者多条中间指令。

### 3. 规划处理结果的展示形式

前一步的各项加工处理完毕，还要进行包装才能输出最终的成品，也就是这条流水线生产出来的数据到底是什么模样的。结果数据的记录包装有 3 种形式，分别对应如下的 3 个方法。

- count：统计结果数据的数量。
- forEach：依次遍历结果数据，并逐条进行个性化处理。
- collect：搜集和整理结果数据，并返回指定格式的清单记录。

上面的 3 个包装方法属于流式处理的结束指令，每次流水线作业必须有且仅有其中的一条结束指令。

接下来列举几个实际应用的业务场景，看看采取流式处理时应该如何编码。首先准备一个原始的苹果清单，后续将对这个苹果清单发动流水作业。原始清单的获取代码示例如下：

```java
// 获取默认的苹果清单
private static ArrayList<Apple> getAppleList() {
    ArrayList<Apple> appleList = new ArrayList<Apple>();
    appleList.add(new Apple("红苹果", "RED", 150d, 10d));
    appleList.add(new Apple("大苹果", "green", 250d, 10d));
    appleList.add(new Apple("红苹果", "red", 300d, 10d));
```

```
        appleList.add(new Apple("大苹果", "yellow", 200d, 10d));
        appleList.add(new Apple("红苹果", "green", 100d, 10d));
        appleList.add(new Apple("大苹果", "Red", 250d, 10d));
        return appleList;
    }
```

需要统计红苹果总数的话，可通过以下流式代码实现（完整代码见本章源码的 src\com\collect\handle\TestStream.java）：

```
        // 统计红苹果的总数
        long redCount = getAppleList().stream()      // 串行处理
            .filter(Apple::isRedApple)               // 过滤条件，专门挑选红苹果
            .count();  // 统计记录个数
        System.out.println("红苹果总数=" + redCount);
```

注意到上述代码的 filter 方法内部出现了方法引用，的确流式处理的主要方法都预留了函数式接口的调用，所以经常会在流式代码中看到五花八门的方法引用与 Lambda 表达式。比如下面的结果遍历代码就在 forEach 方法中填充了 Lambda 表达式：

```
        // 对每个红苹果依次处理
        getAppleList().stream()                      // 串行处理
            .filter(Apple::isRedApple)               // 过滤条件，专门挑选红苹果
            .forEach(s -> System.out.println("当前颜色为"+s.getColor()));  // 逐条操作
```

当然，流水作业更常见的是输出另一串清单数据，此时流式处理的结束指令就得采用 collect 方法。下面便是从原始清单中挑出红苹果清单的流式代码：

```
        // 挑出红苹果清单
        List<Apple> redAppleList = getAppleList().stream()      // 串行处理
            //.parallelStream()                    // 并行处理
            .filter(Apple::isRedApple)             // 过滤条件，专门挑选红苹果
            .sorted(Comparator.comparing(Apple::getWeight))      // 按苹果重量升序排列
            //.sorted(Comparator.comparing(Apple::getWeight).reversed())  // 按苹果
重量降序排列
            .limit(3)            // 只取前几条数据
            .distinct()          // 去掉重复记录
            .collect(Collectors.toList());  // 返回一串清单
        System.out.println("红苹果清单=" + redAppleList.toString());
```

结果清单可能不需要完整的苹果信息，只需列出苹果名称字段，那么得调用 map 方法把完整的苹果信息映射为单个的名称字段。此时的筛选代码变成下面这样：

```
        // 挑出去重后的苹果名称清单
        List<String> allNameList = getAppleList().stream()  // 串行处理
            .map(Apple::getName)  // 映射成新的数据类型
            .distinct()  // 去掉重复记录
            .collect(Collectors.toList());  // 返回一串清单
        System.out.println("苹果名称去重后的清单=" + allNameList.toString());
```

除了普通的清单外，collect 方法还能返回分组清单，也就是把结果数据按照某种条件分组，再

统计每个分组的成员数目。仍以苹果清单为例，红苹果可通过名称或者产地分组，分组的同时计算每个小组里各有多少个苹果。于是形成了以下的分组计数代码：

```
        // 按照名称统计红苹果的分组个数
        Map<String, Long> redStatisticCount = getAppleList().stream()  // 串行处理
            .filter(Apple::isRedApple)  // 过滤条件，专门挑选红苹果
            .collect(Collectors.groupingBy(Apple::getName, Collectors.counting()));
// 返回分组计数
        System.out.println("红苹果分组计数=" + redStatisticCount.toString());
```

分组计数仅仅是简单统计各组的成员数量，有时还想单独计算某个字段的统计值，比如每个小组里的苹果总价各是多少？这时 collect 方法必须同时完成两项任务：第一项要根据某种条件分组；第二项要对各组的苹果价格求和。如此改造之后的分组求和代码如下：

```
        // 按照名称统计红苹果的分组总价
        Map<String, Double> redPriceSum = getAppleList().stream()  // 串行处理
            .filter(Apple::isRedApple)  // 过滤条件，专门挑选红苹果
            // 返回分组并对某字段求和
            .collect(Collectors.groupingBy(Apple::getName,
Collectors.summingDouble(Apple::getPrice)));
        System.out.println("红苹果分组总价=" + redPriceSum.toString());
```

观察以上的具体案例，发现流式处理的代码相当连贯，每个步骤该做什么事情都一清二楚，中间没有许多繁复的流程控制，唯有一条条分工明确的处理指令，同时充分发挥了方法引用及 Lambda 表达式的便利性，使得原本令人头痛的容器加工变成了有章可循的流水线作业，从而极大地提高了开发者的编码效率。

# 9.4  实战练习

本节介绍运用泛型技术结合容器类型的两个实战练习，分别是：利用泛型实现通用的二分查找算法和借助容器实现两种常见的排队算法（FIFO［先进先出］算法、LRU［最久未使用］算法）。

## 9.4.1  利用泛型实现通用的二分查找算法

之前在查找数组元素的时候介绍了一种二分查找算法，该算法利用了顺序数组的有序性，通过折半法判断目标元素与中间元素的大小关系，进而不断缩小数组的比较区间，最终以较小的代价快速找到目标。二分查找法固然十分有效，不过原先的实现代码并不通用，因为源代码只适用于整型数组，倘若要求在浮点数组或者字符串数组中查找，就得重新编写对应类型数组的查找代码。如此一来，数组类型每增加一种，二分查找代码也要跟着重抄一遍，甚是不便。

对于这种基本逻辑结构雷同、仅有数据类型不同的算法，完全可以采取泛型的手段处理。考虑到包装类型（含包装整型、包装双精度型和字符串型）有一个统一的大小判断方法 compareTo，且该方法来自于各包装类型均已实现的 Comparable 接口，那么可定义这组类型的二分查找泛型方法，凡是实现了 Comparable 接口的数据类型，它的数组都能运用该泛型方法进行二分查找。基于以上描述的泛型方法定义示例如下：

```
// 二分查找的入口方法。注意泛型类型 T 必须实现了接口 Comparable
// 请求参数为待查找的数组及目标元素, 返回参数为目标元素的数组下标 (位置)
public static <T extends Comparable<T>> int binarySearch(T[] array, T aim);
```

定好泛型方法的规格之后, 还得在方法体中补充详细的代码逻辑。就二分查找算法而言, 除了要将比较大小的大于号和小于号换成 compareTo 方法外, 整体的查找过程既可沿用原来的循环语句, 又可采用严谨的递归方式。下面是封装了二分查找泛型方法的工具类代码例子 (完整代码见本章源码的 src\com\collect\algorithm\ArrayFind.java):

```java
//二分查找算法的工具类, 使用了泛型方法
public class ArrayFind {
    private static int count;  // 查找次数

    // 二分查找的入口方法。注意泛型类型 T 必须实现了接口 Comparable
    // 请求参数为待查找的数组及目标元素, 返回参数为目标元素的数组下标 (位置)
    public static <T extends Comparable<T>> int binarySearch(T[] array, T aim) {
        count = 0;  // 开始查找前先把查找次数清零
        return binarySearch(array, 0, array.length - 1, aim);
    }

    // 使用递归实现的二分查找
    private static <T extends Comparable<T>> int binarySearch(T[] array, int start,
int end, T aim) {
        count++;  // 查找次数加一
        if (start>=end && aim.compareTo(array[start])!=0) {  // 起点和终点都重合了还没
找到
            return -1;  // 返回-1 表示没找到
        }
        int middle = (start + end) / 2;  // 计算中间的位置
        if (aim.compareTo(array[middle]) == 0) {  // 找到目标值, 返回目标值所处的位置
            System.out.println("查找次数="+count);
            return middle;
        } else if (aim.compareTo(array[middle]) < 0) {  // 目标值在前半段, 继续查找
            return binarySearch(array, start, middle - 1, aim);
        } else {  // 目标值在后半段, 继续查找
            return binarySearch(array, middle + 1, end, aim);
        }
    }
}
```

然后通过实际的数组类型对上述的泛型方法加以验证, 比如要在某个整型数组中查找指定元素的位置, 则需先构造填满元素的包装整型数组, 并对数组排序, 再调用工具类 ArrayFind 的 binarySearch 方法查找目标数字。具体的测试代码如下 (完整代码见本章源码的 src\com\collect\algorithm\TestFind.java):

```java
// 测试整型数组的查找
private static void testIntFind() {
    Integer item = 0;  // 随机数变量
```

```java
Integer[] numberArray = new Integer[20];  // 随机数构成的数组
// 以下生成一个包含随机整数的数组
loop: for (int i = 0; i < numberArray.length; i++) {
    item = new Random().nextInt(100);  // 生成一个小于 100 的随机整数
    for (int j = 0; j < i; j++) {        // 遍历数组进行检查, 避免填入重复数字
        // 若数组中已存在该整数, 则重做本次循环, 以便重新生成随机数
        if (numberArray[j] == item) {
            i--;  // 本次循环做了无用功, 取消当前的计数
            continue loop;  // 直接继续上一级循环
        }
    }
    numberArray[i] = item;  // 往数组填入新生成的随机数
}
Arrays.sort(numberArray);  // 对整数数组排序（默认升序排列）
for (int seq=0; seq<numberArray.length; seq++) {  // 打印数组中的所有数字
    System.out.println("序号="+seq+", 数字="+numberArray[seq]);
}
// 下面通过二分查找法确定目标数字排在第几位
Integer aim_item = item;  // 最后生成的整数
System.out.println("准备查找的目标数字="+aim_item);
// 通过泛型的二分查找方法来查找目标数字的位置
int position = ArrayFind.binarySearch(numberArray, aim_item);
System.out.println("查找到的位置序号="+position);
}
```

运行上面的测试代码, 观察到如图 9-1 所示的查找日志, 说明泛型的二分查找方法正常运行。

继续字符串数组的验证工作, 看看泛型方法是否对字符串类型也奏效。依然要先构造填满元素的字符串数组, 并对数组排序, 再调用工具类 ArrayFind 的 binarySearch 方法查找目标字符串。具体的测试代码如下:

```java
// 测试字符串数组的查找
private static void testStrFind() {
    String item = "";  // 随机字符串变量
    String[] stringArray = new String[20];  // 随机字符串构成的数组
    // 以下生成一个包含随机字符串的数组
    loop: for (int i = 0; i < stringArray.length; i++) {
        int random = new Random().nextInt(26);  // 生成一个小于 26 的随机整数
        item = "" + (char) (random + 'A');  // 利用随机数获取从"A"到"Z"的随机字符串
        for (int j = 0; j < i; j++) {  // 遍历数组进行检查, 避免填入重复字符串
            // 若数组中已存在该整数, 则重做本次循环, 以便重新生成随机字符串
            if (stringArray[j].equals(item)) {
                i--;  // 本次循环做了无用功, 取消当前的计数
                continue loop;  // 直接继续上一级循环
            }
        }
        stringArray[i] = item;  // 往数组填入新生成的随机字符串
    }
```

```
Arrays.sort(stringArray);  // 对字符串数组排序（默认升序排列）
for (int seq=0; seq<stringArray.length; seq++) {  // 打印数组中的所有字符串
    System.out.println("序号="+seq+", 字符串="+stringArray[seq]);
}
// 下面通过二分查找法确定目标字符串排在第几位
String aim_item = item;  // 最后生成的字符串
System.out.println("准备查找的目标字符串="+aim_item);
// 通过泛型的二分查找方法来查找目标字符串的位置
int position = ArrayFind.binarySearch(stringArray, aim_item);
System.out.println("查找到的位置序号="+position);
}
```

运行上面的测试代码，观察到如图 9-2 所示的查找日志，说明泛型方法在字符串数组面前仍然正常运转。

```
序号=0,  数字=2
序号=1,  数字=6
序号=2,  数字=9
序号=3,  数字=25
序号=4,  数字=26
序号=5,  数字=27
序号=6,  数字=40
序号=7,  数字=49
序号=8,  数字=53
序号=9,  数字=55
序号=10,  数字=60
序号=11,  数字=64
序号=12,  数字=65
序号=13,  数字=72
序号=14,  数字=74
序号=15,  数字=79
序号=16,  数字=88
序号=17,  数字=94
序号=18,  数字=96
序号=19,  数字=100
准备查找的目标数字=74
查找次数=2
查找到的位置序号=14
```

```
序号=0,  字符串=A
序号=1,  字符串=B
序号=2,  字符串=D
序号=3,  字符串=E
序号=4,  字符串=F
序号=5,  字符串=G
序号=6,  字符串=H
序号=7,  字符串=K
序号=8,  字符串=L
序号=9,  字符串=M
序号=10,  字符串=O
序号=11,  字符串=P
序号=12,  字符串=R
序号=13,  字符串=S
序号=14,  字符串=U
序号=15,  字符串=V
序号=16,  字符串=W
序号=17,  字符串=X
序号=18,  字符串=Y
序号=19,  字符串=Z
准备查找的目标字符串=S
查找次数=5
查找到的位置序号=13
```

图 9-1　泛型方法查找整型数组的日志结果　　　图 9-2　泛型方法查找字符串数组的日志结果

## 9.4.2　借助容器实现两种常见的排队算法

除了查找算法外，排队是另一种常见的算法。由于电子设备上的资源空间是有限的，无法容纳过多的等候对象，因此每当空间被占满的时候，如果要添加新的对象，就得踢出某个旧对象腾出空间才行。新对象纵然着急进来，但是系统怎知要剔除哪个旧对象呢？无论踢走哪个旧对象都难以割舍，但为了让程序运行下去，系统终究要做个决断才好。最简单的排队方案便是"先进先出"（First Input First Output，FIFO）算法，先进来的元素排在队伍开头，后进来的元素依次跟在队伍后面，这样等到队列排满的时候，新元素依旧加到队列末尾，同时挪走队列开头的元素。也就是说，越早进来的元素，自然越早离开队列，简称"先进先出"。

因为先进先出队列既可操作队列顶端，又可操作队列末端，所以它属于双端队列，与链表（LinkedList）类似，而与列表（ArrayList）不同。尽管 LinkedList 相当符合先进先出队列的结构，然而它尚不具备先进先出队列的以下特征：

（1）先进先出队列拥有固定的队伍长度，或称容量大小。

（2）一旦检测到队列超长了，则应自动移除队列顶端的元素，保证整个队列没有超过负荷。

鉴于此，需要在 LinkedList 的基础上对其修改完善，主要的改动点有以下两处：

（1）新增一个最大容量的属性，并将容量作为构造方法的输入参数传进来。

（2）重写 LinkedList 的 addLast 方法和 add 方法：一方面判断当前队列是否已经存在待加入的元素，若已存在，则无须重复加入；另一方面检查队列是否达到容量上限，若已达到，则需移除队列开头的元素，再添加新来的元素。

据此编写的先进先出队列的定义代码如下（完整代码见本章源码的 src\com\collect\algorithm\ FifoList.java）：

```java
//把 LinkedList 改进成为 FIFO（先进先出）的数据结构，使用了泛型类
public class FifoList<T> extends LinkedList<T> {
    private static final long serialVersionUID = -1L;
    private int maxSize = 6;  // 最大容量

    public FifoList(int maxSize) {
        super();
        if (maxSize > 0) {  // 最大容量必须为自然数
            this.maxSize = maxSize;
        }
    }

    // 给新的小伙伴排队
    public boolean add(T new_item) {
        addLast(new_item);  // 把新的小伙伴加到队列末尾
        return true;
    }

    // 给新的小伙伴排队，加到队列末尾
    public void addLast(T new_item) {
        for (T item : this) {                       // 已在队列中的小伙伴无须处理
            if (item.equals(new_item)) {            // 队列中已存在该小伙伴
                return;                             // 无须处理已存在的小伙伴，直接返回
            }
        }
        if (this.size() >= this.maxSize) {          // 超过了最大容量
            this.removeFirst();                     // 移除双端队列开头的小伙伴
        }
        super.addLast(new_item);                    // 往双端队列末尾插入新的小伙伴
    }
}
```

注意 LinkedList 本身是一个泛型类，它的派生类 FifoList 也是泛型类，故而要在类名后面添加"<T>"，表示内部代码采用"T"指代泛型。接下来准备一个字符串，打算由新定义的 FifoList 对

各字符排队，第一步设定先进先出队列的容量大小为 5，第二步把字符串中的每个字符依次加入队列，第三步查看最终的字符排队情况。依据上述的分步操作，先进先出队列的外部调用代码示例如下（完整代码见本章源码的 src\com\collect\algorithm\TestQueue.java）：

```
// 测试 FIFO 算法（先进先出）用到的数据结构
private static void testFifo() {
    // 声明一个容量为 5 的先进先出队列
    FifoList<Character> fifoList = new FifoList<Character>(5);
    String str = "先天下之忧而忧后天下之乐而乐天天快乐";
    for (int i = 0; i < str.length(); i++) {
        fifoList.add(str.charAt(i));  // 把字符加入先进先出队列
    }
    System.out.println("先进先出队列的大小为" + fifoList.size());
    System.out.println("先进先出队列的当前元素包括: " + fifoList);
}
```

运行上面的排队代码，观察到以下的日志信息：

先进先出队列的大小为 5
先进先出队列的当前元素包括：[下，之，乐，而，快]

从日志结果可见，虽然先进先出队列的排队机制正常运转，但是排队效率实在不敢恭维，因为出现多次的"天"字竟然没在最终队列里面，哪怕"天"字临近字符串末尾尚且露脸两次。按照常理，"天"字这么常用，那么将来有较大概率会用到"天"字，为什么此处没有优先考虑"天"呢？这缘于先进先出队列的设计理念，它只关心最开始的加入时间，不关心最近的访问时间，于是导致了这样的后果：即使某个元素被屡次访问，但该元素的排队位置只会前移到远处、不会因经常访问而拉到近处，结果时候一到便不容分说拖出去了。

由此可见，先进先出队列的排队算法亟需改进，最近访问过的元素理应提高优先级，只有最不经常访问的元素才要踢出去。按此思路改进后的新算法名叫"最久未使用"（也称"最近最少使用"，Least Recently Used，LRU）算法。在 Java 的容器类型中，链式哈希表（LinkedHashMap）初步实现了简单的 LRU 算法，故可对其加以改造，形成具有固定容量大小的最久未使用队列。改造内容主要有以下 3 处：

（1）新增一个最大容量的属性，并将容量作为构造方法的输入参数传进来。

（2）在构造方法中调用父类的构造方法时，需要给第 3 个参数填 true 值。因为该参数指定了队列的排序规则，为 false 时表示以插入时间排序，为 true 时表示以访问时间排序。

（3）重写 LinkedHashMap 的 removeEldestEntry 方法，当队列中的元素个数超过了最大容量时，返回 true 表示要求删除最久未使用的元素，其余情况则返回 false。

如此改头换面折腾一番，最久未使用队列的定义代码如下（完整代码见本章源码的 src\com\collect\algorithm\LruMap.java）：

```
//把 LinkedHashMap 改造成为 LRU（最久未使用）的数据结构，使用了泛型类
public class LruMap<K, V> extends LinkedHashMap<K, V> {
    private static final long serialVersionUID = -1L;
    private int maxSize = 6;  // 最大容量
```

```java
public LruMap(int maxSize) {
    // LinkedHashMap 构造方法的 3 个输入参数说明
    // initialCapacity 初始容量
    // loadFactor 加载因子，一般是 0.75f
    // accessOrder 排序规则。false 基于插入时间；true 基于访问时间
    super(0, 0.75f, true);
    if (maxSize > 0) {  // 最大容量必须为自然数
        this.maxSize = maxSize;
    }
}

// 重写 removeEldestEntry 方法，当 LRU 中的元素多于上限时，删除最久未使用的元素
protected boolean removeEldestEntry(Map.Entry<K, V> eldest) {
    if (size() > maxSize) {  // 队列中的元素个数超过了最大容量
        return true;  // 返回 true 表示允许移除最久未使用的元素
    }
    return false;
}
}
```

然后创建一个容量为 5 的最久未使用队列，仍旧将"先天下之……"的字符串逐个加入队列，全部加完再打印队列中的最新元素。此时最久未使用队列的外部调用代码示例如下（完整代码见本章源码的 src\com\collect\algorithm\TestQueue.java）：

```java
// 测试 LRU 算法（最久未使用）用到的数据结构
private static void testLru() {
    // 声明一个容量为 5 的最久未使用队列
    LruMap<Character, Integer> lruMap = new LruMap<Character, Integer>(5);
    String str = "先天下之忧而忧后天下之乐而乐天天快乐";
    for (int i = 0; i < str.length(); i++) {
        // 把字符加入最久未使用队列。其中键名为该字符，键值为序号
        lruMap.put(str.charAt(i), i);
    }
    System.out.println("最久未使用队列的大小为" + lruMap.size());
    System.out.println("最久未使用队列的当前元素包括：" + lruMap);
}
```

运行上面的排队代码，观察到以下的日志信息：

```
最久未使用队列的大小为5
最久未使用队列的当前元素包括：{之=10，而=12，天=15，快=16，乐=17}
```

从日志结果可见，最久未使用队列果然优先保留最近经常访问的元素，像"天"字就留在了队列中，"乐"字的优先级也调到了最高。

# 9.5　小　　结

本章主要介绍了如何运用容器类型处理一群数据集合，以及如何利用泛型实现类型泛化的业务场景，包括：如何使用常见的 3 种容器类型（集合 Set、映射 Map、清单 List）、如何使用被泛化的 3 种实体（泛型方法、泛型类、泛型接口）以及如何有效地加工容器对象的内部数据（容器与数组互转、利用传统的容器工具 Collections、利用 Java 8 新增的流式工具 Stream）。最后联合容器与泛型技术演示了两个实战练习的实现过程（利用泛型实现通用的二分查找算法、借助容器实现 FIFO 算法和 LRU 算法）。

通过本章的学习，读者应该能够掌握以下编程技能：

（1）学会 3 种容器类型（集合、映射、清单）的基本用法。

（2）学会 3 种泛型实体（泛型方法、泛型类、泛型接口）的定义及其运用。

（3）学会容器类型的两种加工方式（容器工具与流式工具）。

（4）学会使用容器与泛型技术实现常见的查找算法和排队算法。

# 第10章

## 类的进阶用法

本章介绍 Java 编程针对面向对象体系的几个扩展方向，包括避免程序崩溃的异常捕获和预防处理、通过反射技术绕开面向对象的封装限制以及利用注解技术插入某种预制的校验功能。

## 10.1 异　常

本节介绍 Java 程序对各种异常的处理方式，首先描述常见的几种程序异常（数学运算异常、数组越界异常、字符串与日期格式异常、空指针异常、类型转换异常等），以及两种内存溢出错误（堆内存溢出、栈内存溢出）；接着阐述两种发生异常后的补救操作（扔出与捕捉）；然后论述如何从源头上预防异常的产生；最后讲述如何使用 Optional 规避空指针异常。

### 10.1.1　常见的程序异常

一个程序开发出来之后，无论是用户还是程序员，都希望它稳定地运行，然而程序毕竟是人写的，人无完人，哪能不犯点错误呢？即使事先考虑得天衣无缝，也有可能遭遇意外的风险，例如揣着一笔巨款跑到日本买了一栋抗震性能良好的海边别墅，谁料人算不如天算，刚好遇上了一场大海啸，别墅被冲到山上去了。计算机程序也是如此，无论是人为的错误，还是意外的风险，都会导致程序在运行时异常退出。引起程序异常的原因多种多样，就已经介绍过的知识点而言，主要有这么几种可能发生异常的情况：数学运算异常、数组越界异常、字符串与日期格式异常、空指针异常、类型转换异常等。接下来分别详细说明。

#### 1. 数学运算异常

常见的算术异常当为除数为零，众所周知，在除法运算中，除数是不能为零的，纵使数学家规定一除以零的结果等于无穷大，但是计算机应该如何表达无穷大呢？要知道个人计算机的内存总共才几个 GB。既然有限的内存容纳不了无限的大小，想让程序计算一除以零就是不可能的事情了。接下来，不妨通过一个除数为零的 Java 程序验证一下，测试代码示例如下（完整代码见本章源码的 src\com\addition\exception\TestExcept.java）：

```
// 测试算术异常：除数为0
private static void testDivideByZero() {
    int one = 1;
    int zero = 0;
    int result = one / zero;
    System.out.println("divide result="+result);
}
```

运行以上的测试代码，果不其然观察到了异常日志 "java.lang.ArithmeticException: / by zero"，说明除数为零是错误的写法。

另一种算术异常也跟无限有关，像"1÷3"的结果为 1/3，使用小数表达的话便是 0.33333333……这样的无限循环小数。当然由于浮点类型和双精度类型有精度限制，因此无论使用浮点数还是双精度数存放 1/3，都只会精确到小数点后若干位，并不存在无限循环的问题。麻烦出在大小数 BigDecimal 上面，因为大小数默认是绝对精确的，若开发者不指定大小数的精度位数，则系统会竭尽所能把大小数的精确值原原本本地表达出来。那么问题就来了，1/3 的数值是无限循环小数，小数点后面的 3 有无限多个，似此无限的位数，依旧让有限的内存徒呼奈何。下面是通过大小数计算"1÷3"的代码例子：

```
// 测试算术异常：商是无限循环小数
private static void testDivideByDecimal() {
    BigDecimal one = BigDecimal.valueOf(1);
    BigDecimal three = BigDecimal.valueOf(3);
    BigDecimal result = one.divide(three);
    System.out.println("sqrt result="+result);
}
```

运行上面的除法代码，可见程序仍然打印了异常日志 "java.lang.ArithmeticException: Non-terminating decimal expansion; no exact representable decimal result."，意思是无限小数没法使用精确的十进制数表达。

### 2. 数组越界异常

假设某个数组只有 3 个元素，正常情况下能够访问第 1 个、第 2 个和第 3 个元素，如果程序强行访问第 4 个元素，系统该怎么办？总不能无中生有变戏法变出一个吧，计算机程序可不是魔术师，它找不到第 4 个元素就崩溃退出了。比如以下的数组访问代码就出现了该问题：

```
// 测试越界异常：下标超出数组范围
private static void testArrayByIndex() {
    int[] array = {1, 2, 3};
    int item = array[3];
    System.out.println("array item="+item);
}
```

运行以上的测试代码，程序输出了异常信息 "java.lang.ArrayIndexOutOfBoundsException: 3"，此处的下标 3 代表数组的第 4 个元素，而该数组总共只有 3 个元素。

不止数组存在越界异常，容器里的清单（List）也存在同样的问题，因为清单的索引类似数组的下标，一旦寻求访问的元素索引超出了清单大小，程序运行时也会扔出数组越界异常。用于演示通过索引访问清单元素的代码示例如下：

```java
// 测试越界异常：索引超出清单范围
private static void testListByIndex() {
    List<Integer> list = Arrays.asList(1, 2, 3, 4, 5);
    Integer item = list.get(5);
    System.out.println("list item="+item);
}
```

运行上述的清单访问代码，从输出日志依然可见程序扔出的异常描述为"java.lang.ArrayIndexOutOfBoundsException: 5"，表示索引为 5 的位置已经超出了当前数组（其实是清单）的边界。

### 3. 字符串与日期格式异常

调用 String 类的 format 方法格式化字符串时，每种格式定义与数据类型是一一对应的，例如%d 对应整型数，%s 对应字符串，%b 对应布尔值，等等。所以格式化的参数值必须和它的格式要求相符，倘若二者匹配不了，这可如何是好？譬如原先定义的参数格式为%d，表示此处期望格式化一个整型数，结果后面的参数列表却传入某个字符串，难道字符串要格式化成整数？恐怕只能让程序出现异常。例如下面的字符串格式化代码：

```java
// 测试格式异常：字符串格式非法
private static void testStringByFormat() {
    String str = String.format("%d", "Hello");
    System.out.println("str="+str);
}
```

运行上面的格式化代码，毫无疑问程序无法正常运行，只能无奈地打印异常日志"java.util.IllegalFormatConversionException: d != java.lang.String"。

不单单字符串有格式要求，日期时间也有格式要求，如果需要把日期数据转换成字符串类型，就得在构造 SimpleDateFormat 实例时书写正确的时间格式，一个字不多一个字不少，倘若把分钟格式 mm 误写为 mi，试试看程序会怎么运行以下的时间转换代码：

```java
// 测试格式异常：日期格式非法
private static void testDateByFormat() {
    SimpleDateFormat sdf = new SimpleDateFormat("yyyy-MM-dd HH:mi:ss");
    String strDate = sdf.format(new Date());
    System.out.println("strDate="+strDate);
}
```

由于时间格式指定的分钟代号 mi 有误（正确的应为 mm），因此运行以上的测试代码，程序只能打印出错信息"java.lang.IllegalArgumentException: Illegal pattern character 'i'"，表示 mi 里面的字母 i 是非法的格式字符。

### 4. 空指针异常

面向对象的前提是有这个对象，好比这个春节你妈喊你带上对象回家过年，可要是连对象的影子都见不着，你妈给你对象准备的嘘寒问暖就都泡汤了。在 Java 代码里面，除了少数几个基本类型外，其余绝大多数类型都必须先给对象创建实例，然后才能访问该对象的各项成员属性和成员方法。

假如不给对象分配实例，就想牵起对象的小手，系统会果断地告诉你：门都没有！譬如常用的字符串类型，无论是新建一个字符串实例，还是硬塞给它一个双引号引起来的文本，都算作分配了对象实例。如果声明字符串对象时什么都不干，或者随便填了一个 null，那真是对不起了，程序认为该对象没有初始化，就不会给它分配存储空间。后面的代码再想操作这个对象的时候，找不到对象地址只能报空指针异常，有关的异常重现代码如下：

```java
// 测试空指针异常：对象不存在
private static void testStringByNull() {
    String str = null;
    int length = str.length();
    System.out.println("str length="+length);
}
```

运行以上测试代码，观察到打印的异常信息为"java.lang.NullPointerException"，显然被系统揪到了偷懒的小辫子。

**5. 类型转换异常**

在运用多态技术的时候，常常将某个父类实例转换成子类的类型，以便调用子类自身的方法。但这得确保原来的父类实例来自于该子类才行，倘若父类实例来自另一个子类 B，代码却想把它强行转换为子类 A，也就是俗称的张冠李戴，系统自然不接受这种胡搅蛮缠的情况。尽管开发者一般不会糊涂，但是难保偶尔脑袋抽筋，比如数组工具 Arrays 的 asList 方法返回一个清单对象，乍看过去与列表类型 ArrayList 是一样的，谁知真要转换类型的时候，程序居然会不认账。这里转换清单类型的代码示例如下：

```java
// 测试类型转换异常：原始数据与目标类型不匹配
private static void testConvertByList() {
    List<Integer> list = Arrays.asList(1, 2, 3, 4, 5);
    ArrayList<Integer> arrays = (ArrayList<Integer>) list;
    System.out.println("arrays size="+arrays.size());
}
```

运行上述的类型转换代码，结果输出异常日志"java.lang.ClassCastException: java.util.Arrays$ArrayList cannot be cast to java.util.ArrayList"，没想到此列表非彼列表，当真是大意不得。

## 10.1.2　内存溢出的两种错误

前面介绍的几种异常其实都存在这样那样的逻辑问题，属于程序员的编码手误。还有一大类系统错误，表面上看不出什么问题，但是程序仍然运行不下去。下面举两个例子说明。

第一个例子测试代码如下（完整代码见本章源码的 src\com\addition\exception\TestError.java）：

```java
// 测试内存溢出错误：程序需要的内存超过了最大的堆内存配置
private static void testUnlimitedString() {
    String str = "Hello world";
    String result = getUnlimitedString(str);  // 获取无限大小的字符串
    System.out.println("result="+result.toString());
}
```

```java
// 获取无限大小的字符串
private static String getUnlimitedString(String str) {
    System.out.println("getUnlimitedString");
    String append = String.format("%s+%s", str, str);
    return getUnlimitedString(append);
}
```

执行测试代码中的 testUnlimitedString 方法，一开始程序正常打印日志，然而不一会儿就报错退出了，错误信息为"java.lang.OutOfMemoryError: Java heap space"，意思是内存溢出。仔细阅读测试代码，发现其中的 getUnlimitedString 方法会调用自身，从而形成了递归调用。要命的是，方法递归的同时不断拼接更长的字符串 append，这意味着每次递归调用之后，新的 append 串长度都要翻番，经过多次调用，append 串所需的存储空间以指数级别增长，于是没多久便撑爆了程序所能用到的内存了。

第二个例子测试代码如下：

```java
// 测试栈溢出错误：程序占用的栈空间超过了配置的栈内存大小
private static void testUnlimitedRecursion() {
    recursionAction();  // 用于递归动作的方法
}

// 用于递归动作的方法
public static void recursionAction() {
    System.out.println("recursionAction");
    recursionAction();
}
```

执行测试代码中的 testUnlimitedRecursion 方法，结果还是很快就报错退出了，错误信息为"java.lang.StackOverflowError"，意思是栈溢出。但是第二个例子在递归调用中并未拼接字符串，为什么仍旧出现溢出错误了呢？这是因为程序在运行时会申请两块内存空间，一块叫堆内存，另一块叫栈内存。其中，堆内存承包了程序运行所需的大部分存储需求，包括变量、数组、对象实例等；而栈内存仅仅负责保管每次方法调用的现场数据，包括方法自身、方法的输入参数、方法内部的基本变量等，并在方法调用结束时释放该方法占用的内存空间。前述的第一个例子的内存溢出发生于堆内存，而第二个例子的内存溢出发生于栈内存。

那么为何方法调用的有关数据放在栈内存而不是堆内存呢？举一个现实生活中的例子，假设一对小夫妻带着宝宝回家过年，随身携带的物品都放在行李箱里，行李箱就是属于他们的堆内存。然后一家三口准备坐动车回家，在路上还得处理一些事情，每件事情都相当于一次方法调用。例如在车站买车票，用手掏出钱包，抽出人民币付款买完车票，再把钱包塞回去。在这个买车票的方法中，输入参数是钱包，输出参数是车票，而手充当了栈内存的角色。买票之前，两手空空；买票的过程中，一只手抓着钱包；买完票后，钱包塞回去，两手又变空了。打电话也可看作是方法调用，打电话前，两手空空；打电话的时候，一只手握住手机通话；打完电话，收好手机，两手依然空空。此时双手属于分配给他们的栈内存，由于有两只手，因此栈内存的大小为 2，即最多同时办理两件事情。

买了车票之后，一家三口检票上车，女人有事走开了一会儿，这时宝宝饿得大哭，男人赶紧泡奶喂宝宝。只见这个奶爸先用左手抱着宝宝，再用右手扶着奶瓶，相当于喂奶事件拥有方法嵌套，外层的喂奶方法占用了左手这块栈内存，内层的扶奶瓶方法又占用了右手这块栈内存。宝宝还在喝奶的时候，苦逼的奶爸忽然内急，于是抱着宝宝一边喂奶一边飞奔至厕所，站在马桶面前准备小便，猛然发现两只手都在忙，无法解手。只有等宝宝喝完奶，右手把奶瓶放旁边，这样空出来的右手才能帮忙方便。但是宝宝喝奶的方法还没结束调用，上厕所的方法已经等不及了，怎么办呢？可怜的奶爸情急之下只好尿裤子了，对程序来说便发生了栈内存溢出。要么有个路人伸出援手（栈内存大小加一），一把扯下奶爸的裤子，方能避免尿裤子的尴尬（栈溢出的错误）。

　　总结一下，凡是因编码问题而造成的程序崩溃，都归类为异常（Exception）；凡是因系统不堪重负而造成的程序崩溃，都归类为错误（Error）。不过异常与错误仅是分类上的区别，实际开发中，二者的扔出和捕捉操作无甚差别，所以若没有特殊情况，则后面将使用"异常"一词统称异常与错误。

## 10.1.3　异常的处理：扔出与捕捉

　　之前介绍的几种异常（不包含错误），编码的时候没认真看还发现不了，直到程序运行到特定的代码跑不下去了，程序员才恍然大悟：原来这里的代码逻辑有问题。像这些在运行的时候才暴露出来的异常又被称作"运行时异常"，与之相对的另一类异常叫作"非运行时异常"。所谓非运行时异常，指的是在编码阶段就被编译器发现这里存在潜在的风险，需要开发者关注并加以处理。比如把某个字符串转换成日期类型，用到了 SimpleDateFormat 实例的 parse 方法，倘若按照常规方式编码，则 IDEA 编译器会在 parse 这行提示代码错误，并给出如图 10-1 所示的处理建议小窗口。

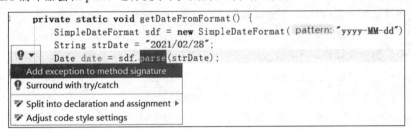

图 10-1　编译器提示需要手工处理异常

　　可见 IDEA 提供了两种解决办法：第一种是"Add exception to method signature"，表示要给该方法添加异常声明；第二种是"Surround with try/catch"，表示要用 try/catch 语句把 parse 行包围起来。为了消除编译错误，姑且先采用第一种解决方式，也就是给 parse 行所在的方法添加"throws ParseException"。下面是修改后的演示代码：

```
// 解析异常：指定日期不是真实的日子
// ParseException 属于编译时异常，在编码时就要处理，否则无法编译通过
// 处理方式有两种：一种是往外丢异常；另一种是通过 try...catch...语句捕捉异常
private static void getDateFromFormat() throws ParseException {
    SimpleDateFormat sdf = new SimpleDateFormat("yyyy-MM-dd");
    String strDate = "2021/02/28";
    Date date = sdf.parse(strDate);
}
```

　　然而不止上面的 getDateFromFormat 方法需要添加 throws 声明，连该方法所在的 main 方法也要添加 throws 声明才行。好不容易把该加的 throws 语句全都加了，接着故意填一个格式错误的日期字符串，运行这个格式转换代码，果然程序输出了异常信息"java.text.ParseException: Unparseable date: "2021/02/28""。

不过手工添加 throws 实在麻烦，得从调用 parse 的地方开始一层一层往上加过去，改动量太大。那么再试试编译器提供的第二种解决方式，也就是在 parse 这行前后增加 try/catch 语句块，具体代码示例如下（完整代码见本章源码的 src\com\addition\exception\TestCatch.java）：

```java
// 通过 try...catch...语句捕捉日期的解析异常
private static void getDateWithCatch() {
    SimpleDateFormat sdf = new SimpleDateFormat("yyyy-MM-dd");
    String strDate = "2021/02/28";
    try {  // 开始小心翼翼地尝试，随时准备捕捉异常
        Date date = sdf.parse(strDate);
    } catch (ParseException e) {  // 捕捉到了解析异常
        e.printStackTracc();  // 打印出错时的栈轨迹信息
    }
}
```

运行以上包含 try/catch 语句的代码，程序依然打印 ParseException 的相关异常日志，只是此时的打印动作由 catch 内部的 "e.printStackTracc();" 触发。但这不是重点，重点在于 try 与 catch 两个代码块之间的关系。从示例代码可知，try 后面放的是普通代码，而 catch 后面放的是异常信息打印语句，它们对应着两个分支：一个是 try 正常分支；另一个是 catch 异常分支。若 try 的内部代码完全正常运行，则异常分支的内部代码根本不会执行；若 try 的内部代码运行出错，则程序略过 try 的剩余代码，直接跳到异常分支处理。照这么看，try/catch 的处理逻辑类似于 if/else，都存在"如果……就……否则……"的分支操作。不同之处在于，try 语句并不指定什么条件，而是由程序在运行时根据是否发生异常来决定继续处理还是跳到异常分支。况且也不是所有的异常都能跳进 catch 分支，只有符合 catch 语句指定的异常种类才能跳进去，否则还是往上一层一层扔出异常。

有了 try 和 catch 这对好搭档，程序运行时无论是正常分支还是异常分支均可妥善处理。不过有的业务需要在操作开始前分配资源，在操作结束后释放资源，例如访问数据库就得先建立数据库连接，再对记录增、删、改、查，最后处理完了才释放数据库连接。对于这种业务，无论是正常流程还是异常流程，最终都得执行资源释放操作。或许有人说，在 try/catch 整块代码后面补充释放资源不就行了？针对 if/else 的业务场景，倒是可以这么干，但现在业务场景变成 try/catch，就不能如此蛮干了。因为在 try/catch 整块后面添加代码，新代码本质上仍走正常流程，即 try/catch 两个分支并流之后的正常流程。同时，catch 语句只能捕捉到某种类型的异常，并不能捕捉到所有异常，也就是说，一旦 try 内部遇到了未知异常，这个未知异常不会跳到现有的 catch 分支（因为 catch 分支无法识别未知异常），而是当场一层一层往外扔出未知异常。这样一来，跟在 try/catch 后面的资源释放代码根本没机会执行，故该方式将在遇到未知异常时失效。

为了保证在所有情况下（没有异常，或者遇到任何一种异常包括未知异常）都能执行某段代码，Java 给 try/catch 机制增加了 finally 语句，该语句要求程序无论发生任何情况都得进来到此一游，像资源释放这种代码就适合放在 finally 内部，无论没异常、有异常还是未知异常，最终统统拉到 finally 语句里面走一遭。仍以日期转换为例，要求给某个字符串形式的日期加上若干天，如果字符串日期解析失败，就自动用当前日期代替，并且无论遇到什么异常，务必返回一个正常的日期字符串。据此联合运用 try/catch/finally，编写出来的处理代码如下：

```java
// 给指定日期加上若干天。如果日期解析失败，就自动用当前日期代替
private static String addSomeDays(String strDate, int number) {
```

```
        SimpleDateFormat sdf = new SimpleDateFormat("yyyy-MM-dd");
        Date date = null;
        try {  // 开始小心翼翼地尝试，随时准备捕捉异常
            date = sdf.parse(strDate);
        } catch (ParseException e) {  // 捕捉到了解析异常
            date = new Date();
        } finally {  // 无论是否发生异常，都要执行最终的代码块
            if (date == null) {
                date = new Date();
            }
            long time = date.getTime() + number*24*60*60*1000;
            date.setTime(time);
        }
        return sdf.format(date);
    }
```

这下总算实现了任意情况均可正常运行的需求，try/catch/finally 三兄弟联手，正应了那句老话"三个臭皮匠，顶个诸葛亮"。

除了系统自带的各种异常外，程序员也可以自己定义新的异常，自定义异常很简单，只需从 Exception 派生出子类，并编写该类的构造方法即可。下面便是两个自定义异常的代码例子。第一个是数组为空异常，定义代码如下：

```
//定义一个数组为空异常。异常类必须由 Exception 派生而来
public class ArrayIsNullException extends Exception {
    private static final long serialVersionUID = -1L;

    public ArrayIsNullException(String message) {
        super(message);
    }
}
```

第二个是数组越界异常，定义代码如下：

```
//定义一个数组越界异常。异常类必须由 Exception 派生而来
public class ArrayOutOfException extends Exception {
    private static final long serialVersionUID = -1L;

    public ArrayOutOfException(String message) {
        super(message);
    }
}
```

由于这两个是自定义的异常，不会被系统自动丢出来，因此需要由程序员在代码中手工扔出自定义的异常。扔出异常的代码格式为"throw 某异常的实例;"。异常扔出之后，倘若当前方法没有捕捉异常，则该方法还得在入参列表之后添加语句"throws 以逗号分隔的异常列表"，表示本方法处理不了这些异常，请求上级方法帮忙处理。举一个根据下标获取数组元素的例子，正常获取指定下标的元素有两个前提：其一数组不能为空；其二下标不能超出数组范围。如果发现目标数组为空，

就令代码扔出数组为空异常 ArrayIsNullException；如果发现下标不在合法的位置，就令代码扔出数组越界异常 ArrayOutOfException。按此思路编写的方法代码示例如下：

```java
// 根据下标获取指定数组对应位置的元素
private static int getItemByIndex(int[] array, int index)
        throws ArrayIsNullException, ArrayOutOfException {  // 同时扔出了多个异常
    if (array == null) {                                    // 如果数组为空
        throw new ArrayIsNullException("这是个空数组");      // 就扔出数组为空异常
    } else if (index<0 || index>=array.length) {            // 如果下标超出了数组范围
        throw new ArrayOutOfException("下标超出了数组范围");  // 就扔出数组越界异常
    }
    return array[index];
}
```

特别注意上面的异常扔出操作用到了两个关键字：一个是没带 s 的 throw；另一个是带 s 尾巴的 throws。它们之间的区别不仅仅是调用位置不同，而且一次性扔出的异常数量也不同，throw 每次只能扔出一个异常，而 throws 允许一次性扔出多个异常。

另外，刚才的 getItemByIndex 方法扔出了两个异常，留待它的上级方法接手烂摊子。上级方法固然可以沿用 try/catch 语句捕捉异常，不过这次面对的是两个异常而不是单个异常。这也好办，既然有两个异常就写上两个异常分支，两个 catch 分支分别捕捉数组为空异常和数组越界异常。如此一来，上级方法的异常捕捉代码就变成下面这般：

```java
// 数组的下标访问测试（数组为空）
private static void testArrayByIndexWithNull() {
    int[] array = null;
    try {  // 开始小心翼翼地尝试，随时准备捕捉异常
        int item = getItemByIndex(array, 3);  // 根据下标获取指定数组对应位置的元素
        System.out.println("item="+item);
    } catch (ArrayIsNullException e) {         // 捕捉到了数组为空异常
        e.printStackTrace();  // 打印出错时的栈轨迹信息
    } catch (ArrayOutOfException e) {          // 捕捉到了下标越界异常
        e.printStackTrace();  // 打印出错时的栈轨迹信息
    }
}
```

看起来，catch 分支仿佛 if/else 语句里的 else 分支，都支持有多路的条件分支。当多个 else 分支的处理代码保持一致时，则允许通过"或"操作将它们合并为一个 else 分支；同理，假如多个 catch 分支的异常处理没有差别，也支持引入"或"操作将它们合并为一个 catch 分支，具体写法形如"catch (异常 A 的类型 | 异常 B 的类型 异常的实例名称)"。合并异常分支之后的异常处理代码如下：

```java
// 数组的下标访问测试（下标越界）
private static void testArrayByIndexWithOut() {
    int[] array = {1, 2, 3};
    try {  // 开始小心翼翼地尝试，随时准备捕捉异常
        int item = getItemByIndex(array, 3);  // 根据下标获取指定数组对应位置的元素
        System.out.println("item="+item);
```

```
    } catch (ArrayIsNullException | ArrayOutOfException e) {  // 捕捉到数组为空异
常或下标越界异常
        e.printStackTrace();  // 打印出错时的栈轨迹信息
    }
}
```

因 为 ArrayIsNullException 和 ArrayOutOfException 都 是 Exception 的 子 类， 所 以 ArrayIsNullException｜ArrayOutOfException 可以被 Exception 所取代，进一步简化后的方法代码如下：

```
// 数组的下标访问测试（捕获所有异常）
private static void testArrayByIndexWithAny() {
    int[] array = null;
    try {  // 开始小心翼翼地尝试，随时准备捕捉异常
        int item = getItemByIndex(array, 3);  // 根据下标获取指定数组对应位置的元素
        System.out.println("item="+item);
    } catch (Exception e) {  // 捕捉到了任何一种异常
        e.printStackTrace();  // 打印出错时的栈轨迹信息
    }
}
```

上述代码里的异常分支 catch (Exception e)表示将捕捉任何属于 Exception 类型的异常，这些异常包括 Exception 自身及其派生出来的所有子类，当然也包含前面自定义的 ArrayIsNullException 和 ArrayOutOfException。

## 10.1.4　如何预防异常的产生

每个程序员都希望自己的程序稳定运行，不要隔三岔五出什么差错，但是程序运行时冒出来的各种异常着实烦人，令人不胜其扰。虽然可以在代码中补上 try/catch 语句捕捉异常，但毕竟属于事后的补救措施。与其亡羊补牢，不如未雨绸缪，只要防患于未然，必能收到事半功倍的成效。

就编码时遇到的异常而言，绝大多数异常都能通过适当的校验加以规避，也就是事先指定可让程序正常运行的合法条件，只有条件满足才处理业务逻辑，否则执行失败情况的处理。这样用于异常捕捉的 try/catch 语句便转换为了条件分支的 if/else 语句，对于熟能生巧的 if/else 流程控制，想必程序员在编码时更游刃有余。接下来以几个常见的异常为例，阐述一下如何预防这些异常的发生。

首先来看简单的算术异常，如果是除数为零的异常，检查一下除数的值是否为零就行了。如果是大小数除法运算遇到的"商为无限循环小数"的异常，就得在调用 divide 方法时指定本次除法运算的小数精度，以及精度范围最后一位数字的舍入方式。下面是优化后的大小数除法代码例子（完整代码见本章源码的 src\com\addition\exception\TestCheck.java）：

```
// 测试算术异常：商是无限循环小数
private static void testDivideByDecimal() {
    BigDecimal one = BigDecimal.valueOf(1);
    BigDecimal three = BigDecimal.valueOf(3);
    // 大小数的除法运算，小数点后面保留 64 位，其中最后一位做四舍五入
    BigDecimal result = one.divide(three, 64, BigDecimal.ROUND_HALF_UP);
    System.out.println("sqrt result=" + result);
}
```

其次看数组越界异常，无论是根据下标访问数组元素，还是根据索引访问清单元素，都要保证待访问元素的下标必须落在数组内部（或索引落在清单内部）。因此，合法的下标数值应当大于等于零，且小于数组的长度，于是访问数组元素的代码可改写如下：

```java
// 测试越界异常：下标超出数组范围
private static void testArrayByIndex() {
    int[] array = { 1, 2, 3 };
    // 在根据下标获取数组元素之前，先判断该下标是否落在数组范围之内
    if (array.length > 3) {
        int item = array[3];
        System.out.println("array item=" + item);
    } else {
        System.out.println("array's length isn't more than 3");
    }
}
```

再次看空指针异常，无论是访问某对象的实例属性，还是调用某对象的实例方法，都要求该对象是真切存在着的，否则面对一个空指针团团转，只能落得竹篮打水一场空的境遇。在 Java 编程中，可比较某对象是否等于 null 来判断它是否为空指针，这样添加了空指针校验的对象访问代码示例如下：

```java
// 测试空指针异常：对象不存在
private static void testStringByNull() {
    String str = null;
    // 在跟某位对象约会之前，先打个电话问问有没有空，否则牵肠挂肚，空欢喜一场
    if (str != null) {
        int length = str.length();
        System.out.println("str length=" + length);
    } else {
        System.out.println("str is null");
    }
}
```

另外还有类型转换异常，因为一个父类会衍生出许多子类，所以若将父类实例强行转换为某个子类，则很可能遭到类型不匹配的失败。此时为了确保万无一失，需要在类型转换之前增加条件判断，即利用 instanceof 检查该实例是否属于指定的子类类型，只有类型完全一致方可转换类型。先做 instanceof 校验后再做类型转换的代码例子如下：

```java
// 测试类型转换异常：原始数据与目标类型不匹配
private static void testConvertLyList() {
    List<Integer> list = Arrays.asList(1, 2, 3, 4, 5);
    // 在做强制类型转换之前，先把它的底细摸清楚，正所谓"知己知彼，百战不殆"
    if (list instanceof ArrayList<?>) {
        ArrayList<Integer> arrays = (ArrayList<Integer>) list;
        System.out.println("arrays size=" + arrays.size());
    } else {
        System.out.println("arrays is not belong to ArrayList");
    }
}
```

其他异常的预防措施大体类似，基本思路是检验某项操作的前提条件是否满足，所谓万变不离其宗，掌握了异常预防的要领即可举一反三。

因代码逻辑缺陷而导致的程序异常可以通过改进相关业务逻辑加以预防，那么因系统资源不足而导致的程序错误能否也采取类似的预防措施呢？前面在分析内存溢出和栈溢出错误的时候，两个示例代码都包含方法递归的过程，这是否意味着只要不做递归调用，或者只做有限次的递归调用，就能避免撑爆系统的错误呢？从表面上看，前述的内存溢出和栈溢出错误都由无限次的递归调用而引发。然而这不能全赖递归，无限次递归只是产生错误的其中一种情况，事实上还有别的情况也会造成溢出错误，根源在于一个程序分配到的堆内存和栈内存大小是一个有限的数值，倘若某项业务操作想要占据一块非常大的空间，或者某次方法调用需要传递一个非常大的参数，那么不必多次递归调用，只需一次调用就会让程序瘫痪了。

使用 IDEA 开发 Java 程序时，默认的堆内存和栈内存大小在 idea.exe.vmoptions 里面设置，该文件中的 Xmx 参数表示 JVM 最大的堆内存大小，该参数通常配置为 512MB；还有一个未标明的 Xss 参数表示每个线程的栈内存大小，该参数默认为 1MB。所以，一旦程序意图占用超过 512MB 的内存空间，就会报堆内存溢出的错误；一旦某次方法调用需要传送超过 1MB 大小的参数信息，就会报栈溢出的错误。

举一个实际应用的例子，比如在计算机上看电影，现在一个高清电影的视频大小普遍有好几 GB，如果将几 GB 大小的文件全部加载进内存才播放，转眼间计算机内存就会所剩无几。显然这种做法不可取，合理的方案是边加载边播放，每次只要提前加载当前播放位置后面若干秒的视频，同时释放掉已经播放完毕的那部分视频资源，那么真正用到的内存大小只有当前位置以及之后的一段视频缓冲，如此便能在极大程度上节约内存资源消耗。

再来一个跟方法调用有关的例子，有时调用某方法需要传递图像数据，而位图格式的图像体积是相当大的。以一幅分辨率为 $800\times600$ 的图片为例，它共有 $800\times600=48$ 万像素，每像素需要 8 位的灰度、8 位的红色、8 位的绿色、8 位的蓝色，加起来是 4 字节空间，于是该图片的位图数据大小 $=48\times4=192$ 万字节 $\approx1.83$MB，那么只这幅图片的数据便足以耗光程序的栈内存了。想想你去买房子，一套房子的总价要好几百万，难道要拎着数百捆百元大钞去付房款吗？即使麻袋装得下这几百捆钞票，恐怕也没人拎得动无比沉重的麻袋。正常的做法是把钱存在银行里面，然后带上银行卡在售楼部直接刷卡，银行系统就知道有多少资金发生了交易。同理，在方法调用时传递图片，无须直接传送完整的图像数据，而是先把图像保存为某个图片文件，再向该方法传递图片文件的存储路径，这样下级方法指定路径读取图片便是。

## 10.1.5 使用 Optional 规避空指针异常

在第 9 章介绍清单用法的时候，讲到了既能使用 for 循环遍历清单，又能通过 stream 流式处理加工清单。譬如从一个苹果清单中挑选出红苹果清单，采取 for 循环和流式处理都可以实现。下面是通过 for 循环挑出红苹果清单的代码例子：

```
// 通过简单的 for 循环挑出红苹果清单
private static void getRedAppleWithFor(List<Apple> list) {
    List<Apple> redAppleList = new ArrayList<Apple>();
    for (Apple apple : list) {            // 遍历现有的苹果清单
        if (apple.isRedApple()) {         // 判断是否为红苹果
            redAppleList.add(apple);
```

```
        }
    }
    System.out.println("for 循环 红苹果清单=" + redAppleList.toString());
}
```

至于通过流式处理挑出红苹果清单的代码示例如下：

```
// 通过流式处理挑出红苹果清单
private static void getRedAppleWithStream(List<Apple> list) {
    // 挑出红苹果清单
    List<Apple> redAppleList = list.stream()      // 串行处理
            .filter(Apple::isRedApple)            // 过滤条件，专门挑选红苹果
            .collect(Collectors.toList());        // 返回一串清单
    System.out.println("流式处理 红苹果清单=" + redAppleList.toString());
}
```

然而上述的两段代码只能在数据完整的情况下运行，一旦原始的苹果清单存在数据缺失，则两段代码均无法正常运行。例如，苹果清单为空，或者清单中的某条苹果记录为空，或者某个苹果记录的颜色字段为空，这 3 种情况都会导致程序遇到空指针异常而退出。看来编码不是一件轻松的事，不但要让程序能跑通正确的数据，而且要让程序对各种非法数据应对自如。换句话说，程序要足够健壮，要拥有适当的容错性，即使是吃错药了，也要能够自动吐出来，而不是硬吞下去，结果一病不起。对应到挑选红苹果的场合中，则需层层递进判断原始苹果清单的数据完整性，倘若发现任何一处的数据存在缺漏情况（如出现空指针），就跳过该处的数据处理。于是在 for 循环前后添加了空指针校验的红苹果挑选代码变成了下面这样（完整代码见本章源码的 src\com\addition\exception\TestOptional.java）：

```
// 在 for 循环的内外添加必要的空指针校验
private static void getRedAppleWithNull(List<Apple> list) {
    List<Apple> redAppleList = new ArrayList<Apple>();
    if (list != null) {  // 判断清单非空
        for (Apple item : list) {                    // 遍历现有的苹果清单
            if (item != null) {                      // 判断该记录非空
                if (item.getColor() != null) {       // 判断颜色字段非空
                    if (item.isRedApple()) {         // 判断是否为红苹果
                        redAppleList.add(item);
                    }
                }
            }
        }
    }
    System.out.println("加空指针判断 红苹果清单=" + redAppleList.toString());
}
```

由此可见，修改后的 for 循环代码一共增加了 3 个空指针判断，但是上面的代码明显太复杂了，不必说层层嵌套的条件分支，也不必说多次缩进的代码格式，单单说后半部分的数个右花括号，简直叫人看得眼花缭乱，难以分清哪个右花括号究竟对应上面的哪个流程控制语句。这种情况实在考验程序员的眼力，要是一不留神看走眼放错其他代码的位置，岂不是捡了芝麻丢了西瓜？

空指针的校验代码固然烦琐，却是万万少不了的，究其根源，这是 Java 设计之初偷懒所致。正常情况下，声明某个对象时理应为其分配默认值，从而确保该对象在任何时候都是有值的，但早期的 Java 图省事，如果程序员没有在声明对象的同时加以赋值，那么系统也不会给它初始化，结果该对象只好指向一个虚无缥缈的空间，而在太虚幻境中无论做什么事情都只能是黄粱一梦。

空指针的设计缺陷根深蒂固，以至于后来的 Java 版本难以根除该毛病，迟至 Java 8 才推出了针对空指针的解决方案——可选器 Optional。Optional 本质上是一种特殊的容器，其内部有且仅有一个元素，同时该元素还可能为空。围绕着这个可空元素，Optional 衍生出了若干泛型方法，目的是将复杂的流程控制语句归纳为单个语句内部连续的方法调用。为了兼容已有的 Java 代码，通常并不直接构造 Optional 实例，而是调用它的 ofNullable 方法填入某个实体对象，再调用 Optional 实例的其他方法处理。Optional 常用的实例方法罗列如下。

- get: 获取可选器中保存的元素。如果元素为空，就扔出无此元素异常 NoSuchElementException。
- isPresent: 判断可选器中的元素是否为空。非空返回 true，为空返回 false。
- ifPresent: 如果元素非空，就对该元素执行指定的 Consumer 消费事件。
- filter: 如果元素非空，就根据 Predicate 断言条件检查该元素是否符合要求，只有符合才原样返回，若不符合则返回空值。
- map: 如果元素非空，就执行 Function 函数实例规定的操作，并返回指定格式的数据。
- orElse: 如果元素非空，就返回该元素，否则返回指定的对象值。
- orElseThrow: 如果元素非空，就返回该元素，否则扔出指定的异常。

接下来看一个 Optional 的简单应用例子，之前在苹果类中写了 isRedApple 方法，用来判断自身是否为红苹果，该方法的代码如下：

```java
// 判断是否为红苹果
public boolean isRedApple() {
    // 不严谨的写法。一旦 color 字段为空，就会发生空指针异常
    return this.color.toLowerCase().equals("red");
}
```

显而易见这个 isRedApple 方法很不严谨，一旦颜色 color 字段为空，就会发生空指针异常。常规的补救自然是增加空指针判断，遇到空指针的情况便自动返回 false，此时方法代码优化如下：

```java
// 判断是否为红苹果
public boolean isRedApple() {
    // 常规的写法，判断 color 字段是否为空，再做分支处理
    boolean isRed = (this.color==null) ? false : this.color.toLowerCase().equals("red");
    return isRed;
}
```

现在借助可选器 Optional，支持一路过来的方法调用，先调用 ofNullable 方法设置对象实例，再调用 map 方法转换数据类型，接着调用 orElse 方法设置空指针时的取值，最后调用 equals 方法对比颜色。采取 Optional 形式的方法代码示例如下（完整代码见本章源码的 src\com\addition\exception\Apple.java）：

```
// 判断是否为红苹果
public boolean isRedApple() {
    // 利用 Optional 处理可空对象，可空对象指的是该对象可能不存在（空指针）
    boolean isRed = Optional.ofNullable(this.color)      // 构造一个可空对象
            .map(color -> color.toLowerCase())           // map 指定了非空时的取值
            .orElse("null")                  // orElse 设置了空指针时的取值
            .equals("red");                  // 再判断是否为红苹果
    return isRed;
}
```

然而上面 Optional 方式的代码行数明显超过了条件分支语句，它的先进性又从哪里体现呢？其实可选器并非要完全取代原先的空指针判断，而是提供了另一种解决问题的新思路，通过合理搭配各项技术才能取得最优的解决办法。仍以挑选红苹果为例，原本判断元素非空的分支语句"if (item != null)"，采用 Optional 改进之后的循环代码如下（完整代码见本章源码的 src\com\addition\exception\TestOptional.java）：

```
// 把 for 循环的内部代码改写为 Optional 校验方式
private static void getRedAppleWithOptionalOne(List<Apple> list) {
    List<Apple> redAppleList = new ArrayList<Apple>();
    if (list != null) {  // 判断清单非空
        for (Apple item : list) {  // 遍历现有的苹果清单
            if (Optional.ofNullable(item)  // 构造一个可空对象
                    .map(apple -> apple.isRedApple()) //map 指定了 item 非空时的取值
                    .orElse(false)) {  // orElse 指定了 item 为空时的取值
                redAppleList.add(item);
            }
        }
    }
    System.out.println("Optional1 判断 红苹果清单=" + redAppleList.toString());
}
```

注意到以上代码仍然存在形如"if (list != null)"的清单非空判断，而且该分支后面还有 for 循环，这下既要利用 Optional 的 ifPresent 方法输入消费行为，又要使用流式处理的 forEach 方法遍历每个元素。于是进一步改写后的 Optional 代码变成了下面这般：

```
// 把清单的非空判断代码改写为 Optional 校验方式
private static void getRedAppleWithOptionalTwo(List<Apple> list) {
    List<Apple> redAppleList = new ArrayList<Apple>();
    Optional.ofNullable(list)  // 构造一个可空对象
        .ifPresent(  // ifPresent 指定了 list 非空时的处理
            apples -> {
                apples.stream().forEach(  // 对苹果清单进行流式处理
                    item -> {
                        if (Optional.ofNullable(item)  // 构造一个可空对象
                                // map 指定了 item 非空时的取值
                                .map(apple -> apple.isRedApple())
                                .orElse(false)){  //orElse 指定了 item 为空时的取值
```

```
                                redAppleList.add(item);
                            }
                    });
            });
        System.out.println("Optional2 判断 红苹果清单=" + redAppleList.toString());
    }
```

虽然二度改进后的代码已经消除了空指针判断分支，但是依然留下了是否为红苹果的校验分支，仅存的 if 语句着实碍眼，干脆引入流式处理的 filter 方法替换 if 语句。几经修改得到了以下的最终优化代码：

```
// 联合运用 Optional 校验和流式处理
private static void getRedAppleWithOptionalThree(List<Apple> list) {
    List<Apple> redAppleList = new ArrayList<Apple>();
    Optional.ofNullable(list)                       // 构造一个可空对象
            .ifPresent(apples -> {                  // ifPresent 指定了 list 非空时的处理
                // 从原始清单中筛选出红苹果清单
                redAppleList.addAll(apples.stream()
                        .filter(a -> a != null)                 // 只挑选非空元素
                        .filter(Apple::isRedApple)              // 只挑选红苹果
                        .collect(Collectors.toList()));         // 返回结果清单
            });
        System.out.println("Optional3 判断 红苹果清单=" + redAppleList.toString());
    }
```

好不容易去掉了所有 if 和 for 语句，尽管代码的总行数未有明显减少，不过逻辑结构显然变得更加清晰了。

# 10.2  反　射

本节介绍 Java 程序对反射技术的运用方式，首先讲解反射的定义及其获得 Class 对象的 3 种方式，接着描述如何利用反射技术操作私有属性，以及如何利用反射技术操作私有方法。

## 10.2.1  面向对象的后门——反射

作为一门面向对象的编程语言，Java 认为一切皆是对象，每个对象都能归属于某个类，甚至每个类均可提取出一种特殊的类型，即 Class 类型。早在前面介绍多态的时候，就提到每个类都存在独一无二的基因，通过比较实例的类基因与具体类名的类基因，即可分辨某个实例是否属于目标类。例如，若想获取公鸡类的类型，则可通过"类名.class"得到该类的 Class 对象，详细的获取代码如下（完整代码见本章源码的 src\com\addition\reflect\TestReflectClass.java）：

```
// 第一种方式：通过"类名.class"获取
Class clsFromClass = Cock.class;
System.out.println("clsFromClass name = " + clsFromClass.getName());
```

相对应的，若想获取公鸡实例的类型，则可通过"实例名.getClass()"得到该实例的 Class 对象，详细的获取代码如下：

```
// 第二种方式：通过"实例名.getClass()"获取
Cock cock = new Cock();
Class clsFromInstance = cock.getClass();
System.out.println("clsFromInstance name = " + clsFromInstance.getName());
```

既然 Class 也是一种数据类型，那么 Class 对象也能调用该类型的实例方法，比如上面两段代码都调用了 Class 的 getName 方法，该方法返回的是 Class 对象蕴含着的目标类类名，而且是包含完整包路径的类名。假如分别运行前面的两段示例代码，就会依次观察到如下的日志信息，从中可见 getName 方法确实返回了完整的类名：

```
clsFromClass name = com.addition.reflect.Cock
clsFromInstance name = com.addition.reflect.Cock
```

除了通过"类名.class"或者"实例名.getClass()"获得 Class 对象外，还能反向操作，只要提供一个保存完整类名的字符串，即可由该字符串生成目标类的 Class 对象，具体的获取代码格式形如 "Class.forName("完整类名")"。通过类名字符串获取 Class 对象的代码示例如下，注意需要捕捉 forName 方法可能扔出的"类型未找到"异常 ClassNotFoundException：

```
// 第三种方式：通过该类的完整路径字符串获取
try {  // 开始小心翼翼地尝试，随时准备捕捉异常
    Class clsFromString = Class.forName("com.addition.reflect.Cock");
    System.out.println("clsFromString name = " + clsFromString.getName());
} catch (ClassNotFoundException e) {  // 捕捉到"类型未找到"异常
    e.printStackTrace();
}
```

上述这种通过字符串反向获得 Class 对象的操作被称为"反射"，仿佛光线照到镜子表面反射回来那样，看起来像是一种逆向操作。只是反射远非逆向操作这么简单，它还洞悉面向对象不为人知的各种奥秘，因此经常出现于一些高级的应用场合。

构成反射技术的基石主要有类型（Class）、字段（Field）、方法（Method）3 个，其中尤以 Class 最为重要，它既是从其他类中提取出来的基因类型，又是一种可以直接访问的普通类型。之所以说 Class 普通，是因为它拥有若干可以被开发者访问的方法，使用体验与其他类型相比并没有什么差异。下面是 Class 类常见的方法说明。

- equals：判断当前类型是否与目标类型相等。
- getDeclaredFields：获得当前类型已声明的所有字段（字段即属性）。
- getDeclaredField：根据指定的字段名称获得对应的字段（字段即属性）。
- getDeclaredMethods：获得当前类型已声明的所有方法。
- getDeclaredMethod：根据指定的方法名称和参数类型列表获得对应的方法。
- getName：获取当前类型包括包名在内的完整类名。
- getPackage：获取当前类型所在的包名。
- getSimpleName：获取当前类型的类名（不包括包名）。
- getSuperclass：获取当前类型的父类类型。

以上的说明文字中，字段指的是 Field 类型，方法指的是 Method 类型，有关它们的详细用法将在后面两小节中加以阐述。

## 10.2.2　利用反射技术操作私有属性

在介绍多态的时候，曾经提到公鸡实例的性别属性可能被篡改为雌性，不过面向对象的三大特性包含封装、继承和多态，只要把性别属性设置为 private（私有）级别，也不提供 setSex 这样的性别修改方法，性别属性就被严严实实地封装起来了，不但外部无法修改性别属性，连公鸡类的子类都无法修改。如此一来，公鸡实例的性别属性可谓防护周全，压根不存在被篡改的可能性。但是 Java 给面向对象留了一个后门，也就是反射技术，利用反射技术竟然能够攻破封装的防护网，使得篡改私有属性从理想变成了现实。下面来看反射技术是怎样做到这点的。

10.2.1 小节讲到通过字符串可以获得该串所代表的 Class 对象，那么通过字段名称字符串也能获得对应的字段对象，其中的获取操作用到了 Class 对象的 getDeclaredField 方法，完整的字段对象获取代码如下（完整代码见本章源码的 src\com\addition\reflect\TestReflectField.java）：

```
try {  // 开始小心翼翼地尝试，随时准备捕捉异常
    Class cls = Chicken.class;                // 获得 Chicken 类的基因类型
    Field sexField = cls.getDeclaredField("sex");  // 通过字段名称获取该类的字段对象
} catch (NoSuchFieldException e) {     // 捕捉到了无此字段异常
    e.printStackTrace();
} catch (SecurityException e) {        // 捕捉到了安全异常
    e.printStackTrace();
}
```

注意调用 getDeclaredField 方法时需要捕捉两种异常，包括无此字段异常 NoSuchFieldException 和安全异常 SecurityException。现在得到的 Field 对象便隐藏着 sex 属性的内在信息，要想从 Field 对象挖掘出 sex 属性的数值，还得继续以下两个步骤的处理：

（1）调用 Field 对象的 setAccessible 方法，并传入 true 值，表示将该字段设置为允许访问，以解除 private 的限制。

（2）调用 Field 对象的 getInt 方法，并传入鸡类实例，表示准备从该示例中获取指定字段的整型值。同理，调用 getBoolean 方法获取的是布尔值，调用 getString 方法获取的是字符串值。倘若是获取基本类型以外的类型值，则需先调用 get 方法获得 Object 对象，再强制转换为目标类型。

整合以上的两个处理步骤，得到以下的字段数值获取代码：

```
if (sexField != null) {
    sexField.setAccessible(true);              // 将该字段设置为允许访问
    try {  // 开始小心翼翼地尝试，随时准备捕捉异常
        sex = sexField.getInt(chicken);        // 获取某实例的字段值
    } catch (IllegalArgumentException e) {     // 捕捉到了非法参数异常
        e.printStackTrace();
    } catch (IllegalAccessException e) {       // 捕捉到了非法入口异常
        e.printStackTrace();
    }
}
```

注意字段对象的 getInt 方法在调用时也要捕捉两种异常，包括非法参数异常 IllegalArgumentException 和非法入口异常 IllegalAccessException。这里的两种异常加上之前调用 getDeclaredField 方法的两种异常，寥寥数行的反射代码竟要手工捕捉 4 种异常，未免太大动干戈了。其实程序员可以相信自己，保证反射过程中的操作代码完全正确，这样便无须逐个捕捉某种异常，只要一次性捕捉总的异常（Exception）就行了。于是简化了异常捕捉逻辑的反射代码变成了下面这般：

```java
// 通过反射来获得某个实例的私有属性
private static int getReflectSex(Chicken chicken) {
    int sex = -1;
    try {                                      // 开始小心翼翼地尝试，随时准备捕捉异常
        Class cls = Chicken.class;            // 获得 Chicken 类的基因类型
        Field sexField = cls.getDeclaredField("sex");  // 通过字段名称获取该类的字段对象

        if (sexField != null) {
            sexField.setAccessible(true);      // 将该字段设置为允许访问
            sex = sexField.getInt(chicken);    // 获取某实例的字段值
        }
    } catch (Exception e) {  // 捕捉到了任何一种异常（错误除外）
        e.printStackTrace();
    }
    return sex;
}
```

然而上面的代码仅仅通过反射获取到性别字段的数值，仍旧没能修改该字段的数值，若想真正改变性别字段的取值，则需要把 getInt 方法改为 setInt 方法，并给 setInt 方法的第二个参数传入修改后的数值。此时，利用反射技术篡改字段值的代码示例如下：

```java
// 通过反射来修改某个实例的私有属性
private static void setReflectSex(Chicken chicken, int sex) {
    try {
        Class cls = Chicken.class;                // 获得 Chicken 类的基因类型
        Field sexField = cls.getDeclaredField("sex");  // 通过字段名称获取该类的字段对象

        if (sexField != null) {
            sexField.setAccessible(true);          // 将该字段设置为允许访问
            sexField.setInt(chicken, sex);         // 将某实例的该字段修改为指定数值
        }
    } catch (Exception e) {                         // 捕捉到了任何一种异常（错误除外）
        e.printStackTrace();
    }
}
```

从上述的方法代码可知，该方法传入一个鸡类实例和新的性别，目的是把这只鸡的性别变过来。这下有了 getReflectSex 方法可读取性别属性，还有 setReflectSex 方法可写入性别属性，再由外部接连调用这两个方法，从而验证反射技术的执行效果。下面是外部先后篡改公鸡实例性别、篡改母鸡实例性别的演示代码：

```
Cock cock = new Cock();                    // 创建一个公鸡实例
System.out.println("准备修理公鸡，性别取值 = "+getReflectSex(cock));
setReflectSex(cock, cock.FEMALE);          // 把公鸡实例的性别篡改为"雌性"
System.out.println("结束修理公鸡，性别取值 = "+getReflectSex(cock));
Hen hen = new Hen();                        // 创建一个母鸡实例
System.out.println("准备修理母鸡，性别取值 = "+getReflectSex(hen));
setReflectSex(hen, hen.MALE);              // 把母鸡实例的性别篡改为"雄性"
System.out.println("结束修理母鸡，性别取值 = "+getReflectSex(hen));
```

运行以上的演示代码，观察到以下的日志描述：

```
准备修理公鸡，性别取值 = 0
结束修理公鸡，性别取值 = 1
准备修理母鸡，性别取值 = 1
结束修理母鸡，性别取值 = 0
```

可见尽管鸡类的 sex 属性被声明为 private，但是公鸡实例的性别依然被篡改为雌性，母鸡实例的性别依然被篡改为雄性。

## 10.2.3　利用反射技术操作私有方法

不单是私有属性可通过反射技术访问，就连私有方法也能通过反射技术来调用。为了演示反射的逆天功能，首先给 Chicken 类增加几个私有方法，简单起见使用 set***/get***这样的基本方法（完整代码见本章源码的 src\com\addition\reflect\Chicken.java）：

```
private void setName(String name) { // 设置名称
    this.name = name;
}

private String getName() { // 获取名称
    return this.name;
}

private void setSex(int sex) { // 设置性别
    this.sex = sex;
}

private int getSex() { // 获取性别
    return this.sex;
}
```

参照私有属性的反射操作过程，私有方法的反射调用可分解为如下 3 个步骤：

（1）调用 Class 对象的 getDeclaredMethod 方法，获取指定名称的方法对象，即 Method 对象。
（2）调用 Method 对象的 setAccessible 方法，并传入 true 值，表示将该方法设置为允许访问，以解除 private 的限制。
（3）调用 Method 对象的 invoke 方法，并传入鸡类实例，酌情填写输入参数。

虽然方法只有调用一说，没有读写之分，但是方法的输入参数可能存在，也可能不存在，同样输出参数可能存在，也可能不存在，因而对于方法对象而言，反射技术需要支持 4 种情况：有输入参数、无输入参数、有输出参数、无输出参数。注意到 Chicken 类的新增方法 getName 无输入参数、有输出参数，setName 有输入参数、无输出参数，故只要实现 getName 与 setName 两个方法的反射调用，刚好就覆盖了有/无入参和有/无出参这 4 种场景。

先来看 getName 方法，因为该方法没有输入参数，所以反射调用相对简单，只是 invoke 方法的返回值为 Object 类型，需要强制转换成 String 类型，这样才能获得鸡的名称。此时获取名称的反射代码如下（完整代码见本章源码的 src\com\addition\reflect\TestReflectMethod.java）：

```java
// 通过反射来调用某个实例的私有方法（getName 方法）
private static String getReflectName(Chicken chicken) {
    String name = "";
    try {
        Class cls = Chicken.class;  // 获得 Chicken 类的基因类型
        // 通过方法名称和参数列表获取该方法的 Method 对象
        Method method = cls.getDeclaredMethod("getName");
        method.setAccessible(true);  // 将该方法设置为允许访问
        name = (String) method.invoke(chicken);  // 调用某实例的方法并获得输出参数
    } catch (Exception e) {  // 捕捉到了任何一种异常（错误除外）
        e.printStackTrace();
    }
    return name;
}
```

再来看 setName 方法，由于该方法存在输入参数，因此调用 Class 对象的 getDeclaredMethod 时，需要传入参数类型列表。之所以这么做，是因为同名方法可能会被多次重载，重载后的方法通过参数个数与参数类型加以区分。另外，invoke 方法也要传入 setName 方法所需的各项参数值。一系列调整之后，设置名称的反射代码改写如下：

```java
// 通过反射来调用某个实例的私有方法（setName 方法）
private static void setReflectName(Chicken chicken, String name) {
    try {
        Class cls = Chicken.class;  // 获得 Chicken 类的基因类型
        // 通过方法名称和参数列表获取该方法的 Method 对象。之所以需要参数类型列表，是因为同
名方法可能会被多次重载，重载后的方法通过参数个数与参数类型加以区分
        Method method = cls.getDeclaredMethod("setName", String.class);
        method.setAccessible(true);          // 将该方法设置为允许访问
        method.invoke(chicken, name);        // 携带输入参数调用某实例的方法
    } catch (Exception e) {                  // 捕捉到了任何一种异常（错误除外）
        e.printStackTrace();
    }
}
```

编写完成名称获取与名称设置的反射代码，获取性别与设置性别的反射代码即可如法炮制，区别主要有两处：一处的强制类型转换把"(String)"转换成"(int)"；另一处的参数类型列表把"String.class"转换成"int.class"。性别获取与性别设置的反射代码示例如下：

```java
// 通过反射来调用某个实例的私有方法（getSex 方法）
private static int getReflectSex(Chicken chicken) {
```

```
    int sex = -1;
    try {
        Class cls = Chicken.class;    // 获得 Chicken 类的基因类型
        // 通过方法名称和参数列表获取该方法的 Method 对象
        Method method = cls.getDeclaredMethod("getSex");
        method.setAccessible(true);            // 将该方法设置为允许访问
        sex = (int) method.invoke(chicken);    // 调用某实例的方法并获得输出参数
    } catch (Exception e) {                    // 捕捉到了任何一种异常（错误除外）
        e.printStackTrace();
    }
    return sex;
}

// 通过反射来调用某个实例的私有方法（setSex 方法）
private static void setReflectSex(Chicken chicken, int sex) {
    try {
        Class cls = Chicken.class;  // 获得 Chicken 类的基因类型
        // 通过方法名称和参数列表获取该方法的 Method 对象。之所以需要参数类型列表，是因为同
名方法可能会被多次重载，重载后的方法通过参数个数与参数类型加以区分
        Method method = cls.getDeclaredMethod("setSex", int.class);
        method.setAccessible(true);  // 将该方法设置为允许访问
        method.invoke(chicken, sex);  // 携带输入参数调用某实例的方法
    } catch (Exception e) {  // 捕捉到了任何一种异常（错误除外）
        e.printStackTrace();
    }
}
```

然后轮到外部调用这几个封装好的反射方法了，准备把公鸡实例的名称改为"母鸭"，性别改为"雌性"，具体的调用代码如下：

```
Cock cock = new Cock();  // 创建一个公鸡实例
System.out.println("准备修理公鸡, 名称 = "+getReflectName(cock)+", 性别 =
"+getReflectSex(cock));
setReflectName(cock, "母鸭");          // 把公鸡实例的名称篡改为"母鸭"
setReflectSex(cock, cock.FEMALE);      // 把公鸡实例的性别篡改为"雌性"
System.out.println("结束修理公鸡, 名称 = "+getReflectName(cock)+", 性别 =
"+getReflectSex(cock));
```

运行上面的演示代码，观察到下面的日志信息，可见一只雄赳赳的公鸡被硬生生整成了母鸭模样：

```
准备修理公鸡, 名称 = 公鸡, 性别 = 0
结束修理公鸡, 名称 = 母鸭, 性别 = 1
```

# 10.3　注　解

本节介绍注解技术的来龙去脉，首先讲述如何使用系统自带的 5 种注解（@Override、@Deprecated、@SuppressWarnings、@FunctionalInterface、@SafeVarargs），然后把系统注解拆分为

基本的元注解（@Documented、@Target、@Retention、@Inherited）并加以说明，最后结合注解与反射技术设计一个实战案例（利用注解技术检查空指针）。

## 10.3.1 如何使用系统自带的注解

之前介绍继承的时候，提到对于子类而言，父类的普通方法可以重写，也可以不重写，但是父类的抽象方法是必须重写的，如果不重写，IDEA 编译器就直接在子类名称那里显示红线报错。例如，以前演示抽象类用法时，曾经把 Chicken 类的 call 方法改为抽象方法，方法声明代码如下：

```
abstract public void call();  // 定义一个抽象的叫唤方法。注意后面没有花括号，并且以分号结尾
```

倘若派生自鸡类的公鸡类没有重写 call 方法，编译器除了红线报错以外，还会弹出提示"Implemented methods"，也就是建议开发者为公鸡类补充实现 call 方法。按照建议单击提示文字，IDEA 弹出如图 10-2 所示的确认窗口。

单击确认窗口下方的 OK 按钮，IDEA 会自动在公鸡类中添加以下的默认代码：

图 10-2　准备实现接口方法的确认窗口

```
@Override
public void call() {
    // TODO Auto-generated method stub
}
```

注意到新增的 call 方法上面一行多出了形如@Override 的标记，该标记看起来似乎是多余的，即使把它删掉，编译器也不会报错，程序也能正常运行。莫非@Override 是另一种形式的注释？实际上，以@符号开头的标记的真正名称叫作"注解"，跟"注释"仅有一字之差，二者的关系恰如名字那样，既有相同点又有不同点。相同点为：注解一样带有解释说明的含义，比如 Override 翻译成中文就是"重写"的意思，表示标记下方的 call 方法重写了父类的抽象方法。不同点为：注释是给人看的，而注解还要给编译器看，编译器扫描到注解@Override，便会去检查父类是否存在注解下方的方法声明，如果不存在或者参数类型对不上，就会提示红线错误。

除了方法重写注解@Override 之外，还有一种常见的注解叫@FunctionalInterface，翻译成中文便是"函数式接口"。猜的没错，该注解专门用来标记 Java 8 规定的函数式接口。函数式接口是一类特殊的接口形式，它的内部有且仅有一个抽象方法，抽象方法多了不行，再来一个抽象方法的话，接口实例就没法简写为 Lambda 表达式，也就无法成为"函数式"接口。

Java 自带的几个函数式接口包括：比较器接口（Comparator）、断言接口（Predicate）、消费接口（Consumer）、函数接口（Function）、文件过滤器（FileFilter）、运行器（Runnable）等，查看它们的源码会发现接口定义的上方无一例外都存在注解@FunctionalInterface。例如下面是比较器接口的核心定义代码：

```
//该注解表示以下定义的是函数式接口，有且仅有一个抽象方法声明
//如果同时声明了多个抽象方法，编译器在编码阶段就会报错
@FunctionalInterface
public interface Comparator<T> {
    int compare(T o1, T o2);
```

```
    // 此处省略比较器接口的剩余代码定义
}
```

@FunctionalInterface 注解明白无误地告诉编译器，它下方的接口是一个函数式接口，请务必检查这个接口定义是否符合函数式接口的要求。编译器根据注解的指示，立即扫描注解下方的接口代码，并仔细统计接口内部的抽象方法个数，倘若抽象方法的数量不足一个或者多于一个，编译器都会提示错误 "Invalid '@FunctionalInterface' annotation; *** is not a functional interface"，意思是"注解@FunctionalInterface 是无效的，因为***不是一个函数式接口"，这样正好提醒开发者检查接口定义是否存在问题。

第三种常见的注解名叫@Deprecated，早前介绍日期工具 Date 的时候，在代码中调用日期实例的 getYear、getMonth、getDate 等方法，这几个方法的名称中间居然出现了一条删除线。查看相关日期方法的源码，才发觉它们的定义代码上方有注解@Deprecated，该注解的含义是"不赞成、已废弃"，缘由是 Java 认为这几个日期方法已经过时了，随时都会从开发包中移除，建议开发者将它们替换成日历工具里的对应方法。尽管目前仍然可以在代码中调用这些过时的方法，但是编译器依旧按照规定在方法名称中间显示删除线，并且还会给出警告 "Add @SupressWarnings 'deprecated' to '***'"。这个警告说的是建议往***添加注解@SupressWarnings（含义为屏蔽警告），从而避免此处的警告提示。正所谓"眼不见，心不烦"，那就按照建议在日期方法的调用处统统添加新注解@SuppressWarnings("deprecation")，添加后，果然这些"已过时"的警告都被屏蔽掉了。

注解@SuppressWarnings 不仅可以用来屏蔽"已过时"的警告，还能用来屏蔽其他类型的警告，譬如"未使用"这类警告。前面 10.2.3 小节在演示私有方法的反射调用时，给 Chicken 类增加了 setName、getName、setSex、getSex 四个私有方法，这些方法并未被 Chicken 类自身所调用，编译器会认为它们是"未使用"的方法，因而在这 4 个方法的定义处提示警告信息 "Remove method '***'"，也就是建议删除某个方法。若程序员仍想保留这些方法，又不想看到警告提示，则可在 Chicken 类上方添加注解@SuppressWarnings("unused")，表示屏蔽未使用的警告。添加了@SuppressWarnings 注解的鸡类定义代码片段如下（完整代码见本章源码的 src\com\addition\annotation\Chicken.java）：

```java
//该注解表示屏蔽"未使用"这种警告
@SuppressWarnings("unused")
abstract public class Chicken {
    // 此处省略鸡类的其他代码定义

    private void setName(String name) {        // 设置名称
        this.name = name;
    }

    private String getName() {                 // 获取名称
        return this.name;
    }

    private void setSex(int sex) {             // 设置性别
        this.sex = sex;
    }
```

```
    private int getSex() {                        // 获取性别
        return this.sex;
    }
}
```

上面的 4 种注解中，@Override、@Deprecated、@SuppressWarnings 这 3 种是从 Java 5 开始引入的，而@FunctionalInterface 是在 Java 8 才引入的。除此之外，Java 7 还引入了一种注解@SafeVarargs，主要目的是兼容可变参数中的泛型参数，该注解告诉编译器：此处可变参数中泛型的是类型安全的，不必担心强制转换类型的问题。由于前述的 5 种注解是系统提供给开发者使用的，因此它们被统称为"内置注解"。

### 10.3.2 注解的基本单元——元注解

Java 的注解非但是一种标记，还是一种特殊的类型，并且拥有专门的类型定义。前面介绍的 5 种内置注解都可以找到对应的类型定义代码，例如查看注解@Override 的源码，发现它的代码定义是下面这样的：

```
@Target(ElementType.METHOD)
@Retention(RetentionPolicy.SOURCE)
public @interface Override {}
```

又如注解@FunctionalInterface，它的源码定义与之类似：

```
@Documented
@Retention(RetentionPolicy.RUNTIME)
@Target(ElementType.TYPE)
public @interface FunctionalInterface {}
```

乍看过去，注解的定义竟与接口有几分相像，接口的类型名称是 interface，而注解的类型名称是@interface，仅仅多了一个@符号。此外，内置注解的定义代码上方多出了好几个其他注解，包括@Target、@Retention、@Documented 等，这 3 个注解连同@Inherited 组成了 Java 的"元注解"。4 个元注解的作用是给新定义的注解添加修饰，标明新注解什么能干、什么不能干，好比给一个战士配备各式各样的武器，使得他更适合在某种环境中作战。接下来将详细介绍这 4 种元注解。

#### 1. @Documented

该注解表示它修饰的注解将被收录到 Java 的开发文档中，也就是说，该注解会被 javadoc 工具提取成文档。

#### 2. @Target

该注解表示它修饰的注解将作用于哪一类的代码实体，例如 ElementType.METHOD 规定对方法有效，而 ElementType.TYPE 规定对类型有效。更多的 ElementType 取值说明见表 10-1。

表 10-1　注解的元素类型取值说明

| ElementType 元素类型 | 取 值 说 明 |
| --- | --- |
| TYPE | 类型，包括类、接口和枚举 |
| FIELD | 字段，即类的属性 |

（续表）

| ElementType 元素类型 | 取 值 说 明 |
|---|---|
| METHOD | 方法，但不包含构造方法 |
| PARAMETER | 方法的参数 |
| CONSTRUCTOR | 构造方法 |
| LOCAL_VARIABLE | 局部变量 |
| ANNOTATION_TYPE | 注解类型 |
| PACKAGE | 包 |

### 3. @Retention

该注解表示它修饰的注解将被编译器保留至哪个阶段，例如 @Retention(RetentionPolicy.SOURCE) 规定编译器只在编码阶段保留指定注解，而 @Retention(RetentionPolicy.RUNTIME) 规定编译器直到运行阶段仍然保留指定注解。更多的 RetentionPolicy 取值说明见表 10-2。

表 10-2　注解的保留策略取值说明

| RetentionPolicy 保留策略 | 取 值 说 明 |
|---|---|
| SOURCE | 只在编码阶段保留 |
| CLASS | 保留在编译生成的 class 文件中，但不在运行时保留。这样从 class 文件反编译出来的源码仍可找到它所修饰的注解 |
| RUNTIME | 一直保留至运行阶段。这样修饰后的注解可通过反射技术读取获得，以便代码在运行时动态校验注解 |

### 4. @Inherited

该注解表示它修饰的注解将允许被子类继承。

通常情况下，一个注解加在某个类上面的话，就只对当前类有效，而对当前类的子类无效。倘若程序员希望该注解同时作用于当前类及其所有子类，则需要给这个注解的定义代码添加 @Inherited 修饰，表示该注解的作用范围扩展到当前类派生出来的子类。

## 10.3.3　利用注解技术检查空指针

注解属于比较高级的 Java 开发技术，前面介绍的内置注解专用于编译器检查代码，另外一些注解则由各大框架定义与调用，像 Web 开发常见的 Spring 框架、MyBatis 框架等，都使用了大量的注解。为了更好地理解注解的应用原理，接下来不妨尝试自定义注解，并在实际开发中对自定义的注解加以运用。

之前介绍异常预防的时候，为了避免出现空指针异常，可谓是"八仙过海，各显神通"，一路试验了多项新技术。其中，校验某个字段非空尤其是一个难点，案例中的苹果类共有 4 个字段，包括名称、颜色、重量、价格，倘若要求这些字段均非空值才算有效记录，就得 4 个字段一一判断过去。采取 for 循环检查空指针的常规代码示例如下：

```
// 常规的 for 循环校验，对每个对象及其每个属性都判断空指针
private static void getRedAppleByFor(List<Apple> list) {
    List<Apple> redAppleList = new ArrayList<Apple>();
    if (list != null) { // 判断清单非空
```

```
        for (Apple item : list) {
            // 对每个字段依次判断空指针
            if (item!=null && item.getName()!=null && item.getColor()!=null
                    && item.getWeight()!=null && item.getPrice()!=null) {
                if (item.isRedApple()) {   // 判断是否为红苹果
                    redAppleList.add(item);
                }
            }
        }
    }
    System.out.println("常规的 for 循环校验之后的红苹果清单=" + redAppleList.toString());
}
```

从以上代码可见，对每个字段依次判断空指针，这里的条件语句拖得很长。倘若给苹果类新增一个字段，那么此处的条件语句还得补上新字段的非空校验。即使采用 Java 8 引入的可选器 Optional，也没有更好的办法，如此窘境简直叫人束手无策。

如今有了注解技术，号称可以自动检查代码，总算出现解决问题的一缕曙光。具体的处理过程大致分为 4 个步骤：自定义新的非空注解、给非空字段添加非空注解、利用反射机制校验被非空注解修饰了的所有字段、在业务需要的地方调用校验方法，下面分别予以描述。

### 1. 自定义新的非空注解

首先定义一个名叫 NotNull 的注解，并规定它用于在程序运行过程中检查字段是否为空。这里有两点值得特别关注：第一点，该注解的生效期间位于程序运行过程中，意味着需要将它保留至运行阶段；第二点，该注解用于检查字段是否为空，意味着它的作用目标正好是字段。据此可编写如下的注解定义代码：

```
import java.lang.annotation.*;

@Documented  // 该注解纳入 Java 开发手册
@Target({ ElementType.FIELD })          // 该注解的作用目标是字段（属性）
@Retention(RetentionPolicy.RUNTIME)     // 该注解保留至运行阶段，这样能够通过反射机制调用
//定义了一个注解，在 interface 前面加上符号 "@"，表示这是一个注解
public @interface NotNull {}
```

### 2. 给非空字段添加非空注解

接着修改苹果类的定义代码，在每个不能为空的字段上方添加注解@NotNull，表示这是一个特殊字段，它必须有值而不允许是空指针，简而言之，该字段必须是非空字段。修改后的苹果类代码片段如下（完整代码见本章源码的 src\com\addition\annotation\Apple.java）：

```
//定义一个苹果类
public class Apple {
    @NotNull // 通过注解声明该字段不可为空
    private String name;                // 名称
    @NotNull // 通过注解声明该字段不可为空
    private String color;               // 颜色
    @NotNull // 通过注解声明该字段不可为空
```

```
    private Double weight;                // 重量
    @NotNull // 通过注解声明该字段不可为空
    private Double price;                 // 价格

    // 此处省略苹果类的剩余代码定义
}
```

### 3. 利用反射机制校验被非空注解修饰了的所有字段

还要通过反射技术检查非空字段，这里才是整个流程的关键之处。在反射调用的时候，又可分为主要的 3 个步骤：首先调用 Class 对象的 getDeclaredFields 方法，获得该类中声明的所有字段；其次依次遍历这些字段，并调用字段对象的 isAnnotationPresent 方法，判断当前字段是否存在非空注解；再次，倘若存在非空注解，则调用字段对象的 get 方法，获得对应的字段值并判断该字段是否为空指针。如此一来，某个添加了非空注解的字段，如果它的字段值被检查出为空指针，马上就能断定包含该字段的对象是一个无效记录。

按照如上所述的反射调用步骤，编写的非空校验代码如下（完整代码见本章源码的 src\com\addition\annotation\NullCheck.java）：

```java
//演示如何利用注解校验空字段
public class NullCheck {
    // 对指定对象校验空指针。返回 true 表示该对象和字段都非空，返回 false 表示对象为空或字段为空
    public static boolean isValid(Object obj) {
        if (obj == null) {
            System.out.println("校验对象为空");
            return false;
        }
        Class cls = obj.getClass();  // 获得对象实例的基因类型
        // 声明一个字符串清单，用来保存非空校验失败的无效字段名称
        List<String> invalidList = new ArrayList<String>();
        try {  // 开始小心翼翼地尝试，随时准备捕捉异常
            // 获取对象的所有属性（如果使用 getFields，就无法获取到 private 的属性）
            Field[] fields = cls.getDeclaredFields();
            for (Field field : fields) {  // 依次遍历每个对象属性
                // 如果该属性声明了 NotNull 注解，就校验空字段
                if (field.isAnnotationPresent(NotNull.class)) {
                    if (field != null) {
                        field.setAccessible(true);         // 将该字段设置为允许访问
                        Object value = field.get(obj);     // 获取某实例的字段值
                        if (value == null) {  // 如果发现该字段为空
                            // 就把该字段的名称添加到无效清单中
                            invalidList.add(field.getName());
                        }
                    }
                }
            }
        } catch (Exception e) {  // 捕捉到了任何一种异常（错误除外）
            e.printStackTrace();
```

```
        }
        if (invalidList.size() > 0) {  // 无效清单非空，表示至少有一个字段没通过非空校验
            String desc = String.format("%s 类非空校验不通过的字段有：%s",
                    cls.getName(), invalidList.toString());
            System.out.println(desc);
            return false;
        } else {
            return true;
        }
    }
}
```

为了方便程序员寻找非法字段，上面的代码特意将未通过非空校验的所有字段都打印出来，比起普通的空指针判断要智能许多。

下面通过一个简单的例子验证一下加了注解的非空校验是否正常运行。实验用的苹果对象除了名称字段有值外，其余 3 个字段均为 null，完整的实验代码如下（完整代码见本章源码的 src\com\addition\annotation\TestApple.java）：

```
// 通过注解检查某个对象内部字段的空指针
private static void testSingle() {
    Apple apple = new Apple("苹果", null, null, null);
    // NullCheck 的 isValid 方法通过注解与反射技术来校验空指针
    boolean isValid = NullCheck.isValid(apple);
    System.out.println("apple isValid="+isValid);
}
```

运行以上的实验代码，观察到以下的日志信息，果然找到了 3 个空指针字段：

```
com.addition.annotation.Apple 类非空校验不通过的字段有：[color, weight, price]
```

### 4. 在业务需要的地方调用校验方法

最后把原来 for 循环那条冗长的空指针判断语句改为调用新的校验方法，改写后的红苹果挑选代码变成了这样（完整代码见本章源码的 src\com\addition\annotation\TestApple.java）：

```
// 把 for 循环内部的空指针校验改为通过注解校验
private static void getRedAppleByForWithNullCheck(List<Apple> list) {
    List<Apple> redAppleList = new ArrayList<Apple>();
    if (list != null) {  // 判断清单非空
        for (Apple item : list) {
            // NullCheck 的 isValid 方法通过注解与反射技术来校验空指针
            if (NullCheck.isValid(item)) {
                if (item.isRedApple()) {  // 判断是否为红苹果
                    redAppleList.add(item);
                }
            }
        }
    }
```

```
    System.out.println("For 循环，非空校验之后的红苹果清单=" + redAppleList.toString());
    }
```

瞧，原本长长的一条 if 语句，现在缩短为 if (NullCheck.isValid(item))，看上去真是清爽宜人。更加重要的是，假如以后苹果类增加了新的非空字段，那也只需修改苹果类的代码，不必修改此处的校验代码。

不但采取 for 循环的处理代码得以优化，而且采取流式处理的新式代码派上了用场，不就是挑选非空校验通过的正常苹果吗？只要在源代码中补充形如 ".filter(NullCheck::isValid)" 的过滤方法就行了，补充过滤之后的流式代码示例如下：

```
// 联合运用 Optional 校验、流式处理以及注解校验
private static void getRedAppleByStreamWithNullCheck(List<Apple> list) {
    List<Apple> redAppleList = new ArrayList<Apple>();
    // ifPresent 表示 list 非空时的处理
    Optional.ofNullable(list).ifPresent(apples -> {
        // 从原始清单中筛选出红苹果清单。注意 NullCheck::isValid 为静态方法引用的写法
        redAppleList.addAll(apples.stream().filter(NullCheck::isValid)
                .filter(Apple::isRedApple).collect(Collectors.toList()));
    });
    System.out.println("流式处理，非空校验之后的红苹果清单=" + redAppleList.toString());
    }
```

改进之后的流式代码不得了，短短几行代码竟然同时运用了多项黑科技，包括但不限于：可选器、Lambda 表达式、流式处理、方法引用、反射技术、注解技术。要是能熟练掌握这些开发技能，想必你的 Java 编码水准已经达到了相当的高度。

# 10.4　小　结

本章主要介绍了虽然从属于类、但有别于常规面向对象的几种进阶用法，包括如何有效地运用异常处理技术（异常种类的识别、异常的扔出和捕捉、异常的避免和预防、空指针异常的规避手段）、如何使用反射技术访问类的私有成员（包括私有属性和私有方法）、如何利用注解技术自动完成特定的检查校验操作（系统自带注解、元注解、自定义注解）。

通过本章的学习，读者应该能够掌握以下编程技能：

（1）学会异常处理的几种手段（捕捉、扔出、预防）。

（2）学会使用反射技术读写类的成员。

（3）知晓注解技术的校验机制，并学会自己定义符合业务要求的注解。

# 第 11 章

## 文件 I/O 处理

本章介绍文件操作的几种方式及其分别适用的业务场合，包括普通方式的文件读写、采取输入输出流方式的文件读写、采取 NIO 机制的文件读写，最后给出了一个分割与合并文件的实战练习。

## 11.1 文 件 读 写

本节介绍普通的文件管理与文件读写操作。首先叙述如何管理文件和目录（检查文件状态、获取文件信息、管理文件操作、遍历目录下的文件）；然后描述如何通过字符流读写文件内容，以及如何利用改进后的缓冲区读写文件；最后阐述专用于特殊场合的随机访问文件的读写。

### 11.1.1 文件与目录的管理

程序除了处理内存中的数据结构外，还要操作磁盘上的各类文件，这里的磁盘是一个统称，泛指可以持久保留数据的存储介质，包括但不限于：插在软驱中的软盘、固定在机箱中的硬盘、插在光驱中的光盘、插在 USB 接口上的 U 盘、笔记本电脑里的固态盘、手机中的闪存、相机里的 SD 卡等。当然，操作系统层面已经统一了这些存储介质，故而编程语言无须理会它们之间的区别，只需专心访问存储介质上保存的文件。为了表述方便，接下来将用"磁盘"二字代指以上罗列的各种存储介质。

Java 使用 File 工具操作磁盘文件，只要在构造方法中填写某文件的完整路径，即可通过创建好的文件对象开展各项处理。相关的处理方法主要有 4 大类：检查文件状态、获取文件信息、管理文件操作、遍历某目录下的文件，分别说明如下。

#### 1. 检查文件状态

File 工具既可操作某个文件，又可操作某个目录。狭义的文件专指一个单独的数据文件，广义的文件则将目录（或称文件夹）也包括在内。下面是检查文件状态的相关方法描述。

- exists: 判断当前文件/目录是否存在，若存在则返回 true，若不存在则返回 false。
- canExecute: 判断当前文件是否允许执行，若允许则返回 true，若不允许则返回 false。
- canRead: 判断当前文件是否允许读取，若允许则返回 true，若不允许则返回 false。
- canWrite: 判断当前文件是否允许写入，若允许则返回 true，若不允许则返回 false。
- isHidden: 判断当前文件/目录是否隐藏，若隐藏则返回 true，若没隐藏则返回 false。
- isDirectory: 判断当前是否为目录，若为目录则返回 true，否则返回 false。
- isFile: 判断当前是否为文件，若为文件则返回 true，否则返回 false。

### 2. 获取文件信息

只要磁盘中存在某个文件/目录，就能调用相关方法获取该文件/目录的基本信息，这些方法说明如下。

- getAbsolutePath: 获取当前文件/目录的绝对路径。
- getPath: 获取当前文件/目录的相对路径。
- getName: 如果当前为文件，就返回文件名称；如果当前为目录，就返回目录名称。
- getParent: 获取当前文件/目录的上级目录路径。
- length: 如果当前为文件，就返回文件大小；如果当前为空目录，就返回 0；如果当前目录非空，就返回该目录的索引空间大小，索引保存了目录内部文件的基本信息。
- lastModified: 获取当前文件/目录的最后修改时间，单位为毫秒。

### 3. 管理文件操作

除了获取文件的状态和信息外，还能对文件进行创建、删除、更名等管理操作，具体方法列举如下。

- mkdir: 只创建最后一级目录，如果上级目录不存在，就返回 false。
- mkdirs: 创建文件路径中所有不存在的目录。
- createNewFile: 创建新文件。如果文件路径中的目录不存在，就扔出异常 IOException。
- delete: 删除文件，也可删除空目录，但不可删除非空目录。在删除非空目录时会返回 false。
- renameTo: 重命名文件，把源文件的名称改为目标名称。

### 4. 遍历某目录下的文件

文件遍历操作是提供给目录专用的，主要的遍历方法有 list 和 listFiles 两个，其中前者返回的文件路径数组是 String 类型的，后者返回的文件路径数组是 Fille 类型的。另外，listFiles 方法包括 3 个同名的重载方法，它们之间根据参数类型区分开，详细的用法区别如下：

（1）第一个重载的 listFiles 方法没有输入参数，它返回当前目录下的所有文件和目录。

（2）第二个重载的 listFiles 方法拥有一个 FileFilter 类型的输入参数，可根据文件信息筛选符合条件的文件和目录。

（3）第三个重载的 listFiles 方法拥有一个 FilenameFilter 类型的输入参数，可根据文件信息和文件名称筛选符合条件的文件和目录。

注意，FileFilter 与 FilenameFilter 都属于函数式接口，所以它们的实例可以采用 Lambda 表达式来改写。下面各举一个例子加以说明。

首先利用 FileFilter 接口查找某个目录下的所有隐藏子目录，常规的过滤代码示例如下（完整代码见本章源码的 src\com\io\file\TestFilter.java）：

```
File path = new File(mPath);          // 创建一个指定路径的文件对象
File[] hiddens;                       // 声明一个隐藏文件的文件数组
// 匿名内部类的写法。通过文件过滤器 FileFilter 来筛选文件
hiddens = path.listFiles(new FileFilter() {
    @Override
    public boolean accept(File file) {
        return file.isHidden();       // 是隐藏文件
    }
});
```

可见以上的匿名内部类代码明显烦琐，鉴于函数式接口的特性，完全可以将代码使用 Lambda 表达式精简，简化后的过滤代码只有下面一行：

```
hiddens = path.listFiles(file -> file.isHidden());  // Lambda 表达式的写法
```

由于上述的 Lambda 表达式代码符合参数方法引用的规则，因此还能采取方法引用的格式改写：

```
hiddens = path.listFiles(File::isHidden);           // 方法引用的写法
```

真是想不到，方法引用的地盘都扩张到文件查找这边了。

再看看 FilenameFilter 接口，该接口比起 FileFilter 多了一个文件名称，因此经常用于过滤特定扩展名的文件。比如文本文件的扩展名为 ".txt"，检查文件是否以 ".txt" 结尾即可判断它是否为文本文件。仍旧从形态完整的匿名内部类写法着手，此时筛选文本文件的常规代码示例如下：

```
File path = new File(mPath);          // 创建一个指定路径的文件对象
File[] txts;                          // 声明一个文本文件的文件数组
// 匿名内部类的写法。通过文件名称过滤器 FilenameFilter 来筛选文件
txts = path.listFiles(new FilenameFilter() {
    @Override
    public boolean accept(File dir, String name) {
        return name.toLowerCase().endsWith(".txt");   // 文件扩展名为 txt
    }
});
```

同样采取 Lambda 表达式精简上面的匿名内部类代码，简写后的筛选代码只有以下一行：

```
// Lambda 表达式的写法
txts = path.listFiles((dir, name) -> name.toLowerCase().endsWith(".txt"));
```

## 11.1.2 字符流读写

File 工具固然强大，但它并不能直接读写文件，而要借助于其他工具才能读写文件。对于写操作来说，需要利用文件写入器 FileWriter 搭配 File 工具才行。创建写入器对象的过程很简单，只要在调用 FileWriter 的构造方法时传递文件对象即可，接着就能调用写入器的以下方法向文件写入数据了。

- write：往文件写入字符串。注意该方法存在多个同名的重载方法。

- append: 也是往文件写入字符串。按字面意思，append 方法像是往文件末尾追加字符串，然而并非如此，append 方法与 write 方法的写入位置是同样的。二者的区别在于，append 方法会把空指针当作 null 写入文件，而 write 方法不支持写入空指针。
- close: 关闭文件写入器。

把文件的一系列写入操作串起来，形成以下流程的写文件代码，注意文件写入器的几个方法均需捕捉输入输出异常 IOException（完整代码见本章源码的 src\com\io\file\TestReadWrite.java）：

```java
private static String mFileName = "E:/test/aac.txt";
// 存在隐患的写文件代码，发生异常时不会关闭文件
private static void writeFileSimple() {
    String str = "白日依山尽，黄河入海流。\n";
    File file = new File(mFileName);                    // 创建一个指定路径的文件对象
    try {
        FileWriter writer = new FileWriter(file);   // 创建一个文件写入器
        writer.write(str);              // 往文件写入字符串
        writer.close();                 // 关闭文件
    } catch (IOException e) {           // 捕捉到输入输出异常
        e.printStackTrace();
    }
}
```

上面的代码看似结构完整，实则存在不小的隐患。因为 close 方法只有在正常分支才会被调用，异常分支并没有调用该方法，如此一来，一旦发生异常，已经打开的文件将不会正常关闭，结果可能导致文件损坏。解决办法是在 try/catch 后面补充 finally 语句，在 finally 语句块中添加 close 方法的调用，于是改进后的写文件代码示例如下：

```java
// 改进后的写文件代码，在finally代码块中关闭文件
private static void writeFileWithFinally() {
    String str = "白日依山尽，黄河入海流。\n";
    File file = new File(mFileName);            // 创建一个指定路径的文件对象
    FileWriter writer = null;
    try {
        writer = new FileWriter(file);          // 创建一个文件写入器
        writer.write(str);                      // 往文件写入字符串
    } catch (IOException e) {                   // 捕捉到输入输出异常
        e.printStackTrace();
    } finally {                                 // 无论是否遇到异常，都要释放文件资源
        if (writer != null) {
            try {
                writer.close();                 // 关闭文件
            } catch (IOException e) {
                e.printStackTrace();
            }
        }
    }
}
```

改进后的代码确实消除了文件异常关闭的风险，但是代码一下子多出好多行，着实变得有些拖沓。为此，从 Java 7 开始，try 语句支持 try-with-resources 的表达式，意思是携带某些资源去尝试干活，并在尝试结束后自动释放这些资源。具体做法是在 try 后边添加圆括号，并在圆括号内部填写资源对象的创建语句，只要这个资源类实现了 AutoCloseable 接口，程序便会在 try/catch 结束后自动调用该资源的 close 方法。这样就无须补充 finally 代码块，也无须显式调用 close 方法了，采取资源自动管理的优化代码如下：

```java
// 采取自动释放资源的写文件代码
private static void writeFileWithTry() {
    String str = "白日依山尽，黄河入海流。\n";
    File file = new File(mFileName);  // 创建一个指定路径的文件对象
    // Java 7 的新增功能，在 try(...) 里声明的资源会在 try/catch 结束后自动释放
    // 相当于编译器自动补充了 finally 代码块中的资源释放操作
    // 资源类必须实现 java.lang.AutoCloseable 接口，这样 close 方法才会由系统调用
    // 一般说来，文件 I/O、套接字、数据库连接等均已实现该接口
    try (FileWriter writer = new FileWriter(file)) {
        writer.write(str);              // 往文件写入字符串
    } catch (IOException e) {           // 捕捉到输入输出异常
        e.printStackTrace();
    }
}
```

由此可见，使用 try-with-resources 方式的代码顿时减少到了寥寥几行。

和写操作对应的是读操作，读文件用到了文件读取器 FileReader，它依然与 File 工具搭档合作。创建读取器对象也要在调用 FileReader 的构造方法时传递文件对象，读取器提供的调用方法列举如下。

- skip：跳过若干字符。注意 FileReader 的 skip 方法跳过的是字符数，不是字节数。
- read：从文件读取数据到字节数组。注意该方法存在多个同名的重载方法。
- close：关闭文件读取器。

通过文件读取器从文件中读取数据的常规代码示例如下：

```java
// 存在隐患的读文件代码，发生异常时不会关闭文件
private static void readFileSimple() {
    File file = new File(mFileName);  // 创建一个指定路径的文件对象
    try {
        FileReader reader = new FileReader(file);       // 创建一个文件读取器
        char[] temp = new char[(int) file.length()];   //创建与文件大小等长的字符数组
        reader.read(temp);                              // 从文件读取数据到字节数组
        String content = new String(temp);             // 把字符数组转换为字符串
        System.out.println("content="+content);
        reader.close();                                 // 关闭文件
    } catch (IOException e) {                           // 捕捉到输入输出异常
        e.printStackTrace();
    }
}
```

以上的读文件代码仍然没有考虑到异常发生时的资源释放问题，因而需要增加 finally 语句加以改进，在 finally 代码块中调用 close 方法关闭文件，改进后的代码如下：

```java
// 改进后的读文件代码
private static void readFileWithFinally() {
    File file = new File(mFileName);              // 创建一个指定路径的文件对象
    FileReader reader = null;
    try {
        reader = new FileReader(file);            // 创建一个文件读取器
        char[] temp = new char[(int) file.length()]; //创建与文件大小等长的字符数组
        reader.read(temp);                        // 从文件读取数据到字节数组
        String content = new String(temp);        // 把字符数组转换为字符串
        System.out.println("content="+content);
    } catch (IOException e) {                      // 捕捉到输入输出异常
        e.printStackTrace();
    } finally {                                    // 无论是否遇到异常，都要释放文件资源
        if (reader != null) {
            try {
                reader.close();                    // 关闭文件
            } catch (IOException e) {               // 捕捉到输入输出异常
                e.printStackTrace();
            }
        }
    }
}
```

同 FileWriter 一样，FileReader 也实现了 AutoCloseable 接口，意味着它同样适用于 try-with-resources 的规则。那么将文件读取器的创建语句放到 try 之后的圆括号中，之前的 finally 语句块可以整个删除，因为程序会在 try/catch 结束后自动释放读取器资源。此时采取自动释放资源的读文件代码变成了下面这样：

```java
// 采取自动释放资源的读文件代码
private static void readFileWithTry() {
    File file = new File(mFileName);  // 创建一个指定路径的文件对象
    // Java 7 的新增功能，在 try(...)里声明的资源会在 try/catch 结束后自动释放
    // 相当于编译器自动补充了 finally 代码块中的资源释放操作
    // 资源类必须实现 java.lang.AutoCloseable 接口，这样 close 方法才会由系统调用
    // 一般说来，文件 I/O、套接字、数据库连接等均已实现该接口
    try (FileReader reader = new FileReader(file)) {
        char[] temp = new char[(int) file.length()];  //创建与文件大小等长的字符数组
        reader.read(temp);  // 从文件读取数据到字节数组
        String content = new String(temp);  // 把字符数组转换为字符串
        System.out.println("content="+content);
    } catch (IOException e) {  // 捕捉到输入输出异常
        e.printStackTrace();
    }
}
```

别看上面的代码还有好几行，要是全部去掉注释真没多少行。省时省力的便捷写法理应大力推广，若无特殊情况，则往后的相关代码将一律采用以上 try-with-resources 的写法。

### 11.1.3 缓冲区读写

因为 FileWriter 与 FileReader 读写的数据以字符为单位，所以这种读写文件的方式被称作"字符流 I/O"，其中字母 I 代表 Input（输入），字母 O 代表 Output（输出）。但是 FileWriter 的写操作并不高效，缘由在于 FileWriter 每次调用 write 方法都会直接写入文件，假如某项业务需要多次调用 write 方法，程序就会以同样次数写入文件。因为写文件的本质是写磁盘，磁盘的速度远不如内存，所以频繁地写文件必然严重降低程序的运行效率。

为此，Java 又设计了缓存写入器 BufferedWriter，它的 write 方法并不直接写入文件，而是先写入一块缓存，等到缓存写满了再将缓存上的数据写入文件。由于缓存空间位于内存中，写入缓存等同于访问内存，这样相当于把大部分的写磁盘动作替换成写内存动作，因此 BufferedWriter 的整体写文件性能要大大优于 FileWriter。除此之外，BufferedWriter 还新增了以下方法。

- newLine：在当前位置添加换行标记（Windows 系统是回车加换行）。当然，实际上是先往缓存添加换行标记，并非直接往磁盘写入换行标记。
- flush：立即将缓冲区中的数据写入磁盘。默认情况下，要等缓冲区满了才会写入磁盘，或者调用 close 方法关闭文件时也会写入磁盘，但是有时程序一定要立即写入磁盘，此时就需调用 flush 方法强行写磁盘。

使用缓存写入器之前要先创建文件读取器对象，并获得父类 Writer 的实例，再据此创建缓存写入器对象。下面是通过缓存写入器把多行字符串写入文件的代码例子（完整代码见本章源码的 src\com\io\file\TestBuffered.java）：

```
private static String mSrcName = "E:/test/aad.txt";
// 使用缓存字符流写入文件
private static void writeBuffer() {
    String str1 = "白日依山尽，黄河入海流。";
    String str2 = "欲穷千里目，更上一层楼。";
    File file = new File(mSrcName);  // 创建一个指定路径的文件对象
    // try(...)允许在圆括号内部拥有多个资源创建语句，语句之间以冒号分隔
    // 先创建文件写入器，再根据文件读取器创建缓存写入器
    try (Writer writer = new FileWriter(file);
        BufferedWriter bwriter = new BufferedWriter(writer);) {
        // FileWriter 的每次 write 调用都会直接写入磁盘，不但效率低，性能也差
        // BufferedWriter 的每次 write 调用会先写入缓冲区，直到缓冲区满了才写入磁盘
        // 缓冲区大小默认是 8KB，查看源码 defaultCharBufferSize = 8192;
        // 资源释放的 close 方法会把缓冲区的剩余数据写入磁盘
        // 或者中途调用 flush 方法也可提前将缓冲区的数据写入磁盘
        bwriter.write(str1);          // 往文件写入字符串
        bwriter.newLine(); // 另起一行，即在文件末尾添加换行标记(Windows 系统是回车加换行)
        bwriter.write(str2);          // 往文件写入字符串
    } catch (Exception e) {
```

```
                e.printStackTrace();
        }
    }
```

　　既然文件写入器有对应的缓存写入器，那么文件读取器也有对应的缓存读取器 BufferedReader。BufferedReader 的实现原理与它的兄弟 BufferedWriter 类似，另外 BufferedReader 比起文件读取器新增了如下方法。

- readLine：从文件中读取一行数据。
- mark：在当前位置做一个标记。
- reset：重置文件指针，令其回到上次标记的位置，也就是回到上次 mark 方法标记的位置。
- lines：读取文件内容的所有行，返回的是 Stream<String>流对象，之后便可按照流式处理来加工该字符串流。

　　若想使用缓存读取器，则依然要先创建文件读取器，再根据其父类的读取器实例创建缓存读取器。下面是通过缓存读取器从文件中读取多行字符串的代码例子：

```
// 使用缓存字符流读取文件
private static void readBuffer() {
    File file = new File(mSrcName); // 创建一个指定路径的文件对象
    // try(...)允许在圆括号内部拥有多个资源创建语句，语句之间以冒号分隔
    // 先创建文件读取器，再根据文件读取器创建缓存读取器
    try (Reader reader = new FileReader(file);
         BufferedReader breader = new BufferedReader(reader);) {
        for (int i=1; ; i++) {  // 第一次读文件
            // FileReader 只能一个字符一个字符地读，或者一次性读进字符数组
            // BufferedReader 还支持一行一行地读
            String line = breader.readLine(); //从文件中读出一行文字
            if (line == null) {  //读到了空指针，表示已经到了文件末尾
                break;
            }
            System.out.println("第"+i+"行的文字为："+line);
        }
    } catch (Exception e) {
        e.printStackTrace();
    }
}
```

　　注意到以上代码 BufferedWriter 和 BufferedReader 的创建语句都位于 try 后面的圆括号中，这是因为 Writer 与 Reader 两大家族统统实现了 AutoCloseable 接口，所以由它们繁衍而来的所有子类都具备自动释放资源的功能。另外，try 语句支持同时管理多个资源类，只要它们的对象创建语句以冒号隔开，程序在运行时即可自动回收这些资源。

　　结合运用读操作和写操作可以实现文件复制的功能，无非是一边从源文件中读出数据，另一边紧接着往目标文件写入数据。采用缓存读取器和缓存写入器逐行复制的话，具体的文件复制代码示例如下：

```java
    private static String mSrcName = "E:/test/aad.txt";              // 源文件
    private static String mDestName = "E:/test/aad_copy.txt";        // 目标文件
    // 通过缓存字符流逐行复制文件
    private static void copyFile() {
        File src = new File(mSrcName);             // 创建一个指定路径的源文件对象
        File dest = new File(mDestName);           // 创建一个指定路径的目标文件对象
        // 分别创建源文件的缓存读取器和目标文件的缓存写入器
        try (BufferedReader breader = new BufferedReader(new FileReader(src));
                BufferedWriter bwriter = new BufferedWriter(new FileWriter(dest));){
            for (int i=0; ; i++) {
                String line = breader.readLine();    // 从文件中读出一行文字
                if (line == null) {                    // 读到了空指针，表示已经到了文件末尾
                    break;
                }
                if (i != 0) {                          // 第一行开头不用换行
                    bwriter.newLine();                 // 另起一行，也就是在文件末尾添加换行标记
                }
                bwriter.write(line);                   // 往文件写入字符串
            }
        } catch (Exception e) {
            e.printStackTrace();
        }
        System.out.println("文件复制完成，源文件大小="+src.length()+"，新文件大小
="+dest.length());
    }
```

或者也可逐个字符复制文件，此时 BufferedReader 每次调用的 read 方法只返回整型数，表示一个字符，并且 BufferedWriter 每次调用的 write 方法也只写入该字符对应的整型数。通过依次遍历源文件的所有字符，同时往目标文件依次写入这些字符，从而完成逐个字符复制文件的操作流程。下面是采取逐个字符复制文件的代码例子：

```java
    // 通过缓存字符流逐个字符复制文件
    private static void copyFileByInt() {
        File src = new File(mSrcName);             // 创建一个指定路径的源文件对象
        File dest = new File(mDestName);           // 创建一个指定路径的目标文件对象
        // 分别创建源文件的缓存读取器和目标文件的缓存写入器
        try (BufferedReader breader = new BufferedReader(new FileReader(src));
                BufferedWriter bwriter = new BufferedWriter(new FileWriter(dest));){
            while (true) {                         // 开始遍历文件中的所有字符
                int temp = breader.read();         // 从源文件中读出一个字符
                if (temp == -1) {                  // read 方法返回-1 表示已经读到了文件末尾
                    break;
                }
                bwriter.write(temp);               // 往目标文件写入一个字符
            }
        } catch (Exception e) {
            e.printStackTrace();
```

```
        }
        System.out.println("文件复制完成，源文件大小="+src.length()+",
                            新文件大小="+dest.length());
    }
```

需要注意的是，使用字符流复制文件只有逐行复制和逐字符复制两种方式，不可采取整个读到字符数组再整个写入字符数组的方式。之所以不能通过字符数组复制文件，是因为中文跟英文不一样，一个汉字会占用多个字节（GBK 编码的每个汉字占用两个字节，UTF8 编码的每个汉字占用 3 个字节）。若要把文件内容读到字符数组，则势必先要知道该数组的长度，但是调用文件对象的 length 方法只能得到该文件的字节长度，并非字符长度。譬如"白日依山尽"这个字符串在内存中的字符数组长度为 5，但是写到 UTF8 编码的文件之后，文件大小变成 5×3=15 字节；接着想把文件内容读到字符数组，然而 15 字节的文件并不知道有几个字符，可能有 5 个 UTF8 编码的中文字符，也可能有 15 个英文字符，也可能有 5 个 GBK 编码的中文字符加 5 个英文字符共 10 个字符，总之你根本想不到该分配多大的字符数组。既然确定不了待读取的字符数组长度，就无法一字不差地复制文件内容。

## 11.1.4　随机访问文件的读写

无论是文件字符流还是缓存字符流，它们的写操作都存在一个问题：无论是 write 方法还是 append 方法，都只能从文件开头写入，而不能追加到文件末尾或者在文件中间某个位置写入。这个问题真不好办，这意味着每次写操作都会覆盖原来的文件内容，注意是直接覆盖而非局部修改，但大多数的业务场景都需要在源文件的基础上追加或者修改。倘若坚持使用字符流修改文件内容，也不是不可以，这样得把原来的文件内容全部读到某个字符串，再修改该字符串，最后把改完的字符串重新写入源文件。这么处理的话，对付小文件倒还凑合，要是遇到超大文件，比如大小达到 1GB 的文件，只是把这 1GB 的数据读到内存就足以让程序崩溃了。

因此，通过字符流修改文件并非好办法，不如采用专门的文件修改工具 RandomAccessFile（随机访问文件工具），该工具特别适合对文件进行各种花式修改。RandomAccessFile 提供了 seek 方法用来定位当前的读写位置，可以很方便地在指定位置写入数据，故而它经常用于以下几个场合：

（1）往大文件末尾追加数据。
（2）下载文件时的断点续传，支持从上次已下载完成的地方中途开始，而不必重头下载整个文件。

创建随机文件对象依然要指定文件路径，同时还要指定该文件的打开方式。下面是创建随机文件对象的代码例子：

```
// 根据文件路径创建既可读又可写的随机文件对象
String mAppendFileName = "E:/test/random_appendStr.txt";
RandomAccessFile raf = new RandomAccessFile(mAppendFileName, "rw");
```

上面的构造方法的第二个参数值为 rw，表示以既可读又可写的模式打开文件。除了常见的 rw 外，模式参数还有其他取值，具体的取值说明见表 11-1。

表 11-1　随机文件读写模式的取值说明

| 随机文件的读写模式 | 取 值 说 明 |
| --- | --- |
| r | 以只读方式打开指定文件。如果试图对该文件执行 write 写入方法，就会抛出异常 IOException |
| rw | 以可读且可写的方式打开指定文件。如果该文件不存在，就尝试创建新文件 |
| rws | 以可读且可写的方式打开指定文件。rws 模式的每次 write 方法都会立即写入文件，它相当于 FileWriter；而 rw 模式先把数据写到缓存，等到缓存满了或者调用 close 方法关闭文件时，才将缓存中的数据真正写入文件，它相当于 BufferedWriter |
| rwd | 与 rws 模式类似。区别在于 rwd 只更新文件内容，不更新文件的元数据；而 rws 模式会同时更新文件内容和元数据。元数据保存了文件的基本信息，包括文件类型（是文件还是目录）、文件的创建时间、文件的修改时间、文件的访问权限（是否可读、是否可写、是否可执行）等 |

与字符流工具相比，随机文件工具用起来反而更简单，一个 RandomAccessFile 就集成了 File、FileWriter、FileReader 三个工具的基本用法，它的主要方法说明如下。

- length：获取文件的大小。
- setLength：设置文件的大小。
- seek：移动文件的访问位置。
- write：往文件的当前位置写入字节数组。
- read：把当前位置之后的文件内容读到字节数组。
- close：关闭文件。RandomAccessFile 拥有 close 方法，意味着它支持 try-with-resources 方式的资源自动释放。

以在文件末尾追加数据为例，使用 RandomAccessFile 完成的话，先调用 seek 方法定位到文件末尾，再调用 write 方法写入字节数组形式的数据。追加功能的实现代码如下（完整代码见本章源码的 src\com\io\file\TestRandom.java）：

```
private static String mAppendFileName = "E:/test/random_appendStr.txt";
// 往随机文件末尾追加字符串
private static void appendStr() {
    // 创建指定路径的随机文件对象（可读写）。try(...)支持在处理完毕后自动关闭随机文件
    try (RandomAccessFile raf = new RandomAccessFile(mAppendFileName, "rw")) {
        long length = raf.length();          // 获取随机文件的长度（文件大小）
        raf.seek(length);                    // 定位到指定长度的位置
        String str = String.format("你好世界%.10f\n", Math.random());
        raf.write(str.getBytes());           // 往随机文件写入字节数组
    } catch (Exception e) {
        e.printStackTrace();
    }
}
```

从上面的代码看到，随机文件工具能够直接往文件末尾添加数据，即使源文件有好几 GB 大小，也丝毫不影响数据追加的效率。

再看一个往文件内部的任意位置插入数据的例子。仍然先调用 seek 方法跳到指定位置，再调用 write 方法写入字节数据。在下面的演示代码中，为了确保 seek 跳转的位置始终落在文件内部，一开始就调用 setLength 方法设置文件的固定大小。在任意位置插入数据的详细代码如下：

```
private static String mFixsizeFileName = "E:/test/random_fixsize.txt";
// 往固定大小的随机文件中插入数据
private static void fixSizeInsert() {
    // 创建指定路径的随机文件对象（可读写）。try(...)支持在处理完毕后自动关闭随机文件
    try (RandomAccessFile raf = new RandomAccessFile(mFixsizeFileName, "rw")) {
        raf.setLength(1000);  // 设置随机文件的长度（文件大小）
        for (int i=0; i<=2 ;i++) {
            raf.seek(i*200);  // 定位到指定长度的位置
            String str = String.format("你好世界%.10f\n", Math.random());
            raf.write(str.getBytes());  // 往随机文件写入字节数组
        }
    } catch (Exception e) {
        e.printStackTrace();
    }
}
```

最后瞧瞧随机文件工具的读文件操作，与字符流工具比较，它们的处理流程大体一致，但在细节上有一个区别：随机文件工具的 read 方法支持一次性读到字节数组，而字符流工具的 read 方法支持一次性读到字符数组。下面是通过 RandomAccessFile 读取文件内容的代码，可以看到是以字节为单位读出数据的：

```
// 读取随机文件的文件内容
private static void readContent() {
    // 创建指定路径的随机文件对象（只读）。try(...)支持在处理完毕后自动关闭随机文件
    try (RandomAccessFile raf = new RandomAccessFile(mAppendFileName, "r")) {
        int length = (int) raf.length();  // 获取随机文件的长度（文件大小）
        byte[] bytes = new byte[length];  // 分配长度为文件大小的字节数组
        raf.read(bytes);  // 把随机文件的文件内容读取到字节数组
        String content = new String(bytes);  // 把字节数组转换成字符串
        System.out.println("content="+content);
    } catch (Exception e) {
        e.printStackTrace();
    }
}
```

## 11.2  I/O 输入输出流

本节介绍基于字节流方式的文件输入输出处理，首先描述如何使用常规的文件字节流读写文件，然后讲述如何使用改进的缓存字节流读写文件，最后阐述如何通过对象输入输出流实现内存对象的序列化过程，以及如何通过压缩输入输出流和字节数组输入输出流实现简单的数据压缩功能。

## 11.2.1　文件 I/O 字节流

随机文件工具除了支持访问文件内部的任意位置外，更关键的一点是通过字节数组读写文件数据，采取字节方式比字符方式有以下两个好处：

（1）文件长度以字节为单位计量，可以分配等长的字节数组，却无法分配合适长度的字符数组，因此采用字节方式更方便从文件读取数据。

（2）字符流工具主要以字符为单位处理数据，意味着它适用于文本文件，却不适用于二进制文件（包括图片文件、音频文件、视频文件等），而字节方式不存在此类限制。

虽说随机文件工具已经实现了以字节方式读写文件，但它更适合大文件的任意位置读写，倘若用于一般文件的处理就显得大材小用了。毕竟杀鸡焉用牛刀，何况牛刀太笨重了，远不如小刀灵活。但是字符流工具力有不逮，随机文件工具又未恰到好处，难不成还有更方便易用的工具吗？

其实文件读写可以抽象为对某个设备的输入输出操作，写文件相当于向文件输出数据，读文件相当于从文件输入数据。类似的操作还有很多，例如打印文件可以看作是向打印机输出待打印的文本，输入代码可以看作是从键盘输入每个按键对应的字符。Java 把这些相关的输入输出操作统一为 I/O 流，其中字母 I 表示 Input（输入），字母 O 表示 Output（输出）。先前介绍的 FileReader 和 FileWriter 属于 I/O 流中的字符流，而以字节为单位的则是 I/O 流中的字节流。字节流本身是一个大家族，它有两个基类，分别是输入流 InputStream 和输出流 OutputStream，由这两个类派生出丰富多样的输入输出流，各自用于不同的业务场景。

文件字节流是输入输出流中很常见的一种，它包括文件输出流 FileOutputStream 和文件输入流 FileInputStream，其中 FileOutputStream 用于将数据写入文件，FileInputStream 用于从文件读取数据，并且二者都采取字节数组保存信息。文件输出流的构造方法支持直接填入文件路径，其对象可调用 write 方法把字节数组写入文件，也可调用 close 方法关闭文件，用起来 FileOutputStream 像是 File 与 FileWriter 的结合体，当然更加好用。同时，无论是输出流还是输入流，它们都实现了 AutoCloseable 接口，故而支持 try-with-resources 方式的资源自动释放。下面是利用文件输出流 FileOutputStream 写文件的代码例子（完整代码见本章源码的 src\com\io\bio\TestFileStream.java）：

```
private static String mFileName = "E:/test/aae.txt";
// 利用文件输出流写入文件。注意 FileOutputStream 处理的是字节信息
private static void writeFile() {
    String str = "白日依山尽，黄河入海流。\n 欲穷千里目，更上一层楼。";
    // 根据指定路径构建文件输出流对象
    try (FileOutputStream fos = new FileOutputStream(mFileName)) {
        fos.write(str.getBytes());  // 把字节数组写入文件输出流
        // 在 try(...)里面创建的 IO 流，程序用完会自动关闭，所以下面的 close 方法不必显式调用
        //fos.close();  // 关闭文件输出流
    } catch (Exception e) {
        e.printStackTrace();
    }
}
```

以此类推，文件输入流的构造方法同样支持直接填入文件路径，也拥有 read 读文件方法和 close 关闭文件方法，像是 File 与 FileReader 的结合体。另外，FileInputStream 有以下几个方法值得一提。

- skip 方法: 命令当前位置跳过若干字节, 注意该方法跳过的是字节数而非字符数。
- available 方法: 返回文件当前位置后面的剩余部分大小。在刚创建文件输入流对象时调用 available 方法, 通常得到的就是文件大小; 如果先调用 skip 方法, 再调用 available 方法, 得到的数值就为文件大小减去跳过的字节数。

下面是利用文件输入流读文件的代码例子:

```
// 利用文件输入流读取文件
private static void readFile() {
    // 根据指定路径构建文件输入流对象
    try (FileInputStream fis = new FileInputStream(mFileName)) {
        // 分配长度为文件大小的字节数组。available 方法返回当前位置后面的剩余部分大小
        byte[] bytes = new byte[fis.available()];
        fis.read(bytes);  // 从文件输入流中读取字节数组
        String content = new String(bytes);  // 把字节数组转换为字符串
        System.out.println("content="+content);
        // 在 try(...)里面创建的 IO 流, 程序用完会自动关闭, 所以下面的 close 方法不必显式调用
        //fis.close();  // 关闭文件输入流
    } catch (Exception e) {
        e.printStackTrace();
    }
}
```

不过使用 available 方法时要特别注意, 该方法的返回值类型是整型而非长整型, 这意味着它最大支持到 2147483647, 换算成文件大小则为 2GB。也就是说, 当文件大小不足 2GB 的时候, available 方法可返回文件大小; 当文件大小超过 2GB 的时候, available 方法返回的并非文件大小, 此时通过 File 类的 length 方法才能获取文件的真实大小。

## 11.2.2 缓存 I/O 字节流

文件输出流 FileOutputStream 跟 FileWriter 同样有一个毛病, 每次调用 write 方法都会直接写到磁盘, 使得频繁地写操作, 性能极其低下。正如 FileWriter 搭上了缓存兄弟 BufferedWriter 那样, FileOutputStream 也有自己的缓存兄弟 BufferedOutputStream, 这个缓存输出流的用法与缓存写入器非常相似, 主要体现在以下 4 点:

(1) 每次创建缓存输出流对象之前, 都要先构建文件输出流对象, 然后据此构建缓存输出流对象。

(2) 它的 write 方法先把数据写到缓存, 等到缓存满了才写入磁盘, 或者调用 close 方法时自动将缓存数据写入磁盘。

(3) 缓存输出流仍然提供了 flush 方法, 该方法可将缓存中的数据立即写入磁盘。

(4) 由于字节流操作的数据形式为字节数组, 因此无论是缓存输出流还是缓存输入流, 都不提供按行读写的功能。

下面是利用缓存输出流写文件的代码例子 (完整代码见本章源码的 src\com\io\bio\TestBufferedStream.java):

```java
    private static String mSrcName = "E:/test/aaf.txt";
    // 利用缓存输出流写入文件
    private static void writeBuffer() {
        String str = "白日依山尽，黄河入海流。\n 欲穷千里目，更上一层楼。";
        // 根据指定文件路径构建文件输出流对象，然后据此构建缓存输出流对象
        try (FileOutputStream fos = new FileOutputStream(mSrcName);
                BufferedOutputStream bos = new BufferedOutputStream(fos)) {
            bos.write(str.getBytes());  // 把字节数组写入缓存输出流
        } catch (Exception e) {
            e.printStackTrace();
        }
    }
```

看过了缓存输出流，再来看缓存输入流 BufferedInputStream。若想创建缓存输入流对象，则依旧要先构建文件输入流对象，再据此构建缓存输入流对象。另外，BufferedInputStream 保留了 mark 和 reset 两个方法，前者用于在当前位置做一个标记，后者可重置输入流指针，令其回到上次标记的位置。下面是利用缓存输入流读取文件的代码例子：

```java
    // 利用缓存输入流读取文件
    private static void readBuffer() {
        // 根据指定文件路径构建文件输入流对象，然后据此构建缓存输入流对象
        try (FileInputStream fis = new FileInputStream(mSrcName);
                BufferedInputStream bis = new BufferedInputStream(fis)) {
            // 分配长度为文件大小的字节数组。available 方法返回当前位置后面的剩余部分大小
            byte[] bytes = new byte[bis.available()];
            bis.read(bytes);  // 从缓存输入流中读取字节数组
            String content = new String(bytes);  // 把字节数组转换为字符串
            System.out.println("content="+content);
        } catch (Exception e) {
            e.printStackTrace();
        }
    }
```

因为字节流只处理字节数组，不处理字符数组，所以借助字节数组可以很轻松地在输入流和输出流之间转换。调用缓存输入流对象的 read 方法，将文件数据读到指定的字节数组；然后调用缓存输出流对象的 write 方法，马上把刚读取的字节数组写入文件，一进一出之间就完成了文件复制功能。下面是通过缓存输入流和输出流复制文件的代码例子：

```java
    private static String mSrcName = "E:/test/aaf.txt";            // 源文件
    private static String mDestName = "E:/test/aaf_copy.txt";      // 目标文件
    // 利用缓存输入流和输出流复制文件
    private static void copyFile() {
        // 分别构建缓存输入流对象和缓存输出流对象
        try (BufferedInputStream bis = new BufferedInputStream(new
FileInputStream(mSrcName));
                BufferedOutputStream bos = new BufferedOutputStream(new
FileOutputStream(mDestName))) {
            // 分配长度为文件大小的字节数组。available 方法返回当前位置后面的剩余部分大小
```

```
            byte[] bytes = new byte[bis.available()];
            bis.read(bytes);  // 从缓存输入流中读取字节数组
            bos.write(bytes);  // 把字节数组写入缓存输出流
            System.out.println("文件复制完成.源文件大小="+bytes.length+"，新文件大小
="+bytes.length);
        } catch (Exception e) {
            e.printStackTrace();
        }
    }
```

　　同之前介绍的通过缓存读写器复制文件相比，缓存输入输出流在复制文件的时候去掉了恼人的循环语句，整个实现代码显得更加精练和高效。

## 11.2.3　对象序列化

　　有些时候，开发者想把程序运行中的内存数据临时保存到文件，但是前面介绍的字符流和字节流要么用来读写文本字符串，要么用来读写字节数组，并不能直接保存某个对象信息，因为对象里面包括成员属性和成员方法，单就属性而言，每个属性又有各自的数据类型及其具体数值，这些复杂的信息既不能通过字符串表达，又不能通过简单的字节数组表达。虽然现有手段不容易往文件中写入对象信息，但是该想法无疑极具吸引力，倘若能够自如地对文件读写某个对象数据，必定会给程序员的开发工作带来巨大便利，况且内存都能存放对象信息，为何磁盘反而无法存储对象了呢？

　　解决问题的关键在于需要给对象建立某种映射关系，磁盘文件固然只能存放字节形式的数据，但如果能对某个对象转换存储规则，使之变成整齐有序的信息队列，那么程序即可按照规矩把对象转换为可存储的字节数据。正所谓英雄所见略同，Java 确实提供了类似的解题思路，把内存对象转换成磁盘文件数据的过程，Java 称之为"序列化"；反过来，把磁盘文件内容转成内存对象的过程，Java 称之为"反序列化"。如同字符串与字节数组的相互转换那般，序列化与反序列化一起完成了内存对象和磁盘文件之间的转换操作。

　　若想让一个对象支持序列化与反序列化，则需事先声明该对象的来源类是可序列化的，也就是命令来源类实现 Serializable 接口，这样程序才知道由该类创建而来的所有对象都支持序列化与反序列化。举一个例子，基本的用户信息通常包括用户名、手机号和密码 3 个字段，再添加 Serializable 接口的实现，于是可序列化的用户信息类代码变成以下这般（完整代码见本章源码的 src\com\io\bio\UserInfo.java）：

```
//定义一个可序列化的用户信息类。实现 Serializable 接口表示当前类支持序列化
public class UserInfo implements Serializable {
    private String name;          // 用户名
    private String phone;         // 手机号码
    private String password;      // 密码

    // 以下省略各字段的 get***/set***方法
}
```

　　之后来自 UserInfo 的用户对象纷纷摇身变为结构清晰的实例，不过由于序列化后的对象是一种特殊的数据，因此还需专门的输入输出流处理。读写序列化对象的专用 I/O 流包括对象输入流 ObjectInputStream 和对象输出流 ObjectOutputStream。其中，前者用于从文件中读取对象信息，它的

readObject 方法完成了读对象操作；后者用于将对象信息写入文件，它的 writeObject 方法完成了写对象操作。下面是利用 ObjectOutputStream 往文件写入序列化对象的代码例子（完整代码见本章源码的 src\com\io\bio\TestSerialize.java）：

```java
private static String mFileName = "E:/test/user.txt";
// 利用对象输出流把序列化对象写入文件
private static void writeObject() {
    UserInfo user = new UserInfo();  // 创建可序列化的用户信息对象
    user.setName("王五");
    user.setPhone("15960238696");
    user.setPassword("111111");
    // 根据指定文件路径构建文件输出流对象，然后据此构建对象输出流对象
    try (FileOutputStream fos = new FileOutputStream(mFileName);
            ObjectOutputStream oos = new ObjectOutputStream(fos);) {
        oos.writeObject(user);  // 把对象信息写入文件
        System.out.println("对象序列化成功");
    } catch (Exception e) {
        e.printStackTrace();
    }
}
```

由此可见，将对象信息写入文件的代码还是蛮简单的。从文件读取对象信息也很容易，只要寥寥几行代码就搞定了：

```java
// 利用对象输入流从文件中读取序列化对象
private static void readObject() {
    UserInfo user = new UserInfo();                  // 创建可序列化的用户信息对象
    // 根据指定文件路径构建文件输入流对象，然后据此构建对象输入流对象
    try (FileInputStream fos = new FileInputStream(mFileName);
            ObjectInputStream ois = new ObjectInputStream(fos);) {
        user = (UserInfo) ois.readObject();          // 从文件读取对象信息
        System.out.println("对象反序列化成功");
    } catch (Exception e) {
        e.printStackTrace();
    }
    // 如果用户信息的密码字段未作特殊处理，文件读到的密码字段就为明文
    String desc = String.format("姓名=%s,手机号=%s,密码=%s",
            user.getName(), user.getPhone(), user.getPassword());
    System.out.println("用户信息如下："+desc);
}
```

然后运行上述的对象数据读写代码，观察到以下的日志信息：

```
对象序列化成功
对象反序列化成功
用户信息如下：姓名=王五,手机号=159****8696,密码=111111
```

看到这些日志，有没有发现不对劲的地方？也许有人猛然惊醒，密码这么重要的字段居然会从文件里读到了明文？赶紧找到示例代码中的磁盘文件 user.txt，使用文本编辑软件（如 UEStudio）打

开 user.txt，在该文件末尾附近赫然出现了 6 位数字密码 111111，详见图 11-1 的右下角。

```
       0  1  2  3  4  5  6  7  8  9  a  b  c  d  e  f
00000000h: AC ED 00 05 73 72 00 13 63 6F 6D 2E 69 6F 2E 62 ; ?.sr..com.io.b
00000010h: 69 6F 2E 55 73 65 72 49 6E 66 6F 00 00 00 00 00 ; io.UserInfo.....
00000020h: 00 00 01 02 00 03 4C 00 04 6E 61 6D 65 74 00 12 ; ......L..namet..
00000030h: 4C 6A 61 76 61 2F 6C 61 6E 67 2F 53 74 72 69 6E ; Ljava/lang/Strin
00000040h: 67 3B 4C 00 08 70 61 73 73 77 6F 72 64 71 00 7E ; g;L..passwordq.~
00000050h: 00 01 4C 00 05 70 68 6F 6E 65 71 00 7E 00 01 78 ; ..L..phoneq.~..x
00000060h: 70 74 00 06 E7 8E 8B E4 BA 94 74 00 06 31 31 31 ; pt..整嫌膊t..111
00000070h: 31 31 31 74 00 0B 31 35 39 36 30 32 33 38 36 39 ; 111t..1596023869
00000080h: 36                                              ; 6
```

图 11-1　查看序列化文件发现了明文密码

显然密码不应保存在文件里面，尤其是光天化日之下也能看到的明文。由此可见对象序列化应当有所取舍，寻常字段允许序列化，而私密字段不允许序列化。为此，Java 新增了关键字 transient，凡是被 transient 修饰的字段，都会在序列化时自动屏蔽，也就是说，序列化无法保存该字段的数值。如此一来，用户信息 UserInfo 的类定义需要把 password 密码字段的声明代码改成下面这样：

```
// 关键字 transient 可让它所修饰的字段无法序列化，也就是说，序列化无法保存该字段的数值
private transient String password;  // 密码
```

给密码字段添加了 transient 修饰之后，重新运行对象数据读写代码，根据以下的日志信息可知密码值已经屏蔽了序列化：

> 对象序列化成功
> 对象反序列化成功
> 用户信息如下：姓名=王五,手机号=159****8696,密码=null

另外，UserInfo 类后续可能会增加新的成员属性，比如整型的年龄字段。然而一旦在 UserInfo 的代码定义中增加了新字段，再去读取原先保存在文件中的序列化对象，程序运行时竟然扔出异常，提示 "java.io.InvalidClassException: com.io.bio.UserInfo; local class incompatible: stream classdesc serialVersionUID = ***, local class serialVersionUID = ***"，意思是本地类不兼容，IO 流中的序列化编码与本地类的序列化编码不一致。

其中的缘由说来话长，对象的每次序列化都需要一个编码 serialVersionUID，程序通过该编码检查读到的对象是否为原先的对象类型，而默认的编码数值是根据类名、接口名、成员方法及成员属性等联合运算得到的哈希值，所以只要类名、接口名、方法与属性任何一项发生变更，都会导致 serialVersionUID 编码产生变化，进而影响序列化和反序列化操作。

这个序列化编码的校验规则像极了 Java 版本的刻舟求剑，每次序列化的小船出发之前，都要在落剑的船身处做个标记，表示刚才宝剑是在该位置掉进水里的。其后小船的状态发生了改变，譬如开到了河对岸，此时船员开始活动筋骨，准备在标记处跳下船，意图潜水寻回宝剑。结果当然是徒劳无功，根本找不到先前落水的宝剑，因为标记刻在船身上，它跟随着小船运动，水里的剑未动而船已动，按照移动后的标记去找留在原地的宝剑，自然是竹篮打水一场空了。

正确的做法是记下固定不动的方位信息，例如详细的经纬度，这样无论船怎么开，落剑的位置都是不变的。如此一来，还需在 UserInfo 的定义代码中添加以下的 serialVersionUID 赋值语句，从一开始就设置固定的版本编码数值，表示该类的实例拥有唯一的编码：

```
private static final long serialVersionUID = 1L;  // 该类的实例在序列化时的版本编码
```

总结一下，支持序列化的类定义与普通的类定义主要有以下 3 项区别：

（1）可序列化的类实现了 Serializable 接口。

（2）可序列化的类要给 serialVersionUID 字段赋值，避免出现版本编码不一致的情况。

（3）可序列化的类可能有部分字段被关键字 transient 修饰，表示这些字段无须序列化。

整合上述 3 点要求，重新修改用户信息的类定义，改后的 UserInfo 代码示例如下（完整代码见本章源码的 src\com\io\bio\UserInfo.java）：

```
//定义一个可序列化的用户信息类。实现 Serializable 接口表示当前类支持序列化
public class UserInfo implements Serializable {
    private static final long serialVersionUID = 1L;  // 该类的实例在序列化时的版本编码
    private String name;  // 用户名
    private String phone;  // 手机号码
    // 关键字 transient 可让它所修饰的字段无法序列化，也就是说，序列化无法保存该字段的数值
    private transient String password;  // 密码

    // 以下省略各字段的 get***/set***方法
}
```

### 11.2.4  I/O 流处理简单的数据压缩

利用文件 I/O 无论是写入文本还是写入对象，文件中的数据基本是原来的模样，用记事本之类的文本编辑软件都能浏览个大概。这么存储数据的话，要说方便确实方便，只是不够经济划算，原因有二：其一，写入的数据可能存在大量重复的信息，但依原样写到文件的话，无疑保留了不少冗余数据，造成空间浪费；其二，写入的数据多以明文方式保存，容易产生信息泄露，安全性不高。为此，Java 提供了简单的压缩和解压工具，在将数据写入文件之前，先对数据压缩，再将压缩后的结果写到文件；同样，读取压缩文件时，先读出已压缩的数据，再将这些数据解压，解压后的结果即为最初的原始数据。

在 IO 流的家族体系中，压缩与解压操作需要 GZIPOutputStream、GZIPInputStream、ByteArrayOutputStream、ByteArrayInputStream 这 4 个工具类互相配合，分别简述如下。

- 压缩输出流 GZIPOutputStream：它吃进去的是原始数据的字节数组，拉出来的是字节数组输出流对象（压缩后的数据）。
- 字节数组输出流 ByteArrayOutputStream：它从压缩输出流获取压缩后的数据，并通过 toByteArray 方法输出字节数组信息。或者从压缩输入流获取解压后的数据，并通过 toByteArray 方法输出字节数组信息。
- 压缩输入流 GZIPInputStream：它吃进去的是字节数组输入流对象（压缩后的数据），拉出来的是解压后的字节数组（原始数据）。
- 字节数组输入流 ByteArrayInputStream：它输入压缩数据的字节数组，转成流对象后丢给压缩输入流。

上面的工具介绍看上去索然无味，确实要运用到实际案例中才比较好理解。接下来先来瞧瞧原始字符串是怎么变成压缩数据的，详细的压缩过程代码示例如下（完整代码见本章源码的 src\com\io\bio\TestGzipStream.java）：

```
    // 从字符串获得压缩后的字节数组
    private static byte[] compress(String str) {
        if (str==null || str.length()<=0) {
            return null;
        }
        byte[] zip_bytes = null;  // 声明压缩数据的字节数组
        // 先构建字节数组输出流,再据此构建压缩输出流
        try (ByteArrayOutputStream baos = new ByteArrayOutputStream();
                GZIPOutputStream gos = new GZIPOutputStream(baos);) {
            gos.write(str.getBytes());  // 往压缩输出流写入字节数组
            gos.finish();  // 结束写入操作
            zip_bytes = baos.toByteArray();  // 从字节数组输出流中获取字节数组信息
        } catch (Exception e) {
            e.printStackTrace();
        }
        return zip_bytes;
    }
```

既然已经得到压缩后的字节数组,将其写入文件中真是易如反掌。下面是往文件写入压缩数据的代码例子:

```
    // 往文件写入压缩后的数据
    private static void writeZipFile() {
        String str = "白日依山尽,黄河入海流。\n 欲穷千里目,更上一层楼。";
        // 根据指定文件路径构建文件输出流对象
        try (FileOutputStream fos = new FileOutputStream(mFileName)) {
            byte[] zip_bytes = compress(str);  // 从字符串获得压缩后的字节数组
            fos.write(zip_bytes);  // 把字节数组写入文件输出流
        } catch (Exception e) {
            e.printStackTrace();
        }
    }
```

再来看看如何从压缩文件中读到解压后的原始数据。把压缩后的数据还原为初始字符串要复杂一些,需要 ByteArrayInputStream、GZIPInputStream、ByteArrayOutputStream 三个工具互相配合,具体的解压过程代码如下:

```
    // 从压缩字节数组获得解压后的字符串
    private static String uncompress(byte[] bytes) {
        if (bytes==null || bytes.length<=0) {
            return null;
        }
        byte[] unzip_bytes = null;  // 声明解压数据的字节数组
        // 分别构建字节数组输出流和字节数组输入流,并根据字节数组输入流构建压缩输入流
        try (ByteArrayOutputStream baos = new ByteArrayOutputStream();
                ByteArrayInputStream bais = new ByteArrayInputStream(bytes);
                GZIPInputStream gis = new GZIPInputStream(bais);) {
            byte[] buffer = new byte[1024];
```

```
        while (true) {
            // 从压缩输入流中读取数据到字节数组，并返回读到的数据长度
            int length = gis.read(buffer);
            if (length < 0) {  // 未读到数据，表示已经读完了
                break;
            }
            baos.write(buffer);  // 往字节数组输出流写入字节数组
        }
        unzip_bytes = baos.toByteArray();  // 从字节数组输出流中获取字节数组信息
    } catch (Exception e) {
        e.printStackTrace();
    }
    return new String(unzip_bytes);  // 把字节数组转换为字符串，并返回该字符串
}
```

利用刚刚编写的 uncompress 解压方法，很容易从压缩文件中得到原始字符串。下面是从压缩文件读取解压数据的代码例子：

```
// 从压缩文件中读取解压后的数据
private static void readZipFile() {
    // 根据指定文件路径构建文件输入流对象
    try (FileInputStream fis = new FileInputStream(mFileName)) {
        // 分配长度为文件大小的字节数组。available 方法返回当前未读取的大小
        byte[] bytes = new byte[fis.available()];
        fis.read(bytes);  // 从文件输入流中读取字节数组
        String content = uncompress(bytes);  // 从压缩字节数组获得解压后的字符串
        System.out.println("content="+content);
    } catch (Exception e) {
        e.printStackTrace();
    }
}
```

# 11.3　NIO 文件编程

本节介绍 NIO 机制的基本概念及其对应的文件编程，首先指出传统 IO 的缺点，并由此引出优化后的 NIO 处理机制，以及如何使用文件通道和字节缓存读写文件；然后通过分析传统 IO 与 NIO 在文件复制时的区别，说明文件通道比起传统 IO 拥有性能优势；最后讲解 NIO 新增的几种文件工具用法，包括路径组工具 Paths、路径工具 Path、文件组工具 Files 等。

## 11.3.1　文件通道 FileChannel

各色流式 IO 在功能方面着实强大，处理文件的时候该具备的操作应有尽有，但流式 IO 在性能方面不尽如人意，它的设计原理使得实际运行效率偏低。为此，从 Java 4 开始增加了 NIO 技术，通过全新的架构体系带来了可观的性能提升。

NIO（Non-Blocking IO）意思是非阻塞的 IO；与之相对应，传统的流式 IO 又被称作 BIO（Blocking

IO），意思是阻塞的 IO。其实阻塞与非阻塞的区别犹如私家车与出租车的区别。私家车买回来以后只供车主一家开，没开的时候要么停在小区地库，要么停在公共停车场，其他人是不能随便坐上这部私家车的，如此一来，私家车便处于阻塞模式，车门塞住了外人打不开；而出租车整日在街上穿行，有客人招手就停下来载客，开到目的地乘客下车，然后恢复空车状态重新揽客，这样出租车便处于非阻塞模式，车门没塞住乘客打得开。显然阻塞模式存在资源的极大浪费，一个资源分配给某人之后，即使无事可做也只能空在一边闲得发慌；而非阻塞模式充分发挥了物尽其用的原则，一个资源用完之后马上释放，随时允许下一个人接着使用。

非阻塞的 NIO 机制画了一个高效的大饼，谁知对于文件来说却是画饼充饥，原来非阻塞模式只适用于网络请求交互，而文件处理总是处于阻塞模式。想想看，某个文件被 A 用户打开之后，B 用户还能往该文件写入数据吗？很明显，即使 A 用户打开文件后什么事都不做，B 用户也不能写入该文件，缘于文件已经被 A 用户霸占了。之所以文件没有非阻塞模式，是因为文件仅仅为磁盘上的某个存储片段，它既不智能又不主动，更无法调度任务，只能被动地打开和关闭。既然文件处理不支持非阻塞机制，难道 NIO 技术对文件来说形同虚设？当然事实并非如此，要知道 NIO 技术不止包括非阻塞机制，还包括文件通道、虚拟内存等手段，可谓博大精深、不一而足。

先看文件通道，众所周知，传统的流式 IO 分为输入流与输出流，输入与输出拥有各自的 I/O 工具，例如输入流工具 InputStream 只能读文件，输出流工具 OutputStream 只能写文件，二者井水不犯河水。那如果打开文件之后，想要一会儿读一会儿写，输入流和输出流可得忙坏了，读的时候招呼 InputStream 来个全套操作，写的时候再招呼 OutputStream 来个全套操作，实在是劳民伤财。文件通道就不一样，通道中的数据允许双向流动，流进来意味着读操作，流出去意味着写操作，这样文件的读写操作集中在文件通道里，大大节省了系统的资源开销。在操作系统层面，通道是一种专职 I/O 操作的简单处理器，它专门负责输入输出控制，使得 CPU 从烦琐的 I/O 处理中解放出来，从而有效地提高整个系统的资源利用率。

文件通道对应的 Java 类型名叫 FileChannel，它的创建方式主要有两种，第一种要通过输入输出流，即调用输入输出流的 getChannel 方法获取通道对象。比如下面的代码根据文件输入流得到了可读的文件通道：

```
// 第一种方式：根据文件输入流获得可读的文件通道
FileChannel channel1 = new FileInputStream(mFileName).getChannel();
```

又如下面的代码根据文件输出流得到了可写的文件通道：

```
// 第一种方式：根据文件输出流获得可写的文件通道
FileChannel channel2 = new FileOutputStream(mFileName).getChannel();
```

第二种方式则要通过随机文件工具，仍旧调用随机文件工具的 getChannel 方法获取通道对象。此时文件通道对象的构建代码示例如下：

```
// 第二种方式：根据随机访问文件获得可读的文件通道
FileChannel channel1 = new RandomAccessFile(mFileName, "r").getChannel();
// 第二种方式：根据随机访问文件获得可写的文件通道
FileChannel channel2 = new RandomAccessFile(mFileName,"rw").getChannel();
```

得到文件通道对象之后，接着便能调用以下方法完成相应的文件处理动作。

- isOpen：判断文件通道是否打开。

- size：获取文件通道的大小（文件长度）。
- truncate：把文件大小截断到指定长度。
- read：把文件通道中的数据读到字节缓存。
- write：往文件通道写入字节缓存中的数据。
- force：强制写入磁盘，相当于缓存输出流的 flush 方法。
- close：关闭文件通道。

从以上方法列表可知，FileChannel 相当于集成了 FileInputStream 和 FileOutputStream，用起来更加方便。下面是利用文件通道写文件的例子，一样的简洁明了（完整代码见本章源码的 src\com\io\nio\TestChannel.java）：

```java
// 通过文件通道写入文件
private static void writeChannel() {
    String str = "春眠不觉晓，处处闻啼鸟。\n夜来风雨声，花落知多少。";
    // 根据文件输出流获得可写的文件通道。注意文件通道支持 try(...)的自动关闭操作
    try (FileChannel channel = new FileOutputStream(mFileName).getChannel()) {
        ByteBuffer buffer = ByteBuffer.wrap(str.getBytes());  // 生成字符串对应的
字节缓存对象
        channel.write(buffer);  // 往文件通道写入字节缓存
    } catch (Exception e) {
        e.printStackTrace();
    }
}
```

再来一个利用文件通道读文件的例子，具体如下：

```java
// 通过文件通道读取文件
private static void readChannel() {
    // 根据文件输入流获得可读的文件通道。注意文件通道支持 try(...)的自动关闭操作
    try (FileChannel channel = new FileInputStream(mFileName).getChannel()) {
        int size = (int) channel.size();  // 获取文件通道的大小（即文件长度）
        ByteBuffer buffer = ByteBuffer.allocateDirect(size);  // 分配指定大小的字
节缓存
        channel.read(buffer);                      // 把文件通道中的数据读到字节缓存
        buffer.flip();  //把缓冲区切换到读模式。从缓冲区读取数据之前，必须先调用 flip 方法
        byte[] bytes = new byte[size];             // 创建与文件大小相同长度的字节数组
        buffer.get(bytes);                         // 把字节缓存中的数据读取到字节数组
        String content = new String(bytes);        // 把字节数组转换为字符串
        System.out.println("content="+content);
    } catch (Exception e) {
        e.printStackTrace();
    }
}
```

看来文件通道在读文件时也使用了缓存，整体的流程同缓存输入流 BufferedInputStream 类似，只不过与 FileChannel 搭配的字节缓存 ByteBuffer 用着不太顺手。别着急，下面将细细道来 ByteBuffer 的详细用法。

## 11.3.2 字节缓存 ByteBuffer

文件通道的读写操作用到字节缓存 ByteBuffer，它是位于通道内部的存储空间，也是通道唯一可用的存储形式。ByteBuffer 有两种构建方式：

（1）调用静态方法 wrap，根据输入的字节数组生成对应的缓存对象。

（2）调用静态方法 allocateDirect，根据输入的数值分配指定大小的空缓存。

字节缓存是一种特殊的存储空间，因为它可能会被多次读写。为了有效地控制读写操作，Java 给它设计了 5 种概念：容量（capacity）、当前限制量（limit）、当前位置（position）、本次剩余空间（remaining）、标记位置（mark），分别说明如下：

（1）容量：指的是字节缓存的整个长度。容量大小可通过缓存对象的 capacity 方法获得。

（2）当前限制量：指的是当前读写操作所能处理的最大空间大小。当前限制量可通过缓存对象的 limit 方法获得（不带输入参数），携带输入参数的 limit 方法用于设置当前限制量的数值。若不设置当前限制量的大小，则 limit 数值默认为字节缓存的容量大小。

（3）当前位置：指的是字节缓存当前操作的起始位置。当前位置可通过缓存对象的 position 方法获得（不带输入参数），携带输入参数的 position 方法用于设置当前位置的数值。字节缓存一开始的当前位置是 0，每次读写操作之后，当前位置都会往后跟着挪动。

（4）本次剩余空间：它的数值等于当前限制量减去当前位置（limit-position）。本次剩余空间可通过缓存对象的 remaining 方法获得。

（5）标记位置：其概念类似于缓存输入流的标记，调用 mark 方法会在当前位置做一个标记，以便后续调用 reset 方法能够回到上次标记的位置。

举一个例子，现在分配了一个容量大小为 10 字节的缓存，并且设置它的当前限制量为 8，接着将当前位置移到第 3 个字节处（下标为 2），那么该字节缓存的存储结构如图 11-2 所示。

搞清楚了字节缓存的内部结构，再来看与字节缓存有关的数据流向。字节缓存与磁盘文件之间通过文件通道交互，与内存字符串之间通过字节数组 byte[]交互，于是内存中的一个字符串想要与磁盘上的某个文件内容相互转换的话，就存在以下两种数据流转过程：

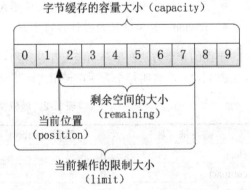

图 11-2 当前位置移到第 3 个字节处的字节缓存

（1）把字符串写入文件，此时数据流向为：字符串 String→字节数组 byte[]→字节缓存 ByteBuffer →指定路径的文件。

（2）把文件内容读到字符串，此时数据流向为：指定路径的文件→字节缓存 ByteBuffer→字节数组 byte[]→字符串 String。

其中，与字节缓存有关的读写操作又可拆分为以下 4 种方法调用：

（1）字节数组 byte[]→字节缓存 ByteBuffer：该操作除了调用 ByteBuffer 的静态方法 wrap 之外，还能通过缓存对象的 put 方法往字节缓存写入字节数组。

（2）字节缓存 ByteBuffer→指定路径的文件：该操作需要调用通道对象的 write 方法，往磁盘文件写入字节缓存中的数据。

（3）指定路径的文件→字节缓存 ByteBuffer：该操作需要调用通道对象的 read 方法，把磁盘文件中的数据读到字节缓存。

（4）字节缓存 ByteBuffer→字节数组 byte[]：该操作需要调用缓存对象的 get 方法，把字节缓存中的数据读取到字节数组。

详细的数据流转过程如图 11-3 所示，其中动作①和动作②实现了将字符串写入文件的功能，动作③和动作④实现了将文件内容读到字符串的功能。

注意到图 11-3 的动作①与动作③都是把数据送给字节缓存，因此这两个动作可视为对字节缓存的写操作。而动作②与动作④都是从字节缓存取出数据，因此这两个动作可视为对字节缓存的读操作。反复读写缓存可能产生不同的处理分支，比如把当前位置挪回字节缓存的开头。接下来是要写入数据还是读出数据呢？为此，ByteBuffer 又提供了以下 4 个方法。

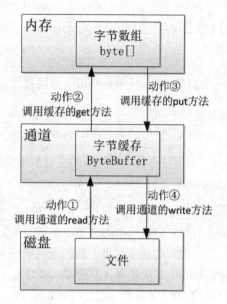

图 11-3　与字节缓存有关的数据交互过程

- clear: 缓冲区数据写入通道之后，如果还想把新数据写入缓冲区，就要先调用 clear 方法清空它。
- compact: 只清除已经读过的数据，剩余的未读数据会移到缓冲区开头，新增的数据将添加到未读数据后面。
- flip: 把缓冲区从写模式切换到读模式。从缓冲区读取数据之前，必须先调用 flip 方法。
- rewind: 让缓冲区的指针回到开头，以便重新再来一遍。

上面的 4 个方法在部分功能上互有异同点，为了更好地梳理它们之间的区别，整理了一个表格（见表 11-2），说明每个方法在调用之后将会引起哪些参数的变化。

表11-2　随机文件读写模式的取值说明

| 方　法　名 | 位置 position | 限制数 limit | 标记位 mark |
|---|---|---|---|
| clear | 0 | 容量大小 | -1 |
| compact | 0 | 容量大小 | -1 |
| flip | 0 | 上次的当前位置 | -1 |
| rewind | 0 | 保持不变 | -1 |

就具体的代码逻辑而言，一般在写入字节缓存之前（图 11-3 的动作①与动作③），需要先调用 compact 方法；在读取字节缓存之前（图 11-3 的动作②与动作④），需要先调用 flip 方法。当然，如果是创建字节缓存后的第一次操作，就不必调用 compact 方法或者 flip 方法，因为一开始字节缓存的当前位置都是指向 0，无须将当前位置挪回缓存开头。回头看 11.3.1 小节末尾通过文件通道读取文件的代码片段：

```
int size = (int) channel.size();   // 获取文件通道的大小（文件长度）
ByteBuffer buffer = ByteBuffer.allocateDirect(size);   // 分配指定大小的字节缓存
```

```
channel.read(buffer);                    // 把文件通道中的数据读到字节缓存
buffer.flip();   // 把缓冲区切换到读模式。从缓冲区读取数据之前，必须先调用 flip 方法
byte[] bytes = new byte[size];           // 创建与文件大小相同长度的字节数组
buffer.get(bytes);                       // 把字节缓存中的数据读取到字节数组
```

根据前面的文字介绍，能够很好地解释以上代码的方法调用次序。由于通道对象的 read 方法是
创建字节缓存之后的首个读写操作，因此无须先调用 compact 方法；而缓存对象的 get 方法不是首
个读写操作，因此必须在 get 之前先调用 flip 方法。

### 11.3.3　文件通道的性能优势

虽然文件通道的用法比起传统 I/O 有所简化，但是平白多了一个操控烦琐的字节缓存，分明比
传统 I/O 更加复杂了。尽管字节缓存有缓存方面的性能优势，但传统 I/O 也有缓存输入输出流，大
家都有缓存机制，凭什么说 NIO 的文件处理更高效呢？之所以目前还看不出文件通道的性能优势，
是因为前面仅介绍了它的基本用法，尚未涉及高级特性。接下来阐述文件通道的真正杀手锏：使用
通道复制文件。

复制文件的常规做法很简单，从源文件中读出数据，再将数据写进目标文件。采取文件通道和
字节缓存的话，按照传统思路实现的文件复制代码示例如下（完整代码见本章源码的
src\com\io\nio\TestBuffer.java）：

```
// 使用文件通道和字节缓存复制文件
private static void copyChannelBuffer() {
    // 分别创建源文件的文件通道，以及目标文件的文件通道
    try (FileChannel src = new FileInputStream(mSrcName).getChannel();
         FileChannel dest = new FileOutputStream(mDestName).getChannel()) {
        int size = (int) src.size();  // 获取源文件的大小
        ByteBuffer buffer = ByteBuffer.allocateDirect(size);  // 分配指定大小的字
节缓存

        src.read(buffer);          // 把源文件中的数据读到字节缓存
        buffer.flip();             // 从缓冲区读取数据之前，必须先调用 flip 方法
        dest.write(buffer);        // 把字节缓存中的数据写入目标文件
    } catch (Exception e) {
        e.printStackTrace();
    }
}
```

上述代码与缓存输入输出流的实现代码看起来半斤八两，似乎程序运行效率也差不了多少，然
而事实上性能差距很大。虽然应用程序的代码好像能够直接读写文件，但是应用程序依附于操作系
统，它发出的文件读写指令需要经由操作系统来完成。也就是说，应用程序从磁盘文件读取数据的
流程实际上是这样的：磁盘文件→操作系统→应用内存；应用程序把数据写入磁盘文件的流程则是
这样的：应用内存→操作系统→磁盘文件。

注意操作系统和应用程序分配到的存储空间是不一样的，设备的内存在运行时被划分为系统内
存与用户内存两大块，其中系统内存装载了系统程序及其使用的内存空间，剩下的用户内存才能依
次分给每个应用，作为应用程序自身的内存空间。譬如计算机开机之后，刚进入桌面尚未打开任何
一个应用程序，计算机内存就已经消耗了相当一大块，这正是操作系统自行占据系统内存的缘故。

于是操作系统收到读文件指令之后，先把磁盘文件的数据读到系统内存中，然后才由应用程序把系统内存中的数据读到应用内存；写文件操作同理，应用程序先把应用内存中的数据写到系统内存，再由操作系统把系统内存中的数据写入磁盘文件。因此，传统 IO 复制文件的完整数据流程如图 11-4 所示。

由图 11-4 可知，传统 IO 在复制文件的过程中一共花了 4 个步骤，分别是：步骤①（磁盘文件→系统内存）、步骤②（系统内存→应用内存）、步骤③（应用内存→系统内存）、步骤④（系统内存→磁盘文件）。这 4 个步骤跑下来，难怪传统 IO 的处理效率高不到哪去。

使用文件通道就不一样了，通道本身是专门负责 I/O 操作的处理机，字节缓存又是通道内部的存储空间，故而利用通道复制文件的话，既无须动用操作系统的系统内存，也无须动用应用程序的应用内存。使用文件通道完成文件复制功能仅仅需要两个步骤，即先将磁盘上的源文件内容读到通道中的字节缓存，再将字节缓存中的数据写入磁盘上的新文件，更直观的数据流转过程如图 11-5 所示。

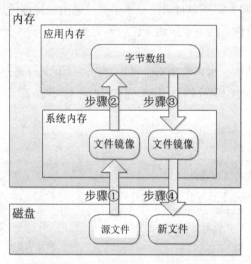

图 11-4 文件通道复制文件的数据流程图

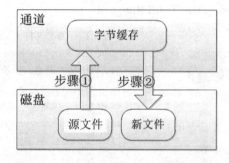

图 11-5 传统 IO 复制文件的数据流程图

由图 11-4 可知，采用通道复制文件才花了两个步骤：步骤①（磁盘文件→字节缓存）、步骤②（字节缓存→磁盘文件），显然通道的文件复制性能优于传统 IO。

针对文件复制功能，由于已经明确要把源文件的全部内容完全写入新文件，因此不必显式指定字节缓存读取与写入数据，可以直接调用通道对象的 transferTo 方法或者 transferFrom 方法完成文件复制。其中，transferTo 方法操作的是源文件通道，它把数据传给目标文件通道；transferFrom 方法操作的是目标文件通道，它从源文件通道传入数据。详细的调用代码如下（完整代码见本章源码的src\com\io\nio\TestBuffer.java）：

```java
// 使用文件通道直接复制文件
private static void copyChannelDirect() {
    // 分别创建源文件的文件通道，以及目标文件的文件通道
    try (FileChannel src = new FileInputStream(mSrcName).getChannel();
         FileChannel dest = new FileOutputStream(mDestName).getChannel();) {
        // 下面的 transferTo 和 transferFrom 都可以完成文件复制功能，选择其中一个即可
        src.transferTo(0, src.size(), dest);  // 操作源文件通道，把数据传给目标文件通道
```

```
            //dest.transferFrom(src, 0, src.size());  // 操作目标文件通道，从源文件通道
传入数据
        } catch (Exception e) {
            e.printStackTrace();
        }
    }
```

## 11.3.4 路径工具 Paths 和 Files

NIO 不但引进了高效的文件通道,而且新增了更加好用的文件工具家族,包括路径组工具 Paths、路径工具 Path、文件组工具 Files。先看路径组工具 Paths,该工具提供了静态方法 get,输入某个文件的路径字符串,输出该文件路径的路径对象。通过 get 方法获取路径对象的代码示例如下:

```
Path path = Paths.get(mDirName);  // 根据指定的文件路径字符串获得对应的 Path 对象
```

有了 Path 对象之后,就能调用它的各种实例方法了,常见的几个方法说明如下。

- getParent: 获取当前路径所在的上级目录的 Path 对象。
- resolve: 拼接文件路径,在当前路径的末尾添加指定字符串,并返回新的文件路径。
- startsWith: 判断当前路径是否以指定字符串开头。
- endsWith: 判断当前路径是否以指定字符串结尾。
- toString: 获取当前路径对应的名称字符串。
- toFile: 获取当前路径对应的 File 对象。

看上去路径组工具 Paths 和路径工具 Path 平淡无奇,并无什么出众之处。原来真正方便的是文件组工具 Files,它集成了众多实用的功能技巧,各个方法说明如下。

- exists: 判断该路径是否存在。
- isDirectory: 判断该路径是否为目录。
- isExecutable: 判断该路径是否允许执行。
- isHidden: 判断该路径是否隐藏。
- isReadable: 判断该路径是否可读。
- isWritable: 判断该路径是否可写。
- size: 获取该路径的文件大小。如果该路径是文件,就返回文件大小;如果该路径是目录,就返回目录基本信息的大小,而非整个目录的大小。
- createDirectory: 如果该路径是一个目录,就创建新目录。
- createFile: 如果该路径是一个文件,就创建新文件。
- delete: 如果该路径是文件或者空目录,就删除它。如果该路径不存在或者目录非空,就扔出异常。
- deleteIfExists: 如果该路径是文件或者空目录,就删除它(路径不存在,也不报错)。但若目录非空,则扔出异常。
- copy: 把文件从源路径复制到目标路径。
- move: 把文件从源路径移动到目标路径。

另外,Java 8 又给 Files 工具增加了以下几个方法,使之具备流式处理的能力。

- readAllLines：获取该文件的所有内容行，返回的是字符串清单。
- lines：获取该文件的所有内容行，返回的是字符串流 Stream<String>。
- list：获取该目录下的所有文件与目录，但不包括子目录的下级内容，返回的是路径流 Stream<Path>。
- walk：获取该目录下的所有文件与目录，且包括指定深度子目录的下级内容，返回的是路径流 Stream<Path>。

接下来通过几个实际案例演示以上文件工具的详细用法。

### 1. 通过 Path 打开文件通道

之前介绍文件通道的时候，提到有两种方式可以创建文件通道：第一种方式调用输入输出流的 getChannel 方法获取通道对象；第二种方式调用随机文件工具的 getChannel 方法获取通道对象。其实还有第三种方式，就是调用 FileChannel 工具的 open 方法，根据传入的 Path 对象获得通道对象。不加选项参数的 open 方法，默认得到只读的文件通道；若要得到可写的文件通道，则需给 open 方法传入选项参数 StandardOpenOption.WRITE。

下面是利用路径工具创建文件通道的代码例子（完整代码见本章源码的 src\com\io\nio\TestFiles.java）：

```java
// 通过 Path 打开文件通道
private static void openChannelFromPath() {
    try {
        Path path = Paths.get(mFileName);  // 根据指定的文件路径字符串获得对应的 Path 对象
        // 创建文件通道的第三种方式：通过 Path 打开文件的只读通道
        // open 方法不加选项参数的话，默认是只读权限
        FileChannel readChannel = FileChannel.open(path,
StandardOpenOption.READ);
        readChannel.close();  // 关闭读通道
        // 创建文件通道的第三种方式：通过 Path 打开文件的写入通道
        // open 方法的第二个参数指定了文件以只读方式还是以可写方式打开
        FileChannel writeChannel = FileChannel.open(path,
StandardOpenOption.WRITE);
        writeChannel.close();  // 关闭写通道
    } catch (Exception e) {
        e.printStackTrace();
    }
}
```

需要注意的是，通过 Path 打开可写的文件通道有一个问题：如果文件通道指向的文件路径并不存在，那么往该通道写入数据将会抛出异常，不会自动创建新文件。因而获取可写的文件通道之前必须添加检查代码，即判断指定路径是否存在，若该路径不存在，则要创建一个新文件。完整的检查代码如下：

```java
// 根据文件路径获取 Path 对象。如果指定路径的文件不存在，就创建一个新文件
private static Path getPath(String filename) {
    Path path = Paths.get(filename);  // 根据指定的文件路径字符串获得对应的 Path 对象
```

```
    if (!Files.exists(path)) {            // 该文件路径并不存在
        try {
            Files.createFile(path);        // 在该路径创建新文件
        } catch (IOException e) {
            e.printStackTrace();
        }
    }
    return path;
}
```

依稀记得，无论是从输入输出流获取文件通道，还是从随机文件工具获取文件通道，都没有手工创建新文件的步骤。那是因为即使指定路径的文件不存在，输出流和随机文件工具都会自动创建文件，无须程序员手工创建。因此，实际开发中，若要创建文件通道，则基本采取前两种方式，很少使用 Path 工具的第三种方式。

### 2. 遍历指定目录下（不包含子目录）的所有文件与目录

调用 Files 工具的 list 方法即可实现指定目录（不包含子目录）的遍历功能，list 方法返回的遍历结果为字符串流，后续即可通过流式处理进一步加工。比如要统计指定目录下的文件与目录数量，先调用 list 方法获得字符串流对象，再调用 count 方法就能得到统计数目。具体的统计代码如下：

```
Path path = Paths.get(mDirName);    // 根据指定的文件路径字符串获得对应的 Path 对象
try {
    // 计算该目录下（不包含子目录）的所有文件与目录的总数
    long listCount = Files.list(path).count();
    System.out.println("listCount="+listCount);
} catch (Exception e) {
    e.printStackTrace();
}
```

### 3. 遍历指定目录下（包含子目录）的所有文件与目录

倘若要求遍历指定目录及其子目录，则可调用 Files 工具的 walk 方法，该方法支持设定待遍历的子目录深度（从当前目录往下数的目录层数）。譬如要统计指定目录及 5 层以内子目录下的文件与目录数量，则先调用 walk 方法获得字符串流对象，再调用 count 方法就能得到统计数目。此时包含子目录的统计代码如下：

```
try {
    Path path = Paths.get(mDirName);
                            // 根据指定的文件路径字符串获得对应的 Path 对象
    // 遍历该目录以及深度在 5 之内的子目录，计算其下所有文件与目录的总数
    long count = Files.walk(path, 5).count();
    System.out.println("count="+count);
} catch (Exception e) {
    e.printStackTrace();
}
```

walk 方法与 list 方法同样返回的都是流对象，所以流式处理的 filter、map、collect 等方法统统适用，非常方便筛选某目录下的所有实体。比如打算遍历指定目录以及深度在 5 层之内的子目录，

并返回其下所有目录的路径名称清单，利用 walk 方法实现的筛选代码是下面这样的：

```
try {
    Path path = Paths.get(mDirName);
                                // 根据指定的文件路径字符串获得对应的 Path 对象
    // 遍历该目录以及深度在 5 之内的子目录，并返回其下所有目录的路径名称清单
    List<String> dirs = Files.walk(path, 5)
            .filter(Files::isDirectory)          // 只挑选目录
            .map(it -> it.toString())            // 获取目录的路径名称
            .collect(Collectors.toList());       // 返回清单格式
    System.out.println("dirs="+dirs);
} catch (Exception e) {
    e.printStackTrace();
}
```

由此可见，流式处理在 NIO 的文件工具中大放异彩，代码逻辑结构清晰，代码行数量也少，实为文件遍历的一员福将。

通过 walk 方法筛选指定目录下某种类型的文件也很方便，比如想要挑出某目录下所有的 PNG 图片文件，则采取 walk 方法辅以流式处理的实现代码如下：

```
try {
    Path path = Paths.get(mDirName);
                                // 根据指定的文件路径字符串获得对应的 Path 对象
    // 遍历该目录以及深度在 5 之内的子目录，并返回其下所有 PNG 文件的路径名称清单
    List<String> pngs = Files.walk(path, 5)
            .filter(it -> it.toFile().isFile())   // 只挑选文件
            .filter(it -> it.endsWith(".png"))    // 挑出扩展名为 PNG 的文件
            .map(it -> it.toString())             // 获取目录的路径名称
            .collect(Collectors.toList());        // 返回清单格式
    System.out.println("pngs="+pngs);
} catch (Exception e) {
    e.printStackTrace();
}
```

以上的文件筛选代码果然清爽，一点都不拖泥带水。

## 11.4 实战练习：文件的分割与合并

随着技术的进步，计算机的存储空间越来越大，文件的大小也变得越来越大，不过大文件的传输效率较低，因而经常会把大文件切割为若干个片段，然后把各片段依次传输，传到目的地后再将各片段按顺序拼接为原始文件。其间涉及的文件处理主要有两部分内容：

（1）把大文件均匀切割为若干个小文件，并按切割顺序给这些文件片段编号。

（2）将各文件片段按照编号顺序重新合并成大文件，合并后的文件大小与切割前的原始文件保持一致。

简而言之，上述两部分的文件操作可概括为文件分割与文件合并。接下来分别介绍这两块操作。

### 1. 文件分割

分割文件看似简单，实则暗藏几个门道，例如：

（1）指定路径的源文件是否存在？如果源文件都不存在，自然就无所谓分割。检查文件存在与否可通过 File 对象的 exists 方法校验（也可调用 Files 类的 exists 方法）。

（2）怎样打开源文件会更加合理？因为分割文件意味着要从源文件的指定位置复制一段内容出来，若要快速定位到源文件的某个位置，则显然利用随机文件 RandomAccessFile 可达到更优的性能。

（3）至于把复制出来的内容数据写入分段文件，一般情况下使用文件输出流 FileOutputStream 即可。

依照以上的 3 个技巧能够编写对应的文件分割代码，分割后的文件片段额外添加形如".000"".001" ".002"这样的后缀，具体的实现代码如下（完整代码见本章源码的 src\com\io\SplitAndMerge.java）：

```java
// 把指定文件分割为若干段
private static void splitFile(String srcName, long splitCount) {
    File file = new File(srcName);        // 创建指定路径的文件对象
    if (!file.exists()) {                 // 如果该文件不存在，就直接返回
        return;
    }
    // 创建指定路径的随机文件对象（只读）
    try (RandomAccessFile raf = new RandomAccessFile(srcName, "r")) {
        long length = raf.length();  // 获取随机文件的长度（文件大小）
        System.out.println(srcName+"准备分割，源文件大小为"+length);
        int singleLength = (int) (length/splitCount + 1);  // 计算单个分段的大小
        for (int i=0; i<splitCount; i++) {  // 将源文件依次分割为若干段
            raf.seek(i*splitCount);  // 定位到指定长度的位置
            String splitFile = String.format("%s.%03d", srcName, i);  // 分段后的
文件名
            // 根据指定路径构建文件输出流对象
            try (FileOutputStream fos = new FileOutputStream(splitFile)) {
                if (i == splitCount-1) {  // 最后一个分段的文件大小要重新计算
                    singleLength = (int)(length - singleLength*(splitCount-1));
                }
                byte[] bytes = new byte[singleLength];  // 分配指定长度的字节数组
                raf.read(bytes);  // 把随机文件的文件内容读取到字节数组
                fos.write(bytes);  // 把字节数组写入文件输出流
            } catch (Exception e) {
                e.printStackTrace();
            }
            System.out.println(splitFile+"分割完毕，文件大小为"+singleLength);
        }
    } catch (Exception e) {
        e.printStackTrace();
    }
}
```

接着外部调用上面定义的分割方法 splitFile，准备把某个视频文件分割为 10 个片段，调用代码如下：

```
splitFile("F:/test/aaa.rmvb", 10);  // 把指定文件分割为若干段
```

运行分割文件的测试代码，观察到如下的处理日志，说明原视频的确被分割成了 10 个文件片段：

```
F:/test/aaa.rmvb 准备分割，源文件大小为 630128276
F:/test/aaa.rmvb.000 分割完毕，文件大小为 63012828
F:/test/aaa.rmvb.001 分割完毕，文件大小为 63012828
F:/test/aaa.rmvb.002 分割完毕，文件大小为 63012828
F:/test/aaa.rmvb.003 分割完毕，文件大小为 63012828
F:/test/aaa.rmvb.004 分割完毕，文件大小为 63012828
F:/test/aaa.rmvb.005 分割完毕，文件大小为 63012828
F:/test/aaa.rmvb.006 分割完毕，文件大小为 63012828
F:/test/aaa.rmvb.007 分割完毕，文件大小为 63012828
F:/test/aaa.rmvb.008 分割完毕，文件大小为 63012828
F:/test/aaa.rmvb.009 分割完毕，文件大小为 63012824
```

### 2. 文件合并

文件合并是文件分割的逆操作，它要把之前分割的各片段重新组装，好让源文件重见天日。鉴于合并文件是将各文件片段直接搬到合并后的文件中，并未涉及内部定位的逻辑，因而使用文件通道 FileChannel 复制整段文件更为合适，也更高效。唯一需要注意的是，必须按照文件后缀的编号顺序逐个合并，且初始编号以 000 开头，一旦发现某个编号的分段文件不存在，则表示合并操作到此为止，也就是说文件合并结束了。

前面文件分割的演示代码固然提示分割完毕，但要怎样验证分割动作是否正确呢？一个简易的办法便是反过来合并各片段，如果合并后的视频文件能够正常播放，就表示分割与合并操作均未损坏文件。于是利用文件通道 FileChannel 编写如下的合并方法代码（完整代码见本章源码的 src\com\io\SplitAndMerge.java）：

```java
// 把指定文件的各分段合并为新文件
private static void mergeFile(String srcName, String destName) {
    // 创建目标文件的文件通道
    try (FileChannel dest = new FileOutputStream(destName).getChannel()) {
        for (int i=0; i<1000; i++) {  // 支持 1000 之内的分段数量
            String splitFile = String.format("%s.%03d", srcName, i);
            File file = new File(splitFile);  // 创建指定路径的文件对象
            if (!file.exists()) {  // 如果该分段不存在，就跳出循环
                break;
            }
            // 创建源文件（各分段）的文件通道
            try (FileChannel src = new FileInputStream(splitFile).getChannel()) {
                src.transferTo(0, src.size(), dest);  // 操作源文件通道，把数据传给目标文件通道
            } catch (Exception e) {
                e.printStackTrace();
            }
```

```
            System.out.println(splitFile+"合并完毕");
        }
        System.out.println(destName+"合并完成，新文件大小为"+dest.size());
    } catch (Exception e) {
        e.printStackTrace();
    }
}
```

再到外面调用新定义的 mergeFile 方法，同时传入源文件路径和合并后的目标文件路径，调用代码如下：

```
mergeFile("F:/test/aaa.rmvb", "F:/test/aaa2.rmvb");  // 把指定文件的各分段合并
为新文件
```

运行上面的文件合并代码，观察到以下的日志信息，对比源文件与新文件的大小，可知二者的文件大小保持一致：

```
F:/test/aaa.rmvb.000 合并完毕
F:/test/aaa.rmvb.001 合并完毕
F:/test/aaa.rmvb.002 合并完毕
F:/test/aaa.rmvb.003 合并完毕
F:/test/aaa.rmvb.004 合并完毕
F:/test/aaa.rmvb.005 合并完毕
F:/test/aaa.rmvb.006 合并完毕
F:/test/aaa.rmvb.007 合并完毕
F:/test/aaa.rmvb.008 合并完毕
F:/test/aaa.rmvb.009 合并完毕
F:/test/aaa2.rmvb 合并完成，新文件大小为 630128276
```

最后打开视频播放器，发现合并后的目标文件 aaa2.rmvb 照常播放，说明分割与合并操作均未损坏文件。

## 11.5 小　　结

本章主要介绍了如何在各种场合高效地处理文件，包括如何基于普通方式读写文件（字符流、缓冲区、随机访问文件）、如何通过 I/O 流方式读写文件（文件字节流、缓存字节流、对象序列化、数据压缩处理）、如何通过非阻塞的 NIO 机制管理文件（文件通道、字节缓存、NIO 新增的文件工具），最后结合以上的几项文件管理技术论述了怎样有效地完成文件的分割与合并操作。

通过本章的学习，读者应该能够掌握以下编程技能：

（1）学会基本的文件管理操作，以及使用字符流方式读写文件。

（2）学会使用字节流方式读写文件，以及对象序列化、简单数据压缩等功能。

（3）学会利用非阻塞的 NIO 机制更快速地读写文件。

（4）学会综合几种文件读写技术实现复杂的文件操作。

# 第12章

# AWT 界面编程

本章介绍 AWT（Abstract Window Toolkit，抽象窗口工具包）框架的界面编程技术，包括基础的窗口面板、常见的文本控件、图像的显示及其加工，还将演示一个实战练习"生成验证码图片"的实现过程。

## 12.1 AWT 的窗口面板

本节介绍 AWT 图形库的基础界面编程，包括：提供了窗体框架的 Frame 工具、响应单击事件的 Button 控件、容纳各种布局的 Layout（流式布局 FlowLayout、网格布局 GridLayout、边界布局 BorderLayout 等）。

### 12.1.1 框架 Frame

前面介绍的所有 Java 代码都只能通过日志观察运行情况，即使编译成 class 文件，也必须在命令行下运行，这样的程序无疑只能供开发者调试使用，不能拿给一般人使用。因为普通用户早已习惯在窗口界面上操作，哪里还会跑去命令行自讨苦吃呢？所以 Java 代码写得再好，也得有一个软件界面与用户交互，并将程序的处理结果显示在界面上。众所周知，移动开发的 Android 平台采用的便是 Java 语言，此时 Java 代码的执行结果可直接显示到手机屏幕上。对于计算机来说，Java 也提供了桌面程序的图形开发工具，它们主要有 3 组工具包，分别是源于 Java 1 的 AWT、Java 2 引入的 Swing、集成进 Java 8 的 JavaFX，每组工具包都自成体系，均能实现图形界面的开发功能。

以最早的 AWT 为例，AWT 依赖于 Java 程序所在的操作系统，它的图形函数与宿主系统的图形函数是一一对应的，当 Java 程序通过 AWT 绘制图形界面的时候，其实底层仍然调用了操作系统的图形库。当然，由于各种操作系统的图形库不尽相同，某个系统提供的图形函数可能在另一个系统中并不存在，因此为了让 Java 程序兼容不同的操作系统，AWT 不得不牺牲部分功能以实现"一次编译，到处运行"的愿景。AWT 固然砍掉了一些功能，反而使得它相对纯粹，更适合初学者入门桌面程序开发。

比如要在 Windows 系统的桌面上显示一个窗口界面，利用 AWT 实现只需如下几行代码：

```java
import java.awt.Frame;

//演示一个简单的窗口
public class TestSimple {
    public static void main(String[] args) {
        Frame frame = new Frame();          // 创建一个窗口对象
        frame.setVisible(true);             // 必须设置为 true，否则看不见
    }
}
```

运行以上的测试代码，可在屏幕左上角找到如图 12-1 所示的小窗口。

显然这个小窗口非常原始，只有一个 Java 图标以及最小化、最大化、关闭 3 个按钮，而且 Java 图标与最小化按钮还挤到一起了。由此可见，这个原始窗口尚不具备正常软件的基础功能，包括但不限于以下几点：

图 12-1　AWT 实现的极简窗口

（1）左上角的程序图标右边应当显示程序名称。

（2）除了窗口顶部的 3 个按钮外，下方还要有窗口主体界面。

（3）窗口启动后的初始位置位于屏幕中央比较合适，方便用户迅速找到它。

上述的几点功能挺容易实现的，只要调用 Frame 对象的对应方法即可。下面便是 Frame 类的常用方法说明。

- setTitle：设置窗口标题。或者在 Frame 的构造方法中直接填写标题文字。
- setSize：设置窗口的宽度和高度。设置之后程序就有了指定宽高的窗口界面。
- setLocationRelativeTo：设置窗口的相对位置。当传入的参数值为 null 时，窗口启动后将显示在屏幕中央。
- setResizable：是否允许调整窗口大小。默认允许通过拖曳边界来改变窗口大小，该方法设置为 false 则禁止调整窗口大小。
- setBackground：设置窗口的背景色。窗口默认背景为白色。
- setVisible：是否允许窗口可见。窗口默认是看不到的，所以必须设置为 true 才能看到窗口。

接着在代码中补充这些方法调用，完善后的代码如下（完整代码见本章源码的 src\com\awt\window\TestFrame.java）：

```java
public class TestFrame {
    public static void main(String[] args) {
        final Frame frame = new Frame("测试窗口");  // 创建一个窗口对象
        frame.setSize(400, 200);  // 必须设置宽高，否则没有窗体
        frame.setLocationRelativeTo(null);  // 将窗口居中。若无该方法，则窗口将位于屏幕左
上角
        //frame.setResizable(false);                 // 禁止调整窗口大小，默认允许调整窗口尺寸
```

```
        frame.setBackground(Color.GREEN);          // 设置窗口背景色，默认为白色
        frame.setVisible(true);                     // 必须设置为true，否则看不见
    }
}
```

运行上面的完善代码，发现屏幕中央弹出了一块绿油油的程序界面，如图 12-2 所示。

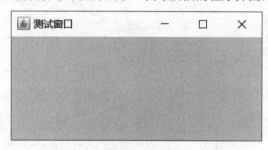

图 12-2　带主界面的 AWT 窗口

原来 Java 开发桌面程序也不难，很容易就鼓捣出了一个有头有脸的窗口。尽管这个窗口界面还很简单，但它毕竟比命令行好看多了。你瞧，按住标题栏可以拖曳窗口，单击最小化按钮可以让窗口缩小至任务栏，单击最大化按钮可以让窗口扩大到整个屏幕，但是单击叉号按钮时出了问题，单击叉号按钮居然没有关闭窗口，这是怎么回事？AWT 之所以没在单击叉号按钮后自动关窗口，是因为考虑到此时可能需要额外处理某些事务，例如以下几点场景：

（1）要不要弹出温馨提示，避免用户不小心单击叉号按钮？

（2）关闭窗口相当于强行杀死程序，那么在程序结束之前，是否先释放占用的资源？

（3）单击叉号按钮难道必须让程序退出运行吗？像 360 系列软件，单击叉号按钮，结果躲到了桌面右下角的任务栏小图标，其实并未退出运行，就跟单击了最小化按钮一样。

如此琢磨起来，既然单击叉号按钮还有这么多学问，就得由程序员去接管叉号按钮的单击事件了，AWT 只负责监听叉号按钮的单击动作，至于单击之后该让程序如何操作，全凭开发者自由发挥。具体到代码实现，则需调用窗口对象的 addWindowListener 方法，给该窗口添加事件监听器，一旦接收到窗口关闭动作，就触发监听器的 windowClosing 方法。自定义的关窗代码即可填入此处的 windowClosing 方法。下面是单击叉号按钮便自行关闭窗口的补充代码：

```
        frame.addWindowListener(new WindowAdapter() {  // 为窗口注册监听器，实现窗口关
闭功能
            public void windowClosing(WindowEvent e) {  // 单击了窗口右上角的叉号按钮
                frame.dispose();  // 关闭窗口
            }
        });
```

## 12.1.2　按钮 Button

Frame 类是一个窗口工具，它由窗楣（标题栏）与窗体（窗口主界面）两部分组成，故而 Frame 类只对整个窗口统筹规划，本身并不能直接添加各类控件。实际的控件管理操作交给了专门的 Panel 面板工具，由面板接管窗口主界面，在面板上添加和删除控件，Frame 对象只需调用 add 方法把面板添加到窗口即可。

接下来以常见的按钮控件为例，演示如何在面板上添加按钮，进而在窗口界面显示按钮的过程。按钮控件名叫 Button，按钮上的文字既能在构造方法中传入，又能通过 setLabel 方法来设置。不过按钮的大小无法通过 setSize 方法设置，必须调用 setPreferredSize 方法才行。若要在窗口上显示一个按钮，则需在原来的窗口代码中补充如下代码片段（完整代码见本章源码的 src\com\awt\window\TestButton.java）：

```
Panel panel = new Panel(); // 创建一个面板
Button button = new Button("点我"); // 创建一个按钮
// 设置空间大小要用 setPreferredSize 方法，因为 setSize 方法不管用
button.setPreferredSize(new Dimension(200, 30)); // 设置按钮的推荐宽高
panel.add(button);          // 在面板上添加按钮
frame.add(panel);           // 在窗口上添加面板
```

运行添加了按钮控件的窗口代码，屏幕中央弹出了如图 12-3 所示的小窗口。

有的读者可能会发现，按钮文字并未显示正确的汉字，而是变成乱码了。这是因为 IDEA 配置了 UTF8 字符编码，而操作系统默认的汉字编码是 GBK，两边的字符编码标准不一致，导致了乱码。倘若 IDEA 的工作空间配置为 GBK 编码，则不会出现汉字乱码的情况。当然，即便 IDEA 配置成 UTF8 编码，只要给程序加入运行参数"-Dfile.encoding=GBK"，运行时也能正常显示汉字。具体步骤为：依次选择菜单 Run →Edit Configurations，此时会弹出如图 12-4 所示的配置界面。

图 12-3　显示按钮的 AWT 窗口

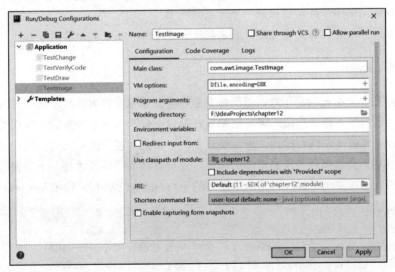

图 12-4　IDEA 的运行配置界面

在界面右边的 VM options 输入框中填入运行参数"-Dfile.encoding=GBK"，然后单击界面下方的 OK 按钮保存设置。接着重新运行测试程序，窗口的按钮上就会正确显示汉字了。

如同窗口右上角的叉号按钮那样，面板上的按钮也允许由程序员定制单击动作的处理，调用按钮对象的 addActionListener 方法表示给它注册一个单击监听器，而按钮的单击事件会触发监听器的 actionPerformed 方法，有需要执行的代码放进该方法就可以。下面是给按钮添加单击事件的例子：

```
button.addActionListener(new ActionListener() { // 给按钮注册一个单击监听器
```

```
public void actionPerformed(ActionEvent e) {  // 发生了单击事件
    button.setLabel(getNowTime() + " 单击了按钮");  // 设置按钮的文本

});
```

以上代码里的 getNowTime 方法主要用来获取当前时间，方便观察每次单击动作的发生时刻，该方法的实现代码如下：

```
// 获取当前的时间字符串
public static String getNowTime() {
    SimpleDateFormat sdf = new SimpleDateFormat("HH:mm:ss");  // 创建一个日期格式化的
工具
    return sdf.format(new Date());  // 将当前时间按照指定格式输出格式化后的时间字符串
}
```

运行添加了单击事件的按钮测试代码，接着单击窗口上的按钮控件，单击之后的窗口界面如图 12-5 所示。

看到按钮上的文字发生了变化，说明刚才注册的单击监听器果然奏效了。

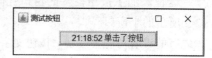

图 12-5　按钮单击之后的 AWT 窗口

最后总结一下 Button 工具提供的几个方法，简要说明如下。

- setLabel：设置按钮上的文字标签。
- setPreferredSize：设置按钮的推荐宽高。
- addActionListener：给按钮注册一个单击监听器。
- setEnabled：设置按钮是否可用。true 表示启用按钮，false 表示禁用按钮。

### 12.1.3　布局 Layout

在窗口上添加一个按钮倒是不难，然而每个软件界面都包含许多控件，这些控件又是按照什么规则在界面上排列的呢？仍以按钮为例，假如要在窗口上依次添加多个按钮，那么界面会怎样显示这些按钮呢？按钮可能从左往右排列，也可能从上往下排列，也可能后面的按钮在原处覆盖掉前面的按钮，究竟 AWT 会以哪种方式显示多个按钮，还得具体编码验证才行。下面是往程序窗口先后添加 5 个按钮的代码片段（完整代码见本章源码的 src\com\awt\window\TestFlow.java）：

```
frame.setSize(400, 120);                        // 必须设置宽高，否则没有窗体
Panel panel = new Panel();                      // 创建一个面板
panel.add(new Button("第一个按钮"));             // 在面板上添加一个按钮
panel.add(new Button("第二个按钮"));             // 在面板上添加一个按钮
panel.add(new Button("第三个按钮"));             // 在面板上添加一个按钮
panel.add(new Button("第四个按钮"));             // 在面板上添加一个按钮
panel.add(new Button("第五个按钮"));             // 在面板上添加一个按钮
frame.add(panel);                               // 在窗口上添加面板
```

运行上述的测试代码，观察到如图 12-6 所示的窗口界面。

这下眼见为实了，AWT 的默认布局原来是从左往右依次排列控件，遇到一行放不下的情况，则另起一行放置新控件。这种默认布局被称作流式布局，可以看作是流水账记事，跟日常的手写差不多，手写一段文字也是从左往右书写，写满一行后另起一行书写。流式布局即 FlowLayout，调用

面板对象的 setLayout 方法即可设置指定的布局类型。不过从界面效果看，流式布局与手写有一点不同，手写的时候每行文字都是靠左对齐，而流式布局的内部控件却是居中对齐。若想让流式布局也采取靠左对齐的格式，则需调用布局对象的 setAlignment 方法设置对齐格式。如此一来，等同手写规则的布局代码应当改为以下这般：

```
FlowLayout layout = new FlowLayout();            // 创建一个流式布局
layout.setAlignment(FlowLayout.LEFT);            // 设置对齐方式为靠左对齐
panel.setLayout(layout);                         // 指定面板采用流式布局
```

除了流式布局外，AWT 还提供了其他两种常见的布局类型，分别是网格布局 GridLayout 和边界布局 BorderLayout。网格布局类似于表格，采取多行多列的界面划分，并且允许程序员指定行数与列数。其中，网格对象的 setRows 方法可用于设置行数，setColumns 方法可用于设置列数，也可在 GridLayout 的构造方法中直接指定行数和列数。现在准备把面板的流式布局换成 5 行 1 列的网格布局，更改后的布局代码如下：

```
GridLayout layout = new GridLayout(5, 1);    // 创建一个网格布局，有 5 行 1 列
layout.setRows(5);                           // 设置行数为 5
layout.setColumns(1);                        // 设置列数为 1
panel.setLayout(layout);                     // 指定面板采用网格布局
```

运行以上的网格布局代码，观察到如图 12-7 所示的窗口界面。

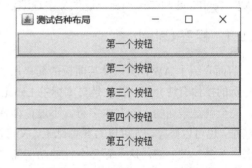

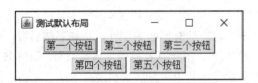

图 12-6　流式布局的控件排列效果　　　　　图 12-7　网格布局的控件排列效果

由图 12-7 可见，此时的 5 个按钮果然形成了 5 行 1 列的网格结构。

至于边界布局，仿佛遵照古人的国土观念：本国位于天地之中，四周分布着其他部族，包括东夷、南蛮、西戎、北狄，具体方位遵循地理学的"上北下南、左西右东"格局。边界布局自身无须调用专门的方法，而是由面板对象在调用 add 方法添加控件时，顺便指定该控件在边界布局中所处的方位，例如 EAST 代表东边（也就是布局右侧），WEST 代表西边（也就是布局左侧），SOUTH 代表南边（也就是布局下方），NORTH 代表北边（也就是布局上方），CENTER 代表中央（也就是面板正中）。使用边界布局改写后的代码片段如下：

```
panel.setLayout(new BorderLayout());  // 指定面板采用边界布局
panel.add(new Button("东边的按钮"), BorderLayout.EAST);   // 在面板的东边（右侧）添加按钮
panel.add(new Button("西边的按钮"), BorderLayout.WEST);   // 在面板的西边（左侧）添加按钮
panel.add(new Button("北边的按钮"), BorderLayout.NORTH);  // 在面板的北边（上方）添加按钮
panel.add(new Button("南边的按钮"), BorderLayout.SOUTH);  // 在面板的南边（下方）添加按钮
panel.add(new Button("中间的按钮"), BorderLayout.CENTER); // 在面板的中间位置添加按钮
```

运行以上的边界布局代码，观察到如图 12-8 所示的窗口界面。

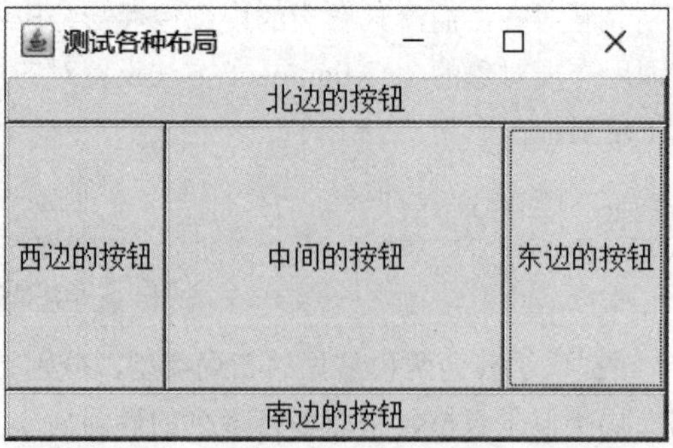

图 12-8　边界布局的控件排列效果

从上面的界面效果可知，5 个按钮分别排列在上、下、左、右、中一共 5 个方位。

## 12.2　AWT 的文本控件

本节介绍 AWT 常见的几种文本控件用法，包括：显示静态文字的标签 Label、支持输入文字的输入框 TextField 和 TextArea、提供文字选编以便勾选的选择框 Checkbox 等。

### 12.2.1　标签 Label

前面介绍了 AWT 窗口及其面板的简单用法，其中展示出来的控件只有按钮一种，还有更多好用好玩的控件有待介绍。首先是文本标签 Label，该控件用于显示一段平铺文本，它不花哨，也不跳动，完全就是素面朝天的文本字符。不过，即便是文本，也能拥有鲜明的个性，犹如书法那样，可以横排，也可以竖排，既可以写在白纸上，又可以写在红纸上，还能以专门的字体来书写，如楷书、行书、草书、隶书等。这些彰显个性的功能需要调用文本标签的相应方法来实现。下面是 Label 的常见方法说明。

- setText: 设置文本内容。
- setAlignment: 设置内部文本的对齐方式。Label.CENTER 表示居中对齐，Label.LEFT 表示向左对齐，Label.RIGHT 表示向右对齐。
- setPreferredSize: 设置文本标签的推荐宽高。
- setBackground: 设置文本标签的背景颜色。
- setForeground: 设置文本标签的前景颜色，其实就是文字颜色。
- setFont: 设置文本的字体（包括样式与大小）。

这里需要补充描述 AWT 的颜色与字体用法，不止标签 Label，还有很多控件会用到颜色和字体。颜色用到了 Color 工具，并且该工具自带了几种颜色常量，详见表 12-1。

表 12-1　Color 工具的颜色常量取值说明

| 颜色常量名称 | 取 值 说 明 |
| --- | --- |
| Color.WHITE | 白色 |
| Color.GRAY | 灰色 |
| Color.BLACK | 黑色 |
| Color.RED | 红色 |
| Color.PINK | 粉红 |
| Color.ORANGE | 橙色 |
| Color.YELLOW | 黄色 |
| Color.GREEN | 绿色 |
| Color.MAGENTA | 玫红 |
| Color.CYAN | 青色 |
| Color.BLUE | 蓝色 |

彩虹有 7 种颜色——赤、橙、黄、绿、青、蓝、紫，AWT 居然没有提供紫色的颜色常量，只好由程序员自己来计算紫色了。在计算机行业标准中，显示设备普遍采用 RGB 颜色模式，也就是以红、绿、蓝为三原色，三原色各取若干叠加起来，便形成万紫千红的花花世界。不料 AWT 的 Color 工具却采取另一种 HSB 色彩模式，这样还得先将大众熟知的 RGB 色值转换为 HSB 色值才行，转换过程调用的是 RGBtoHSB 方法，再调用 getHSBColor 方法根据 HSB 色值获得颜色实例。从 RGB 色值到最终可用的颜色实例，完整的转换代码如下：

```
// 使用 RGB 数值获得 AWT 的颜色实例
    private static Color getColor(int red, int green, int blue) {
        float[] hsbs = Color.RGBtoHSB(red, green, blue, null);  // 把 RGB 色值转换为
HSB 色值数组
        Color color = Color.getHSBColor(hsbs[0], hsbs[1], hsbs[2]);  // 利用 HSB 色值
获得 AWT 颜色实例
        return color;
    }
```

如此一来，给新定义的 getColor 方法填入具体的 RGB 数值，即可得到五颜六色的 Color 对象。譬如紫光由红光与蓝光混合而成，则只需下面一行代码就能获得紫光的颜色实例：

```
Color purple = getColor(255, 0, 255);  // 红光与蓝光混合就变成了紫光
```

至于字体则用到了 Font 工具，它决定了文字的形状和大小，调用 Font 的构造方法时，第二个参数表示文字的书写字体，包括默认的普通体（Font.PLAIN）、斜体（Font.ITALIC）、粗体（Font.BOLD）；第三个参数表示文字的大小，默认值为 12，数值越大，文字就越大。比如以下代码就分别创建了大号斜体与中号粗体两种字体对象：

```
// 创建一个 30 号大小且为斜体的字体对象
Font italic_big = new Font("大号斜体", Font.ITALIC, 30);
// 创建一个 20 号大小且为粗体的字体对象
Font bold_middle = new Font("中号粗体", Font.BOLD, 20);
```

接下来通过文本标签的相关方法看看实际的界面展示效果。先在窗口的中间位置添加文本标签，

准备通过该控件观察 Label 的文字变化效果，往面板添加标签的代码如下（完整代码见本章源码的 src\com\awt\widget\TestLabel.java）：

```
Label label = new Label("这里查看文字效果");        // 创建一个文本标签
label.setAlignment(Label.CENTER);                 // 设置文本标签的对齐方式
label.setPreferredSize(new Dimension(300, 50));   // 设置文本标签的推荐宽高
Panel panelCenter = new Panel();                  // 创建中央面板
panelCenter.add(label);                           // 在中央面板上添加文本标签
frame.add(panelCenter, BorderLayout.CENTER);      // 把中央面板添加到窗口的中间位置
```

然后看给标签设置背景色的例子。下面的代码将调用文本标签的 setBackground 方法：

```
Panel panelTop = new Panel();                     // 创建顶部面板
Button btn1 = new Button("背景黄色");             // 创建一个按钮
btn1.addActionListener(new ActionListener() {     // 给按钮注册单击监听器
    public void actionPerformed(ActionEvent e) {  // 发生了单击事件
        label.setBackground(Color.YELLOW);        // 设置文本标签的背景颜色
    }
});
panelTop.add(btn1);  // 在顶部面板上添加按钮
```

运行以上的背景色设置代码，单击按钮后的窗口界面如图 12-9 所示，可见标签区域的背景颜色变为黄色。

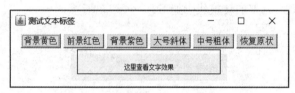

图 12-9　标签控件的背景变为黄色

再来看设置前景色的例子。下面的代码将调用文本标签的 setForeground 方法：

```
Button btn2 = new Button("前景红色");             // 创建一个按钮
btn2.addActionListener(new ActionListener() {     // 给按钮注册单击监听器
    public void actionPerformed(ActionEvent e) {  // 发生了单击事件
        label.setForeground(Color.RED);           // 设置文本标签的前景颜色（文字颜色）
    }
});
panelTop.add(btn2);  // 在顶部面板上添加按钮
```

运行以上的前景色设置代码，单击按钮后的窗口界面如图 12-10 所示，可见标签内部的文本颜色变为红色。

图 12-10　标签文字的颜色变为红色

抛开 AWT 自带的几种颜色，程序员自己定义紫色实例，并将文本标签的背景色设置为紫色，此时的调用代码如下：

```
Button btn3 = new Button("背景紫色");                 // 创建一个按钮
btn3.addActionListener(new ActionListener() {         // 给按钮注册单击监听器
    public void actionPerformed(ActionEvent e) {      // 发生了单击事件
        Color purple = getColor(255, 0, 255);          // 红光与蓝光混合就变成了紫光
        label.setBackground(purple);                   // 把标签背景设置为紫色
    }
});
panelTop.add(btn3);  // 在顶部面板上添加按钮
```

运行以上的背景色设置代码，单击按钮后的窗口界面如图 12-11 所示，可见标签区域的背景颜色变为紫色。

图 12-11　标签控件的背景变为紫色

接着给标签文本设置大号斜体，利用 setFont 方法设置字体的代码如下：

```
Button btn4 = new Button("大号斜体");                 // 创建一个按钮
btn4.addActionListener(new ActionListener() {         // 给按钮注册单击监听器
    public void actionPerformed(ActionEvent e) {      // 发生了单击事件
        // 创建一个 30 号大小且为斜体的字体对象
        Font italic_big = new Font("大号斜体", Font.ITALIC, 30);
        label.setFont(italic_big);                     // 设置文本标签的字体和大小
    }
});
panelTop.add(btn4);                                    // 在顶部面板上添加按钮
```

运行上面的字体设置代码，单击按钮后的窗口界面如图 12-12 所示，可见标签文本变为斜体，同时文字也变大了不少。

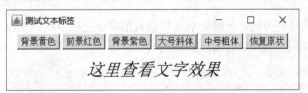

图 12-12　标签文字的字体变为大号斜体

最后给标签文本设置中号粗体，利用 setFont 方法设置字体的代码示例如下：

```
Button btn5 = new Button("中号粗体");                 // 创建一个按钮
btn5.addActionListener(new ActionListener() {         // 给按钮注册单击监听器
    public void actionPerformed(ActionEvent e) {  // 发生了单击事件
```

```
            // 创建一个 20 号大小且为粗体的字体对象
            Font bold_middle = new Font("中号粗体", Font.BOLD, 20);
            label.setFont(bold_middle);    // 设置文本标签的字体及大小
        }
    });
    panelTop.add(btn5);    // 在顶部面板上添加按钮
```

运行上面的字体设置代码，单击按钮后的窗口界面如图 12-13 所示，可见标签文本变为粗体，同时文字也变大了一些。

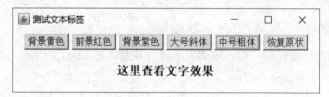

图 12-13　标签文字的字体变为中号粗体

另外，setBackground、setForeground、setFont 这 3 个方法不单单为标签 Label 所用，按钮 Button 也能调用它们，凡带文字的控件都支持通过这 3 个方法来设置背景色、前景色与字体。

## 12.2.2　输入框 TextField 和 TextArea

文本标签 Label 所展示的文字是不可编辑的，若要用户在界面上输入文本，则需使用专门的编辑框控件。在 AWT 的控件家族中，用作编辑框的有两种控件，分别是单行输入框 TextField 和多行输入框 TextArea。

TextField 主要用于输入短小精悍的单行文字，跟 Label 一样，它拥有 setPreferredSize、setText 与 setFont 方法，但没有 setAlignment 方法，因为输入框内的文字只能向左对齐。除此之外，TextField 还提供了以下几个与编辑框有关的方法。

- getText：获取输入框中的文本串。
- setColumns：设置输入框的长度为指定个数的字符，但允许输入更多的字符。
- setEditable：设置输入框是否允许编辑。true 表示允许，false 表示不允许。
- setEchoChar：设置输入框的回显字符。该方法用来实现密码输入框的功能，用户每输入一个字符，密码框就回显一个星号符"*"，这个星号便是 setEchoChar 方法设置的回显字符。

以输入 11 位手机号码为例，此时的手机号输入框可通过以下代码创建（完整代码见本章源码的 src\com\awt\widget\TestTextField.java）：

```
TextField field = new TextField();          // 创建一个单行输入框
field.setColumns(11);                        // 设置输入框的长度为 11 个字符
field.setEditable(true);                     // 设置输入框允许编辑
```

在面板对象中添加 field，运行测试代码之后，手机输入框的界面效果如图 12-14 所示。
再以输入 6 位密码为例，此时的密码输入框可通过以下代码创建：

```
TextField field = new TextField();          // 创建一个单行输入框
field.setColumns(6);                         // 设置输入框的长度为 6 个字符
```

```
field.setEchoChar('*');                        // 设置输入框的回显字符为星号
field.setEditable(true);                        // 设置输入框允许编辑
```

在面板对象中添加 field，运行测试代码之后，密码输入框的界面效果如图 12-15 所示。

图 12-14　手机号输入框的界面效果

图 12-15　密码输入框的界面效果

从图 12-15 可见，往密码框中输入字符，显示出来的都是星号。

需要特别注意的是，TextField 提供了 setEchoChar 方法来设置回显字符，却未提供能够取消回显的逆向操作，这意味着：只要调用一次 setEchoChar 方法，那么该输入框将永远显示指定的回显符，而无法恢复显示明文。唯一的解决办法是，先从面板上移除这个输入框，重头创建新的输入框再添加到面板上，如此操作的代码片段如下：

```
panelCenter.remove(field);                      // 从中央面板上移除设置了回显的密码框
field = new TextField();                         // 创建一个单行输入框
field.setColumns(11);                            // 设置输入框的长度为 11 个字符
panelCenter.add(field);                          // 在中央面板上添加输入框
frame.setVisible(true);                          // 把最新的界面显示到窗口上
```

由于 TextField 只能输入一行文本，无法输入更多的文字，因此 AWT 又提供了 TextArea 来接收多行文本。与 TextField 相比，TextArea 多了一个 setRows 方法用于设置输入框的高度（若干行的文字高度），同时取消了回显符设置方法 setEchoChar。下面是 TextArea 与编辑框有关的几个方法说明。

- getText：获取输入框中的文本串。
- setColumns：设置输入框的长度为指定个数的字符，但允许输入更多的字符。
- setRows：设置输入框的高度为指定行数的字符，但允许输入更多行。
- setEditable：设置输入框是否允许编辑。true 表示允许，false 表示不允许。

多行输入框在编码上没什么难点，比如显示一个 20 个字符宽、3 行字符高的输入框，使用 TextArea 实现的代码片段如下（完整代码见本章源码的 src\com\awt\widget\TestTextArea.java）：

```
TextArea area = new TextArea();                  // 创建一个多行输入框
area.setEditable(true);                          // 设置输入框允许编辑
area.setColumns(20);                             // 设置输入框的长度为 20 个字符
area.setRows(3);                                 // 设置输入框的高度为 3 行字符
panel.add(area);                                 // 在面板上添加多行输入框
```

运行以上的多行输入框代码，可看到如图 12-16 所示的界面效果。

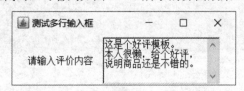

图 12-16　多行输入框的界面效果

### 12.2.3 选择框 Checkbox

在实际应用中，很少需要用户亲自输入文字，而是在界面上列出几个选项，让用户完成选择，这样既方便又不容易弄错。依据选择的唯一性可将选项控件分为两类：一类是在方框中打勾的复选框，多个复选框允许同时勾选；另一类是在圆圈中点选的单选按钮，一组单选按钮最多只能选中一个。

AWT 实现复选功能的控件名叫 Checkbox，它由两部分组成：左边是一个支持打勾的方框；右边是说明文字。Checkbox 类似一种特殊的按钮，只不过 Button 的文字在按钮内部，而 Checkbox 的文字在方框右边。对于说明文字来说，可以调用 setText 方法设置文本内容，也可以调用 setFont 方法设置文本字体。对于整个复选框的单击事件而言，则需调用 addItemListener 方法给复选框添加单击监听器，一旦发生单击事件，就会触发监听器的 itemStateChanged 方法，在该方法内即可判断复选框的选中状态并开展后续处理。

接下来，准备在窗口上添加 3 个复选框模拟餐厅的点菜过程，看看不同的勾选组合将会得到怎样的菜单。首先要在窗口上添加 3 个复选框对应 3 道菜肴，同时添加两个文本标签，一个标签展示当前的勾选结果，另一个展示已经点了的菜单。对应的控件创建与面板添加代码如下（完整代码见本章源码的 src\com\awt\widget\TestCheckBox.java）：

```
Label labelCenter = new Label("这里查看勾选结果");      // 创建一个文本标签
Panel panelCenter = new Panel();                      // 创建中央面板
panelCenter.add(labelCenter);                          // 在中央面板上添加文本标签
frame.add(panelCenter, BorderLayout.CENTER);          //把中央面板添加到窗口的中间位置
Label labelBottom = new Label("这里查看点的菜单");       //创建一个文本标签
labelBottom.setPreferredSize(new Dimension(420, 30)); //设置文本标签的推荐宽高
Panel panelBottom = new Panel();                       // 创建底部面板
panelBottom.add(labelBottom);                          // 在底部面板上添加文本标签
frame.add(panelBottom, BorderLayout.SOUTH);           // 把底部面板添加到窗口的南边（下方）
Panel panelTop = new Panel();                          // 创建顶部面板
Checkbox ck1 = new Checkbox("麻婆豆腐");                // 创建一个复选框
Checkbox ck3 = new Checkbox("清蒸桂花鱼");              // 创建一个复选框
Checkbox ck2 = new Checkbox("香辣小龙虾");              // 创建一个复选框
panelTop.add(ck1);  // 在顶部面板上添加复选框
panelTop.add(ck2);  // 在顶部面板上添加复选框
panelTop.add(ck3);  // 在顶部面板上添加复选框
frame.add(panelTop, BorderLayout.NORTH);  // 把顶部面板添加到窗口的北边（上方）
Checkbox[] boxArray = new Checkbox[]{ck1, ck2, ck3};  // 构建复选框数组
```

然后定义一个获取菜单描述的方法，每次变动菜单都重新调用该方法，通过复选框的 getState 方法判断都有哪些菜肴被选中了。获取菜单的方法代码示例如下：

```
// 获取已经选定的菜单
private static String getCheckedItem(Checkbox[] boxArray) {
    String itemDesc = "";
    for (Checkbox box : boxArray) {                    // 遍历复选框数组
        if (box.getState() == true) {                  // 复选框被选中了
            if (itemDesc.length() > 0) {
                itemDesc = itemDesc + "、";
            }
```

```
        itemDesc = itemDesc + box.getLabel();  // 菜单添加选定的菜肴
    }
}
return itemDesc;
}
```

再给 3 个复选框依次添加单击监听器,每当发生单击事件时,就立即显示勾选结果,并刷新勾选后的实时菜单。下面是分别给 3 个复选框注册监听器的代码:

```
ck1.addItemListener(new ItemListener() {           // 给复选框添加一个单击监听器
    public void itemStateChanged(ItemEvent e) {   // 复选框的状态发生变化
        // getStateChange 方法用于获取复选框的当前状态。1 为勾选,0 为取消勾选
        labelCenter.setText(String.format("您%s 了%s",
                (e.getStateChange() == 1 ? "点" : "取消"), ck1.getLabel()));
        labelBottom.setText("当前已点菜肴包括: " + getCheckedItem(boxArray));
    }
});
ck2.addItemListener(new ItemListener() {           // 给复选框添加一个单击监听器
    public void itemStateChanged(ItemEvent e) {      // 复选框的状态发生变化
        // getStateChange 方法用于获取复选框的当前状态。1 为勾选,0 为取消勾选
        labelCenter.setText(String.format("您%s 了%s",
                (e.getStateChange() == 1 ? "点" : "取消"), ck2.getLabel()));
        labelBottom.setText("当前已点菜肴包括: " + getCheckedItem(boxArray));
    }
});
ck3.addItemListener(new ItemListener() {           // 给复选框添加一个单击监听器
    public void itemStateChanged(ItemEvent e) {      // 复选框的状态发生变化
        // getStateChange 方法用于获取复选框的当前状态。1 为勾选,0 为取消勾选
        labelCenter.setText(String.format("您%s 了%s",
                (e.getStateChange() == 1 ? "点" : "取消"), ck3.getLabel()));
        labelBottom.setText("当前已点菜肴包括: " + getCheckedItem(boxArray));
    }
});
```

运行上述整理完的复选框操作代码,弹出的初始界面如图 12-17 所示。从左往右依次勾选 3 个复选框,每次勾选之后的窗口界面分别如图 12-18~12-20 所示。

图 12-17 包含 3 个复选框的初始界面

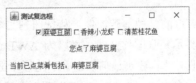

图 12-18 单击第 1 个复选框之后的界面

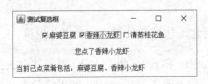

图 12-19 单击第 2 个复选框之后的界面

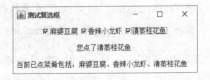

图 12-20 单击第 3 个复选框之后的界面

除了复选框外，AWT 也支持单选按钮，而且单选按钮同样使用 Checkbox 实现。区别之处在于，单选按钮引入了选择框小组 CheckboxGroup，只要几个 Checkbox 加入了同一小组，这些 Checkbox 统统摇身变为圆形的单选按钮。一旦选中某个单选按钮，小组内部的其余单选按钮都会取消选中。想让 Checkbox 加入单选小组倒也简单，调用带 3 个参数的构造方法即可，第 1 个参数仍然是说明文字，第 2 个参数则是小组对象，第 3 个参数表示是否默认选中。故只需在复选框的基础上修改以下代码，就可以实现单选按钮的功能（完整代码见本章源码的 src\com\awt\widget\TestRadioButton.java）：

```
CheckboxGroup group = new CheckboxGroup();  // 创建一个选择框的小组
// 创建一个加入了小组的单选按钮，并且默认未选中
Checkbox ck1 = new Checkbox("鱼香肉丝饭", group, false);
// 创建一个加入了小组的单选按钮，并且默认已选中
Checkbox ck2 = new Checkbox("香菇滑鸡饭", group, true);
// 创建一个加入了小组的单选按钮，并且默认未选中
Checkbox ck3 = new Checkbox("黑椒牛排饭", group, false);
```

把以上代码替换进原来的复选框代码，重新运行测试程序，弹出的初始界面如图 12-21 所示。

从图 12-21 可见，套餐小组默认选中了第 2 个单选按钮的"香菇滑鸡饭"。接着单击第 3 个单选按钮的"黑椒牛排饭"，刷新后的界面如图 12-22 所示。此时第 3 个单选按钮被选中，同时第 2 个单选按钮取消选中，说明的确实现了单选按钮的唯一选中功能。

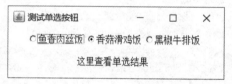

图 12-21　包含 3 个单选按钮的初始界面

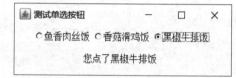

图 12-22　单击第 3 个单选按钮之后的界面

# 12.3　AWT 的图像处理

本节介绍 AWT 对图像的处理操作，包括：通过自定义图像视图显示图片、使用绘图工具 Graphics 绘制几何图形以及利用 Graphics2D 开展各种图像加工（旋转、缩放、平移、裁剪与翻转）。

## 12.3.1　自定义图像视图

AWT 的几种基础控件，从按钮到文本标签，从输入框到选择框，无一例外都能显示文字，唯独无法显示某张图片文件。本以为 AWT 会提供专门的控件来显示图片，然而偏偏没有意料之中的图像控件，让程序员情何以堪。不过程序员可以自己动手编写符合要求的图像视图。AWT 自带的界面控件大多由 Component 类派生而来，该类与展示有关的方法主要有以下两个。

- getPreferredSize：该方法可返回控件的推荐宽高。
- paint：该方法可使用画笔 Graphics 绘制具体的图案，包括各种形状、文字与图像。

看来若想自定义一个新控件，则只需重写 getPreferredSize 和 paint 两个方法，原来就这么简单。但是对于新手来说，并不知道要怎样把图片画到界面上，一方面不知道 AWT 利用哪种工具读写图

片；另一方面不知道怎样用画笔描绘图像。到目前为止只知道图片文件可以用 File 工具打开，且 AWT 控件属于 Component 家族，其余的中间过程完全是抓瞎。譬如图 12-23 所示的流程图描述了 AWT 显示图片文件的步骤。

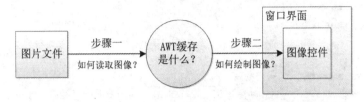

图 12-23　AWT 框架显示图片的大概步骤

图 12-23 有好几处地方尚不明确，例如：怎样把图片文件读到 AWT 的缓存中？AWT 的缓存是什么对象类型的？怎样把缓存的图像数据描绘到控件上？这些问题如果不弄清楚，前面介绍的图像视图根本没法做。当然，AWT 确实提供了每个环节需要的工具，尽管有些烦琐，但毕竟能用。这些工具的名称及其用法简要说明如下。

（1）图像缓存类 BufferedImage：AWT 专用的图像缓存工具，里面保存着临时的图像数据。

（2）图像输入输出工具 ImageIO：AWT 是读写图片文件的利器，其中 read 方法可将图片文件读到图像缓存中，而 write 方法可将图像缓存保存为图片文件。

（3）画笔工具 Graphics：前述 paint 方法的输入参数正是 Graphics 类型的，只要调用画笔对象的 drawImage 方法，即可在控件上绘制图像缓存。

现在有了上面 3 个工具，把它们替换进先前 AWT 显示图片的流程图，完善后的流程图就变成了图 12-24 这般。

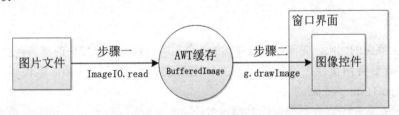

图 12-24　AWT 框架显示图片的具体步骤

显示图片的流程一下子变得清晰了，通过 BufferedImage、ImageIO、Graphics 三板斧的协助，在控件上显示图片不再是难事了。依据流程图给出的思路，接着便能编写图像视图的自定义代码了。下面是支持显示图片文件的图像视图代码（完整代码见本章源码的 src\com\awt\image\ImageView.java）：

```
//定义一个显示图片用的图像视图
public class ImageView extends Component {
    private static final long serialVersionUID = 1L;
    private BufferedImage image;  // 声明一个缓存图像

    public void setImagePath(String path) {  // 设置图片路径
        try {
            image = ImageIO.read(new File(path)); //把指定路径的图片文件读到缓存图像
        } catch (IOException e) {
            e.printStackTrace();
```

```
        }
    }

    public void paint(Graphics g) {  // 绘制控件的方法
        if (image != null) {
            if (getWidth() > 0 && getHeight() > 0) {  // 有指定宽高
                g.drawImage(image, 0, 0, getWidth(), getHeight(), null);  // 按指定宽
高绘制图像
            } else {  // 未指定宽高
                g.drawImage(image, 0, 0, null);  // 按原尺寸绘制图像
            }
        }
    }

    public Dimension getPreferredSize() {  // 获取控件的推荐宽高
        if (image != null) {
            if (getWidth() > 0 && getHeight() > 0) {  // 有指定宽高
                return new Dimension(getWidth(), getHeight());  // 返回 setSize 方法指
定的宽高
            } else {  // 未指定宽高
                return new Dimension(image.getWidth(), image.getHeight());  // 返回图
像的宽高
            }
        } else {
            return new Dimension(0, 0);  // 若无图像，则隐藏控件
        }
    }
}
```

然后回到主界面的代码，先创建图像视图的控件对象，再设置该控件的宽高，以及待显示的图片文件路径，最后将图像控件添加到面板上，主要的调用代码如下（完整代码见本章源码的 src\com\awt\image\TestImage.java）：

```
Panel panel = new Panel();                          // 创建一个面板
ImageView imageView = new ImageView();              // 创建一个自定义的图像视图
imageView.setSize(320, 240);                        // 设置图像视图的宽高
imageView.setImagePath("E:/apple.png");             // 在图像视图上显示指定路径的图片
panel.add(imageView);                               // 在面板上添加图像视图
frame.add(panel);                                   // 在窗口上添加面板
```

运行以上的图像控件代码，弹出的窗口界面如图 12-25 所示，可见面板成功展示了图片。

### 12.3.2 绘图工具 Graphics

虽然使用画笔能够在控件上展示图像，但是图像来源于磁盘图片，无法即兴绘制个性化的图案。所幸画笔工具 Graphics 不仅能够描绘图像，还支持绘制常见的几何形状，

图 12-25　在自定义的图像控件上显示图片

也支持绘制文本串。除了绘制图像用到的 drawImage 方法外，Graphics 还有以下常见的绘图方法。

- setColor: 设置画笔的颜色。
- drawLine: 在指定坐标的(x1,y1)与(x2,y2)两点之间画一条线段。
- drawRect: 以坐标点(x,y)为左上角，绘制指定宽高的矩形边框。
- fillRect: 以坐标点(x,y)为左上角，绘制指定宽高的矩形区域。
- drawRoundRect: 以坐标点(x,y)为左上角，绘制指定宽高和指定圆角的圆角矩形边框。
- fillRoundRect: 以坐标点(x,y)为左上角，绘制指定宽高和指定圆角的圆角矩形区域。
- drawOval: 以坐标点(x,y)为外切矩形的左上角，绘制指定横纵半径的椭圆轮廓。注意，如果横纵半径的数值相等，此时椭圆就变成了圆形。
- fillOval: 以坐标点(x,y)为外切矩形的左上角，绘制指定横纵半径的椭圆区域。
- drawArc: 以坐标点(x,y)为外切矩形的左上角，绘制指定横纵半径和指定角度的圆弧。
- fillArc: 以坐标点(x,y)为外切矩形的左上角，绘制指定横纵半径和指定角度的扇形。
- setFont: 设置画笔的字体。
- drawString: 在当前位置的横纵偏移距离处绘制文本。

此外，Graphics 也支持几种简单的管理操作，包括平移画笔、擦除区域、裁剪画布等功能，对应的处理方法说明如下。

- translate: 平移画笔至坐标点(x,y)。
- clearRect: 清除某块矩形区域，该矩形以坐标点(x,y)为左上角，且符合指定宽高。
- clipRect: 裁剪某块矩形区域，该矩形以坐标点(x,y)为左上角，且符合指定宽高。该方法的执行效果与 clearRect 正好相反：clearRect 方法清除了矩形内部的所有图案；而 clipRect 方法清除了矩形外部的所有图案，只留下矩形内部的图案。

绘制图案与字符串的过程与绘制图像一样，都是重写自定义控件的 paint 方法，在该方法中调用画笔对象的各种绘图方法。接下来，按照之前的图像视图定义一个绘画视图 DrawView，变动之处在于绘制控件的 paint 方法，并据此演示几种图案的实现效果。首先准备绘制一条黑色线段，线段的起点位于控件的左上角，终点位于控件的右下角，则相应的绘制方法示例如下（完整代码见本章源码的 src\com\awt\image\DrawView.java）：

```
g.setColor(Color.BLACK);  // 设置画笔的颜色为黑色
// 在指定坐标的(x1,y1)与(x2,y2)两点之间画条线段
g.drawLine(0, 0, getWidth(), getHeight());
```

主界面的代码比较简单，有关绘画视图的调用可参考如下的代码片段（完整代码见本章源码的 src\com\awt\image\TestDraw.java）：

```
Panel panelCenter = new Panel();          // 创建中央面板
DrawView draw = new DrawView();           // 创建一个绘画视图
draw.setSize(400, 180);                   // 设置绘画视图的宽高
panelCenter.add(draw);                    // 在中央面板上添加绘画视图
frame.add(panelCenter, BorderLayout.CENTER);  // 把中央面板添加到窗口的中间位置
```

运行修改后的测试代码，弹出的线段绘制界面如图 12-26 所示。

接着绘制一个矩形边框，假设边框为红色，则对应的绘制方法如下：

```
g.setColor(Color.RED);  // 设置画笔的颜色为红色
// 以坐标点(x,y)为左上角，绘制指定宽高的矩形边框
g.drawRect(10, 10, getWidth() - 20, getHeight() - 20);
```

同样运行测试界面代码，弹出的矩形绘制界面如图 12-27 所示。

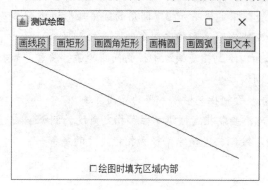

图 12-26　利用画笔绘制线段

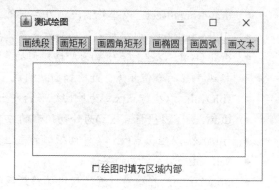

图 12-27　利用画笔绘制空心的矩形

再绘制一个绿色的圆角矩形，但它是实心的，此时绘制过程调用 fillRoundRect 方法：

```
g.setColor(Color.GREEN);  // 设置画笔的颜色为绿色
// 以坐标点(x,y)为左上角，绘制指定宽高和指定圆角的圆角矩形区域
g.fillRoundRect(10, 10, getWidth() - 20, getHeight() - 20, 50, 50);
```

运行主界面的测试代码，弹出的圆角矩形绘制窗口如图 12-28 所示。

继续绘制一个蓝色的椭圆轮廓，注意它是空心的，此时绘制过程调用 drawOval 方法：

```
g.setColor(Color.BLUE);  // 设置画笔的颜色为蓝色
// 以坐标点(x,y)为外切矩形的左上角，绘制指定横纵半径的椭圆轮廓
g.drawOval(10, 10, getWidth() - 20, getHeight() - 20);
```

运行主界面的测试代码，弹出的椭圆绘制界面如图 12-29 所示。

图 12-28　利用画笔绘制实心的圆角矩形

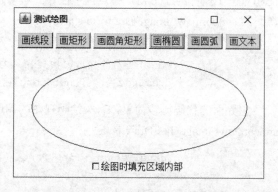

图 12-29　利用画笔绘制空心的椭圆

还可以绘制一个橙色的扇形。所谓扇形，是由某段圆弧连接两端的横纵半径组成的，因此它相当于实心的圆弧。此时绘制过程调用 dfillArc 方法：

```
g.setColor(Color.ORANGE);  // 设置画笔的颜色为橙色
// 以坐标点(x,y)为外切矩形的左上角，绘制指定横纵半径和指定角度的扇形
g.fillArc(10, 10, getWidth() - 20, getHeight() - 20, 0, 90);
```

运行主界面的测试代码，弹出的扇形绘制界面如图 12-30 所示。

最后使用画笔绘制几个文字，同时指定这段文字的颜色、字体以及大小，则对应的绘制方法如下：

```
g.setColor(Color.BLACK);                          // 设置画笔的颜色为黑色
g.setFont(new Font("KaiTi", Font.BOLD, 70));      // 设置画笔的字体
g.drawString("春天花会开", 20, 50);               // 在当前位置的横纵偏移距离处绘制文本
```

运行主界面的测试代码，弹出的文字绘制界面如图 12-31 所示。

图 12-30　利用画笔绘制扇形

图 12-31　利用画笔绘制文字

### 12.3.3　利用 Graphics2D 加工图像

尽管画笔工具 Graphics 支持绘制各种图案，但它并不完美，遗憾之处包括但不限于：

（1）不能设置背景颜色。

（2）虽然提供了平移功能，却未提供旋转功能与缩放功能。

（3）只能在控件上作画，无法将整幅画保存为图片。

鉴于此，AWT 提供了 Graphics 的升级版 Graphics2D，这个二维画笔不但继承了画笔的所有方法，而且拓展了好几个实用的方法，包括设置背景色的 setBackground 方法，旋转画布的 rotate 方法，缩放画布的 scale 方法等。尤为关键的是，Graphics2D 允许在图像缓存 BufferedImage 上作画，意味着二维画笔的绘图成果能够保存为图片文件。这可是重大的功能改进，因为一旦保存为图片，以后就能随时拿出来用，不必每次都重新绘画了。

那么要怎样获得二维画笔呢？这还得从缓存图像 BufferedImage 说起。之前获取缓存图像的时候，是通过 ImageIO 工具把图片文件读到 BufferedImage 中，完全按照已有的图片构建缓存图像。其实直接调用 BufferedImage 的构造方法也能创建一个空的缓存图像对象，接着调用该对象的 createGraphics 方法即可创建并获取新图像的二维画笔，然后使用二维画笔就能在缓存图像上作画了。譬如要旋转某个缓存图像，则利用二维画笔 Graphics2D 实现的方法代码如下（完整代码见本章源码的 src\com\awt\image\ImageUtil.java）：

```
// 旋转图像。输入参数依次为：原图像、旋转角度
public static BufferedImage rotateImage(BufferedImage origin, int rotateDegree){
```

```
int width = origin.getWidth();              // 获取原图像的宽度
int height = origin.getHeight();            // 获取原图像的高度
int imageType = origin.getType();           // 获取原图像的颜色类型
// 创建与原图像同样尺寸的新图像
BufferedImage newImage = new BufferedImage(width, height, imageType);
Graphics2D graphics2d = newImage.createGraphics();  // 创建并获取新图像的画笔
// 以原图像的中点为圆心，将画布按逆时针旋转若干角度
graphics2d.rotate(Math.toRadians(rotateDegree), width / 2, height / 2);
// 使用新图像的画笔绘制原图像，也就是把原图像画到新图像上
graphics2d.drawImage(origin, 0, 0, null);
return newImage;  // 返回加工后的新图像
}
```

注意到上述代码调用 BufferedImage 的构造方法传入了 3 个参数，分别是新图像的宽度、高度和颜色类型。其中，颜色类型常见的有两种：一种为 BufferedImage.TYPE_4BYTE_ABGR，它表示 4 字节的颜色模型，有 3 字节分别表示蓝色、绿色和红色，还有一字节表示透明度，这样总共有 4 字节共 32 位，该类型等同于 Windows 平台上的 32 位真彩色；另一种颜色类型为 BufferedImage.TYPE_3BYTE_BGR，它只有 3 字节分别表示蓝色、绿色和红色，与 TYPE_4BYTE_ABGR 相比少了一字节的透明度，这样加起来才 24 位，由于少了透明度信息，因此该类型接近于不透明的 JPG 图片格式。

接下来回到主界面的代码中，先在窗口上添加一个演示用的图像视图，并从本地图片构建一个原始的缓存图像，此时的控件初始化代码如下（完整代码见本章源码的 src\com\awt\image\TestChange.java）：

```
ImageView imageView= new ImageView();  // 创建一个图像视图
// 把输入流中的图片数据读到缓存图像
BufferedImage origin = ImageIO.read(TestChange.class.
getResourceAsStream("apple.png"));
imageView.setSize(origin.getWidth(),origin.getHeight());  //设置图像视图的宽高
imageView.setImage(origin);              // 设置图像视图的缓存图像
Panel panelCenter = new Panel();         // 创建中央面板
panelCenter.add(imageView);              // 在中央面板上添加图像视图
frame.add(panelCenter, BorderLayout.CENTER);  // 把中央面板添加到窗口的中间位置
```

然后在窗口上放置一个旋转按钮，单击该按钮时将命令图像往顺时针方向旋转 90 度，于是在按钮的单击事件中添加以下的旋转处理代码：

```
// 将图像视图的尺寸设置为原图像的宽高
imageView.setSize(origin.getWidth(), origin.getHeight());
// 获得顺时针旋转 90 度后的新图像
BufferedImage newImage = ImageUtil.rotateImage(origin, 90);
imageView.setImage(newImage);  // 设置图像视图的缓存图像
```

运行以上的主界面测试代码，在弹出的窗口界面中，单击旋转按钮前后的效果如图 12-32 和图 12-33 所示。

图 12-32　旋转之前的原始图像

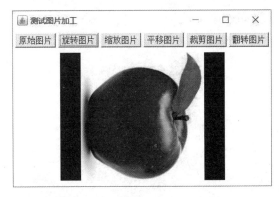

图 12-33　旋转之后的图像效果

从以上两张效果图的对比可知，界面展示的图像成功旋转过来了。

实现图像的旋转功能之后，还有缩放和平移功能也可分别通过 scale 方法和 translate 方法来实现，相应的方法代码如下：

```java
// 缩放图像。输入参数依次为：原图像、缩放的比率
public static BufferedImage resizeImage(BufferedImage origin, double ratio) {
    int width = origin.getWidth();          // 获取原图像的宽度
    int height = origin.getHeight();        // 获取原图像的高度
    int imageType = origin.getType();       // 获取原图像的颜色类型
    // 创建尺寸大小为缩放宽高的新图像
    BufferedImage newImage = new BufferedImage((int)(width*ratio),
(int)(height*ratio), imageType);
    Graphics2D graphics2d = newImage.createGraphics();  // 创建并获取新图像的画笔
    graphics2d.scale(ratio, ratio);  // 把画布的宽高分别缩放到指定比例
    // 使用新图像的画笔绘制原图像，也就是把原图像画到新图像上
    graphics2d.drawImage(origin, 0, 0, null);
    return newImage;  // 返回加工后的新图像
}

// 平移图像。输入参数依次为：原图像、水平方向上的平移距离、垂直方向上的平移距离
public static BufferedImage translateImage(BufferedImage origin, int translateX, int
translateY) {
    int width = origin.getWidth();          // 获取原图像的宽度
    int height = origin.getHeight();        // 获取原图像的高度
    int imageType = origin.getType();       // 获取原图像的颜色类型
    // 创建与原图像同样尺寸的新图像
    BufferedImage newImage = new BufferedImage(width, height, imageType);
    Graphics2D graphics2d = newImage.createGraphics();  // 创建并获取新图像的画笔
    graphics2d.translate(translateX, translateY);  // 把画笔移动到指定的坐标点
    // 使用新图像的画笔绘制原图像，也就是把原图像画到新图像上
    graphics2d.drawImage(origin, 0, 0, null);
    return newImage;  // 返回加工后的新图像
}
```

缩放图像和平移图像的演示界面效果分别如图 12-34 和图 12-35 所示。

图 12-34　缩放之后的图像效果

图 12-35　平移之后的图像效果

除了旋转、缩放、平移这 3 种常见的图像变换操作外，还有裁剪与翻转两种处理动作，其中裁剪用到了 clipRect 方法，而翻转用到了带 10 个参数的 drawImage 方法。下面是裁剪图像和翻转图像的方法定义：

```
// 裁剪图像。输入参数依次为：原图像、裁剪的比率
public static BufferedImage clipImage(BufferedImage origin, double ratio) {
    int width = origin.getWidth();          // 获取原图像的宽度
    int height = origin.getHeight();        // 获取原图像的高度
    int imageType = origin.getType();       // 获取原图像的颜色类型
    // 创建尺寸大小为裁剪比例的新图像
    BufferedImage newImage = new BufferedImage((int)(width*ratio),
(int)(height*ratio), imageType);
    Graphics2D graphics2d = newImage.createGraphics();  // 创建并获取新图像的画笔
    // 把画笔的绘图范围裁剪到从左上角到右下角的指定区域
    // 其中左上角的坐标为(0,0)，右下角的坐标为(width*ratio,height*ratio)
    graphics2d.clipRect(0, 0, (int)(width*ratio), (int)(height*ratio));
    // 使用新图像的画笔绘制原图像，也就是把原图像画到新图像上
    graphics2d.drawImage(origin, 0, 0, null);
    return newImage;  // 返回加工后的新图像
}

// 水平翻转图像。输入参数依次为：原图像
public static BufferedImage flipImage(BufferedImage origin) {
    int width = origin.getWidth();          // 获取原图像的宽度
    int height = origin.getHeight();        // 获取原图像的高度
    int imageType = origin.getType();       // 获取原图像的颜色类型
    // 创建与原图像同样尺寸的新图像
    BufferedImage newImage = new BufferedImage(width, height, imageType);
    Graphics2D graphics2d = newImage.createGraphics();  // 创建并获取新图像的画笔
    // 使用新图像的画笔在目标位置绘制指定尺寸的原图像
    // 其中目标区域的左上角坐标为(0,0)，右下角坐标为(width,height)
    // 对于水平翻转的情况，原图像的起始坐标为(width,0)，终止坐标为(0,height)
    graphics2d.drawImage(origin, 0, 0, width, height, width, 0, 0, height, null);
    // 对于垂直翻转的情况，原图像的起始坐标为(0,height)，终止坐标为(width,0)
```

```
        //graphics2d.drawImage(origin, 0, 0, width, height, 0, height, width, 0,
null);
        return newImage;   // 返回加工后的新图像
    }
```

裁剪图像和翻转图像的演示界面效果分别如图 12-36 和图 12-37 所示。

图 12-36　裁剪之后的图像效果　　　　　　图 12-37　翻转之后的图像效果

## 12.4　实战练习：生成验证码图片

为了杜绝恶意的自动登录行为（如破解账号、抢购车票等），许多网站纷纷引入了形形色色的验证码机制，包括数字验证码、图形验证码、短信验证码等，其中最简单的当数验证码图片，也就是一张小图内部画着几个字符，间杂一些干扰线或者干扰点，然后让用户输入这幅图片所描绘的验证码。

由于验证码以图片形式呈现，加上多余的线段和麻点干扰，使得外部程序难以根据图片推算验证码，因此一般情况下采取验证码图片即可挡住低级攻击。而且从技术角度看，在图片中展现字符串方便可行，通过 AWT 的绘图流程就能迅速生成验证码图片。

AWT 的绘图机制要在自定义视图中运行，之前自定义图像视图的时候，定义了一个继承自 Component 的派生类，并重写 paint 方法，由画笔 Graphics 绘制图形。描绘验证码图片当然也可以照此办理，不过考虑到验证码图片最好保存为磁盘文件以便读写，故而应当先创建缓存图像 BufferedImage，在缓存图像中画完验证码图形，再把缓存图像涂抹至视图上。具体到编码实现上，则又细分为以下几个步骤：

（1）确定验证码图片的宽高，并创建对应宽高的缓存图像实例。

（2）调用图像实例的 createGraphics 方法获取缓存图像的画笔，该画笔的绘制结果将保存于缓存图像中。

（3）利用第二步得到的画笔依次绘制验证码图片的组成要素，包括：

① 绘制图片背景色，可调用画笔的 fillRect 方法。

② 若需绘制随机干扰线，则可调用画笔的 drawLine 方法；若需绘制随机干扰点，则可调用画笔的 drawOval 方法。

③ 绘制随机的验证码字符串，可调用画笔的 drawString 方法。

（4）调用 repaint 方法执行刷新动作，该方法会触发自定义视图的 paint 方法。

（5）重写自定义视图的 paint 方法，通过该方法的画笔参数，调用 drawImage 方法绘制验证码图像。

根据以上描述的绘图步骤，编写验证码视图的自定义代码如下（完整代码见本章源码的 src\com\awt\verifycode\CodeView.java）：

```java
//定义一个验证码视图
public class CodeView extends Component {
    private static final long serialVersionUID = 1L;
    public final static int LINE = 1;        // 干扰线
    public final static int DOT = 2;         // 干扰点
    private final String chars = "ABCDEFGHIJKLMNOPQRSTUVWXYZ0123456789";  // 验证码
字符集合
    private String verify_code;              // 验证码字符串
    private BufferedImage verify_image;      // 验证码图像

    // 设置干扰类型
    public void setDisturbType(int disturb_type) {
        int width = getWidth();              // 获取控件的宽度
        int height = getHeight();            // 获取控件的高度
        // 创建默认的缓存图像。图像类型为 3 字节的 RGB 格式，对应 Windows 风格的 RGB 模型
        verify_image = new BufferedImage(width, height,
BufferedImage.TYPE_3BYTE_BGR);
        Graphics2D g2d = verify_image.createGraphics();    // 获取缓存图像的画笔
        g2d.setColor(new Color(250, 250, 250));            // 设置画笔的颜色
        g2d.fillRect(0, 0, width, height);                 // 填充背景颜色
        Random r = new Random();                           // 创建一个随机对象
        if (disturb_type == LINE) {                        // 绘制干扰线
            for (int i = 0; i < 10; i++) {                 // 循环绘制 10 根干扰线
                g2d.setColor(new Color(r.nextInt(255), r.nextInt(255),
r.nextInt(255)));
                g2d.drawLine(r.nextInt(width), r.nextInt(height), r.nextInt(width),
r.nextInt(height));
            }
        } else if (disturb_type == DOT) {            // 绘制干扰点
            for (int i = 0; i < 120; i++) {          // 循环绘制 120 个干扰点
                g2d.setColor(new Color(r.nextInt(255), r.nextInt(255),
r.nextInt(255)));
                g2d.drawOval(r.nextInt(width) - 2, r.nextInt(height) - 2, 2, 2);
            }
        }
        verify_code = "";  // 清空验证码字符串
        for (int i = 0; i < 4; i++) {  // 生成 4 位字符的随机验证码
            verify_code = verify_code + " " + chars.charAt(r.nextInt(chars.length()));
        }
        g2d.setFont(new Font("斜体", Font.ITALIC, height / 5 * 4));  //设置画笔的字体
        g2d.translate(width / 10, height / 5);              // 移动画笔到指定位置
```

```
        g2d.drawString(verify_code, 5, 25);          // 绘制验证码字符串
        repaint();// 重新绘图，此时会接着执行 paint 方法
    }

    public BufferedImage getCodeImage() {            // 获取验证码图像
        return verify_image;
    }

    public String getCodeNumber() {                  // 获取验证码字符串
        return verify_code.replace(" ", "");         // 去掉验证码中间的空格
    }

    public void paint(Graphics g) {                  // 绘制控件的方法
        if (verify_image != null) {                  // 如果验证码图像非空
            g.drawImage(verify_image, 0, 0, null);   // 绘制验证码图像
        }
    }

    public Dimension getPreferredSize() {            // 获取控件的推荐宽高
        if (getWidth() > 0 && getHeight() > 0) {     // 有指定宽高
            return new Dimension(getWidth(), getHeight());
                                                     // 返回 setSize 方法指定的宽高
        } else {                                     // 未指定宽高
            return new Dimension(200, 50);           // 返回默认的宽高
        }
    }
}
```

上面的自定义验证码视图主要提供了以下 3 个公开方法，便于外部访问验证码。

- setDisturbType：该方法用来设置验证码图片的干扰类型，支持干扰线与干扰点两类。
- getCodeImage：该方法返回验证码的缓存图像实例，外部使用 ImageIO 工具即可将缓存图像保存为图片文件。
- getCodeNumber：该方法返回字符串形式的验证码，据此判断用户输入的验证码是否正确。

接着回到主界面的代码文件，只要添加下面几行代码，就能让程序界面展示验证码图片（完整代码见本章源码的 src\com\awt\verifycode\TestVerifyCode.java）：

```
        CodeView codeView = new CodeView();          // 创建一个验证码视图
        codeView.setSize(200, 50);                   // 设置验证码视图的宽高
        codeView.setDisturbType(CodeView.DOT);       // 设置验证码视图的干扰类型
        Panel panelCenter = new Panel();             // 创建中央面板
        panelCenter.add(codeView);                   // 在中央面板上添加验证码视图
        frame.add(panelCenter, BorderLayout.CENTER); // 把中央面板添加到窗口的中间位置
```

注意上面的代码设置的干扰类型为干扰点 CodeView.DOT，另一种支持的干扰类型为干扰线 CodeView.LINE。采用干扰点混淆的验证码图片效果如图 12-38 所示，采用干扰线混淆的验证码图片效果如图 12-39 所示。

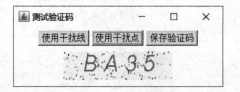

图 12-38　采用干扰点的验证码图片　　　　　图 12-39　采用干扰线的验证码图片

此外，该界面还支持将验证码图像保存为图片文件，详细的操作代码如下：

```java
Button saveButton = new Button("保存验证码");            // 创建一个按钮
saveButton.addActionListener(new ActionListener(){ //给按钮注册一个单击监听器
    public void actionPerformed(ActionEvent e) {       // 发生了单击事件
        // 创建验证码图片的文件对象
        File imageFile = new File("E:\\"+codeView.getCodeNumber()+".jpg");
        try {
            // 把验证码视图展示的图像保存到图片文件中
            ImageIO.write(codeView.getCodeImage(), "jpg", imageFile);
        } catch (IOException ex) {
            ex.printStackTrace();
        }
    }
});
```

# 12.5　小　　结

本章主要介绍了如何利用 AWT 工具包开发桌面程序。首先从基本的窗口面板入手，讲解了框架（Frame）、按钮（Button）、布局（Layout）的用法；接着描述了如何操作常见的几种文本控件（标签 Label、输入框 TextField 和 TextArea、选择框 Checkbox）；然后叙述了如何利用自定义图像视图显示图片，以及如何加工现有的图像；最后综合 AWT 的各种界面编程技术演示了如何生成随机的验证码图片。

通过本章的学习，读者应该能够掌握以下编程技能：

（1）学会使用 AWT 编写拥有简单窗口的桌面程序。

（2）学会在桌面程序中运用常见的 AWT 文本控件。

（3）学会如何处理图片（显示、保存、读取），如何加工图片（图形绘制以及各种加工）。

（4）学会验证码图片的实现过程。

# 第13章

# Swing 界面编程

本章介绍 Swing 框架的界面编程技术，包括界面显示的基础控件、接收用户信息输入的简单控件、同用户复杂交互的高级控件，还将演示一个练习项目"简单的登录界面"的实现过程。

## 13.1 Swing 的基础界面

本节介绍 Swing 用于界面显示的基础控件，包括用于展示窗口的 JFrame、用于容纳面板的 JPanel、用于展示按钮的 JButton 以及用于展示标签的 JLabel。其中，JLabel 不但能够显示多种风格的文本，还能显示图像。

### 13.1.1 框架 JFrame 和按钮 JButton

在编码实践的时候，会发现 AWT 用起来甚是别扭，它的毛病包括但不限于以下几点：

（1）对中文的支持不好，要想在界面上正常显示汉字，还得在运行时指定额外的运行参数"-Dfile.encoding=GBK"。

（2）Label 控件居然无法分行展示文本，连换行这么基本的功能都不支持。

（3）AWT 没提供专门显示图像的控件，只能由程序员自己定义单独的图像视图，烦琐的操作立马吓跑很多人。

考虑到 AWT 属于拓荒时代的产物，种种不足之处尚且情有可原。但是 AWT 拿来开发桌面程序的效果实在糟糕，为此 Java 2 又推出了 AWT 的升级版——Swing 工具包。Swing 工具包一方面改进了桌面开发的编码细节，另一方面完善了系统平台的兼容性，这是因为其内部改为使用 Java 实现，所以采用 Swing 编写的程序可以跨平台运行，而不像 AWT 那样依赖于宿主系统的图形函数。

由于 Swing 与 AWT 同属 Java 家族，为了让开发者在 AWT 与 Swing 之间方便衔接，因此 Swing 控件的用法类似于对应的 AWT 控件，无论是控件名称还是控件方法，总能找到你所熟悉的味道。

以窗口框架为例，AWT 的框架名叫 Frame，Swing 的框架名叫 JFrame，仅仅在开头加了一个 J。两个框架的方法调用也差不多，主要的区别主要有以下两点：

（1）单击窗口右上角的叉号按钮，理应关闭窗口，倘若使用 AWT 的 Frame 类实现默认关闭功能，则需为窗口注册监听器，很简单的功能也需要好几行代码：

```
final Frame frame = new Frame("测试窗口");             //创建一个窗口对象
frame.addWindowListener(new WindowAdapter(){          //为窗口注册监听器，实现窗口关闭功能
    public void windowClosing(WindowEvent e){         //单击了窗口右上角的叉号按钮
        frame.dispose();  // 关闭窗口
    }
});
frame.setVisible(true);  // 必须设置为 true，否则看不见
```

使用 Swing 的 JFrame 类实现同样功能，换成新增的 setDefaultCloseOperation 方法，只要如下几行代码就搞定了（完整代码见本章源码的 src\com\swing\window\TestFrame.java）：

```
JFrame frame = new JFrame("测试窗口");  //创建一个窗口对象
frame.setDefaultCloseOperation(JFrame.EXIT_ON_CLOSE);  //设置默认的关闭操作：退出程序
frame.setVisible(true);  //必须设置为 true，否则看不见
```

（2）JFrame 的 setBackground 方法不起作用，只能在面板 JPanel 那里设置背景。这个 JPanel 正是对应 AWT 的 Panel 面板类，二者的用法没有太大差别，都是占据窗口的主体区域，并且在上面添加各类控件。JPanel 唯一能够出彩的地方便是调用 setBackground 方法给窗体设置背景，背景设置的调用代码如下（完整代码见本章源码的 src\com\swing\window\TestPanel.java）：

```
JPanel panel = new JPanel();                //创建一个面板
panel.setBackground(Color.GREEN);           //设置面板的背景
frame.add(panel);                           //在窗口上添加面板
```

此外，按钮控件也有较大的完善，Swing 中的按钮控件名叫 JButton，它与 AWT 的 Button 比起来，改进之处主要有以下 3 点：

（1）AWT 默认的按钮外观完全是灰色的，毫无层次感。而 JButton 默认的外观是带立体效果的图标，层次分明，更时尚。

（2）AWT 的许多控件在设置文本时，有的调用 setLabel 方法，有的调用 setText 方法，并不统一。而 Swing 从 JButton 开始，所有的控件文本设置方法都改为统一的 setText 方法，原先的 setLabel 方法已被注解标记为已废弃。

（3）最重要的一点，Swing 解决了中文的字符编码问题，即使代码文件采取 UTF-8 编码，运行 Swing 程序也无须额外的运行参数设置文件的字符编码，窗口界面上的中文始终正常显示，不会出现 AWT 因未指定字符编码而产生的乱码问题。

除了上面的几点外，JButton 的用法类似 Button，很多方法都能直接拿来调用，譬如下面的代码将演示某个按钮的单击事件处理过程（完整代码见本章源码的 src\com\swing\window\TestButton.java）：

```
JButton button = new JButton("点我");                   //JButton 无须另外设置文件的字符编码
button.setPreferredSize(new Dimension(200, 30));       //设置按钮的推荐宽高
button.addActionListener(new ActionListener(){          //给按钮注册一个单击监听器
```

```
public void actionPerformed(ActionEvent e) {  //发生了单击事件
    button.setText(getNowTime() + " 单击了按钮");    //设置按钮的文本
}
});
button.setFont(new Font("中号", Font.PLAIN, 16)); //设置按钮文字的字体与大小
panel.add(button);  //在面板上添加按钮
```

运行以上的演示代码，弹出 Swing 的程序窗口，按钮单击前后的界面分别如图 13-1 和图 13-2 所示，从中可见 JButton 的庐山真面目。

图 13-1　按钮单击之前的界面　　　　　　图 13-2　按钮单击之后的界面

## 13.1.2　标签 JLabel

提起 AWT 的标签控件 Label，使用体验真是糟糕，不但不支持文字换行，而且对中文很不友好，它不支持博大精深的中文字体，可能把中文显示为乱码。所幸 Swing 的升级版标签 JLabel 在各方面都做了优化，使之成为一个功能强大的标签控件。那么到底 JLabel 拥有哪些提升之处呢？下面一一道来。

首先看 JLabel 相较 Label 增加的新方法，这些方法主要有以下几个。

- setOpaque：设置标签的背景是否为不透明。true 表示不透明，false 表示透明。注意如果想让 setBackground 方法设置的背景色生效，就必须调用 setOpaque 方法设置为 true。
- setHorizontalAlignment：设置标签文字在水平方向的对齐方式。
- setVerticalAlignment：设置标签文字在垂直方向的对齐方式。

由于 JLabel 支持显示多行文字，因此内部文字的对齐方式被分解为水平方向与垂直方向两种，各自对应 setHorizontalAlignment 与 setVerticalAlignment，于是 JLabel 不再提供 setAlignment 这种未区分方向的对齐方法。

其次，JLabel 的 setFont 方法支持中文字体，而非 AWT 的 Label 那样无动于衷。本来字体工具 Font 的构造方法就有三个参数，第一个参数表示字体名称，第二个参数表示字体类型，第三个参数表示文字大小，然而对于 AWT 的 Label 来说，字体名称的参数根本没作用，无论填楷体还是隶书，展示出来的依旧是默认的宋体。如今 JLabel 控件总算真正启用前述的字体名称参数了，只要在 Font 的构造方法中填入"楷体""隶书"或者其他中文字体的名称，界面就会让文本显示对应的中文字体。

比如下面的代码片段打算在标签控件上展示楷体文字（完整代码见本章源码的 src\com\swing\window\TestLabel.java）：

```
JLabel label = new JLabel(); //JLabel 无须另外设置文件的字符编码
label.setPreferredSize(new Dimension(350, 100));  //设置标签的推荐宽高
label.setFont(new Font("楷体", Font.PLAIN, 25));   //设置标签文字的字体与大小
//设置标签的文本。注意换行符\n 没有作用
label.setText("床前明月光，疑是地上霜。\n 举头望明月，低头思故乡。");
label.setHorizontalAlignment(JLabel.LEFT);      //设置标签文字在水平方向的对齐方式
```

```
label.setVerticalAlignment(JLabel.CENTER);        //设置标签文字在垂直方向的对齐方式
label.setOpaque(true);                            //设置标签为不透明
label.setBackground(Color.WHITE);                 //设置标签的背景色
```

运行上面的测试代码，弹出的程序窗口如图 13-3 所示，可见界面上的汉字终于显示为楷体了。

不过按照以上的界面效果，标签的内部文本仍然没有换行，即使在字符串中添加换行符也不行。这是因为 JLabel 的 setText 方法通过 HTML 标记完成换行操作，倘若要求标签控件对超长的文本串自动换行，则需将该文本串用 html 标签包裹起来。也就是说，在字符串的开头添加"<html>"，在字符串的结尾添加"</html>"。如此一来，能够自动换行的文本设置代码要改成如下这样：

```
// 设置按钮的文本(自动换行)
label.setText("<html>床前明月光，疑是地上霜。举头望明月，低头思故乡。</html>");
```

运行修改后的测试代码，弹出的程序窗口如图 13-4 所示，可见一行放不下的文字被自动另起一行，而不是像图 13-3 那样被省略号代替。

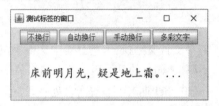

图 13-3　标签文字显示为中文楷体

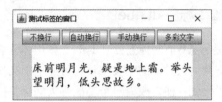

图 13-4　标签中的文字自动换行

但是自动换行依赖于控件的宽度，只有填满一行之后，剩余的文字才会换到下一行。有时我们希望文本串在某个位置必须换行，譬如唐诗《静夜思》，理应在句号处换行。之所以换行符在 setText 方法中不起作用，是因为换行符只在纯文本的情况下才有效，它在 HTML 格式的网页文本中并不奏效，真正管用的是 HTML 文本专用的换行标记"<br>"。以下是在唐诗《静夜思》中间添加"<br>"的代码：

```
// 设置按钮的文本(手动换行)
label.setText("<html>床前明月光，疑是地上霜。<br>举头望明月，低头思故乡。</html>");
```

运行添加了换行标记的测试代码，弹出的程序窗口如图 13-5 所示，可见这首唐诗果然在句号处提前换行。

采取 HTML 标签不仅仅是为了换行，更是为了个性化定制丰富的样式风格。原本 setFont 方法只能给当前文本设置统一的字体及其大小，现在利用 HTML 标签可以对局部文本分别设置不同的样式，例如<font></font>这对标记支持设置文本的颜色与大小，标记对<b></b>支持将文本设置为粗体，标记对<i></i>支持将文本设置为斜体。接下来，通过 HTML 标签分别包裹《静夜思》中的每句诗，包括红字、黄字、粗体、斜体等多种风格，具体的演示代码如下：

```
// 设置按钮的文本(分段设置不同的文字颜色)
label.setText("<html><font color='red'>床前明月光，</font><b>疑是地上霜。</b><br>
<font color='yellow'>举头望明月，</font><i>低头思故乡。</i></html>");
```

运行上述的风格演示代码，弹出的程序窗口如图 13-6 所示，可见事先设定的文字样式纷纷呈现出来了。

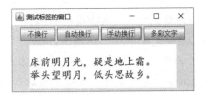

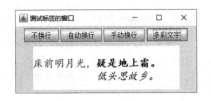

图 13-5　标签中的文字手动换行　　　　　图 13-6　利用 html 标签显示多彩文字

### 13.1.3　利用标签显示图像

AWT 没提供能够直接显示图像的控件，这无疑是一个令人诟病的短板，因为一上来就得由程序员自己去定义新控件，对于初学者很不友好。这个问题在 Swing 中解决了，不过 Swing 并未提供单独的图像视图，而是利用标签控件 JLabel 来显示图像。JLabel 的 setText 方法用来设置标签上的文本，而 setIcon 方法用来设置标签上的图标，根据两个方法调用与否，标签所展示的内容可分为以下 3 种情况：

（1）只调用 setText 方法，未调用 setIcon 方法，此时标签只显示文本。
（2）只调用 setIcon 方法，未调用 setText 方法，此时标签只显示图像。
（3）既调用 setText 方法，又调用 setIcon 方法，此时标签同时显示文本和图像，且图像在左边、文本在右边，即左图右文。

然而 setIcon 方法的输入参数却是 Icon 图标类型，并非前面介绍的缓存图像 BufferedImage，这意味着需要把缓存图像转换为图标类型。其中的转换过程用到了图像图标工具 ImageIcon，由于该工具实现了 Icon 接口，因此它的实例可以作为 setIcon 方法的输入参数。通过 ImageIcon 的构造方法就能把缓存图像转为图标对象，具体的转换代码如下：

```
// 把图片文件读到缓存图像
BufferedImage image = ImageIO.read(new File("E:/apple.png"));
ImageIcon icon = new ImageIcon(image);  // 创建一个图标
```

当然，ImageIcon 本身是一个图标工具，读取图片文件何必要经过缓存图像倒腾两手呢？直接去指定的文件路径读取便是。于是依据图片文件创建图标对象的代码变成了下面这样：

```
ImageIcon icon = new ImageIcon("E:/apple.png"); // 创建一个指定路径的图标
```

但是构造方法传入字符串是什么意思？难道字符串一定是文件路径吗？显然传入字符串的方式并不严谨。更好的做法是传入一个 URL 地址对象，明明白白地告诉编译器，构造方法的输入参数必须是一个合法的文件地址，就像以下代码表达的这样：

```
URL url = new URL("file:///E:/apple.png");    // 创建一个本地路径的 URL 对象
ImageIcon icon = new ImageIcon(url);               // 创建一个指定 URL 的图标
```

注意到构建 URL 对象的时候，文件路径字符串添加了前缀 "file:///"，表示该串为本地的文件路径。除了本地文件外，URL 对象还能用来表达网络文件，只需将网络文件的完整 HTTP 地址传进去即可，此时根据网络图片创建图标对象的代码如下：

```
URL url = new URL("https://profile.csdnimg.cn/C/1/5/1_aqi00"); // 创建网络地址的 URL
对象
ImageIcon icon = new ImageIcon(url);  // 创建一个来自网络图片的图标
```

上述的几种构造方法都能用来创建图标对象。获取到图标对象之后，就能调用 setIcon 方法在标签控件显示图像，还能调用 setIconTextGap 方法设置图标与文字之间的空白距离。

接下来分别看看在标签上显示图像与文本的组合结果。首先，只显示图像不显示文本，则标签控件的方法调用代码如下（完整代码见本章源码的 src\com\swing\window\TestImage.java）：

```
ImageIcon icon = new ImageIcon("E:/apple.png");  // 创建一个指定路径的图标
label.setIcon(icon);  // 设置标签的图标
label.setText(null);  // 设置标签的文本为空，此时不显示文本
```

运行以上的测试代码，弹出的界面如图 13-7 所示，可见标签上的图像居中展示。

其次，准备同时显示图像与文本，则标签控件的 setIcon 方法和 setText 方法均应指定非空对象，此时调用代码如下：

```
ImageIcon icon = new ImageIcon("E:/apple.png");  // 创建一个指定路径的图标
label.setIcon(icon);                    // 设置标签的图标（图标在文字左边）
label.setIconTextGap(10);               // 设置图标与文字之间的间隔大小
label.setText("这是一个苹果");           // 设置标签的文本
```

运行以上的测试代码，弹出的界面如图 13-8 所示，可见图像和文本都显示出来了。

图 13-7　标签控件只显示图像

图 13-8　标签控件同时显示图像和文本

再次，不显示图像，只显示文本，则标签控件的调用代码如下：

```
label.setIcon(null);                    // 设置标签的图标为空，此时不显示图像
label.setText("这是一个苹果");           // 设置标签的文本
```

运行以上的测试代码，弹出的界面如图 13-9 所示，可见 JLabel 控件变为常规的文本标签了。

图 13-9　标签控件只显示文字

## 13.2　Swing 的简单控件

本节介绍 Swing 接收用户信息输入的简单控件，包括支持输入文本的输入框（文本框 JTextField、密码框 JPasswordField、JTextArea）、支持一排选项的选择框（复选框 JCheckBox、单选按钮

JRadioButton）以及支持一列选项的列表框（下拉框 JComboBox、列表框 JList）。

## 13.2.1 输入框的种类

Swing 的输入框仍然分成两类：单行输入框和多行输入框，但与 AWT 的同类控件相比，它们在若干细节上有所调整。首先介绍单行输入框，AWT 的单行输入框名叫 TextField，平时输入什么字符，它便显示什么字符，但是一旦调用了 setEchoChar 方法设置回显字符，TextField 马上变成只显示密文字符。然而尴尬之处在于，设置回显字符之后，就没有办法取消原来的回显设置，输入框对象从此只能傻乎乎地显示密文。如此一来，程序代码难以判断某个输入框究竟会显示明文还是密文，也无法确定输入框文字加密与否。这不可避免会造成混淆，假设有几个控件都属于 TextField 类型，程序员怎么知道哪个是文本框，哪个是密码框？难道要在浩如烟海的代码中寻找 setEchoChar 方法吗？

鉴于文本框与密码框拥有不同的面貌，并不适合使用同一种类型来表达，故 Swing 顺理成章将它们拆分为两类控件：文本框 JTextField 与密码框 JPasswordField。前者原样展示用户输入的字符，因而取消了回显字符设置方法 setEchoChar；后者默认将输入字符显示为一个个圆点，当然程序员也可以调用 setEchoChar 方法重新设置回显字符。经过这么拆分处理，在 Swing 中无论输入普通文本还是输入密码，都不必担心弄错的情况了。除此之外，JTextField 与 JPasswordField 的其余方法基本一样，用起来跟 AWT 的 TextField 控件差不多。比如下面的代码将演示 JTextField 的调用过程（完整代码见本章源码的 src\com\swing\widget\TestTextField.java）：

```
JTextField textField = new JTextField();     // 创建一个单行输入框
textField.setEditable(true);                 // 设置输入框允许编辑
textField.setColumns(11);                    // 设置输入框的长度为 11 个字符
panel.add(textField);                        // 在面板上添加单行输入框
```

运行上述的文本框代码，弹出如图 13-10 所示的窗口界面，可以看到一个纯粹的文本输入框。

又如以下代码将演示密码框 JPasswordField 的调用过程（完整代码见本章源码的 src\com\swing\widget\TestPasswordField.java）：

```
JPasswordField passwordField = new JPasswordField(); // 创建一个密码框
passwordField.setEditable(true);                     // 设置密码框允许编辑
passwordField.setColumns(6);                         // 设置密码框的长度为 11 个字符
//passwordField.setEchoChar('*');                    // 设置密码框的回显字符。默认的回显字符为圆点
panel.add(passwordField);                            // 在面板上添加密码框
```

运行以上的密码框代码，弹出如图 13-11 所示的界面，可见密码框的默认回显字符是一个既圆又大的黑点。

图 13-10　Swing 的文本输入框

图 13-11　Swing 的密码输入框

接着介绍多行输入框，AWT 的多行输入框名叫 TextArea，该控件有一个毛病：用户往里面输入文本，超过一行宽度后不会自动换行，必须要用户按回车键来手动换行。这种设计的使用体验无疑很糟糕，不能自动换行的话，用户按多了回车键，肯定要抱怨了。好在 Swing 的 JTextArea 控件

及时弥补了这个问题，除了囊括 TextArea 的现有方法外，JTextArea 还增加了 setLineWrap 方法用来设置是否允许换行，调用该方法将其值设置为 true 时，往后输入的文本一旦超过每行宽度就会自动换到下一行。于是添加了 setLineWrap 方法的多行输入框调用代码如下（完整代码见本章源码的 src\com\swing\widget\TestTextArea.java）：

```java
JTextArea area = new JTextArea();        // 创建一个多行输入框
area.setEditable(true);                  // 设置输入框允许编辑
area.setColumns(14);                     // 设置输入框的长度为 14 个字符
area.setRows(3);                         // 设置输入框的高度为 3 行字符
area.setLineWrap(true);          // 设置每行是否允许折叠。为 true 的话，输入字符会自动换行
panel.add(area);                         // 在面板上添加多行输入框
```

运行上面的多行输入框代码，弹出如图 13-12 所示的界面，可见输入框的内部文本的确支持自动换行。

但是跟 AWT 的 TextArea 比起来，Swing 的 JTextArea 默认不显示滚动条，即使文本的总高度已经超过了输入框的高度，期望中的滚动条仍未出现。这是因为 Swing 把滚动条单独拎了出来，还给它取了一个名字叫作 JScrollPane，凡是需要上下滚动或者左右滚动的控件，都要搭配上 JScrollPane 才行。滚动条的用法很简单，只要在构造方法中填入待关联的控件对象，或者调用滚动条对象的 setViewportView 方法，都能将滚动条与指定控件绑定在一起。然后在面板上添加滚动条对象，如此便完成了输入框与滚动条的绑定操作，具体的绑定代码如下（完整代码见本章源码的 src\com\swing\widget\TestScrollPanel.java）：

```java
JTextArea area = new JTextArea();        // 创建一个多行输入框
area.setEditable(true);                  // 设置输入框允许编辑
area.setColumns(14);                     // 设置输入框的长度为 14 个字符
area.setRows(3);                         // 设置输入框的高度为 3 行字符
area.setLineWrap(true);          // 设置每行是否折叠。为 true 的话，输入字符会自动换行
// 因为添加滚动条的时候，滚动条已经关联了 JTextArea，所以这里不必单独添加多行输入框
//panel.add(area);                       // 在面板上添加多行输入框
JScrollPane scroll = new JScrollPane(area);  // 创建一个滚动条
panel.add(scroll);                       // 在面板上添加滚动条
```

运行上面的滚动条绑定代码，弹出如图 13-13 所示的界面，此时在输入框中填入了好几行文本，在文本总高度超过控件高度之后，输入框右侧的滚动条便如约出现了。

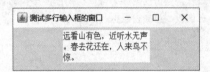

图 13-12　Swing 的多行输入框（不带滚动条）

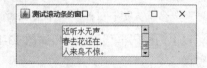

图 13-13　Swing 的多行输入框（带滚动条）

## 13.2.2　选择框的种类

无论是 AWT 还是 Swing，都把选择框分成两类：复选框和单选按钮，这两类控件无论是外观还是功能均有显著差异。例如，在外观方面，复选框是在方框内打勾，而单选按钮是在圆圈内画圆点；在功能方面，复选框允许多选，而同组的单选按钮只能选择其中一个。然而 AWT 的复选框和单选按钮统统采用 Checkbox 类型，区别之处在于是否加入了单选组 CheckboxGroup。这不可避免会

带来困惑，同样是 Checkbox 类型，代码该如何区分某个选择框到底是复选框还是单选按钮呢？显然 AWT 的控件设计很不合理，非常容易引起混淆，为此 Swing 干脆将它们彻底分开，各自分配对应的控件类型，从此井水不犯河水，大家才能相安无事。

　　Swing 给复选框起的名字叫 JCheckBox，该控件与 AWT 的 Checkbox 用法相似，但在细节上存在以下差异：

　　（1）对于 JCheckBox 来说，setLabel 方法已经废弃，改为使用统一的 setText 方法来设置文本。同时获取控件文本的 getLabel 方法也改成了 getText 方法。

　　（2）getState 方法被直接取消了，JCheckBox 改为调用 isSelected 方法判断当前复选框是否选中。同时设置选中状态的 setState 方法也改成了 setSelected 方法。

　　下面是利用 JCheckBox 点菜的例子（完整代码见本章源码的 src\com\swing\widget\TestCheckBox.java）：

```java
JPanel panelTop = new JPanel();                      //创建顶部面板
JCheckBox ck1 = new JCheckBox("麻婆豆腐");            //创建一个复选框
JCheckBox ck3 = new JCheckBox("清蒸桂花鱼");          //创建一个复选框
JCheckBox ck2 = new JCheckBox("香辣小龙虾");          //创建一个复选框
panelTop.add(ck1);   //在顶部面板上添加复选框
panelTop.add(ck2);   //在顶部面板上添加复选框
panelTop.add(ck3);   //在顶部面板上添加复选框
frame.add(panelTop, BorderLayout.NORTH); //把顶部面板添加到窗口的北边（上方）
JCheckBox[] boxArray = new JCheckBox[]{ck1, ck2, ck3};  //构建复选框数组
ck1.addItemListener(new ItemListener() {             //给复选框添加一个单击监听器
    public void itemStateChanged(ItemEvent e) {      //复选框的状态发生变化
        //getStateChange 方法用于获取复选框的当前状态。1 为勾选，0 为取消勾选
        labelCenter.setText(String.format("您%s了%s",
                (e.getStateChange() == 1 ? "点" : "取消"), ck1.getText()));
        labelBottom.setText("当前已点菜肴包括: " + getCheckedItem(boxArray));
    }
});
ck2.addItemListener(new ItemListener() {             //给复选框添加一个单击监听器
    public void itemStateChanged(ItemEvent e) {      //复选框的状态发生变化
        //getStateChange 方法用于获取复选框的当前状态。1 为勾选，0 为取消勾选
        labelCenter.setText(String.format("您%s了%s",
                (e.getStateChange() == 1 ? "点" : "取消"), ck2.getText()));
        labelBottom.setText("当前已点菜肴包括: " + getCheckedItem(boxArray));
    }
});
ck3.addItemListener(new ItemListener() {             //给复选框添加一个单击监听器
    public void itemStateChanged(ItemEvent e) {      //复选框的状态发生变化
        //getStateChange 方法用于获取复选框的当前状态。1 为勾选，0 为取消勾选
        labelCenter.setText(String.format("您%s了%s",
                (e.getStateChange() == 1 ? "点" : "取消"), ck3.getText()));
        labelBottom.setText("当前已点菜肴包括: " + getCheckedItem(boxArray));
    }
});
```

以上代码出现的 getCheckedItem 方法用来获取已经选定的菜单，它的定义代码如下：

```java
// 获取已经选定的菜单
private static String getCheckedItem(JCheckBox[] boxArray) {
    String itemDesc = "";
    for (JCheckBox box : boxArray) {                    // 遍历复选框数组
        if (box.isSelected() == true) {                // 复选框被选中了
            if (itemDesc.length() > 0) {
                itemDesc = itemDesc + "、";
            }
            itemDesc = itemDesc + box.getText();       // 菜单添加选定的菜肴
        }
    }
    return itemDesc;
}
```

运行上述的复选框测试代码，弹出的初始界面如图 13-14 所示。
从左往右依次勾选三个复选框，每次勾选后的界面效果分别如图 13-15～图 13-17 所示。

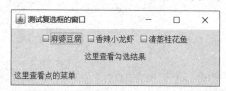

图 13-14　包含三个复选框的初始界面

图 13-15　单击第一个复选框之后的界面

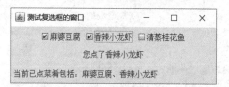

图 13-16　单击第二个复选框之后的界面

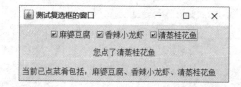

图 13-17　单击第三个复选框之后的界面

至于单选按钮，Swing 给它分配了专门的控件类型名叫 JRadioButton，该控件的自身方法类似于 JCheckBox，一样引入了 setText、getText、isSelected、setSelected 等新方法替换 AWT 的旧方法。并且 Swing 给 JRadioButton 找了一个按钮小组搭档，名叫 ButtonGroup，只要多次调用小组对象的 add 方法，就能将若干个单选按钮加到同一小组。下面是与 ButtonGroup 有关的调用代码（完整代码见本章源码的 src\com\swing\widget\TestRadioButton.java）：

```java
ButtonGroup group = new ButtonGroup(); // 创建一个按钮小组
group.add(rb1); // 把单选按钮 1 加入按钮小组
group.add(rb2); // 把单选按钮 2 加入按钮小组
group.add(rb3); // 把单选按钮 3 加入按钮小组
```

接着把 JRadioButton 与 ButtonGroup 整合在一起，打算实现简单的点餐功能，完整的调用代码如下：

```java
JPanel panelTop = new JPanel(); // 创建顶部面板
JRadioButton rb1 = new JRadioButton("鱼香肉丝饭", false); // 创建单选按钮，并且默认未
选中
```

```
    JRadioButton rb2 = new JRadioButton("香菇滑鸡饭", true);  // 创建单选按钮，并且默认已选中
    JRadioButton rb3 = new JRadioButton("黑椒牛排饭", false); // 创建单选按钮，并且默认未
选中
    panelTop.add(rb1);  // 在顶部面板上添加单选按钮
    panelTop.add(rb2);  // 在顶部面板上添加单选按钮
    panelTop.add(rb3);  // 在顶部面板上添加单选按钮
    frame.add(panelTop, BorderLayout.NORTH);               // 把顶部面板添加到窗口的北边（上方）
    ButtonGroup group = new ButtonGroup();                 // 创建一个按钮小组
    group.add(rb1);  // 把单选按钮 1 加入按钮小组
    group.add(rb2);  // 把单选按钮 2 加入按钮小组
    group.add(rb3);  // 把单选按钮 3 加入按钮小组
    rb1.addItemListener(new ItemListener() {               // 给单选按钮添加一个单击监听器
        public void itemStateChanged(ItemEvent e) {  // 单选按钮被选中
            label.setText("您点了" + rb1.getText());  // 在标签上显示当前选中的单选按钮文本
        }
    });
    rb2.addItemListener(new ItemListener() {               // 给单选按钮添加一个单击监听器
        public void itemStateChanged(ItemEvent e) {  // 单选按钮被选中
            label.setText("您点了" + rb2.getText());  // 在标签上显示当前选中的单选按钮文本
                                        }
    });
    rb3.addItemListener(new ItemListener() {               // 给单选按钮添加一个单击监听器
        public void itemStateChanged(ItemEvent e) {  // 单选按钮被选中
            label.setText("您点了" + rb3.getText());  // 在标签上显示当前选中的单选按钮文本
        }
    });
```

运行上面的单选按钮测试代码，弹出的初始界面如图 13-18 所示。

从左往右依次单击三个按钮，每次单击后的界面效果分别如图 13-19～图 13-21 所示。

图 13-18　包含三个单选按钮的初始界面

图 13-19　单击第一个单选按钮之后的界面

图 13-20　单击第二个单选按钮之后的界面

图 13-21　单击第三个单选按钮之后的界面

## 13.2.3　列表框的种类

为了方便用户勾勾点点，无论是复选框还是单选按钮，统统把所有选项都摆在界面上。倘若只有两三个选项还好办，如果选项数量变多，比如超过 5 个，这么多选择框一起在界面上罗列，不止

程序员排版费劲，用户瞅着也容易眼花。鉴于这些选择框往往选完一次就了事，难得有重新选择的机会，因而在界面上全部铺开这些选择框实属浪费。更好的做法是在选择的时候才展开所有选项，选完之后就缩回只显示选中的那一项，一伸一缩之间才能充分利用有限的屏幕界面。

以单选按钮的组合为例，许多个单选按钮只能选择其中一个，这种情况就很适合展开与收缩的处理逻辑。Swing 给该场景提供了专门的下拉框控件 JComboBox，为了往下拉框塞进各个选项，还需要将它与下拉框模型 DefaultComboBoxModel 搭配使用才行。下拉框具体的调用过程分为以下 3 个步骤：

（1）创建一个下拉框模型，并调用模型对象的 addElement 方法依次添加每个选项。

（2）创建一个下拉框控件，注意在 JComboBox 的构造方法中填入第一步的模型对象。

（3）调用下拉框对象的 addItemListener 方法给它添加一个单击监听器，每当用户在下拉面板中选择某一项，都会触发监听器的 itemStateChanged 方法。此时可通过下拉框对象的 getSelectedIndex 方法获得选中项的序号，还可通过 getSelectedItem 方法获得选中项的对象。

下面是利用 JComboBox 实现下拉选择功能的例子（完整代码见本章源码的 src\com\swing\widget\TestComboBox.java）：

```
JPanel panelTop = new JPanel();  // 创建顶部面板
// 创建一个下拉框模型
DefaultComboBoxModel<String> comboModel = new DefaultComboBoxModel<String>();
comboModel.addElement("鱼香肉丝饭");   // 往下拉模型中添加元素
comboModel.addElement("香菇滑鸡饭");   // 往下拉模型中添加元素
comboModel.addElement("黑椒牛排饭");   // 往下拉模型中添加元素
comboModel.addElement("梅菜扣肉饭");   // 往下拉模型中添加元素
comboModel.addElement("糖醋里脊饭");   // 往下拉模型中添加元素
comboModel.addElement("红烧排骨饭");   // 往下拉模型中添加元素
comboModel.addElement("台式卤肉饭");   // 往下拉模型中添加元素
JComboBox<String> comboBox = new JComboBox<String>(comboModel);  // 创建一个下拉框
panelTop.add(comboBox);  //在顶部面板上添加下拉框
frame.add(panelTop, BorderLayout.NORTH);  //把顶部面板添加到窗口的北边（上方）
comboBox.setEditable(false);  //设置下拉框能否编辑。默认不允许编辑
comboBox.addItemListener(new ItemListener(){  //给下拉框添加一个单击监听器
    public void itemStateChanged(ItemEvent e){  //下拉框被选择
        // 获取下拉框内选中项的序号及其描述
        // getSelectedIndex 方法可获得选中项的序号，getSelectedItem 方法获得选中项的对象
        String desc = String.format("您点了第%d 项，套餐名称是%s",
                comboBox.getSelectedIndex(),
comboBox.getSelectedItem().toString());
        label.setText(desc);  //在标签上显示当前选中的文本项
    }
});
```

运行上面的下拉框代码，弹出如图 13-22 所示的界面，可见一开始下拉框只占据长条般的空间，并且默认展示第一个选项。

接着单击下拉框的长条区域，界面会向下弹出包含所有选项的下拉面板，此时下拉框效果如图 13-23 所示。选中面板上的某

图 13-22　下拉框的初始界面

一项后，下拉面板消失不见，同时长条框内的文字变成了刚才选中项的文本，此时界面如图 13-24 所示。

图 13-23　单击下拉框后弹出下拉面板　　　　图 13-24　选择下拉列表某项后的下拉框

虽然下拉框比单选按钮组合更节省屏幕空间，但它的实现机制导致了如下几点局限：

（1）下拉框只实现了单选功能，不支持多选功能，无法同时选择好几个选项。

（2）重新选择时，要先点一下长条区域，才能在弹出的下拉面板中挑选新的选项，简简单单的选择操作也花费了两个步骤，很不经济。

以上两点局限的起因皆来源于下拉面板的弹出与缩回机制，每次都要单击长条框才会弹出下拉面板，单击选中某一项后又会自动关闭下拉面板，正是这种单次单击单次响应的行为决定了下拉框只能用于单选操作，而不能用于多选操作。要想实现多选功能，还得将所有选项铺开展示，就像文件列表那样，用户才能按 Ctrl 键逐个选中，或者按 Shift 键选择一段连续的数个选项。这种罗列所有选项的控件也叫列表框，对应于 Swing 中的 JList 类型，列表框的用法类似下拉框，它的调用过程分为以下 3 个步骤：

（1）创建一个列表框模型 DefaultListModel，并调用模型对象的 addElement 方法依次添加每个选项。

（2）创建一个列表框控件，注意要在 JList 的构造方法中填入第一步的模型对象。

（3）调用列表框对象的 addListSelectionListener 方法给它添加一个单击监听器，每当用户单击列表框中的某一项，都会触发监听器的 valueChanged 方法。此时即可通过列表框对象的 getSelectedIndex 方法获得选中项的序号，通过 getSelectedValue 方法获得选中项的值，还能通过 getSelectedValuesList 方法获得所有选中项的值列表。

下面是利用 JList 实现多次选择功能的例子（完整代码见本章源码的 src\com\swing\widget\ TestListBox.java）：

```
JPanel panelLeft = new JPanel(); // 创建左边面板
// 创建一个列表框模型
DefaultListModel<String> listModel = new DefaultListModel<String>();
listModel.addElement("鱼香肉丝饭"); // 往列表模型中添加元素
listModel.addElement("香菇滑鸡饭"); // 往列表模型中添加元素
listModel.addElement("黑椒牛排饭"); // 往列表模型中添加元素
listModel.addElement("梅菜扣肉饭"); // 往列表模型中添加元素
listModel.addElement("糖醋里脊饭"); // 往列表模型中添加元素
listModel.addElement("红烧排骨饭"); // 往列表模型中添加元素
```

```
listModel.addElement("台式卤肉饭");  // 往列表模型中添加元素
JList<String> listBox = new JList<String>(listModel);  // 创建一个列表框
panelLeft.add(listBox);  // 在顶部面板上添加列表框
frame.add(panelLeft, BorderLayout.WEST); //把顶部面板添加到窗口的西边（左侧）
listBox.addListSelectionListener(new ListSelectionListener() {  // 给列表框添加一个
单击监听器
    public void valueChanged(ListSelectionEvent arg0) {  // 列表框被选择
        // 获取列表框内选中项的序号及其描述
        // getSelectedIndex 方法可获得选中项的序号，getSelectedValue 方法可获得选中项的值
        String desc = String.format("您点了第%d 项，套餐名称是%s",
                listBox.getSelectedIndex(), listBox.getSelectedValue());
        labelBottom.setText(desc);  // 在标签上显示当前选中的文本项
        String total = "<html>您已选择的套餐列表如下：<br>";
        // 获取列表框内的所有选择项，并拼接 html 格式的描述串
        for (String str : listBox.getSelectedValuesList()) {
            total = String.format("%s<center>%s</center>", total, str);
        }
        total += "</html>";
        labelCenter.setText(total);  // 在标签上显示所有选中的文本项
    }
});
```

运行以上的列表框代码，弹出如图 13-25 所示的界面，可见列表框一开始就展示了所有选项。

然后按住 Ctrl 键，从下往上依次单击选中第 7 项、第 5 项、第 3 项、第 1 项，每次单击之后的界面效果分别如图 13-26～图 13-29 所示。

图 13-25　列表框的初始界面

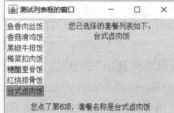

图 13-26　选中一项后的列表框

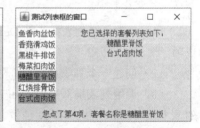

图 13-27　选中两项后的列表框

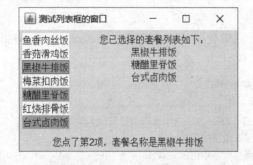

图 13-28　选中三项后的列表框

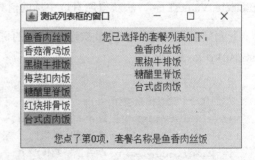

图 13-29　选中四项后的列表框

从这些效果图可以看到，在按住 Ctrl 键的时候，列表框可以实现多选功能；未按住 Ctrl 键的时候，列表框变成实现单选功能。

## 13.3　Swing 的高级控件

本节介绍 Swing 同用户复杂交互的高级控件，包括支持分行分列显示的表格控件 JTable、支持弹窗提示并提供按钮的基本对话框（含消息对话框、确认对话框、输入对话框）以及支持按路径挑选文件的文件对话框 JFileChooser（含文件打开对话框、文件保存对话框）。

### 13.3.1　表格 JTable

前述的一些简单控件用来表达相互之间联系较弱的信息倒还凑合，如果用来表达关联性较强的聚合信息就力不从心了。倘若只是简单信息的罗列，例如商品名称列表、新闻标题列表、学生姓名列表等，尚可使用列表框 JList 予以展示；倘若要求罗列复杂的排列信息，例如商品订单列表、新闻分类列表、学生成绩列表等，像这种存在多项细节的信息列表就无法通过列表框表达，而应通过 Swing 的表格类型 JTable 加以描述。

JTable 是分行分列的表格，每行是一条完整的信息，而每列是信息的各项细节参数。与列表框类似，在构建表格控件之前，需要先初始化作为信息载体的模型对象。同 JTable 搭档的表格模型名叫 DefaultTableModel，它包含的信息分成两部分，一部分是表格的标题信息，另一部分是表格的内容信息，因此需要对表格的标题数组和内容数组分别赋值，再据此构建包含这些信息的表格模型。具体的表格模型构建代码如下（完整代码见本章源码的 src\com\swing\senior\TestTable.java）：

```
// 创建表格的标题数组
String[] heads = new String[]{"序号", "套餐名称", "套餐价格"};
// 创建表格的内容数组
Object[][] values = new Object[][] {
        {"1", "鱼香肉丝饭", "16"},
        {"2", "香菇滑鸡饭", "18"},
        {"3", "黑椒牛排饭", "20"},
        {"4", "梅菜扣肉饭", "17"},
        {"5", "糖醋里脊饭", "19"},
        {"6", "红烧排骨饭", "17"},
        {"7", "台式卤肉饭", "15"},
};
// 根据内容数组和标题数组，创建默认的表格模型
DefaultTableModel model = new DefaultTableModel(values, heads);
```

有了表格模型，即可在 JTable 的构造方法中传入模型对象，从而成功创建表格对象。表格对象的创建代码如下：

```
JTable table = new JTable(model);  // 根据模型创建表格
```

若要调整表格外观，则可调用表格对象的以下方法来设置。

- setFont：设置表格内容的文本字体。
- setGridColor：设置网格线的颜色。
- setShowGrid：是否显示网格线，默认显示。

- setShowHorizontalLines：是否显示水平的分隔线，默认显示。
- setShowVerticalLines：是否显示垂直的分隔线，默认显示。
- setRowHeight：设置每行的高度。
- setEnabled：是否允许编辑，默认允许。
- setAutoResizeMode：设置自动调整大小的模式。如需展示水平滚动条，则要设置为关闭自动调整 JTable.AUTO_RESIZE_OFF。

以上方法主要针对表格内容的风格样式，除此之外，还有其他 3 类属性要另外设置，包括：表格标题的属性、表格内容的对齐方式、表格列的属性。接下来分别简要介绍。

### 1. 表格标题的属性

对于表格标题 JTableHeader 来说，需要先调用表格对象的 getTableHeader 方法获得标题对象，再调用标题对象的以下方法调整标题属性。

- setFont：设置标题行的文本字体。
- setResizingAllowed：是否允许通过拖曳改变标题各列的宽度，默认允许。
- setReorderingAllowed：是否允许通过拖曳改变列与列之间的顺序，默认允许。

下面是调整表格标题相关属性的代码：

```
JTableHeader header = table.getTableHeader();        // 获得表格的头部（标题行）
header.setFont(font);                                // 设置标题行的文本字体
header.setResizingAllowed(false);    // 是否允许通过拖曳改变标题各列的宽度，默认允许
header.setReorderingAllowed(false);  // 是否允许通过拖曳改变列与列之间的顺序，默认允许
```

### 2. 表格内容的对齐方式

对于表格内容的对齐方式来说，要先创建表格单元渲染器，并分别设置渲染器在水平与垂直两个方向上的对齐方式，接着调用表格对象的 setDefaultRenderer 方法，才能完成表格内容的对齐操作。对应的设置代码如下：

```
// 创建默认的表格单元渲染器
DefaultTableCellRenderer render = new DefaultTableCellRenderer();
// 设置渲染器在水平方向的对齐方式，默认靠左对齐
render.setHorizontalAlignment(JLabel.CENTER);
// 设置渲染器在垂直方向的对齐方式，默认垂直居中
render.setVerticalAlignment(JLabel.CENTER);
table.setDefaultRenderer(Object.class, render);  // 设置表格的默认渲染器
```

### 3. 表格列的属性

对于表格列的属性来说，需要先调用表格对象的 getColumnModel 方法获得表格的列模型，之后遍历各列的模型对象，分别设置每列的属性值，比如调用 setPreferredWidth 方法设置当前列的推荐宽度等。下面是调整每列宽度的代码例子：

```
// 获得表格的列模型
TableColumnModel columnModel = table.getColumnModel();
for (int i=0; i<columnModel.getColumnCount(); i++) {  //遍历各列模型
    TableColumn column = columnModel.getColumn(i);  //获取指定位置的列对象
```

```
    //设置该列的推荐宽度。只有在关闭自动调整的模式下，设置每列的宽度才会生效
    column.setPreferredWidth(100);
}
```

另外注意，JTable 不会自动显示滚动条，若要在表格内容超出范围时呈现滚动条，则需像 JTextArea 那样创建一个 JScrollPane 对象来绑定表格对象。默认情况下只展示垂直滚动条，若想同时展示水平滚动条，则需关闭表格的自动调整机制，也就是调用表格对象的 setAutoResizeMode 方法将模式修改为 AUTO_RESIZE_OFF。为表格对象添加滚动条的关键代码如下：

```
// 设置自动调整大小的模式。如需展示水平滚动条，则要设置为关闭自动调整
table.setAutoResizeMode(JTable.AUTO_RESIZE_OFF);
// 第一种绑定方式：创建一个滚动条，在构造方法中填入表格对象
JScrollPane scroll = new JScrollPane(table);
// 第二种绑定方式：调用 setViewportView 方法设置滚动条关联的控件
//scroll.setViewportView(table);
// 第三种绑定方式：通过滚动条对象的视窗的 add 方法添加表格对象
//scroll.getViewport().add(table);
frame.getContentPane().add(scroll);   // 在窗口的内容面板上添加包含表格的滚动条
```

把上述的几处表格调用代码合并到一起，运行合并后的测试代码，区分程序窗口能否装得下整个表格的两种情况，弹出的界面将出现对应的两种效果。其中图 13-30 属于窗口不够大的情况，此时表格右侧出现了垂直滚动条；而图 13-31 属于窗口足够大的情况，此时界面展示了完整的表格内容，并未出现多余的滚动条。

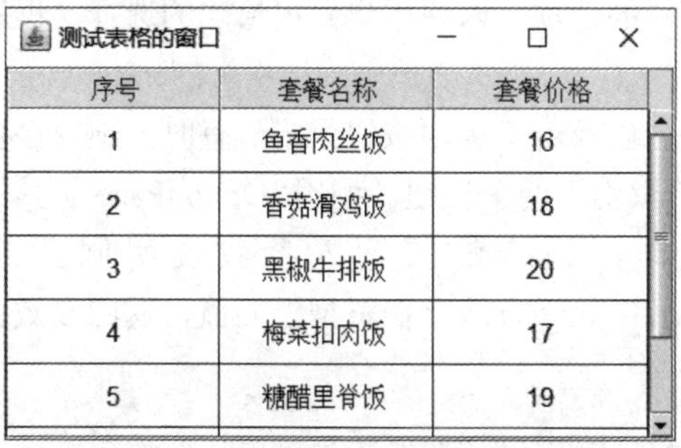

图 13-30　表格控件不够高的效果 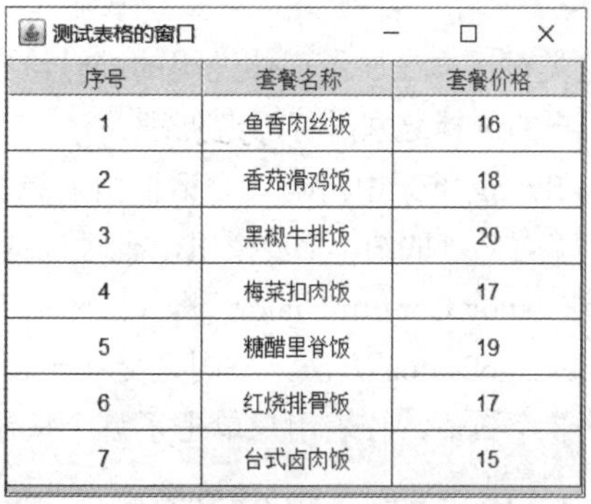　　　　　　图 13-31　表格控件足够高的效果

## 13.3.2　基本对话框

桌面程序在运行过程中，时常需要在主界面上弹出小窗口，把某种消息告知用户，以便用户及时知晓并对症处理。这类小窗口通常称作对话框。依据消息交互的过程，可将对话框分为 3 类：消息对话框、确认对话框、输入对话框，分别介绍如下。

### 1. 消息对话框

这类对话框仅仅向用户展示一段文本，告诉用户发生了什么事情。它起到了提示的作用，但不支持用户干预事务。无论用户同意与否，都无法改变事件的进展。

在 Swing 框架中，消息对话框由消息的标题、内容、确定按钮组成。调用 JOptionPane 工具的静态方法 showMessageDialog 即可弹出消息对话框，该方法的第一个参数为消息框依赖的窗口对象，

第二个参数为消息的内容文本，第三个参数为消息的标题文本，第四个参数为消息的图标类型。Swing 主要的几种图标类型说明见表 13-1。

表 13-1　Swing 的对话框图标类型说明

| 消息对话框的图标类型 | 取 值 说 明 |
| --- | --- |
| JOptionPane.PLAIN_MESSAGE | 无消息图标 |
| JOptionPane.INFORMATION_MESSAGE | 灰圈信息图标，用于表示提示消息 |
| JOptionPane.QUESTION_MESSAGE | 方框问号图标，用于表示确认消息 |
| JOptionPane.WARNING_MESSAGE | 三角感叹图标，用于表示警告消息 |
| JOptionPane.ERROR_MESSAGE | 红圈红叉图标，用于表示错误消息 |

下面是在主界面上显示消息对话框的代码例子：

```
// 显示消息对话框。消息对话框只有一个确定按钮
JOptionPane.showMessageDialog(frame, "系统即将关机，请
赶紧保存文件",
    "致命错误", JOptionPane.ERROR_MESSAGE);
```

从以上代码可知，当前消息展示了系统出现异常的错误消息，程序运行后的对话框效果如图 13-32 所示。

图 13-32　错误消息的对话框效果

### 2. 确认对话框

这类对话框在展示事件说明的同时给定了几个可能的选项，以便用户做出恰当的选择，程序再根据用户的选择分别进行后续处理。

在 Swing 框架中，确认对话框由消息的标题、内容以及若干选项按钮组成。有时选项控件包括"是""否""取消"3 个按钮，有时包括"确定""取消"两个按钮。调用 JOptionPane 工具的静态方法 showConfirmDialog 即可弹出确认对话框，该方法的输入参数说明同前述的 showMessageDialog 方法，不同之处在于，showConfirmDialog 方法存在整型返回值，返回参数主要有以下 3 个数值，代表用户单击了哪个按钮：

（1）JOptionPane.YES_OPTION：表示肯定的选择，对应"是"按钮与"确认"按钮。

（2）JOptionPane.NO_OPTION：表示否定的选择，对应"否"按钮。

（3）JOptionPane.CANCEL_OPTION：表示取消选择，也就是不做任何选择，对应"取消"按钮。

下面是在主界面上显示确认对话框，并分支处理的代码例子（完整代码见本章源码的 src\com\swing\senior\TestDialog.java）：

```
// 显示确认对话框。它有"是""否""取消"3 个按钮，返回值表示哪个按钮被单击了
// 该对话框不支持类型 QUESTION_MESSAGE，且固定显示问号图标
int result = JOptionPane.showConfirmDialog(frame, "尊敬的用户，你真的要卸载我吗？",
    "温馨提示", JOptionPane.INFORMATION_MESSAGE);
if (result == JOptionPane.YES_OPTION) {  // 单击了"是"按钮
    label.setText("您选择了"是"按钮。虽然依依不舍，但是只能离开了");
} else if (result == JOptionPane.NO_OPTION) {  // 单击了"否"按钮
    label.setText("您选择了"否"按钮。让我再陪你三百六十五个日夜");
```

```
} else if (result == JOptionPane.CANCEL_OPTION) {  // 单击了"取消"按钮
    label.setText("您选择了"取消"按钮。感谢你依然如昨的不变情怀");
}
```

运行包含上面代码的测试确认程序，单击按钮后弹出如图 13-33 所示的确认对话框。
分别单击对话框上面的 3 个按钮，程序主界面的显示效果如图 13-34～图 13-36 所示。

图 13-33　确认对话框效果

图 13-34　单击了确认对话框上的"是"按钮

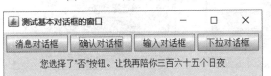

图 13-35　单击了确认对话框上的"否"按钮

图 13-36　单击了确认对话框上的"取消"按钮

### 3. 输入对话框

这类对话框需要用户提供更加详细的信息，而不仅仅是"是"或者"否"的选择。例如，要求用户输入一段文本，要求用户在一组列表里选择其中一个，诸如此类。

在 Swing 框架中，输入对话框由消息的标题、内容、确认按钮、取消按钮以及接收用户输入的控件组成。对于文本输入的情况，对话框上会显示单行输入框 TextField；对于列表选择的情况，对话框上会显示下拉框 ComboBox。调用 JOptionPane 工具的静态方法 showInputDialog 即可弹出输入对话框，只输入文本的话，该方法依旧填写 4 个入参：窗口对象、内容文本、标题文本、图标类型；但若要求在列表中选择，则该方法还需增加几个入参，用来显示列表的文本数组以及默认选中的列表元素。

下面是在主界面上显示文本输入对话框的代码例子：

```
// 显示输入对话框。输入对话框有"确认""取消"两个按钮，该对话框返回输入框内的文本
String result = JOptionPane.showInputDialog(frame, "请输入您要查询的商品名称：",
        "搜索一下", JOptionPane.QUESTION_MESSAGE);
label.setText("您输入的商品名称是："+result);
```

运行以上的测试输入代码，通过单击按钮弹出文本输入对话框，再输入编辑文本，这时的对话框效果如图 13-37 所示。

接着分别单击确认和取消按钮，两种情况的程序主界面效果如图 13-38 和图 13-39 所示。

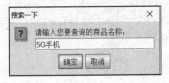

图 13-37　输入消息的对话框效果

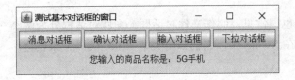

图 13-38　单击了输入对话框上的"确定"按钮

图 13-39　单击了输入对话框上的"取消"按钮

在主界面上显示列表输入对话框的代码如下：

```
Object[] options = new Object[]{"鱼香肉丝饭", "香菇滑鸡饭", "黑椒牛排饭"};
// 显示下拉对话框。下拉对话框需要传入选项数组以及默认选项，该对话框返回下拉的选择项
Object result = JOptionPane.showInputDialog(frame, "请选择盒饭名称",
        "吃饭啦", JOptionPane.WARNING_MESSAGE, null, options, options[0]);
label.setText("您点的盒饭是："+result);
```

运行以上的测试列表代码，通过单击按钮弹出的对话框初始界面如图 13-40 所示。然后单击下拉框，并在弹出的下拉列表中选择某一项，选完前后的对话框效果如图 13-41 和图 13-42 所示。

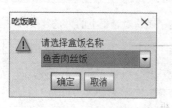

图 13-40　下拉对话框

图 13-41　单击了下拉框

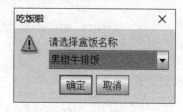

图 13-42　选择某项后的对话框

最后单击对话框里的"确定"按钮，程序界面展示了刚才列表选择的结果，如图 13-43 所示。

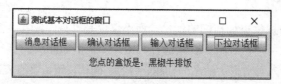

图 13-43　单击了下拉对话框中的"确定"按钮

注意到这些对话框统统调用了静态方法，既然没有事先创建对话框对象，也就无法调用 setFont 方法设置对话框内部控件的字体。此时可通过 UIManager 工具单独给对话框设置字体，详细的设置代码如下：

```
Font font = new Font("中号", Font.PLAIN, 16);
UIManager.put("Button.font", new FontUIResource(font));  // 设置对话框内部按钮的
展示效果
UIManager.put("Label.font", new FontUIResource(font));  // 设置对话框内部标签的展
示效果
UIManager.put("TextField.font", new FontUIResource(font));  // 设置对话框内部输入
框的展示效果
UIManager.put("ComboBox.font", new FontUIResource(font));  // 设置对话框内部下拉
框的展示效果
```

### 13.3.3　文件对话框

除了常规的提示对话框外，还有一种对话框也很常见，叫作文件对话框。文件对话框分为两小类：打开文件的对话框和保存文件的对话框，但在 Swing 中，它们都用类型 JFileChooser 来表达。下面是 JFileChooser 的常用方法说明。

- setDialogTitle：设置文件对话框的标题。
- setApproveButtonText：设置确定按钮的文本。

- setCurrentDirectory：设置文件对话框的初始目录。
- setMultiSelectionEnabled：设置是否支持选择多个文件。取值 true 表示支持多选，false 表示不支持多选，默认不允许多选。
- setFileSelectionMode：设置文件的选择模式。选择模式的取值说明见表 13-2。

表 13-2　文件对话框的选择模式取值说明

| 文件对话框的选择模式 | 取 值 说 明 |
| --- | --- |
| JFileChooser.FILES_ONLY | 只显示文件，不过实际测试发现也会显示目录 |
| JFileChooser.DIRECTORIES_ONLY | 只显示目录 |
| JFileChooser.FILES_AND_DIRECTORIES | 显示文件与目录 |

- setFileFilter：设置文件挑选的过滤器。
- setDialogType：设置对话框的类型。取值 JFileChooser.OPEN_DIALOG 代表这是文件打开对话框，JFileChooser.SAVE_DIALOGG 代表这是文件保存对话框。
- showOpenDialog：显示文件打开对话框。该方法的返回值体现了文件选择与否，为 JFileChooser.APPROVE_OPTION 时表示在对话框上单击了"确定"按钮，为 JFileChooser.CANCEL_OPTION 时表示在对话框上单击了"取消"按钮。
- showSaveDialog：显示文件保存对话框。该方法的返回值说明同 showOpenDialog。
- getSelectedFile：获取当前选中的文件对象。
- getSelectedFiles：仅在多选情况下，获取当前选中的文件对象数组。

上述方法中，尤为需要注意的是 setFileFilter 方法，乍看起来该方法的输入参数为 FileFilter 类型，但它并非 java.io 下面的文件过滤器，而是 Swing 自带的文件对话框过滤器。这个过滤器与 IO 库的同名过滤器相比，一样拥有 accept 方法判断当前文件是否满足过滤条件；不同之处在于，文件对话框的过滤器多了一个 getDescription 方法，该方法的返回字符串要显示在对话框内部的文件类型下拉列表中，相当于给文件类型做个补充说明。例如，TXT 类型俗称文本文件，JPG、GIF、PNG 几个类型合称图片文件，PPT、PPTX 类型称作幻灯片文件等。具体的文件过滤器调用代码示例如下（完整代码见本章源码的 src\com\swing\senior\TestChooser.java）：

```
JFileChooser chooser = new JFileChooser();          // 创建一个文件对话框
chooser.setCurrentDirectory(new File("E:/"));       // 设置文件对话框的当前目录
chooser.setFileFilter(new FileFilter() {            // 设置文件对话框的文件过滤器
    // 判断当前文件是否满足过滤条件，只有满足条件的才会显示在对话框中
    public boolean accept(File file) {
        // 目录满足条件，扩展名为.txt 的文件也满足条件
        return file.isDirectory() || file.getName().toLowerCase().
endsWith(".txt");
    }
    public String getDescription() {  // 获取过滤器的描述
        return "*.txt(文本文件)";
    }
});
```

接下来演示如何操作"打开"对话框，先给一个按钮注册单击监听器，在单击按钮时调用 showOpenDialog 方法弹出"打开"对话框。以"打开"对话框为例，它的调用代码如下：

```
btnOpenFile.addActionListener(new ActionListener() {          //给按钮注册一个单击监听器
    public void actionPerformed(ActionEvent e) {              //发生了单击事件
        // 设置"打开"对话框的类型，这里的对话框准备打开文件
        chooser.setDialogType(JFileChooser.OPEN_DIALOG);
        int result = chooser.showOpenDialog(frame);           //显示"打开"对话框
        if (result == JFileChooser.APPROVE_OPTION) {          //单击了"确定"按钮
            File file = chooser.getSelectedFile();  //获取在"打开"对话框中选择的文件
            label.setText("<html>准备打开的文件路径为: " + file.getAbsolutePath() +
"</html>");
        } else {  // 未单击"确定"按钮
            label.setText("取消打开文件");
        }
    }
});
```

运行测试程序，单击按钮弹出的"打开"对话框如图 13-44 所示。

双击进入"打开"对话框里面的下级目录，找到某个文本文件并单击它，"打开"对话框的"文件名"一栏显示该文件的名称，表示已经选中这个文件，此时对话框界面如图 13-45 所示。

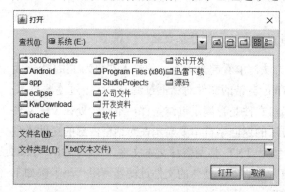

图 13-44　"打开"对话框的初始界面

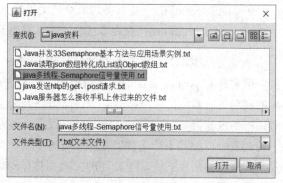

图 13-45　选择某文件之后的"打开"对话框

然后单击对话框下方的"打开"按钮，回到如图 13-46 所示的程序主界面，可见主界面成功获知刚才选中文件的完整路径。

同样给另一个按钮注册单击监听器，在单击按钮时调用 showSaveDialog 方法弹出"保存"对话框，此时的调用代码如下：

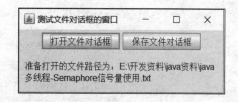

图 13-46　单击了"打开"对话框中的"打开"按钮

```
btnSaveFile.addActionListener(new ActionListener() {  // 给按钮注册一个单击监听器
    public void actionPerformed(ActionEvent e) {              // 发生了单击事件
        // 设置"保存"对话框的类型，这里的对话框准备保存文件
        chooser.setDialogType(JFileChooser.SAVE_DIALOG);
        int result = chooser.showSaveDialog(frame);           // 显示"保存"对话框
        if (result == JFileChooser.APPROVE_OPTION) {          // 单击了"确定"按钮
```

```
                        File file = chooser.getSelectedFile();  // 获取在"打开"对话框中选择的文件
                        label.setText("<html>准备保存的文件路径为: " + file.getAbsolutePath() +
"</html>");
                    } else {                                    // 未单击"确定"按钮
                        label.setText("取消保存文件");
                    }
                }
            });
```

运行测试程序,单击按钮弹出了"保存"对话框,在对话框中选定目录,并输入待保存的文件名,此时对话框界面如图 13-47 所示。

与"打开"对话框相比,"保存"对话框的左上角标题由"打开"改为"保存",下方的"打开"按钮改为"保存"按钮,除了这两个地方有变化外,其他地方都一模一样。在对话框的"文件名"一栏填写待保存的文件名,然后单击"保存"按钮,回到如图 13-48 所示的程序主界面,可见主界面成功获知那个待保存文件的完整路径。

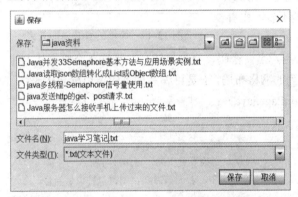

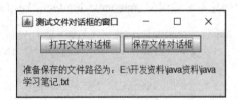

图 13-47 "保存"对话框的初始界面　　　图 13-48 单击了"保存"对话框中的"保存"按钮

文件对话框的内部字体也不能通过 setFont 方法直接修改,原因很简单,对话框只是一个框架,框架内部又有许多控件,故需要遍历这些内部控件,再一一设置每个控件的文本字体。详细的对话框字体设置方法定义如下:

```
// 设置对话框的内部字体。第一个参数需要传入"保存"对话框的实例
private static void setComponentFont(Component component, Font font) {
    component.setFont(font);                        // 设置当前组件的字体
    if (component instanceof Container) {           // 如果该组件是容器
        Container container = (Container) component;   // 把该组件强制转为容器
        int count = container.getComponentCount();     // 获取容器内部的组件数量
        for (int i = 0; i < count; i++) {              // 遍历该容器的所有组件
            // 给每个组件再设置一遍内部字体
            setComponentFont(container.getComponent(i), font);
        }
    }
}
```

# 13.4 实战练习

本节介绍如何使用 Swing 框架实现简单的登录界面。首先分析登录界面的组成控件（标签 JLabel、文本框 JTextField、密码框 JPasswordField、按钮 JButton）；然后由用户名与密码的校验逻辑引出消息对话框 JOptionPane；最后讲述如何将 Java 程序导出 JAR 包，从而通过批处理文件在桌面上执行 Java 程序。

## 13.4.1 简单的登录界面

Swing 工具包整体上是 AWT 的升级版，许多控件的用法与 AWT 相比大同小异，二者只要掌握了其中一套的界面编程，另外一套即可触类旁通。以常见的登录界面为例，无论采用 AWT 实现还是采用 Swing 实现，具体的编码过程都差不多。先看一个简单的登录界面，如图 13-49 所示。

图 13-49　简单的登录界面效果

由图 13-49 可见，登录界面包括 3 个要素：用户名、密码、登录按钮，并且这 3 个要素从上往下依次排列。这种垂直排列的情况类似于多行单列的网格布局，于是可编写如下的窗口框架代码（完整代码见本章源码的 src\com\swing\login\TestLoginPage.java）：

```java
public static void main(String[] args) {
    JFrame frame = new JFrame("登录窗口");          // 创建一个窗口对象
    frame.setSize(400, 200);                         // 必须设置宽高，否则没有窗体
    frame.setLocationRelativeTo(null);  // 将窗口居中。若无该方法，则窗口将位于屏幕左上角

    frame.setDefaultCloseOperation(JFrame.EXIT_ON_CLOSE);
                                                     // 设置默认的关闭操作：退出程序
    frame.setResizable(false);                       // 禁止调整窗口大小
    JPanel panel = new JPanel();                     // 创建主面板
    GridLayout layout = new GridLayout(3, 1);        // 创建一个网格布局，有三行一列
    panel.setLayout(layout);                         // 指定面板采用网格布局

    // 这里的控件设置代码有待添加，且待下文分说

    frame.add(panel);                    // 在窗口上添加面板
    frame.setVisible(true);              // 必须设置为 true，否则看不见
}
```

写好窗口框架之后，还得往里面补充各要素对应的控件对象。首先添加第一行的用户名相关控件，按照图 13-48 的效果，用户名区域分为左边的文本标签和右边的文本输入框，前者对应的 Swing 控件是 JLabel，后者对应的 Swing 控件是 JTextField。通过 JPanel 创建专门的用户名面板，用于容纳用户名的标签及其输入框，左右排列可采取默认的流式布局，再将这个用户名面板添加至主面板。照此编写用户名区域的 Swing 代码示例如下：

```
Font font = new Font("中号", Font.PLAIN, 20);
JPanel userPanel = new JPanel();                          // 创建用户名面板
JLabel userLabel = new JLabel("用户名");                   // 创建一个标签
userLabel.setPreferredSize(new Dimension(100, 50));       // 设置标签的推荐宽高
userLabel.setFont(font);                                  // 设置标签文字的字体与大小
userPanel.add(userLabel);                                 // 在面板上添加标签
JTextField userField = new JTextField();                  // 创建一个单行输入框
userField.setFont(font);                                  // 设置输入框的文本字体及其大小
userField.setPreferredSize(new Dimension(200, 30));       // 设置输入框的推荐宽高
userPanel.add(userField);                                 // 在面板上添加单行输入框
panel.add(userPanel);                                     // 在主面板上添加用户名面板
```

密码区域的编码过程类似于用户名区域，唯一的区别是密码输入框要更换为 JPasswordField 控件。下面是密码区域的 Swing 代码：

```
JPanel passwordPanel = new JPanel();                       // 创建密码面板
JLabel passwordLabel = new JLabel("密码");                  // 创建一个标签
passwordLabel.setPreferredSize(new Dimension(100, 50));    //设置标签的推荐宽高
passwordLabel.setFont(font);                               // 设置标签文字的字体与大小
passwordPanel.add(passwordLabel);                          // 在面板上添加标签
JPasswordField passwordField = new JPasswordField();       // 创建一个密码输入框
passwordField.setFont(font);                               // 设置密码输入框的文本字体及其大小
passwordField.setPreferredSize(new Dimension(200, 30));    // 设置密码输入框的推荐宽高
passwordPanel.add(passwordField);                          // 在面板上添加单行输入框
panel.add(passwordPanel);                                  // 在主面板上添加密码面板
```

接着还要展示登录按钮的控件，并处理按钮的单击事件。按钮控件用到了 JButton，它的单击事件通过 addActionListener 方法注册监听器。当用户单击登录按钮时，程序需要检查输入的用户名与密码是否正确，再根据检查结果分支处理：

（1）如果发现用户名错误或者密码错误，就应利用 JOptionPane 弹出消息窗口，提示用户要输入正确的用户名和密码。

（2）如果用户名与密码都校验通过，就应调用 dispose 方法关闭登录窗口，同时进入程序的主窗口界面。

按照上述的校验逻辑，可编写如下的按钮操作代码：

```
UIManager.put("Button.font", new FontUIResource(font));  //设置对话框内部按钮的展示效果
UIManager.put("Label.font", new FontUIResource(font));   //设置对话框内部标签的展示效果
JPanel buttonPanel = new JPanel();                        //创建按钮面板
JButton button = new JButton("登录");                      //创建一个按钮
button.setFont(font);   // 设置按钮文字的字体与大小
button.setPreferredSize(new Dimension(300, 35));          //设置按钮的推荐宽高
button.addActionListener(new ActionListener() {           //给按钮注册一个单击监听器
    public void actionPerformed(ActionEvent e) {          //发生了单击事件
        String username = userField.getText();            // 获取单行输入框的用户名文本
```

```
            String password = passwordField.getText();  //获取密码输入框的密码文本
            // 假定正确的用户名是 admin，正确的密码是 123
            if (!username.equals("admin") || !password.equals("123")) {  //用户名
错误或密码错误
                // 用户名或者密码错误，弹出登录失败的提示窗口
                JOptionPane.showMessageDialog(frame, "请输入正确的用户名和密码",
                    "登录失败", JOptionPane.ERROR_MESSAGE);
            } else {                        // 用户名与密码都正确
                frame.dispose();           // 关闭窗口
                MainWindow.show();         // 显示程序的主界面
            }
        }
    });
    buttonPanel.add(button);   // 在面板上添加按钮
    panel.add(buttonPanel);    // 在主面板上添加按钮面板
```

注意到以上代码在关闭登录窗口之后，调用了 MainWindow 的 show 方法显示主界面，这个 MainWindow 是开发者自己定义的类，它的 show 方法内部同样要实现 JFrame 对象的完整流程。比如下面是一个简单界面对应的 MainWindow 代码（完整代码见本章源码的 src\com\swing\login\MainWindow.java）：

```
//登录进去的程序主界面
public class MainWindow {
    // 显示程序主界面
    public static void show() {
        JFrame frame = new JFrame("主界面");    // 创建一个窗口对象
        frame.setSize(400, 200);                // 必须设置宽高，否则没有窗体
        frame.setLocationRelativeTo(null);
                                // 将窗口居中。若无该方法，则窗口将位于屏幕左上角
        frame.setDefaultCloseOperation(JFrame.EXIT_ON_CLOSE);
                                // 设置默认的关闭操作：退出程序
        JPanel panel = new JPanel();   // 创建一个面板
        JLabel label = new JLabel("恭喜您登录成功！");     // 创建一个标签
        label.setPreferredSize(new Dimension(350, 120));  // 设置标签的推荐宽高
        label.setFont(new Font("楷体", Font.PLAIN, 40));  // 设置标签文字的字体与大小
        panel.add(label);              // 在面板上添加标签
        frame.add(panel);              // 在窗口上添加面板
        frame.setVisible(true);        // 必须设置为 true，否则看不见
    }
}
```

主界面的代码编写完毕，回到登录窗口的代码处运行测试程序，在弹出的登录框中输入用户名和密码，此时登录界面的效果如图 13-50 所示。

由于当前默认的用户名为 admin，默认密码为 123，因此倘若用户名或者密码输入错误，单击"登录"按钮时就会弹出"登录失败"对话框，对话框效果如图 13-51 所示。

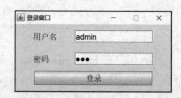

图 13-50　输入用户名和密码之后的登录界面

把用户名和密码都填写正确，单击"登录"按钮通过验证，然后进入程序的主界面，它的界面效果如图 13-52 所示。

图 13-51  提示用户名或密码错误          图 13-52  登录成功之后的主界面

## 13.4.2  将 Java 代码导出 JAR 包

图形界面的一大好处是方便交互，用户输入信息很容易，程序输出结果也很直观。但是每次运行 Swing 程序之前，都得先打开 IDEA 再执行 run 动作，这种方式对程序员来说都有些烦琐，何况普通用户呢？既然开发图形界面的目的是提供便利，那么干脆直接在桌面上打开程序界面。就 Java 编程而言，IDEA 支持将 Java 项目导出为 JAR 包，再通过执行 JAR 包启动程序，具体的操作步骤说明如下。

### 1. 设置打包的类型

依次选择菜单 File→Project Structure，在弹出的项目结构窗口中选择左侧列表的 Artifacts，窗口界面如图 13-53 所示。

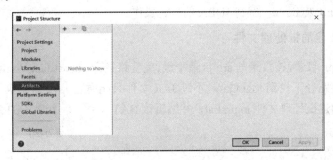

图 13-53  IDEA 的项目结构窗口

单击窗口中间区域左上角的加号按钮，在下拉菜单中依次选择 JAR→From modules with dependencies，选中之后弹出如图 13-54 所示的配置窗口。

单击第二行 Main Class 右边的文件夹图标，在图 13-55 所示的弹窗中选择程序入口类，并单击 OK 按钮返回配置窗口。

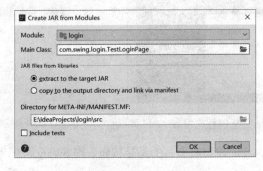
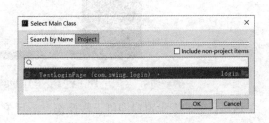

图 13-54  导出 JAR 包的配置窗口          图 13-55  导出 JAR 包的模块选择窗口

然后单击配置窗口下方的 OK 按钮，回到先前的项目结构窗口，此时的窗口界面如图 13-56 所示。

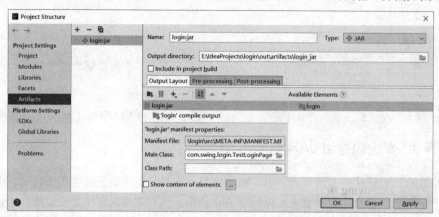

图 13-56　配置好 JAR 包导出的项目结构窗口

注意窗口右上方的 Output directory 填的是 JAR 文件导出后的保存路径，单击窗口右下角的 OK 按钮，完成打包程序的设置操作。

### 2. 导出 JAR 文件

回到 IDEA 主界面，依次选择菜单 Build→Build Artifacts…，在弹出的快捷菜单中选择 login.jar（login 是模块名称）→Rebuild，等待 IDEA 的打包操作。

### 3. 创建该 JAR 包的批处理文件

进入模块下的 out 目录，该目录与 src 目录平级，完整路径为 out\artifacts\login_jar（路径中的 login 为模块名称）。在该路径下找到 login.jar，不过 JAR 文件只能通过 Java 命令执行，无法通过双击启动。因而在同目录创建批处理文件 login.bat，并编辑该 BAT 文件，填入以下的 Java 命令，保存修改后的 BAT 文件。

```
java -jar login.jar
```

### 4. 通过批处理文件启动 Java 程序

双击前一步保存的 login.bat，桌面先弹出 Windows 的命令行窗口，再弹出 Swing 程序界面，两个窗口界面叠加的效果如图 13-57 所示。

图 13-57　运行 login.bat 之后的程序窗口

这里示例的登录窗口即可正常操作，一旦单击 Swing 窗口右上角的叉号按钮，则 Swing 程序界面连同命令行窗口就会一起关闭。

# 13.5 小 结

本章主要介绍了如何利用 Swing 工具包开发桌面程序,首先描述了如何显示基础的窗口界面(框架 JFrame、按钮 JButton、标签 JLabel),其次阐述了如何使用简单控件接收用户的信息输入(输入框、选择框、列表框),再次讲述了如何使用高级控件同用户复杂交互(表格、基本对话框、文件对话框),最后综合 Swing 的各种界面编程技术演示了如何实现简单的登录界面及其校验逻辑。

通过本章的学习,读者应该能够掌握以下编程技能:

(1)学会使用 Swing 编写拥有文本与图像的桌面程序。
(2)学会在桌面程序中以适当方式接收用户的输入信息。
(3)学会在桌面程序中同用户复杂交互(表格展现、提示对话框、文件对话框)。
(4)学会使用 Swing 编写实用的桌面程序。

# 第14章

# JavaFX 界面编程

本章介绍 JavaFX 框架的界面编程技术，包括 JavaFX 的环境配置及其基本场景、JavaFX 几类常见控件的用法、引入 FXML 分离界面布局及其控制器的编码，还将演示一个练习项目"房贷计算器"的实现过程。

## 14.1 JavaFX 的基本场景

本节介绍 JavaFX 的基本界面编程，首先讲述如何在 IDEA 中集成 JavaFX 环境，接着描述 JavaFX 窗口的几个组件（舞台 Stage、场景 Scenen、窗格 Pane），然后阐述按钮与标签控件的常见用法（颜色、字体、图片），最后补充说明 JavaFX 新增的两种界面布局（水平箱子 HBox 和垂直箱子 VBox）。

### 14.1.1 JavaFX 的初始配置

虽然 Java 自诞生之初就推出了 AWT，紧接着第 2 版又推出了升级后的 Swing，打算在桌面开发这块大展拳脚。不过原先的 AWT 与 Swing 实在太古老，难堪大用，唯有另开发一套桌面组件才行，JavaFX 便是这些桌面组件中特别优秀的一个。

JavaFX 原本是独立的开发包，需要手工导入 IDEA 才能开发 JavaFX 程序。自从 Java 8 开始，JDK 内部集成了 JavaFX 组件，因此基于 Java 8、Java 9、Java 10 的 Java 工程可以直接调用 JavaFX 的类库。但从 Java 11 开始，Oracle 又将 JavaFX 挪出 JDK，因此 Java 11 之后又得手工在 IDEA 中集成 JavaFX 的开发包。所以，下面的集成步骤面向的是 JDK 11 及以上版本，如果开发者使用的是 Java 8、Java 9、Java 10 这 3 个版本，就不必手工集成 JavaFX。

在 IDEA 中手工集成 JavaFX 主要有 3 个步骤：下载 JavaFX 的开发包、导入 JavaFX 的开发包以及增加 JavaFX 的编译选项，分别简述如下：

### 1. 下载 JavaFX 的开发包

通过浏览器访问网址 https://gluonhq.com/products/javafx/，挑选符合自己计算机的 JavaFX 版本，单击该版本右边绿色的 Download 按钮，浏览器会自动下载 JavaFX 的压缩包文件。等待文件下载完毕，将压缩包解压至某个安装目录，比如 E:\Program Files\Java，此时 JavaFX 的安装路径则为 E:\Program Files\Java\javafx-sdk-11.0.2（以 JavaFX 11 为例）。

### 2. 导入 JavaFX 的开发包

启动 IDEA，依次选择菜单 File→Project Structure，弹出的项目结构窗口如图 14-1 所示。

图 14-1　IDEA 的项目结构窗口

在弹出的窗口中依次选择 Project Settings→Libraries，单击中间上方的加号按钮，选中下拉列表的 Java 选项，将选未选之际的窗口界面如图 14-2 所示。

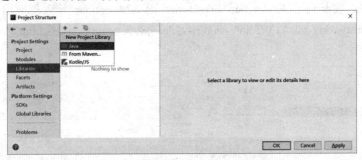

图 14-2　准备导入 JavaFX 的依赖库

选中 Java 选项后弹出文件对话框，在该对话框中选择 JavaFX 安装后的 lib 路径，对话框的目录结构如图 14-3 所示。

接着单击 OK 按钮，打开如图 14-4 所示的下一个弹窗。

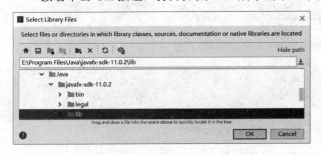

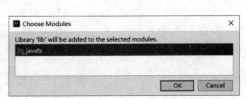

图 14-3　在文件对话框中选择 JavaFX 的 lib 目录　　　　图 14-4　准备将 JavaFX 的 lib 库添加至指定模块

在该弹窗的下方单击 OK 按钮。回到 Project Structure 的项目结构窗口，此时该窗口已经展示了导入的 JavaFX 库信息，详情如图 14-5 所示。

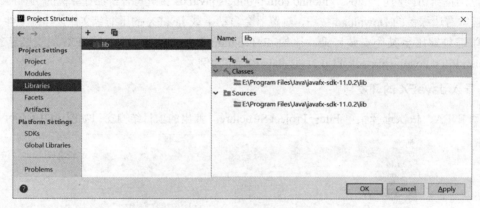

图 14-5　添加了 JavaFX 依赖库的项目结构窗口

然后单击页面右下方的 OK 按钮，完成 JavaFX 的 SDK 导入操作。

### 3. 增加 JavaFX 的编译选项

IDEA 导入 JavaFX 之后，还不能立刻运行 JavaFX 程序，需要另外增加它的编译选项才行。依次选择菜单 Run→Edit Configuration，单击弹出窗口右边的选项卡 Configuration，在 VM options 输入框中填写 "--module-path "JavaFX 在自己计算机上的 lib 目录路径" --add-modules javafx.controls,javafx.fxml"。譬如作者将 JavaFX 安装到了 E:\Program Files\Java，则 VM options 输入框应填写 "--module-path "E:\Program Files\Java\javafx-sdk-11.0.2\lib" --add-modules javafx.controls,javafx.fxml"，填完之后的配置窗口如图 14-6 所示。

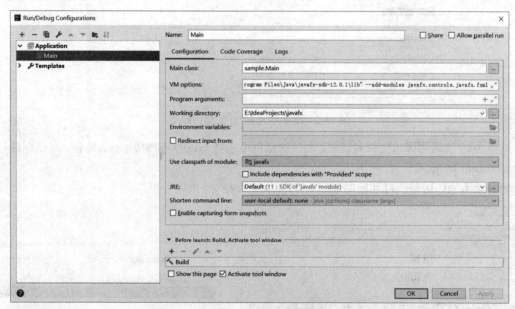

图 14-6　在配置窗口添加 JavaFX 的运行参数

单击配置窗口下方的 OK 按钮，完成编译选项的设置操作。

## 14.1.2　窗格 Pane

JavaFX 的程序入口与 Swing 有所不同，它的主程序由 Application 类派生而来，还要重写派生类的 start 方法，在该方法中添加具体的界面操作代码。比如下面是一段简单的 JavaFX 程序代码（完整代码见本章源码的 src\com\javafx\scene\TestHello.java）：

```java
//演示简单的 JavaFX 程序，JavaFX 程序的入口类继承自 Application
public class TestHello extends Application {
    public static void main(String[] args) {
        launch(args);  // 启动 JavaFX 应用，接下来会跳到 start 方法
    }

    public void start(Stage stage) {          // 应用程序开始运行
        stage.setTitle("Hello World");         // 设置舞台的标题
        Group group = new Group();             // 创建一个小组
        Scene scene = new Scene(group, 400, 100, Color.WHITE); // 创建一个场景
        stage.setScene(scene);                 // 设置舞台的场景
        stage.setResizable(false);             // 设置舞台的尺寸是否允许变化
        stage.show(); // 显示舞台，相当于 JFrame 的 setVisible(true)
    }
}
```

运行上面的测试代码，弹出如图 14-7 所示的程序界面，可见窗口的标题为"Hello World"。

看这界面风格，跟 AWT 和 Swing 相比没什么区别，还是原来熟悉的味道。只是控件名称都变了，例如窗口 JFrame 替换为舞台 Stage，面板 JPanel 替换为场景 Scene，等等。而窗

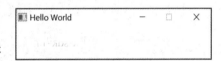

图 14-7　简单的 JavaFX 程序界面

口大小、窗口背景这些属性也改为由场景指定了，舞台的常用方法只剩下 setTitle（设置标题）、setScene（设置场景）、setResizable（是否允许改变舞台尺寸）、show（显示舞台）这些。对于窗口右上角的叉号按钮，JavaFX 默认它的单击动作会自动关闭窗口，所以无须单独设置叉号按钮的单击监听器。

除了新来的舞台和场景控件外，AWT 原先的布局控件也被换成了窗格控件，例如流式布局 FlowLayout 替换为流式窗格 FlowPane，网格布局 GridLayout 替换为网格窗格 GridPane，边界布局 BorderLayout 替换为边界窗格 BorderPane，等等。这 3 种窗格除了拥有共同的对齐方式设置方法 setAlignment 之外，给窗格添加内部控件的方式大相径庭，分别说明如下：

（1）若想给流式窗格 FlowPane 添加控件，则需先调用 getChildren 方法获得该窗格的节点清单对象，再调用清单对象的 add 方法，往节点清单中加入新的控件节点。

（2）若想给网格窗格 GridPane 添加控件，则直接调用窗格对象的 add 方法即可。

（3）若想给边界窗格 BorderPane 添加控件，则要调用不同的方法往 5 个方位添加控件，这些方法分别是：

　　① setTop 方法可在窗格的上方添加控件。

　　② setBottom 方法可在窗格的下方添加控件。

③ setLeft 方法可在窗格的左边添加控件。

④ setRight 方法可在窗格的右边添加控件。

⑤ setCenter 方法可在窗格的中间位置添加控件。

具体到编码实现上，首先看下面的流式窗格代码片段（完整代码见本章源码的 src\com\javafx\scene\TestPane.java）：

```
// 获取采用流式窗格的场景
private static Scene getFlowPane() {
    FlowPane pane = new FlowPane();                  // 创建一个流式窗格
    pane.setAlignment(Pos.CENTER_LEFT);              // 设置对齐方式为靠左对齐
    pane.getChildren().add(new Button("第一个按钮"));   // 在窗格上添加一个按钮
    pane.getChildren().add(new Button("第二个按钮"));   // 在窗格上添加一个按钮
    pane.getChildren().add(new Button("第三个按钮"));   // 在窗格上添加一个按钮
    pane.getChildren().add(new Button("第四个按钮"));   // 在窗格上添加一个按钮
    pane.getChildren().add(new Button("第五个按钮"));   // 在窗格上添加一个按钮
    Scene scene = new Scene(pane, 400, 150); // 创建一个采用流式窗格的场景
    return scene;
}
```

运行包含以上代码的 JavaFX 应用程序，弹出如图 14-8 所示的窗口界面，可见 5 个按钮仍然从左往右排列，一列放不下了就另起一列。

接着看下面的网格窗格代码片段，准备往 5 行 1 列的网格中添加 5 个按钮：

```
// 获取采用网格窗格的场景
private static Scene getGridPane() {
    GridPane pane = new GridPane();                  // 创建一个网格窗格
    pane.setAlignment(Pos.CENTER);                   // 设置对齐方式为居中对齐
    pane.add(new Button("第一个按钮"), 1, 0);  //在窗格的第 0 行第 1 列添加一个按钮
    pane.add(new Button("第二个按钮"), 1, 1);  //在窗格的第 1 行第 1 列添加一个按钮
    pane.add(new Button("第三个按钮"), 1, 2);  //在窗格的第 2 行第 1 列添加一个按钮
    pane.add(new Button("第四个按钮"), 1, 3);  //在窗格的第 3 行第 1 列添加一个按钮
    pane.add(new Button("第五个按钮"), 1, 4);  //在窗格的第 4 行第 1 列添加一个按钮
    Scene scene = new Scene(pane, 400, 150);  //创建一个采用网格窗格的场景
    return scene;
}
```

运行包含以上代码的 JavaFX 应用程序，弹出如图 14-9 所示的窗口界面，可见 5 个按钮从上往下排列，组成一个 5 行 1 列的网格布局。

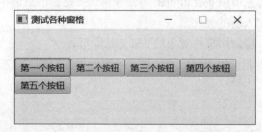

图 14-8　JavaFX 的流式窗格

图 14-9　JavaFX 的网格窗格

再来看下面的边界窗格代码片段，分别在上、下、左、右、中间 5 个位置添加按钮：

```
// 获取采用边界窗格的场景
private static Scene getBorderPane() {
    // 放在各方向上的节点，它们的默认对齐方式分别为：上边：Pos.TOP_LEFT
    // 下边：Pos.BOTTOM_LEFT，左边：Pos.TOP_LEFT，右边：Pos.TOP_RIGHT，中央：
Pos.CENTER
        BorderPane pane = new BorderPane();          // 创建一个边界窗格
        pane.setTop(new Button("上方的按钮"));        // 在窗格的上方添加按钮
        pane.setBottom(new Button("下方的按钮"));     // 在窗格的下方添加按钮
        pane.setLeft(new Button("左边的按钮"));       // 在窗格的左边添加按钮
        pane.setRight(new Button("右边的按钮"));      // 在窗格的右边添加按钮
        pane.setCenter(new Button("中间的按钮"));     // 在窗格的中间位置添加按钮
        Scene scene = new Scene(pane, 400, 150);     // 创建一个采用边界窗格的场景
        return scene;
    }
```

运行包含以上代码的 JavaFX 应用程序，弹出如图 14-10 所示的窗口界面，可见 5 个按钮果然散落到了指定的方位。

图 14-10　JavaFX 的边界窗格

## 14.1.3　按钮 Button 和标签 Label

JavaFX 的舞台、场景、窗格都能与 AWT/Swing 体系的相关概念一一对应，不仅如此，JavaFX 的常见控件也能在 Swing 中找到相应的控件。比如 JavaFX 的按钮控件名叫 Button，对应 Swing 的 JButton，两种按钮提供的方法类似。下面是 Button 控件的常用方法说明。

- setText：设置按钮的文本。
- setPrefSize：设置按钮的推荐宽高。
- setAlignment：设置按钮的对齐方式。
- setOnAction：设置按钮的单击事件。

单击事件的类型为 EventHandler&lt;ActionEvent&gt;，它的匿名内部类写法示例如下：

```
EventHandler<ActionEvent> handler = new EventHandler<ActionEvent>() {
                                            // 创建按钮的单击事件
    public void handle(ActionEvent arg0) {  // 处理单击事件
        // 这里补充单击按钮想要触发的代码逻辑
    }
};
```

除了按钮之外，标签也是很常见的基础控件，JavaFX 的标签控件名叫 Label，对应 Swing 的 JLabel。JavaFX 的 Label 与 JLabel 一样，都支持在标签上显示文本和图像，二者的方法调用也大同小异。下面是 Label 控件的常用方法说明（get***方法可类推）：

- setText：设置标签的文本。
- setPrefSize：设置标签的推荐宽高。
- setAlignment：设置标签的对齐方式。
- setFont：设置标签的字体。
- setTextFill：设置标签的文本颜色。
- setWrapText：设置标签文本是否支持自动换行。true 表示支持，false 表示不支持。
- setBackground：设置标签的背景。
- setGraphic：设置标签的图像。

由于 Label 控件与 Button 控件都继承自抽象类 Labeled，因此上面的标签方法同样适用于按钮 Button。接下来准备在标签上显示文本与图像的各种效果，为此需要构建一个标签控件，具体的标签创建代码如下（完整代码见本章源码的 src\com\javafx\scene\TestLabel.java）：

```
Label label = new Label("这里查看文字效果\n 这里查看文字效果");  //创建一个标签
label.setPrefSize(400, 100);              //设置标签的推荐宽高
label.setAlignment(Pos.CENTER);           //设置标签的对齐方式
label.setWrapText(true);  //设置标签文本是否支持自动换行。true 表示支持，false 表示不支持
```

注意，JavaFX 标签的文本换行并未采用 Swing 那套 HTML 标记的方式，而是通过换行符"\n"来手动换行。至于自动换行，则通过 setWrapText 方法来控制，只要调用该方法设置为 true，那么一旦文本长度超过标签宽度，程序就会自动将多出的文字另起一行。

首先看一个给标签设置背景的例子。Label 控件的 setBackground 方法不能直接输入颜色，而是要输入 Background 对象，详细的背景设置代码如下：

```
Button btn1 = new Button("背景黄色");                      // 创建一个按钮
btn1.setOnAction(new EventHandler<ActionEvent>() {       // 设置按钮的单击事件
    public void handle(ActionEvent arg0) {               // 处理单击事件
        // 创建一个充满指定颜色的背景
        Background bg = new Background(new BackgroundFill(Color.YELLOW, null, null));
        label.setBackground(bg);              // 设置标签的背景
    }
});
flowPane.getChildren().add(btn1);            // 往流式窗格上添加按钮
```

运行以上的背景色设置代码，单击按钮后的窗口界面如图 14-11 所示，标签区域的背景变为黄色。

再来看标签文字的颜色，JavaFX 摒弃了前景色的说法，转而采纳易于理解的文字颜色说法，也就是通过 setTextFill 方法设置文字颜色。下面是设置标签文本颜色的代码：

```
Button btn2 = new Button("前景红色");                      // 创建一个按钮
btn2.setOnAction(new EventHandler<ActionEvent>() {       // 设置按钮的单击事件
    public void handle(ActionEvent arg0) {               // 处理单击事件
```

```
        label.setTextFill(Color.RED);                  // 设置标签的文本颜色
    }
});
flowPane.getChildren().add(btn2);                      // 往流式窗格上添加按钮
```

运行以上的文本颜色设置代码，单击按钮后的界面如图 14-12 所示，可见标签内部的文本颜色变为红色。

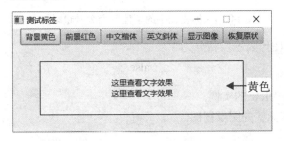

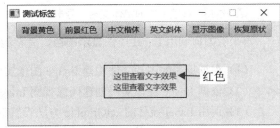

图 14-11　标签控件的背景变为黄色　　　　图 14-12　标签控件的文字颜色变为红色

JavaFX 的 Label 同样支持中文字体，不过中文字体使用拼音表达，例如 KaiTi 表示楷体，NSimSun 表示宋体，FangSong 表示仿宋，等等。下面是对标签中的汉字设置中文楷体的代码：

```
Button btn3 = new Button("中文楷体");                   // 创建一个按钮
btn3.setOnAction(new EventHandler<ActionEvent>() {     // 设置按钮的单击事件
    public void handle(ActionEvent arg0) {             // 处理单击事件
        // 创建一个 40 号大小且为楷体的字体对象，适用于汉字
        Font kaiti = Font.font("KaiTi", 40);
        label.setFont(kaiti);                          // 设置标签的字体
    }
});
flowPane.getChildren().add(btn3);                      // 往流式窗格上添加按钮
```

运行上面的字体设置代码，单击按钮后的界面如图 14-13 所示，可见标签内的汉字以楷体书写，并且文字尺寸也变大了。

尽管 JavaFX 依然提供粗体与斜体，但是它不支持对中文设置粗体与斜体，只能对英文设置粗体与斜体。下面是对标签文本设置英文字体 Times New Roman 的代码，同时一并应用了粗体与斜体：

```
        Button btn4 = new Button("英文斜体");              // 创建一个按钮
        btn4.setOnAction(new EventHandler<ActionEvent>() {  // 设置按钮的单击事件
            public void handle(ActionEvent arg0) {          // 处理单击事件
                label.setText("Hello World");
                // 创建一个 40 号大小且既是斜体又是粗体的字体对象，适用于英文
                Font italic_bold = Font.font("Times New Roman",
                        FontWeight.BOLD, FontPosture.ITALIC, 40);
                label.setFont(italic_bold);                 // 设置标签的字体
            }
        });
        flowPane.getChildren().add(btn4);                   // 往流式窗格上添加按钮
```

运行上面的字体设置代码，单击按钮后的界面如图 14-14 所示，可见标签内的英文呈现既粗又斜的面貌，幸亏本身字体是规整的 Times New Roman，还不至于扭得太难看。

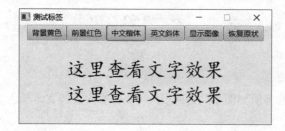

图 14-13　标签文字的字体变为大号楷体　　　　图 14-14　标签文字的字体变为大号粗斜体

再来看如何利用 Label 控件显示图像，完整的图像显示步骤分为 3 步：

（1）根据原始的图片文件构建 Image 图像实例。

（2）依据 Image 图像实例创建图像视图 ImageView 的实例。

（3）调用 Label 控件的 setGraphic 方法设置该标签的图像视图。

利用 Label 显示图像的详细代码如下：

```
Button btn5 = new Button("显示图像");                         // 创建一个按钮
btn5.setOnAction(new EventHandler<ActionEvent>() {    // 设置按钮的单击事件
    public void handle(ActionEvent arg0) {                // 处理单击事件
        // 创建一个图像
        Image image = new Image(getClass().getResourceAsStream
("banana.png"));
        label.setGraphic(new ImageView(image));   // 设置标签的图像
        label.setText("");                         // 设置标签的文本
    }
});
flowPane.getChildren().add(btn5);                    // 往流式窗格上添加按钮
```

运行上面的图像设置代码，单击按钮后的界面如图 14-15 所示，可见此时的标签控件妥妥地变为一幅图画。

图 14-15　使用标签控件显示图像

## 14.1.4　箱子 HBox 和 VBox

JavaFX 的标签控件支持中文字体，那么它到底支持哪些中文字体呢？自然要看当前的操作系统都安装了哪些字体，对于中文的 Windows 系统，默认安装了黑体"SimHei"、宋体"NSimSun"、仿宋"FangSong"与楷体"KaiTi"。在 AWT 与 Swing 的体系中，Font 工具支持填入中文字体的名称；但在 JavaFX 编程中，Font 工具则要填写中文字体的拼音。除了这 4 种基础字体以外，只要系统安装了 Office 中文版，则还会增加额外的中文字体。表 14-1 列出了 JavaFX 支持的主要中文字体。

表 14-1　JavaFX 支持的中文字体

| 字 体 名 称 | 字 体 标 识 | 字 体 名 称 | 字 体 标 识 |
|---|---|---|---|
| 黑体 | SimHei | 华文楷体 | STKaiti |
| 宋体 | NSimSun | 华文宋体 | STSong |
| 仿宋 | FangSong | 华文中宋 | STZhongsong |
| 楷体 | KaiTi | 华文仿宋 | STFangsong |
| 隶书 | LiSu | 华文彩云 | STCaiyun |
| 幼圆 | YouYuan | 华文琥珀 | STHupo |
| 方正舒体 | FZShuTi | 华文隶书 | STLiti |
| 方正姚体 | FZYaoti | 华文行楷 | STXingkai |
| 华文细黑 | STXihei | 华文新魏 | STXinwei |

在界面布局方面，JavaFX 也做了补充增强。原来 AWT/Swing 框架拥有 3 种布局：流式布局、网格布局、边界布局，然而缺少了两种常见布局：左右排列的水平布局和上下排列的垂直布局。尽管流式布局也是从左到右排列的，但一行放不下了会自动换行，无法实现固定展示一行的效果。单列多行的网格布局固然貌似是垂直布局，但每个网格的高度是固定的，难以满足每行高度灵活变化的要求。AWT 与 Swing 身为 20 世纪的老古董，早已停止了功能扩充，所幸 JavaFX 适时推出了水平布局和垂直布局的对应控件。其中，对照水平布局的控件名叫水平箱子 HBox，对照垂直布局的控件名叫垂直箱子 VBox，它们名义上是箱子，其实跟流式窗格、网格窗格、边界窗格同样属于窗格大家族。在编码的时候，HBox 和 VBox 的用法接近于流式窗格 FlowPane，可以将它们看作是一种特殊的流式窗格。

接下来，通过具体的代码来演示水平箱子和垂直箱子的作用。为了更好地观察箱子内部的标签文本，首先定义一个获取标签对象的公共方法 getLabel，该方法的实现代码如下：

```
// 获得指定文本及字体的标签
private Label getLabel(String text, Font font) {
    Label label = new Label(text);          // 创建一个标签
    label.setFont(font);                     // 设置标签的字体
    label.setAlignment(Pos.CENTER);          // 设置标签的对齐方式
    label.setWrapText(true);                 // 设置标签文本是否支持自动换行
    return label;
}
```

然后创建一个水平箱子，并往该箱子里添加 4 个文本标签，相关的操作代码如下（完整代码见本章源码的 src\com\javafx\scene\TestBox.java）：

```
Button btn1 = new Button("水平排列");                     // 创建一个按钮
btn1.setOnAction(new EventHandler<ActionEvent>() {  // 设置按钮的单击事件
    public void handle(ActionEvent arg0) {          // 处理单击事件
        HBox hbox = new HBox();                     // 创建一个水平箱子
        hbox.setAlignment(Pos.CENTER);              // 设置水平箱子的对齐方式
        // 给水平箱子添加一个标签
        hbox.getChildren().add(getLabel("离离原上草", Font.font("SimHei",
25)));
```

```
                hbox.getChildren().add(getLabel("一岁一枯荣", Font.font("KaiTi",
25)));
                hbox.getChildren().add(getLabel("野火烧不尽", Font.font
("NSimSun", 25)));
                hbox.getChildren().add(getLabel("春风吹又生", Font.font
("FangSong", 25)));
                borderPane.setCenter(hbox);          // 把水平箱子放到边界窗格的中央
            }
        });
        flowPane.getChildren().add(btn1);            // 往流式窗格上添加按钮
```

运行包括上述测试代码的程序，单击按钮后的界面如图 14-16 所示，可见此时 4 个文本标签从左到右挤在了同一水平方向。

接着创建一个垂直箱子，也往该箱子添加 4 个文本标签，相关的操作代码片段如下：

```
        Button btn2 = new Button("垂直排列");              // 创建一个按钮
        btn2.setOnAction(new EventHandler<ActionEvent>() {  // 设置按钮的单击事件
            public void handle(ActionEvent arg0) {      // 处理单击事件
                VBox vbox = new VBox();                 // 创建一个垂直箱子
                vbox.setAlignment(Pos.CENTER);          // 设置垂直箱子的对齐方式
                // 给垂直箱子添加一个标签
                vbox.getChildren().add(getLabel("离离原上草", Font.font("LiSu",
30)));
                vbox.getChildren().add(getLabel("一岁一枯荣", Font.font
("YouYuan", 30)));
                vbox.getChildren().add(getLabel("野火烧不尽", Font.font
("STXingkai", 30)));
                vbox.getChildren().add(getLabel("春风吹又生", Font.font
("STXinwei", 30)));
                borderPane.setCenter(vbox);          // 把垂直箱子放到边界窗格的中央
            }
        });
        flowPane.getChildren().add(btn2);            // 往流式窗格上添加按钮
```

再次运行包括上述测试代码的程序，单击按钮后的界面如图 14-17 所示，可见此时 4 个文本标签改成从上到下垂直排列了。

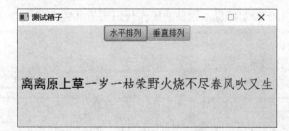

图 14-16　JavaFX 的水平箱子

图 14-17　JavaFX 的垂直箱子

## 14.2　JavaFX 的常用控件

本节介绍 JavaFX 常见的几类控件的用法，包括：输入框（单行输入框 TextField、密码输入框 PasswordField、多行输入框 TextArea）、选择框（复选框 CheckBox、单选按钮 RadioButton、下拉框 ComboBox）、列表/表格（列表视图 ListView、表格视图 TableView）以及对话框（提示对话框 Alert、文件对话框 FileChooser）。

### 14.2.1　输入框的种类

循着 Swing 的旧例，JavaFX 仍然提供了 3 种文本输入框，分别是单行输入框 TextField、密码输入框 PasswordField、多行输入框 TextArea。这些输入框都由抽象类 TextInputControl 派生而来，因此拥有共同的编辑方法，常用的主要有以下两个。

- setEditable：设置输入框能否编辑。为 true 表示能够编辑，为 false 表示不能编辑。
- setPromptText：设置输入框的提示语，用来提示用户可以输入什么样的文本。

文本输入框与文本标签的区别在于，输入框内的文字允许编辑，而标签文字不允许编辑。尽管如此，输入框依旧要在界面上显示文字，故它拥有以下与 Label 控件同样的方法。

- setPrefSize：设置输入框的推荐宽高。
- setText：设置输入框的文本。
- setFont：设置输入框的字体。
- setBackground：设置输入框的背景。

至于 Label 控件的其他方法，如 setAlignment、setTextFill、setWrapText、setGraphic，由于涉及具体细节，因此 TextInputControl 类并未提供。除此之外，JavaFX 的 3 种输入框各有千秋，接下来分别对它们进行详细说明。

#### 1. 单行输入框 TextField

TextField 控件对应 Swing 的 JTextField，它只能输入一行文字，另外提供了以下两个专属方法。

- setAlignment：设置输入框的对齐方式。该方法等同于 Label 控件的同名方法。
- setPrefColumnCount：设置输入框的推荐列数。

下面是在界面上添加单行输入框的代码片段（完整代码见本章源码的 src\com\javafx\widget\TestTextInput.java）：

```
Button btn1 = new Button("单行输入框");              // 创建一个按钮
btn1.setOnAction(new EventHandler<ActionEvent>() {  // 设置按钮的单击事件
    public void handle(ActionEvent arg0) {          // 处理单击事件
        HBox hbox = new HBox();                     // 创建一个水平箱子
        Label label = new Label("请输入手机号码：");    // 创建一个标签
        TextField field = new TextField();     // 创建一个单行输入框
        field.setPrefSize(200, 50);                 // 设置单行输入框的推荐宽高
        field.setEditable(true);                    // 设置单行输入框能否编辑
```

```
            field.setPromptText("请输入手机号码");    // 设置单行输入框的提示语
            field.setAlignment(Pos.CENTER_LEFT);    // 设置单行输入框的对齐方式
            field.setPrefColumnCount(11);            // 设置单行输入框的推荐列数
            hbox.getChildren().addAll(label, field);  // 给水平箱子添加一个单行
输入框
            borderPane.setCenter(hbox);  // 把水平箱子放到边界窗格的中央
        }
    });
    flowPane.getChildren().add(btn1);  // 往流式窗格上添加按钮
```

运行包含以上测试代码的应用程序，单击按钮后的界面如图 14-18 所示，可见在 TextField 中填写的文字以明文显示。

### 2. 密码输入框 PasswordField

PasswordField 控件对应 Swing 的 JPasswordField，它实际上继承自 TextField，唯一区别是输入的文字以圆点代替，连回显字符的设置方法都未提供。下面是在界面上添加密码输入框的代码片段（完整代码见本章源码的 src\com\javafx\widget\TestTextInput.java）：

```
        Button btn2 = new Button("密码输入框");                    // 创建一个按钮
        btn2.setOnAction(new EventHandler<ActionEvent>() {  // 设置按钮的单击事件
            public void handle(ActionEvent arg0) {            // 处理单击事件
                HBox hbox = new HBox();                        // 创建一个水平箱子
                Label label = new Label("请输入密码：");         // 创建一个标签
                PasswordField field = new PasswordField();     // 创建一个密码输入框
                field.setPrefSize(200, 50);              // 设置密码输入框的推荐宽高
                field.setEditable(true);                 // 设置密码输入框能否编辑
                field.setPromptText("请输入密码");        // 设置密码输入框的提示语
                field.setAlignment(Pos.CENTER_LEFT);     // 设置密码输入框的对齐方式
                field.setPrefColumnCount(11);            // 设置密码输入框的推荐列数
                hbox.getChildren().addAll(label, field);  // 给水平箱子添加一个密码
输入框
                borderPane.setCenter(hbox);  // 把水平箱子放到边界窗格的中央
            }
        });
        flowPane.getChildren().add(btn2);  // 往流式窗格上添加按钮
```

运行包含以上测试代码的应用程序，单击按钮后的界面如图 14-19 所示，可见在 PasswordField 中填写的文字以密文显示。

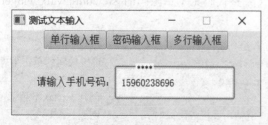

图 14-18  JavaFX 的单行输入框

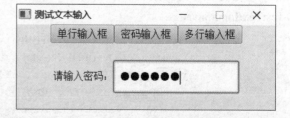

图 14-19  JavaFX 的密码输入框

### 3. 多行输入框 TextArea

TextArea 控件对应 Swing 的 JTextArea，它允许输入多行文本，且文字固定朝左上角对齐，所以该控件没有 setAlignment 方法，反而多出了 setWrapText 换行方法。TextArea 额外多出的几个方法说明如下。

- setWrapText：设置输入框文本是否支持自动换行。该方法等同于 Label 控件的同名方法。
- setPrefColumnCount：设置输入框的推荐列数。
- setPrefRowCount：设置输入框的推荐行数。

下面是在界面上添加多行输入框的代码片段（完整代码见本章源码的 src\com\javafx\widget\TestTextInput.java）：

```
Button btn3 = new Button("多行输入框");                  // 创建一个按钮
btn3.setOnAction(new EventHandler<ActionEvent>() {  // 设置按钮的单击事件
    public void handle(ActionEvent arg0) {          // 处理单击事件
        HBox hbox = new HBox();                      // 创建一个水平箱子
        hbox.setPrefSize(300, 80);                   // 设置水平箱子的推荐宽高
        Label label = new Label("请输入评价：");       // 创建一个标签
        TextArea area = new TextArea();              // 创建一个多行输入框
        area.setMaxHeight(85);                       // 设置多行输入框的最大高度
        //area.setMaxWidth(300);                     // 设置多行输入框的最大宽度
        area.setPrefSize(200, 50);                   // 设置多行输入框的推荐宽高
        area.setEditable(true);                      // 设置多行输入框能否编辑
        area.setPromptText("请输入评价");             // 设置多行输入框的提示语
        area.setWrapText(true);  // 设置是否支持自动换行。true 表示支持,false
表示不支持

        area.setPrefColumnCount(11);                 // 设置多行输入框的推荐列数
        area.setPrefRowCount(3);                     // 设置多行输入框的推荐行数
        hbox.getChildren().addAll(label, area);  // 给水平箱子添加一个多行
输入框

        borderPane.setCenter(hbox);                  // 把水平箱子放到边界窗格的中央
    }
});
flowPane.getChildren().add(btn3);                    // 往流式窗格上添加按钮
```

运行包含以上测试代码的应用程序，单击按钮后的界面如图 14-20 所示，可见 TextArea 的确支持输入多行文本。

继续在多行输入框中填写文字，一旦文字总高度超过输入框的高度，输入框右侧就会自动显示滚动条，此时界面如图 14-21 所示。

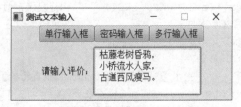

图 14-20　JavaFX 的多行输入框（不带滚动条）　　图 14-21　JavaFX 的多行输入框（带滚动条）

由图 14-21 可见，JavaFX 的 TextArea 默认集成了滚动条控件，无须像 Swing 的 JTextArea 那样需要程序员手工操作。

## 14.2.2　选择框的种类

与 Swing 一样，JavaFX 依然提供了三种选择框，它们是复选框 CheckBox、单选按钮 RadioButton、下拉框 ComboBox，分别说明如下。

### 1. 复选框 CheckBox

复选框允许同时勾选多个，已勾选的时候在方框内部打个勾，未勾选的时候显示空心方框。查看 CheckBox 的源码，发现它与 Button 控件都派生自抽象类 ButtonBase，因而 CheckBox 拥有和 Button 同样的 set\*\*\*/get\*\*\* 方法。不同之处主要有以下两点：

（1）关于勾选状态的设置与判断：调用 setSelected 方法可以设置复选框的勾选状态，调用 isSelected 方法可以判断复选框是否被勾选了。

（2）关于勾选监听器的设置：先调用 selectedProperty 方法获得复选框的属性对象，再调用属性对象的 addListener 方法设置该复选框的勾选监听器。下面是给复选框设置单击监听器的代码：

```
CheckBox ck = new CheckBox("满意");        // 创建一个复选框
ck.selectedProperty().addListener(new ChangeListener<Boolean>() {
                                        // 设置复选框的勾选监听器
    public void changed(ObservableValue<? extends Boolean> arg0, Boolean
arg1, Boolean arg2) {
            // 单击复选框会触发这里的 changed 方法
    }
});
```

接下来举一个具体的例子，餐厅的点餐系统要在界面上罗列各种菜肴，以便顾客勾选准备下单的菜品。简单起见，先列出三道菜肴，对应三个复选框，编写完成的界面代码如下（完整代码见本章源码的 src\com\javafx\widget\TestSelectBox.java）：

```
// 获取复选框的界面
private void getCheckBox(BorderPane borderPane) {
    VBox vbox = new VBox();  // 创建一个垂直箱子
    HBox hbox = new HBox();  // 创建一个水平箱子
    CheckBox ck1 = new CheckBox("麻婆豆腐");     // 创建一个复选框
    CheckBox ck3 = new CheckBox("清蒸桂花鱼");    // 创建一个复选框
    CheckBox ck2 = new CheckBox("香辣小龙虾");    // 创建一个复选框
    hbox.getChildren().addAll(ck1, ck2, ck3);  //把三个复选框一起加到水平箱子上
    CheckBox[] boxArray = new CheckBox[]{ck1, ck2, ck3};  // 构建复选框数组
    Label label = new Label("这里查看菜单详情");              // 创建一个标签
    label.setWrapText(true);  // 设置标签文本是否支持自动换行
    vbox.getChildren().addAll(hbox, label);
                                    // 把水平箱子和标签一起加到垂直箱子上
    ck1.selectedProperty().addListener(new ChangeListener<Boolean>() {
                                    // 设置复选框的勾选监听器
```

```
                public void changed(ObservableValue<? extends Boolean> arg0, Boolean
arg1, Boolean arg2) {
                    // 拼接并显示当前的勾选结果，以及已经勾选的菜肴
                    label.setText(String.format("您%s了%s。当前已点菜肴包括：%s",
                        (ck1.isSelected() ? "点" : "取消"), ck1.getText(),
getCheckedItem(boxArray)));
                }
            });
            ck2.selectedProperty().addListener(new ChangeListener<Boolean>() {
                                            // 设置复选框的勾选监听器
                public void changed(ObservableValue<? extends Boolean> arg0, Boolean
arg1, Boolean arg2) {
                    // 拼接并显示当前的勾选结果，以及已经勾选的菜肴
                    label.setText(String.format("您%s了%s。当前已点菜肴包括：%s",
                        (ck2.isSelected() ? "点" : "取消"), ck2.getText(),
getCheckedItem(boxArray)));
                }
            });
            ck3.selectedProperty().addListener(new ChangeListener<Boolean>() {
                                            // 设置复选框的勾选监听器
                public void changed(ObservableValue<? extends Boolean> arg0, Boolean
oldv, Boolean newv) {
                    // 拼接并显示当前的勾选结果，以及已经勾选的菜肴
                    label.setText(String.format("您%s了%s。当前已点菜肴包括：%s",
                        (ck3.isSelected() ? "点" : "取消"), ck3.getText(),
getCheckedItem(boxArray)));
                }
            });
            borderPane.setCenter(vbox);  // 把垂直箱子放到边界窗格的中央
        }
```

上面的代码用到了新方法 getCheckedItem，该方法用来获取已经选中的所有菜肴，它的代码定义如下：

```
    // 获取已经选定的菜单
    private String getCheckedItem(CheckBox[] boxArray) {
        String itemDesc = "";
        for (CheckBox box : boxArray) {          // 遍历复选框数组
            if (box.isSelected() == true) {      // 复选框被选中了
                if (itemDesc.length() > 0) {
                    itemDesc = itemDesc + "、";
                }
                itemDesc = itemDesc + box.getText();  // 菜单添加选定的菜肴
            }
        }
        return itemDesc;
    }
```

运行包含以上代码的点餐程序，弹出的初始界面如图 14-22 所示。

从左往右依次单击三个复选框，界面上的点餐结果分别如图 14-23～图 14-25 所示。

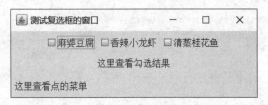

图 14-22　包含三个复选框的初始界面

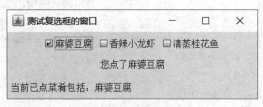

图 14-23　单击第一个复选框之后的界面

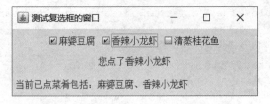

图 14-24　单击第二个复选框之后的界面

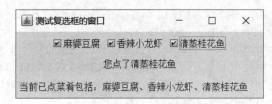

图 14-25　单击第三个复选框之后的界面

### 2. 单选按钮 RadioButton

在同一小组内的单选按钮，最多只能选择其中一个，单选按钮被选中时在圆圈内部显示一个圆点，未选中时只显示空心圆圈。RadioButton 由 ButtonBase 派生而来，因此拥有与 Button 控件同样的 set\*\*\*/get\*\*\* 方法。区别之处主要有以下两点：

（1）关于加入一个单选小组：调用单选按钮的 setToggleGroup 方法，即可加入指定的按钮小组，该小组的控件类型是 ToggleGroup。

（2）关于单选按钮的选择监听器：JavaFX 把这个监听器改到小组上面了，先调用 ToggleGroup 对象的 selectedToggleProperty 方法获得单选组的属性对象，再调用属性对象的 addListener 方法设置该小组的单击监听器。

仍然以点餐系统为例，这次准备让顾客享用单点的快餐，小店刚开业，暂时只提供三种快餐，对应三个单选按钮，编写完成的界面代码如下（完整代码见本章源码的 src\com\javafx\widget\TestSelectBox.java）：

```
    // 获取单选按钮的界面
private void getRadioButton(BorderPane borderPane) {
    VBox vbox = new VBox();  // 创建一个垂直箱子
    HBox hbox = new HBox();  // 创建一个水平箱子
    RadioButton rb1 = new RadioButton("鱼香肉丝饭");  // 创建一个单选按钮
    rb1.setSelected(true);  // 设置按钮是否选中
    RadioButton rb2 = new RadioButton("香菇滑鸡饭");  // 创建一个单选按钮
    RadioButton rb3 = new RadioButton("黑椒牛排饭");  // 创建一个单选按钮
    hbox.getChildren().addAll(rb1, rb2, rb3);  // 把三个单选按钮一起加到水平箱
子上
    ToggleGroup group = new ToggleGroup();        // 创建一个按钮小组
    rb1.setToggleGroup(group);                    // 把单选按钮 1 加入按钮小组
    rb2.setToggleGroup(group);                    // 把单选按钮 2 加入按钮小组
```

```
        rb3.setToggleGroup(group);                    // 把单选按钮 3 加入按钮小组
        Label label = new Label("这里查看点餐结果");   // 创建一个标签
        label.setWrapText(true);                      // 设置标签文本是否支持自动换行
        vbox.getChildren().addAll(hbox, label);  // 把水平箱子和标签一起加到垂直箱
子上
        // 设置单选组合的单击监听器
        group.selectedToggleProperty().addListener(new ChangeListener
<Toggle>() {
            public void changed(ObservableValue<? extends Toggle> arg0, Toggle
oldt, Toggle newt) {
                // 在标签上显示当前选中的单选按钮文本
                label.setText("您点了" + ((RadioButton) newt).getText());
            }
        });
        borderPane.setCenter(vbox);  // 把垂直箱子放到边界窗格的中央
    }
```

运行包含以上代码的点餐程序，弹出的窗口初始界面如图 14-26 所示。

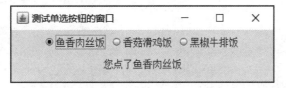

图 14-26　包含三个单选按钮的初始界面

从图 14-26 可见，当前默认选中了第一个快餐"鱼香肉丝饭"，此时先后单击第二个快餐和第三个快餐，界面上的点餐结果分别如图 14-27 和图 14-28 所示。

 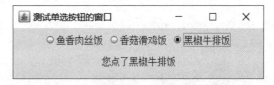

图 14-27　单击第二个单选按钮后的界面　　　图 14-28　单击第三个单选按钮后的界面

### 3. 下拉框 ComboBox

如果单选小组里面的选项有很多，全部罗列到窗口上势必占用大量界面空间，故而采用可伸缩的下拉框较为合适。平时只显示最近一次选中的文字，需要改变的话再单击弹出下拉列表，在下拉列表中选完再恢复原状。看起来 JavaFX 的下拉框跟 Swing 的功能差不多，不过 JavaFX 的 ComboBox 控件用起来颇为怪异，有以下几点需要特别注意。

（1）关于选中某项以及获取选中项：需要先调用下拉框的 getSelectionModel 方法获得模型对象，再调用模型对象的相应方法完成指定功能。例如，调用模型对象的 select 方法可以选中某项，调用 getSelectedIndex 方法可以获得选中项的序号,调用 getSelectedItem 方法可以获得选中项的对象。

（2）关于设置下拉框的字体：ComboBox 控件竟然没提供 setFont 方法，只能调用 setStyle 方法通过 CSS 样式设置文本字体及其大小。

（3）关于设置下拉框的选择监听器：这个操作更复杂，要先调用下拉框的 getSelectionModel 方法获得模型对象，再调用模型对象的 selectedItemProperty 方法获得该模型的属性对象，接着调用属性对象的 addListener 方法给下拉框添加选择监听器。

继续以点餐系统为例，原来那家快餐店的生意日趋红火，快餐种类增加了不少，他们的点餐系统也将单选小组改造成了下拉框。改造完成的界面代码如下（完整代码见本章源码的 src\com\javafx\widget\TestSelectBox.java）：

```java
    // 获取下拉框的界面
    private void getComboBox(BorderPane borderPane) {
        VBox vbox = new VBox();  // 创建一个垂直箱子
        // 初始化快餐列表
        List<String> snackList = Arrays.asList("鱼香肉丝饭", "香菇滑鸡饭",
                "黑椒牛排饭", "梅菜扣肉饭", "糖醋里脊饭", "红烧排骨饭", "台式卤肉饭");
        // 把清单对象转换为 JavaFX 控件能够识别的数据对象
        ObservableList<String> obList = FXCollections.observableArrayList
(snackList);
        ComboBox<String> comboBox = new ComboBox<String>(obList);  // 依据指定数据创建下拉框
        //comboBox.setItems(obList);                    // 设置下拉框的数据来源
        comboBox.getSelectionModel().select(0);         // 设置下拉框默认选中第 1 项
        Font font = Font.font("NSimSun", 16);           // 创建一个字体对象
        // 设置下拉框的字体
        comboBox.setStyle(String.format("-fx-font: %f \"%s\";", font.getSize(),
font.getFamily()));
        comboBox.setEditable(false);  // 设置下拉框能否编辑，默认不允许编辑
        Label label = new Label("这里查看点餐结果");  // 创建一个标签
        label.setWrapText(true);  // 设置标签文本是否支持自动换行
        vbox.getChildren().addAll(comboBox, label);  // 把水平箱子和标签一起加到垂直箱子上
        // 设置下拉框的选择监听器
        comboBox.getSelectionModel().selectedItemProperty().addListener(new
ChangeListener<String>() {
            public void changed(ObservableValue<? extends String> arg0, String
old_str, String new_str) {
                // getSelectedIndex 方法获得选中项的序号，getSelectedItem 方法获得选中项的对象
                String desc = String.format("您点了第%d 项，快餐名称是%s",
                    comboBox.getSelectionModel().getSelectedIndex(),
                    comboBox.getSelectionModel().getSelectedItem().
toString());
                label.setText(desc);  // 在标签上显示当前选中的文本项
            }
        });
        borderPane.setCenter(vbox);  // 把垂直箱子放到边界窗格的中央
    }
```

运行包含以上代码的点餐程序，弹出的窗口初始界面如图 14-29 所示。

单击下拉框控件，下方弹出一个包含所有快餐的列表框，具体界面如图 14-30 所示。

单击下拉列表中的某一项，表示换成指定的快餐，此时下拉列表隐藏，下拉框的文字变成刚才点的快餐名称，点餐结果如图 14-31 所示。

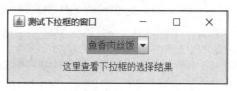

图 14-29　下拉框的初始界面

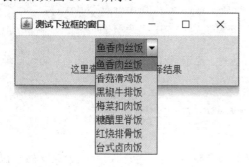

图 14-30　单击下拉框后弹出下拉列表

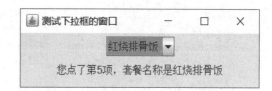

图 14-31　选择下拉列表某项后的下拉框

## 14.2.3　列表与表格

下拉框只有在单击时才会弹出所有选项的下拉列表，这固然节省了有限的界面空间，但有时需要把所有选项都固定展示到窗口上。像这种平铺的列表控件，Swing 给出的控件名称是 ListBox，而 JavaFX 提供了列表视图 JList。在具体编码运用上，ListView 的用法几乎跟 ComboBox 一模一样，二者的列表项拥有相同的数据来源，同样调用 setStyle 方法来设置各项字体，而且列表项的选择监听器也保持一致，唯一的区别是控件名称由 ComboBox 改成了 ListView。

既然 ListView 的用法与 ComboBox 类似，这里就不再啰唆了。仍旧以快餐列表为例，ListView 使用代码片段如下（完整代码见本章源码的 src\com\javafx\widget\TestListTable.java）：

```java
// 显示列表视图
private void showListView(BorderPane borderPane) {
    VBox vbox = new VBox();  // 创建一个垂直箱子
    // 初始化快餐列表
    List<String> snackList = Arrays.asList("鱼香肉丝饭", "香菇滑鸡饭",
            "黑椒牛排饭", "梅菜扣肉饭", "糖醋里脊饭", "红烧排骨饭", "台式卤肉饭");
    // 把清单对象转换为 JavaFX 控件能够识别的数据对象
    ObservableList<String> obList = FXCollections.observableArrayList(snackList);
    ListView<String> listView = new ListView<String>(obList);  // 依据指定数据创建列表视图
    //listView.setItems(obList);                // 设置列表视图的数据来源
    listView.setPrefSize(400, 180);             // 设置列表视图的推荐宽高
    Label label = new Label("这里查看点餐结果");   // 创建一个标签
    label.setWrapText(true);  // 设置标签文本是否支持自动换行
    vbox.getChildren().addAll(listView, label);  // 把列表和标签一起加到垂直箱子上
```

```
       // 设置列表视图的选择监听器
       listView.getSelectionModel().selectedItemProperty().addListener(new
ChangeListener<String>() {
          public void changed(ObservableValue<? extends String> arg0, String
old_str, String new_str) {
              // getSelectedIndex 方法获得选中项的序号，getSelectedItem 方法获得选中
项的对象
              String desc = String.format("您点了第%d 项，快餐名称是%s",
                  listView.getSelectionModel().getSelectedIndex(),
                  listView.getSelectionModel().getSelectedItem().
toString());
              label.setText(desc);   // 在标签上显示当前选中的文本项
          }
       });
       borderPane.setCenter(vbox);   // 把垂直箱子放到边界窗格的中央
    }
```

运行包含以上代码的测试程序，在弹出的窗口中单击"显示列表"按钮，界面中央罗列了快餐列表，如图 14-32 所示。单击列表中的某种快餐，窗口下方会显示当前的选择结果，此时界面效果如图 14-33 所示。

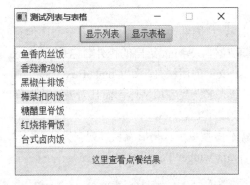

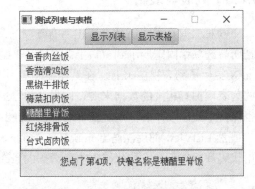

图 14-32　列表框的初始界面　　　　　　　　图 14-33　单击某项后的列表框

尽管 ListView 能够将所有选项罗列在界面上，但是每行仅仅显示当前选项的文本，无法展现更丰富的组合信息。比如餐厅的点餐窗口，除了快餐名称外，还应展示快餐价格，如此一来，整个快餐列表更像是一份表格，不但分行而且分列，才显得井然有序。为此，JavaFX 提供了对应的表格控件 TableView，不过因为表格内嵌了结构化信息，所以表格内容需要特制的数据实体。就快餐的数据结构而言，假设它由序号、快餐名称、快餐价格这 3 个字段组成，则要预先定义如下的快餐信息类（完整代码见本章源码的 src\com\javafx\widget\Snack.java）：

```
//定义快餐类
public class Snack {
    private SimpleStringProperty xuhao;        // 序号
    private SimpleStringProperty name;         // 快餐名称
    private SimpleStringProperty price;        // 快餐价格

    public Snack(String xuhao, String name, String price) {
        this.xuhao = new SimpleStringProperty(xuhao);
```

```
            this.name = new SimpleStringProperty(name);
            this.price = new SimpleStringProperty(price);
        }
        public String getXuhao() {                    // 获取序号
            return xuhao.get();
        }
        public void setXuhao(String xuhao) {          // 设置序号
            this.xuhao.set(xuhao);
        }
        public String getName() {                     // 获取快餐名称
            return name.get();
        }
        public void setName(String name) {            // 设置快餐名称
            this.name.set(name);
        }
        public String getPrice() {                    // 获取快餐价格
            return price.get();
        }
        public void setPrice(String price) {          // 设置快餐价格
            this.price.set(price);
        }
    }
```

注意上面定义的快餐各字段属性，它们的数据类型为表格专用的 SimpleStringProperty，只有该类型的数据才会自动填充到表格单元中。

定义好了快餐信息类，接下来再操作表格视图 TableView，使用该控件主要包括以下两个步骤：

### 1. 指定表格视图的数据来源

首先创建快餐列表的清单对象，并将其转换为 JavaFX 能够识别的 ObservableList 对象，然后依据这个数据对象创建表格视图，相应的代码片段如下（完整代码见本章源码的 src\com\javafx\widget\TestListTable.java）：

```
        // 创建表格的内容清单
        List<Snack> snackList = Arrays.asList(
                new Snack("1", "鱼香肉丝饭", "16"),
                new Snack("2", "香菇滑鸡饭", "18"),
                new Snack("3", "黑椒牛排饭", "20"),
                new Snack("4", "梅菜扣肉饭", "17"),
                new Snack("5", "糖醋里脊饭", "19"),
                new Snack("6", "红烧排骨饭", "17"),
                new Snack("7", "台式卤肉饭", "15"));
        // 把清单对象转换为 JavaFX 控件能够识别的数据对象
        ObservableList<Snack> obList = FXCollections.observableArrayList
(snackList);
        TableView<Snack> tableView = new TableView<Snack>(obList); // 依据指定
数据创建表格视图
```

## 2. 创建各列的表头，以及各列关联的对象属性

前一步的数据来源只包含表格的单元内容，不包含表头的标题行。标题行需要另外通过 TableColumn 声明，表格有多少列，就得声明多少个 TableColumn 对象，该对象不但规定了当列的标题文字，还规定了当列的内容取自哪个属性，属性名称与第一步数据对象的字段名称保持一致。以快餐信息为例，快餐对象拥有序号、快餐名称、快餐价格 3 个属性，则要给快餐表格分配 3 列，且这 3 列的单元值分别取自 Snack 类的 3 个属性（xuhao、name、price）。于是编写表头及其关联属性的代码如下：

```
TableColumn firstColumn = new TableColumn("序号");  // 创建一个表格列
firstColumn.setMinWidth(100);  // 设置列的最小宽度
// 设置该列取值对应的属性名称。此处序号列要展示 Snack 元素的 xuhao 属性值
firstColumn.setCellValueFactory(new PropertyValueFactory<>("xuhao"));
TableColumn secondColumn = new TableColumn("快餐名称");  // 创建一个表格列
secondColumn.setMinWidth(200);  // 设置列的最小宽度
// 设置该列取值对应的属性名称。此处名称列要展示 Snack 元素的 name 属性值
secondColumn.setCellValueFactory(new PropertyValueFactory<>("name"));
TableColumn thirdColumn = new TableColumn("快餐价格");  // 创建一个表格列
thirdColumn.setMinWidth(110);  // 设置列的最小宽度
// 设置该列取值对应的属性名称。此处价格列要展示 Snack 元素的 price 属性值
thirdColumn.setCellValueFactory(new PropertyValueFactory<>("price"));
// 把几个标题列一起添加到表格视图中
tableView.getColumns().addAll(firstColumn, secondColumn, thirdColumn);
```

把上述两个步骤加以整合，形成完整的表格操作过程，合并后的表格视图调用代码如下：

```
// 显示表格视图
private void showTableView(BorderPane borderPane) {
    VBox vbox = new VBox();                    // 创建一个垂直箱子
    // 创建表格的内容清单
    List<Snack> snackList = Arrays.asList(
            new Snack("1", "鱼香肉丝饭", "16"),
            new Snack("2", "香菇滑鸡饭", "18"),
            new Snack("3", "黑椒牛排饭", "20"),
            new Snack("4", "梅菜扣肉饭", "17"),
            new Snack("5", "糖醋里脊饭", "19"),
            new Snack("6", "红烧排骨饭", "17"),
            new Snack("7", "台式卤肉饭", "15"));
    // 把清单对象转换为 JavaFX 控件能够识别的数据对象
    ObservableList<Snack> obList = FXCollections.observableArrayLis
(snackList);
    TableView<Snack> tableView = new TableView<Snack>(obList);  // 依据指定
数据创建表格视图
    //tableView.setItems(obList);              // 设置表格视图的数据来源
    tableView.setPrefSize(400, 210);           // 设置表格视图的推荐宽高
    TableColumn firstColumn = new TableColumn("序号");  // 创建一个表格列
    firstColumn.setMinWidth(100);                    // 设置列的最小宽度
    // 设置该列取值对应的属性名称。此处序号列要展示 Snack 元素的 xuhao 属性值
```

```
firstColumn.setCellValueFactory(new PropertyValueFactory<>("xuhao"));
TableColumn secondColumn = new TableColumn("快餐名称");  // 创建一个表格列
secondColumn.setMinWidth(200);  // 设置列的最小宽度
// 设置该列取值对应的属性名称。此处名称列要展示 Snack 元素的 name 属性值
secondColumn.setCellValueFactory(new PropertyValueFactory<>("name"));
TableColumn thirdColumn = new TableColumn("快餐价格");  // 创建一个表格列
thirdColumn.setMinWidth(110);  // 设置列的最小宽度
// 设置该列取值对应的属性名称。此处价格列要展示 Snack 元素的 price 属性值
thirdColumn.setCellValueFactory(new PropertyValueFactory<>("price"));
// 把几个标题列一起添加到表格视图中
tableView.getColumns().addAll(firstColumn, secondColumn, thirdColumn);
vbox.getChildren().add(tableView);          // 把表格加到垂直箱子上
borderPane.setCenter(vbox);                 // 把垂直箱子放到边界窗格的中央
}
```

运行包含以上代码的测试程序，在弹出的窗口中单击
"显示表格"按钮，界面上呈现了一个内容丰富的快餐表
格，具体效果如图 14-34 所示。

图 14-34　JavaFX 的表格视图

### 14.2.4　对话框的种类

JavaFX 的对话框主要分为提示对话框和文件对话框两
类，分别说明如下。

#### 1. 提示对话框

提示对话框分为消息对话框、警告对话框、错误对话框、确认对话框 4 种。这 4 种对话框都使
用 Alert 控件，并通过对话框类型加以区分，对话框的类型取值说明见表 14-2。

表 14-2　JavaFX 的对话框类型取值说明

| 对话框类型 | 对话框说明 |
| --- | --- |
| AlertType.INFORMATION | 消息对话框 |
| AlertType.WARNIN | 警告对话框 |
| AlertType.ERROR | 错误对话框 |
| AlertType.CONFIRMATION | 确认对话框 |

另外，Alert 工具还提供了以下方法来操作对话框。

- setTitle: 设置对话框的标题。
- setHeaderText: 设置对话框的头部文本。
- setContentText: 设置对话框的内容文本。
- show: 显示对话框。
- showAndWait: 显示对话框，并等待按钮返回。该方法的返回类型是 Optional<ButtonType>，
  它表示确认对话框单击的是"确定"按钮还是"取消"按钮。

接下来分别举例说明几种提示对话框，首先是"消息"对话框，它的调用代码如下（完整代码
见本章源码的 src\com\javafx\widget\TestDialog.java）：

```
        Button btn1 = new Button("消息对话框");           // 创建一个按钮
        btn1.setOnAction(new EventHandler<ActionEvent>() {  // 设置按钮的单击事件
            public void handle(ActionEvent arg0) {     // 处理单击事件
                Alert alert = new Alert(Alert.AlertType.INFORMATION);  // 创建一
个"消息"对话框
                alert.setHeaderText("今日天气");           // 设置对话框的头部文本
                // 设置对话框的内容文本
                alert.setContentText("今天白天晴转多云，北转南风 2、3 间 4 级，最高气温
28℃；夜间多云转阴，南风 2 级左右，最低气温 16℃。");
                alert.show();                          // 显示对话框
            }
        });
        flowPane.getChildren().add(btn1);              // 往流式窗格上添加按钮
```

运行包含以上代码的测试程序，单击按钮后弹出的对话框如图 14-35 所示，可见"消息"对话框的提示图标是一个内嵌倒过来的感叹号的圆圈。

其次是"警告"对话框，它的调用代码如下：

```
        Button btn2 = new Button("警告对话框");             // 创建一个按钮
        btn2.setOnAction(new EventHandler<ActionEvent>() {  // 设置按钮的单击事件
            public void handle(ActionEvent arg0) {         // 处理单击事件
                Alert alert = new Alert(Alert.AlertType.WARNING);  // 创建一个"警
告"对话框
                alert.setHeaderText("编译警告");         // 设置对话框的头部文本
                // 设置对话框的内容文本
                alert.setContentText("您在本代码的第 60 行未初始化变量，可能导致空指针异
常。");
                alert.show();                          // 显示对话框
            }
        });
        flowPane.getChildren().add(btn2);              // 往流式窗格上添加按钮
```

运行包含以上代码的测试程序，单击按钮后弹出的对话框如图 14-36 所示，可见"警告"对话框的提示图标是一个内嵌感叹号的三角框。

再次是"错误"对话框，它的调用代码如下：

```
        Button btn3 = new Button("错误对话框");               // 创建一个按钮
        btn3.setOnAction(new EventHandler<ActionEvent>() {  // 设置按钮的单击事件
            public void handle(ActionEvent arg0) {           // 处理单击事件
                Alert alert = new Alert(Alert.AlertType.ERROR);  // 创建一个"错误"
对话框
                alert.setHeaderText("致命错误");         // 设置对话框的头部文本
                // 设置对话框的内容文本
                alert.setContentText("系统即将关机，请赶紧保存文件。");
                alert.show();                          // 显示对话框
            }
        });
        flowPane.getChildren().add(btn3);              // 往流式窗格上添加按钮
```

运行包含以上代码的测试程序，单击按钮后弹出的对话框如图 14-37 所示，可见"错误"对话框的提示图标是一个内嵌叉号的圆角方框。

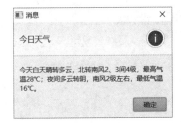  

图 14-35 "消息"对话框的效果　图 14-36 "警告"对话框的效果　图 14-37 "错误"对话框的效果

最后是"确认"对话框，它使用 showAndWait 方法替换了 show 方法，具体的调用代码如下：

```
        Button btn4 = new Button("确认对话框");              // 创建一个按钮
        btn4.setOnAction(new EventHandler<ActionEvent>() {  // 设置按钮的单击事件
            public void handle(ActionEvent arg0) {          // 处理单击事件
                Alert alert = new Alert(Alert.AlertType.CONFIRMATION);  // 创建
一个"确认"对话框
                alert.setHeaderText("温馨提示");             // 设置对话框的头部文本
                // 设置对话框的内容文本
                alert.setContentText("尊敬的用户，你真的要卸载我吗？");
                // 显示对话框，并等待按钮返回
                Optional<ButtonType> buttonType = alert.showAndWait();
                // 判断返回的按钮类型是确定还是取消，再据此分别进一步处理
                // 单击了"确定"按钮 OK_DONE
                if (buttonType.get().getButtonData().equals
(ButtonBar.ButtonData.OK_DONE)) {
                    label.setText("您选择了"确定"按钮。虽然依依不舍，但是只能离开了");
                } else {  // 单击了"取消"按钮 CANCEL_CLOSE
                    label.setText("您选择了"取消"按钮。让我再陪你三百六十五个日夜");
                }
            }
        });
        flowPane.getChildren().add(btn4);  // 往流式窗格上添加按钮
```

运行包含以上代码的测试程序，单击按钮后弹出的对话框如图 14-38 所示，可见"确认"对话框的提示图标是一个内嵌问号的圆圈。

各自单击"确认"对话框上的"确定"按钮和"取消"按钮，对话框消失后的窗口界面分别如图 14-39 和图 14-40 所示。

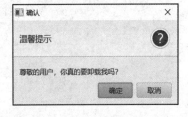

图 14-38 确认对话框的窗口效果

## 2. 文件对话框

除了提示对话框这一大类外，还有文件对话框 FileChooser。文件对话框又细分为"打开文件"对话框与"保存文件"对话框两种。FileChooser 的常见方法说明如下。

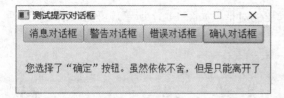 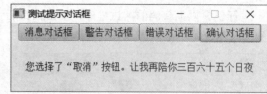

图 14-39 单击了对话框的"确定"按钮          图 14-40 单击了对话框的"取消"按钮

- setTitle: 设置文件对话框的标题。
- setInitialDirectory: 设置文件对话框的初始目录。
- getExtensionFilters: 获得文件对话框的扩展过滤器。调用过滤器的 add 方法或者 addAll 方法可以添加新的文件类型过滤器。
- showOpenDialog: 显示文件打开对话框。该方法返回一个选中的文件对象。
- showOpenMultipleDialog: 显示文件打开对话框，且该对话框支持同时选择多个文件。该方法返回一个选中的文件清单。
- showSaveDialog: 显示文件保存对话框。该方法返回一个待保存的文件对象，文件可能存在，也可能不存在。

接着看一个文件对话框的运用场景，现在准备打开某张图片，以便加工该图片。鉴于图片文件包含 JPG、GIF、BMP、PNG 等多种格式，在创建文件类型过滤器时需要添加主要的几种图片扩展名。下面是打开图片的对话框调用代码（完整代码见本章源码的 **src\com\javafx\widget\TestChooser.java**）：

```java
        Button btn1 = new Button("文件打开对话框");           // 创建一个按钮
        btn1.setOnAction(new EventHandler<ActionEvent>() {  // 设置按钮的单击事件
            public void handle(ActionEvent arg0) {          // 处理单击事件
                FileChooser chooser = new FileChooser();  // 创建一个文件对话框
                chooser.setTitle("打开文件");                 // 设置文件对话框的标题
                chooser.setInitialDirectory(new File("E:\\"));  // 设置文件对话框
的初始目录
                // 给文件对话框添加多个文件类型的过滤器
                chooser.getExtensionFilters().addAll(
                    new FileChooser.ExtensionFilter("所有文件", "*.*"),
                    new FileChooser.ExtensionFilter("所有图片", "*.jpg", "*.gif",
"*.bmp", "*.png"));
                // 显示"打开文件"对话框，且该对话框支持同时选择多个文件
                File file = chooser.showOpenDialog(stage); // 显示"打开文件"对话框
                if (file == null) {               // 文件对象为空，表示没有选择任何文件
                    label.setText("未选择任何文件");
                } else {                          // 文件对象非空，表示选择了某个文件
                    label.setText("准备打开的文件路径是："+file.getAbsolutePath());
                }
            }
        });
        flowPane.getChildren().add(btn1);     // 往流式窗格上添加按钮
```

运行包含以上代码的测试程序，单击按钮后弹出的对话框如图 14-41 所示。

图 14-41　"打开文件"对话框的初始界面

在"打开文件"对话框中选择某个目录下的某个图片文件，此时对话框界面如图 14-42 所示。

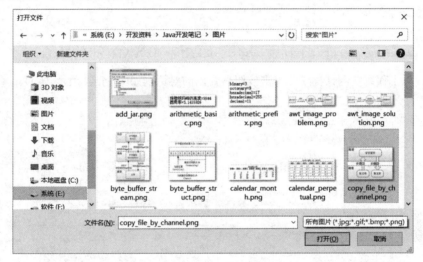

图 14-42　选择某文件之后的"打开文件"对话框

然后单击"打开"按钮，回到主程序界面，如图 14-43 所示，可见主程序成功获取了该文件的完整路径。

图 14-43　单击了"打开文件"对话框上的"打开"按钮

再来验证"保存文件"对话框的使用过程，这次期望将一段文字保存到文本文件，具体实现代码如下（完整代码见本章源码的 src\com\javafx\widget\TestChooser.java）：

```
Button btn2 = new Button("文件保存对话框");              // 创建一个按钮
btn2.setOnAction(new EventHandler<ActionEvent>() {   // 设置按钮的单击事件
    public void handle(ActionEvent arg0) {           // 处理单击事件
```

```
                    FileChooser chooser = new FileChooser();  // 创建一个文件对话框
                    chooser.setTitle("保存文件");  // 设置文件对话框的标题
                    chooser.setInitialDirectory(new File("E:\\"));  // 设置文件对话框
的初始目录

                    // 创建一个文件类型过滤器
                    FileChooser.ExtensionFilter filter = new FileChooser.
                                    ExtensionFilter("文本文件(*.txt)", "*.txt");
                    // 给文件对话框添加文件类型过滤器
                    chooser.getExtensionFilters().add(filter);
                    File file = chooser.showSaveDialog(stage);  // 显示"保存文件"对话框
                    if (file == null) {  // 文件对象为空，表示没有选择任何文件
                        label.setText("未选择任何文件");
                    } else {  // 文件对象非空，表示选择了某个文件
                        label.setText("准备保存的文件路径是："+file.getAbsolutePath());
                    }
                }
            });
            flowPane.getChildren().add(btn2);  // 往流式窗格上添加按钮
```

运行包含以上代码的测试程序，单击按钮后弹出的对话框如图 14-44 所示。

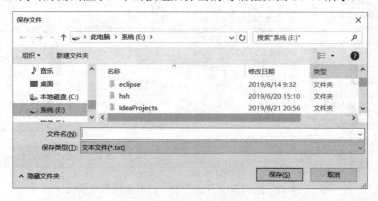

图 14-44 "保存文件"对话框的初始界面

在"保存文件"对话框中进入指定目录，并在对话框下方的文件名一栏填写待保存的文件名称，此时对话框界面如图 14-45 所示。

图 14-45 输入文件名后的"保存文件"对话框

然后单击"保存"按钮，回到主程序界面，如图 14-46 所示，可见主程序获取了该文件的完整路径。

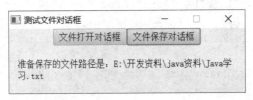

图 14-46　单击了"保存文件"对话框上的"保存"按钮

# 14.3　JavaFX 的布局设计

本节介绍 JavaFX 新增的 FXML 布局文件用法，首先由代码布局的缺点引出 FXML 布局方式，然后叙述如何实现 FXML 对应的界面控制器，最后讲解如何在改变窗口尺寸时适配界面布局。

## 14.3.1　FXML 布局的基本格式

虽然 JavaFX 控件比起 AWT 与 Swing 要好用些，但是一样通过代码编写控件界面，并没有提高开发效率。要想浏览界面的展示效果，必须运行测试程序才能观看，即使只是微调控件的大小，也得重新运行程序查看效果，显然既费时又费力。为此，JavaFX 提供了另一种给界面排版的方式，不必使用 Java 代码堆砌控件，而是利用 FXML 文件布局界面，同时借助于 IDEA 的预览功能，无须运行程序即可直接观察 FXML 的布局效果。所谓 FXML，意思是 JavaFX 专用的 XML 格式，它基于 XML 标准并加以扩展，每个 JavaFX 控件均有对应的 XML 标签，把这些蕴含控件的标签组装起来，便形成了一个窗口界面专属的布局文件。

举一个简单的例子，现在准备画登录界面，包含用户名输入框、密码输入框以及登录按钮，这些控件自上往下分成 3 行排列。该界面预期的展示效果如图 14-47 所示。

倘若完全使用代码实现以上的登录界面，无疑要反复地调整代码并多次执行程序，才能达到满意的布局效果。那么采用 FXML 方式的话，可以把与界面相关的控件元素剥离出来，改为在 FXML 文件中书写 XML 标签结构。比如上述登录页对应的 FXML 文件名叫 login.fxml，其内容如下（完整代码见本章源码的 src\com\javafx\fxml\login.fxml）：

```
<?import javafx.scene.layout.FlowPane?>
<?import javafx.scene.layout.HBox?>
<?import javafx.scene.control.Button?>
<?import javafx.scene.control.Label?>
<?import javafx.scene.control.TextField?>
<?import javafx.scene.control.PasswordField?>

<FlowPane xmlns:fx="http://javafx.com/fxml" alignment="center" hgap="5"
vgap="5">
    <HBox fx:id="hbUser" prefWidth="400" prefHeight="40">
        <Label fx:id="labelUser" prefWidth="120" prefHeight="40" text="用户名: " />
        <TextField fx:id="fieldUser" prefWidth="280" prefHeight="40" />
```

```
    </HBox>
    <HBox fx:id="hbPassword" prefWidth="400" prefHeight="40">
        <Label fx:id="labelPassword" prefWidth="120" prefHeight="40" text="密
码：" />
        <PasswordField fx:id="fieldPassword" prefWidth="280" prefHeight="40" />
    </HBox>
    <Button fx:id="btnLogin" prefWidth="400" prefHeight="40" text="登    录" />
</FlowPane>
```

在 IDEA 中打开 login.fxml，注意到该文件界面的左下角有两个选项卡：Text 和 Scene Builder。当前打开的 login.fxml 展示为文本内容，对应的是 Text 选项，此时单击右边的 Scene Builder 选项，原先的文本内容迅速变为一组可视化页面，页面中央呈现着 login.fxml 的预览效果，如图 14-48 所示。

图 14-47　登录窗口的预期界面

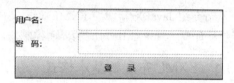

图 14-48　IDEA 的登录窗口预览效果

原来 FXML 文件类似于 HTML 文件，尽管 HTML 文件内部充斥着各种文本标签，但使用浏览器打开 HTML 文件总能看到排版精美的网页；而 IDEA 自带的 Scene Builder 承担了 FXML 浏览器的角色，只要程序员修改了 FXML 文件的格式内容，切换至 Scene Builder 选项就能立刻看见修改后的界面效果，比起传统的运行程序看效果的方式，Scene Builder 的渲染速度要快得多。

回头再看前述的 login.fxml，它的文件内容分为两大块：前面一块形如"<?import ***?>"，其作用是导入指定包名路径的控件，与 Java 代码的 import 语句相似；后面一块包含各级控件的嵌套结构，其标签格式为"<控件名称 属性列表></控件名称>"，如果当前控件不存在下级控件，那么它的标签格式可简化为"<控件名称 属性列表 />"。依据 login.fxml 的标签内容，可知该界面采取 FlowPane 流式窗格，且流式窗格拥有以下 3 类控件：

（1）容纳用户名组件的水平箱子 HBox，它的编号是 hbUser。该箱子内部有编号为 labelUser 的用户名标签，以及编号为 fieldUser 的用户名输入框。

（2）容纳密码组件的水平箱子 HBox，它的标识为 hbPassword。该箱子内部有编号为 labelPassword 的密码标签，以及编号为 fieldPassword 的密码输入框。

（3）编号为 btnLogin 的登录按钮。

引入 FXML 布局之后，Java 代码要改为从指定的 FXML 文件中加载界面，也就是将场景的创建过程改成如下两行代码：

```
// 从 FXML 资源文件中加载程序的初始界面
Parent root = FXMLLoader.load(getClass().getResource("login.fxml"));
Scene scene = new Scene(root, 410, 240);  // 创建一个场景
```

于是绘制界面的 JavaFX 代码缩少到了下面寥寥几行（完整代码见本章源码的 src\com\javafx\fxml\LoginMain.java）：

```
//登录窗口的程序入口（FXML 布局控件）
public class LoginMain extends Application {
    public void start(Stage stage) throws Exception {  // 应用程序开始运行
        stage.setTitle("登录窗口");                          // 设置舞台的标题
        // 从 FXML 资源文件中加载程序的初始界面
        Parent root = FXMLLoader.load(getClass().getResource("login.fxml"));
        Scene scene = new Scene(root, 410, 240);      // 创建一个场景
        stage.setScene(scene);                          // 设置舞台的场景
        stage.setResizable(true);                       // 设置舞台的尺寸是否允许变化
        stage.show();  // 显示舞台
    }

    public static void main(String[] args) {
        launch(args);  // 启动 JavaFX 应用，接下来会跳到 start 方法
    }
}
```

接着运行上面的 LoginMain 程序，弹出的登录界面正如预期所示。

JavaFX 的绝大多数静态控件都能以单个标签的形式添加到 fxml 中，除了前面例子提及的流式窗格 FlowPane、水平箱子 HBox、按钮 Button、标签 Label、文本输入框 TextField、密码输入框 PasswordField 外，还包括网格窗格 GridPane、边界窗格 BorderPane、垂直箱子 VBox、多行输入框 TextArea、复选框 CheckBox、下拉框 ComboBox 等。然而单选按钮 RadioButton 的添加方式别具一格，缘由在于好几个单选按钮要构成一个按钮小组，这样才能让同组的单选按钮联动起来。因此，FXML 得先声明一个 ToggleGroup 标签，并给它分配标签编号，然后在 RadioButton 标签后面添加 toggleGroup 属性，指定加入前一步的 ToggleGroup 编号。操作单选按钮的具体 FXML 代码片段如下：

```
<HBox fx:id="hbType" prefWidth="400" prefHeight="40">
    <Label fx:id="labelType" prefWidth="120" prefHeight="40" text="登录类型：" />
    <fx:define>
        <ToggleGroup fx:id="tgType" />
    </fx:define>
    <RadioButton fx:id="rbPassword" prefWidth="140" prefHeight="40"
toggleGroup="$tgType"
        text="密码登录" selected="true" />
    <RadioButton fx:id="rbVerifycode" prefWidth="140" prefHeight="40"
toggleGroup="$tgType"
        text="验证码登录" />
</HBox>
```

当然，新来的 RadioButton 和 ToggleGroup 也要在 FXML 头部添加以下的导入语句：

```
<?import javafx.scene.control.RadioButton?>
<?import javafx.scene.control.ToggleGroup?>
```

把与单选按钮有关的 XML 标签补充到 login.fxml，再另存为新的 FXML 文件 login_with_flow.fxml，完整的文件内容如下（完整代码见本章源码的 src\com\javafx\fxml\login_with_flow.fxml）：

```xml
<?import javafx.scene.layout.FlowPane?>
<?import javafx.scene.layout.HBox?>
<?import javafx.scene.control.Button?>
<?import javafx.scene.control.Label?>
<?import javafx.scene.control.TextField?>
<?import javafx.scene.control.PasswordField?>
<?import javafx.scene.control.RadioButton?>
<?import javafx.scene.control.ToggleGroup?>

<FlowPane xmlns:fx="http://javafx.com/fxml" alignment="center" hgap="5"
vgap="5">
    <HBox fx:id="hbType" prefWidth="400" prefHeight="40">
        <Label fx:id="labelType" prefWidth="120" prefHeight="40" text="登录类型: " />
        <fx:define>
            <ToggleGroup fx:id="tgType" />
        </fx:define>
        <RadioButton fx:id="rbPassword" prefWidth="140" prefHeight="40"
toggleGroup="$tgType"
            text="密码登录" selected="true" />
        <RadioButton fx:id="rbVerifycode" prefWidth="140" prefHeight="40"
toggleGroup="$tgType"
            text="验证码登录" />
    </HBox>
    <HBox fx:id="hbUser" prefWidth="400" prefHeight="40">
        <Label fx:id="labelUser" prefWidth="120" prefHeight="40" text="用户名: " />
        <TextField fx:id="fieldUser" prefWidth="280" prefHeight="40" />
    </HBox>
    <HBox fx:id="hbPassword" prefWidth="400" prefHeight="40">
        <Label fx:id="labelPassword" prefWidth="120" prefHeight="40" text="密
码: " />
        <PasswordField fx:id="fieldPassword" prefWidth="280" prefHeight="40" />
    </HBox>
    <Button fx:id="btnLogin" prefWidth="400" prefHeight="40" text="登    录" />
    <Label fx:id="labelLoginResult" prefWidth="400" prefHeight="40" text="这里
显示登录结果" />
</FlowPane>
```

然后利用 Scene Builder 观察 login_with_flow.fxml 的预览界面，由图 14-49 可见单选按钮组合已经添加到登录窗口的上方。

接着修改 LoginMain.java，将创建场景时加载的资源文件名改为 login_with_flow.fxml，再重新运行测试程序，此时弹出的登录界面如图 14-50 所示。

比较 Scene Builder 的预览界面和实际运行界面，总体而言两者大同小异，基本的布局排列是吻合的。

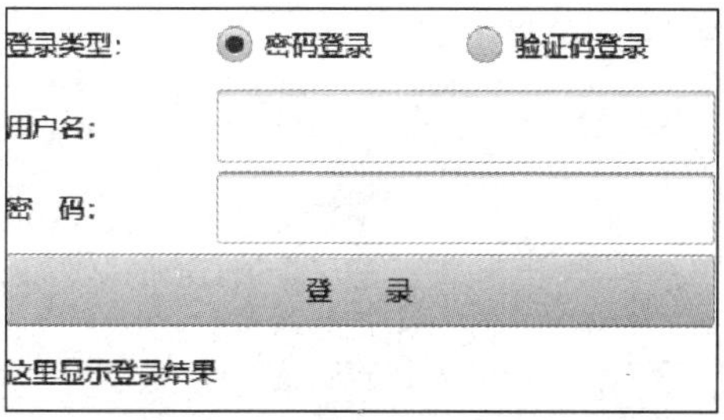

图 14-49　添加了单选按钮的预览界面 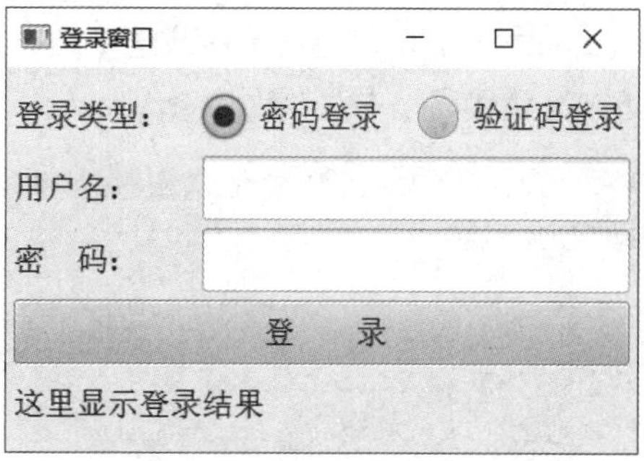　　　　图 14-50　登录窗口的实际运行界面

## 14.3.2　实现 FXML 对应的控制器

通过 FXML 文件固然能够编排界面布局，但是只有静态界面根本没办法处理业务，必须另外书写业务逻辑的代码，才能响应各按钮的单击事件，并将业务结果即时呈现到界面上。显然，FXML内部写不了 Java 代码，同时入口程序已经把控件都托管给了 FXML 文件，也无法在 Application 代码中干预控件的操作。既然整个界面都托付给了 FXML，解铃还须系铃人，只能且必须由 FXML 指定后续的逻辑控制器。具体做法是在 FXML 的根节点中添加属性 fx:controller，通过该属性设置当前界面的控制器路径。比如之前的登录布局文件 login_with_flow.fxml，它的根节点是流式窗格 FlowPane，所以就给 FlowPane 节点补充 "fx:controller" 的取值，详细的标签如下（完整代码见本章源码的src\com\javafx\fxml\login_with_flow.fxml）：

```
<FlowPane fx:controller="com.javafx.fxml.LoginController"
    xmlns:fx="http://javafx.com/fxml" alignment="center" hgap="5" vgap="5">
```

由以上的 FlowPane 标签可知，它指定的控制器路径为 com.javafx.fxml.LoginController，这个LoginController 类是 login_with_flow.fxml 对应的控制器代码。作为 FXML 专属的搭档，控制器也要符合一定的格式规范，首先它必须实现了接口 Initializable，并重写该接口定义的 initialize 方法，这个方法顾名思义会在界面初始化时调用。其次，控制器内部需要声明 FXML 文件定义好的控件编号（注意添加前缀@FXML），这样才能通过控件编号操作每个控件对象。下面是一个控制器范本的代码示例：

```
//界面控制器必须实现自接口 Initializable
public class LoginController implements Initializable {
    @FXML private 控件类型 控件编号;  // 其中控件编号取自 FXML 文件中的 fx:id

    public void initialize(URL location, ResourceBundle resources) {  // 界面
打开后的初始化操作
        // 可在此给各控件设置单击事件或者选中事件，也可设置控件上的文本字体及其大小
    }
}
```

仍以前述的登录窗口为例，它的布局文件名叫 login_with_flow.fxml，同时 FXML 文件设定了界面对应的控制器 LoginController。注意到登录窗口拥有两个单选按钮和一个登录按钮，这 3 个按钮都应当触发单击或者选中事件，于是在控制器的代码中分别声明几个待操作的控件对象，对象名称与 FXML 中的 fx:id 保持一致。然后重写控制器的 initialize 方法，在该方法中各自调用 3 个按钮的

setOnAction 方法，用以注册单击或选中按钮后的触发事件。根据以上说明编写登录窗口的控制器代码如下（完整代码见本章源码的 src\com\javafx\fxml\LoginController.java）：

```java
//登录窗口的界面控制器
public class LoginController implements Initializable {
    @FXML private RadioButton rbPassword;               // 密码登录对应的单选按钮
    @FXML private RadioButton rbVerifycode;             // 验证码登录对应的单选按钮
    @FXML private Label labelUser;                      // 用户名标签
    @FXML private TextField fieldUser;                  // 用户名输入框
    @FXML private Label labelPassword;                  // 密码标签
    @FXML private PasswordField fieldPassword;          // 密码输入框
    @FXML private Button btnLogin;                      // 登录按钮
    @FXML private Label labelLoginResult;               // 登录结果标签

    public void initialize(URL location, ResourceBundle resources) {  // 界面
打开后的初始化操作
        rbPassword.setOnAction(e -> {    // 选中"密码登录"单选按钮后触发的事件
            labelUser.setText("用户名：");
            labelPassword.setText("密  码：");
        });
        rbVerifycode.setOnAction(e -> {    // 选中"验证码登录"单选按钮后触发的事件
            labelUser.setText("手机号：");
            labelPassword.setText("验证码：");
        });
        btnLogin.setOnAction(e -> {          // 单击"登录"按钮后触发的事件
            String result = String.format("您输入的用户名为%s，密码为%s",
                    fieldUser.getText(), fieldPassword.getText());
            labelLoginResult.setText(result);     // 在登录结果标签上显示登录信息
        });
    }
}
```

由上面的代码可见，这个控制器的处理逻辑很简单，选中按钮后仅仅给文本标签设置指定文字而已，当然这样也方便观察控件的操作结果。

回到登录窗口的入口代码 LoginMain，运行测试程序，弹出如图 14-51 所示的登录界面。

由图 14-51 可见，登录窗口默认选中"密码登录"，接着单击右边的"验证码登录"按钮，此时窗口界面如图 14-52 所示。发现窗口左边的用户名标签变成了"手机号："，密码标签变成了"验证码："，说明"验证码登录"按钮的选中事件被正常触发。

单击"密码登录"按钮回到密码登录选项，然后分别在用户名输入框与密码输入框中填入用户名和密码，再单击下面的"登录"按钮，此时登录窗口的显示效果如图 14-53 所示。果不其然，登录按钮下方的文本标签展示了输入的用户名和密码信息，可知登录按钮的单击事件也正确响应了。

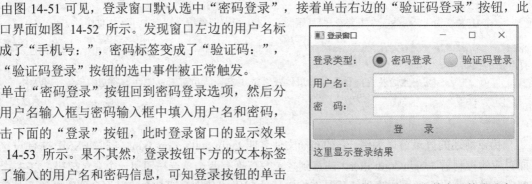

图 14-51　利用 FXML 文件布局的登录窗口

图 14-52　单击了"验证码登录"　　　　　　　　　图 14-53　输入密码后的登录结果

### 14.3.3　FXML 布局的伸展适配

程序界面通常保持固定尺寸，不过有时也允许用户拖曳窗口大小，不拖不打紧，一拖就可能坏事。像之前的登录窗口，没拖的时候界面如图 14-54 所示。

现在开始慢慢把窗口拖长，拖到一半停下来，此时登录界面如图 14-55 所示。

图 14-54　拖曳之前的登录窗口　　　　　　　　　图 14-55　拖曳一段之后的登录窗口

乍看过去，界面上的各控件大小保持不变，且始终居中显示，没发现什么问题。但是继续拖长窗口，突然发现这些控件大挪移，用户名区域顶到了第一行，登录按钮跟着顶到了第二行，变化后的界面效果如图 14-56 所示。

之所以出现控件排版错乱的问题，是因为该界面的根节点采用了流式窗格 FlowPane。所谓流式，指的是从左到右排列，倘若没排满一行，就跟在当前行后面；只有排满了一行，才会另起一行继续排。刚刚拖曳窗口的时候，拖得太长了，导致窗口的宽度能够容纳登录类型与用户名两个区域，结果两个区域便挤到同一行了。显然这不是期望的界面布局，至少控件要老老实实待在自己的位置。

图 14-56　拖曳过头导致布局发生改变

若想避免流式窗格排版飘忽的问题，则可使用垂直箱子 VBox 替换流式窗格，垂直箱子规定它的每个直接下级都占用一行，绝对不会产生两个直接下级挤在同一行的现象。于是修改原来的 FXML

文件，把根节点 FlowPane 换成 VBox，对应的 XML 标签变为以下格式（完整代码见本章源码的 src\com\javafx\fxml\login_with_box.fxml）：

```
<VBox fx:controller="com.javafx.fxml.LoginController" xmlns:fx=
"http://javafx.com/fxml" alignment="center">
  <!-- 这是 xml 注释标记。中间省略登录窗口的各控件标签 -->
</VBox>
```

FXML 文件修改完毕，重新运行测试程序，弹出的登录窗口如图 14-57 所示。

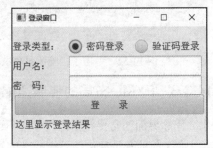

现在无论怎样拉长窗口，各区域都留在当前行，再也不会乱跑了。然而采用 VBox 的界面很不协调，缘由在于 VBox 不支持 hgap 与 vgap 属性，因此各控件之间没能自动分隔开，几乎都黏在一起了，例如：

（1）登录类型、用户名、密码 3 块区域的左侧直接顶到了窗口边缘。

图 14-57　改成垂直箱子布局的登录窗口

（2）用户名输入框、密码输入框、登录按钮 3 个自上往下紧紧贴着，不留一丝空隙。

这样过于紧凑的界面令人感觉颇为拘谨，还是留个适当的间隔比较好。虽然 VBox 不支持 hgap 与 vgap 属性，但它另外提供了 padding 属性组，允许分别指定上、下、左、右 4 个方向的间距。padding 节点挂在哪个 VBox 或 HBox 之下，就表示哪个箱子会在内部自动留白，padding 对应的 XML 标签具体写法如下：

```
<padding>
  <Insets top="10.0" bottom="10.0" left="10.0" right="10.0"/>
</padding>
```

上述的 padding 节点例子定义了在上、下、左、右 4 个方向各留出 10 个像素的空白间距。考虑到 VBox 和 HBox 下面可能挂着好几个子控件，为了更好地将这些子控件跟 padding 区分开，FXML 又给 VBox 和 HBox 引入了 children 子节点，凡是下级控件统统放到 children 节点之下，而 padding 节点专门放置 4 个方向的间隔距离。如此一来，形态完整的 VBox 节点结构变成了以下这般：

```
<VBox fx:controller="com.javafx.fxml.LoginController"
xmlns:fx="http://javafx.com/fxml" alignment="center">
  <children>
    <!-- 这是 xml 注释标记。中间省略 VBox 的下级控件列表 -->
  </children>
  <padding>
    <Insets top="10.0" bottom="10.0" left="10.0" right="10.0"/>
  </padding>
</VBox>
```

由上面的 XML 样例可以看到，改进之后的 VBox 标签变得层次分明、结构清晰，大大增强了它的可读性。

除此之外，FXML 还为 VBox 和 HBox 提供了自动伸展功能，也就是说，随着窗口尺寸的增大，VBox 和 HBox 的宽高也会随之增大。其中，水平方向的宽度自适应，由属性 HBox.hgrow 控制，其值为 ALWAYS 时表示当前箱子的宽度跟随上级变化；垂直方向的宽度自适应则由属性 VBox.vgrow 控制，其值为 ALWAYS 时表示当前箱子的高度跟随上级变化。尤其需要注意的是，除了 VBox 和 HBox 这两个箱子支持自动伸展以外，只有几个输入框控件支持自动伸展，其中 TextField 与 PasswordField 只支持水平方向上的自动伸展，而 TextArea 同时支持水平与垂直两个方向的自动伸展。

利用 FXML 的几个新节点和新属性改造原先的登录界面：一方面，整个登录界面在窗口四周边缘均留白，各行之间也留出一条缝隙；另一方面，令用户名输入框和密码输入框支持水平伸展，令用户名区域和密码区域支持垂直伸展。改造一番之后的 FXML 文件代码如下（完整代码见本章源码的 src\com\javafx\fxml\login_with_expand.fxml）：

```xml
<VBox fx:controller="com.javafx.fxml.LoginController" xmlns:fx=
"http://javafx.com/fxml" alignment="center">
    <children>
      <HBox fx:id="hbType" prefWidth="400" prefHeight="40">
        <children>
          <Label fx:id="labelType" prefWidth="120" prefHeight="40"
                text="登录类型: " />
          <fx:define>
              <ToggleGroup fx:id="tgType" />
          </fx:define>
          <RadioButton fx:id="rbPassword" prefWidth="140" prefHeight="40"
              toggleGroup="$tgType" text="密码登录" selected="true" />
          <RadioButton fx:id="rbVerifycode" prefWidth="140" prefHeight="40"
              toggleGroup="$tgType" text="验证码登录" />
        </children>
        <padding>
          <Insets top="0.0" bottom="10.0" left="0.0" right="0.0"/>
        </padding>
      </HBox>
      <HBox fx:id="hbUser" prefWidth="400" prefHeight="40" VBox.vgrow="ALWAYS">
        <children>
          <Label fx:id="labelUser" prefWidth="120" prefHeight="40" text="用户名: "/>
          <TextField fx:id="fieldUser" prefWidth="280" prefHeight="40"
HBox.hgrow="ALWAYS" />
        </children>
        <padding>
          <Insets top="0.0" bottom="10.0" left="0.0" right="0.0"/>
        </padding>
      </HBox>
      <HBox fx:id="hbPassword" prefWidth="400" prefHeight="40"
VBox.vgrow="ALWAYS">
        <children>
          <Label fx:id="labelPassword" prefWidth="120" prefHeight="40"
                text="密  码: " />
          <PasswordField fx:id="fieldPassword" prefWidth="280" prefHeight="40"
HBox.hgrow="ALWAYS" />
        </children>
```

```
  <padding>
    <Insets top="0.0" bottom="10.0" left="0.0" right="0.0"/>
  </padding>
</HBox>
<Button fx:id="btnLogin" prefWidth="400" prefHeight="40" text="登    录" />
<Label fx:id="labelLoginResult" prefWidth="400" prefHeight="40" text="这里
显示登录结果" />
</children>
<padding>
  <Insets top="10.0" bottom="10.0" left="10.0" right="10.0"/>
</padding>
</VBox>
```

再次运行测试程序，弹出的登录窗口如图 14-58 所示，果然各级控件与周边都隔了一小段距离。

接着在水平方向拉长窗口，拉长之后的登录窗口如图 14-59 所示。回到初始尺寸，在垂直方向拉高窗口，拉高之后的登录窗口如图 14-60 所示。由此可见，几个箱子和输入框的宽高确实跟随窗口尺寸的变化而变化。

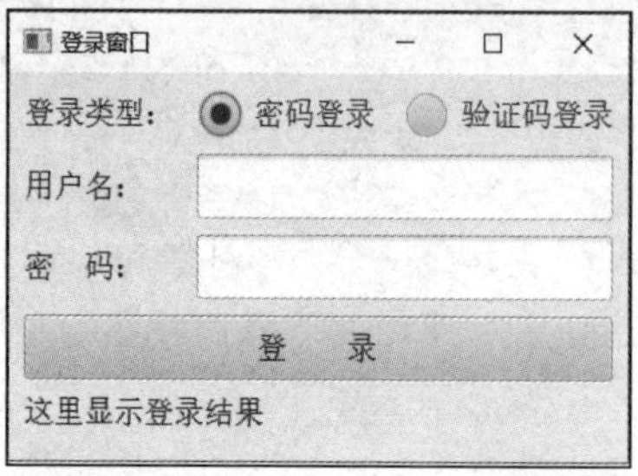

图 14-58    添加间隔之后的登录窗口

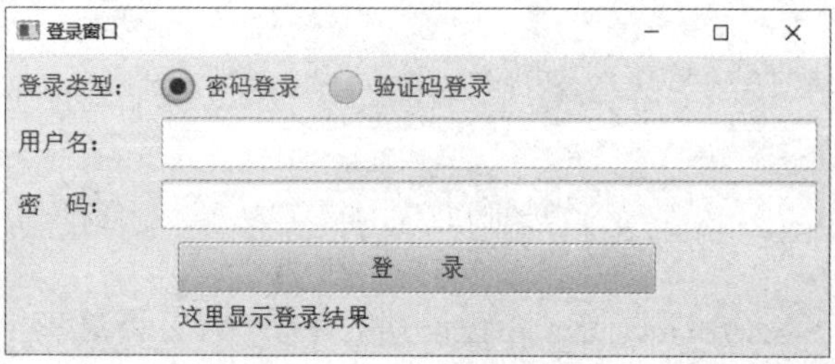

图 14-59    拉长之后的登录窗口

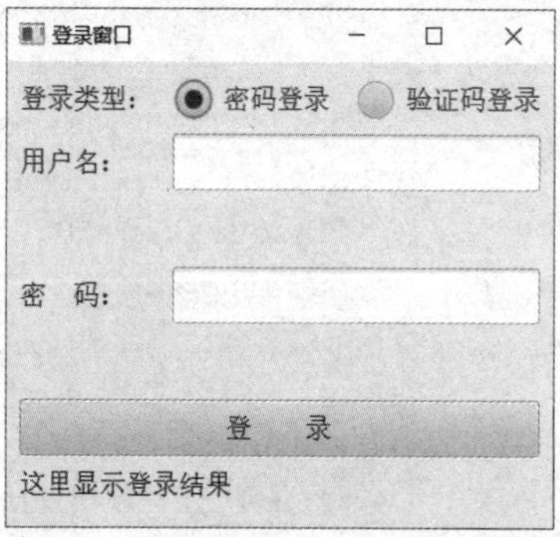

图 14-60    拉高之后的登录窗口

# 14.4  实 战 练 习

本节介绍如何使用 JavaFX 开发一个桌面程序的完整过程。首先从简易版的房贷计算器着手，描述编写自定义控件、创建 JavaFX 项目、编写 FXML 布局文件、编写控制器代码等步骤；然后讲述如何利用 IDEA 将 JavaFX 项目导出可执行的桌面程序；最后深入阐述房贷计算器应该实现的完整功能，并将其分解为对应的 JavaFX 控件，再逐步添加相关的处理逻辑。

## 14.4.1  房贷计算器（简易版）

初步掌握 JavaFX 的界面编程之后，通过它开发一些实用工具真是再好不过了。比如常见的算术计算器，当然算术计算器的界面拥有较多控件，实现起来稍显麻烦。为了演示方便，考虑做一个简单点的房贷计算器，在界面上输入房屋总价和按揭比例，再由程序自动计算贷款总额，并将计算结果显示到界面上。粗略估摸一下，这个房贷计算器的核心控件包括两个输入框与一个计算按钮，它的窗口效果如图 14-61 所示。

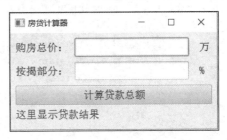

看起来这个界面非常简易，比之前的登录窗口更简洁。不过在编写该计算器的 FXML 文件之前，还需先完成两项准备工作：自定义数字输入框和定义公共的提示工具类，分别说明如下。

图 14-61　房贷计算器的简单窗口

### 1. 自定义数字输入框

JavaFX 自带的单行输入框 TextField 本身并未限制任何字符，只要键盘能打出来，TextField 就支持输入。但是某些待输入的信息属于数值类型，像数字、金额、百分比这些完全由数字与小数点组成，不存在其他的输入字符。此类数据采取 TextField 接收用户输入的话，可能收到数字以外的非法字符，倘若不过滤这些非法字符，将会导致后续的四则运算错误。故需要开发者自己定义一个数字输入框，只允许输入 0～9 的数字以及小数点，该输入框可由 TextField 派生而来，然后重写 replaceText 和 replaceSelection 两个方法，只有输入的字符为数字或小数点，才会合法接收并显示在界面上。详细的输入框定义代码如下（完整代码见本章源码的 src\com\javafx\NumberField.java）：

```java
import javafx.scene.control.TextField;

//自定义数字输入框。只允许输入 0～9，以及小数点
public class NumberField extends TextField {
    public void replaceText(int start, int end, String text) {
        if (text.matches("[0-9|.]")) {  // 字符串由数字与小数点组成
            super.replaceText(start, end, text);
        }
    }

    public void replaceSelection(String text) {
        if (text.matches("[0-9|.]")) {  // 字符串由数字与小数点组成
            super.replaceSelection(text);
        }
    }
}
```

### 2. 定义公共的提示工具类

尽管前述的数字输入框保证用户只能输入数字，但是用户也可能忘记输入，此时被遗忘的输入框空荡荡的，有待程序在合适的时机提醒用户。通常在用户单击按钮时，程序会校验输入信息的合法性，一旦发现某个输入的数据格式不对（比如数据为空），便弹出对话框提示用户补齐数据。这个提示框固然可以使用 JavaFX 自带的 Alert 工具，不过为了编码方便起见，最好把提示框的常规流程封装成公共方法，这样每次简单调用一下即可。封装之后的提示框工具类示例如下（完整代码见本章源码的 src\com\javafx\ToastUtil.java）：

```
//定义提示框工具类
public class ToastUtil {
    // 弹出提示框
    public static void show(String message) {
        Alert alert = new Alert(Alert.AlertType.INFORMATION);  // 创建消息对话框
        alert.setContentText(message);  // 设置对话框的内容文本
        alert.show();  // 显示对话框
    }
}
```

有了前面两项准备工作的铺垫，接下来实施房贷计算器的具体编码就容易多了。这次我们不在 Java 项目中添加 FXML 文件，而是直接创建 JavaFX 项目，步骤为：依次选择菜单 File→New→Project，此时 IDEA 弹出如图 14-62 所示的项目创建窗口。在项目创建窗口的左上角选择第二项的 Java FX，窗口右边出现选项 JavaFX Application，且已默认选中，如图 14-63 所示。

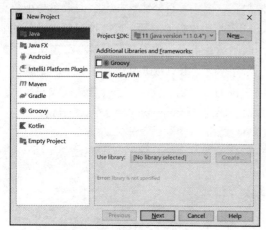

图 14-62　IDEA 的项目创建窗口

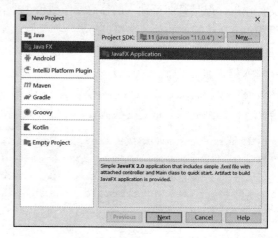

图 14-63　准备创建 JavaFX 项目

单击窗口右下方的 Next 按钮，在输入框中填写项目的名称和项目的保存路径，填完的界面如图 14-64 所示。

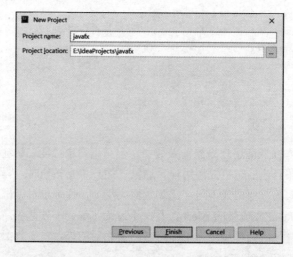

图 14-64　填写 JavaFX 的项目名称与保存路径

接着单击窗口下方的 Finish 按钮，完成 JavaFX 项目的创建操作。稍等片刻，IDEA 会打开创建好的新项目，它的项目结构如图 14-65 所示。

从新项目的目录结构可知，该项目已经自动生成 FXML 框架所需的 3 个文件，包括界面布局对应的 sample.fxml、程序入口的 Main.java 以及界面控制器的 Controller.java。同时，它们三者互相关联在一起，Main.java 的代码指定了加载资源文件 sample.fxml，而 sample.fxml 内部早已设置对应的控制器路径为 sample.Controller。只是在开始编码前，还得注意 JavaFX 的 lib 库配置，倘若该项目在 IDEA 的新窗口中打开，则需手工添加 JavaFX 的编译环境，详细的操作步骤见 14.1.1 小节，这里不再赘述。

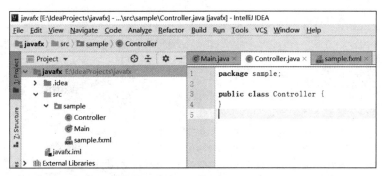

图 14-65　创建好的 JavaFX 项目结构

接下来，先把前面提到的数字输入框和提示框工具的 Java 代码复制到本项目，再开始调整项目中原有的 3 个代码文件，调整过程说明如下：

### 1. 微调程序入口 Main.java

主要修改程序界面的标题文本和舞台窗口的宽高尺寸，调整后的入口代码如下（完整代码见本章源码的 aaa\src\com\javafx\loan\Main.java）：

```
//房贷计算器的程序入口
public class Main extends Application {
    public void start(Stage primaryStage) throws Exception{  // 应用程序开始运行
        // 从 FXML 资源文件中加载程序的初始界面
        Parent root = FXMLLoader.load(getClass().getResource("sample.fxml"));
        primaryStage.setTitle("房贷计算器");                    // 设置舞台的标题
        primaryStage.setScene(new Scene(root, 410, 180));   // 设置舞台的场景
        primaryStage.show();  // 显示舞台
    }

    public static void main(String[] args) {
        launch(args);  // 启动 JavaFX 应用，接下来会跳到 start 方法
    }
}
```

### 2. 完善界面布局 sample.fxml

主要添加房贷计算器需要的几个控件标签，记得导入这些控件所在的包名路径，添加好的布局文件如下（完整代码见本章源码的 src\com\javafx\loan\sample.fxml）：

```
<?import javafx.scene.layout.FlowPane?>
<?import javafx.scene.layout.HBox?>
<?import javafx.scene.control.Button?>
<?import javafx.scene.control.Label?>
<?import sample.NumberField?>

<FlowPane fx:controller="sample.Controller"
    xmlns:fx="http://javafx.com/fxml" alignment="center" hgap="5" vgap="5">
    <HBox fx:id="hbPrice" prefWidth="400" prefHeight="40">
        <Label fx:id="labelPrice" prefWidth="120" prefHeight="40" text="购房总价: " />
        <NumberField fx:id="fieldPrice" prefWidth="230" prefHeight="40"/>
        <Label fx:id="labelPriceUnit" prefWidth="50" prefHeight="40" text=" 万" />
    </HBox>
    <HBox fx:id="hbLoan" prefWidth="400" prefHeight="40">
        <Label fx:id="labelLoan" prefWidth="120" prefHeight="40" text="按揭部分: "/>
        <NumberField fx:id="fieldLoan" prefWidth="230" prefHeight="40"/>
        <Label fx:id="labelLoanUnit" prefWidth="50" prefHeight="40" text=" %" />
    </HBox>
    <HBox fx:id="hbCalculate" prefWidth="400" prefHeight="40">
        <Button fx:id="btnLoan" prefWidth="400" prefHeight="40" text="计算贷款总额"/>
    </HBox>
    <HBox fx:id="hbResult" prefWidth="400" prefHeight="40">
        <Label fx:id="labelLoanResult" prefWidth="400" prefHeight="40" text="这里显示贷款结果"/>
    </HBox>
</FlowPane>
```

### 3. 编写控制器 Controller.java 的详细代码

让 Controller 类实现接口 Initializable，并重写 initialize 方法补充界面的初始化操作，主要是添加计算按钮的动作监听，在单击按钮时触发房贷计算逻辑。具体的控制器处理代码如下（完整代码见本章源码的 src\com\javafx\loan\Controller.java）：

```
//房贷计算器的界面控制器
public class Controller implements Initializable {
    @FXML private NumberField fieldPrice;       // 购房总价输入框
    @FXML private NumberField fieldLoan;         // 按揭部分输入框
    @FXML private Button btnLoan;                // 计算房贷的按钮
    @FXML private Label labelLoanResult;         // 房贷计算结果的标签

    public void initialize(URL location, ResourceBundle resources) {  // 界面打开后的初始化操作
        // 单击了按钮"计算贷款总额"，显示计算好的贷款总额
        btnLoan.setOnAction(e -> showLoan());
    }

    // 根据购房总价和按揭比例，计算贷款总额
    private void showLoan() {
```

```
        if (fieldPrice.getText() == null || fieldPrice.getText().length() <= 0) {
            ToastUtil.show("购房总价不能为空");
            return;
        } else if (fieldLoan.getText() == null || fieldLoan.getText().length()
<= 0) {
            ToastUtil.show("按揭部分不能为空");
            return;
        }
        double total = Double.parseDouble(fieldPrice.getText());
        double rate = Double.parseDouble(fieldLoan.getText()) / 100;
        // 拼接房贷计算结果，金额保留小数点后面两位
        String desc = String.format("您的贷款总额为%s 万元", formatDecimal(total *
rate, 2));
        labelLoanResult.setText(desc);
    }

    // 精确到小数点后第几位
    private String formatDecimal(double value, int digit) {
        BigDecimal decimal = new BigDecimal(value);
        decimal = decimal.setScale(digit, RoundingMode.HALF_UP);
        return decimal.toString();
    }
}
```

上述 3 个代码文件调整完毕，回到 Main.java 这边，右击它，并在打开的快捷菜单中选择 Run 'Main'，等待计算器窗口运行弹出。之后在计算器界面输入购房总价和按揭部分两个数字，此时界面效果如图 14-66 所示。单击界面上的"计算贷款总额"按钮，程序计算出的贷款总额显示到按钮下方，运算结果如图 14-67 所示。

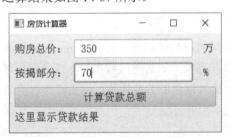

图 14-66　在计算器窗口中输入贷款信息

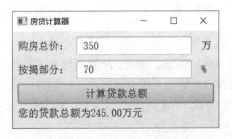

图 14-67　单击计算按钮之后的房贷结果

## 14.4.2　JavaFX 导出可执行程序

14.4.1 小节演示的房贷计算器固然正常运行，但是每次都得手工执行代码，充其量只能给开发者自己试用，无法推广给其他人使用。理想的做法是把代码打包成可执行的 EXE 程序，这样无论放到哪台 Windows 计算机上都能轻松打开。打包 EXE 程序有几个步骤，简要介绍如下：

### 1. 设置打包的类型

依次选择菜单 File→Project Structure，在弹出的项目结构窗口中选择左侧列表的 Artifacts，窗口右边暂时空空如也，如图 14-68 所示。

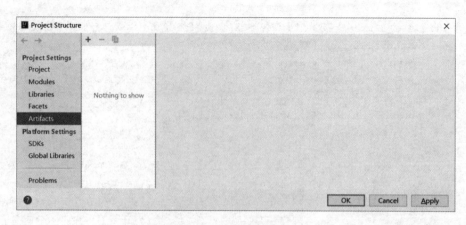

图 14-68　JavaFX 的项目结构窗口

单击窗口中间区域左上角的加号按钮，在下拉菜单中依次选择 JavaFX Application→From module 'loan'，选择之后界面变成图 14-69。

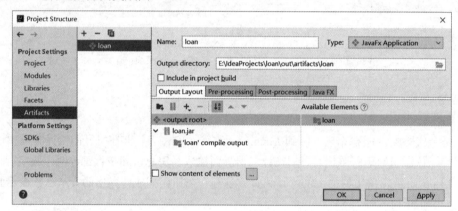

图 14-69　准备将 JavaFX 模块导出为可执行程序

注意窗口右边区域出现了几个输入框，可以根据实际情况酌情修改，例如 Name 输入框填的是程序名称，Output directory 输入框填的是打包程序的保存路径。如需更改程序名称或者保存路径，则可在对应的输入框中填写自己定制的信息。这里保持输入框内部的默认值，但要修改右侧的 Java FX 选项卡，单击选项卡 Java FX 之后的设置窗口如图 14-70 所示。

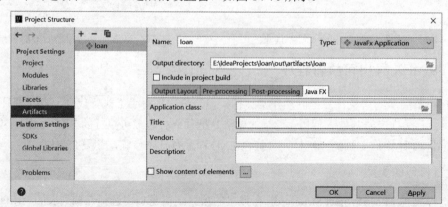

图 14-70　切换到右侧的 JavaFX 选项卡

图 14-70 的 Java FX 选项卡中有两个输入框需要填写，分别是 Application class 和 Title。其中前者对应 loan 程序入口的类路径，此处可填 sample.Main，或者单击右边的文件夹图标，在弹出的小窗口中选择入口程序；后者对应程序的标题文本，可填写 loan（注意不能填中文，否则打包会失败）。另外拉到页面右下方，找到 Native bundle，在它右边的下拉框中选中 all，表示期望生成所有支持的程序格式（包括 JAR、EXE、MSI 等）。填完信息的设置窗口如图 14-71 所示。

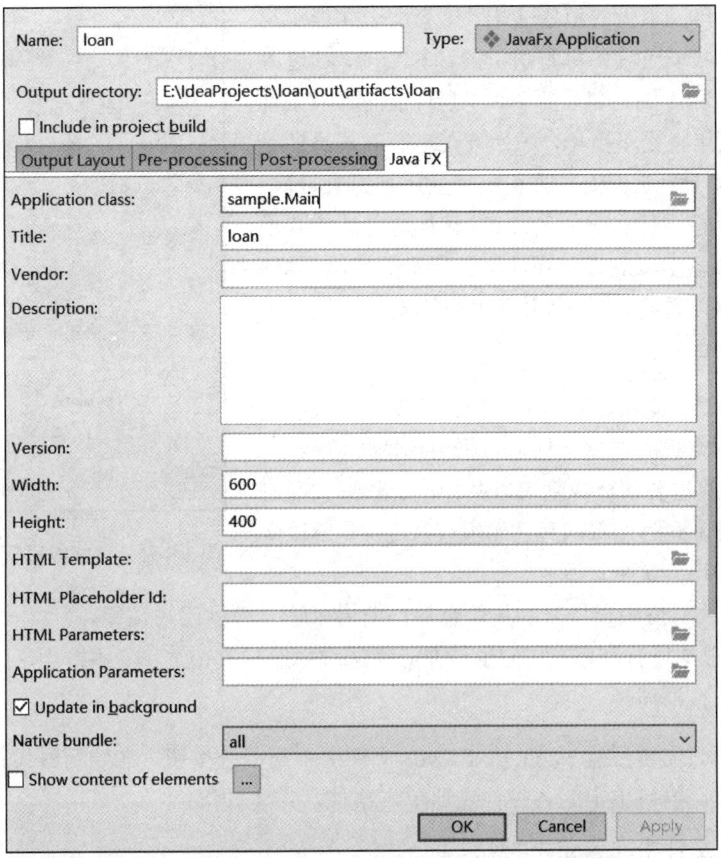

图 14-71　在 JavaFX 选项卡填写应用类名与打包类型

接着单击窗口右下角的 OK 按钮，完成打包程序的设置操作。

## 2. 导出可执行程序

回到 IDEA 主界面，依次选择菜单 Build→Build Artifacts...，在弹出的快捷菜单中选择 loan（loan 是模块名称）→Rebuild，等待 IDEA 的打包操作。注意，以上的打包步骤只适用于 Java 8、Java 9 和 Java 10。如果使用 Java 11 打包会失败，就会提示 "Error:Java FX Packager: Can't build artifact - fx:deploy is not available in this JDK"，原因是 Java 11 把 JavaFX 挪出 JDK 了。

## 3. 启动可执行程序

进入第二步的打包路径，默认在模块下的 out 目录，该目录与 src 目录平级，完整路径为 out\artifacts\loan\bundles\loan（路径中的两处 loan 均为模块名称）。在该路径下找到 loan.exe，双击该文件即可启动程序并打开房贷计算器的窗口界面。

### 14.4.3 房贷计算器（完整版）

14.4.1 小节介绍的房贷计算器的功能未免太简单了，仅仅将购房总价乘以按揭比例，从而计算出贷款总额。在实际的买房过程中，除了贷款总额外，购房者更关心每月的还款数额，只有月供在自己承受的范围之内，这套房子才能买得起。所以房贷计算器理应具备每月房贷的计算功能，通过各种贷款规则计算出相应的月供数额。牵涉到月供的影响条件有很多，例如贷款年限是多少年，还款方式是等额本息还是等额本金，贷款属于商业贷款、公积金贷款还是组合贷款，贷款的基准利率是按照什么时候的政策。林林总总的贷款规则都要体现在计算器上，就像如图 14-72 所示的界面那样。

从图 14-72 可以看到，各种贷款条件分别对应不同的控件类型，详细说明如下：

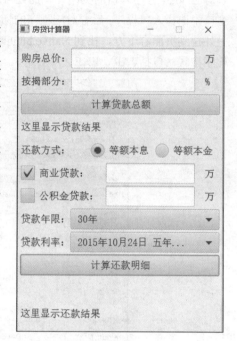

图 14-72　完整版房贷计算器的初始界面

（1）由于等额本息和等额本金这两种还款方式只能选择其一，因此还款方式的选择控件适合采用单选按钮。

（2）商业贷款与公积金贷款可以共存，贷款形式既可选择其中一种，又可同时选择两种（如组合贷款），所以两类贷款形式必须使用复选框。

（3）商业贷款与公积金贷款的具体金额仍旧提供输入框供用户填写。

（4）贷款年限与贷款利率，它们也是在一组选项中选择其中之一，不过由于选项的数量较多，因此更适合通过下拉框展现。

在编码实现时，需要注意 3 点：在 FXML 文件中布置单选按钮、在控制器代码中声明控件对象并初始化相关参数、给可单击的各控件注册单击事件，详述如下：

#### 1. 在 FXML 文件中布置单选按钮

因为同组的单选按钮要指定归属某个按钮小组，所以 FXML 文件中得先定义一个 ToggleGroup 控件，再把等额本息和等额本金两个单选按钮（RadioButton）都放入该 ToggleGroup。与按钮小组有关的 FXML 文件代码片段如下（完整代码见本章源码的 src\com\javafx\mortgage\mortgage.fxml）：

```
    <HBox fx:id="hbMethod" prefWidth="400" prefHeight="40">
        <Label fx:id="labelMethod" prefWidth="140" prefHeight="40" text="还款方
式：" />
        <fx:define>
           <ToggleGroup fx:id="tgMethod" />
        </fx:define>
        <RadioButton fx:id="rbInterest" prefWidth="130" prefHeight="40"
toggleGroup="$tgMethod"
            text="等额本息" selected="true" />
```

```
        <RadioButton fx:id="rbPrincipal" prefWidth="130" prefHeight="40"
toggleGroup="$tgMethod"
            text="等额本金" />
    </HBox>
```

### 2. 在控制器代码中声明控件对象并初始化相关参数

控制器代码声明各控件对象的时候，注意添加"@FXML"前缀。接着还要初始化贷款规则所需的各种参数，包括每个规则对应的变量，以及贷款年限和贷款利率的选项数组。这些对象变量的声明及其初始化代码如下（完整代码见本章源码的 src\com\javafx\mortgage\MortgageController.java）：

```
    @FXML private RadioButton rbInterest;           // 等额本息的单选按钮
    @FXML private RadioButton rbPrincipal;          // 等额本金的单选按钮
    @FXML private CheckBox cbBusi;                   // 商业贷款的复选框
    @FXML private NumberField fieldBusi;            // 商业贷款的输入框
    @FXML private CheckBox cbAccu;                   // 公积金贷款的复选框
    @FXML private NumberField fieldAccu;            // 公积金贷款的输入框
    @FXML private ComboBox dbYear;                   // 贷款年限的下拉框
    @FXML private ComboBox dbRatio;                  // 贷款利率的下拉框
    @FXML private Button btnRepay;                   // 计算还款明细的按钮

    private boolean isInterest = true;              // 是否为等额本息
    private boolean hasBusi = true;                  // 是否存在商业贷款
    private boolean hasAccu = false;                 // 是否存在公积金贷款
    private int mYear;                               // 贷款年限
    private double mBusiRatio;                        // 商业贷款的利率
    private double mAccuRatio;                        // 公积金贷款的利率
    private List<String> yearDescList = Arrays.asList("5年", "10年", "15年", "20
年", "30年");
    private int[] yearArray = { 5, 10, 15, 20, 30 };  // 贷款年限数组
    private List<String> ratioDescList = Arrays.asList(
        "2015年10月24日 五年期商贷利率 4.90%  公积金利率 3.25%",
        "2015年08月26日 五年期商贷利率 5.15%  公积金利率 3.25%",
        "2015年06月28日 五年期商贷利率 5.40%  公积金利率 3.50%",
        "2015年05月11日 五年期商贷利率 5.65%  公积金利率 3.75%",
        "2015年03月01日 五年期商贷利率 5.90%  公积金利率 4.00%",
        "2014年11月22日 五年期商贷利率 6.15%  公积金利率 4.25%",
        "2012年07月06日 五年期商贷利率 6.55%  公积金利率 4.50%");
    private double[] busiArray = { 4.90, 5.15, 5.40, 5.65, 5.90, 6.15, 6.55 };
// 商贷利率数组
    private double[] accuArray = { 3.25, 3.25, 3.50, 3.75, 4.00, 4.25, 4.50 };
// 公积金利率数组
```

### 3. 给可单击的各控件注册单击事件

房贷计算器的界面除了按钮控件之外，还有单选按钮、复选框、下拉框等选择控件，这些选择框也需要注册单击事件，以便在选项改变时及时调整相关参数取值。下面是各控件监听到单击动作时的处理说明。

（1）倘若单击了"等额本息"单选按钮，则设置 isInterest 值为 true；倘若单击了"等额本金"单选按钮，则设置 isInterest 值为 false。

（2）如果单击了"商业贷款"复选框，就将 hasBusi 设置为该复选框的勾选状态；如果单击了"公积金贷款"复选框，就将 hasAccu 设置为该复选框的勾选状态。

（3）如果在"贷款年限"下拉框中选择了某项，就把 mYear 设为对应的年限数字。

（4）如果在"贷款利率"下拉框中选择了某项，就把 mBusiRatio 设为对应的商贷利率数字，同时把 mAccuRatio 设为对应的公积金利率数字。

（5）倘若单击了"计算还款明细"按钮，此时先判断贷款数额是否合法，再执行后续的还款计算操作。

上述的单击事件注册代码均应在控制器的 initialize 方法内部书写，详细的事件注册代码如下（完整代码见本章源码的 src\com\javafx\mortgage\MortgageController.java）：

```
        rbInterest.setOnAction(e -> isInterest = true);  // 设置等额本息单选按钮的单击
事件
        rbPrincipal.setOnAction(e -> isInterest = false); // 设置等额本金单选按钮的
单击事件
        cbBusi.setOnAction(e -> hasBusi = cbBusi.isSelected()); // 设置商业贷款复选
框的单击事件
        cbAccu.setOnAction(e -> hasAccu = cbAccu.isSelected()); // 设置公积金贷款复
选框的单击事件
        // 添加贷款年限下拉框的选中监听器
        dbYear.getSelectionModel().selectedItemProperty()
            .addListener((ObservableValue observable, Object oldValue, Object
newValue) -> {
                int pos = yearDescList.indexOf(newValue); // 定位当前选项所处
的位置序号
                mYear = yearArray[pos];
            });
        dbYear.setItems(FXCollections.observableArrayList(yearDescList));
                                            // 设置贷款年限下拉框的数据项
        dbYear.getSelectionModel().select(4);    // 贷款年限下拉框默认选中第 5 项
        // 添加贷款利率下拉框的选中监听器
        dbRatio.getSelectionModel().selectedItemProperty()
            .addListener((ObservableValue observable, Object oldValue, Object
newValue) -> {
                int pos = ratioDescList.indexOf(newValue); // 定位当前选项所处
的位置序号
                mBusiRatio = busiArray[pos];
                mAccuRatio = accuArray[pos];
            });
        dbRatio.setItems(FXCollections.observableArrayList(ratioDescList));
                                            // 设置贷款利率下拉框的数据项
        dbRatio.getSelectionModel().select(0);       // 贷款利率下拉框默认选中第一项
```

```
        btnRepay.setOnAction(e -> {                          // 单击了"计算还款明细"按钮
                if (!hasBusi && !hasAccu) {
                        ToastUtil.show("请选择商业贷款或者公积金贷款");
                        return;
                } else if (hasBusi && (fieldBusi.getText()==null ||
fieldBusi.getText().length()<=0)) {
                        ToastUtil.show("商业贷款总额不能为空");
                        return;
                } else if (hasAccu && (fieldAccu.getText()==null ||
fieldAccu.getText().length()<=0)) {
                        ToastUtil.show("公积金贷款总额不能为空");
                        return;
                }
                showRepay();  // 显示计算好的还款明细
        });
```

　　然后还要补充 showRepay 方法的还款计算代码，补充完毕重新运行测试程序，即可弹出控件齐全的房贷计算器界面。在界面上填写具体的贷款金额，比如商业贷款填 145 万，公积金贷款填 100 万，贷款年限按默认的 30 年，贷款利率按默认的 2015 年 10 月基准利率，并且还款方式选择等额本息，之后单击"计算还款明细"按钮，计算器立刻在下方显示计算好的还款结果，如图 14-73 所示。把还款方式改为等额本金，再单击"计算还款明细"按钮，此时求得的还款明细如图 14-74 所示。

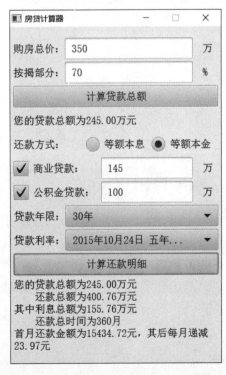

图 14-73　采取等额本息方式计算的还款结果　　　　图 14-74　采取等额本金方式计算的还款结果

　　对比图 14-73 和图 14-74 的两个还款金额，可知等额本金方式的还款总额较少，但等额本息方式刚开始的月供压力较轻。

# 14.5 小 结

本章主要介绍了如何利用 JavaFX 工具包开发桌面程序，首先描述了如何在 Java 8 环境与 Java 11 环境配置 JavaFX，以及 JavaFX 的基本场景编码（舞台 Stage、场景 Scenen、窗格 Pane、标签 Label、水平箱子 HBox 和垂直箱子 VBox），其次阐述了如何使用常见的几类 JavaFX 控件（输入框、选择框、列表/表格、对话框），再次叙述了如何通过 FXML 格式文件编写程序窗口的界面布局，并编写 FXML 对应的控制器代码，最后综合 JavaFX 的各种界面编程技术演示了如何实现房贷计算器的完整功能。

通过本章的学习，读者应该能够掌握以下编程技能：

（1）学会使用 JavaFX 编写拥有基本场景的简单窗口。

（2）学会在 JavaFX 程序中运用常见的几类控件。

（3）学会利用 FXML 编写单独的界面布局，并完成对应的控制器编码。

（4）学会使用 JavaFX 编写实用的桌面程序。

# 第 15 章

# 多 线 程

本章介绍线程的运行方式及其注意事项，包括：单个线程的调度处理、多个线程的并发控制、一群线程的分配管理，还将演示两个与线程有关的实战练习（秒表计时器和打地鼠游戏）。

## 15.1  线程的调度

本节介绍线程的概念以及单个线程的多种用法，首先讨论串行处理与并行处理的优劣之分，从而引出线程的运行机制及其基本用法；然后阐述如何利用 Runnable 接口封装一段供线程执行的代码块，以及如何通过 Callable 接口构建允许返回参数的代码块；最后描述如何使用定时器在分线程中调度定时任务。

### 15.1.1  线程的基本用法

每启动一个程序，操作系统就会驻留该程序的一个进程，该进程包含程序的完整代码逻辑。一旦程序退出，进程也就随之结束；反之，一旦强行结束进程，程序也会跟着退出。普通的程序代码是从上往下执行的，遇到分支语句则进入满足条件的分支，遇到循环语句总有跳出循环的时候，遇到方法调用则调用完毕仍然返回原处，之后继续执行控制语句或者方法调用下面的代码。总之一件事情接着一件事情处理，前一件事情处理完了才能处理后一件事情，这种运行方式称作"串行处理"。

串行处理的代码结构清晰，但同一时刻只能执行一段代码，也就是说，只要一个 CPU 就足够应付了。但现在无论是计算机还是手机，中央处理器都是多核 CPU，一个设备上集成了 4 个或更多的 CPU，而串行处理的程序自始至终都只用一个 CPU，显然无法发挥多核 CPU 的性能优势。既然串行存在效率问题，就需要另一种允许同时执行多项任务的处理方式，该方式称作"并行处理"。所谓并行处理，指的是程序在同一时刻处理不止一个事务，比如看网络视频时一边下载一边播放，这样就能提高程序的运行效率。

并行处理的思想体现到程序调度上面，有多进程与多线程两种方式。多进程仿佛孙悟空拔毫毛变出许多小孙悟空，每只小孙悟空都四肢齐全、有鼻子有眼睛，完全是孙悟空的克隆版本，而且可以单独上阵打斗。至于线程则为进程中的一条控制流，它是操作系统能够调度的最小执行单元，线程犹如人的手，吃饭穿衣都靠它。多线程仿佛哪吒变出三头六臂，每只手臂都拿着一把兵器，战斗力顿时倍增。不过变出来的手臂依附于哪吒本人，要是哪吒死了，再多的手臂也没用，当然只要进程还在运行，多一些线程绝对有助于提高程序的效率。况且一个线程占用的系统资源远小于一个进程，想想看，3 个孙悟空有 6 只手臂，同时占据了 3 个人的空间，而三头六臂的哪吒也有 6 只手臂，但只占据一个人的空间，很明显多线程的性价比要优于多进程。

一个进程默认自带一个线程，这个默认线程被称作主线程，要想在主线程之外另外开辟新线程，就会用到 Java 的 Thread（线程）类。Thread 类封装了线程的生命周期及其调度操作，程序员只需由 Thread 类派生出新的线程类，并重写 run 方法添加具体的业务逻辑即可。下面是一个计数器线程的例子，功能很简单，循环打印 0～999 的计数日志（完整代码见本章源码的 src\com\concurrent\thread\TestThread.java）：

```
// 定义一个计数器线程
private static class CountThread extends Thread {
    public void run() {
        for (int i=0; i<1000; i++) {  // 一千次计数，并打印每次计数的日志
            // getName 方法获取当前线程的名称，getId 方法获取当前线程的编号
            PrintUtils.print(getName(), "当前计数值为"+i);
        }
    }
}
```

上面的代码在打印日志时调用了自己写的 print 方法，该方法主要打印当前时间、当前线程名称、具体事件描述等信息。为了节约代码篇幅，往后的线程内部日志都通过 PrintUtils.print 方法打印，以下是该方法的实现代码（完整代码见本章源码的 src\com\concurrent\PrintUtils.java）：

```
//定义了线程专用的日志打印工具
public class PrintUtils {
    // 打印线程的运行日志，包括当前时间、当前线程名称、具体事件描述等信息
    public static void print(String threadName, String event) {
        SimpleDateFormat sdf = new SimpleDateFormat("HH:mm:ss.SSS");
        String dateTime = sdf.format(new Date());
        String desc = String.format("%s %s %s", dateTime, threadName, event);
        System.out.println(desc);
    }
}
```

定义好了计数器线程，轮到外部启动它倒也容易，先创建一个计数器线程的对象，再调用该对象的 start 方法，接着计数器线程便会自动执行 run 方法的内部代码。外部启动计数器线程的调用代码如下：

```
CountThread thread = new CountThread();  // 创建一个计数器线程
thread.start();  // 开始线程运行
```

运行上述的调用代码，观察到如下的线程运行日志，可见一个名叫 Thread-0 的分线程正常运行了：

```
17:36:01.049 Thread-0 当前计数值为 0
17:36:01.051 Thread-0 当前计数值为 1
17:36:01.051 Thread-0 当前计数值为 2
17:36:01.051 Thread-0 当前计数值为 3
·····················这里省略余下的日志·····················
```

除了 start 方法外，Thread 类还提供了其他一些有用的方法。倘若程序先后启动两个线程，那么通常来说，先启动的线程比后启动的线程要跑得快些。但是有时候业务上又需要后启动的线程跑得更快，此时可调用指定线程的 join 方法，该方法字面上的意思是"加入"，实际作用是"插队"。凡是调用了 join 方法的线程，它们的内部代码相较其他线程会优先处理，由于不同线程之间是并行展开着的，因此优先的意思并非一定会插到前面，而是尽量安排先执行，最终的执行顺序还得由操作系统决定。下面是演示线程插队功能的例子：

```java
// 测试线程的插队操作
private static void testJoin() {
    CountThread thread1 = new CountThread();  // 创建第一个计数器线程
    thread1.start();  // 第一个线程开始运行
    CountThread thread2 = new CountThread();  // 创建第二个计数器线程
    thread2.start();  // 第二个线程开始运行
    try {
        thread2.join();  // 第二个线程说："我很着急，我要插队"
    } catch (InterruptedException e1){  //插队行为可能会被中断，需要捕获中断异常
        e1.printStackTrace();
    }
}
```

只有两个分线程的话，尚能通过 join 方法区分插队的线程与普通线程；如果分线程多于两个，好几个线程都调用 join 方法，提出本线程想插队，操作系统又该如何处理这些着急的线程呢？即使是插队，也得有一个插队顺序，不是谁嗓门大谁就能排到前面，所以还需定义一个规矩区分插队动作的轻重缓急。于是 Thread 类又提供了优先级设置方法 setPriority，调用该方法即可指定每个线程的优先级大小，数值越大表示它拥有越高的优先级，就越应该安排到前面执行。如此一来，通过优先级数值的大小能够有效辨别各个线程的排队顺序，再也不必烦恼要到哪里插队了。给多个线程分别设置优先级的代码如下：

```java
// 测试线程的优先级顺序
private static void testPriority() {
    CountThread thread1 = new CountThread();    // 创建第一个计数器线程
    thread1.setPriority(1);                      // 第一个线程的优先级为 1
    thread1.start();                            // 第一个线程开始运行
    CountThread thread2 = new CountThread();    // 创建第二个计数器线程
    thread2.setPriority(9);                 //第二个线程的优先级为 9，值越大优先级越高
    thread2.start();                            //第二个线程开始运行
}
```

正常情况下，分线程的内部代码执行完毕后，该线程会自动退出运行。但有时需要提前结束线程，或者先暂停线程，等到时机成熟再恢复线程，Thread 类确实提供了相关的处理方法，例如 stop 方法用于停止线程运行，suspend 方法用于暂停线程运行，resume 方法用于恢复线程运行。然而 Java

同时注明了这 3 个方法都已经过时，为什么呢？缘由在于它们 3 个是不安全的，当一个线程正在运行的时候，突然外部咔嚓一下，不由分说把它干翻，这本身就是很危险的举动，因为谁也无法预料此时线程在做什么、线程意外终止会产生什么后果等。比如某个线程正在写文件，现在不管三七二十一干掉该线程，结果很可能造成文件损坏。故由外部强行干预线程的做法实在不是一个好点子，理想的做法是：外部给分线程递一个纸条，表示你被炒鱿鱼了，咱通情达理也没立刻赶你走，你收拾差不多了再走也不迟。

这样的话，很自然想到在线程内部增加一个标志位，分线程每隔一阵子便检查该标志，一旦发现标志位发生改变，就自动择机退出运行。据此可以重新编写包含标志位的计数器线程，并在 run 方法中时不时地检查该标志，新线程的定义代码如下：

```java
// 定义一个主动检查运行标志的线程
private static class ActiveCheckThread extends Thread {
    private boolean canRun = true;  // 能否运行的标志
    // 设置当前线程能否继续运行的标志
    public void setCanRun(boolean canRun) {
        this.canRun = canRun;
    }

    public void run() {
        for (int i=0; i<1000; i++) {
            PrintUtils.print(getName(), "当前计数值为"+i);
            if (!canRun) {  // 如果不允许运行，就打印停止运行的日志，并跳出线程的循环处理
                PrintUtils.print(getName(), "主动停止运行");
                break;
            }
        }
    }
}
```

上述的线程代码提供了 setCanRun 方法给外部调用，通过该方法即可设置当前线程能否继续运行的标志。外部在启动 ActiveCheckThread 线程之后，再调用 setCanRun 方法就实现了给分线程递纸条的功能。下面是调用 ActiveCheckThread 线程的例子：

```java
// 线程自己主动检查是否要停止运行
private static void testActiveCheck() {
    // 创建一个会自行检查运行标志的线程
    ActiveCheckThread thread = new ActiveCheckThread();
    thread.start();                     // 开始线程运行
    try {
        Thread.sleep(50);               // 睡眠 50 毫秒
    } catch (InterruptedException e) {  // 睡眠可能会被打断，需要捕获中断异常
        e.printStackTrace();
    }
    thread.setCanRun(false);            // 告知该线程不要再跑了，请择机退出
}
```

运行上面的测试代码，观察到以下的线程日志，可见分线程按照标志位提前停止运行了。

```
·············这里省略前面的日志·············
16:38:18.457 Thread-0 当前计数值为 14
16:38:18.457 Thread-0 当前计数值为 15
16:38:18.457 Thread-0 当前计数值为 16
16:38:18.458 Thread-0 主动停止运行
```

设置标志位的办法固然可行，但不是很好用，原因有二：其一，分线程要很积极主动地检查标志位，但是人算不如天算，标志位的检查代码毕竟不能放得到处都是，那么在遗忘的角落就没法响应外部的信号了；其二，设置标志位是一个新增的方法，每个线程类的标志设置方法都不尽相同，外部又怎知甲、乙、丙、丁诸多线程各自提供了哪些设置方法呢？

好在 Thread 类另外提供了线程中断机制，分线程倒也不必新增标志位，原来的代码结构可以保持不变。在中断机制中，凡是属于正常的业务逻辑，外部概不横加干涉，只有在耗时较久的场合，例如睡眠、等待之类的情况，才可能会收到中断信号，也就是中断异常 InterruptedException。于是分线程只管捕捉中断异常，若无异常，则照常运行；若有异常，则进入中断分支，对相关事宜妥善处理后，即可退出线程运行。

据此改造先前的计数器线程，在每次计数之后增加调用 sleep 方法，且睡眠期间允许接收中断信号，另外补充异常处理的 try/catch 语句，并在异常分支善后。改造后的计数器线程 PassiveInterruptThread 代码如下：

```
// 定义一个被动接受中断信号的线程
private static class PassiveInterruptThread extends Thread {
    public void run() {
        try {
            for (int i=0; i<1000; i++) {
                PrintUtils.print(getName(), "当前计数值为"+i);
                Thread.sleep(10);        // 睡眠10毫秒，睡眠期间允许接收中断信号
            }
        } catch (InterruptedException e) {  // 收到了异常中断的信号，打印日志并退出线程运行
            PrintUtils.print(getName(), "被中断运行了");
        }
    }
}
```

接下来外部启动计数线程之后，调用 interrupt 方法往分线程发送中断信号，注意这个 interrupt 方法为 Thread 类的自有方法，每个线程都适用。下面是 PassiveInterruptThread 线程的调用代码：

```
// 线程被动接收外部的中断信号
private static void testPassiveInterrupt() {
    // 创建一个会接收外部中断信号的线程
    PassiveInterruptThread thread = new PassiveInterruptThread();
    thread.start();              // 开始线程运行
    try {
        Thread.sleep(50);        // 睡眠50毫秒
    } catch (InterruptedException e) {
```

```
        e.printStackTrace();
    }
    thread.interrupt();  // 无论你正在干什么，先停下来再说
}
```

运行上面的线程调用代码，观察到如下的线程日志，可见分线程的确收到了外部的中断信号：

```
·······················这里省略前面的日志·······················
17:04:33.284 Thread-0 当前计数值为 3
17:04:33.294 Thread-0 当前计数值为 4
17:04:33.304 Thread-0 当前计数值为 5
17:04:33.305 Thread-0 被中断运行了
```

## 15.1.2 任务 Runnable

线程的基本用法足够应付一般的场合，只是每次开辟新线程，都得单独定义专门的线程类，着实开销不小。注意到新线程内部真正需要开发者重写的仅有 run 方法，其实就是一个代码段，分线程启动之后也单单执行该代码段而已。因而完全可以把这段代码抽出来，把它定义为类似方法的一串任务代码，这样便能像调用公共方法一样多次调用这段代码，也就无须另外定义新的线程类，只需命令已有的 Thread 类去执行该代码段。

在 Java 中定义某个代码段，则要借助于接口 Runnable，它是一个函数式接口，唯一需要实现的只有 run 方法。之所以定义成函数式接口的形式，是因为要给任务方法套上面向对象的壳，这样才好由外部去调用封装好的任务对象。现在有一个阶乘运算的任务,希望开一个分线程,计算式子"10!"的结果，那便定义一个实现了 Runnable 接口的任务类 FactorialTask，并重写 run 方法补充求解"10!"的代码逻辑。编写完成的 FactorialTask 类代码如下（完整代码见本章源码的 src\com\concurrent\thread\TestRunnable.java）：

```
// 定义一个求阶乘的任务
private static class FactorialTask implements Runnable {
    public void run() {
        int product = 1;
        for (int i=1; i<=10; i++) {  // 通过循环语句计算阶乘函数 10!
            product *= i;
        }
        PrintUtils.print(Thread.currentThread().getName(), "阶乘结果
="+product);
    }
}
```

接着创建 FactorialTask 类的任务对象，并通过线程类的构造方法传入该任务，就实现了在分线程中启动阶乘任务的功能。下面是外部给阶乘任务开启新线程的代码：

```
// 通过 Runnable 创建线程的第一种方式：传入普通实例
FactorialTask task = new FactorialTask();
new Thread(task).start();          // 创建并启动线程
```

鉴于阶乘任务的实现代码很短，好像没有必要定义专门的任务类，不妨循着比较器 Comparator

的旧例，采取匿名内部类的方式书写更为便捷。于是可在线程类 Thread 的构造方法中直接填入实现后的 Runnable 任务代码，具体的调用代码如下：

```
// 通过 Runnable 创建线程的第二种方式：传入匿名内部类的实例
new Thread(new Runnable() {
    public void run() {
        int product = 1;
        for (int i=1; i<=10; i++) {  // 通过循环语句计算阶乘函数 10！
            product *= i;
        }
        PrintUtils.print(Thread.currentThread().getName(), "阶乘结果
="+product);
    }
}).start();  // 创建并启动线程
```

由于 Runnable 是函数式接口，因此完全可以使用 Lambda 表达式加以简化。下面便是利用 Lambda 表达式取代匿名内部类的任务线程代码：

```
// 通过 Runnable 创建线程的第三种方式：使用 Lambda 表达式
new Thread(() -> {
    int product = 1;
    for (int i=1; i<=10; i++) {           // 通过循环语句计算阶乘函数 10！
        product *= i;
    }
    PrintUtils.print(Thread.currentThread().getName(), "阶乘结果
="+product);
}).start();  // 创建并启动线程
```

虽说 Runnable 接口的花样比直接从 Thread 派生多一些，但 Runnable 方式依旧要求实现 run 方法，看起来像是换汤不换药，感觉即使没有 Runnable 也不影响线程的运用，最多在编码上有点烦琐。但事情没这么简单，要知道引入线程的目的是为了加快处理速度，多个线程同时运行的话，必然涉及资源共享以及合理分配。比如火车站卖动车票，只有一个售票窗口卖票的话，明显卖得慢，肯定要多开几个售票窗口，一起卖票才卖得快。

假设目前还剩 100 张动车票，此时开了 3 个售票窗口，这样等同于启动了 3 个售票线程，每个线程都在卖剩下的 100 张票。倘若不采取 Runnable 接口，而是直接定义新线程的话，售票线程的定义代码应该类似下面这般：

```
// 单独定义一个售票线程
private static class TicketThread extends Thread {
    private int ticketCount = 100;          // 可出售的车票数量
    public TicketThread(String name) {
        setName(name);                      // 设置当前线程的名称
    }

    public void run() {
        while (ticketCount > 0) {           // 还有余票可供出售
            ticketCount--;                  // 余票数量减一
            // 以下打印售票日志，包括售票时间、售票线程、当前余票等信息
```

```
                    String left = String.format("当前余票为%d张", ticketCount);
                    PrintUtils.print(Thread.currentThread().getName(), left);
                }
            }
        }
```

然后分别创建并启动 3 个售票线程，就像以下代码这样：

```
// 创建多个线程分别启动，3 个线程各卖 100 张，总共卖了 300 张票
new TicketThread("售票线程 A").start();
new TicketThread("售票线程 B").start();
new TicketThread("售票线程 C").start();
```

猜猜看，上面 3 个售票线程总共卖了多少张票？实地运行测试代码后发现，这 3 个线程竟然卖掉了 300 张票，而不是期望的 100 张余票。究其原因，这是各线程售卖的车票为专享而非共享，每个线程只认可自己掌握的车票，不认可其他线程的车票，结果导致 3 个线程各卖各的，加起来一共卖了 300 张票。所以单独定义的线程类处理独立的事务倒还凑合，如果处理共享的事务就难办了。

如果采用 Runnable 接口来定义售票任务，就可以很方便地共享资源，只要命令 3 个线程同时执行售票任务即可。下面是开启 3 个线程运行售票任务的代码：

```
// 只创建一个售票任务，启动 3 个线程一起执行售票任务，总共卖了 100 张票
Runnable seller = new Runnable() {
    private int ticketCount = 100;              // 可出售的车票数量
    public void run() {
        while (ticketCount > 0) {               // 还有余票可供出售
            ticketCount--;                       // 余票数量减一
            // 以下打印售票日志，包括售票时间、售票线程、当前余票等信息
            String left = String.format("当前余票为%d张", ticketCount);
            PrintUtils.print(Thread.currentThread().getName(), left);
        }
    }
};
new Thread(seller, "售票线程 A").start();         // 启动售票线程 A
new Thread(seller, "售票线程 B").start();         // 启动售票线程 B
new Thread(seller, "售票线程 C").start();         // 启动售票线程 C
```

因为 100 张余票位于同一个售票任务 seller 里面，所以这些车票理应为执行任务的线程所共享。运行上述的任务测试代码，观察到如下的线程工作日志：

```
16:27:21.077 售票线程 C 当前余票为 98 张
16:27:21.083 售票线程 A 当前余票为 96 张
16:27:21.083 售票线程 C 当前余票为 95 张
16:27:21.077 售票线程 B 当前余票为 97 张
·····················这里省略中间的日志·····················
16:27:21.118 售票线程 B 当前余票为 2 张
16:27:21.118 售票线程 A 当前余票为 1 张
16:27:21.118 售票线程 C 当前余票为 4 张
16:27:21.118 售票线程 B 当前余票为 0 张
```

可见此时 3 个售票线程一共卖掉了 100 张车票，这才符合多窗口同时售票的预期功能。

### 15.1.3 过程 Callable

利用 Runnable 接口构建线程任务确实方便了线程代码的复用与共享，然而 Runnable 不像公共方法那样有返回值，也就无法将线程的处理结果传给外部，造成外部既不知晓该线程是否已经执行完毕，又不了解该线程的运算结果是什么，总之无法跟踪分线程的行动踪迹。这样显然是不完美的，因为方法调用都有返回值，为何通过 Runnable 启动线程就无法获得返回值呢？为此，Java 提供了另一种开启线程的方式，即利用 Callable 接口构建任务代码，实现该接口需要重写 call 方法，call 方法类似于 run 方法，同样存放着开发者定义的任务代码。不同的是，run 方法没有返回值，而 call 方法支持输出参数，从而使得分线程返回结果成为可能。

过程 Callable 是一个泛型接口，它的返回值类型在外部调用时指定，要想创建一个 Callable 实例，既能通过定义完整的新类来实现，又能通过匿名内部类方式实现。举一个简单的应用例子，比如希望开启分线程生成某个随机数，并将随机数返回给主线程，则采取匿名内部类方式书写的 Callable 定义代码如下（完整代码见本章源码的 src\com\concurrent\thread\TestCallable.java）：

```java
// 定义一个 Callable 代码段，返回 100 以内的随机整数
// 第一种方式：采取匿名内部类方式书写
Callable<Integer> callable = new Callable<Integer>() {
    public Integer call() {  // 返回值为 Integer 类型
        int random = new Random().nextInt(100);  // 获取 100 以内的随机整数
        // 以下打印随机数日志，包括当前时间、当前线程、随机数值等信息
        PrintUtils.print(Thread.currentThread().getName(), "任务生成的随机数="+random);

        return random;
    }
};
```

由于 Callable 是一个函数式接口，因此可利用 Lambda 表达式简化匿名内部类，于是掐头去尾之后的 Lambda 表达式代码如下：

```java
// 第二种方式：采取 Lambda 表达式书写
Callable<Integer> callable = () -> {
    int random = new Random().nextInt(100);  // 获取 100 以内的随机整数
    PrintUtils.print(Thread.currentThread().getName(), "任务生成的随机数="+random);
    return random;
};
```

因为获取随机数的关键代码仅有一行，所以完全可以进一步精简 Lambda 表达式，压缩冗余后只有短小精悍的一行代码：

```java
// 第三种方式：进一步精简后的 Lambda 表达式
Callable<Integer> callable = () -> new Random().nextInt(100);
```

有了 Callable 实例之后，还需要引入未来任务 FutureTask 把它包装一下，因为只有 FutureTask 才能真正跟踪任务的执行状态。以下是 FutureTask 的主要方法说明。

- run：启动未来任务。
- get：获取未来任务的执行结果。
- isDone：判断未来任务是否执行完毕。
- cancel：取消未来任务。
- isCancelled：判断未来任务是否已经取消。

现在结合 Callable 与 FutureTask，串起来演示拥有返回值的未来任务。首先把 Callable 实例填进 FutureTask 的构造方法，由此得到一个未来任务的实例；然后调用未来任务的 run 方法启动该任务；最后调用未来任务的 get 方法获取任务的执行结果。根据以上步骤编写的未来任务代码如下：

```java
// 根据代码段实例创建一个未来任务
FutureTask<Integer> future = new FutureTask<Integer>(callable);
future.run();  // 运行未来任务
try {
    Integer result = future.get();  // 获取未来任务的执行结果
    PrintUtils.print(Thread.currentThread().getName(), "主线程的执行结果
="+result);
} catch (InterruptedException | ExecutionException e) {
    // get 方法会一直等到未来任务执行完成
    // 由于等待期间可能收到中断信号，因此这里得捕捉中断异常
    e.printStackTrace();
}
```

运行上述的任务调用代码，观察到的任务日志如下：

```
16:48:53.363 main 任务生成的随机数=11
16:48:53.422 main 主线程的执行结果=11
```

有没有发现什么不对劲的地方？第一行日志是在 Callable 实例的 call 方法中打印的，第二行日志是在主线程获得返回值后打印的，但是从日志看，两行日志都由 main 线程（也就是主线程）输出，说明未来任务仍然由主线程执行，而非由分线程执行。

那么如何才能开启分线程来执行未来任务呢？当然，还得让 Thread 类亲自出马，就像使用分线程执行 Runnable 任务那样，同样要把 Callable 实例放入 Thread 的构造方法中，然后调用线程实例的 start 方法才可以启动线程任务。于是添加线程类之后的未来任务代码变成了下面这样：

```java
// 根据代码段实例创建一个未来任务
FutureTask<Integer> future = new FutureTask<Integer>(callable);
new Thread(future).start();  // 把未来任务放入新创建的线程中，并启动分线程处理
try {
    Integer result = future.get();  // 获取未来任务的执行结果
    PrintUtils.print(Thread.currentThread().getName(), "主线程的执行结果
="+result);
} catch (InterruptedException | ExecutionException e) {
    // get 方法会一直等到未来任务执行完成
    // 由于等待期间可能收到中断信号，因此这里得捕捉中断异常
    e.printStackTrace();
}
```

运行上面的未来任务代码，观察到以下的程序日志：

```
16:49:49.816 Thread-0 任务生成的随机数=38
16:49:49.820 main 主线程的执行结果=38
```

从日志中的 Thread-0 名称可知，此时的未来任务总算交由分线程执行了。

## 15.1.4　定时器与定时任务

前述的几种线程运行方式，一旦调用了线程实例的 start 方法，都会立即启动线程的事务处理。然而某些业务场景在事务执行时间方面有特殊需求，例如期望延迟若干时间之后才开始事务运行，又如期望每隔若干时间依次启动事务处理，如此种种都要求在指定的时间才能启动线程任务，也就是俗称的定时功能。

有别于一般的线程，Java 为定时功能设计了专门的定时任务 TimerTask 和定时器 Timer。其中 TimerTask 用于描述时刻到达后的事务处理，而 Timer 用于调度定时任务，包括何时启动定时任务、需要间隔多久再次运行定时任务等。

定时任务 TimerTask 的代码定义类似于 Runnable，二者均需重写 run 方法填写任务代码，不同的是，Runnable 任务需要实现 Runnable 接口，定时任务则由 TimerTask 类派生而来。下面是一个计数用的定时任务的例子（完整代码见本章源码的 src\com\concurrent\thread\TestTimer.java）：

```
// 定义一个用于计数的定时任务
private static class CountTask extends TimerTask {
    private int count = 0;  // 计数值

    public void run() {
        // 以下打印计数日志，包括当前时间、当前线程、计数值等信息
        PrintUtils.print(Thread.currentThread().getName(), "当前计数值为
"+count);

        count++;
    }
}
```

接下来轮到让定时器来调度定时任务，定时器 Timer 的调度方法主要有 schedule 和 scheduleAtFixedRate 两个，其中 schedule 重载了多个同名方法。依据重载参数的差异，可将两个调度方法划分为以下三类用途：

（1）带两个参数的 schedule 方法，其中第一个参数为定时任务，第二个参数为任务的启动时间或者延迟启动间隔。这种 schedule 方法只会启动唯一一次定时任务。

（2）带三个参数的 schedule 方法，其中第一个参数为定时任务，第二个参数为任务的首次启动时间或者延迟启动间隔，第三个参数为之后继续启动的时间间隔。这种 schedule 方法会持续不断地启动定时任务。

（3）scheduleAtFixedRate 方法，其中第一个参数为定时任务，第二个参数为任务的首次启动时间或者延迟启动间隔，第三个参数为之后每次启动的时间间隔。scheduleAtFixedRate 方法也会持续不断地启动定时任务。

后面两种调度方式乍看之下没什么区别，都是每隔一段时间启动后续的任务。其实还是有一点小区别的，带 3 个参数的 schedule 方法，下个任务要在上个任务结束之后再间隔若干时间才启动；

至于 scheduleAtFixedRate 方法，下个任务不管上个任务何时结束，只要相互之间的启动间隔到达，即可立即启动下个任务。所以，schedule 方法的下次启动时间与任务执行耗时有关，而 scheduleAtFixedRate 方法与任务耗时无关，它才是真正意义上以固定频率运行着的定时调度。

讲完了定时器的几种调度方式，再来看定时器的具体操作代码，以 schedule 方法为例，通过该方法延迟若干时间后启动定时任务的代码如下：

```java
// 测试只跑一次的定时器调度
private static void testScheduleOnce() {
    CountTask timerTask = new CountTask();   // 创建一个计数的定时任务
    Timer timer = new Timer();                // 创建一个定时器
    timer.schedule(timerTask, 50);  // 命令定时器启动定时任务。调度规则为：延迟
50 毫秒后启动
    try {
        Thread.sleep(1000);                   // 睡眠 1 秒
    } catch (InterruptedException e) {
        e.printStackTrace();
    }
    timer.cancel();                           // 取消定时器
}
```

把上面的 schedule 方法改为固定间隔启动定时任务的话，只需添加第三个参数就好了，调用代码片段如下：

```java
// 命令定时器启动定时任务
// 调度规则为：延迟 50 毫秒后启动，且上一个任务执行完毕间隔 100 毫秒再执行下一个任务
timer.schedule(timerTask, 50, 100);
```

或者改成使用 scheduleAtFixedRate 方法以固定速度启动定时任务，调用代码片段如下：

```java
// 命令定时器启动定时任务
// 调度规则为：延迟 50 毫秒后启动，且之后每间隔 100 毫秒再执行一个任务
timer.scheduleAtFixedRate(timerTask, 50, 100);
```

运行以上的定时器代码，观察到以下的定时日志，可见定时任务被放到名叫 Timer-0 的分线程中执行了：

```
19:01:49.634 Timer-0 当前计数值为 0
19:01:49.661 Timer-0 当前计数值为 1
19:01:49.761 Timer-0 当前计数值为 2
19:01:49.861 Timer-0 当前计数值为 3
·······················这里省略余下的日志·······················
```

另外注意一点，定时任务 TimerTask 和定时器 Timer 都提供了 cancel 方法，其中 TimerTask 的 cancel 方法取消的是原来的定时任务，取消之后，还能通过定时器调度新创建的定时任务。而 Timer 的 cancel 方法取消的是定时器自身，一旦取消定时器，不但原来的定时任务被一起撤销，而且该定时器不能再调度任何一个定时任务，相当于这个定时器彻底报废了，除非再次创建全新的定时器才行。

# 15.2　并发的控制

本节介绍同时运行多个线程时需要考虑的资源冲突处理。首先描述如何利用关键字 synchronized 声明排他的同步代码块；其次阐述如何通过加解锁机制避免资源冲突及其具体实现的两种办法（可重入锁和读写锁）；再次叙述如何使用信号量完成多个许可证的 PV 管理操作（P 代表请求，V 代表释放）；最后讲解两个并发运行的线程如何在不同机制下实现相互通信。

## 15.2.1　同步：关键字 synchronized 的用法

多个线程一起办事固然能够加快处理速度，但是也带来一个问题：两个线程同时争抢某个资源时该怎么办？看来资源共享的另一面便是资源冲突，正所谓鱼与熊掌不可兼得，系统岂能让多线程这项技术专占好处？果然是有利必有弊，下面来看之前演示售票任务时的多线程操作，具体代码如下：

```java
// 多个线程同时操作某个资源，可能会产生冲突
private static void testConflict() {
    // 创建一个售票任务
    Runnable seller = new Runnable() {
        private Integer ticketCount = 100;  // 可出售的车票数量

        public void run() {
            while (ticketCount > 0) {  // 还有余票可供出售
                ticketCount--;  // 余票数量减一
                // 以下打印售票日志，包括售票时间、售票线程、当前余票等信息
                // 为了更好地重现资源冲突情况，下面尽量拉大访问 ticketCount 的时间间隔
                SimpleDateFormat sdf = new SimpleDateFormat("HH:mm:ss.SSS");
                String dateTime = sdf.format(new Date());
                String desc = String.format("%s %s 当前余票为%d 张", dateTime,
                        Thread.currentThread().getName(), ticketCount);
                System.out.println(desc);
            }
        }
    };
    new Thread(seller, "售票线程A").start();  // 启动售票线程 A
    new Thread(seller, "售票线程B").start();  // 启动售票线程 B
    new Thread(seller, "售票线程C").start();  // 启动售票线程 C
}
```

只看代码感觉并无不妥之处，仅仅是 3 个售票线程共同卖票，这能有什么问题？倘若只运行一次售票代码，倒也看不出什么名堂，但是一旦反复地多次运行这段售票代码，那么总会出现类似以下日志的意外情况，特别是在系统资源比较繁忙的时刻：

```
10:56:38.182 售票线程 A 当前余票为 97 张
10:56:38.182 售票线程 B 当前余票为 97 张
10:56:38.182 售票线程 C 当前余票为 97 张
10:56:38.186 售票线程 B 当前余票为 95 张
```

```
10:56:38.186 售票线程 A 当前余票为 95 张
10:56:38.186 售票线程 C 当前余票为 93 张
···················这里省略余下的日志·····················
```

售票日志竟然打印出了相同的余票数量，这正是多线程并发造成的后果。因为在 ticketCount 的自减语句和后面的日志打印语句中间还有其他代码，每行代码都需要消耗一点时间，哪怕是零点几毫秒，但就在这一瞬间，余票可能又被别的线程卖掉了一张，所以等到线程 A 打印余票日志时，ticketCount 早已被卖了不止一次。如此一来，日志打印前后的余票数量遇到不一致的情况，也就不足为奇了。

问题的症结在于余票变量 ticketCount 是动态变化着的，3 个售票线程争先恐后地卖票，故而任一时刻的余票数量都可能改变。解决问题的要点自然落在余票的管控上面，正好 Java 提供了一个名叫 synchronized 的关键字，它可以修饰某个方法或者某个代码块，目的是限定该方法/代码块为同步方法/同步代码块，也就是规定同一时刻只能有一个线程执行同步方法，其他线程来了以后必须在旁边等待，直到先来的线程跑完同步方法，其他线程才可以依次排队执行该同步方法。

回到之前的售票代码，第一反应是能否把售票任务的 run 方法设置为同步方法？与其瞎猜测，不如试试再说，于是给 run 方法加上关键字 synchronized 之后的代码片段如下（完整代码见本章源码的 src\com\concurrent\lock\TestSync.java）：

```java
// 指定整个 run 方法为同步方法，这样同一时刻只允许一个线程执行该方法
public synchronized void run() {
    while (ticketCount > 0) {  // 还有余票可供出售
        ticketCount--;  // 余票数量减一
        // 以下打印售票日志，包括售票时间、售票线程、当前余票等信息
        String left = String.format("当前余票为%d张", ticketCount);
        PrintUtils.print(Thread.currentThread().getName(), left);
    }
}
```

添加完毕再次运行售票代码，观察到了以下的售票日志：

```
22:46:06.733 售票线程 A 当前余票为 99 张
22:46:06.734 售票线程 A 当前余票为 98 张
22:46:06.735 售票线程 A 当前余票为 97 张
22:46:06.735 售票线程 A 当前余票为 96 张
···················这里省略余下的日志·····················
```

由日志可见，现在只剩线程 A 在兀自卖票，而线程 B 和线程 C 待在一旁。原来 synchronized 给整个 run 方法加锁，那么只要线程 A 尚未结束运行，线程 B 和线程 C 就不允许置身其中，结果便退化为只有一个线程在售票了。显然给 run 方法添加 synchronized 的做法管得太多了，考虑到只有 ticketCount 这个余票变量会引起资源冲突，因此不妨缩小 synchronized 的管辖范围，单单对余票减一的代码施加 synchronized 限定，并定义一个局部变量 count 保存减一后的余票数值。重新修改后的售票代码片段如下：

```java
public void run() {
    while (ticketCount > 0) {  // 还有余票可供出售
        int count;
```

```
        // 指定某个代码块为同步代码块，这样同一时刻只允许一个线程执行该段代码
        synchronized (this) {
            count = --ticketCount;  // 余票数量减一
        }
        // 以下打印售票日志，包括售票时间、售票线程、当前余票等信息
        String left = String.format("当前余票为%d张", count);
        PrintUtils.print(Thread.currentThread().getName(), left);
    }
}
```

多次运行修改后的售票代码，观察到的售票日志终于正常打印余票数量了：

```
16:33:10.265 售票线程 A 当前余票为 99 张
16:33:10.265 售票线程 C 当前余票为 97 张
16:33:10.265 售票线程 B 当前余票为 98 张
16:33:10.266 售票线程 A 当前余票为 96 张
16:33:10.266 售票线程 B 当前余票为 94 张
16:33:10.266 售票线程 C 当前余票为 95 张
··················这里省略余下的日志··················
```

注意到上述的同步代码块把余票数量赋值给一个局部变量，仿佛某个带返回值的方法，既然这块代码的形式与方法相像，干脆提取出来作为独立的同步方法，于是优化后的售票代码变成了下面这般（完整代码见本章源码的 src\com\concurrent\lock\TestSync.java）：

```
    // 把操作共享资源的代码单独提取出来作为同步方法
    private static void testSyncMinMethod() {
        // 创建一个售票任务
        Runnable seller = new Runnable() {
            private Integer ticketCount = 100;  // 可出售的车票数量

            public void run() {
                while (ticketCount > 0) {  // 还有余票可供出售
                    // 获得减一后的余票数量。注意 getDecreaseCount 是一个同步方法
                    int count = getDecreaseCount();
                    // 以下打印售票日志，包括售票时间、售票线程、当前余票等信息
                    String left = String.format("当前余票为%d张", count);
                    PrintUtils.print(Thread.currentThread().getName(), left);
                }
            }

            // 将余票数量减一，并返回减一后的余票数量
            private synchronized int getDecreaseCount() {
                return --ticketCount;  // 余票数量减一
            }
        };
        new Thread(seller, "售票线程A").start();  // 启动售票线程A
        new Thread(seller, "售票线程B").start();  // 启动售票线程B
        new Thread(seller, "售票线程C").start();  // 启动售票线程C
    }
```

以上代码同样有效避免了售票时的资源冲突，并且代码的组织结构更加清晰明了。

## 15.2.2 通过加解锁避免资源冲突

线程同步机制虽然可以避免多线程并发的资源冲突问题，但该机制只适用于简单场合，在一些高级场合就暴露出它的局限性，包括但不限于以下几点：

（1）synchronized 必须用于修饰方法或者代码块，也就是一定会有花括号把需要同步的代码给包裹起来。这样的话，花括号内外的变量交互比较麻烦，特别是同步代码块，多出来的花括号硬生生把原来的代码隔离开，只好通过局部变量传递数值。

（2）synchronized 的同步方式很傻，一旦同步方法/代码块被某个线程执行，其他线程到了这里就必须等待前一个线程的处理，如果前一个线程迟迟不退出同步方法/代码块，那么其他线程只能傻傻地一直等下去。

（3）synchronized 无法判断当前线程处于等待队列中的哪个位置，如果等待队列很长，那么也许走另一条分支更合适，但 synchronized 是个死脑筋，它不知道等待队列的详细情况，也就无从选择更优的代码路径。

为此，Java 设计了一套锁机制，通过锁的对象把加锁和解锁操作分离开，从而解决同步方式的弊端。锁机制提供了好几把锁，常见的名叫可重入锁 ReentrantLock。所谓可重入，字面意思指的是支持重新进入，凡是遇到被当前线程自身锁住的代码，则仍然允许进入这块代码，但如果遇到被其他线程锁住的代码，就不允许进入那块代码。换句话说，加锁不是为了锁自己，是为了锁别人，故而可重入锁又称作自旋锁，之前介绍的 synchronized 也属于可重入机制。下面是 ReentrantLock 相关的锁方法说明。

- lock：对可重入锁加锁。
- unlock：对可重入锁解锁。
- tryLock：尝试加锁。若加锁成功，则返回 true；若加锁失败，则返回 false。该方法与 lock 方法的区别在于：lock 方法会一直等待加锁，而 tryLock 要求立刻加锁，如果加锁失败（表示已经被其他线程加了锁），就马上返回 false，一会都等不了。
- isLocked：判断是否被锁住了。
- getQueueLength：获取有多少个线程正在等待该锁。

回到售票线程的例子，现在把同步方式改为加解锁的实现，修改后的售票代码如下（完整代码见本章源码的 src\com\concurrent\lock\TestLock.java）：

```java
private final static ReentrantLock reentrantLock = new ReentrantLock();
                                                    // 创建一个可重入锁

// 测试通过可重入锁避免资源冲突
private static void testReentrantLock() {
    Runnable seller = new Runnable() {
        private Integer ticketCount = 100;              // 可出售的车票数量

        public void run() {
            while (ticketCount > 0) {                   // 还有余票可供出售
```

```
                    reentrantLock.lock();                    // 对可重入锁加锁
                    int count = --ticketCount;               // 余票数量减一
                    reentrantLock.unlock();                  // 对可重入锁解锁
                    // 以下打印售票日志，包括售票时间、售票线程、当前余票等信息
                    String left = String.format("当前余票为%d张", count);
                    PrintUtils.print(Thread.currentThread().getName(), left);
                }
            }
        };
        new Thread(seller, "售票线程A").start();  // 启动售票线程A
        new Thread(seller, "售票线程B").start();  // 启动售票线程B
        new Thread(seller, "售票线程C").start();  // 启动售票线程C
    }
```

以上采用锁机制的代码运行起来没什么问题。但是实际业务往往不会这么简单，比如售票员在
售票前还要帮旅客挑选合适的行程，这样又会消耗一定时间。通过编码演示的话，可在售票之前打
开某个磁盘文件，模拟售票前的准备工作。于是添加模拟代码后的 run 方法变成了下面这般：

```
public void run() {
    while (ticketCount > 0) {  // 还有余票可供出售
        int count = 0;
        // 根据指定路径构建文件输出流对象
        try (FileOutputStream fos = new FileOutputStream(mFileName)) {
            reentrantLock.lock();                  // 对可重入锁加锁
            count = --ticketCount;                 // 余票数量减一
            reentrantLock.unlock();                // 对可重入锁解锁
            fos.write(new String(""+count).getBytes());  // 把字节数组写入
文件输出流
        } catch (Exception e) {
            e.printStackTrace();
        }
        // 以下打印售票日志，包括售票时间、售票线程、当前余票等信息
        String left = String.format("当前余票为%d张", count);
        PrintUtils.print(Thread.currentThread().getName(), left);
    }
}
```

接着运行上述的模拟代码，在售票日志中经常发现以下的负数余票：

```
··················这里省略前面的日志··················
17:12:06.568 售票线程C 当前余票为 3 张
17:12:06.569 售票线程B 当前余票为 2 张
17:12:06.569 售票线程A 当前余票为 1 张
17:12:06.570 售票线程B 当前余票为 0 张
17:12:06.570 售票线程A 当前余票为-1 张
17:12:06.570 售票线程C 当前余票为-2 张
```

明明每次循环之前都有判断余票数量要大于零，为什么还会出现车票被卖到负数的情况？真是

咄咄怪事。原来在循环开始之后到对余票减一之间，多了一个打开文件的步骤，正是因为文件的打开操作耗费了一点点时间，导致其他线程在这一瞬间卖掉车票，而当前线程以为还有余票可卖，其结果必然导致卖出了早就卖完的车票。譬如当前线程在循环开始前检查余票数量为 1，认为有票可卖，于是开始给旅客选择车票，谁知别的线程刚好在这时卖掉最后一张票，致使实时的余票数量减少到 0，但是当前线程浑然不知，继续后面的选票与售票操作，最终又卖掉了一张票，此时余票数量刷新为-1。显然在每次循环开头检查余票不够保险，还得在选票之后、售票之前再检查一次，务必确保还有余票才能售票。

鉴于检查余票和售出车票的性质有所不同，检查余票不会更改余票变量，所以属于读操作；而售出车票会更改余票变量，所以属于写操作。理论上可以同时去读，但不能同时去写。更具体地说，A 线程在读的时候，B 线程允许读，但不允许写；A 线程在写的时候，B 线程既不允许读又不允许写。据此可将锁再细分为读锁和写锁两类，读锁与读锁不是互斥关系，而读锁与写锁是互斥关系，且写锁与写锁也是互斥关系。总而言之，检查余票这项操作适用于读锁，而售出车票这项操作适用于写锁。

Java 提供的读写锁工具名叫 ReentrantReadWriteLock，即可重入的读写锁，调用读写锁对象的 readLock 方法可获得读锁对象，调用读写锁对象的 writeLock 方法可获得写锁对象，之后根据实际情况分别对读锁或者写锁进行加锁和解锁操作。利用读写锁优化之前的售票逻辑，主要修改以下两点：

（1）在售票（余票数量减一）这个步骤的前面加上写锁，该步骤后面解除写锁。

（2）售票之前补充检查余票的判断语句，并在检查步骤的前面加上读锁，该步骤后面解除读锁。

通过读写锁优化修改后的完整售票代码如下（完整代码见本章源码的 src\com\concurrent\lock\TestLock.java）：

```java
// 创建一个可重入的读写锁
private final static ReentrantReadWriteLock readWriteLock = new
ReentrantReadWriteLock();
private final static WriteLock writeLock = readWriteLock.writeLock();
                                        // 获取读写锁中的写锁
private final static ReadLock readLock = readWriteLock.readLock();
                                        // 获取读写锁中的读锁


// 测试通过读写锁避免资源冲突
private static void testReadWriteLock() {
    Runnable seller = new Runnable() {
        private Integer ticketCount = 100;    // 可出售的车票数量

        public void run() {
            while (ticketCount > 0) {          // 还有余票可供出售
                int count = 0;
                // 根据指定路径构建文件输出流对象
                try (FileOutputStream fos = new FileOutputStream(mFileName)){
                    // 对读锁加锁。加了读锁之后，其他线程可以继续加读锁，但不能加写锁
                    readLock.lock();
                    if (ticketCount <= 0) {    //余票数量为 0，表示已经卖完了，只好关
门歇业
```

```
                            fos.close();                    // 关闭文件
                            readLock.unlock();              // 对读锁解锁
                            break;                          // 跳出售票的循环
                        }
                        readLock.unlock();                  // 对读锁解锁
                        // 对写锁加锁。一旦加了写锁，则其他线程在此既不能读又不能写
                        writeLock.lock();
                        count = --ticketCount;              // 余票数量减一
                        writeLock.unlock();                 // 对写锁解锁
                        fos.write(new String(""+count).getBytes()); // 把字节数组
写入文件输出流
                    } catch (Exception e) {
                        e.printStackTrace();
                    }
                    // 以下打印售票日志，包括售票时间、售票线程、当前余票等信息
                    String left = String.format("当前余票为%d张", count);
                    PrintUtils.print(Thread.currentThread().getName(), left);
                }
            }
        };
        new Thread(seller, "售票线程A").start();  // 启动售票线程A
        new Thread(seller, "售票线程B").start();  // 启动售票线程B
        new Thread(seller, "售票线程C").start();  // 启动售票线程C
    }
```

运行上面的读写锁售票代码，从打印的售票日志中再也找不到余票为负数的情况了，可见读写锁很好地解决了盲目售票的问题。

```
························这里省略前面的日志·······················
16:29:44.899 售票线程C 当前余票为 3 张
16:29:44.899 售票线程B 当前余票为 2 张
16:29:44.899 售票线程A 当前余票为 1 张
16:29:44.900 售票线程C 当前余票为 0 张
```

### 15.2.3  信号量 Semaphore 的请求与释放

虽然加锁比同步灵活一些，但它在某些高级场合依然力有未逮，包括但不限于以下几点：

（1）某块代码被加锁之后，对其他线程而言就处于繁忙状态，缺乏通融的余地。

（2）遇到被其他线程加锁的情况，当前线程要么一直等待，要么立即放弃，除了这两种选择之外，没有别的选择了。

（3）线程 A 加锁之后，只能由线程 A 解锁，如果线程 A 忘了解锁，那么被锁住的资源将无法释放，从而导致其他线程出现死锁。

鉴于此，Java 设计了一种信号量工具 Semaphore，试图从根本上解决加锁机制的不足之处。信号量的关键在于量，它里面保存的是许可证，并且许可证的数量还不止一个，这意味着有几个许可证，就允许几个线程一起处理。比如某个停车场有 5 个停车位，每辆汽车停进来都会占据一个停车

位；相对应的，停车场每开出一辆汽车，都会释放一个停车位，空出来的停车位可以留给下一辆汽车停泊。把停车业务抽象为信号量机制，相当于某个信号量拥有 5 个许可证，每个停车线程在处理过程中都会申请一个许可证，那么该信号量便允许 5 个停车线程同时处理，此时再来第 6 个线程的话才需要在旁边等待，直到 5 个停车线程其中之一释放了自己申请的许可证，第 6 个线程再获得空出来的许可证并往下处理。

信号量还支持多种请求许可证的方式，用以满足丰富多样的业务需求，常见的许可证请求方式主要有以下 4 种：

（1）坚持请求向信号量申请许可证，即使收到线程中断信号也不放弃。如果信号量无空闲许可证，那么愿意继续等待直到获得许可证。该方式调用的是信号量的 acquireUninterruptibly 方法。

（2）尝试向信号量申请许可证，但只愿意等待有限的时间。如果等待时长超过规定时间，就不再等待，放弃获得许可证。该方式调用的是信号量的 tryAcquire 方法（注意是带时间参数的同名方法），该方法返回 true 表示在等待期间获得了许可证，返回 false 表示因超时放弃了等待。

（3）尝试向信号量立即申请许可证，哪怕一丁点时间都不愿意等待。该方式调用的是信号量的 tryAcquire 方法（注意是不带参数的同名方法），该方法返回 true 表示得到了许可证，返回 false 表示没得到许可证。

（4）尝试向信号量申请许可证，如果信号量无空闲许可证，那么愿意继续等待，但在等待期间允许接收中断信号。该方式调用的是信号量的 acquire 方法。

除此之外，信号量提供了 release 方法用来释放信号量资源，每调用一次 release 方法便释放一个许可证，而且释放的许可证既可能是当前线程请求的，又可能是其他线程请求的，这就避免了死锁现象的发生。

接下来举一个实际应用的例子，每逢一年一度的春运来临之际，想回家过年的人们纷纷涌向火车站买票，不同的旅客有着不一样的耐心。下面来看以下 4 种旅客的情况：

（1）有的旅客很有耐心地排队，一定要买到车票才会离开，即使刮风下雨也不放弃。

（2）有的旅客有一些耐心，愿意在买票队伍中等上一时半刻，但是不想等太久，一旦等待时间超过忍耐限度，就放弃排队另想办法。

（3）有的旅客非常着急，要求立即买到车票，一会儿都等不及，只要前面有人排队，就转身离开去订飞机票。

（4）还有的旅客也愿意排队，但他们一边排队一边拿起手机约顺风车，倘若在排队期间成功约上了顺风车，那便跑去坐顺风车回家。

按照上面的买票需求，区分 4 种买票方式的业务逻辑，可编写如下的买票任务代码（完整代码见本章源码的 src\com\concurrent\lock\BuyTicket.java）：

```
//定义一个买票的任务
public class BuyTicket implements Runnable {
    public final static int FULL_PAITIENCE = 1;        // 极有耐心
    public final static int SOME_PAITIENCE = 2;        // 有些耐心
    public final static int LACK_PAITIENCE = 3;        // 缺少耐心
    public final static int ACCEPT_INTERRUPT = 4;      // 接受中断
    private Semaphore semaphore;             // 信号量
    private int person_type;                 // 用户类型
```

```
public BuyTicket(Semaphore semaphore, int person_type) {
    this.semaphore = semaphore;
    this.person_type = person_type;
}


public void run() {
    if (person_type == FULL_PAITIENCE) {          // 极有耐心的旅客
        // 尝试向信号量申请许可证，并且不接受中断
        // 如果信号量无空闲许可证，那么愿意继续等待直到获得许可证
        semaphore.acquireUninterruptibly();
        wait_a_moment();                           // 稍等一会儿
        PrintUtils.print(Thread.currentThread().getName(), "买到票啦");
        semaphore.release();  // 释放信号量资源
    } else if (person_type == SOME_PAITIENCE) {    // 有些耐心的旅客
        try {
            // 尝试向信号量申请许可证，但只愿意等待 80 毫秒
            // 如果在规定时间内获得许可证就返回 true，如果未获得许可证就返回 false
            boolean result = semaphore.tryAcquire(80,
TimeUnit.MILLISECONDS);
            if (result) {              // 已获得许可证
                wait_a_moment();       // 稍等一会儿
                PrintUtils.print(Thread.currentThread().getName(), "买到票啦");
            } else {   // 未获得许可证
                PrintUtils.print(Thread.currentThread().getName(), "等太久,
不买票了");
            }
        } catch (InterruptedException e) {              // 等待期间接受中断
            e.printStackTrace();
        } finally {
            semaphore.release();                        // 释放信号量资源
        }
    } else if (person_type == LACK_PAITIENCE) {       // 缺少耐心的旅客
        // 尝试向信号量立即申请许可证，哪怕 1 毫秒都不愿意等待
        // 获得许可证就返回 true，未获得许可证就返回 false
        boolean result = semaphore.tryAcquire();
        if (result) {              // 已获得许可证
            wait_a_moment();       // 稍等一会儿
            PrintUtils.print(Thread.currentThread().getName(), "买到票啦");
        } else {   // 未获得许可证
            PrintUtils.print(Thread.currentThread().getName(), "一会都不想等,
不买票了");
        }
        semaphore.release();        // 释放信号量资源
    } else if (person_type == ACCEPT_INTERRUPT) {   // 接受中断的旅客。一边排队
一边约顺风车
        try {
```

```
                          // 尝试向信号量申请许可证，并且接受中断
                          // 如果信号量无空闲许可证，那么愿意继续等待，但收到中断信号除外
                          semaphore.acquire();
                          wait_a_moment();  // 稍等一会儿
                          PrintUtils.print(Thread.currentThread().getName(), "买到票啦");
                      } catch (InterruptedException e) {  // 收到了顺风车接单的通知
                          PrintUtils.print(Thread.currentThread().getName(), "约到顺风车,
不买票了");
                      } finally {
                          semaphore.release();  // 释放信号量资源
                      }
                  }
              }

              // 稍等一会儿，模拟窗口买票的时间消耗
              public static void wait_a_moment() {
                  int delay = new Random().nextInt(100);  // 生成100 以内的随机整数
                  try {
                      Thread.sleep(delay);  // 睡眠若干毫秒
                  } catch (InterruptedException e2) {
                  }
              }
          }
```

然后在主线程分别启动若干个买票线程，假设当前开了 3 个售票窗口，4 类旅客各来 5 位买票，
陆陆续续总共有 20 位旅客前来排队。那么演示众人买票的测试代码如下（完整代码见本章源码的
src\com\concurrent\lock\TestSemaphore.java）：

```
          // 测试许多旅客一起买票的场景
          private static void testManyTask() {
              Semaphore semaphore = new Semaphore(3);  // 创建拥有 3 个许可证的信号量
              // 一定要买到车票
              BuyTicket alwaysBuy = new BuyTicket(semaphore,
BuyTicket.FULL_PAITIENCE);
              // 为了买到车票愿意排队一会儿，但要是等太久，就放弃买票
              BuyTicket awhileBuy = new BuyTicket(semaphore,
BuyTicket.SOME_PAITIENCE);
              // 需要立即买到票，否则马上离开
              BuyTicket immediateBuy = new BuyTicket(semaphore,
BuyTicket.LACK_PAITIENCE);
              // 先排队看看，如果有其他途径可以回家，就不用买票了
              BuyTicket caseBuy = new BuyTicket(semaphore,
BuyTicket.ACCEPT_INTERRUPT);
              Thread[] caseThread = new Thread[5];       // 创建接受中断的排队买票线程数组
              for (int i=0; i<20; i++) {                 // 下面依次创建并启动 20 个买票线程
                  if (i%4 == 0) {                        // 这些旅客一定要买到车票
                      new Thread(alwaysBuy, "一定要买到车票的旅客").start();  // 启动买票
线程A
```

```
            } else if (i%4 == 1) {           // 这些旅客愿意排一会儿队
                new Thread(awhileBuy, "愿意排一会儿队的旅客").start();  // 启动买票
线程 B
            } else if (i%4 == 2) {           // 这些旅客需要立即买到票
                new Thread(immediateBuy, "需要立即买到票的旅客").start();  // 启动买
票线程 C
            } else if (i%4 == 3) {           // 这些旅客一边排队一边约顺风车
                // 创建一个接受中断的排队买票线程
                caseThread[i/4] = new Thread(caseBuy, "一边排队一边约顺风车的旅客");
                caseThread[i/4].start();  // 启动买票线程 D
            }
        }
        BuyTicket.wait_a_moment();           // 稍等一会儿
    for (Thread thread : caseThread) {  // 给一边排队一边约顺风车的买票线程发送中断
信号
            thread.interrupt();              // 发送中断通知，比如顺风车接单了等
        }
    }
```

运行以上的买票测试代码，观察到以下的买票日志：

```
12:04:41.458 需要立即买到票的旅客 一会都不想等，不买票了
12:04:41.458 一定要买到车票的旅客 买到票啦
12:04:41.458 需要立即买到票的旅客 一会都不想等，不买票了
12:04:41.458 需要立即买到票的旅客 一会都不想等，不买票了
12:04:41.458 需要立即买到票的旅客 一会都不想等，不买票了
12:04:41.462 愿意排一会儿队的旅客 买到票啦
12:04:41.462 愿意排一会儿队的旅客 买到票啦
12:04:41.471 一边排队一边约顺风车的旅客 买到票啦
12:04:41.471 一边排队一边约顺风车的旅客 约到顺风车，不买票了
12:04:41.471 一边排队一边约顺风车的旅客 买到票啦
12:04:41.472 一边排队一边约顺风车的旅客 约到顺风车，不买票了
12:04:41.472 一边排队一边约顺风车的旅客 约到顺风车，不买票了
12:04:41.474 需要立即买到票的旅客 买到票啦
12:04:41.491 愿意排一会儿队的旅客 买到票啦
12:04:41.498 愿意排一会儿队的旅客 买到票啦
12:04:41.537 一定要买到车票的旅客 买到票啦
12:04:41.552 一定要买到车票的旅客 买到票啦
12:04:41.558 一定要买到车票的旅客 买到票啦
12:04:41.563 愿意排一会儿队的旅客 买到票啦
12:04:41.566 一定要买到车票的旅客 买到票啦
```

从买票日志可见，需要立即买到票的旅客几乎都买不到车票，一边排队一边约顺风车的旅客也有一定概率买不到票，而愿意排一会儿队的旅客和一定要买到车票的旅客通常都能买到车票。

## 15.2.4　线程间的通信方式

对于多线程并发时的资源抢占情况，可利用同步、加锁、信号量等机制解决资源冲突问题，不

过这些机制只适合同一资源的共享分配，并未涉及某件事由的前因后果。日常生活中，经常存在两个前后关联的事务，像雇员和雇主这两个角色，他们之间的某些工作就带有因果关系。比如要等雇主接到了项目，雇员才有活干；又如每月末员工都等着老板发工资，这样才有钱逛街和吃大餐，此时员工的消费行为便依赖于老板的发薪水动作。如此看来，两个线程之间理应建立某种消息通路，每当线程 A 完成某个事项，就将完成标志通知线程 B，线程 B 收到通知之后，认为前提条件已经满足，这才进行后续的处理过程。线程之间的消息通路可看作在线程间传递信息，专业的说法叫作"通信"，如何在多线程并发时有效通信是多线程技术中的一大课题。

依据线程并发时的不同管理机制，线程间的通信各有不同的方式。接下来分别论述同步机制与加锁机制之下的两种线程通信过程。

首先是同步机制，采用同步代码块的话，需要在关键字 synchronized 后面补充待同步的对象实例，之前的同步代码块统一写成 "synchronized (this)"。但是圆括号内部一定要填 this 吗？圆括号的内部参数究竟有什么作用？其实 synchronized 附带的圆括号参数正是在线程间通信的邮差，以前的同步演示代码由于没有进行线程通信，因此圆括号里的参数没有具体要求，一般填 this 即可。现在要想在线程间通信，就必须启用圆括号参数，并且两个线程都要在 synchronized 后面填写该参数对象。

举一个例子，员工等着老板发工资，那员工怎样才知道老板已经发了呢？如果由员工自己一会儿去查一下银行卡，平时的工作都会受到影响，所以让员工留个等工资的心眼就好。然后老板一个一个发工资，发完之后给员工递个工资条，或者给员工发封工资邮件，这样员工收到工资条便知薪水到账了。那么在等工资和发工资这两个线程之间，即可令工资条作为二者的信使，于是同步代码块可改写为 "synchronized (工资条对象)" 的形式。同时，工资条对象还要支持等待与发放两个动作，因为这类动作早就隐藏在 Object 类的基本方法中，所以开发者不必担心工资条对象为 Integer 类型或者别的类型，凡是正常的实例都拥有等待与发放的方法，具体的方法说明如下。

- wait：等待通知。
- notify：在等待队列中随机挑选一个线程发放通知。
- notifyAll：向等待队列中的所有线程发放通知。

在编码实现线程通信时，先创建雇员和雇主的工作任务，其中雇员任务在同步代码块中调用工资条对象的 wait 方法，表示等着发工资；而雇主任务在同步代码块中调用工资条对象的 notify 方法，表示发完工资了。然后依次启动员工线程和老板线程，员工线程负责等工资以及收到工资后的消费行为，老板线程负责发工资以及记账操作。据此编写的同步线程通信代码如下（完整代码见本章源码的 src\com\concurrent\lock\TestCommunicate.java）：

```java
private static Integer salary = 5000;  // 员工与老板之间通过工资条通信

// 测试通过 wait 和 notify 方法进行线程间通信
private static void testWaitNotify() {
    // 创建雇员的工作任务
    Runnable employee = new Runnable() {
        public void run() {
            PrintUtils.print(Thread.currentThread().getName(), "等着发工资。");
            synchronized (salary) {        // 工资是我的，你们别抢
                try {
```

```
                        salary.wait();               // 等待发工资
                        // 打印拿到工资后的庆祝日志
                        PrintUtils.print(Thread.currentThread().getName(), "今晚
赶紧吃大餐。");
                    } catch (InterruptedException e) {  // 等待期间允许接收中断信号
                        e.printStackTrace();
                    }
                }
            }
        };
        // 创建雇主的工作任务
        Runnable boss = new Runnable() {
            public void run() {
                // 老板线程的同步代码务必在员工线程的同步代码后运行，否则员工线程将一直等待
                wait_a_moment();               // 稍等一会儿
                PrintUtils.print(Thread.currentThread().getName(), "开始发工资。");
                synchronized (salary) {   // 由我发工资，你们别闹
                    wait_a_moment();       // 银行转账也需要时间
                    salary.notify();       // 随机通知其中一个等待线程
                    // 手好酸，发工资也是个体力活，记个账
                    PrintUtils.print(Thread.currentThread().getName(), "发完工资
了。");
                }
            }
        };
        new Thread(employee, "同步机制的员工").start();     // 启动员工等工资的线程
        new Thread(boss, "同步机制的老板").start();         // 启动老板发工资的线程
    }

    // 稍等一会儿，模拟日常事务的时间消耗
    private static void wait_a_moment() {
        int delay = new Random().nextInt(500);               // 生成500以内的随机整数
        try {
            Thread.sleep(delay);                             // 睡眠若干毫秒
        } catch (InterruptedException e) {
        }
    }
```

运行上面的线程通信代码，打印出以下的线程日志：

```
14:37:29.685 同步机制的员工 等着发工资。
14:37:29.994 同步机制的老板 开始发工资。
14:37:30.120 同步机制的老板 发完工资了。
14:37:30.120 同步机制的员工 今晚赶紧吃大餐。
```

从日志可见，员工线程果然在等到工资之后才去吃大餐。

同步机制能够通过 wait/notify 完成线程通信功能，那么加锁机制又该如何实现线程间通信呢？既然加锁机制设计了专门的锁工具，那么锁钥内外的线程只能通过锁工具来通信，通信则为调用锁

对象的 newCondition 方法返回的 Condition 条件对象。条件对象同样拥有等待与发放的方法，且与
Object 类的 3 个方法一一对应，具体说明如下。

- await：等待通知。
- signal：在等待队列中随机挑选一个线程发放通知。
- signalAll：向等待队列中的所有线程发放通知。

以可重入锁 ReentrantLock 为例，依然先创建雇员和雇主的工作任务，其中雇员任务在加锁之后
再调用条件对象的 await 方法，表示等着发工资；而雇主任务在加锁之后再调用条件对象的 signal
方法，表示发完工资了。另外，雇员任务和雇主任务均需在任务结束之前解锁。然后依次启动员工
线程和老板线程，员工线程负责等工资以及收到工资后的消费行为，老板线程负责发工资以及记账
操作。下面是在加解锁线程之间通信的代码（完整代码见本章源码的 src\com\concurrent\lock\
TestCommunicate.java）：

```java
    private final static ReentrantLock reentrantLock = new ReentrantLock();
                                                    // 创建一个可重入锁
    private static Condition condition = reentrantLock.newCondition();
                                                    // 获取可重入锁的条件对象


    // 测试通过 Condition 对象进行线程间通信
    private static void testCondition() {
        // 创建雇员的工作任务
        Runnable employee = new Runnable() {
            public void run() {
                PrintUtils.print(Thread.currentThread().getName(), "等着发工资。");
                reentrantLock.lock();                // 对可重入锁加锁
                try {
                    condition.await();               // 这里在等待条件对象的信号
                    // 打印拿到工资后的庆祝日志
                    PrintUtils.print(Thread.currentThread().getName(), "今晚赶紧
吃大餐。");
                } catch (InterruptedException e) {   // 等待期间允许接收中断信号
                    e.printStackTrace();
                }
                reentrantLock.unlock();              // 对可重入锁解锁
            }
        };
        // 创建雇主的工作任务
        Runnable boss = new Runnable() {
            public void run() {
                // 老板线程的加锁务必在员工线程的加锁之后执行，否则员工线程将一直等待
                wait_a_moment();                     // 稍等一会儿
                PrintUtils.print(Thread.currentThread().getName(), "开始发工资。");
                reentrantLock.lock();                // 对可重入锁加锁
                wait_a_moment();                     // 银行转账也需要时间
                condition.signal();                  // 给条件对象发送信号
```

```
                    // 手好酸，发工资也是个体力活，记个账
                    PrintUtils.print(Thread.currentThread().getName(), "发完工资了。");
                    reentrantLock.unlock();                // 对可重入锁解锁
            }
        };
        new Thread(employee, "加锁机制的员工").start();    // 启动员工等工资的线程
        new Thread(boss, "加锁机制的老板").start();        // 启动老板发工资的线程
    }
```

运行上述的线程通信代码，打印出如下的线程日志：

```
14:57:07.794 加锁机制的员工 等着发工资。
14:57:07.801 加锁机制的老板 开始发工资。
14:57:07.905 加锁机制的老板 发完工资了。
14:57:07.906 加锁机制的员工 今晚赶紧吃大餐。
```

由日志可见，加锁机制同样实现了在线程间通信的功能。

## 15.3 线程池管理

本节介绍如何管理由多个线程组成的线程池，包括执行实时任务的普通线程池，以及执行定时任务的定时器线程池，另外介绍了 Java 7 新增的分治框架 Fork/Join。

### 15.3.1 普通线程池

实际开发中往往存在许多性质相似的任务，比如批量发送消息、批量下载文件、批量交易股票等。这些同类任务的处理流程一致，不存在资源共享问题，相互之间也不需要通信交互，总之每个任务都可以看作是单独的事务，仿佛流水线上的原材料经过一系列步骤加工之后变为成品。但要是开启分线程的话，需要对每项任务都分别创建新线程并予以启动，且不说如何费时费力，单说这个批量操作有多少任务就要开启多少分线程，系统的有限资源可禁不起许多线程同时过来折腾。

就像工厂里的流水线，每条流水线的生产速度是有限的，一下子涌来大量原材料，一条流水线也消化不了，得多开几条流水线才行。但是流水线也不能想开就开，毕竟每开一条流水线都要占用工厂地盘，而且流水线开多了的话，后续没有这么多原材料的时候，岂不是造成资源浪费？到时又得关闭多余的流水线，纯属瞎折腾。所以，合理的做法是先开少数几条流水线，倘若有大批来料需要加工，再多开几条流水线，而且这些流水线要统一调度管理，新来的原料需要放到空闲的流水线上加工，而不是再开新的流水线，这样才能在最大程度上节约生产资源、提高工作效率。

若将线程比作流水线的话，好几个常驻的运行线程便组成了批量处理的工厂，则工厂里面统一管理这些流水线的调度中心被称为"线程池"。线程池封装了线程的创建、启动、关闭等操作，以及系统的资源分配与线程调度，它还支持任务的添加和移除功能，使得程序员可以专心编写任务代码的业务逻辑，不必操心线程怎么跑这些细枝末节。线程池工具中常用的是 ExecutorService 及其派生类 ThreadPoolExecutor，它支持以下 4 种线程池类型：

（1）只有一个线程的线程池，该线程池由 Executors 类的 newSingleThreadExecutor 方法创建而来。它的创建代码如下：

```
        // 创建只有一个线程的线程池
        ExecutorService pool = (ExecutorService)
Executors.newSingleThreadExecutor();
```

（2）拥有固定数量线程的线程池，该线程池由 Executors 类的 newFixedThreadPool 方法创建而来，方法参数即为线程数量。它的创建代码如下：

```
        // 创建线程数量为 3 的线程池
        ExecutorService pool = (ExecutorService)
Executors.newFixedThreadPool(3);
```

（3）拥有无限数量线程的线程池，该线程池由 Executors 类的 newCachedThreadPool 方法创建而来。它的创建代码如下：

```
        // 创建不限制线程数量的线程池
        ExecutorService pool = (ExecutorService)
Executors.newCachedThreadPool();
```

（4）线程数量允许变化的线程池，该线程池需要调用 ThreadPoolExecutor 的构造方法来创建，构造方法的输入参数按顺序说明如下：

① 第一个参数是一个整型数，名叫 corePoolSize，它指定了线程池的最小线程个数。
② 第二个参数也是一个整型数，名叫 maximumPoolSize，它指定了线程池的最大线程个数。
③ 第三个参数是一个长整数，名叫 keepAliveTime，它指定了每个线程保持活跃的时长，如果某个线程的空闲时间超过这个时长，该线程就会结束运行，直到线程池中的线程总数等于 corePoolSize 为止。
④ 第四个参数为 TimeUnit 类型，名叫 unit，它指定了第三个参数的时间单位，比如 TimeUnit.SECONDS 表示时间单位是秒。
⑤ 第五个参数为 BlockingQueue 类型，它指定了待执行线程所处的等待队列。

第 4 种线程池（自定义线程池）的创建代码如下：

```
        // 创建自定义规格的线程池（最小线程个数为 2，最大线程个数为 5，每个线程保持活跃的时
长为 60，时长单位为秒，等待队列大小为 19）
        ThreadPoolExecutor pool = new ThreadPoolExecutor(
            2, 5, 60, TimeUnit.SECONDS, new
LinkedBlockingQueue<Runnable>(19));
```

创建好线程池之后，即可调用线程池对象的 execute 方法将指定任务加入线程池。需要注意的是，execute 方法并不一定立刻执行指定任务，只有当线程池中存在空闲线程或者允许创建新线程时，才会马上执行任务；否则会将该任务放到等待队列，然后按照排队顺序，在方便的时候再依次执行队列中的任务。除了 execute 方法之外，ExecutorService 还提供了若干查询与调度方法，这些方法的用途简介如下。

- getCorePoolSize：获取核心的线程个数（线程池的最小线程个数）。
- getMaximumPoolSize：获取最大的线程个数（线程池的最大线程个数）。
- getPoolSize：获取线程池的当前大小（线程池的当前线程个数）。
- getTaskCount：获取所有的任务个数。

- getActiveCount: 获取活跃的线程个数。
- getCompletedTaskCount: 获取已完成的任务个数。
- remove: 从等待队列中移除指定任务。
- shutdown: 关闭线程池。关闭之后不能再往线程池中添加任务，不过要等已添加的任务执行完，才最终关掉线程池。
- shutdownNow: 立即关闭线程池。之后同样不能再往线程池中添加任务，同时会给已添加的任务发送中断信号，直到所有任务都退出后，才最终关掉线程池。
- isShutdown: 判断线程池是否已经关闭。

接下来做一个实验，看看几种线程池是否符合预期的运行方式。实验开始前先定义一个操作任务，该任务仅仅打印本次的操作日志，包括操作时间、操作线程、操作描述等信息。操作任务的代码如下（完整代码见本章源码的 src\com\concurrent\pool\TestExecutor.java）：

```java
// 定义一个操作任务
private static class Operation implements Runnable {
    private String name;                // 任务名称
    private int index;                  // 任务序号
    public Operation(String name, int index) {
        this.name = name;
        this.index = index;
    }

    public void run() {
        // 以下打印操作日志，包括操作时间、操作线程、操作描述等信息
        String desc = String.format("%s 执行到了第%d 个任务", name, index+1);
        PrintUtils.print(Thread.currentThread().getName(), desc);
    }
};
```

然后分别命令每种线程池各自启动 10 个任务。首先是单线程的线程池，它的实验代码如下：

```java
// 测试单线程的线程池
private static void testSinglePool() {
    // 创建只有一个线程的线程池
    ExecutorService pool = (ExecutorService)
Executors.newSingleThreadExecutor();
    for (int i=0; i<10; i++) {  // 循环启动10 个任务
        Operation operation = new Operation("单线程的线程池", i);  // 创建一个
操作任务
        pool.execute(operation);  // 命令线程池执行该任务
    }
    pool.shutdown();  // 关闭线程池
}
```

运行以上的实验代码，观察到如下的线程池日志：

```
22:22:43.959 pool-1-thread-1 单线程的线程池执行到了第1 个任务
22:22:43.960 pool-1-thread-1 单线程的线程池执行到了第2 个任务
```

```
22:22:43.961 pool-1-thread-1 单线程的线程池执行到了第 3 个任务
22:22:43.961 pool-1-thread-1 单线程的线程池执行到了第 4 个任务
22:22:43.962 pool-1-thread-1 单线程的线程池执行到了第 5 个任务
22:22:43.962 pool-1-thread-1 单线程的线程池执行到了第 6 个任务
22:22:43.962 pool-1-thread-1 单线程的线程池执行到了第 7 个任务
22:22:43.963 pool-1-thread-1 单线程的线程池执行到了第 8 个任务
22:22:43.963 pool-1-thread-1 单线程的线程池执行到了第 9 个任务
22:22:43.963 pool-1-thread-1 单线程的线程池执行到了第 10 个任务
```

由日志可见，单线程的线程池始终只有一个名叫 pool-1-thread-1 的线程在执行任务。

继续测试固定数量的线程池，它的实验代码如下：

```java
    // 测试固定数量的线程池
    private static void testFixedPool() {
        // 创建线程数量为 3 的线程池
        ExecutorService pool = (ExecutorService)
Executors.newFixedThreadPool(3);
        for (int i=0; i<10; i++) {              // 循环启动 10 个任务
            Operation operation = new Operation("固定数量的线程池", i);  // 创建一
个操作任务
            pool.execute(operation);                    // 命令线程池执行该任务
        }
        pool.shutdown();  // 关闭线程池
    }
```

运行以上的实验代码，观察到如下的线程池日志：

```
22:23:15.141 pool-1-thread-1 固定数量的线程池执行到了第 1 个任务
22:23:15.141 pool-1-thread-2 固定数量的线程池执行到了第 2 个任务
22:23:15.141 pool-1-thread-3 固定数量的线程池执行到了第 3 个任务
22:23:15.142 pool-1-thread-1 固定数量的线程池执行到了第 4 个任务
22:23:15.142 pool-1-thread-3 固定数量的线程池执行到了第 5 个任务
22:23:15.142 pool-1-thread-2 固定数量的线程池执行到了第 6 个任务
22:23:15.142 pool-1-thread-3 固定数量的线程池执行到了第 7 个任务
22:23:15.143 pool-1-thread-2 固定数量的线程池执行到了第 8 个任务
22:23:15.143 pool-1-thread-1 固定数量的线程池执行到了第 9 个任务
22:23:15.143 pool-1-thread-2 固定数量的线程池执行到了第 10 个任务
```

由日志可见，固定数量的线程池一共开启了 3 个线程去执行任务。

再来测试无限数量的线程池，它的实验代码如下：

```java
    // 测试无限数量的线程池
    private static void testUnlimitPool() {
        // 创建不限制线程数量的线程池
        ExecutorService pool = (ExecutorService) Executors.newCachedThreadPool();
        for (int i=0; i<10; i++) {              // 循环启动 10 个任务
            Operation operation = new Operation("无限数量的线程池", i);  // 创建一
个操作任务
            pool.execute(operation);                    // 命令线程池执行该任务
```

```
        }
        pool.shutdown();                        // 关闭线程池
    }
```

运行以上的实验代码，观察到如下的线程池日志：

```
22:25:52.344 pool-1-thread-6 无限数量的线程池执行到了第 6 个任务
22:25:52.344 pool-1-thread-3 无限数量的线程池执行到了第 3 个任务
22:25:52.344 pool-1-thread-5 无限数量的线程池执行到了第 5 个任务
22:25:52.344 pool-1-thread-8 无限数量的线程池执行到了第 8 个任务
22:25:52.344 pool-1-thread-7 无限数量的线程池执行到了第 7 个任务
22:25:52.344 pool-1-thread-4 无限数量的线程池执行到了第 4 个任务
22:25:52.344 pool-1-thread-1 无限数量的线程池执行到了第 1 个任务
22:25:52.344 pool-1-thread-9 无限数量的线程池执行到了第 9 个任务
22:25:52.344 pool-1-thread-2 无限数量的线程池执行到了第 2 个任务
22:25:52.344 pool-1-thread-10 无限数量的线程池执行到了第 10 个任务
```

由日志可见，无限数量的线程池真的没限制线程个数，有多少任务就启动多少线程，虽然跑得很快，但是系统压力也大。

最后是自定义的线程池，它的实验代码如下：

```
        // 测试自定义的线程池
        private static void testCustomPool() {
            // 创建自定义规格的线程池（最小线程个数为 2，最大线程个数为 5，每个线程保持活跃的时
长为 60，时长单位为秒，等待队列大小为 19）
            ThreadPoolExecutor pool = new ThreadPoolExecutor(
                    2, 5, 60, TimeUnit.SECONDS, new LinkedBlockingQueue<Runnable>
(19));
            for (int i=0; i<10; i++) {                 // 循环启动 10 个任务
                Operation operation = new Operation("自定义的线程池", i);  // 创建一个
操作任务
                pool.execute(operation);                // 命令线程池执行该任务
            }
            pool.shutdown();                            // 关闭线程池
        }
```

运行以上的实验代码，观察到如下的线程池日志：

```
22:28:46.337 pool-1-thread-1 自定义的线程池执行到了第 1 个任务
22:28:46.337 pool-1-thread-2 自定义的线程池执行到了第 2 个任务
22:28:46.338 pool-1-thread-2 自定义的线程池执行到了第 4 个任务
22:28:46.338 pool-1-thread-1 自定义的线程池执行到了第 3 个任务
22:28:46.339 pool-1-thread-2 自定义的线程池执行到了第 5 个任务
22:28:46.339 pool-1-thread-1 自定义的线程池执行到了第 6 个任务
22:28:46.339 pool-1-thread-2 自定义的线程池执行到了第 7 个任务
22:28:46.339 pool-1-thread-1 自定义的线程池执行到了第 8 个任务
22:28:46.340 pool-1-thread-2 自定义的线程池执行到了第 9 个任务
22:28:46.340 pool-1-thread-1 自定义的线程池执行到了第 10 个任务
```

由日志可见，自定义的线程池通常仅保持最小量的线程数，只有短时间涌入大批任务的时候，才会把线程数加到最大数量。

## 15.3.2 定时器线程池

就大多数任务而言，它们对具体的执行时机并无特殊要求，最多是希望早点跑完，早点出结果。不过对于需要定时执行的任务来说，它们要求在特定的时间点运行，并且往往不止运行一次，还要周期性地反复运行。由于普通线程池满足不了此类定时运行的需求，因此 Java 提供了定时器线程池来实现定时与周期地执行任务的功能。

普通线程池的工具类名叫 ExecutorService。定时器线程池的工具类名叫 ScheduledExecutorService，该工具添加了 Scheduled 前缀，表示它是一种有计划的、预先安排好的线程池。有别于划分了 4 大类的普通线程池，定时器线程池仅仅分成两类：单线程的定时器线程池和固定数量的定时器线程池。其中，单线程的定时器线程池通过 newSingleThreadScheduledExecutor 方法获得，它的创建代码如下：

```
// 创建延迟一次的单线程定时器
ScheduledExecutorService pool = (ScheduledExecutorService)
Executors.newSingleThreadScheduledExecutor();
```

至于固定数量的定时器线程池则通过 newScheduledThreadPool 方法获得，它的创建代码如下：

```
// 创建延迟一次的多线程定时器（线程池大小为 3）
ScheduledExecutorService pool = (ScheduledExecutorService)
Executors.newScheduledThreadPool(3);
```

虽然定时器线程池只有两类，但定时器的调度方式有 3 种，主要是依据启动次数与周期长度来划分，详细说明如下：

### 1. 定时任务只启动一次

此时调用线程池对象的 schedule 方法，该方法的第一个参数为任务实例，第二个和第三个参数分别是延迟执行的时长及其单位。

### 2. 每间隔若干时间周期启动定时任务

此时调用线程池对象的 scheduleAtFixedRate 方法，该方法的第一个参数为任务实例，第二个参数为首次执行的延迟时长，第三个参数分别为后续运行的间隔时长，第四个参数则为时长单位。

### 3. 固定延迟若干时间启动定时任务

此时调用线程池对象的 scheduleWithFixedDelay 方法，该方法的参数说明基本同 scheduleAtFixedRate 方法。两个方法的区别在于：前者的间隔时间从上一个任务的开始时间起计算，后者的间隔时间从上一个任务的结束时间起计算。

除了以上的 3 个调度方法外，ScheduledExecutorService 还拥有 ExecutorService 的全部方法，包括 getPoolSize、getActiveCount、shutdown 等，因为它本来就是从 ExecutorService 派生而来的。

下面做一个实验观察一下两种定时器线程池的运行过程，实验开始前先定义一个参观任务，该任务主要打印当前的操作日志，包括操作时间、操作线程、操作描述等信息。参观任务的代码如下（完整代码见本章源码的 src\com\concurrent\pool\TestScheduled.java）：

```
    // 定义一个参观任务
    private static class Visit implements Runnable {
        private String name;            // 任务名称
        private int index;              // 任务序号
        public Visit(String name, int index) {
            this.name = name;
            this.index = index;
        }

        public void run() {
            // 以下打印操作日志，包括操作时间、操作线程、操作描述等信息
            String desc = String.format("%s的第%d个任务到此一游", name, index);
            PrintUtils.print(Thread.currentThread().getName(), desc);
        }
    };
```

然后命令单线程的定时器线程池调用 schedule 方法执行一次定时任务，具体的实验代码如下：

```
    // 测试延迟一次的单线程定时器
    private static void testSingleScheduleOnce() {
        // 创建延迟一次的单线程定时器
        ScheduledExecutorService pool = (ScheduledExecutorService)
Executors.newSingleThreadScheduledExecutor();
        for (int i=0; i<5; i++) {  // 循环开展 5 个调度
            Visit visit = new Visit("延迟一次的单线程定时器",i);  // 创建一个参观任务
            // 命令线程池调度任务，延迟 1 秒后执行参观任务
            pool.schedule(visit, 1, TimeUnit.SECONDS);
        }
    }
```

运行以上的实验代码，观察到如下的线程池日志：

```
    15:49:16.122 pool-1-thread-1 延迟一次的单线程定时器的第 0 个任务到此一游
    15:49:16.123 pool-1-thread-1 延迟一次的单线程定时器的第 1 个任务到此一游
    15:49:16.123 pool-1-thread-1 延迟一次的单线程定时器的第 2 个任务到此一游
    15:49:16.124 pool-1-thread-1 延迟一次的单线程定时器的第 3 个任务到此一游
    15:49:16.124 pool-1-thread-1 延迟一次的单线程定时器的第 4 个任务到此一游
```

由日志可见，该定时器线程池自始至终只有唯一一个线程在运行。

再来测试固定数量的定时器线程池，此时换成调用 scheduleAtFixedRate 方法，准备以固定频率周期性地执行定时任务，具体的实验代码如下：

```
    // 测试固定速率的多线程定时器
    private static void testMultiScheduleRate() {
        // 创建固定速率的多线程定时器（线程池大小为 3）
        ScheduledExecutorService pool = (ScheduledExecutorService)
Executors.newScheduledThreadPool(3);
        for (int i=0; i<5; i++) {                                    // 循环开展 5 个调度
            Visit visit = new Visit("固定速率的多线程定时器", i); //创建一个参观任务
            // 命令线程池调度任务。第一次延迟 1 秒执行参观任务，以后每间隔 3 秒执行下一个任务
```

```
        pool.scheduleAtFixedRate(visit, 1, 3, TimeUnit.SECONDS);
    }
}
```

运行以上的实验代码，观察到如下的线程池日志：

```
15:50:21.859 pool-1-thread-1 固定速率的多线程定时器的第 0 个任务到此一游
15:50:21.859 pool-1-thread-2 固定速率的多线程定时器的第 1 个任务到此一游
15:50:21.859 pool-1-thread-3 固定速率的多线程定时器的第 2 个任务到此一游
15:50:21.860 pool-1-thread-3 固定速率的多线程定时器的第 3 个任务到此一游
15:50:21.861 pool-1-thread-3 固定速率的多线程定时器的第 4 个任务到此一游
15:50:24.790 pool-1-thread-3 固定速率的多线程定时器的第 1 个任务到此一游
15:50:24.791 pool-1-thread-3 固定速率的多线程定时器的第 3 个任务到此一游
15:50:24.792 pool-1-thread-3 固定速率的多线程定时器的第 4 个任务到此一游
15:50:24.793 pool-1-thread-2 固定速率的多线程定时器的第 2 个任务到此一游
15:50:24.798 pool-1-thread-1 固定速率的多线程定时器的第 0 个任务到此一游
```

由日志可见，该定时器线程池一共开启了 3 个线程执行定时任务，注意到每个任务的前后日志间隔时间不足 3 秒，正好说明间隔的 3 秒并非前后两次运行的首尾间隔。

那么调用方法改成 scheduleWithFixedDelay，试试以固定间隔周期性地执行定时任务会是什么样的，具体的实验代码如下：

```
// 测试固定延迟的多线程定时器
private static void testMultiScheduleDelay() {
    // 创建固定速率的多线程定时器（线程池大小为 3）
    ScheduledExecutorService pool = (ScheduledExecutorService)
Executors.newScheduledThreadPool(3);
    for (int i=0; i<5; i++) {  // 循环开展 5 个调度
        Visit visit = new Visit("固定延迟的多线程定时器", i);  //创建一个参观任务
        // 命令线程池调度任务。第一次延迟 1 秒执行参观任务，以后每 3 秒执行下一个任务
        pool.scheduleWithFixedDelay(visit, 1, 3, TimeUnit.SECONDS);
    }
}
```

运行以上的实验代码，观察到如下的线程池日志：

```
16:10:19.281 pool-1-thread-1 固定延迟的多线程定时器的第 0 个任务到此一游
16:10:19.281 pool-1-thread-2 固定延迟的多线程定时器的第 1 个任务到此一游
16:10:19.281 pool-1-thread-3 固定延迟的多线程定时器的第 2 个任务到此一游
16:10:19.283 pool-1-thread-3 固定延迟的多线程定时器的第 3 个任务到此一游
16:10:19.283 pool-1-thread-2 固定延迟的多线程定时器的第 4 个任务到此一游
16:10:22.283 pool-1-thread-1 固定延迟的多线程定时器的第 1 个任务到此一游
16:10:22.284 pool-1-thread-2 固定延迟的多线程定时器的第 3 个任务到此一游
16:10:22.285 pool-1-thread-3 固定延迟的多线程定时器的第 2 个任务到此一游
16:10:22.286 pool-1-thread-3 固定延迟的多线程定时器的第 4 个任务到此一游
16:10:22.287 pool-1-thread-1 固定延迟的多线程定时器的第 0 个任务到此一游
```

由日志可见，此时每个任务的前后日志时间均不小于 3 秒，证明 scheduleWithFixedDelay 方法的确采取了固定间隔而非固定速率。

### 15.3.3 分治框架 Fork/Join

普通线程池和定时器线程池有一个共同点，就是线程池的内部线程之间并无什么关联，然而某些情况下的各线程间存在前因后果关系。譬如人口普查工作，大家都知道我国总人口为 14 亿左右，但是 14 亿的数目是怎么计算出来的呢？倘若只有一个人去统计，从小数到老都数不完。好比一个线程老牛破车干不了多少事情，既然如此，不妨多启用一些线程。于是人口普查工作就由中央分解到各个省份，各个省份又分派到下面的市县，再由市县分派到更下面的街道或乡镇，每个街道和乡镇统计完本辖区内的人口数量后，分别上报给对应的市县，市县再上报给省里，最后由各省上报中央，这才完成全国的人口统计。

在人口普查的案例中，这些线程不但存在上下级关系，而且下级线程的任务由上级线程分派而来，同时下级线程的处理结果又要交给上级线程汇总。根据任务流的走向，可将整个处理过程划分成以下 3 个阶段：

（1）第一阶段从主线程开始，从上往下逐级分解任务，此时线程总数逐渐变多，每个分线程都先后收到上级线程分派的任务。

（2）第二阶段由最下面的基层线程操作具体的任务，此时线程总数是不变的。

（3）第三阶段从基层线程开始，从下往上逐级汇总任务结果，此时线程总数逐渐变少，最后主线程会收到汇总完成的最终结果。

以上的第一阶段，概括地说叫作"分而治之"；至于第三阶段，可概括地称为"汇聚归一"。为了实现这种分而治之的业务需求，Java 7 新增了 Fork/Join 框架用以对症下药。该框架的 Fork 操作会按照树状结构不断分出下级线程，对应分而治之的过程；而 Join 操作则把叶子线程的运算结果逐级合并，对应汇聚归一的过程。在这分分合合的过程中，悄然浮现出 Fork/Join 框架专用的线程池工具 ForkJoinPool，它是从 ExecutorService 派生出来的一个子类。鉴于分治策略的特殊性质，Fork/Join框架并不使用常见的 Runnable 任务，而改为使用专门的递归任务 RecursiveTask，该任务的 fork 方法实现了分而治之的 Fork 操作，join 方法实现了汇聚归一的 Join 操作。

举一个简单应用的例子，对于一段连续的数列求和，比如对 0～99 之间的所有整数求和，通常的做法是写一个循环语句依次累加。常规的写法显然只有一个主线程在执行加法运算，无法体现多核 CPU 的性能优势，故可以尝试将求和操作分而治之，先把整段数列划分为若干个子数列，再对各个子数列分别求和，最后汇总所有子数列的求和结果。采取 RecursiveTask 实现这种分派求和任务的话，可参见下面的代码，注意递归任务的入口由 run 方法改成了 compute 方法（完整代码见本章源码的 src\com\concurrent\pool\SumTask.java）：

```java
//定义一个求和的递归任务
public class SumTask extends RecursiveTask<Integer> {
    private static final long serialVersionUID = 1L;
    private static final int THRESHOLD = 20;  // 不可再切割的元素个数门槛
    private int src[];              // 待求和的整型数组
    private int start;             // 待求和的下标起始值
    private int end;              // 待求和的下标终止值

    public SumTask(int[] src, int start, int end) {
```

```
            this.src = src;
            this.start = start;
            this.end = end;
        }

        // 对指定区间的数组元素求和
        private Integer subTotal() {
            Integer sum = 0;
            for (int i = start; i < end; i++) {  // 求数组在指定区间的元素之和
                sum += src[i];
            }
            // 打印求和日志，包括当前线程的名称、起始数值、终止数值、区间之和
            String desc = String.format("%s 求和结果(%d 到%d)=%d",
                    Thread.currentThread().getName(), start, end, sum);
            System.out.println(desc);
            return sum;
        }

        protected Integer compute() {
            if ((end - start) <= THRESHOLD) {          // 不可再切割了
                return subTotal();                      // 对指定区间的数组元素求和
            } else {                                    // 区间过大，还能继续切割
                int middle = (start + end) / 2;         // 计算区间中线的位置
                SumTask left = new SumTask(src, start, middle);  // 创建左边分区的求和
任务
                left.fork();  // 把左边求和任务添加到处理队列中
                SumTask right = new SumTask(src, middle, end);  // 创建右边分区的求和
任务
                right.fork();  // 把右边求和任务添加到处理队列中
                // 左边子任务的求和结果加上右边子任务的求和结果等于当前任务的求和结果
                int sum = left.join() + right.join();
                // 打印求和日志，包括当前线程的名称、起始数值、终止数值、区间之和
                String desc = String.format("%s 求和结果(%d 到%d)=%d",
                        Thread.currentThread().getName(), start, end, sum);
                System.out.println(desc);
                return sum;                             // 返回本次任务的求和结果
            }
        }
    }
```

　　然后外部往上面的求和任务输入待求和的整型数组，并调用任务对象的 invoke 方法获取执行结果，即可命令内置的线程池启动求和任务。调用代码如下（完整代码见本章源码的 src\com\concurrent\pool\TestForkJoinSum.java）：

```
    // 测试任务自带的线程池框架
    private static void testInternalTask() {
        // 下面初始化从 0～99 的整型数组
```

```
    int[] arr = new int[100];
    for (int i = 0; i < 100; i++) {
        arr[i] = i + 1;
    }
    SumTask task = new SumTask(arr, 0, arr.length);  // 创建一个求和的递归任务
    try {
        // 执行同步任务，并返回执行结果。任务的 invoke 方法使用了内部的 ForkJoinPool
        Integer result = task.invoke();
        System.out.println("最终计算结果: " + result);
    } catch (Exception e) {
        e.printStackTrace();
    }
}
```

运行以上的调用代码，输出以下的线程池日志：

```
ForkJoinPool.commonPool-worker-3: 求和结果(0 到 12)=78
ForkJoinPool.commonPool-worker-0: 求和结果(75 到 87)=978
ForkJoinPool.commonPool-worker-2: 求和结果(50 到 62)=678
ForkJoinPool.commonPool-worker-0: 求和结果(87 到 100)=1222
ForkJoinPool.commonPool-worker-3: 求和结果(12 到 25)=247
ForkJoinPool.commonPool-worker-3: 求和结果(0 到 25)=325
ForkJoinPool.commonPool-worker-0: 求和结果(75 到 100)=2200
ForkJoinPool.commonPool-worker-2: 求和结果(62 到 75)=897
ForkJoinPool.commonPool-worker-2: 求和结果(50 到 75)=1575
ForkJoinPool.commonPool-worker-1: 求和结果(37 到 50)=572
ForkJoinPool.commonPool-worker-3: 求和结果(25 到 37)=378
ForkJoinPool.commonPool-worker-3: 求和结果(25 到 50)=950
ForkJoinPool.commonPool-worker-1: 求和结果(0 到 50)=1275
ForkJoinPool.commonPool-worker-2: 求和结果(50 到 100)=3775
main: 求和结果(0 到 100)=5050
最终计算结果: 5050
```

从日志可见，Fork/Join 框架的默认线程池一共启动了 4 个线程（正好是设备的 CPU 个数），同时最后一步的统计工作由主线程来完成。

注意到前述的调用代码并未写明 Fork/Join 框架的线程池工具 ForkJoinPool，这是因为递归任务拥有默认的内置线程池，即使外部不指定线程池对象，递归任务也会使用内置线程池调度线程。不过默认的线程池无法设置个性化的参数，所以还是建议在代码中显式地指定 ForkJoinPool 线程池，并调用线程池对象的 execute/invoke/submit 三个方法之一启动递归任务。这三个方法的具体用途说明如下。

- execute：异步执行指定任务，且无返回值。
- invoke：同步执行指定任务，并等待返回值，返回值就是最终的运算结果。
- submit：异步执行指定任务，且返回结果任务对象。之后可择机调用结果任务的 get 方法获取最终的运算结果。

下面是在外部调用时显式指定线程池的求和代码：

```
// 测试任务以外的线程池框架
private static void testPoolTask() {
    // 下面初始化从 0~99 的整型数组
    int[] arr = new int[100];
    for (int i = 0; i < 100; i++) {
        arr[i] = i + 1;
    }
    SumTask task = new SumTask(arr, 0, arr.length);  // 创建一个求和的递归任务
    ForkJoinPool pool = new ForkJoinPool(6);  // 创建一个用于分而治之的线程池，
并发数量为 6
    // 命令线程池执行求和任务，并返回存放执行结果的任务对象
    ForkJoinTask<Integer> taskResult = pool.submit(task);
    try {
        Integer result = taskResult.get(); //等待执行完成，并获取求和的结果数值
        System.out.println("最终计算结果: " + result);
    } catch (Exception e) {
        e.printStackTrace();
    }
    pool.shutdown();  // 关闭线程池
}
```

运行修改后的调用代码，输出以下的线程池日志：

```
ForkJoinPool-1-worker-1: 求和结果(0 到 12)=78
ForkJoinPool-1-worker-3: 求和结果(62 到 75)=897
ForkJoinPool-1-worker-5: 求和结果(12 到 25)=247
ForkJoinPool-1-worker-5: 求和结果(87 到 100)=1222
ForkJoinPool-1-worker-5: 求和结果(25 到 37)=378
ForkJoinPool-1-worker-5: 求和结果(37 到 50)=572
ForkJoinPool-1-worker-5: 求和结果(25 到 50)=950
ForkJoinPool-1-worker-1: 求和结果(0 到 25)=325
ForkJoinPool-1-worker-4: 求和结果(50 到 62)=678
ForkJoinPool-1-worker-4: 求和结果(50 到 75)=1575
ForkJoinPool-1-worker-6: 求和结果(75 到 87)=978
ForkJoinPool-1-worker-6: 求和结果(75 到 100)=2200
ForkJoinPool-1-worker-2: 求和结果(0 到 50)=1275
ForkJoinPool-1-worker-3: 求和结果(50 到 100)=3775
ForkJoinPool-1-worker-1: 求和结果(0 到 100)=5050
最终计算结果: 5050
```

由日志可见，此时的线程池运行情况与刚才相比有两点不同：其一，开启的线程数量变多了，这缘于新的线程池对象设置了并发数量为 6；其二，最后一步的统计工作仍在线程池内部执行，因而减轻了主线程的负担。结论当然是外部显式指定 ForkJoinPool 的方式更优。

# 15.4 实 战 练 习

本节介绍演示多线程用途的两个实战练习，第一个是拥有两个分线程的秒表计时器，两个线程分别用于调度不同时间单位；第二个是开启了 3 个分线程的打地鼠游戏，通过模拟 3 只地鼠出没地洞的情节，从而解决并发处理时的资源冲突问题。

## 15.4.1 秒表计时器

多线程不仅用于多任务并发的复杂场合，也用于两个任务分别调度的简单场合。比如秒表计时器，既有精确到毫秒的体育比赛专用秒表，又有只精确到秒的火箭发射倒计时器。假设秒表的计时格式为"分钟:秒钟.XXX"，那么它的计时界面如图 15-1 所示。

图 15-1 精确到毫秒的计时器

若让该秒表在毫秒精度与秒级精度之间切换，则需将计时形式分解成两部分：一部分是秒和秒以上的时间单位，格式形如"分钟:秒钟"；另一部分是秒的小数点后面 3 位数字，其单位以毫秒衡量，格式形如".XXX"。在毫秒精度计数时，两部分的时间均要跳动；在秒级精度计数时，只有"分钟:秒钟"这部分要跳动。于是这两部分的计时可分配给两个线程分别处理，如果选择毫秒计时，就要同时启动秒级线程与毫秒线程；如果选择秒级计时，就只要启动秒级线程，不必启动毫秒线程。

初步弄清了秒表计时器的实现原理，结合 JavaFX 的界面编程，编码起来就顺手了。首先编写秒表计时器的 JavaFX 程序入口 WatchMain.java，其中界面布局通过资源文件 watch.fxml 加载，入口代码如下（完整代码见本章源码的 src\com\concurrent\stopwatch\WatchMain.java）：

```
//秒表计时器的程序入口
public class WatchMain extends Application {
    public void start(Stage stage) throws Exception {  // 应用程序开始运行
        stage.setTitle("秒表计时器");                    // 设置舞台的标题
        // 从 FXML 资源文件中加载程序的初始界面
        Parent root = FXMLLoader.load(getClass().getResource("watch.fxml"));
        Scene scene = new Scene(root, 400, 150);        // 创建一个场景
        stage.setScene(scene);                          // 设置舞台的场景
        stage.setResizable(false);                      // 设置舞台的尺寸是否允许变化
        stage.show();                                   // 显示舞台
    }
    public static void main(String[] args) {
        launch(args);  // 启动 JavaFX 应用，接下来会跳到 start 方法
    }
}
```

其次在 watch.fxml 中拼凑界面上的各控件排列，全部控件分布于 3 行区域，第一行放计时类型的单选按钮，第二行为计时数字"分钟:秒钟.XXX"，第三行是计时按钮。FXML 文件的布局内容如下（完整代码见本章源码的 src\com\concurrent\stopwatch\watch.fxml）：

```xml
<?import javafx.scene.layout.FlowPane?>
<?import javafx.scene.layout.HBox?>
<?import javafx.scene.control.Button?>
<?import javafx.scene.control.Label?>
<?import javafx.scene.control.RadioButton?>
<?import javafx.scene.control.ToggleGroup?>

<FlowPane fx:controller="com.concurrent.stopwatch.WatchController"
    xmlns:fx="http://javafx.com/fxml" alignment="center" hgap="5" vgap="5">
    <HBox fx:id="hbType" prefWidth="400" prefHeight="40" alignment="center">
        <fx:define>
            <ToggleGroup fx:id="tgType" />
        </fx:define>
        <RadioButton fx:id="rbSecond" prefWidth="150" prefHeight="40"
            toggleGroup="$tgType" text="秒级计时" />
        <RadioButton fx:id="rbMilli" prefWidth="150" prefHeight="40"
            toggleGroup="$tgType" text="毫秒计时" selected="true" />
    </HBox>
    <HBox fx:id="hbTime" prefWidth="400" prefHeight="40" alignment="center">
        <Label fx:id="labelSecond" prefWidth="100" prefHeight="40" text="00:00" />
        <Label fx:id="labelDot" prefWidth="10" prefHeight="40" text="." />
        <Label fx:id="labelMilli" prefWidth="100" prefHeight="40" text="000" />
    </HBox>
    <Button fx:id="btnCount" prefWidth="400" prefHeight="40" text="开始计时" />
</FlowPane>
```

紧接着开始编码 watch.fxml 指定的界面控制器，仅就控件操纵而言，其实代码很简单，只有以下寥寥几行（完整代码见本章源码的 src\com\concurrent\stopwatch\WatchController.java）：

```java
//秒表计时器的界面控制器
public class WatchController implements Initializable {
    @FXML private RadioButton rbSecond;      // 秒级计时的单选按钮
    @FXML private RadioButton rbMilli;       // 毫秒计时的单选按钮
    @FXML private Label labelSecond;         // 秒级计时的标签
    @FXML private Label labelMilli;          // 毫秒计时的标签
    @FXML private Button btnCount;           // 计时按钮

    public void initialize(URL location, ResourceBundle resources) {
                                             // 界面打开后的初始化操作
        btnCount.setOnAction(e -> doWatch()); //单击了"开始计数"按钮，开始秒表计数
    }
}
```

注意到以上代码在单击计时按钮的时候触发 doWatch 方法，该方法内部需要判断是开始计时还是停止计时，主要逻辑包含以下两路分支：

（1）若当前要开始计时，则分别创建秒级线程和毫秒线程，并启动这两个线程。

（2）若当前要停止计时，则分别中断秒级线程和毫秒线程，也就是调用线程对象的 interrupt 方法，由线程内部捕获中断异常后自行退出。

依据上述判断逻辑编写 doWatch 的相关代码，包括秒级计时线程的类定义、毫秒计时线程的类定义以及线程的创建、启动和中断操作，详细的业务代码如下（完整代码见本章源码的 src\com\concurrent\stopwatch\WatchController.java）：

```java
private boolean isCounting = false;          // 是否正在计时
private SecondThread secondThread;           // 声明秒级计时的线程
private MilliThread milliThread;             // 声明毫秒计时的线程
// 开始秒表操作（开始计时或者停止计时）
private void doWatch() {
    isCounting = !isCounting;
    btnCount.setText(isCounting ? "停止计时" : "开始计时");
    if (isCounting) {  // 开始计时
        labelSecond.setText("00:00");
        labelMilli.setText("000");
        secondThread = new SecondThread();   // 创建新的秒级计时线程
        milliThread = new MilliThread();     // 创建新的毫秒计时线程
        secondThread.start();                // 启动秒级计时的线程
        milliThread.start();                 // 启动毫秒计时的线程
    } else {                                 // 停止计时
        secondThread.interrupt();            // 中断秒级计时的线程
        milliThread.interrupt();             // 中断毫秒计时的线程
    }
}

// 定义秒级计时的线程
private class SecondThread extends Thread {
    public void run() {                 // 线程开始运行
        int count = 0;                  // 计数值
        try {
            while (true) {
                Thread.sleep(1000);     // 睡眠 1 秒
                count++;                // 计数值加一
                String second = String.format("%02d:%02d", count/60,
count%60);
                showCount(labelSecond, second);    // 显示以秒为单位的时间计数
            }
        } catch (InterruptedException e) {         // 在循环外面捕获中断异常
            e.printStackTrace();
        }
    }
}

// 定义毫秒计时的线程
private class MilliThread extends Thread {
    public void run() {                 // 线程开始运行
        int count = 0;                  // 计数值
        try {
            while (true) {
```

```
                    Thread.sleep(1);                      // 睡眠 1 毫秒
                    if (rbMilli.isSelected()) {           // 选中了"毫秒计时"单选按钮
                        count++;                          // 计数值加一
                        String milli = String.format("%03d", count%1000);
                        showCount(labelMilli, milli);   // 显示以毫秒为单位的时间计数
                    }
                }
            } catch (InterruptedException e) {          // 在循环外面捕获中断异常
                e.printStackTrace();
            }
        }
    }
```

需要特别注意的是，Java 的分线程不能直接操控 JavaFX 界面，缘于为了避免多个线程同时修改控件的冲突问题，JavaFX 只允许主线程操作界面，例如修改控件的文本、图像等影响界面展示的动作。为此，JavaFX 设计了一个 Task 任务工具，专门用于协调分线程的界面渲染需求。开发者在定义新任务的时候，必须重写 Task 的 call 方法和 succeeded 方法，其中 call 方法的代码在分线程中执行，只能后台处理，不能操作界面；而 succeeded 方法在 call 方法后面执行，因为它运行于主线程中，所以其内部代码可以操作界面。

这里的分线程想把计时结果显示到界面的指定标签上，那很好办，只要自己定义新的 JavaFX 任务，然后重写 succeeded 方法，在该方法内部调用标签的 setText 方法设置文本就行。下面是利用 Task 实现分线程间接操控界面的代码：

```
    // 在标签控件上显示计时结果
    private void showCount(Label label, String result) {
        // 定义一个 JavaFX 任务，任务的 call 方法不能操作界面，succeeded 方法才能操作界面
        Task task = new Task<Void>() {
            // call 方法里面的线程非主线程，不能操作界面
            protected Void call() throws Exception {
                return null;
            }

            // succeeded 方法里面的线程是主线程，可以操作界面
            protected void succeeded() {
                super.succeeded();
                label.setText(result);
            }
        };
        task.run(); // 启动 JavaFX 任务
    }
```

总算大功告成写完整套代码，接下来回到程序入口 WatchMain.java，运行测试程序观察两种精度的秒表计时。当选择毫秒级别的计时类型时，单击"开始计时"按钮之后一会儿，秒表界面如图 15-2 所示。稍等几秒再单击"停止计时"按钮，停止计时的秒表界面如图 15-3 所示，可见的确实现了毫秒精度的计时效果。

图 15-2  毫秒级别开始计时

图 15-3  毫秒级别停止计时

当选择秒级计时类型的时候，单击"开始计时"按钮之后一会儿，秒表界面如图 15-4 所示。稍等几秒再单击"停止计时"按钮，停止计时的秒表界面如图 15-5 所示，可见此时果然只有秒钟的数字在动，小数点后面的毫秒数字并未变化。

图 15-4  秒级开始计时

图 15-5  秒级停止计时

## 15.4.2  打地鼠游戏

15.4.1 小节的秒表计时器略显简单，对于并发编程的表达意犹未尽，为了更全面地演示多线程的运用，本小节设计了一个打地鼠游戏。

蓝天白云下的广阔草原是牧民赖以生存的家园，但是近来草原上地鼠肆虐，它们打了数不清的地洞，疯狂地啃食草根树皮，严重威胁了牛羊的口粮。现在你挺身而出，决心为民除害，要把草原上的地鼠消灭干净，每当地鼠钻出地洞准备啃啮食物时，勇士就得抡起锤子将地鼠一击毙命，看看谁能在最短的时间内消灭最多的地鼠。这个游戏的运作逻辑不复杂，游戏界面也很简单，主要由计时器与长满地洞的草原组成，游戏的初始画面如图 15-6 所示。

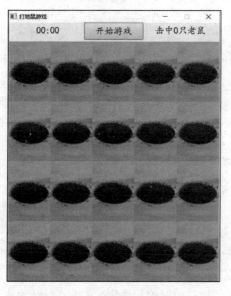

图 15-6  打地鼠游戏的初始界面

由图 15-6 可知，游戏界面的上方有一排控件，包括一个按钮（Button）和两个标签（Label），界面下方是 4 行 5 列的地洞格子，这些格子正好构成了网格面板（GridPane）。把游戏界面写成 FXML 布局倒也不难，首先编写打地鼠游戏的程序入口，具体代码如下（完整代码见本章源码的 src\com\concurrent\mouse\HitMouseMain.java）：

```java
//打地鼠游戏的程序入口
public class HitMouseMain extends Application {
    public void start(Stage stage) throws Exception {   // 应用程序开始运行
        stage.setTitle("打地鼠游戏");                      // 设置舞台的标题
        // 从 FXML 资源文件中加载程序的初始界面
        Parent root = FXMLLoader.load(getClass().getResource("hit_mouse.fxml"));
        Scene scene = new Scene(root, 560, 670);        // 创建一个场景
        stage.setScene(scene);                          // 设置舞台的场景
        stage.setResizable(false);                      // 设置舞台的尺寸是否允许变化
        stage.show();                                   // 显示舞台
    }

    public static void main(String[] args) {
        launch(args); // 启动 JavaFX 应用，接下来会跳到 start 方法
    }
}
```

上面的入口代码指定了程序界面根据 hit_mouse.fxml 布局，该文件的控件由上下两部分组成：上面中间是开始按钮，左右两边分别是计时器标签与击打结果标签；下面为 4 行 5 列的网格面板，总共放进了 20 个地洞。布局文件的控件分布如下（完整代码见本章源码的 src\com\concurrent\mouse\hit_mouse.fxml）：

```xml
<?import javafx.scene.layout.FlowPane?>
<?import javafx.scene.layout.GridPane?>
<?import javafx.scene.layout.HBox?>
<?import javafx.scene.control.Button?>
<?import javafx.scene.control.Label?>

<FlowPane fx:controller="com.concurrent.mouse.HitMouseController"
    xmlns:fx="http://javafx.com/fxml/1" alignment="center" hgap="5" vgap="5">
    <HBox fx:id="hbHead" prefWidth="560" prefHeight="40">
        <Label fx:id="labelTime" prefWidth="200" prefHeight="40"
alignment="center" text="00:00" />
        <Button fx:id="btnStart" prefWidth="160" prefHeight="40"
alignment="center" text="开始游戏" />
        <Label fx:id="labelCount" prefWidth="200" prefHeight="40"
alignment="center" text="击打结果" />
    </HBox>
    <GridPane fx:id="gpGrass" prefWidth="560" prefHeight="630" />
</FlowPane>
```

注意以上的布局文件规定了界面控制器位于 HitMouseController，接着便是给控制器补充业务代码。不过在编码之前，还得理清揍打地鼠的几种情况，游戏一开始地洞都是空的，如图 15-7 所示。

过一会儿,地鼠纷纷钻出地洞,于是地洞露出地鼠的身影,如图 15-8 所示。玩家随之移动鼠标到地洞处,单击表示抢起锤子打地鼠,此时地鼠挨打的情形如图 15-9 所示。当然有可能玩家打错位置,或者反应不够快导致没打中地鼠,总之不幸打了个空洞,如图 15-10 所示。

图 15-7　空的地洞　　　　图 15-8　地鼠出洞　　　　图 15-9　打到地鼠　　　　图 15-10　打到空洞

针对上述的 4 种情况,需要为其分配 4 种地洞类型,以及对应的 4 幅地洞图像,这 4 种类型与图像的声明及初始化代码如下(完整代码见本章源码的 src\com\concurrent\mouse\HitMouseController.java):

```java
    private final static int TYPE_HOLE = 1;              // 地洞类型
    private final static int TYPE_MOUSE = 2;             // 地鼠类型
    private final static int TYPE_MOUSE_HIT = 3;         // 捶打地鼠的类型
    private final static int TYPE_HOLE_HIT = 4;          // 捶打地洞的类型
    private static Image imageHole;                       // 地洞图像
    private static Image imageMouse;                      // 地鼠图像
    private static Image imageMouseHit;                   // 捶打地鼠的图像
    private static Image imageHoleHit;                    // 捶打地洞的图像
    static {
        imageHole = new Image(HitMouseController.class.getResourceAsStream
("hole.png"));
        imageMouse = new Image(HitMouseController.class.getResourceAsStream
("mouse.png"));
        imageMouseHit = new Image(HitMouseController.class.getResourceAsStream
("mouse_hit.png"));
        imageHoleHit = new Image(HitMouseController.class.getResourceAsStream
("hole_hit.png"));
    }
```

接下来要初始化游戏界面上的各项控件,包括计时器清零、击中次数清零、注册开始按钮的单击事件等。对于草地上的网格面板,可以声明包含 4 行 5 列按钮的二维数组,一共添加 20 个按钮至网格面板。注意每个按钮代表一个地洞,且每个按钮都注册单击事件,表示玩家会击打此洞。下面是对各控件初始化的代码:

```java
    private Button[][] btnArray = new Button[4][5];  // 地洞按钮的二维数组
    private boolean isRunning = false;                // 游戏是否运行
    private long beginTime;                            // 开始时间
    private int timeCount = 0;                         // 时间计数
    private int hitCount = 0;                          // 击中次数
```

```java
    private int timeUnit = 1000;                            // 时间单位，1000 毫秒为 1 秒
    // 定义一个地洞按钮数组对应的倒计时数组，二维数组分配 4 行 5 列
    private int[][] timeArray = { { 0, 0, 0, 0, 0 }, { 0, 0, 0, 0, 0 }, { 0, 0,
0, 0, 0 }, { 0, 0, 0, 0, 0 } };

    private Button getHoleView() {                          // 获得地洞按钮
        Button btn = new Button();                          // 创建一个按钮
        btn.setPadding(new Insets(0, 0, 0, 0));             // 设置按钮的四周空白
        btn.setGraphic(new ImageView(imageHole));           // 设置按钮的图像
        return btn;
    }

    public void initialize(URL location, ResourceBundle resources) {  // 界面
打开后的初始化操作
        // 下面初始化每个地洞按钮，并设置每个地洞按钮的单击事件
        for (int i = 0; i < btnArray.length; i++) {
            for (int j = 0; j < btnArray[i].length; j++) {
                btnArray[i][j] = getHoleView();             // 获取一个地洞按钮
                Button view = btnArray[i][j];
                gpGrass.add(view, j, i + 1);                // 把地洞按钮添加进草地网格
                int x = i, y = j;
                // 设置地洞按钮的单击事件。单击地洞表示抡起锤子打地鼠，默认打空洞
                view.setOnAction(e -> doAction(x, y, TYPE_HOLE_HIT));
            }
        }
        btnStart.setOnAction(e -> {                         // 单击了开始游戏按钮
            isRunning = !isRunning;
            if (isRunning) {                                // 游戏开始
                btnStart.setText("停止游戏");
                hitCount = 0;                               // 击中次数清零
                timeCount = 0;                              // 时间计数清零
                beginTime = new Date().getTime();           // 获得开始时间
                new MouseThread(0).start();                 // 启动第一个地鼠线程
                new MouseThread(timeUnit * 1).start();      // 启动第二个地鼠线程
                new MouseThread(timeUnit * 2).start();      // 启动第三个地鼠线程
            } else {                                        // 游戏结束
                btnStart.setText("开始游戏");
            }
        });
    }
```

本游戏设定了同时只会有 3 只地鼠钻地洞，因而单击开始按钮时只启动 3 个地鼠线程，且 3 只地鼠的钻洞时间稍微错开。为了模拟逼真的钻洞效果，地鼠线程得添加以下的处理逻辑：

（1）钻哪个地洞完全是随机的。

（2）只钻空洞，不钻已经被占据的地洞。

（3）地鼠出洞后要发呆若干秒，留足时间让玩家揍它。

按照以上的钻洞逻辑，可编写如下的地鼠线程代码（完整代码见本章源码的 src\com\concurrent\mouse\HitMouseController.java）：

```java
// 定义地鼠线程
private class MouseThread extends Thread {
    private int mDelay;                    // 延迟间隔
    public MouseThread(int delay) {
        mDelay = delay;
    }

    public void run() {
        try {
            sleep(mDelay);                 // 每个线程的启动延时都不同，方便错开执行
        } catch (InterruptedException e) {
            e.printStackTrace();
        }
        while (isRunning) {                // 游戏正在运行
            int i = 0, j = 0;              // 网格的横纵坐标
            while (true) {                 // 这只地鼠总想伺机钻出地洞
                i = new Random().nextInt(btnArray.length);
                j = new Random().nextInt(btnArray[0].length);
                if (timeArray[i][j] == 0) {    // 该地洞没有地鼠了
                    doAction(i, j, TYPE_MOUSE);    // 新的地鼠钻出地洞
                    break;
                }
            }
            long nowTime = new Date().getTime();
            timeCount = (int) ((nowTime - beginTime) / 1000);
            try {
                sleep((timeUnit - 100) * 3);    // 地鼠出洞后正在发呆，快揍它
            } catch (InterruptedException e) {
                e.printStackTrace();
            }
        }
    }
}
```

然后编写地洞状态变更的 doAction 方法，除了初始的空洞状态外，还有地鼠出洞、打到地鼠、打到空洞这 3 种状态，故 doAction 方法需要分别判断 3 种状态类型，不止依类型更新地洞图像，还得准备后续的代码逻辑。由于 doAction 方法可能会被多个线程同时调用，因此需要给方法添加synchronized 前缀，表示同一时刻只能有唯一的线程调用该方法。据此编写的 doAction 方法与刷新地洞的 showView 方法代码如下：

```java
// 地洞发生了变化
private synchronized void doAction(int i, int j, int type) {
    timeArray[i][j] = 3;                // 地鼠会在地洞上方呆上 3 秒
    Button btn = btnArray[i][j];
    if (type == TYPE_HOLE_HIT) {        // 捶打空的地洞
```

```
                showView(btn, imageHoleHit);           // 显示捶打地洞的图像
                timeSchedule(i, j);                     // 地洞上方的锤子开始倒计时
            } else if (type == TYPE_MOUSE) {            // 地鼠钻出地洞
                showView(btn, imageMouse);              // 显示地鼠的图像
                timeSchedule(i, j);                     // 地洞上方的锤子开始倒计时
                btn.setOnAction(e -> {                  // 注册该地洞的单击事件
                    doAction(i, j, TYPE_MOUSE_HIT);     // 打中该地洞的地鼠
                    hitCount++;                         // 击中次数加一
                });
            } else if (type == TYPE_MOUSE_HIT) {        // 捶打地鼠
                showView(btn, imageMouseHit);           // 显示捶打地鼠的图像
                btn.setOnAction(null);                  // 注销该地洞的单击事件
            }
        }

        // 显示地洞的图像
        private void showView(Button btn, Image image) {
            // 定义一个 JavaFX 任务，任务的 call 方法不能操作界面，succeeded 方法才能操作界面
            Task task = new Task<Void>() {
                // call 方法里面的线程非主线程，不能操作界面
                protected Void call() throws Exception {
                    return null;
                }

                // succeeded 方法里面的线程是主线程，可以操作界面
                protected void succeeded() {
                    super.succeeded();
                    btn.setGraphic(new ImageView(image));  // 设置按钮的图像
                    labelCount.setText(String.format("击中%d只老鼠", hitCount));
                    labelTime.setText(String.format("%02d:%02d", timeCount / 60,
timeCount % 60));
                }
            };
            task.run();  // 启动 JavaFX 任务
        }
```

最后还剩捶打地鼠之后的逻辑处理，无论是打到地鼠还是没打到地鼠，片刻之后此处都要恢复
空洞状态，等待下一次的地鼠出洞事件。这里稍等片刻，即可通过定时器 Timer 及其调度任务
TimerTask 来实现，详细的实现代码如下：

```
        // 倒计时的时间调度
        private void timeSchedule(int i, int j) {
            Button btn = btnArray[i][j];
            Timer timer = new Timer();                          // 创建一个定时器
            timer.schedule(new TimerTask() {                    // 定时器每秒调度一次
                public void run() {
                    timeArray[i][j]--;                          // 倒计时减一
                    if (timeArray[i][j] <= 0) {                 // 倒计时结束
                        showView(btn, imageHole);               // 显示空的地洞
```

```
                btn.setOnAction(e -> {                      // 注册该地洞的单击事件
                    doAction(i, j, TYPE_HOLE_HIT);          // 捶打空地洞
                });
                timer.cancel();                             // 取消定时器
            }
        }
    }, 0, timeUnit);
}
```

好不容易完成了界面控制器的编码，再来观看最终的游戏运行效果，玩家在游戏过程中的某时刻界面如图 15-11 所示，可知各状态的地洞图像正常显示，击打结果也能正确统计。

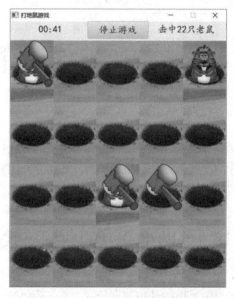

图 15-11　打地鼠游戏的过程界面

## 15.5　小　　结

本章主要介绍了线程是怎样从无到有、从少到多的，首先说明了单个线程有哪几种启动方式（通过派生类、通过任务 Runnable、通过过程 Callable、通过定时器）；接着描述了多个线程是怎样避免互相干扰的（同步、加解锁、信号量），又是怎样实现相互通信的；然后讲述了多个线程是如何有条不紊、并行不悖地处理大量任务的；最后论述了两个实战练习（秒表计时器、打地鼠游戏）的设计及其实现过程。

通过本章的学习，读者应该能够掌握以下编程技能：

（1）学会如何开启单个线程应对不同场景的要求。

（2）学会如何让多个并行的线程有效避免资源冲突的问题。

（3）学会如何使用线程池管理同性质的批量任务。

（4）学会在实际项目中结合运用多项线程处理技术。

# 第16章

# 网 络 通 信

本章介绍网络通信的常见编程技术，包括通信过程中采用的数据格式、HTTP 接口的访问方式及其实现工具、套接字 Socket 的交互流程及其适用场合，还将介绍 HTTP 测试工具与即时聊天工具的实现过程。

## 16.1 网络交互的数据格式

本节介绍网络两端传输信息所采用的几种数据格式，首先描述网络地址 URL 的拼写规范，以及在 URL 后面添加请求参数的方式，如"参数 A 名称=A 参数值&参数 B 名称=B 参数值"；然后阐述轻量级数据交换格式 JSON，以及如何使用第三方 JSON 库解析和拼装 JSON 串；最后讲述可扩展标记语言 XML，以及如何使用第三方 XML 库解析和拼装 XML 串。

### 16.1.1 URL 地址的组成格式

URL（Uniform Resource Locator，统一资源定位符）俗称网络地址或网址。网络上的每个文件及接口都有对应的 URL 网址，它规定了其他设备如何通过一系列的路径找到自己，犹如网购的包裹一路送至收货地址所描述的地点。现实生活中的通信地址一般遵循固定的格式，比如"××省××市××区××小区×××"；网络地址也有相应的命名规则，比如新华网的首页地址为"http://www.news.cn"，当然该网址比较简单，还有更复杂的 URL，如"http://www.news.cn:8080/Public/GetValidateCode?time=123#index"（该网址纯属虚构）。虽然普通用户平时上网只用打开网页，接着在各类链接之间跳转，但是作为程序员必须弄清楚这些链接地址的格式含义，这样才能学好网络通信的编程开发。

仍以网址"http://www.news.cn:8080/Public/GetValidateCode?time=123#index"为例，该 URL 包含网络地址的各项组成部分，具体细节如图 16-1 所示。

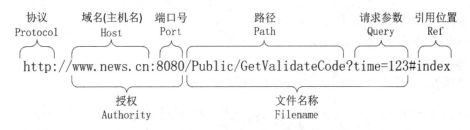

图 16-1 网络地址的详细组成

接下来对图 16-1 的 URL 字符串补充详细说明，从左到右依序介绍如下：

（1）最开头的 http 表示该地址采用 HTTP 网络协议，它的全称是 Hypertext Transfer Protocol，意思是超文本传输协议。除了 HTTP 外，常见的网络协议还有 HTTPS、FTP、FILE、TELNET 等。

（2）协议后面越过两个斜杠，紧跟着的是该网址所在的域名，也叫主机名称。这部分内容早已为大众所熟知，除了新华网的 www.news.cn，还有中央电视台的 www.cctv.com、人民网的 www.people.com.cn 等。

（3）域名后面以冒号隔开的数字叫作端口号，像 HTTP 协议默认的端口号是 80。如果该网址采取默认的端口，就不必写明端口数字；倘若该网址使用非默认的端口，比如 HTTP 服务搭建在 8080 端口上，就必须在 URL 中写明 8080。

（4）域名加上端口号组成了 URL 的授权部分，即网址的入口。

（5）授权部分的右边包括斜杠在内、问号之前的一长串字符表示具体的网络路径，犹如操作系统里面的文件目录。

（6）问号之后、井号之前的部分是以等号隔开的请求参数，各参数之间以"&"分隔，具体格式形如"参数 A 名称=A 参数值&参数 B 名称=B 参数值&参数 C 名称=C 参数值"。请求参数中的参数值允许变化，网络服务将按照指定的数值返回相应的结果数据。

（7）网络路径加上请求参数组成了 URL 的文件名称，有了文件名就能访问该 URL 所表达的网络资源。

（8）井号之后的字符串为引用位置，假设一个网页很长，打开后默认显示网页的顶部，若要查看下方区域，则只能下拉网页。而引用位置先给各区域做一个编号，然后在 URL 末尾带上该位置的编号，于是网页打开后会自动滚到指定位置的区域，从而提升用户体验。

搞清楚了 URL 各部分的作用，有助于后续的网络编程工作。就网址访问而言，Java 提供了同名的网址工具 URL，该工具类正好叫 URL，其构造方法的输入参数即为网址字符串，此后的 HTTP 访问操作皆有赖于 URL 对象。URL 工具常用的方法包括但不限于以下几种：

- getProtocol：获取 URL 对象采用的网络协议。
- getHost：获取 URL 对象的域名（主机名称）。
- getDefaultPort：获取 URL 对象的默认端口。HTTP 协议的默认端口号是 80，FTP 协议的默认端口号是 21，HTTPS 协议的默认端口号是 443。
- getPort：获取 URL 对象的指定端口（若不显式指定，则返回-1）。
- getAuthority：获取 URL 对象的授权部分（由域名和指定端口组成）。
- getPath：获取 URL 对象的路径（不包括域名）。
- getQuery：获取 URL 对象的请求参数。

- getFile：获取 URL 对象的文件名（由路径和请求参数组成）。
- getRef：获取 URL 对象的引用位置。
- openConnection：打开 URL 对象的网络连接，并返回 URLConnection 连接对象。无论是接口调用，还是上传下载，都依赖于这里的连接对象。

一个完整的网址字符串包含很多地址信息，一个字符都不能错。自然程序员很关心网址到底有哪些校验办法，可以判断某个网址是合法请求还是非法请求。首先是域名的合法性校验，Java 提供了专门的网络地址工具 InetAddress，调用该工具的静态方法 getByName 能够获得指定域名的网络地址对象，具体的方法调用代码如下：

```
// 根据域名或 IP 获得对应的网络地址对象
InetAddress inet = InetAddress.getByName(host);
```

之后调用网络地址对象的以下方法即可获取相应的网络地址信息。

- getHostAddress：获取网络地址对象的 IP 地址。
- getHostName：获取网络地址对象的域名。
- isReachable：检查对方主机是否能连接上。但该方法不可靠，因为可能存在防火墙导致返回 false。

尽管 InetAddress 提供了 isReachable 方法用于检测域名的连通性，但该方法并不总是奏效。那么退而求其次，只要校验域名的格式是否正确便行。这样的话，在调用 getByName 方法时，增加捕捉未知域名异常 UnknownHostException，一旦捕捉到该异常，就认为当前域名是非法域名。此时域名的合法性校验代码变成了下面这样（完整代码见本章源码的 src\com\network\parser\TestAddress.java）：

```
// 测试域名的可用信息，返回 true 表示域名合法，返回 false 表示域名非法
private static boolean testHost(String host) {
    try {
        // 根据域名或 IP 获得对应的网络地址对象
        InetAddress inet = InetAddress.getByName(host);
    } catch (UnknownHostException e) {
        // 如果 host 字符串并非合法的域名/IP，getByName 方法就会抛出"未知的域名异常"
        e.printStackTrace();
        return false;  // 返回 false 表示该字符串不是合法的域名/IP
    }
    return true;  // 返回 true 表示该字符串是合法的域名/IP
}
```

另一个值得注意的地方是请求参数中的参数值编码，显然 URL 格式存在部分保留字符，包括冒号、斜杠、问号、井号等，这些字符不应该直接出现在 Query 部分的参数值中，故需要对参数值里面的保留字符转义。常见保留字符对应的 URL 转义符见表 16-1。

表 16-1　常见保留字符的 URL 转义编码

| 名　称 | 符　号 | URL 转义符 | 名　称 | 符　号 | URL 转义符 |
|---|---|---|---|---|---|
| 制表符 | \t | %09 | 斜杆 | / | %2F |
| 换行符 | \n | %0A | 冒号 | : | %3A |

（续表）

| 名 称 | 符 号 | URL 转义符 | 名 称 | 符 号 | URL 转义符 |
|---|---|---|---|---|---|
| 回车符 | \r | %0D | 分号 | ; | %3B |
| 空格 | | %20 或者+ | 小于号 | < | %3C |
| 感叹号 | ! | %21 | 等于号 | = | %3D |
| 双引号 | " | %22 | 大于号 | > | %3E |
| 井号 | # | %23 | 问号 | ? | %3F |
| 美元符 | $ | %24 | 电邮符 | @ | %40 |
| 百分号 | % | %25 | 左方括号 | [ | %5B |
| 与号 | & | %26 | 反斜杆 | \ | %5C |
| 单引号 | ' | %27 | 右方括号 | ] | %5D |
| 左圆括号 | ( | %28 | 异或号 | ^ | %5E |
| 右圆括号 | ) | %29 | 下画线 | _ | %5F 或者_ |
| 星号 | * | %2A 或者* | 重音符 | ` | %60 |
| 加号 | + | %2B | 左花括号 | { | %7B |
| 逗号 | , | %2C | 竖线 | \| | %7C |
| 减号/横线 | - | %2D 或者- | 右花括号 | } | %7D |
| 点号 | . | %2E 或者. | 波浪号 | ~ | %7E |

除了保留字符以外，中文字符一样需要转义，比如"你"要转为"%E4%BD%A0"。原始字符的转义过程也称作 URL 编码，反过来则有反转义过程，即将转义后的字符恢复为原始字符，反转义过程也称作 URL 解码。Java 同时提供了对应的 URL 编码工具 URLEncoder，以及 URL 解码工具 URLDecoder，其中 URL 编码的方法调用代码如下：

```
String encoded = URLEncoder.encode(origin); // 获得 URL 编码后的转义字符串
```

URL 解码的方法调用代码如下：

```
String origin = URLDecoder.decode(encoded); // 获得 URL 解码后的原始字符串
```

### 16.1.2　JSON 串的解析

URL 末尾支持添加请求参数，具体格式形如"参数 A 名称=A 参数值&参数 B 名称=B 参数值"，但是这种格式只能传递简单的键值对信息，不能传递结构化数据，也无法传递数组形式的参数，因而它不适用于需要输入复杂参数的场合。为此，人们发明了一种轻量级的数据交换格式 JSON，它的数据格式完全独立于编程语言，不但能够表达寻常的键值对信息，还支持表达数组形式的各类参数，从而满足了复杂参数的传输要求。

不过 Java 的开发包并未提供能够处理 JSON 串的工具，为此需要在工程中添加第三方 JSON 解析库，常见的 JSON 处理工具有阿里巴巴的 FastJson。若想在代码中调用 FastJson 的方法，则需先将它的 JAR 包添加到工程的支持库，具体步骤说明如下：

（1）在工程下面创建与 src 平级的 lib 目录，把 FastJson 的 JAR 文件放进该目录。
（2）依次选择菜单 File→Project Structure，弹出如图 16-2 所示的项目结构窗口。

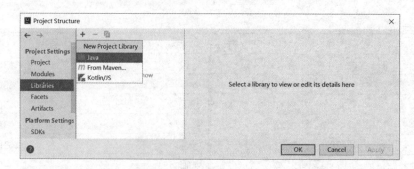

图 16-2　IDEA 的项目结构窗口

在窗口左侧的菜单列表中单击 Project Setting 下级的 Libraries，接着单击中间区域左上角的加号按钮，并选择下拉菜单的 Java 选项，弹出如图 16-3 所示的选择库文件对话框。

在对话框中找到当前工程的 lib 目录，单击下方的 OK 按钮，会弹出如图 16-4 所示的模块选择窗口。

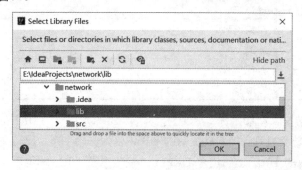

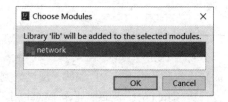

图 16-3　选择库文件对话框　　　　　　　　图 16-4　添加库文件时的模块选择窗口

单击弹窗下方的 OK 按钮，回到项目结构窗口，此时添加了 lib 库的窗口如图 16-5 所示。

图 16-5　成功添成库文件后的项目结构窗口

单击窗口右下方的 OK 按钮，完成 lib 库的设置操作，后续即可在模块代码中使用 JAR 包内部的工具类了。

接下来浏览一个购物订单的 JSON 串例子，具体代码如下：

```
{
    "user_info":{
        "name":"思无邪",
        "address":"桃花岛水帘洞 123 号",
```

```
            "phone":"15960238696"
        },
        "goods_list":[
            {
                "goods_name":"Mate30",
                "goods_number":1,
                "goods_price":8888
            },
            {

                "goods_name":"格力中央空调",
                "goods_number":1,
                "goods_price":58000
            },
            {

                "goods_name":"红蜻蜓皮鞋",
                "goods_number":3,
                "goods_price":999
            }
        ]
}
```

从以上 JSON 串的内容可以梳理出它的基本格式定义，详细说明如下：

（1）整个 JSON 串由一对花括号包裹，并且内部的每个结构都以花括号包起来。

（2）参数格式类似键值对，其中键名与键值之间以冒号分隔，形如"键名:键值"。

（3）两个键值对之间以逗号分隔。

（4）键名需要用双引号引起来，键值为数字的话则无须双引号，为字符串的话仍需双引号。

（5）JSON 数组通过方括号表达，方括号内部依次罗列各个元素，具体格式形如"数组的键名:
[元素 1,元素 2,元素 3]"。

由此可见，JSON 串的格式定义很简洁，层次结构也很清晰。使用 FastJson 解析 JSON 串更是
方便，首先调用 JSONObject 的 parseObject 方法，得到某个 JSON 串的 JSONObject 对象，示例代码
如下：

```
        JSONObject object = JSONObject.parseObject(json);  // 根据 JSON 串获得
JSONObject 对象
```

接着就能对 JSONObject 对象开展进一步的操作，主要的处理方法说明如下。

- getString：获取指定键名的字符串。
- getIntValue：获取指定键名的整型值。
- getDoubleValue：获取指定键名的双精度值。
- getBooleanValue：获取指定键名的布尔值。
- getJSONObject：获取指定键名的 JSONObject 对象。
- getJSONArray：获取指定键名的 JSONArray 数组。注意 JSONArray 类型派生自清单 List，
  意味着可以把它当作清单一样读写。

- put：添加指定的键值对信息。
- remove：移除指定键名的键值对。
- clear：清空当前的 JSONObject 对象。
- toJSONString：把 JSONObject 对象转换为字符串。

针对前述的购物订单 JSON 串，为了有效地保存解析后的订单信息，有必要定义几个相应的实体类。比如要定义一个用户信息类，该类的定义代码如下（完整代码见本章源码的 src\com\network\parser\UserInfo.java）：

```
//定义一个用户信息
public class UserInfo {
    public String name;           // 用户姓名
    public String address;        // 收货地址
    public String phone;          // 联系号码
}
```

再定义一个商品项信息类，该类的定义代码如下（完整代码见本章源码的 src\com\network\parser\GoodsItem.java）：

```
//定义一项商品信息
public class GoodsItem {
    public String goods_name;     // 商品名称
    public int goods_number;      // 商品数量
    public double goods_price;    // 商品价格
}
```

最后定义外层的购物订单信息类，该类的定义代码如下（完整代码见本章源码的 src\com\network\parser\GoodsOrder.java）：

```
//定义一次购物订单信息
public class GoodsOrder {
    public UserInfo user_info = new UserInfo();  // 用户信息
    public List<GoodsItem> goods_list = new ArrayList<GoodsItem>();  // 购买的
商品清单
}
```

定义好了这些实体类，即可将 JSONObject 对象中的各个数据解析并填入购物订单对象，完整的 JSON 解析代码如下（完整代码见本章源码的 src\com\network\parser\TestJson.java）：

```
// 把 JSON 字符串解析到对应的实体对象
private static GoodsOrder testParserJson(String json) {
    GoodsOrder order = new GoodsOrder();                 // 创建一个购物订单对象
    JSONObject object = JSONObject.parseObject(json);  // 根据 JSON 串获得
JSONObject 对象
    // 从 JSONObject 对象中获取键名为 user_info 的用户信息 json 对象
    JSONObject user_info = object.getJSONObject("user_info");
    // 从用户信息 json 对象中获取键名为 name 的字符串
    order.user_info.name = user_info.getString("name");
    // 从用户信息 json 对象中获取键名为 address 的字符串
```

```
        order.user_info.address = user_info.getString("address");
        // 从用户信息 json 对象中获取键名为 phone 的字符串
        order.user_info.phone = user_info.getString("phone");
        System.out.println(String.format("用户信息如下:姓名=%s,地址=%s,手机号=%s",
            order.user_info.name, order.user_info.address,
            order.user_info.phone));
        // 从 JSONObject 对象中获取键名为 goods_list 的商品信息 json 数组
        JSONArray goods_list = object.getJSONArray("goods_list");
        for (int i=0; i<goods_list.size(); i++) {    // 遍历商品信息数组
            GoodsItem item = new GoodsItem();          // 创建一项商品对象
            // 从 json 数组获取下标为 i 的商品 json 对象
            JSONObject goods_item = (JSONObject) goods_list.get(i);
            // 从商品 json 对象中获取键名为 goods_name 的字符串
            item.goods_name = goods_item.getString("goods_name");
            // 从商品 json 对象中获取键名为 goods_number 的整型数
            item.goods_number = goods_item.getIntValue("goods_number");
            // 从商品 json 对象中获取键名为 goods_price 的双精度数
            item.goods_price = goods_item.getDoubleValue("goods_price");
            System.out.println(String.format("第%d 个商品: 名称=%s, 数量=%d,
                价格=%f",i+1, item.goods_name, item.goods_number,
                item.goods_price));
            order.goods_list.add(item);               // 往商品清单中添加指定商品对象
        }
        return order;                                 // 返回解析后的购物订单对象
    }
```

运行上述的解析代码,观察到以下的购物订单日志,可知成功实现了 JSON 串到对象的解析操作:

    用户信息如下: 姓名=思无邪, 地址=桃花岛水帘洞 123 号, 手机号=1596***8696
    第 1 个商品: 名称=Mate30, 数量=1, 价格=8888.000000
    第 2 个商品: 名称=格力中央空调, 数量=1, 价格=58000.000000
    第 3 个商品: 名称=红蜻蜓皮鞋, 数量=3, 价格=999.000000

注意到商品订单 JSON 串跟 GoodsOrder 定义的数据结构一一对应,无论是参数名称还是参数类型全部吻合,如此一来就能运用 FastJson 的自动转换绝技,整个自动转换只有两次代码调用:第一次调用 JSONObject 的 parseObject 方法,获得 JSON 串对应的 JSONObject 对象;第二次调用 JSONObject 的 toJavaObject 方法,分别填入上一步的 JSONObject 对象,以及待转换的实体类型,如 GoodsOrder.class。下面便是将 JSON 串自动转换成实体对象的代码例子:

```
        JSONObject object = JSONObject.parseObject(json);  // 根据 JSON 串获得
JSONObject 对象
        // 把 JSONObject 对象中的信息一一转成购物订单信息
        GoodsOrder order = (GoodsOrder) JSONObject.toJavaObject(object,
GoodsOrder.class);
```

这个自动转换功能太好用了,真是开发者的一大福利。反过来,把某个实体对象转换成对应的 JSON 串,也只需短短一行代码就搞定了,调用 JSONObject 的 toJSONString 方法即可,具体转换代码如下:

```
        String json = JSONObject.toJSONString(order);  // 把购物订单对象转换成 JSON
字符串
```

当然，有时并不需要把整个实体对象都转换为 JSON 串，而是提取该对象的部分信息再封装成 JSON 串，此时还是按照惯例逐步往 JSON 串添加键值对信息，也就是需要封装的数据才要填进 JSONObject 对象。下面是根据购物订单对象逐步生成 JSON 串的代码：

```
    // 根据购物订单对象逐步拼接生成 JSON 字符串
    private static String testGenerateJson(GoodsOrder order) {
        JSONObject object = new JSONObject();      // 创建一个准备保存购物订单的
JSONObject 对象
        JSONObject user_info = new JSONObject();  // 创建一个准备保存用户信息的
JSONObject 对象
        // 往用户信息 json 对象中添加键名为 name 的姓名信息
        user_info.put("name", order.user_info.name);
        // 往用户信息 json 对象中添加键名为 address 的地址信息
        user_info.put("address", order.user_info.address);
        // 往用户信息 json 对象中添加键名为 phone 的号码信息
        user_info.put("phone", order.user_info.phone);
        object.put("user_info", user_info);  // 往购物订单 json 对象中添加键名为
user_info 的用户信息
        JSONArray goods_list = new JSONArray();  // 创建一个准备保存商品项的
JSONArray 数组
        for (GoodsItem item : order.goods_list) {  // 遍历购物订单里的各项商品
            // 创建一个准备保存商品信息的 JSONObject 对象
            JSONObject goods_item = new JSONObject();
            // 往商品信息 json 对象中添加键名为 goods_name 的名称信息
            goods_item.put("goods_name", item.goods_name);
            // 往商品信息 json 对象中添加键名为 goods_number 的数量信息
            goods_item.put("goods_number", item.goods_number);
            // 往商品信息 json 对象中添加键名为 goods_price 的价格信息
            goods_item.put("goods_price", item.goods_price);
            goods_list.add(item);  // 往 json 数组中添加 JSONObject 对象
        }
        object.put("goods_list", goods_list);  // 往购物订单 json 对象中添加名为
goods_list 的商品项信息
        return object.toJSONString();            // 把 JSONObject 对象转换为 json 字符串
    }
```

## 16.1.3 XML 报文的解析

虽然 JSON 串短小精悍，也能有效表达层次结构，但是每个元素只能找到对应的元素值，不能体现更丰富的样式特征。比如某个元素除了要传输它的字符串文本外，还要传输该文本的类型、字体大小、字体颜色等特征，且这些额外的风格样式与业务逻辑无关，自然不适合为它们单独设立参数字段。倘若采用 JSON 格式定义包括样式特征在内的文本元素，要么摒弃风格样式这种附加属性，要么将风格样式单列为专门的字段参数，然而无论哪种做法，都不能妥善解决附加属性的表达问题。可见轻量级的 JSON 格式依然存在力不从心的情况，为此人们早早发明了拥有强大表示能力的 XML

（Extensible Markup Language，可扩展标记语言）格式，XML 格式不但支持结构化数据的描述，还支持各类附加属性的定义，非常适合在网络中传输包含复杂样式的信息。

下面先看一个 XML 报文格式的购物订单样例：

```
<?xml version="1.0" encoding="gbk"?>
<order>
    <user_info>
    <name type="string">思无邪</name>
    <address type="string">桃花岛水帘洞 123 号</address>
    <phone type="string">15960238696</phone>
    </user_info>
    <goods_list>
        <goods_item>
            <goods_name type="string">Mate30</goods_name>
            <goods_number type="int">1</goods_number>
            <goods_price type="double">8888</goods_price>
        </goods_item>
        <goods_item>
            <goods_name type="string">格力中央空调</goods_name>
            <goods_number type="int">1</goods_number>
            <goods_price type="double">58000</goods_price>
        </goods_item>
        <goods_item>
            <goods_name type="string">红蜻蜓皮鞋</goods_name>
            <goods_number type="int">3</goods_number>
            <goods_price type="double">999</goods_price>
        </goods_item>
    </goods_list>
</order>
```

接着针对上面的 XML 样例，分析一下 XML 格式都有哪些特点，分析结果罗列如下：

（1）每个元素依然由参数名称和参数值组成，参数名称由尖括号包裹，且分为标记头与标记尾两部分，标记尾在尖括号内部多了一个斜杠。如此一来，一个字段的完整形式为"<参数名称>参数值</参数名称>"。

（2）因为每个元素都自带标记头与标记尾，很容易区分在哪开始、在哪结束，所以元素之间无须额外的分隔符，只要有标记头与标记尾就足够辨别了。

（3）每个结构需要专门的标记头与标记尾，中间再填入若干元素或者其他结构。

（4）对于数组形式的数据，XML 报文采用多个同名的结构标记并排列举，表示这里存在同名结构的数组信息，也可以看作是清单信息。

（5）XML 格式允许在报文开头的 encoding 属性处指定当前报文的字符编码类型，常见的有汉字内码规范 GBK，以及世界通用编码规范 UTF-8。

（6）每个结构或者元素节点也支持在标记头部分填充附加属性，用于指定参数值以外的特定信息。

大致了解了 XML 报文的格式规范，还得在程序中加以解析才行。传统的 XML 解析方式有 DOM

和 SAX 两种，DOM 方式会把整个 XML 报文读进来，并且所有节点都被自动加载到一个树状结构，以后每个节点值都到该树状结构中读取。SAX 方式不会事先读入整个 XML 报文，而是根据节点名称从报文起点开始扫描，一旦找到该节点的标记头位置，立刻往后寻找该节点的标记尾，那么节点标记头尾之间的数据便是节点值了。单就某个节点值的解析过程而言，加载所有节点的 DOM 方式显然较费工夫，从头顺序查找的 SAX 方式执行效率更高。但若要求同时获取多个节点的数值，则采取树状结构遍历的 DOM 方式总体性能更佳，而每次都从头找起的 SAX 方式无疑做了重复劳动。总之两种方式的解析效果各有优劣，需要按照实际场景进行取舍。

尽管 JDK 集成了 DOM 与 SAX 的解析工具，其中 DOM 解析工具封装在包 org.w3c.dom 中，SAX 解析工具封装在包 javax.xml.parsers 中，但是它们用起来着实费劲，解析过程艰深晦涩，实际开发中基本不予采用。应用比较多的 XML 解析工具反而是第三方的 Dom4j，Dom4j 的解析方式遵循 DOM 规则，但比起 Java 自带的 DOM 工具更加易用，其性能也很优异，几乎成为 Java 开发必备的 XML 解析神器。由于 Dom4j 来自第三方的 JAR 包，因此需要先将它导入当前项目中，导入步骤参见 16.1.2 小节。

通过 Dom4j 解析 XML 报文的步骤主要有以下 5 步：

（1）创建 SAXReader 阅读器对象。
（2）把字符串形式的 XML 报文转换为输入流对象。
（3）命令阅读器对象从输入流中读取 Document 文档对象。
（4）获得文档对象的根节点 Element。
（5）从根节点往下依次解析每个层级的节点值。

在具体的节点解析过程中，会频繁调用 Element 的相关方法，它的常用方法说明如下。

- getText: 获得当前节点的字符串值。
- element: 获得当前节点下指定名称的子节点对象。
- elementText: 获得当前节点下指定名称的子节点值。
- elements: 获得当前节点下指定名称的子节点清单。
- attribute: 获得当前节点自身指定名称的属性对象。
- attributeValue: 获得当前节点自身指定名称的属性值。
- attributes: 获得当前节点拥有的全部属性清单。

仍以前述的 XML 报文为例，下面是采用 Dom4j 解析该 XML 串的代码（完整代码见本章源码的 src\com\network\parser\TestDom4j.java）：

```java
// 通过 Dom4j 解析 XML 串
private static GoodsOrder testParserByDom4j(String xml) {
    GoodsOrder order = new GoodsOrder();          // 创建一个购物订单对象
    SAXReader reader = new SAXReader();            // 创建 SAXReader 阅读器对象
    // 根据字符串构建字节数组输入流
    try (InputStream is = new ByteArrayInputStream(xml.getBytes(CHARSET))) {
        Document document = reader.read(is);  //命令阅读器从输入流中读取文档对象
        Element root = document.getRootElement();       //获得文档对象的根节点
        Element user_info = root.element("user_info"); //获取根节点下名叫
user_info 的节点
```

```
            // 获取 user_info 节点下名叫 name 的节点值
            order.user_info.name = user_info.element("name").getText();
            // 获取 user_info 节点下名叫 address 的节点值
            order.user_info.address = user_info.element("address").getText();
            // 获取 user_info 节点下名叫 phone 的节点值
            order.user_info.phone = user_info.element("phone").getText();
            System.out.println(String.format("用户信息如下：姓名=%s, 地址=%s,
                    手机号=%s", order.user_info.name, order.user_info.address,
                    order.user_info.phone));
        // 获取根节点下名叫 goods_list 的节点清单
        List<Element> goods_list = root.element("goods_list").elements();
        for (int i=0; i<goods_list.size(); i++) {          // 遍历商品节点清单
            Element goods_item = goods_list.get(i);
            GoodsItem item = new GoodsItem();               // 创建一项商品对象
            // 获取当前商品项节点下名叫 goods_name 的节点值
            item.goods_name = goods_item.element("goods_name").getText();
            // 获取当前商品项节点下名叫 goods_number 的节点值
            item.goods_number = Integer.parseInt(goods_item.element
("goods_number").getText());
            // 获取当前商品项节点下名叫 goods_price 的节点值
            item.goods_price = Double.parseDouble(goods_item.element
("goods_price").getText());
            System.out.println(String.format("第%d 个商品：名称=%s, 数量=%d,
                    价格=%f", i+1, item.goods_name, item.goods_number,
                    item.goods_price));
            order.goods_list.add(item);                // 往商品清单中添加指定商品对象
        }
    } catch (Exception e) {
        e.printStackTrace();
    }
    return order;                                      // 返回解析后的购物订单对象
}
```

运行以上的解析代码，观察到以下的购物订单日志，可见成功实现了 XML 串到对象的解析操作：

用户信息如下：姓名=思无邪，地址=桃花岛水帘洞 123 号，手机号=1596***8696
第 1 个商品：名称=Mate30，数量=1，价格=8888.000000
第 2 个商品：名称=格力中央空调，数量=1，价格=58000.000000
第 3 个商品：名称=红蜻蜓皮鞋，数量=3，价格=999.000000

除了解析各节点的节点值外，Dom4j 还能解析各节点的属性值，若想正常解析指定名称的属性值，则需明确 3 个要素：该属性的上级节点对象、该属性所在节点的节点名称以及该属性的属性名称。有了这 3 个要素，即可通过以下方法从指定节点获取指定属性的值：

```
// 打印指定节点名称的指定属性值
private static void printValueAndAttr(Element parent, String node_name,
String attr_name) {
```

```
        Element element = parent.element(node_name);  // 获取父节点下指定名称的子
节点
        String node_value = element.getText();         // 获得子节点的节点值
        String attr_value = "";
        Attribute attr = element.attribute(attr_name);  // 根据属性名称获取子节点
的对应属性对象
        if (attr != null) {
            attr_value = attr.getText();  // 获取该属性的属性值
        }
        // 打印子节点的详细信息，包括节点名称、节点值、属性名称、属性值
        System.out.println(String.format("节点名称=%s, 节点值=%s, 属性名称=%s,
                属性值=%s", node_name, node_value, attr_name, attr_value));
    }
```

接下来在原先的 XML 解析代码中补充如下的一行属性解析代码：

```
        // 打印 user_info 节点的 name 子节点的 type 属性值
        printValueAndAttr(user_info, "name", "type");
```

再次运行 XML 解析代码，在输出的购物订单日志中观察到多了下面这行日志，表示解析到了
name 节点的 type 属性值：

```
节点名称=name, 节点值=思无邪, 属性名称=type, 属性值=string
```

# 16.2　HTTP 接口访问

本节介绍访问网络接口的几种途径，常见的网络接口主要基于 HTTP 协议，具体的访问方式包
括 GET 和 POST 两种，其中 GET 方式多用于信息查询和文件下载，POST 方式多用于信息录入和文
件上传。至于 HTTP 接口的编码调用，除了使用传统的 HttpURLConnection 外，还能利用 Java 11 新
增的 HttpClient。

## 16.2.1　GET 方式的 HTTP 调用

所谓术业有专攻，一个程序单靠自身难以吃成大胖子，要想让程序变得丰满，势必令其与外界
多加交流。那么程序应当如何与外部网络通信呢？计算机网络的通信标准采用 TCP/IP 协议组，该协
议组可分为 3 个层次：网络层、传输层和应用层。其中网络层包括 IP 协议、ICMP 协议、ARP 协议
等，传输层包含 TCP 协议与 UDP 协议，而应用层拥有 FTP、HTTP、TELNET、SMTP 等协议。在
应用程序开发过程中，HTTP 协议的接口编码是常见的网络编程，Java 为 HTTP 编程提供的连接工
具名叫 HttpURLConnection，通过它可以实现绝大多数的网络数据交互功能。

获取 HttpURLConnection 实例的办法很简单，只要调用 URL 对象的 openConnection 方法，即可
在开启网络连接的同时得到 HTTP 连接对象。由此看来，获取 HTTP 连接对象只需以下两行代码：

```
        URL url = new URL(address);  // 根据网址字符串构建 URL 对象
        // 打开 URL 对象的网络连接，并返回 HttpURLConnection 连接对象
        HttpURLConnection conn = (HttpURLConnection) url.openConnection();
```

不过获取 HTTP 连接对象只是访问网络的第一步，后面还有更多更复杂的操作，本着先易后难的原则，下面先列出 HttpURLConnection 工具的几个基础方法。

- setRequestMethod: 设置连接对象的请求方式，主要有 GET 和 POST 两种。
- setConnectTimeout: 设置连接的超时时间，单位为毫秒。
- setReadTimeout: 设置读取应答数据的超时时间，单位为毫秒。
- connect: 开始连接，之后才能获取该网址返回的应答报文信息。
- disconnect: 断开连接。
- getResponseCode: 获取应答的状态码。常见的 HTTP 状态码见表 16-2。

表 16-2 常见的 HTTP 状态码说明

| 状态码数值 | 英 文 描 述 | 中 文 描 述 |
| --- | --- | --- |
| 200 | OK | 成功 |
| 403 | Forbidden | 禁止访问 |
| 404 | Not Found | 页面不存在 |
| 500 | Internal Server Error | 服务器内部错误 |
| 503 | Service Unavailable | 服务不可用（常见于服务器繁忙） |

- getInputStream: 获取连接的输入流对象，之后可从输入流中读出应答报文。
- getContentLength: 获取应答报文的长度。
- getContentType: 获取应答报文的类型。
- getContentEncoding: 获取应答报文的压缩方式。

根据以上的方法说明，若要从对方网址获取应答报文，则只需将输入流转为字符串即可，寥寥几行的转换代码如下：

```
//HTTP 数据解析用到的工具类
public class StreamUtil {
    // 把输入流中的数据转换为字符串
    public static String isToString(InputStream is) throws IOException {
        byte[] bytes = new byte[is.available()];  // 创建临时存放的字节数组
        is.read(bytes);                            // 从输入流中读取字节数组
        return  new String(bytes);                 // 把字节数组转换为字符串并返回
    }
}
```

接着尝试调用连接对象的方法，以 GET 方式为例，按照顺序大致分为以下 4 个步骤：

（1）设置各项请求参数，包括请求方式、连接超时、读取超时等。
（2）调用 connect 方法开启连接。
（3）调用 getInputStream 方法得到输入流，并从中读出字符串形式的应答报文。
（4）调用 disconnect 方法断开连接。

下面是指定网址发起 GET 调用，并获取应答报文的方法代码（完整代码见本章源码的 src\com\network\http\TestUrlConnection.java）：

```java
        // 对指定 URL 发起 GET 调用
        private static void testCallGet(String callUrl) {
            try {
                URL url = new URL(callUrl);            // 根据网址字符串构建 URL 对象
                // 打开 URL 对象的网络连接，并返回 HttpURLConnection 连接对象
                HttpURLConnection conn = (HttpURLConnection) url.openConnection();
                conn.setRequestMethod("GET");       // 设置请求方式为 GET 调用
                conn.setConnectTimeout(5000);        // 设置连接的超时时间，单位为毫秒
                conn.setReadTimeout(5000);      // 设置读取应答数据的超时时间，单位为毫秒
                conn.connect();                     // 开始连接
                // 打印 HTTP 调用的应答内容长度、内容类型、压缩方式
                System.out.println( String.format("应答内容长度=%d,内容类型=%s,
                        压缩方式=%s", conn.getContentLength(), conn.getContentType(),
                        conn.getContentEncoding()) );
                // 从输入流中获取默认的字符串数据，既不支持 gzip 解压，又不支持 GBK 编码
                String content = StreamUtil.isToString(conn.getInputStream());
                // 打印 HTTP 调用的应答状态码和应答报文
                System.out.println( String.format("应答状态码=%d,应答报文=%s",
                        conn.getResponseCode(), content) );
                conn.disconnect();   // 断开连接
            } catch (Exception e) {
                e.printStackTrace();
            }
        }
```

然后尝试通过上述的 testCallGet 方法获取实际业务信息，比如利用中国天气网的开放接口来查询北京天气，给该方法填入北京天气的查询地址，调用代码如下：

```java
        testCallGet("http://www.weather.com.cn/data/sk/101010100.html");
                    // 查询北京天气
```

运行上面的天气接口调用代码，输出了以下的天气预报日志：

应答内容长度=-1，内容类型=text/html，压缩方式=null
应答状态码=200，应答报文={"weatherinfo":{"city":"北京","cityid":"101010100",
"temp":"27.9","WD":"南风","WS":"小于 3 级", "SD":"28%","AP":"1002hPa",
"njd":"暂无实况","WSE":"<3","time":"17:55","sm":"2.1","isRadar":"1",
"Radar":"JC_RADAR_AZ9010_JB"}}

原来 HTTP 接口调用这么简单。再来访问一个股指接口，利用新浪财经的公开接口查询上证指数，调用代码如下：

```java
        testCallGet("https://hq.sinajs.cn/list=s_sh000001");  // 查询上证指数
```

运行上面的股指接口调用代码，输出了以下的上证指数日志：

应答内容长度=74，内容类型=application/javascript; charset=GBK，压缩方式=null
应答状态码=200，应答报文=var
hq_str_s_sh000001="??????,3246.5714,30.2762,0.94,4691176,47515638";

为什么这次的返回报文出现了类似"??????"的乱码？此处的乱码位置原本应该返回汉字，之所以没有显示汉字却显示乱码，是因为程序未能正确处理字符编码。目前的接口访问代码默认采取国际通用的 UTF-8 编码，但中文世界有自己独立的一套 GBK 编码，股指接口返回的内容类型"application/javascript; charset=GBK"就表示本次返回的应答报文采取 GBK 编码。使用 GBK 编码的中文字符，反过来使用 UTF-8 来解码，二者的编码标准不一致，难怪解出来变成乱码了。之前天气接口的内容类型未明确指定字符编码，默认使用 UTF-8 编码，调用方同样使用 UTF-8 来解码，因此收到的应答报文是正常的中文。

与字符编码类似的情况还有数据压缩的编码标准，大多数情况下，服务器返回的报文采用明文传输，但有时为了提高传输效率，服务器会先压缩应答报文，再把压缩后的数据送给调用方，这样同样的信息只耗费较小的空间，从而降低了网络流量的占用。然而一旦把压缩数据当作明文来解析，无疑会产生不知所云的乱码，正确的做法是：调用方先获取应答报文的压缩方式，如果发现服务器采用了 GZIP 方式压缩数据，调用方就要对应答数据按照 gzip 解压；如果服务器未指定具体的压缩方式，就表示应答数据使用了默认的明文，调用方无须解压。

此外，还得小心返回报文超长的情况，这里有一个很微妙的细节，如果利用输入流打开本地文件，那么输入流的 available 方法可返回该文件的大小。但是在网络中传输数据的时候，超长的报文很可能会分段分次传送，造成网络输入流的 available 方法只返回本次传输的数据大小，而非整个应答报文的大小。因此，在读取 HTTP 应答报文时，不要企图一次性把返回数据读到某个字节数组，而要循环读取输入流中的字节数据，直到确定读完了全部的应答数据，才算完成本次的 HTTP 调用操作。

综合考虑以上几种特殊场景，包括字符编码标准的适配、数据压缩方式的兼容、超长应答报文的接收，要对原先的 StreamUtil 工具加以优化，具体的代码调整方式简述如下：

（1）调用 getContentType 方法获得返回报文的内容类型，并判断内容类型是否包含 charset 字样，若包含则按照指定的字符编码标准处理，若不包含则按照默认的 UTF-8 标准处理。

（2）调用 getContentEncoding 方法获得返回报文的压缩方式，并判断压缩方式是否包含 gzip 字样，若包含则使用压缩输入流工具 GZIPInputStream 解压数据，若不包含则不进行解压。

（3）从输入流中获取应答内容，把读取字节数组的 read 方法改为循环调用读取单个字节的 read 方法，只有读出-1 表示已到末尾的时候才结束读取操作。

根据上述的调整说明重新梳理应答报文的获取过程，具体的方法代码如下（完整代码见本章源码的 src\com\network\http\StreamUtil.java）：

```java
//HTTP 数据解析用到的工具类
public class StreamUtil {
    // 把输入流中的数据按指定字符编码转换为字符串。处理大量数据时需要使用本方法
    public static String isToStringForLarge(InputStream is, String charset) {
        String result = "";
        // 创建一个字节数组的输出流对象
        try (ByteArrayOutputStream baos = new ByteArrayOutputStream()) {
            int i = -1;
            while ((i = is.read()) != -1) {          // 循环读取输入流中的字节数据
                baos.write(i);                        // 把字节数据写入字节数组输出流
            }
```

```
            byte[] data = baos.toByteArray();      // 把字节数组输出流转换为字节数组
            result = new String(data, charset);  // 将字节数组按照指定的字符编码生成
字符串
        } catch (Exception e) {
            e.printStackTrace();
        }
        return result;  // 返回转换后的字符串
    }


    // 从 HTTP 连接中获取已解压且重新编码后的应答报文
    public static String getUnzipString(HttpURLConnection conn) throws
IOException {
        String contentType = conn.getContentType();  // 获取应答报文的内容类型（包
括字符编码）
        String charset = "UTF-8";           // 默认的字符编码为 UTF-8
        if (contentType != null) {
            if (contentType.toLowerCase().contains("charset=gbk")) {  // 应答报
文采用 gbk 编码
                charset = "GBK";                       // 字符编码改为 GBK
            } else if (contentType.toLowerCase().contains("charset=gb2312")) {
                                                       // 采用 gb2312 编码
                charset = "GB2312";                    // 字符编码改为 GB2312
            }
        }
        String contentEncoding = conn.getContentEncoding();  // 获取应答报文的压
缩方式
        InputStream is = conn.getInputStream();        // 获取 HTTP 连接的输入流对象
        String result = "";
        if (contentEncoding != null && contentEncoding.contains("gzip")) {
                                                    // 应答报文使用了 gzip 压缩
            // 根据输入流对象构建压缩输入流
            try (GZIPInputStream gis = new GZIPInputStream(is)) {
                // 把压缩输入流中的数据按照指定字符编码转换为字符串
                result = isToStringForLarge(gis, charset);
            } catch (Exception e) {
                e.printStackTrace();
            }
        } else {
            // 把输入流中的数据按照指定字符编码转换为字符串
            result = isToStringForLarge(is, charset);
        }
        return result;  // 返回处理后的应答报文
    }
}
```

接下来把 HTTP 调用代码中的 StreamUtil.isToString 方法改为调用 getUnzipString 方法，也就是换成下面这行代码：

```
// 对输入流中的数据解压和字符编码，得到原始的应答字符串
String content = StreamUtil.getUnzipString(conn);
```

之后重新运行上次的股指查询代码，从以下的上证指数日志可知应答报文里的中文正常显示出来了：

```
应答内容长度=74，内容类型=application/javascript; charset=GBK，压缩方式=null
应答状态码=200，应答报文=var hq_str_s_sh000001="上证指
数,3246.5714,30.2762,0.94,4691176,47515638";
```

GET 方式除了支持从服务地址获取应答报文外，还支持直接下载网络文件。二者的区别在于：接口调用是从连接对象的输入流中获取字符串，而文件下载要把输入流中的数据写入本地文件。下面是通过 GET 方式来下载网络文件的代码（完整代码见本章源码的 src\com\network\http\TestUrlConnection.java）：

```java
// 从指定 URL 下载文件到本地
private static void testDownload(String filePath, String downloadUrl) {
    // 从下载地址中获取文件名
    String fileName = downloadUrl.substring(downloadUrl.lastIndexOf("/"));
    String fullPath = filePath + "/" + fileName;  // 把本地目录与文件名拼接成
本地文件的完整路径
    // 根据指定路径构建文件输出流对象
    try (FileOutputStream fos = new FileOutputStream(fullPath)) {
        URL url = new URL(downloadUrl);  // 根据网址字符串构建 URL 对象
        // 打开 URL 对象的网络连接，并返回 HttpURLConnection 连接对象
        HttpURLConnection conn = (HttpURLConnection) url.openConnection();
        conn.setRequestMethod("GET");  // 设置请求方式为 GET 调用
        conn.connect();  // 开始连接
        InputStream is = conn.getInputStream();  // 从连接对象中获取输入流
        // 以下把输入流中的数据写入本地文件
        byte[] data = new byte[1024];
        int len = 0;
        while((len = is.read(data)) > 0){
            fos.write(data, 0, len);
        }
        // 打印 HTTP 下载的文件大小、内容类型、压缩方式
        System.out.println( String.format("文件大小=%dKB，内容类型=%s,
            压缩方式=%s", conn.getContentLength()/1024,
            conn.getContentType(), conn.getContentEncoding()) );
        // 打印 HTTP 下载的应答状态码和文件保存路径
        System.out.println( String.format("应答状态码=%d，文件保存路径=%s",
            conn.getResponseCode(), fullPath) );
        conn.disconnect();  // 断开连接
    } catch (Exception e) {
        e.printStackTrace();
    }
}
```

然后给这个 testDownload 方法填入本地目录、待下载的文件链接，具体的调用代码如下：

```
        testDownload("E:/",
"https://img-blog.csdnimg.cn/2018112123554364.png");
```

运行上述的下载代码，观察到以下的日志文字：

> 文件大小=120KB，内容类型=image/png，压缩方式=null
> 应答状态码=200，文件保存路径=E://2018112123554364.png

从下载日志可知，文件链接返回的内容类型为 PNG 图像，大小是 120KB，下载后的文件路径在 E://2018112123554364.png。

## 16.2.2　POST 方式的 HTTP 调用

GET 方式主要用于向服务器索取数据，无论是字符串形式的应答报文，还是二进制形式的网络文件，都属于服务器提供的信息。当然调用方也可以向 HTTP 服务器传送请求参数，比如在 URL 后面添加形如 "?参数 A 名称=A 参数值&参数 B 名称=B 参数值" 这样的业务参数，HTTP 服务器根据 URL 后面的业务参数，再返回符合条件的应答数据。倘若服务器不仅作为信息提供方，还想成为信息接收方，例如保存调用方提交的表单数据，或者保存调用方待上传的文件，那便要求调用方的程序能够传送复杂的数据信息。

通过 GET 方式固然能在 URL 地址后面填写简单的请求参数，但是这并非信息传送的可靠手段，原因有三：

（1）往 URL 末尾添加的请求参数全为明文传输，不利于数据的保密措施。

（2）URL 格式的请求串只支持键值对形式的参数，难以表达复杂的结构化数据，譬如数组形式的参数。

（3）URL 本身是一个字符串，Query 部分的请求参数也只能是字符串，这让二进制形式的文件上传如何是好？

鉴于种种不可避免的困难，GET 方式实在不适合向服务器提交数据，必须采用 POST 方式提交数据才行。POST 方式同样需要服务器提供调用地址，但该方式的业务参数没放到 URL 末尾，而是放在了请求报文中。请求报文与应答报文相对应，应答报文要从连接对象的输入流中获取，而请求报文要写入连接对象的输出流。编码实现 POST 请求的时候，除了调用 setRequestMethod 方法将请求方式设置为 POST 外，还需留意连接对象的以下几种方法。

- setRequestProperty：设置请求属性。该方法可设置特定名称的属性值。
- setDoOutput：准备让连接执行输出操作。默认为 false（GET 方式），POST 方式需要设置为 true。
- setDoInput：准备让连接执行输入操作。默认为 true，通常无须特意调用该方法。
- getOutputStream：从连接对象中获取输出流，后续会把请求报文写入输出流。
- getHeaderField：获取应答报文头部指定名称的字段值。该方法可得到特定名称的参数值，例如 getHeaderField("Content-Length")返回的是应答报文的长度，getHeaderField("Content-Type")返回的是应答报文的内容类型，conn.getHeaderField("Content-Encoding")返回的是应答报文的压缩方式。

　　上述几种方法中尤为值得注意的是 setRequestProperty，依据不同的请求属性名称，该方法将会设置各式各样的属性值，以此提醒服务器做好相应的准备工作。其中常见的属性名称及其属性值罗列如下：

　　（1）Content-Type：请求报文的内容类型。各种报文格式及其对应的内容类型见表 16-3。

表 16-3　请求报文格式及其对应的内容类型

| 报　文　格　式 | 内容类型的取值 |
|---|---|
| URL 格式的参数串，形如"参数 A 名称=A 参数值& 参数 B 名称=B 参数值" | application/x-www-form-urlencoded |
| JSON 格式的字符串 | application/json |
| XML 格式的字符串 | application/xml |
| 分段传输的文件数据 | multipart/form-data;boundary=***（***代表各段之间 的分隔符） |

　　（2）Connection：指定连接的保持方式。如果是文件上传，就必须设置为"Keep-Alive"，表示建议服务器保留连接，以便能够持续发送文件的分段数据。

　　（3）User-Agent：指定调用方的浏览器类型。

　　（4）Accept：指定可接受的应答报文类型。如果不设置，就默认为"*/*"，表示允许返回任何类型的应答报文；如果设置为"image/png"，为表示只接受返回 PNG 图片。

　　（5）Accept-Language：指定可接受的应答报文语言。通常无须设置，如果只接受中文，就可以设置为"zh-cn"。

　　（6）Accept-Encoding：指定可接受的应答报文压缩方式。如果不设置，就默认为 identity，表示不允许应答报文使用压缩；如果设置为 gzip，就表示允许应答报文采用 GZIP 压缩，此时服务器可能返回 GZIP 压缩的应答数据，也可能返回未压缩的应答数据。

　　接下来举一个请求报文是 JSON 串的 HTTP 接口例子，采用 POST 方式的调用方法代码如下（完整代码见本章源码的 src\com\network\http\TestUrlConnection.java）：

```java
// 对指定 URL 发起 POST 调用
private static void testCallPost(String callUrl, String body) {
    try {
        URL url = new URL(callUrl);         // 根据网址字符串构建 URL 对象
        // 打开 URL 对象的网络连接，并返回 HttpURLConnection 连接对象
        HttpURLConnection conn = (HttpURLConnection) url.openConnection();
        conn.setRequestMethod("POST");      // 设置请求方式为 POST 调用
        conn.setRequestProperty("Content-Type", "application/json"); // 请
求报文为 JSON 格式
        conn.setDoOutput(true); // 准备让连接执行输出操作。POST 方式需要设置为 true
        conn.connect();           // 开始连接
        OutputStream os = conn.getOutputStream();       // 从连接对象中获取输出流
        os.write(body.getBytes());                       // 往输出流写入请求报文
        // 打印 HTTP 调用的应答内容长度、内容类型、压缩方式
        System.out.println( String.format("应答内容长度=%s, 内容类型=%s,
                压缩方式=%s", conn.getHeaderField("Content-Length"),
```

```
                    conn.getHeaderField("Content-Type"),
                    conn.getHeaderField("Content-Encoding")) );
            // 对输入流中的数据解压和字符编码，得到原始的应答字符串
            String content = StreamUtil.getUnzipString(conn);
            // 打印 HTTP 调用的应答状态码和应答报文
            System.out.println( String.format("应答状态码=%d, 应答报文=%s",
                    conn.getResponseCode(), content) );
            conn.disconnect();                  // 断开连接
        } catch (Exception e) {
            e.printStackTrace();
        }
    }
```

确保服务端的 HTTP 服务器已经开启（参见 16.3.4 小节），然后由外部在调用 testCallPost 时输入服务地址和请求报文，具体代码如下（服务端代码参见本书源码的 NetServer 工程）：

```
        testCallPost("http://localhost:8080/NetServer/checkUpdate",
            "{\"package_list\":[{\"package_name\":\"com.qiyi.video\"}]}");
```

运行上述的 POST 代码，从以下的接口日志可知 POST 方式正确发送了请求报文，且正常收到了应答报文。

请求报文={"package_list":[{"package_name":"com.qiyi.video"}]}
应答内容长度=152，内容类型=text/plain;charset=utf-8，压缩方式=null
应答状态码=200，应答报文={"package_list":[{"package_name":"com.qiyi.video",
"download_url":"https://3g. lenovomm.com/w3g/yydownload/com.qiyi.video/
60020","new_version":"10.2.0"}]}

通过 HTTP 接口上传文件也要采用 POST 方式，只是文件上传还需遵守一定的数据规则，除了内容类型设置为 "multipart/form-data;boundary=***"（***处要替换成边界字符串）外，请求报文也得依顺序填入报文头、报文体和报文尾，详细的上传过程代码如下（完整代码见本章源码的 src\com\network\http\TestUrlConnection.java）：

```
    // 把本地文件上传给指定 URL
    private static void testUpload(String filePath, String uploadUrl) {
        // 从本地文件路径获取文件名
        String fileName = filePath.substring(filePath.lastIndexOf("/"));
        String end = "\r\n";                   // 结束字符串
        String hyphens = "--";                 // 连接字符串
        String boundary = "WUm4580jbtwfJhNp7zi1djFEO3wNNm";   // 边界字符串
        try (FileInputStream fis = new FileInputStream(filePath)) {
            URL url = new URL(uploadUrl);      // 根据网址字符串构建 URL 对象
            // 打开 URL 对象的网络连接，并返回 HttpURLConnection 连接对象
            HttpURLConnection conn = (HttpURLConnection) url.openConnection();
            conn.setDoOutput(true);   // 准备让连接执行输出操作。POST 方式都要设置为 true
            conn.setRequestMethod("POST");  // 设置请求方式为 POST 调用
            // 连接过程要保持活跃
            conn.setRequestProperty("Connection", "Keep-Alive");
```

```
            // 请求报文要求分段传输，并且各段之间以边界字符串隔开
            conn.setRequestProperty("Content-Type", "multipart/form-data;
boundary=" + boundary);
            // 根据连接对象的输出流构建数据输出流
            DataOutputStream ds = new DataOutputStream(conn.getOutputStream());
            // 以下写入请求报文的头部
            ds.writeBytes(hyphens + boundary + end);
            ds.writeBytes("Content-Disposition: form-data; "
                    + "name=\"file\";filename=\"" + fileName + "\"" + end);
            ds.writeBytes(end);
            // 以下写入请求报文的主体
            byte[] buffer = new byte[1024];
            int length;
            // 先将文件数据写入缓冲区，再将缓冲数据写入输出流
            while ((length = fis.read(buffer)) != -1) {
                ds.write(buffer, 0, length);
            }
            ds.writeBytes(end);
            // 以下写入请求报文的尾部
            ds.writeBytes(hyphens + boundary + hyphens + end);
            ds.close();   // 关闭数据输出流
            // 对输入流中的数据解压和字符编码，得到原始的应答字符串
            String content = StreamUtil.getUnzipString(conn);
            // 打印 HTTP 上传的应答状态码和应答报文
            System.out.println( String.format("应答状态码=%d, 应答报文=%s",
                    conn.getResponseCode(), content) );
            conn.disconnect();   // 断开连接
        } catch (Exception e) {
            e.printStackTrace();
        }
    }
```

然后由外部在调用 testUpload 方法时输入上传地址和待上传的文件路径，具体代码如下（服务端代码参见本书源码的 NetServer 工程）：

```
testUpload("E:/bliss.jpg", "http://localhost/NetServer/uploadServlet");
```

运行上述的上传代码，从以下的上传日志可知文件已经成功上传至服务器。

应答状态码=200, 应答报文=文件上传成功，文件大小为 1912KB

### 16.2.3  Java 11 新增的 HttpClient

虽然通过 HttpURLConnection 能够实现相应的业务功能，但是编码过程有些烦琐，需要时时刻刻注意有关细节，一不留神便会掉到坑里。比如以下编码细节就经常令初学者头痛不已：

（1）HttpURLConnection 工具独自承担了所有的方法实现，分不清哪些方法与请求有关，哪些方法与应答有关。

（2）HTTP 调用的步骤太多，诸如参数设置、开启连接、写入请求报文、读取应答报文、断开连接这些操作的次序得牢牢记住，一旦弄错顺序就无法正常调用。

（3）对于请求报文与应答报文，HttpURLConnection 只笼统提供了输出流和输入流，剩下的事全凭开发者自由发挥，使得开发者忙于 I/O 流与字符串/文件之间的转换工作。

（4）服务器返回的应答报文有可能采用 GZIP 压缩，还可能采取 GBK 字符编码，然而 HttpURLConnection 默认情况下却袖手旁观，必须由开发者对数据手工解压和重新编码。

总而言之，HttpURLConnection 要求开发者掌握太多的技术细节，容易造成初学者对其望而却步。为此第三方的 HTTP 框架层出不穷，意图通过简单明了的方法调用来简化 HTTP 通信编程。Apache 旗下的 HttpClient 便是其中一个佼佼者，它封装了大部分的编码细节，开发者只需书写寥寥数行代码，即可完成常见的 HTTP 访问操作。当然，Apache 的 HttpClient 毕竟是一个外来者，它运用得越广泛，Java 的老板 Oracle 越是觉得不爽，老财主 Oracle 心想：咱卧榻之侧，岂容他人鼾睡？与其依赖 Apache，不如自己动手丰衣足食，于是从 Java 11 开始，JDK 新增了自己的 HttpClient 框架，总算在自力更生的道路上迈开了小小的一步。

Java 11 的 HttpClient 体系由 3 部分组成，分别是表示 HTTP 客户端的 HttpClient、表示 HTTP 请求过程的 HttpRequest 以及表示 HTTP 应答过程的 HttpResponse。其中，HttpClient 用于描述通用的客户端连接信息，包括 HTTP 协议的版本号、HTTP 代理、重定向方式、连接超时时间、身份认证、SSL 证书等。下面是创建 HTTP 客户端对象的代码（完整代码见本章源码的 src\com\network\http\TestHttpClient.java）：

```
// 创建一个自定义的 HTTP 客户端对象
HttpClient client = HttpClient.newBuilder()
        .version(Version.HTTP_1_1)              // 遵循 HTTP 协议的 1.1 版本
        .followRedirects(Redirect.NORMAL)       // 正常的重定向
        .connectTimeout(Duration.ofMillis(5000))    // 连接的超时时间为 5 秒
        .authenticator(Authenticator.getDefault())  // 默认的身份认证
        .build();   // 根据建造器构建 HTTP 客户端对象
```

显然以上的代码很啰唆，对于普通的 HTTP 连接，一律按照默认的参数就行。于是 HTTP 客户端对象的创建代码可缩短到如下一行：

```
HttpClient client = HttpClient.newHttpClient();  // 创建默认的 HTTP 客户端对象
```

至于 HttpRequest，则用于描述本次网络访问的请求信息，包括对方地址、接口的调用方式（GET 还是 POST）、请求的超时时间、请求的头部属性等。下面是创建 HTTP 请求对象的代码：

```
// 创建一个自定义的 HTTP 请求对象
HttpRequest request = HttpRequest.newBuilder()
        .GET()                                  // 调用方式为 GET
        .uri(URI.create(url))                   // 待调用的 URL 地址
        .header("Accept-Language", "zh-CN")         // 设置头部参数，中文文本
        .timeout(Duration.ofMillis(5000))           // 请求的超时时间为 5 秒
        .build();   // 根据建造器构建 HTTP 请求对象
```

对于一般的 GET 调用而言，HTTP 请求可以使用默认的参数，再把对方地址作为 newBuilder 方法的输入参数，如此一来 HTTP 请求对象的创建代码可缩短到如下一行：

```
    // 创建默认的 HTTP 请求对象（默认 GET 调用）
    HttpRequest request = HttpRequest.newBuilder(URI.create(url)).build();
```

接着调用 HTTP 客户端对象的 send 方法，第一个参数填 HTTP 请求对象，第二个参数填
BodyHandlers.ofString()表示要求返回字符串形式的应答报文，而 send 方法的返回值便是
HttpResponse 对象。HttpResponse 主要提供了以下 3 种方法，以便开发者处理应答数据。

- statusCode：获取应答的状态码。
- body：获取应答报文的内容。
- headers：获取应答的所有头部属性。

接下来结合 HttpClient、HttpRequest、HttpResponse 很容易写出 GET 方式的 HTTP 调用代码，
具体代码如下：

```
    // 对指定 URL 发起 GET 调用
    private static void testCallGet(String url) {
        HttpClient client = HttpClient.newHttpClient(); // 创建默认的 HTTP 客户端
对象
        // 创建默认的 HTTP 请求对象（默认 GET 调用）
        HttpRequest request = HttpRequest.newBuilder(URI.create(url)).build();
        try {
            // 客户端传递请求信息，且返回字符串形式的应答报文
            HttpResponse<String> response = client.send(request,
BodyHandlers.ofString());
            HttpHeaders headers = response.headers(); // 获取应答的所有头部属性
            // 打印 HTTP 调用的应答内容长度、内容类型、压缩方式
            System.out.println( String.format("应答内容长度=%s, 内容类型=%s, 压缩方
式=%s",
                    headers.firstValue("Content-Length").orElse(null),
                    headers.firstValue("Content-Type").orElse(null),
                    headers.firstValue("Content-Encoding").orElse(null)) );
            // 打印 HTTP 调用的应答状态码和应答报文
            System.out.println( String.format("应答状态码=%d, 应答报文=%s",
                    response.statusCode(), response.body()) );
        } catch (Exception e) {
            e.printStackTrace();
        }
    }
```

然后在外部调用上面的 testCallGet 方法，以股指查询的接口地址为例，查询上证指数的调用代
码如下：

```
    testCallGet("https://hq.sinajs.cn/list=s_sh000001");
```

运行以上的股指查询代码，观察到以下的查询日志，可见 HttpClient 已经自动完成了中文字符
的 GBK 编码。

应答内容长度=75，内容类型=application/javascript; charset=GBK，压缩方式=null
应答状态码=200，应答报文=var hq_str_s_sh000001="上证指数,3244.8103,-1.7611,
-0.05,5045184,50643124";

利用 HttpClient 发起 POST 方式的调用过程类似 GET 方式，唯一的区别在于：创建 HTTP 请求对象时要调用 POST 方法并传入请求报文。下面是采取 POST 方式访问服务地址的 HttpClient 代码（完整代码见本章源码的 src\com\network\http\TestHttpClient.java）：

```java
// 对指定 URL 发起 POST 调用
private static void testCallPost(String url, String body) {
    System.out.println("请求报文="+body);
    HttpClient client = HttpClient.newHttpClient();  // 创建默认的 HTTP 客户端
对象
    // 创建一个自定义的 HTTP 请求对象
    HttpRequest request = HttpRequest.newBuilder(URI.create(url))  // 待调
用的 URL 地址
            .POST(BodyPublishers.ofString(body))  // 调用方式为 POST,且请求报文
为字符串
            .header("Content-Type", "application/json")  // 设置头部参数，内容
类型为 json
            .build();  // 根据建造器构建 HTTP 请求对象
    try {
        // 客户端传递请求信息，且返回字符串形式的应答报文
        HttpResponse<String> response = client.send(request,
BodyHandlers.ofString());
        // 打印 HTTP 调用的应答状态码和应答报文
        System.out.println( String.format("应答状态码=%d，应答报文=%s",
                response.statusCode(), response.body()) );
    } catch (Exception e) {
        e.printStackTrace();
    }
}
```

接着由外部调用上面的 testCallPost 方法，这里访问的是本机的 HTTP 服务，交互报文为 JSON 格式，具体代码如下（服务端代码参见本书源码的 NetServer 工程）：

```java
testCallPost("http://localhost:8080/NetServer/checkUpdate",
        "{\"package_list\":[{\"package_name\":\"com.qiyi.video\"}]}");
```

运行以上的服务访问代码，观察到以下的接口日志，可见 HttpClient 正确完成了 POST 方式的接口调用。

请求报文={"package_list":[{"package_name":"com.qiyi.video"}]}
应答状态码=200，应答报文
={"package_list":[{"package_name":"com.qiyi.video","download_url":
 "https://3g. lenovomm.com/w3g/yydownload/com.qiyi.video/60020",
 "new_version":"10.2.0"}]}

### 16.2.4 HttpClient 实现下载与上传

通过 HttpClient 不但可以实现 HTTP 接口的 GET 调用和 POST 调用，而且能实现文件的下载与上传操作。在 HttpClient 看来，文件下载属于特殊的 GET 调用，只不过应答报文由字符串形式变成了文件形式；同样文件上传属于特殊的 POST 调用，只不过请求报文也由字符串形式变成了文件形式。文件下载与普通的 GET 调用相比，在代码上的区别仅仅是发送请求 send 方法的第二个参数，之前演示普通 GET 调用的时候，send 方法第二个输入参数为 BodyHandlers.ofString()，具体调用代码如下：

```
// 客户端传递请求信息，且返回字符串形式的应答报文
HttpResponse<String> response = client.send(request,
                                BodyHandlers.ofString());
```

上面代码里的 BodyHandlers（报文体处理器）会将服务端返回的应答数据转换为指定形式，比如调用 ofString 方法表示自动把应答数据转成字符串。除了字符串外，BodyHandlers 还支持把应答数据转为其他格式，它支持的转换格式及其设置方法见表 16-4。

表 16-4 BodyHandlers 支持的转换方式说明

| 转 换 方 法 | 转换后的数据类型 | 转 换 说 明 |
| --- | --- | --- |
| ofString | String | 把应答数据转换为字符串 |
| ofByteArray | byte[] | 把应答数据转换为字节数组 |
| ofFile | Path | 把应答数据转换为文件 |
| ofInputStream | InputStream | 把应答数据转换为输入流 |
| ofLines | Stream<String> | 把应答数据转换为分行的字符串流 |

就文件下载而言，无疑使用 ofFile 方法更合适，因为该方法可将应答数据保存到本地文件，省去了烦琐的 I/O 操作。于是对普通的 GET 调用代码稍加改造，就变成了以下的文件下载代码（完整代码见本章源码的 src\com\network\http\TestHttpClient.java）：

```
// 从指定 URL 下载文件到本地（同步方式）
private static void testSyncDownload(String path, String downloadUrl) {
    // 从下载地址中获取文件名
    String fileName = downloadUrl.substring(downloadUrl.lastIndexOf("/"));
    HttpClient client = HttpClient.newHttpClient(); // 创建默认的 HTTP 客户端对象
    // 创建默认的 HTTP 请求对象（默认 GET 调用）
    HttpRequest request = HttpRequest.newBuilder
                            (URI.create(downloadUrl)).build();
    try {
        // 客户端传递请求信息，且返回文件形式的应答报文
        HttpResponse<Path> response = client.send(request,
            BodyHandlers.ofFile(Paths.get(path + fileName)));
        HttpHeaders headers = response.headers(); // 获取应答的所有头部属性
        // 打印 HTTP 下载的应答内容长度、内容类型、编码方式
        System.out.println( String.format("应答内容长度=%s, 内容类型=%s, 编码方式=%s",
```

```
                    headers.firstValue("Content-Length").orElse(null),
                    headers.firstValue("Content-Type").orElse(null),
                    headers.firstValue("Content-Encoding").orElse(null)) );
        // 打印 HTTP 下载的应答状态码和应答报文
        System.out.println( String.format("应答状态码=%d, 文件路径=%s",
                    response.statusCode(), response.body().toString()) );
    } catch (Exception e) {
        e.printStackTrace();
    }
}
```

然后在外部调用以上的 testSyncDownload 方法, 准备下载某张网络图片, 图片下载的调用代码如下:

```
testSyncDownload("E:/", "https://img-blog.csdnimg.cn/
2018112123554364.png");
```

运行以上的图片下载代码, 观察到以下的下载日志, 可见不费吹灰之力便得到了下载好的图片文件。

```
应答内容长度=123109, 内容类型=image/png, 编码方式=null
应答状态码=200, 文件路径=D:\2018112123554364.png
```

由于网络文件可能很大, 下载过程也较耗时, 因此文件下载操作往往需要另起线程处理。倘若采取传统的 HttpURLConnection+Thread 组合, 对初学者而言宛如天书, 敲起键盘不由得战战兢兢。如今有了 HttpClient, 它本身支持异步方式的调用, 异步指的就是启动分线程处理, 主要事务在主线程中运行, 耗时任务在分线程中运行, 两条任务线交错并行, 步伐相异, 故而称之为"异步"。相对应的, 倘若主要事务与耗时任务都在主线程中运行, 则必然存在先后次序关系, 如此方能保持一致的步调, 故此时可称作"同步"。

HttpClient 客户端的 send 方法默认采取同步方式, 一直等到 HTTP 调用结束才能继续执行后面的代码, 它还有另一个异步的请求方法 sendAsync, 调用该方法后返回的是进行中任务对象 CompletableFuture。这个进行中任务 CompletableFuture 类似于多线程里面的未来任务 FutureTask, 它们都表示一个正在运行的异步任务。CompletableFuture 的常用方法说明如下。

- cancel 方法: 中途取消该任务。
- isDone 方法: 判断该任务是否已经执行完毕。
- get 方法: 获取该任务的执行结果。

通过 CompletableFuture 的协助, HttpClient 得以从容实现在分线程中运行的异步文件传输, 需要开发者完成的编码工作仅仅是把原来的 send 方法改成 sendAsync 方法, 就像以下代码示范的这样:

```
// 异步方式调用, sendAsync 返回值类型为 CompletableFuture<HttpResponse<T>>
CompletableFuture<Path> result = client
        // 客户端发送异步请求, 且返回文件形式的应答报文
        .sendAsync(request, BodyHandlers.offile(Paths.get(path +
fileName)))
        // 把 CompletableFuture<HttpResponse<T>>类型映射为
CompletableFuture<Path>类型
```

```
        .thenApply(HttpResponse::body);
    // 打印下载完的本地文件路径
    System.out.println("下载完的本地文件路径="+result.get().toString());
```

运行更改后的文件下载代码，观察到如下正常输出的下载日志：

　　下载完的本地文件路径=D:\2018112123554364.png

使用 HttpClient 实现文件的上传功能略微复杂，缘于 Java 官方尚未提供分段数据的转换工具，因此还得借助于 Apache 的 HttpEntity 实体类。这样一来又要引入第三方的两个 JAR 包，分别是 httpcore-***.jar 和 httpmime-***.jar，它 们 本 来 就 是 Apache 推 出 的 HttpClient 开 发 包 https://hc.apache.org/downloads.cgi。说起来真是令人哭笑不得，Java 自己开发了一套 HttpClient，结果功能不够完备，到头来又得捡回 Apache 的 HttpEntity 实体类。这个问题只好留待 Java 的后续版本予以改进了，无论怎样，当前的 HttpClient 稍加修补也能满足文件上传的要求。下面是实现文件上传的代码（完整代码见本章源码的 src\com\network\http\TestHttpClient.java）：

```
    // 把本地文件上传给指定 URL（同步方式）
    private static void testSyncUpload(String filename, String uploadUrl) {
        HttpClient client = HttpClient.newHttpClient(); // 创建默认的 HTTP 客户端
对象
        // 官方的 HttpClient 并没有提供类似 WebClient 那种现成的
BodyInserters.fromMultipartData 方法，因此这里需要自己转换。根据指定文件创建二进制形式的文
件体对象
        FileBody fileBody = new FileBody(new File(filename),
ContentType.DEFAULT_BINARY);
        String boundary = "WUm4580jbtwfJhNp7zi1djFEO3wNNm"; // 边界字符串
        // 创建用于网络传输的 HTTP 实体对象
        HttpEntity entity = MultipartEntityBuilder.create() // 分段实体
            .addPart("file", fileBody)          // 添加文件体
            .setBoundary(boundary)              // 设置边界字符串
            .build();
        // 创建字节数组输出流
        try (ByteArrayOutputStream baos = new ByteArrayOutputStream()) {
            entity.writeTo(baos);        // 把 HTTP 实体对象写入字节数组输出流
            // 创建一个自定义的 HTTP 请求对象
            HttpRequest request = HttpRequest.newBuilder(URI.create(uploadUrl))
                            // 待上传的 URL 地址
                // 设置头部参数，要求分段传输，并且各段之间以边界字符串隔开
                .header("Content-Type", "multipart/form-data; boundary=" +
boundary)
                // 调用方式为 POST，且请求报文为字节数组
                .POST(BodyPublishers.ofByteArray(baos.toByteArray())).build();
            // 客户端传递请求信息，且返回字符串形式的应答报文
            HttpResponse<String> response = client.send(request,
BodyHandlers.ofString());
            // 打印 HTTP 上传的应答状态码和应答报文
            System.out.println( String.format("应答状态码=%d, 应答报文=%s",
                response.statusCode(), response.body()) );
```

```
    } catch (Exception e) {
        e.printStackTrace();
    }
}
```

接着由外部调用上面的 testSyncUpload 方法,这里访问的是本机的上传服务,具体代码如下(服务端代码参见本书源码的 NetServer 工程):

```
testSyncUpload("E:/bliss.jpg", "http://localhost:8080/NetServer/
uploadServlet");
```

运行上面的文件上传代码,从以下的上传日志可知成功完成了上传操作。

应答状态码=200, 应答报文=文件上传成功,文件大小为 1912K

与文件下载一样,HttpClient 的文件上传也支持异步方式,仍然是把请求的 send 方法改为 sendAsync 方法即可,修改后的代码片段如下:

```
// 异步方式调用,sendAsync 返回值类型为 CompletableFuture<HttpResponse<T>>
CompletableFuture<String> result = client
        // 客户端发送异步请求,且返回字符串形式的应答报文
        .sendAsync(request, BodyHandlers.ofString())
        // 把 CompletableFuture<HttpResponse<T>>类型映射为
CompletableFuture<Path>类型
        .thenApply(HttpResponse::body);
System.out.println("文件上传的应答报文="+result.get()); // 打印上传完的应
答报文内容
```

运行更改后的文件上传代码,观察到如下正常输出的上传日志:

文件上传的应答报文=文件上传成功,文件大小为 1912K

# 16.3  套接字 Socket 通信

本节介绍套接字通信的运作流程及其实际应用。基于 TCP 协议的 Socket,在双方成功建立连接之后,不但可以传输文本,而且能够传输文件;基于 UDP 协议的 Socket,则无须确认连接即可传输数据。然后还将介绍基于 Socket 端口侦听的思想理念,以及如何使用 HttpServer 搭建简易的 HTTP 服务器。

## 16.3.1  利用 Socket 传输文本

HTTP 协议拥有专门的通信规则,这些规则一方面有利于维持正常的数据交互,另一方面不可避免地缺少灵活性,比如以下条条框框就难以逾越:

(1) HTTP 连接属于短连接,每次访问操作结束之后,客户端便会关闭本次连接。下次还想访问接口的话,就得重新建立连接,如果频繁发生数据交互,反复的连接和断开就会造成大量的资源消耗。

（2）在 HTTP 连接中，服务端总是被动接收消息，无法主动向客户端推送消息。倘若客户端不去请求服务端，服务端就没法发送即时消息。

（3）每次 HTTP 调用都属于客户端与服务端之间的一对一交互，完全与第三者无关（比如另一个客户端），这种技术手段无法满足类似 QQ 聊天那种群发消息的要求。

（4）HTTP 连接需要搭建专门的 HTTP 服务器，这样的服务端比较重，不适合两个设备终端之间的简单信息传输。

诚然 HTTP 协议做不到如此灵活多变的地步，势必要在更基础的层次去实现变化多端的场景。在 Java 编程中，网络通信的基本操作单元其实是套接字（Socket），它本身不是什么协议，而是一种支持 TCP/IP 协议的通信接口。创建 Socket 连接的时候，允许指定当前的传输层协议，当 Socket 连接的双方握手确认连上之后，此时采用的是 TCP 协议；当 Socket 连接的双方未确认连上就自顾自地发送数据，此时采用的是 UDP 协议。在 TCP 协议的实现过程中，每次建立 Socket 连接至少需要一对套接字：其中一个运行于客户端，用的是 Socket 类；另一个运行于服务端，用的是 ServerSocket 类。

Socket 工具虽然主要用于客户端，但服务端通常也保留一份客户端的 Socket 备份，它描述了两边对套接字处理的一般行为。下面是 Socket 类的主要方法说明。

- connect：连接指定 IP 和端口。该方法用于客户端连接服务端，成功连上之后才能交互数据。
- getInputStream：获取套接字的输入流，输入流用于接收对方发来的数据。
- getOutputStream：获取套接字的输出流，输出流用于向对方发送数据。
- isConnected：判断套接字是否连上。
- close：关闭套接字。套接字关闭之后将无法再传输数据。
- isClosed：判断套接字是否关闭。

ServerSocket 仅用于服务端，它的构造函数可指定侦听端口，从而及时响应客户端的连接请求。下面是 ServerSocket 的主要方法说明。

- accept：开始接收客户端的连接。一旦有客户端连接上，就返回该客户端的套接字对象。若要持续侦听连接，则需在循环语句中调用该方法。
- close：关闭服务端的套接字。
- isClosed：判断服务端的套接字是否关闭。

由于套接字属于长连接，只要连接的双方未调用 close 方法，也没退出程序运行，那么理论上都处于已连接的状态。既然是长时间连接，在此期间的任何时刻都可能发送和接收数据，为此套接字的客户端需要给每个连接分配两个线程：其中一个线程专门用来向服务端发送信息，而另一个线程专门用于从服务端接收信息。然后服务端需要循环调用 accept 方法，以便持续侦听客户端的套接字请求，一旦接到某个客户端的连接请求，就开启一个分线程单独处理该客户端的信息交互。

接下来看一个利用 Socket 传输文本消息的例子，为了方便起见，每次只传输一行文本。由于要求 I/O 流支持读写一行文本，因此采用的输入流成员为缓存读取器 BufferedReader，输出流成员为打印流 PrintStream，其中前者的 readLine 方法能够读出一行文本，后者的 println 方法能够写入一行文本。据此编写的套接字客户端主要代码如下（完整代码见本章源码的 src\com\network\socket\SendText.java）：

```java
//定义一个文本发送任务
public class SendText implements Runnable {
    // 以下为Socket服务器的IP和端口，根据实际情况修改
    private static final String SOCKET_IP = "192.168.1.8";
    private static final int TEXT_PORT = 51000;          // 文本传输专用端口
    private BufferedReader mReader;                       // 声明一个缓存读取器对象
    private PrintStream mWriter;                          // 声明一个打印流对象
    private String mRequest = "";                         // 待发送的文本内容

    public void run() {
        Socket socket = new Socket();                    // 创建一个套接字对象
        try {
            // 命令套接字连接指定地址的指定端口，超时时间为3秒
            socket.connect(new InetSocketAddress(SOCKET_IP, TEXT_PORT), 3000);
            // 根据套接字的输入流构建缓存读取器
            mReader = new BufferedReader(new InputStreamReader
(socket.getInputStream()));
            // 根据套接字的输出流构建打印流对象
            mWriter = new PrintStream(socket.getOutputStream());
            // 利用 Lambda 表达式简化 Runnable 代码。启动一条子线程从服务器读取文本消息
            new Thread(() -> handleRecv()).start();
        } catch (Exception e) {
            e.printStackTrace();
        }
    }

    // 发送文本消息
    public void sendText(String text) {
        mRequest = text;
        // 利用 Lambda 表达式简化 Runnable 代码。启动一条子线程向服务器发送文本消息
        new Thread(() -> handleSend(text)).start();
    }

    // 处理文本发送事件。为了避免多线程并发产生冲突，这里添加了 synchronized 使之成为同步方法
    private synchronized void handleSend(String text) {
        PrintUtils.print("向服务器发送消息："+text);
        try {
            mWriter.println(text);  // 往打印流对象中写入文本消息
        } catch (Exception e) {
            e.printStackTrace();
        }
    }

    // 处理文本接收事件。为了避免多线程并发产生冲突，这里添加了 synchronized 使之成为同步方法
    private synchronized void handleRecv() {
        try {
            String response;
```

```
        // 持续从服务器读取文本消息
        while ((response = mReader.readLine()) != null) {
            PrintUtils.print("服务器返回消息: "+response);
        }
    } catch (Exception e) {
        e.printStackTrace();
    }
    }
}
```

至于套接字的服务端，在 accept 方法侦听到客户端连接之后，使用的 I/O 流依然为缓存读取器 BufferedReader 与打印流 PrintStream。为了方便观察客户端和服务端的交互过程，服务端准备在接收客户端消息之后立刻返回一行文本，从而告知客户端已经收到消息了。据此编写的套接字服务端主要代码如下（完整代码见本章源码的 src\com\network\socket\ReceiveText.java）：

```
//定义一个文本接收任务
public class ReceiveText implements Runnable {
    private static final int TEXT_PORT = 51000;  // 文本传输专用端口

    public void run() {
        PrintUtils.print("接收文本的 Socket 服务已启动");
        try {
            // 创建一个服务端套接字，用于监听客户端 Socket 的连接请求
            ServerSocket server = new ServerSocket(TEXT_PORT);
            while (true) {                    // 持续侦听客户端的连接
                // 收到了某个客户端的 Socket 连接请求，并获得该客户端的套接字对象
                Socket socket = server.accept();
                // 启动一个服务线程负责与该客户端的交互操作
                new Thread(new ServerTask(socket)).start();
            }
        } catch (Exception e) {
            e.printStackTrace();
        }
    }

    // 定义一个伺候任务，好生招待这位顾客
    private class ServerTask implements Runnable {
        private Socket mSocket;              // 声明一个套接字对象
        private BufferedReader mReader;      // 声明一个缓存读取器对象

        public ServerTask(Socket socket) throws IOException {
            mSocket = socket;
            // 根据套接字的输入流构建缓存读取器
            mReader = new BufferedReader(new InputStreamReader
(mSocket.getInputStream()));
        }
```

```java
    public void run() {
        try {
            String request;
            // 循环不断地从 Socket 中读取客户端发送过来的文本消息
            while ((request = mReader.readLine()) != null) {
                PrintUtils.print("收到客户端消息：" + request);
                // 根据套接字的输出流构建打印流对象
                PrintStream ps = new PrintStream(mSocket.getOutputStream());
                String response = "hi，很高兴认识你";
                PrintUtils.print("服务端返回消息：" + response);
                ps.println(response);  // 往打印流对象中写入文本消息
            }
        } catch (Exception e) {
            e.printStackTrace();
        }
    }
}
```

接着服务端程序开启 Socket 专用的文本接收线程，线程启动代码如下（完整代码见本章源码的 src\com\network\socket\TestTcpServer.java）：

```java
new Thread(new ReceiveText()).start();  // 启动一个文本接收线程
```

然后客户端程序也开启 Socket 连接的文本发送线程，并命令该线程先后发送两条文本消息，消息发送代码如下（完整代码见本章源码的 src\com\network\socket\TestTcpClient.java）：

```java
// 发送文本消息
private static void testSendText() {
    SendText task = new SendText();        // 创建一个文本发送任务
    new Thread(task).start();              // 为文本发送任务开启分线程
    task.sendText("你好呀");               // 命令该线程发送文本消息
    task.sendText("Hello World");          // 命令该线程发送文本消息
}
```

最后完整走一遍流程，先运行服务端的测试程序，再运行客户端的测试程序，观察到的客户端日志如下：

```
12:41:15.967 Thread-3 向服务器发送消息：Hello World
12:41:15.972 Thread-2 服务器返回消息：hi，很高兴认识你
```

同时观察到下面的服务端日志：

```
12:40:12.543 Thread-0 接收文本的 Socket 服务已启动
12:41:15.970 Thread-1 收到客户端消息：Hello World
12:41:15.971 Thread-1 服务端返回消息：hi，很高兴认识你
```

根据以上的客户端日志以及服务端日志，可知通过 Socket 成功实现了文本传输功能。

## 16.3.2 使用 Socket 传输文件

通过 Socket 可在客户端与服务端之间传输文本,当然也支持在客户端与服务端之间传输文件,因为文件本身就是通过 I/O 流实现读写操作的,所以在套接字的输入输出流中传输文件非常合适。只是套接字属于长连接,倘若 Socket 一直不关闭,连接将总是处于就绪状态,也就无法判断文件数据是否已经传输完成。为了检验文件传输的结束时刻,可以考虑实施下列两种技术方案之一:

(1) 客户端每次连上 Socket 之后,只发送一个文件的数据,且发送完毕的同时立即关闭套接字,从而告知服务端已经成功发送文件,不必继续保留这个 Socket。

(2) 客户端的 Socket 连上了服务端,仍然像文本传输那样保持长连接,但是另外定义文件传输的专用数据格式,比如每次传输操作都由开始指令、文件数据、结束指令这些要素组成。然后客户端按照该格式发送文件,服务端也按照该格式接收文件,由于传输操作包含开始指令和结束指令,所以即使客户端不断开连接,服务端也能凭借开始指令和结束指令来分清文件数组的开头和结尾。

考虑到编码的复杂度,这里采取前一种方案,即每次 Socket 连接只发送一个文件。据此编写的文件发送任务框架类似于文本发送任务,差别在于待发送的数据来自于本地文件,详细的客户端主要代码如下(完整代码见本章源码的 src\com\network\socket\SendFile.java):

```java
//定义一个文件发送任务
public class SendFile implements Runnable {
    // 以下为Socket服务器的IP和端口,根据实际情况修改
    private static final String SOCKET_IP = "192.168.1.8";
    private static final int FILE_PORT = 52000;        // 文件传输专用端口
    private String mFilePath;                          // 待发送的文件路径

    public SendFile(String filePath) {
        mFilePath = filePath;
    }

    public void run() {
        PrintUtils.print("向服务器发送文件: " + mFilePath);
        // 创建一个套接字对象,同时根据指定路径构建文件输入流对象
        try (Socket socket = new Socket();
             FileInputStream fis = new FileInputStream(mFilePath)) {
            // 命令套接字连接指定地址的指定端口,超时时间为3秒
            socket.connect(new InetSocketAddress(SOCKET_IP, FILE_PORT), 3000);
            OutputStream writer = socket.getOutputStream();  // 获取套接字对象的输出流

            long totalLength = fis.available();       // 文件的总长度
            int tempLength = 0;                       // 每次发送的数据长度
            double sendedLength = 0;                  // 已发送的数据长度
            byte[] data = new byte[1024 * 8];         // 每次发送数据的字节数组
            // 以下从文件中循环读取数据
            while ((tempLength = fis.read(data, 0, data.length)) > 0) {
                writer.write(data, 0, tempLength);    // 往Socket连接中写入数据
```

```
            sendedLength += tempLength;                  // 累加已发送的数据长度
            // 计算已发送数据的百分比，并打印当前的传输进度
            String ratio = "" + (sendedLength / totalLength * 100);
            PrintUtils.print("已传输：" + ratio.substring(0, 4) + "%");
        }
        PrintUtils.print(mFilePath+" 文件发送完毕");
    } catch (Exception e) {
        e.printStackTrace();
    }
    }
}
```

至于服务端的文件接收任务，依然为每个连上的客户端分配子线程，并把接收到的数据保存为
文件形式，服务端主要代码如下（完整代码见本章源码的 src\com\network\socket\ReceiveFile.java）：

```
//定义一个文件接收任务
public class ReceiveFile implements Runnable {
    private static final int FILE_PORT = 52000;        // 文件传输专用端口

    public void run() {
        PrintUtils.print("接收文件的 Socket 服务已启动");
        try {
            // 创建一个服务端套接字，用于监听客户端 Socket 的连接请求
            ServerSocket server = new ServerSocket(FILE_PORT);
            while (true) {                                  // 持续侦听客户端的连接
                // 收到了某个客户端的 Socket 连接请求，并获得该客户端的套接字对象
                Socket socket = server.accept();
                // 启动一个服务线程负责与该客户端的交互操作
                new Thread(new ServerTask(socket)).start();
            }
        } catch (Exception e) {
            e.printStackTrace();
        }
    }

    // 定义一个伺候任务，好生招待这位顾客
    private class ServerTask implements Runnable {
        private Socket mSocket;  // 声明一个套接字对象

        public ServerTask(Socket socket) throws IOException {
            mSocket = socket;
        }

        public void run() {
            PrintUtils.print("开始接收文件");
            int random = new Random().nextInt(1000);        // 生成随机数
            String file_path = "E:/" + random + ".jpg";  // 本地临时保存的文件
            // 根据指定的临时路径构建文件输出流对象
            try (FileOutputStream fos = new FileOutputStream(file_path)) {
```

```
                InputStream reader = mSocket.getInputStream();  // 获取套接字对象
的输入流

                int tempLength = 0;                     // 每次接收的数据长度
                byte[] data = new byte[1024 * 8];        // 每次接收数据的字节数组
                // 以下从 Socket 连接中循环接收数据
                while ((tempLength = reader.read(data, 0, data.length)) > 0) {
                    fos.write(data, 0, tempLength);      // 把接收到的数据写入文件
                }
                // 注意客户端的 Socket 要先调用 close 方法，服务端才会退出上面的循环
                mSocket.close();                         // 关闭套接字连接
                PrintUtils.print(file_path+" 文件接收完毕");
            } catch (Exception e) {
                e.printStackTrace();
            }
        }
    }
}
```

接着服务端程序开启 Socket 专用的文件接收线程，线程启动代码如下所示（完整代码见本章源码的 src\com\network\socket\TestTcpServer.java）：

```
            new Thread(new ReceiveFile()).start();  // 启动一个文件接收线程
```

然后客户端程序启动多个文件发送任务，并且每个任务都使用单独的分线程来执行，于是文件发送代码如下（完整代码见本章源码的 src\com\network\socket\TestTcpClient.java）：

```
    // 发送本地文件
    private static void testSendFile() {
        new Thread(new SendFile("E:/bliss.jpg")).start();  // 为文件发送任务开启
分线程
        new Thread(new SendFile("E:/qq_qrcode.png")).start();  // 为文件发送任务
开启分线程
    }
```

最后完整走一遍流程，先运行服务端的测试程序，再运行客户端的测试程序，观察到的客户端日志如下：

```
    12:42:08.258 Thread-1 向服务器发送文件: E:/qq_qrcode.png
    12:42:08.258 Thread-0 向服务器发送文件: E:/bliss.jpg
    12:42:08.351 Thread-1 E:/qq_qrcode.png 已传输: 47.6%
    12:42:08.352 Thread-1 E:/qq_qrcode.png 已传输: 95.2%
    12:42:08.354 Thread-0 E:/bliss.jpg 已传输: 0.41%
    12:42:08.355 Thread-0 E:/bliss.jpg 已传输: 0.83%
    12:42:08.356 Thread-0 E:/bliss.jpg 已传输: 1.25%
    12:42:08.357 Thread-0 E:/bliss.jpg 已传输: 1.67%
    12:42:08.354 Thread-1 E:/qq_qrcode.png 已传输: 100.%
    12:42:08.358 Thread-1 E:/qq_qrcode.png 文件发送完毕
    12:42:08.365 Thread-0 E:/bliss.jpg 已传输: 2.09%
    12:42:08.366 Thread-0 E:/bliss.jpg 已传输: 2.50%
```

```
…………这里省略中间的传输进度…………
12:42:08.461 Thread-0 E:/bliss.jpg 已传输：99.9%
12:42:08.462 Thread-0 E:/bliss.jpg 已传输：100.%
12:42:08.462 Thread-0 E:/bliss.jpg 文件发送完毕
```

同时观察到下面的服务端日志：

```
12:41:56.718 Thread-0 接收文件的 Socket 服务已启动
12:42:08.295 Thread-1 开始接收文件
12:42:08.305 Thread-2 开始接收文件
12:42:08.362 Thread-2 E:/265.jpg 文件接收完毕
12:42:08.462 Thread-1 E:/34.jpg 文件接收完毕
```

根据以上的客户端日志以及服务端日志，可知通过 Socket 成功实现了文件传输功能。

### 16.3.3 采用 UDP 协议的 Socket 通信

在之前的 Socket 示例代码中，Socket 客户端得先调用 connect 方法连接服务端，确认双方成功连上后才能继续运行后面的代码，这种确认机制保证客户端与服务端的确成功连接了，因而是可靠的网络连接，并且该可靠连接属于 TCP 连接。为什么这么说呢？因为 TCP 协议（Transmission Control Protocol，传输控制协议）不仅是一种传输层的通信协议，而且它具备面向可靠连接和基于字节流两大特征。之前联合 Socket 与 ServerSocket 实现消息通信的过程正是遵从 TCP 协议的精神。

虽然可靠连接确保一定会把信息送达对方，但是有时需要批量向一群目标设备发送消息，也就是俗称的"群发"，倘若每个设备都经历建立连接、发送消息、关闭连接 3 个步骤，整个群发操作的资源开销将是巨大的。鉴于群发功能一般为单向过程，消息发送方既不关心那些接收方是否收到消息，又不指望那些接收方会有什么反馈结果，总之消息发送方就像电台做广播一样，在固定的频率波段发送信息，它才不管别人的收音机有没有开着、有没有接收这个频道，只有收音机开着且调至对应的频道，才能收到该电台的广播节目。像这样的广播功能用到了传输层的另一种 UDP 协议（User Datagram Protocol，用户数据报协议），由于 UDP 并非可靠连接，它只管扔沙包，而不管对方有没有接到沙包，因此实现过程相较 TCP 更简单，毕竟随便丢东西不费多少劲儿。

就 UDP 协议而言，Java 给出的实现工具包括数据包套接字 DatagramSocket 和数据包裹 DatagramPacket。其中 DatagramSocket 提供了设备间的数据交互动作。

对于服务端来说，构造方法需要指定待侦听的端口号；对于客户端来说，构造方法无须任何参数。

- receive：该方法用于服务端接收数据。
- send：该方法用于客户端发送数据。
- close：关闭数据包套接字。

注意上面的 receive 和 send 两个方法，它们的输入参数类型为 DatagramPacket，也就是说，必须先将数据封装为 DatagramPacket 格式，才能在 UDP 的服务端与客户端之间传输。下面是 DatagramPacket 的主要方法说明。

- 用于服务端的构造方法：此时构造方法只有 2 个参数，分别为字节数组及其长度。

- 用于客户端的构造方法：此时构造方法有 4 个参数，依次为字节数组、数组长度、数据要发往的服务器 InetAddress 地址、服务器的端口号。
- getData：获取数据包裹里的字节数组。
- getOffset：获取数据的起始偏移。
- getLength：获取数据的长度。

接下来举一个简单的应用例子，采取 UDP 协议在设备之间传输文本消息，此时的 UDP 服务端代码如下（完整代码见本章源码的 src\com\network\socket\TestUdpServer.java）：

```java
//演示 Socket 服务器的运行（UDP 协议的不可靠连接）
public class TestUdpServer {
    private static final int UDP_PORT = 61000;  // UDP 传输专用端口

    public static void main(String[] args) {
        startUdpServer();  // 启动 UDP 服务器接收文本消息
    }

    // 启动 UDP 服务器接收文本消息
    private static void startUdpServer() {
        PrintUtils.print("UDP 服务器已启动");
        // 创建一个监听指定端口的 DatagramSocket 对象
        try (DatagramSocket socket = new DatagramSocket(UDP_PORT)) {
            byte[] data = new byte[1024];  // 接收数据的字节数组
            // 创建一个 DatagramPacket 对象，并指定数据包的字节数组及其大小
            DatagramPacket packet = new DatagramPacket(data, data.length);
            while (true) {  // 持续侦听
                socket.receive(packet);  // 接收到了数据包
                // 把收到的数据转换为字符串。字符串构造方法的 3 个参数依次为：已收到的数据、
                // 起始偏移、数据的长度
                String message = new String(packet.getData(),
                        packet.getOffset(), packet.getLength());
                PrintUtils.print("UDP 服务器收到消息: " + message);
            }
        } catch (Exception e) {
            e.printStackTrace();
        }
    }
}
```

原来 UDP 方式的服务端代码如此简洁。UDP 客户端的代码同样简洁，即便是只发送两条消息的代码也有以下数行（完整代码见本章源码的 src\com\network\socket\TestUdpClient.java）：

```java
//演示 Socket 客户端的运行（UDP 协议的不可靠连接）
public class TestUdpClient {
    // 以下为 Socket 服务器的 IP 和端口，根据实际情况修改
    private static final String SOCKET_IP = "192.168.1.8";
    private static final int UDP_PORT = 61000;         // UDP 传输专用端口
```

```java
    public static void main(String[] args) {
        startUdpClient("Hello World");                    // 启动 UDP 客户端发送文本消息
        startUdpClient("你好，世界");                      // 启动 UDP 客户端发送文本消息
    }

    // 启动 UDP 客户端发送文本消息
    private static void startUdpClient(String message) {
        PrintUtils.print("UDP 客户端发送消息：" + message);
        // 创建一个 DatagramSocket 对象
        try (DatagramSocket socket = new DatagramSocket()) {
            // 根据 IP 地址获得对应的网络地址对象
            InetAddress serverAddress = InetAddress.getByName(SOCKET_IP);
            byte data[] = message.getBytes();             // 把字符串转换为字节数组
            // 创建一个 DatagramPacket 对象，构造方法的 4 个参数依次为：待发送的数据、
            // 数据的长度、服务器的网络地址、服务器的端口号
            DatagramPacket packet = new DatagramPacket(data, data.length,
serverAddress, UDP_PORT);
            socket.send(packet);                          // 向服务器发送数据包
        } catch (Exception e) {
            e.printStackTrace();
        }
    }
}
```

然后运行服务端与客户端的测试代码，观察到的客户端日志如下：

```
12:16:12.316 main UDP 客户端发送消息：Hello World
12:16:12.366 main UDP 客户端发送消息：你好，世界
```

同时观察到下面的服务端日志：

```
12:15:46.998 main UDP 服务器已启动
12:16:12.366 main UDP 服务器收到消息：Hello World
12:16:12.368 main UDP 服务器收到消息：你好，世界
```

根据以上的客户端日志以及服务端日志，可知通过 UDP 协议成功完成了文本传输。

### 16.3.4　利用 HttpServer 搭建简易服务器

HttpURLConnection 和 HttpClient 同属于 HTTP 调用的客户端，要想成功响应客户端的接口请求，还得有专门的服务端程序来应答。但服务端的 Java 开发对应专门的 Java Web 方向，而 Web 开发属于另一大块的服务器编程领域，一时半会没那么快掌握，实在是让人着急。好在从 Java 6 开始，JDK 自带了轻量级的 HttpServer，通过该工具即可迅速搭建简易的 HTTP 服务器，可谓是初学者的一大福音。

其实 HTTP 协议只是对 Socket 加了一层封装，HTTP 服务默认监听 80 端口，实践中有时会指定监听 8080 端口。无论监听哪个端口号，HTTP 协议都得从特定的端口传输数据，这跟 Socket 通信在本质上是一样的。HttpServer 正是遵循这样的准则，也对某个端口号侦听，于是形成了以下的服务器对象创建代码：

```
            // 创建 HTTP 服务的提供器
            HttpServerProvider provider = HttpServerProvider.provider();
            // 创建 HTTP 服务器的对象，其中指定了监听 8080 端口，且允许同时接受 10 个请求
            HttpServer server = provider.createHttpServer(new InetSocketAddress
(8080), 10);
```

有了服务器对象，接下来便是方法调用了。HttpServer 的常见方法罗列如下。

- createContext: 创建 HTTP 服务的上下文。该方法的第一个参数代表 URL 的后面部分，第二个参数代表接收请求的处理器 HttpHandler。
- setExecutor: 设置处理 HTTP 请求的线程池，因为可能同时会进来多个请求，为 null 表示只有一个线程。
- start: 启动 HTTP 服务器。
- stop: 停止 HTTP 服务器。

以上方法中，尤为需要注意的是 createContext。下面是一个该方法的调用例子：

```
            server.createContext("/test", new MyHttpHandler());  // 创建 HTTP 服务的
上下文
```

这个方法的第一个参数 "/test" 表示跟在域名和端口之后的 URL 部分，比如当前设定的 HTTP 访问地址为 "http://localhost:8080/test"。第二个参数的处理器包含服务器收到请求之后的处理逻辑，它必须实现接口 HttpHandler，并重写 handle 方法以便添加请求数据接收以及返回应答数据的代码。下面是一个 HTTP 处理器的自定义例子，很简单，仅仅打印请求报文与返回应答报文（完整代码见本章源码的 src\com\network\socket\TestHttpServer.java）：

```
        // 自定义的 HTTP 处理器
        private static class MyHttpHandler implements HttpHandler {
            public void handle(HttpExchange exchange) {
                String response = "我很好，你呢？";               // HTTP 应答串
                byte[] byteResp = response.getBytes();           // 将字符串转为字节数组
                try (InputStream is = exchange.getRequestBody();  // 获得 HTTP 交互的
输入流
                        // 创建一个字节数组的输出流对象
                        ByteArrayOutputStream baos = new ByteArrayOutputStream();
                        // 获得 HTTP 交互的输出流
                        OutputStream os = exchange.getResponseBody();) {
                    int i = -1;
                    while ((i = is.read()) != -1) {   // 循环读取输入流中的字节数据
                        baos.write(i);                            // 把字节数据写入字节数组输出流
                    }
                    String request = baos.toString();  // 把字节数组输出流转换为字符串
                    System.out.println("收到请求内容: " + request);
                    // 设置 HTTP 调用的响应头，第一个参数代表状态码，第二个参数代表应答的字节数
                    exchange.sendResponseHeaders(200, byteResp.length);
                    os.write(byteResp);                         // 往输出流写入应答报文
                    System.out.println("返回应答内容: " + response);
                } catch (Exception e) {
```

```
            e.printStackTrace();
        }
        exchange.close();  // 关闭 HTTP 交互对象
    }
}
```

现在把 HttpServer 服务的完整调用过程串起来，监听 8080 端口且支持响应请求的代码如下：

```
// 启动 HTTP 服务器，监听来自客户端的请求
public static void startServer() {
    try {
        // 创建 HTTP 服务的提供器
        HttpServerProvider provider = HttpServerProvider.provider();
        // 创建 HTTP 服务器的对象，其中指定了监听 8080 端口，且允许同时接受 10 个请求
        HttpServer server = provider.createHttpServer(new
InetSocketAddress(8080), 10);
        // 创建 HTTP 服务的上下文
        server.createContext("/test", new MyHttpHandler());
        server.setExecutor(null);  // 设置处理 HTTP 请求的线程池，为 null 表示只有
一个线程
        server.start();  // 启动 HTTP 服务器
        System.out.println("HTTP 服务器已启动");
    } catch (Exception e) {
        e.printStackTrace();
    }
}
```

然后运行上述的测试代码启动 HTTP 服务器，再利用 16.2.2 小节提供的 testCallPost 方法模拟客户端发起 HTTP 访问请求，模拟代码如下：

```
testCallPost("http://localhost:8080/test", "你好吗？");
```

运行上面的模拟代码，在服务端观察到以下的运行日志：

```
HTTP 服务器已启动
收到请求内容：你好吗？
返回应答内容：我很好，你呢？
```

由日志可见，使用 HttpServer 构建的简易服务器正常运行。

# 16.4 实 战 练 习

本节介绍运用网络通信技术的几个实战例子，首先叙述如何将 HTTP 接口的访问操作封装成一个 HTTP 测试工具，从而在桌面程序上测试 HTTP 调用；然后阐述如何借助第三方日志库输出程序日志，以便有效跟踪桌面程序的运行情况；最后借助 Socket 技术演练即时通信项目，进一步加深对客户端与服务端之间的流程理解。

## 16.4.1 HTTP 测试工具

在真实开发中，经常会遇到各种 HTTP 接口调用，包括但不限于：前端网页访问服务器的接口、手机 App 访问服务器的接口、桌面程序访问服务器的接口等。由此可分为服务端的开发和客户端的开发（包括前端网页、手机 App、桌面程序）。

无论是在前期的开发调试过程中，还是在后期的故障排查过程中，都希望能够单独调用服务端的某个 HTTP 接口：一方面调好服务端的接口有利于和客户端的功能对接；另一方面通过检查服务端的交互报文可以迅速定位某个 Bug 来自服务端还是客户端。所以，日常的开发工作需要一个简单易用的 HTTP 接口测试工具，尽管各大浏览器普遍提供了相关的 HTTP 测试插件，但程序员自己定制的测试工具还是很有必要的，因为通用的浏览器插件并不支持加解密、签名、令牌等个性化功能，只有自己编写的测试工具才能满足复杂的业务需求。

一个好用的 HTTP 接口测试工具不外乎拥有以下特点：

（1）提供可视化的操作界面，就像工具软件那样方便。

（2）兼容常见的 HTTP 数据格式，包括各种字符编码、是否采取数据压缩、应答报文是否超长等。

（3）支持业务方面的额外要求，比如特定的加解密算法、防止篡改的签名功能、避免恶意攻击的令牌机制等。

单就可视化界面而言，HTTP 测试工具至少提供 3 个输入框，分别对应 HTTP 接口的调用地址、访问 HTTP 接口的请求报文、访问 HTTP 接口的应答报文，另外加上一个发送按钮。单击发送按钮之后，测试工具会把请求报文发往接口地址，并将 HTTP 接口返回的应答报文显示到界面上，如此才算完成一次完整的接口调试流程。图 16-6 是初步具备上述界面要素的测试工具效果图。

图 16-6　HTTP 测试工具的初始界面

从效果图可见，工具界面的顶部是调用地址的输入框和发送按钮，左边是请求报文的输入框，右边是应答报文的输入框，虽然简单，但是够用。接下来通过 JavaFX 框架实现 HTTP 接口测试工具，首先编写该工具的程序入口代码，主程序的代码如下（完整代码见本章源码的 src\com\network\httptest\HttpTesterMain.java）：

```
//HTTP 测试工具的程序入口
public class HttpTesterMain extends Application {
    public void start(Stage stage) throws Exception {  // 应用程序开始运行
        stage.setTitle("HTTP 测试工具");                  // 设置舞台的标题
```

```
        // 从 FXML 资源文件中加载程序的初始界面
        Parent root =
FXMLLoader.load(getClass().getResource("http_tester.fxml"));
        Scene scene = new Scene(root, 800, 300);      // 创建一个场景
        stage.setScene(scene);                        // 设置舞台的场景
        stage.setResizable(true);                     // 设置舞台的尺寸是否允许变化
        stage.show();                                 // 显示舞台
    }

    public static void main(String[] args) {
        launch(args);   // 启动 JavaFX 应用，接下来会跳到 start 方法
    }
}
```

由于准备采用 FXML 文件对界面排版，因此主程序指定从资源文件 http_tester.fxml 加载布局，调用地址使用单行输入框 TextField，请求报文与应答报文使用多行输入框 TextArea。

考虑到 HTTP 接口的请求报文与应答报文可能很大，有必要将它们的输入框拉高拉宽，故工具界面的几个输入框需要支持跟随窗口大小自动伸展。其中，水平方向的自动伸展用到了属性"HBox.hgrow="ALWAYS""，垂直方向的自动伸展用到了属性"VBox.vgrow="ALWAYS""。整个界面的控件分布则为：总体上下排列、局部左右排列，于是使用垂直箱子（VBox）嵌套两个水平箱子（HBox）的布局，第一个水平箱子对应测试工具的顶部区域，第二个水平箱子对应测试工具的报文区域。据此书写的 FXML 文件内容如下（完整代码见本章源码的 src\com\network\httptest\http_tester.fxml）：

```
<?import javafx.geometry.Insets?>
<?import javafx.scene.layout.HBox?>
<?import javafx.scene.layout.VBox?>
<?import javafx.scene.control.Button?>
<?import javafx.scene.control.Label?>
<?import javafx.scene.control.TextArea?>
<?import javafx.scene.control.TextField?>

<VBox xmlns:fx="http://javafx.com/fxml/1"
fx:controller="com.network.httptest.HttpTesterController" alignment="center">
    <children>
      <HBox fx:id="hbHead" prefWidth="560" prefHeight="50">
        <children>
          <Label fx:id="labelUrl" prefWidth="100" prefHeight="50" text="调用地址: "/>
          <TextField fx:id="fieldUrl" prefWidth="300" prefHeight="50"
HBox.hgrow="ALWAYS" promptText="请输入调用地址"/>
          <Label fx:id="label1" prefWidth="10" prefHeight="50"/>
          <Button fx:id="btnStart" prefWidth="150" prefHeight="50"
alignment="center" text="发送请求"/>
        </children>
        <padding>
          <Insets top="0.0" bottom="10.0" left="0.0" right="0.0"/>
```

```
        </padding>
      </HBox>
      <HBox fx:id="hbBody" prefWidth="560" prefHeight="200" VBox.vgrow="ALWAYS">
        <children>
          <TextArea fx:id="areaRequest" prefWidth="250" prefHeight="200"
wrapText="true" HBox.hgrow="ALWAYS" promptText="请输入请求报文"/>
          <Label fx:id="label2" prefWidth="10" prefHeight="200"/>
          <TextArea fx:id="areaResponse" prefWidth="250" prefHeight="200"
wrapText="true" HBox.hgrow="ALWAYS" promptText="应答报文在这里"/>
        </children>
      </HBox>
    </children>
    <padding>
      <Insets top="10.0" bottom="10.0" left="10.0" right="10.0"/>
    </padding>
</VBox>
```

然后编写 FXML 文件中指定的界面控制器 HttpTesterController,控制器的功能主要是向指定的接口地址发送请求报文,并将接口的应答报文显示在界面上。为此给发送按钮注册单击事件,在单击按钮的时候,通过 HttpURLConnection 工具访问接口地址。具体的接口访问细节包括以下几个要点:

(1)HTTP 接口的调用方式暂时默认为 POST 方式。当然,也可以在工具界面提供下拉框或者单选按钮,用以容纳 POST、GET 等多种请求方式,方便用户在调试时手动选择。

(2)关于 HTTP 数据格式的兼容要求(各种字符编码、是否采取数据压缩、应答报文是否超长),16.2.1 小节给出了 StreamUtil 工具类,它的 getUnzipString 方法已经实现了上述几个兼容需求。

(3)至于加解密、签名、令牌等个性化功能,则要依据具体需求自行编码。

剩下的便是界面控制器的例行编码,例如声明控件对象、注册单击事件、发起 HTTP 调用,详细的实现代码如下(完整代码见本章源码的 src\com\network\httptest\HttpTesterController.java):

```
//HTTP 测试工具的界面控制器
public class HttpTesterController implements Initializable {
    @FXML private TextField fieldUrl;              // HTTP 调用地址的输入框
    @FXML private Button btnStart;                 // 发送请求按钮
    @FXML private TextArea areaRequest;            // 请求报文的输入框
    @FXML private TextArea areaResponse;           // 应答报文的输入框

    public void initialize(URL arg0, ResourceBundle arg1) {  // 界面打开后的初始
化操作
        btnStart.setOnAction(e -> {                          // 设置按钮的单击事件
            String callUrl = fieldUrl.getText();            // 获取 HTTP 调用地址
            String body = areaRequest.getText();            // 获取请求报文
            // 对指定 URL 发起 POST 调用,并获取返回的应答报文
            String response = testCallPost(callUrl, body);
            areaResponse.setText(response);                 // 设置输入框的文本
        });
    }
```

```java
// 对指定 URL 发起 POST 调用
private String testCallPost(String callUrl, String body) {
    try {
        URL url = new URL(callUrl);              // 根据网址字符串构建 URL 对象
        // 打开 URL 对象的网络连接，并返回 HttpURLConnection 连接对象
        HttpURLConnection conn = (HttpURLConnection) url.openConnection();
        conn.setRequestMethod("POST");           // 设置请求方式为 POST 调用
        conn.setRequestProperty("Content-Type", "application/json");
                                                  // 请求报文为 JSON 格式
        conn.setDoOutput(true);   // 准备让连接执行输出操作，POST 方式需要设置为 true
        conn.connect();                          // 开始连接
        OutputStream os = conn.getOutputStream();  // 从连接对象中获取输出流
        System.out.println("调用地址："+callUrl);     // 打印 HTTP 接口的调用地址
        System.out.println("请求报文："+body);        // 打印 HTTP 调用的请求报文
        os.write(body.getBytes());                    // 往输出流写入请求报文
        // 对输入流中的数据解压和字符编码，得到原始的应答字符串
        String content = StreamUtil.getUnzipString(conn);
        System.out.println("应答报文："+content);  // 打印 HTTP 调用的应答报文
        conn.disconnect();                           // 断开连接
        return content;
    } catch (Exception e) {
        e.printStackTrace();
        return e.toString();
    }
}
```

　　最后回到程序入口 HttpTesterMain.java，运行主程序后弹出 HTTP 测试工具的窗口，利用鼠标拖曳该窗口使之拉高，此时工具窗口如图 16-7 所示，可见两个报文输入框的尺寸均能随着窗口大小的改变而改变。

图 16-7　调整 HTTP 测试工具的窗口大小（尺寸可自适应）

接着在调用地址的输入框填写 HTTP 测试地址，在请求报文的输入框填写请求内容，再单击右上角的发送按钮，HTTP 接口的应答报文就显示在右边的输入框中，测试成功的窗口显示如图 16-8 所示。

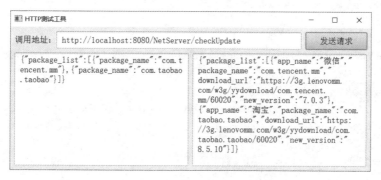

图 16-8　HTTP 测试工具发起 POST 调用的请求结果

## 16.4.2　让 Java 程序输出日志文件

迄今为止，我们都是调用 System.out 的 println 方法打印程序日志，该方式只会把程序日志打印到控制台。倘若通过 IDEA 直接运行测试程序，则在 IDEA 界面下方的 Run 窗口显示日志；倘若在命令行使用 Java 命令运行 class 或者 jar，那么程序日志将回显到命令行。然而一旦把 Java 程序打包成 EXE 文件，用户双击 EXE 文件即可启动程序，此时不存在命令行窗口，也就无法打印和观察日志。如此一来，缺少日志的协助，难以准确跟踪程序的运行情况。尤其对 HTTP 接口调用来说，每次的接口访问都应当记录本次的接口地址、请求报文、应答报文等信息，以便后续的问题定位与轨迹回溯。

鉴于日志文件的记录功能很有市场，于是前人殚精竭虑推出了不少日志记录工具，Log4j 便是其中一个佼佼者。它提供了丰富的日志样式，而且用起来很简单，替程序员省去了自己开发日志工具的麻烦。若要在 Java 项目中运用 Log4j，需要完成 3 个步骤：引入 log4j 的 JAR 包、编写 Log4j 的配置文件、在代码中初始化 Log4j。这 3 步骤分别简述如下：

### 1. 引入 Log4j 的 JAR 包

Log4j 是 Apache 基金会的一个开源项目，已封装成 JAR 包的文件下载页面是 http://logging.apache.org/log4j/1.2/download.html 。下载 Log4j 的压缩包，解压后找到文件 log4j-1.2.17.jar，把该 JAR 包导入 Java 项目的依赖库，就能在代码中访问 Log4j 的相关方法。

### 2. 编写 Log4j 的配置文件

只引入 JAR 包并不足以正常记录日志，还得编写与之搭档的日志配置文件，该文件通常取名为 log4j.properties，它的基本配置信息如下（完整代码见本章源码的 src\log4j.properties）：

```
#日志的根配置，等号后面第一个是日志级别，其后的文字标签指定了输出位置，例如 Console 代表控制台、LogFile 代表日志文件等
log4j.rootLogger=DEBUG,Console,LogFile

#Console 控制台的配置
log4j.appender.Console=org.apache.log4j.ConsoleAppender
```

```
log4j.appender.Console.layout=org.apache.log4j.PatternLayout
#每行日志的格式定义。%d 代表时间，%t 代表线程名称，%-5p 代表日志等级，%c 代表当前类的完整路
径，%m 代表日志文本，%n 代表换行符
log4j.appender.Console.layout.ConversionPattern=%d [%t] %-5p [%c] - %m%n


#LogFile 日志文件的配置
log4j.appender.LogFile=org.apache.log4j.DailyRollingFileAppender
#日志文件的保存路径
log4j.appender.LogFile.File=${WORKDIR}/http.log
log4j.appender.LogFile.layout=org.apache.log4j.PatternLayout
log4j.appender.LogFile.layout.ConversionPattern=%d [%t] %-5p [%c] - %m%n
#设置输出日志文件编码（可以避免中文乱码）
log4j.appender.LogFile.Encoding=UTF-8
```

以上的日志配置内容中，行首前面以井号"#"标识，表示当前行是注释，"#"相当于 Java 代码里的注释标记"//"。其他非注释行保持"属性名称=属性值"的格式，需要个性化定制的信息均位于等号右边的属性值。从配置参数可知，现有的 log4j.properties 同时支持将日志打印到控制台（利用 org.apache.log4j.ConsoleAppender），以及将日志写到日志文件（利用 org.apache.log4j.DailyRollingFileAppender），其中日志文件的路径可酌情修改（参数 log4j.appender.LogFile.File）。

### 3. 在代码中初始化 Log4j

注意到前面日志文件的保存路径取值为"${WORKDIR}/http.log"，这里用到了相对路径，意思是先获取环境变量 WORKDIR 定义的目录路径，再在该目录下创建 http.log 作为本程序的日志文件。不过 WORKDIR 是一个临时的环境变量，它在程序启动后分配，因此测试程序要添加 Log4j 的初始化代码，在初始化时设置程序的工作目录 WORKDIR，然后才能获取当前类的日志管理器。初始化 Log4j 的方式有好几种，使用静态代码块便是其中之一。采取静态代码块方式的初始化代码如下（完整代码见本章源码的 src\com\network\httptest\HttpTesterController.java）：

```
private static Logger logger;    // 声明一个日志管理器对象
static {                         // 静态代码块在启动程序的时候就会自动执行
    String work_dir = System.getProperty("user.dir");  // 获取用户程序的当前
目录
    work_dir += "/logs/";                   // 日志文件放在程序目录的 logs 子目录下
    File file = new File(work_dir);         // 创建指定路径的文件对象
    if (!file.exists()) {                   // 如果该文件或该目录不存在
        file.mkdirs();                      // 就创建该目录
    }
    System.setProperty("WORKDIR", work_dir);  // 设置环境变量 WORKDIR 的取值
    logger = Logger.getLogger(HttpTesterController.class);  // 获取当前类的
日志管理器
}
```

初始化完毕，接下来程序代码即可通过管理器对象 logger 记录日志了。管理器的用法十分简单，只要将原来的 System.out.println 换成 logger.debug 就行。比如以下的 HTTP 调用代码把好几处 System.out.println 统统换成了 logger.debug：

```
// 对指定 URL 发起 POST 调用
private String testCallPost(String callUrl, String body) {
    try {
        URL url = new URL(callUrl);          // 根据网址字符串构建 URL 对象
        // 打开 URL 对象的网络连接,并返回 HttpURLConnection 连接对象
        HttpURLConnection conn = (HttpURLConnection) url.openConnection();
        conn.setRequestMethod("POST");       // 设置请求方式为 POST 调用
        conn.setRequestProperty("Content-Type", "application/json");  // 请
求报文为 json 格式
        conn.setDoOutput(true);   // 准备让连接执行输出操作,POST 方式需要设置为true
        conn.connect();                // 开始连接
        OutputStream os = conn.getOutputStream();  // 从连接对象中获取输出流
        logger.debug("调用地址: "+callUrl);          // 打印 HTTP 接口的调用地址
        logger.debug("请求报文: "+body);             // 打印 HTTP 调用的请求报文
        os.write(body.getBytes());                   // 往输出流写入请求报文
        // 对输入流中的数据解压和字符编码,得到原始的应答字符串
        String content = StreamUtil.getUnzipString(conn);
        logger.debug("应答报文: "+content);          // 打印 HTTP 调用的应答报文
        conn.disconnect();                           // 断开连接
        return content;
    } catch (Exception e) {
        e.printStackTrace();
        return e.toString();
    }
}
```

日志方法更换完毕,重新运行 HTTP 测试程序,在工具界面输入调用地址与请求报文,接着单击发送按钮。随后打开配置文件中指定路径的日志文件,果然在文件末尾找到了以下几行日志,可见 Log4j 正确集成到了项目中。

```
2019-07-18 22:08:56,366 [JavaFX Application Thread] DEBUG
[com.network.httptest.HttpTesterController] - 调用地址:
http://localhost:8080/NetServer/checkUpdate
2019-07-18 22:08:56,366 [JavaFX Application Thread] DEBUG
[com.network.httptest.HttpTesterController] - 请求报文:
{"package_list":[{"package_name":"com.tencent.mm"},{"package_name":"co
m.taobao.taobao"}]}
2019-07-18 22:08:56,636 [JavaFX Application Thread] DEBUG
[com.network.httptest.HttpTesterController] - 应答报文:
{"package_list":[{"app_name":"微信
","package_name":"com.tencent.mm","download_url":"https://3g.
lenovomm.com/w3g/yydownload/com.tencent.mm/60020","new_version":"7.0.3
"},{"app_name":"淘宝","package
_name":"com.taobao.taobao","download_url":"https://3g.lenovomm.com/w3g
/yydownload/com.taobao.taobao/60020","new_version":"8.5.10"}]}
```

由于 Log4j 并非 JDK 自带的，而是第三方提供的 JAR 包，因此若要将相关代码导出为可执行程序，则还需在常规的导出步骤之外增加以下操作。

依次选择菜单 File→Project Structure，在弹出的项目结构设置窗口中单击左侧的 Artifacts，接着单击中间区域左上角的加号按钮，并依次选择下拉菜单的 JavaFx Application→From module ***，此时项目结构窗口如图 16-9 所示。

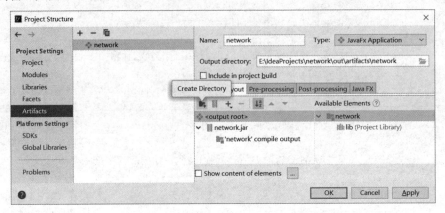

图 16-9　项目结构窗口设置导出依赖库

单击界面右侧中间那排的第一个文件夹图标，弹出如图 16-10 所示的文件夹创建窗口。

在该窗口中填写"library"表示要创建 library 文件夹，用来存放代码需要的第三方 JAR 包，单击 OK 按钮回到项目结构窗口。接着单击右侧中间那排图标的第三个加号图标，并选择下拉菜单的 Library Files 选项，此时弹出如图 16-11 所示的依赖库选择窗口。

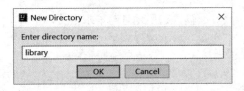

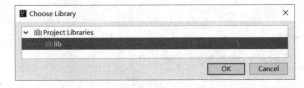

图 16-10　导出依赖库时要创建依赖库的存放目录　　　图 16-11　选择准备导出的依赖库

选中窗口中的 lib 库，单击下方的 OK 按钮，回到如图 16-12 所示的项目结构窗口。

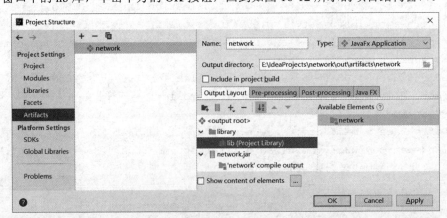

图 16-12　已设置依赖库导出的项目结构窗口

由图 16-12 可见，lib 库已经添加到了项目结构窗口下方的输出区域，单击右下方的 OK 按钮完成设置，后续导出可执行程序时，就会把相关的依赖库一同导出。

### 16.4.3 多人即时通信——仿 QQ 聊天

16.4.1 小节介绍的 HTTP 测试工具只有简单的 HTTP 接口调用，不足以覆盖多样的网络编程，为了把其余的套接字通信乃至多线程技术串起来，本小节设计了一款简易的即时通信工具——仿 QQ 聊天软件。接下来将从即时通信的系统架构、服务端程序设计、客户端接口设计、客户端界面设计 4 个方面展开论述。

#### 1. 系统架构与业务流程

即时通信的目的是实时传递消息，发送方可以马上发送消息，接收方也能马上收到消息。生活中就有不少要求实时收发的场合，例如使用手机短信可给某个号码发送信息，又如使用电子邮件可给某个邮箱发送邮件，然而短信只能由手机来发而且还要收费，电子邮件需要每隔一会儿去服务器收邮件，它们都不如即时通信方便快捷，故大家更常使用 QQ、微信等即时通信工具。

那么即时通信在技术上是怎样实现的呢？直观上即时通信场景由客户端与服务端组成，客户端指的是用户操纵的电子设备（如手机、计算机等），服务端则为机房里的云服务器，单个客户端只负责同服务器交互数据，由服务器决定需要怎样处理消息。整个即时通信机制的设备架构及其信息交互如图 16-13 所示。

单纯从业务流程考虑，即时通信可分为 4 种基本的业务场景：登录、注销、获取好友列表、发送聊天消息，分别介绍如下：

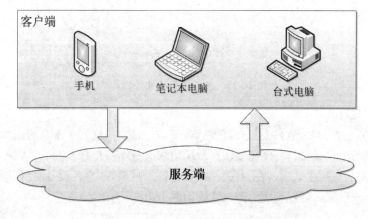

图 16-13　即时通信的系统架构

（1）登录

用户打开聊天软件，输入用户名和密码，再单击登录按钮，此时作为客户端的聊天工具就要向服务端发送登录请求，登录参数应当包含昵称、设备编号、登录时间等。服务端收到客户端的登录请求后，为其分配专门的连接资源（比如套接字），并根据设备编号这个唯一标识将该客户端添加至套接字队列，也就是将它纳入在线设备来管理。登录场景下的客户端与服务端交互流程示意图如图 16-14 所示。

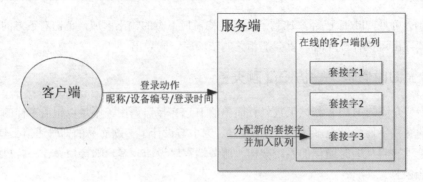

图 16-14　登录场景的业务流程

（2）注销

用户关闭聊天软件，作为客户端的聊天工具需要在程序退出前向服务端发送注销请求，表示当前设备已经离线。于是服务端根据注销请求释放该设备申请的连接资源（比如关闭套接字），并将该客户端移出套接字队列，不再把它当作在线设备。注销场景下的客户端与服务端交互流程示意图如图 16-15 所示。

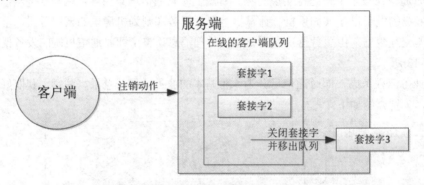

图 16-15　注销场景的业务流程

（3）获取好友列表

用户登录成功之后，聊天软件会打开好友列表窗口，该窗口展示了所有的在线好友，这些在线好友对应着服务端的在线设备，自然需要由客户端请求服务端获得好友列表。服务端收到好友列表获取请求，遍历当前的套接字队列，将所有的在线设备信息封装好(含各设备的用户昵称及其编号)，再返回给客户端。获取在线好友列表的请求流程如图 16-16 所示。

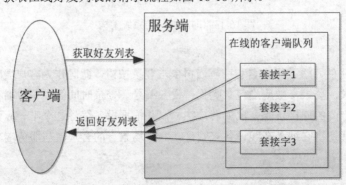

图 16-16　获取好友列表的业务流程

（4）发送聊天消息

单击好友列表中的某位好友，准备跟他/她聊天，聊天软件会弹出聊天窗口，在此可以发送消息并查看与好友的聊天记录。在消息输入框中编辑好待发送的消息文本，单击发送按钮将消息传给服务器，当然不能只把消息文本传给服务器，还得带上好友的设备编号，这样服务器才能根据该编号找到好友设备的套接字，然后向好友的套接字连接传送聊天消息，最终好友在他/她的聊天窗口看到了你发来的消息内容。此时消息中转的流程如图 16-17 所示。

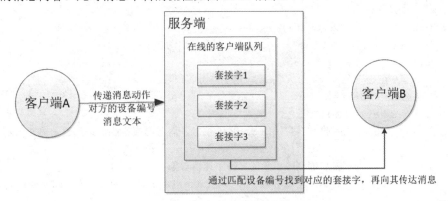

图 16-17　发送/接收聊天消息的业务流程

## 2. 服务端的程序设计

具体到编码实现上，则要区分客户端的程序和服务端的程序。假设客户端与服务端之间采用 Socket 通信，那么服务端得先定义客户端的套接字详情类，用来保存客户端的连接信息，包括套接字、设备编号、昵称等字段。这个套接字详情类的定义代码如下：

```java
//定义客户端的套接字详情
public class SocketBean {
    public String id;          // 客户端的服务编号，这是服务端给客户端分配的编号
    public Socket socket;      // 客户端的套接字
    public String deviceId;    // 客户端的设备编号，这是客户端给自己取的编号
    public String nickName;    // 客户端的昵称
    public String loginTime;   // 客户端的登录时间

    public SocketBean(String id, Socket socket) {
        this.id = id;
        this.socket = socket;
    }
}
```

接着服务端启动 Socket 服务器，每接收到新的客户端请求，就为其创建专门的套接字详情对象，并启动单独的服务线程服务该客户端。初步编写的聊天服务器代码如下（完整代码见本章源码的 src\com\network\im_server\ChatServer.java）：

```java
//聊天服务器
public class ChatServer {
    private static final int SOCKET_PORT = 52000;  // 聊天服务的侦听端口
    public static List<SocketBean> mSocketList = new ArrayList<SocketBean>();
```

```java
    // 客户端套接字的列表

    public static void main(String[] args) {
        ChatServer server = new ChatServer();
        server.initServer();   // 初始化服务器
    }


    // 初始化服务器
    private void initServer() {
        System.out.println("Socket 聊天服务已启动");
        try {
            // 创建一个 ServerSocket，用于监听客户端 Socket 的连接请求
            ServerSocket server = new ServerSocket(SOCKET_PORT);
            while (true) {
                // 每当接收到客户端的 Socket 请求，服务器端也相应地创建一个 Socket
                Socket clientSocket = server.accept();
                // 为该客户端创建单独的套接字详情对象
                SocketBean socket = new SocketBean(DateUtil.getTimeId(),
clientSocket);
                mSocketList.add(socket);   // 把新的客户端套接字添加进列表
                System.out.println("连接了一个客户端");
                // 每连接一个客户端，就启动一个服务线程服务该客户端
                new Thread(new ServerTask(socket)).start();
            }
        } catch (Exception e) {
            e.printStackTrace();
        }
    }
}
```

注意上面的代码在启动服务线程时用到了自定义的 ServerTask，它实现了 Runnable 接口，接下来服务端和客户端之间的数据交互全部交给该类处理。ServerTask 轮询客户端发来的数据，解析得到本次数据的消息类型：登录、注销、获取好友列表或者发送聊天消息，依据不同的消息类型分别进行如下处理：

（1）登录：把客户端的昵称、设备编号等信息保存到 mSocketList。

（2）注销：关闭连接，并将该连接从 mSocketList 移除。

（3）获取好友列表：遍历 mSocketList 里的所有设备信息，按规定格式组装好发给客户端。

（4）发送聊天消息：根据对方的设备编号在 mSocketList 中找到对应的套接字设备，并往该设备传送消息内容。

据此编写的 ServerTask 代码框架如下（完整代码见本章源码的 src\com\network\im_server\ServerTask.java）：

```java
//定义客户端聊天的服务逻辑
public class ServerTask implements Runnable {
    private SocketBean mSocket;                // 客户端的套接字详情
```

```java
    private BufferedReader mReaderl;        // 客户端消息的缓存读取器

    public ServerTask(SocketBean socket) throws IOException {
        mSocket = socket;
        // 先获得套接字对象的输入流，再把输入流转换为缓存读取器
        mReader = new BufferedReader(new InputStreamReader(mSocket.socket.
getInputStream(), "UTF8"));
    }

    public void run() {
        try {
            String content = null;
            // 循环不断地从 Socket 中读取客户端发送过来的数据
            while ((content = mReader.readLine()) != null) {
                //此处省略具体的处理逻辑，完整源码参见 src\com\network\im_server\
ServerTask.java
                //解析数据得到该消息的类型（登录、注销、获取好友列表、发送消息），再分别处理
            }
        } catch (Exception e) {
            e.printStackTrace();
        }
    }
}
```

### 3. 客户端的接口设计

搞定了服务端的编码，再来完成客户端的编码。为了方便与好友聊天，首先要定义一个好友信息类，包含好友的设备编号、昵称、登录时间等信息，该类的定义代码如下：

```java
//定义一个好友信息类
public class Friend {
    public String device_id;            // 好友的设备编号
    public String nick_name;            // 好友的昵称
    public String login_time;           // 好友的登录时间

    public Friend(String device_id, String nick_name, String login_time) {
        this.device_id = device_id;
        this.nick_name = nick_name;
        this.login_time = login_time;
    }
}
```

接着还得定义一个聊天事件的监听器，因为单次 Socket 请求只管发送数据，不管接收数据，所以服务端返回的数据只能由监听器异步处理。监听器接口的定义代码很简单，仅有一个抽象方法，因此可将它声明为函数式接口，方便外部采用 Lambda 表达式书写。聊天监听器的代码定义如下：

```java
//定义 QQ 事件监听器，用于服务端的回调处理。这是一个函数式接口，调用时可写成 Lambda 表达式
@FunctionalInterface
public interface QQListener {
```

```
    public void doEvent(String content);
}
```

然后编写一个专门同服务端通信的工具类，不妨将它称作"QQ 伴侣"，凡是需要跟服务端交互的工作都由 QQ 伴侣完成。这个 QQ 伴侣要腾出两只手干活，也就是分两个线程做事情，左手线程负责往服务端发送数据，右手线程负责从服务端接收数据。由于客户端的多个窗口都需要与服务端交互，因此 QQ 伴侣必须采取单例模式，只有这样才能保证各窗口通过唯一的连接与服务端通信。

无论数据是由客户端发的还是由服务端回的，都要以某种格式组装消息，从而让各字段井然有序地组成消息包。消息包可分为包头与包体，其中包头用于标识操作类型、操作对象、操作时间等基本要素，包体用于存放具体的消息内容（如好友列表、消息文本等）。Socket 通信一般不用 XML 或 JSON 等复杂格式，而是直接用分隔符划分包头、包体以及包头内部的元素。在这里的源码中，采取竖线作为每行的分隔符，采取逗号作为每列的分隔符。

限于篇幅，下面只列出 QQ 伴侣的关键代码（完整代码见本章源码的 src\com\network\im_client\QQPartner.java）：

```
//定义一个 QQ 伴侣，专门处理与服务端之间的信息交互
public class QQPartner {
    // 以下为 Socket 服务器的 IP 和端口，根据实际情况修改
    private static final String SOCKET_IP = "192.168.1.9";
    private static final int SOCKET_PORT = 52000;
    private Socket mSocket;                      // 声明一个套接字对象
    private BufferedReader mReader;              // 声明一个缓存读取器对象
    private OutputStream mWriter;                // 声明一个输出流对象
    public static String SPLIT_LINE = "|";       // 行分隔符
    public static String SPLIT_ITEM = ",";       // 列分隔符
    public static String LOGIN = "LOGIN";        // 登录
    public static String LOGOUT = "LOGOUT";      // 注销
    public static String SENDMSG = "SENDMSG";    // 发送消息
    public static String RECVMSG = "RECVMSG";    // 接收消息
    public static String GETLIST = "GETLIST";    // 获取在线好友列表
    private static QQPartner mInstance;          // QQ 伴侣的单例
    private QQListener mListener;                 // 回调监听器

    // 获取 QQ 伴侣的单例
    public static QQPartner getInstance(String nickName) {
        if (mInstance == null) {
            mInstance = new QQPartner();             // 创建 QQ 伴侣的实例
        }
        if (nickName != null && nickName.length() > 0) {
            mInstance.setNickName(nickName);         // 设置用户昵称
        }
        return mInstance;
    }

    public void setListener(QQListener listener) {  // 设置回调监听器
        mListener = listener;
```

```
        }

        private QQPartner() {
            mSocket = new Socket();  // 创建一个套接字对象
            try {
                System.out.println("connect");
                // 命令套接字连接指定地址的指定端口
                mSocket.connect(new InetSocketAddress(SOCKET_IP, SOCKET_PORT),
3000);
                // 根据套接字的输入流构建缓存读取器
                mReader = new BufferedReader(new
InputStreamReader(mSocket.getInputStream(), "UTF8"));
                mWriter = mSocket.getOutputStream();  // 获得套接字的输出流
                new RecvThread().start();  // 启动一条子线程来读取服务器相应的数据
            } catch (Exception e) {
                e.printStackTrace();
            }
        }

        // 向服务端发送动作消息
        public void sendAction(String action, String otherId, String msgText) {
            // 拼接完整的聊天消息
            String content = String.format("%s,%s,%s,%s,%s%s%s\r\n", action,
                    mSerial, mNickName, DateUtil.getNowTime(), otherId, SPLIT_LINE,
msgText);
            System.out.println("sendAction : " + content);
            try {
                mWriter.write(content.getBytes("UTF8"));  // 往输出流对象中写入数据
            } catch (Exception e) {
                e.printStackTrace();
            }
        }

        // 定义消息接收子线程，让 App 从后台服务器接收消息
        private class RecvThread extends Thread {
            public void run() {
                String content;
                try {
                    // 读取到来自服务器的数据
                    while ((content = mReader.readLine()) != null) {
                        QQPartner.this.notify(0, content);  // 发送正常的消息通知
                    }
                } catch (Exception e) {
                    e.printStackTrace();
                }
            }
        }
    }
```

```
// 发送服务端来的消息通知
private void notify(int type, String message) {
    if (type == 0) {  // 正常消息
        mListener.doEvent(message);  // 事件回调处理
    }
}
}
```

### 4. 客户端的界面设计

现在有了 QQ 伴侣，剩下的工作便是客户端窗口的界面编码了。即时通信软件主要有 3 个界面窗口，分别是登录窗口、好友列表窗口、聊天窗口，各窗口的具体布局与常规操作不再赘述。下面主要讲解跟 QQ 伴侣有关的地方。

（1）登录窗口

登录窗口的控件包括账号输入框、密码输入框、登录按钮，如图 16-18 所示。

假设登录窗口的入口代码是 QQLoginMain.java，界面控制器代码是 QQLoginController.java，用户单击"登录"按钮后，程序要向服务器发送登录请求。QQ 伴侣的调用代码如下（完整代码见本章源码的 src\com\network\im_client\QQLoginController.java）：

```
QQPartner partner = QQPartner.getInstance(fieldUser.getText());  // 获取当前用户的 QQ 伴侣
partner.sendAction(QQPartner.LOGIN, "", "");  // 吩咐 QQ 伴侣去登录
```

除了登录操作外，该窗口还要考虑注销操作，不过聊天软件并未提供专门的注销按钮，一般认为用户关闭主窗口相当于退出聊天，所以需要设置窗口舞台的关闭请求事件，一旦监控到单击叉号按钮关闭窗口的动作，就要自动触发注销操作。于是可在登录窗口的入口代码中添加如下的事件监听代码，用来触发账号的注销操作（完整代码见本章源码的 src\com\network\im_client\QQLoginMain.java）：

```
// 设置舞台的关闭请求事件，在用户单击右上角的叉号按钮时，会触发这里的 handle 方法
stage.setOnCloseRequest(new EventHandler<WindowEvent>() {
    public void handle(WindowEvent event) {
        // 关闭窗口之前，要先通知服务器注销当前账号
        QQPartner partner = QQPartner.getInstance("");//获取当前的 QQ 伴侣
        partner.sendAction(QQPartner.LOGOUT, "", "");  //吩咐 QQ 伴侣去注销
    }
});
```

（2）好友列表窗口

登录成功后进入好友列表窗口，模仿 QQ 的好友列表界面，每行放置一位好友，其中左边是好友的头像图标，右边是好友的昵称文字，效果如图 16-19 所示。

当然，好友窗口的在线好友取自服务器，因此一打开好友窗口就得马上请求服务器获取好友列表，同时指定 QQ 伴侣的回调监听器，以便接收服务器的应答数据。获取好友列表的调用代码如下（完整代码见本章源码的 src\com\network\im_client\ FriendListController.java）：

图 16-18 客户端的登录窗口          图 16-19 客户端的好友列表窗口

```
QQPartner partner = QQPartner.getInstance("");   //获取当前的 QQ 伴侣
partner.setListener((String content) -> showFriend(content));   //设置 QQ 伴侣的
回调监听器
partner.sendAction(QQPartner.GETLIST, "", "");  //吩咐 QQ 伴侣去获取好友列表
```

注意，上面 setListener 方法的输入参数为 Lambda 表达式，它的完整写法是下面这样的：

```
partner.setListener(new QQListener() {  // 设置 QQ 伴侣的回调监听器
    public void doEvent(String content) {
        showFriend(content);  // 把好友列表显示在窗口上
    }
});
```

（3）聊天窗口

与好友对话的聊天窗口很简洁，上半部分是用户与
好友的聊天记录，下半部分是待发送的消息输入框，"发
送"按钮按惯例放在窗口的右下角，整个窗口的布局如
图 16-20 所示。

聊天窗口一方面支持将我方消息发给服务器，另一
方面能够接收服务器发来的对方的消息，向服务器发消
息的动作在单击"发送"按钮时触发，而服务器发来的
消息随时可能到达，因此需要设置 QQ 伴侣的回调监听
器，由监听器负责接收对方消息。于是刚打开聊天窗口

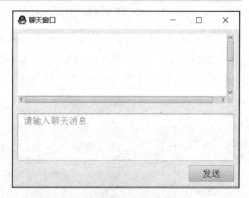

图 16-20 客户端的聊天窗口

就得调用以下的设置代码（完整代码见本章源码的 src\com\network\im_client\ChatController.java）：

```
btnSend.setOnAction(e -> sendMyMessage() );  // 设置"发送"按钮的单击事件
QQPartner partner = QQPartner.getInstance("");      // 获取当前的 QQ 伴侣
//设置 QQ 伴侣的回调监听器。回调时通过 showOtherMessage 方法把对方消息添加到界面上
partner.setListener((String content) -> showOtherMessage(content));
```

上述代码的 showOtherMessage 方法只负责把对方的消息显示到窗口上，而 sendMyMessage 不
但要在界面上追加本人的消息，还得将该消息发往服务器。下面是 sendMyMessage 方法的代码逻辑：

```
// 发送我的消息
private void sendMyMessage() {
```

```
String message = areaContent.getText();          // 获取要发送的消息
addMyMessage(message);                            // 把我的消息添加到界面上
QQPartner partner = QQPartner.getInstance("");    // 获取当前的 QQ 伴侣
Friend friend = partner.getFriend();              // 获取好友信息
partner.sendAction(QQPartner.SENDMSG, friend.device_id, message);
                                // 吩咐 QQ 伴侣发送消息
areaContent.setText("");        // 清空消息输入框
}
```

　　服务端和客户端的编码全部完成之后，先运行服务端的聊天服务 ChatServer，再启动两个客户端程序，在各自的登录窗口中输入账号与密码，如图 16-21 和图 16-22 所示。

图 16-21　我心飞扬的登录窗口　　　　　　　图 16-22　在水一方的登录窗口

　　两边都单击"登录"按钮，进入各自的好友列表窗口，两个列表窗口如图 16-23 和图 16-24 所示，发现当前都有两个在线好友（包括自己）。

图 16-23　我心飞扬的好友列表窗口　　　　　　图 16-24　在水一方的好友列表窗口

　　两个客户端分别单击好友列表里对方的昵称，各自打开己方的聊天窗口。然后客户端 A 先给对方发送一条消息，此时己方的聊天窗口和对方的聊天窗口都展示了该消息，如图 16-25 和图 16-26 所示。

　　接着客户端 B 回复了一条消息，两个客户端的聊天窗口都展示了新消息，如图 16-27～图 16-30 所示，说明消息的发送与接收均能正常运作。

图 16-25　在水一方的聊天窗口 1

图 16-26　我心飞扬的聊天窗口 1

图 16-27　我心飞扬的聊天窗口 2

图 16-28　在水一方的聊天窗口 2

图 16-29　在水一方的聊天窗口 3

图 16-30　我心飞扬的聊天窗口 3

# 16.5　小　结

本章主要介绍了访问网络数据的通信手段及其实现技术，主要包括：在网络上交互的数据格式是怎样的（URL 格式、JSON 格式、XML 格式）、如何通过 HTTP 协议在网络上传输数据（特别关注 GET 与 POST 两种访问方式，以及 HttpURLConnection 与 HttpClient 两种调用工具）、如何使用 Socket 在网络上传输数据（分别基于 TCP 协议和 UDP 协议），然后演示了两个实战练习（HTTP 测试工具和仿 QQ 聊天）的设计与编码。

通过本章的学习，读者应该能够掌握以下编程技能：

（1）了解网络数据的常见格式，且能够解析这些数据串。

（2）学会分别使用 GET 方式和 POST 方式访问 HTTP 接口。

（3）学会利用 Socket 通信来传输网络数据。

（4）学会使用网络通信的相关技术实现业务功能。

# 第**17**章

# 数据库操作

本章以开源的 MySQL 数据库为例，介绍 Java 代码操作数据库的来龙去脉，包括 MySQL 开发环境的搭建、通过 JDBC 规范统一管理数据库、利用连接池优化数据库操作，还将介绍代码生成工具与诗歌管理系统的实现过程。

## 17.1　MySQL 环境搭建

本节介绍 MySQL 开发环境的搭建过程，首先描述在本地安装 MySQL 数据库服务的详细步骤，然后说明 MySQL 工作台的安装步骤及其简单用法，最后叙述数据库描述语言（简称 SQL）的语法规则以及常见数据库操作对应的 SQL 案例。

### 17.1.1　安装 MySQL 数据库

MySQL 是一款开源的关系型数据库。所谓关系型，指的是将一组数据分门别类地保存在不同的表中，然后通过各种各样的关系把这些表的记录关联起来。MySQL 有社区版与商业版两种版本，开发者可以免费使用社区版，由于它的体积小、速度快，还开放源码，因此中小型网站普遍使用MySQL 作为网站后台的数据库。

MySQL 社区版的最新安装包可前往官网下载，下载页面是 https://dev.mysql.com/downloads/installer/，在该页面的下方选择操作系统 Microsoft Windows 之后，会显示两种安装包：在线安装包和离线安装包，推荐下载体积较大的离线安装包，因为离线安装包在安装过程中无须联网。注意，虽然官网页面提示这两种安装包都是 32 位的，但 32 位的安装包也能成功安装到 64 位的操作系统，所以不必纠结为何找不到 64 位的安装包。单击下载页面的 Download 按钮，下载完成的安装包是一个 MSI 文件，如 mysql-installer-community-8.0.16.0.msi，双击该文件开始安装 MySQL，稍等片刻弹出如图 17-1 所示的许可协议界面。

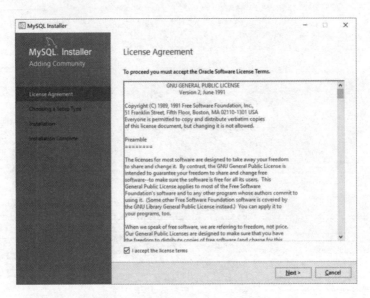

图 17-1　MySQL 的许可协议界面

勾选该界面下方的 I accept the license terms 复选框，表示接受界面上罗列的许可条款，再单击右下角的 Next 按钮，跳到下一个安装界面，如图 17-2 所示。

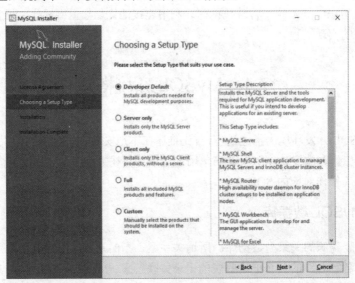

图 17-2　MySQL 的安装类型界面

这个安装界面允许选择具体的安装类型，保持默认选择的选项为 Developer Default，单击右下角的 Next 按钮，跳到如图 17-3 所示的必要条件检测页面。

在检测页面发现 MySQL 组件依赖于"Microsoft Visual C++ 2015 ***"，但是当前计算机不满足环境条件，故 MySQL 各组件前方只显示空心圆圈，右侧的 Status 列也是空的。此时不能单击右下角的 Next 按钮，而要单击 Execute 按钮，之后弹出如图 17-4 所示的小窗口，提示是否要安装 Microsoft Visual C++ 2015 Redistributable (x64)。勾选小窗口上的"我同意许可条款和条件"复选框，并单击窗口下面的"安装"按钮，等待系统的自动安装过程。安装完毕，原小窗口会如图 17-5 所示提醒设置成功。

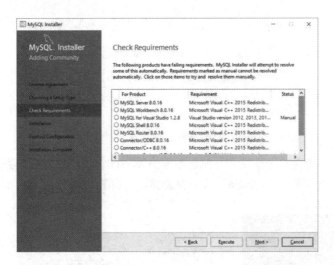

图 17-3  MySQL 的条件检测界面（缺少 MVC++）

图 17-4  MVC++的安装提示小窗口

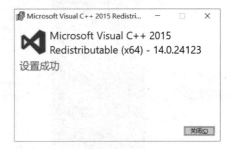

图 17-5  MVC++的设置成功界面

单击小窗口右下角的"关闭"按钮，回到如图 17-6 所示的 MySQL 安装主界面。

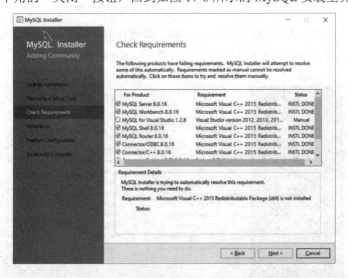

图 17-6  MySQL 的条件检测界面（拥有 MVC++）

由图 17-6 可见，绝大多数 MySQL 组件的左侧变为打勾的圆圈，右侧的 Status 列也变为 INSTL DONE，说明这些组件已经具备安装条件。由于个别组件（如 MySQL for Visual Studio 1.2.8）尚不满足条件，因此单击右下角的 Next 按钮会弹出图 17-7 所示的警告对话框。

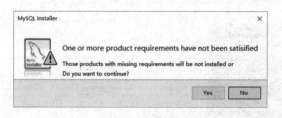

图 17-7　缺少组件时的警告对话框

　　该对话框警告个别组件将无法安装，但这不影响 MySQL 的正常使用，故单击对话框的 Yes 按钮，表示仍然继续安装操作。这时跳到下一个安装界面，如图 17-8 所示。

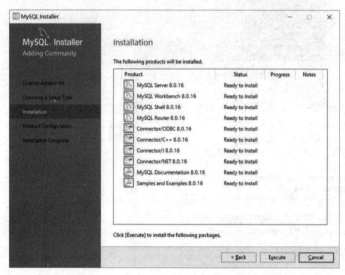

图 17-8　MySQL 的各组件安装准备界面

　　该界面展示了待安装的 MySQL 组件列表，单击界面右下角的 Execute 按钮，等待各组件的安装过程，安装完毕界面上会提示这些组件的状态变成 Complete，如图 17-9 所示。

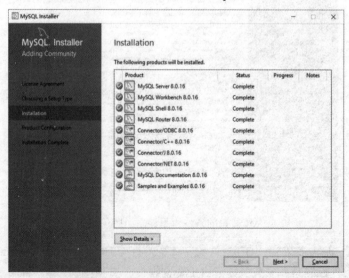

图 17-9　MySQL 的各组件安装就绪界面

　　总算把 MySQL 安装好了，不过还要调整 MySQL 的配置信息，这样才能让它真正跑起来。于是单击页面右下角的 Next 按钮，跳到如图 17-10 所示的配置界面。

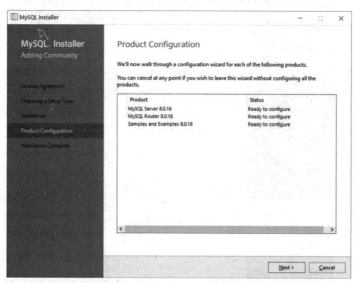

图 17-10　MySQL 的产品配置界面（准备配置服务器）

　　配置界面提示还有服务器（Server）与路由器（Router）需要配置，单击右下角的 Next 按钮，进入如图 17-11 所示的服务器配置界面。

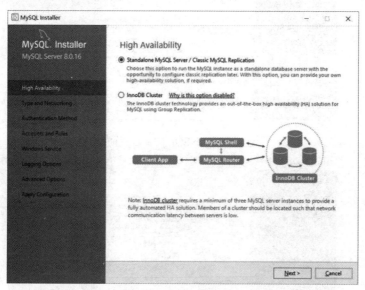

图 17-11　MySQL 的服务器配置界面

　　保持该界面的默认选项，单击右下角的 Next 按钮，跳到图 17-12 所示的网络配置界面。

　　网络配置界面主要配置服务器类型以及连接信息，其中 Config Type 下拉框选择 Development Computer，表示当前计算机准备作为开发机。Connectivity 区域则保持默认的配置，比如 3306 是 MySQL 专用的服务器端口，接着单击右下角的 Next 按钮，跳到如图 17-13 所示的鉴权界面。

　　保持鉴权界面的默认选项，单击右下角的 Next 按钮，跳到如图 17-14 所示的账号与角色界面。

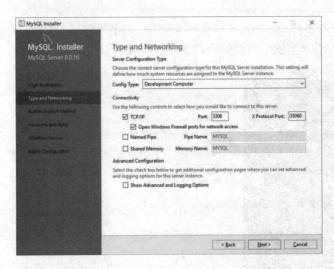

图 17-12　MySQL 的网络配置界面

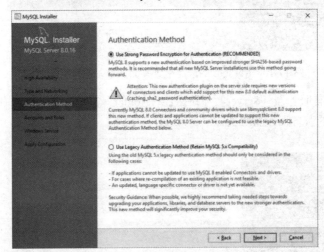

图 17-13　MySQL 的鉴权界面

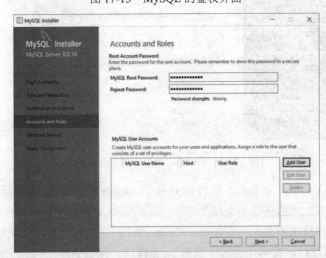

图 17-14　MySQL 的账号与角色界面（未创建账户）

　　该界面的上方要填写 root 账户的密码,因为 root 账户拥有生杀大权,所以它的密码要尤其重视,不能随随便便让人破解了,越复杂越好,最好包括数字、小写字母、大写字母、标点符号在内,否则密码太简单的话,界面上直接提示"Password strength: Weak",意思是这个密码太弱了。既然 MySQL 都替开发者这么操心,我们就要给予十二分的重视,譬如"222@@@wwwWWW"这个密码长达 12 位,总算让 MySQL 认证为强密码了"Password strength: Strong"。

　　好不容易成了强密码,先别忙着单击 Next 按钮,还要在该界面下方分配管理员账号。单击界面右边的 Add User 按钮,弹出如图 17-15 所示的管理员账户创建窗口。

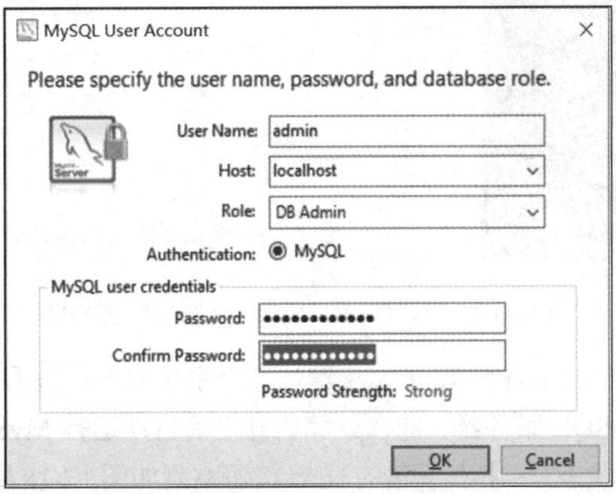

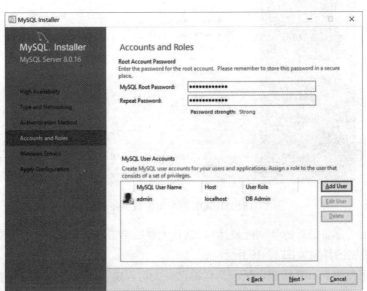

图 17-15　管理员账户创建窗口

　　在该窗口的 User Name 栏填写管理员的账户名为 admin,在 Role 下拉菜单中选择 DB Admin,在窗口下边填入管理员的密码与确认密码,然后单击 OK 按钮返回如图 17-16 所示的 MySQL 账户与角色界面。

图 17-16　MySQL 账户与角色界面(已创建账户)

　　由图 17-16 可见,原界面下方的 MySQL User Accounts 区域列出了刚才创建的 admin 账户。这时才能单击右下角的 Next 按钮,跳到如图 17-17 所示的 Windows 服务配置界面。

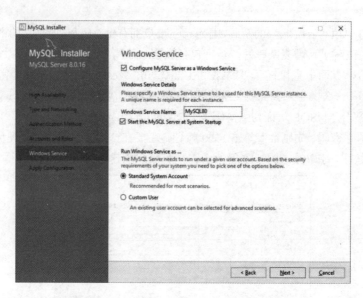

图 17-17　MySQL 的 Windows 服务配置界面

Windows 服务配置界面表明将给 Windows 增加一个系统服务，该服务的名称叫 MySQL80，并且会在系统启动时运行 MySQL 服务器。能在计算机开机后自动运行 MySQL，当然是求之不得的好事，故这里保持默认的勾选状态，单击右下角的 Next 按钮跳到如图 17-18 所示的配置生效准备界面。

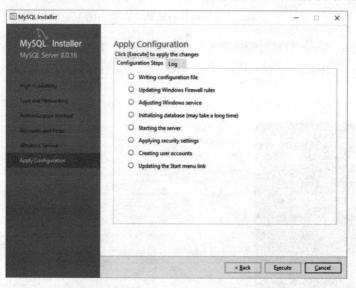

图 17-18　MySQL 的配置生效准备界面

这个界面列出了准备进行的各项配置操作，确认无误后单击右下角的 Execute 按钮，等待 MySQL 的配置操作，配置完的界面如图 17-19 所示。

单击界面右下角的 Finish 按钮，是不是觉得已经大功告成了？没想到却跳到了如图 17-20 所示的界面。

这个界面看起来似曾相识，正是前面的配置界面，原来之前仅仅配置了 MySQL 的服务器信息，还有 MySQL 的路由器信息没有配置。于是单击界面右下角的 Next 按钮，跳到如图 17-21 所示的路由器配置界面。

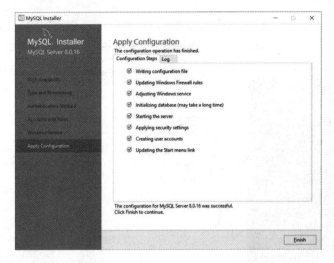

图 17-19 MySQL 的配置生效完成界面

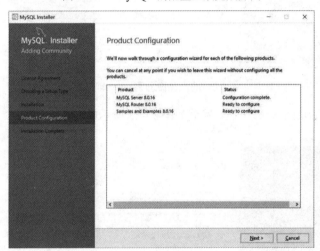

图 17-20 MySQL 的产品配置界面（准备配置路由器）

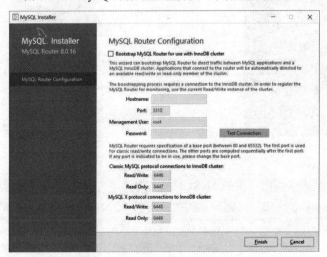

图 17-21 MySQL 的路由器配置界面

因为初学者只需单机开发，用不着拐弯抹角地路由来路由去，所以此处不必勾选，也不必填写什么信息，直接单击右下角的 Finish 按钮回到如图 17-22 所示的产品配置界面。

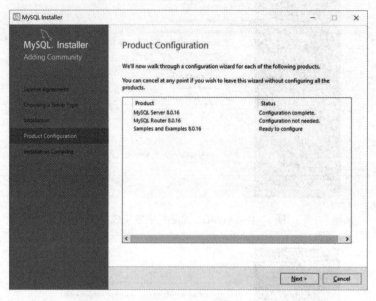

图 17-22　MySQL 的产品配置界面（准备测试连接）

继续单击界面右下角的 Next 按钮，跳到如图 17-23 所示的连接测试界面。

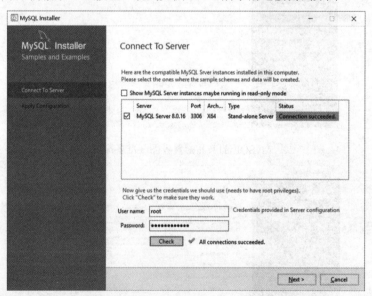

图 17-23　MySQL 的连接测试界面

测试界面的上方列出了当前可用的 MySQL 服务器，下方是账号和密码区域，在 User name 栏填写"root"，在 Password 栏填写之前设定的超级密码"222@@@wwwWWW"。然后单击 Check 按钮，配置程序会自动开始服务器的连接检测，检测通过后在 Check 按钮右边显示检测结果"All connections succeeded"。看起来没什么问题，单击界面右下角的 Next 按钮，跳到如图 17-24 所示的下一个配置界面。

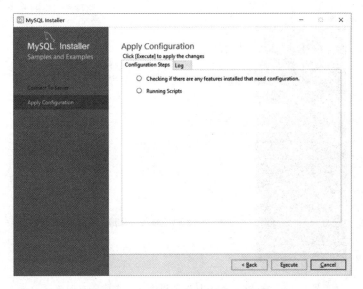

图 17-24　MySQL 的配置生效准备界面

单击该界面的 Execute 按钮执行检查操作，检查完的界面如图 17-25 所示。

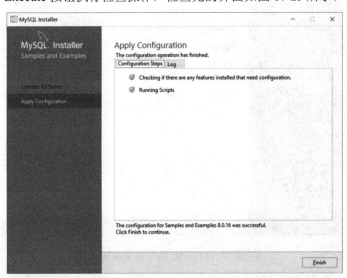

图 17-25　MySQL 的配置生效完成界面

界面提示一切正常，那么单击右下角的 Finish 按钮，跳回图 17-26 所示的产品配置界面。

从界面列表可见，第一项的 MySQL 服务器与第三项的检查例子都已配置完成，第二项的路由器配置暂不需要，接着单击右下角的 Next 按钮，跳到如图 17-27 所示的安装完成界面。

看见这个完成界面，才真正完成了全部的安装与配置流程。注意到界面上默认勾选了两项：Start MySQL Workbench after Setup 代表安装完成后启动 MySQL 工作台，Start MySQL Shell after Setup 代表安装完成后启动 MySQL 命令行。这两项可选可不选，若不选，单击 Finish 按钮，则安装程序自行退出；若保持选中，再单击 Finish 按钮，则安装程序退出后会分别打开 MySQL 的工作台与命令行界面。其中，工作台界面如图 17-28 所示，这里提供了图形化的管理界面，方便开发者更好地使用 MySQL。

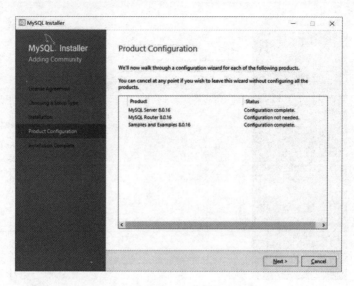

图 17-26　MySQL 的产品配置界面（已完成所有配置）

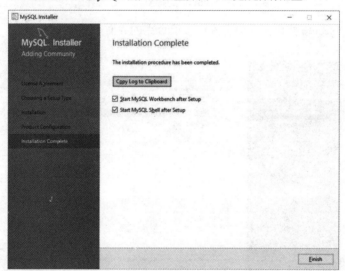

图 17-27　MySQL 的安装完成界面

图 17-28　MySQL 的工作台界面

命令行界面如图 17-29 所示，类似于 Windows 的命令行窗口，主要给高手使用，或者给数据库
管理员使用。

图 17-29　MySQL 的命令行界面

工作台与命令行有对应的可执行程序，其中工作台的程序路径位于 C:\Program Files\MySQL\
MySQL Workbench 8.0 CE\MySQLWorkbench.exe，命令行的程序路径位于 C:\Program Files\MySQL\
MySQL Shell 8.0\bin\mysqlsh.exe。后续若想单独启动它们，则可以找到对应的程序路径，双击 EXE
文件即可。

## 17.1.2　安装 MySQL 工作台

MySQL 安装结束后会自动开启 MySQL 的数据库服务，Windows 的系统服务中便能找到
MySQL80 的身影，它的服务列表如图 17-30 所示。

图 17-30　在 Windows 系统服务中找到 MySQL

不过安装好环境只是准备工作，相当于搭好舞台后还得有人去唱戏才行，故还需真正把 MySQL
的数据库服务用起来。管理 MySQL 有两种方式：一种是命令行方式；另一种是工作台方式。对初
学者来说，可视化的工作台界面无疑更方便操作。进入工作台的安装目录 C:\Program
Files\MySQL\MySQL Workbench 8.0 CE，找到可执行程序 MySQLWorkbench.exe 并双击，一会儿就
打开了 MySQL 工作台的欢迎界面，如图 17-31 所示。

图 17-31　MySQL 工作台的欢迎界面

打开工作台后的第一件事是连接数据库服务。连接数据库的一种办法是单击工作台左下方的数据库信息方框（图 17-31 左下角的方框处），该办法会直接连上指定的数据库。另一种办法是依次选择菜单 Database→Connect to Database，该办法用于定制数据库连接，此时会弹出如图 17-32 所示的数据库连接窗口。

由图 17-32 可见，准备连接的数据库服务名叫 MySQL80，主机名称是 localhost，端口号是 3306，用户名是 root。这里保持默认的连接信息，单击窗口右下角的 OK 按钮，弹出如图 17-33 所示的密码确认窗口。

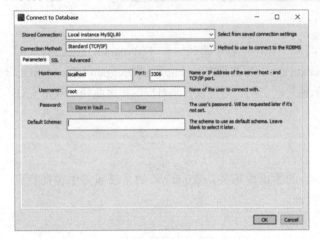

图 17-32　MySQL 工作台的数据库连接窗口　　　　图 17-33　MySQL 工作台的密码确认窗口

在密码确认窗口中填入 root 用户的密码，勾选 Save password in vault 复选框，然后单击下面的 OK 按钮，开始连接操作。数据库连接成功，回到如图 17-34 所示的工作台主界面。

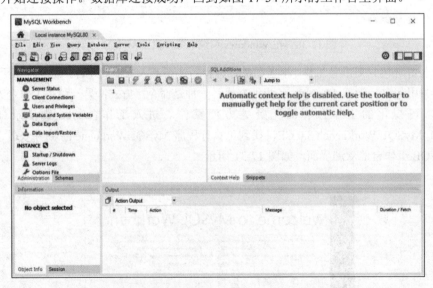

图 17-34　连接成功之后的 MySQL 工作台

但是初来乍到，这个界面让人觉得十分陌生，一堆的图标与英语词组，叫人不知所措。正所谓一回生二回熟，接下来还是从头创建数据库实例，以便领略万丈高楼平地起的全貌。创建数据库实例有两种方式：第一种方式是找到顶部菜单下面紧邻的一排图标，单击此处的第 4 个圆柱体图标；

第二种方式是单击左侧导航区域下面的 SCHEMAS 卡片，切换到 SCHEMAS 小窗口后，在空白区域右击，并在快捷菜单中选择 Create Schema。这两种方式都表示要创建新库，它们的坐标位置如图 17-35 所示。

无论是单击圆柱图标，还是选择快捷菜单，主界面中央均会显示数据库的创建面板，如图 17-36 所示。

 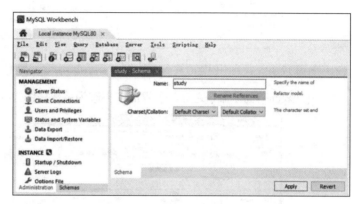

图 17-35　创建数据库实例的两种方式　　　图 17-36　MySQL 工作台的数据库创建界面

在 Name 栏输入数据库名称（如 study），然后单击面板右下角的 Apply 按钮，工作台弹出如图 17-37 所示的脚本窗口。

注意到窗口内部展示了以下一行脚本语句：

```
CREATE SCHEMA `study` ;
```

该语句可望文生义，意思是创建一个名叫 study 的结构，其实就是创建 study 数据库。单击窗口右下角的 Apply 按钮，工作台代劳执行了这句数据库创建脚本，执行结果反馈到如图 17-38 所示的脚本窗口。

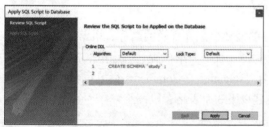 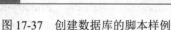 

图 17-37　创建数据库的脚本样例　　　图 17-38　建库脚本的执行结果

执行结果毫无疑问是正确的，那个 CREATE 语句本来就是工作台自己提供的。单击右下角的 Finish 按钮回到工作台主界面，从图 17-39 可以看到，此时左侧的 SCHEMAS 小窗口果然多了一个 study 数据库。

单击 study 名称左边的三角图标，展开该数据库下的几类实体，包括 Tables（表格）、Views（视图）、Stored Procedures（存储过程）、Functions（函数），跟程序打交道的数据一般放在表格中。由于 study 库刚刚创建，正是百业待兴之时，因此还得给它手工创建一个新表试试。右击实体列表的 Tables 项，在弹出的快捷菜单中选择 Create Table 命令，如图 17-40 所示。

图 17-39　找到刚创建的数据库实例

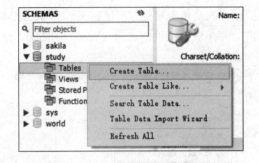

图 17-40　在数据库内部创建数据表

选中 Create Table 命令之后，主界面中央改为展现如图 17-41 所示的建表信息界面。

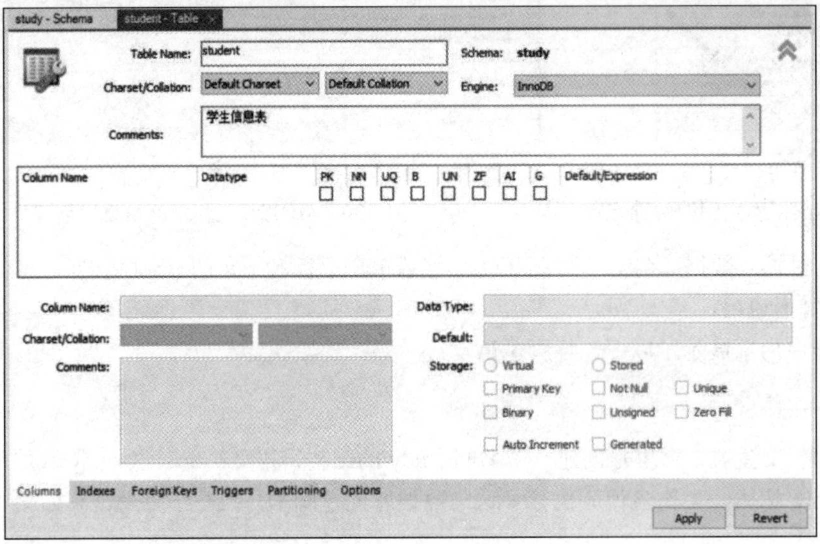

![建表信息界面截图]

图 17-41　建表信息界面

建表信息界面从上往下主要分为三块区域：表格的概要信息（含表的名称、引擎、说明等）、表格的字段列表、当前字段的详情（含字段的名称、类型、说明、属性等）。这里准备创建一个学生信息表，于是在概要区域的 Table Name 栏填写表名"student"，Comments 栏填写表的说明"学生信息表"。接着单击中间的字段列表区域，依次创建以下 3 个表格字段：

（1）学号字段：字段名为 xuehao，字段类型为 INT，表示整型；勾选 PK（Primary Key），表示该字段是主键，既不能重复，同时又是索引；勾选 NN（Not Null），表示该字段非空。

（2）姓名字段：字段名为 name，字段类型为 VARCHAR(32)，表示字符串长度是 32；勾选 NN（Not Null），表示该字段非空。

（3）生日字段：字段名为 birthday，字段类型为 DATE，表示日期型。

以上 3 个字段填完信息的区域界面如图 17-42 所示。

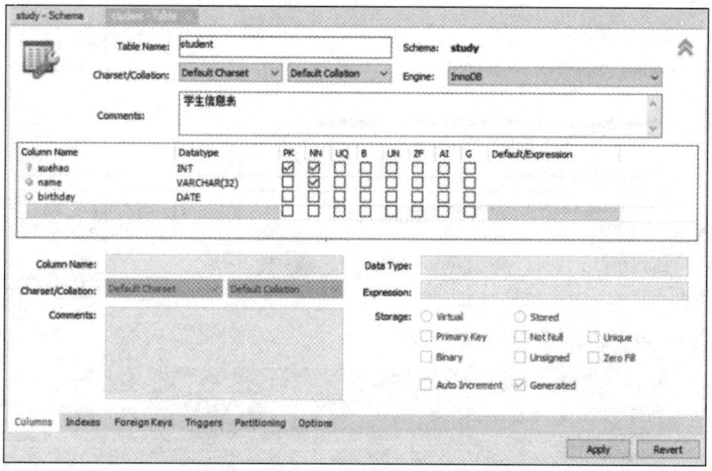

图 17-42　填完信息的建表界面

之后单击区域右下角的 Apply 按钮，弹出如图 17-43 所示的脚本窗口。

图 17-43　创建数据表的脚本样例

由图 17-43 可见，该窗口内部展示了下面的建表语句：

```
CREATE TABLE `study`.`student` (
  `xuehao` INT NOT NULL,
  `name` VARCHAR(32) NOT NULL,
  `birthday` DATE NULL,
  PRIMARY KEY (`xuehao`))
COMMENT = '学生信息表';
```

建表语句所要表达的意思是在 study 库中创建名叫 student 的表格，圆括号内部列出了该表格拥有的每个字段信息。单击脚本窗口右下角的 Apply 按钮，命令工作台执行上述的建表语句，执行完成的结果窗口如图 17-44 所示。

单击结果窗口的 Finish 按钮，回到工作台主界面，发现左侧的 SCHEMAS 小窗口如图 17-45 所示，可见 study 数据库下面多个了一了 student 表格。

右击 student 表格，在快捷菜单中选择 Select Rows - Limit 1000，主界面中央换成了如图 17-46 所示的查询区域。

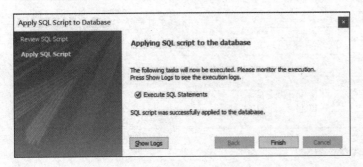
图 17-44　建表脚本的执行结果

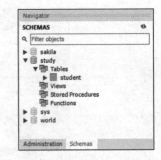
图 17-45　找到刚创建的数据表

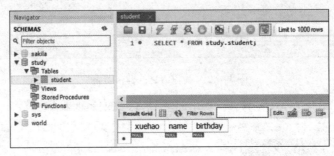

图 17-46　查询表记录的界面

区域上方显示着下面一条查询语句：

```sql
SELECT * FROM study.student;
```

区域下方则为查询得到的记录列表。因为 student 表是刚创建的，尚未添加任何数据，所以自然空空如也，一条记录都没有。单击记录列表下方的 NULL 标记，准备添加"张三、李四、王五"3条学生记录，学生的学号、姓名、生日信息可分别在对应字段的列中填写，填完之后的记录列表如图 17-47 所示。

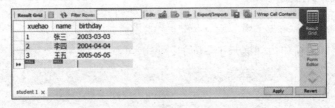

图 17-47　添加数据记录的界面

接着单击区域右下角的 Apply 按钮，弹出如图 17-48 所示的脚本窗口。

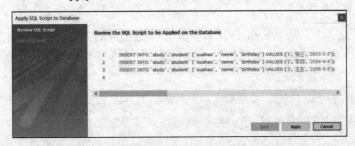

图 17-48　添加数据记录的脚本样例

看到该窗口内部呈现了以下 3 条 INSERT 语句，表示将要往 student 表插入 3 条记录：

```
INSERT INTO `study`.`student` (`xuehao`, `name`, `birthday`) VALUES ('1',
'张三', '2003-03-03');
    INSERT INTO `study`.`student` (`xuehao`, `name`, `birthday`) VALUES ('2',
'李四', '2004-04-04');
    INSERT INTO `study`.`student` (`xuehao`, `name`, `birthday`) VALUES ('3',
'王五', '2005-05-05');
```

每条 INSERT 语句的第一对圆括号内部为字段名列表；跟在 VALUES 后面的第二对圆括号内部则为字段值列表。单击窗口右下角的 Apply 按钮，命令工作台执行上述的建表语句，执行完成的结果窗口如图 17-49 所示。

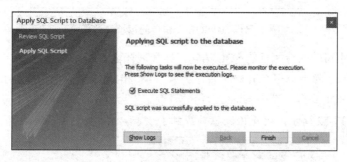

图 17-49　添加记录脚本的执行结果

单击结果窗口的 Finish 按钮，回到工作台主界面，再次执行查询操作，这次查出了如图 17-50 所示的 3 条学生记录。

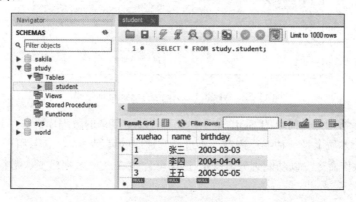

图 17-50　查询数据表找到新添加的数据记录

至此，终于在工作台上走完一遍基本的数据库操作流程，包括创建数据库、创建表格、往表格插入记录、查询表格里的记录等。虽然数据库操作远远不止上述几种，但我们毕竟掌握了工作台的初步用法。

### 17.1.3　数据库操纵语言 SQL 的用法

MySQL 工作台的可视化界面对新手而言固然友好，但是它的执行效率实在太低了，每建一张新表或者插入一条新记录，都得在界面上进行多次操作，实在太慢。注意到工作台每执行一项数据库处理前，会弹出窗口提示该操作对应的 SQL 语句，这意味着一系列界面动作其实等价于上述的

SQL 语句。既然工作台苦口婆心暗示 SQL 的用法，就表明执行 SQL 语句才是高效快捷的，相当于直接让系统执行 SQL 命令，省去了啰唆的界面转译。

事实上，工作台提供了特定界面执行 SQL 语句。打开工作台并连接某个数据库之后，单击菜单栏下方的第一个带加号图标，界面中央显示出如图 17-51 所示的 SQL**空白区域。

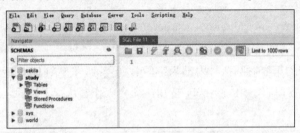

图 17-51　MySQL 工作台的记录查询界面

这块空白区域中可输入待执行的 SQL 语句，比如现在输入 "select * from student"，准备查询 student 表的所有记录。然后单击 SQL**卡片下方那排图标的第 3 个闪电图标，工作台便开始执行编辑区域内部的所有 SQL 语句，其中 select 语句的查询结果会展示在编辑区域下方。刚才查询 student 表的返回记录如图 17-52 所示，可见该表总共找到了 3 条记录。

图 17-52　MySQL 工作台的记录查询结果

上述的 select 语句只是简单的 SQL 命令，要想开展更复杂的数据库操作，还得深入了解 SQL 的语法才行。SQL 本质上是一种编程语言，不过并非通用的编程语言，它专用于数据库的访问和处理，更像是一种操作命令。以功能划分，SQL 语句可分为 3 类：数据定义、数据操纵和数据控制，分别介绍如下。

**1. 数据定义语言**

数据定义语言（Data Definition Language，DDL），用来描述怎样变更数据实体的框架结构。就常见的表格而言，DDL 语言主要包括以下 3 种操作：

（1）创建表格

表格的创建动作由 create 命令完成，完整的命令格式为 "create table 数据库实例名称.表格名称 (以逗号分隔的字段定义) comment='表格说明';"。以之前的学生表为例，它的建表语句如下：

```
create table study.student (  -- 在 study 数据库中创建 student 表
    xuehao INT NOT NULL,  -- 字段名称为 xuhao，类型为 INT，NOT NULL 表示这是非空字段
```

```
    name VARCHAR(32) NOT NULL,  -- 字段名称为 name，类型为 VARCHAR(32)，NOT NULL 表
示这是非空字段
    birthday DATE NULL,  -- 字段名称为 birthday，类型为 DATE，NULL 表示该字段允许为空
    PRIMARY KEY (xuehao))  -- xuehao 字段是该表的主键，主键既是索引又要保持唯一取值
comment = '学生信息表';  -- 当前表格的说明文字
```

上面的 SQL 语句与工作台自动生成的有所不同，相关的注意点补充说明如下：

① SQL 语言不区分大小写，无论是 create 与 table 这类关键词，还是数据库实例名称、表格名称、字段名称，都不区分大小写。唯一区分大小写的是被单引号引起来的字符串值。

② 表格名称前面的数据库实例名称不是必需的，如果不在表格之前添加数据库名称，该表格就默认位于当前数据库中。

③ SQL 语言的注释记号为两根横线"--"，表示其后的一行文字是注释说明，类似于 Java 语言的注释记号"//"。

④ 每条 SQL 语句都以分号结尾，正如 Java 语言通过分号隔开两行代码那样。

（2）删除表格

表格的删除动作由 drop 命令完成，完整的命令格式为"drop table 表格名称;"。仍以 student 表为例，它的删表语句如下：

```
drop table student;  -- 删除 student 表
```

（3）修改表结构

表格的修改动作由 alter 命令完成，完整的命令格式为"alter table 表格名称 修改操作;"。其中修改操作又分为以下 3 种：

① 增加字段

该操作需要在 alter 之后补充 add 命令，它的格式形如"alter table 表格名称 add column 字段名称 字段类型 comment '字段说明';"，完整的增加字段语句如下：

```
alter table student add column sex INT comment '性别';
```

② 修改字段

该操作需要在 alter 之后补充 modify 命令，它的格式形如"alter table 表格名称 modify column 字段名称 字段类型 comment '字段说明';"，完整的修改字段语句如下：

```
alter table student modify column name varchar(32) comment '姓名';
```

③ 删除字段

该操作需要在 alter 之后补充 drop 命令，它的格式形如"alter table 表格名称 drop column 字段名称;"，完整的删除字段语句如下：

```
alter table student drop column sex;
```

**2. 数据操纵语言**

数据操纵语言（Data Manipulation Language，DML）用来描述怎样处理数据实体的内部记录。表格记录的操作类型包括以下 4 类：

（1）添加记录

记录的添加动作由 insert 命令完成，完整的命令格式为"insert into 表格名称 (以逗号分隔的字段名列表) values (以逗号分隔的字段值列表);"。下面是往 student 表插入一条记录的 SQL 语句：

```
insert into student (xuehao, name, birthday) values ('1', '张三', '2003-03-03');
```

（2）删除记录

记录的删除动作由 delete 命令完成，完整的命令格式为"delete from 表格名称 where 查询条件;"，其中查询条件的表达式形如"字段名=字段值"，多个字段的条件交集通过 and 连接，条件并集通过 or 连接。下面是从 student 表删除一条记录的 SQL 语句：

```
delete from student where xuehao='3';
```

（3）修改记录

记录的修改动作由 update 命令完成，完整的命令格式为"update 表格名称 set 字段名=字段值 where 查询条件;"。下面是对 student 表更新一条记录的 SQL 语句：

```
update student set name='张三丰' where xuehao='1';
```

（4）查询记录

记录的查询动作由 select 命令完成，完整的命令格式为"select 以逗号分隔的字段名列表 from 表格名称 where 查询条件;"。其中，查询条件除了常规的字段值比较之外，还有以下两种附加条件：

① 排序条件，对应的表达为"order by 字段名 asc 或者 desc"，意思是命令查询结果按照某个字段排序，asc 代表升序，desc 代表降序。

② 分组条件，对应的表达式为"group by 字段名"，意思是命令查询结果按照某个字段分组，此时 select 后面只能对分组字段加工，不能显示其余字段。常见的加工函数包括：计数（count）、求和（sum）、求平均值（avg）、求最大值（max）、求最小值（min）等。

另外，如果查询结果包含所有字段，就可用星号"*"替代字段名列表。

下面是依据学号从 student 表查询指定字段的 SQL 语句：

```
select xuehao,name,birthday from student where xuehao='2';
```

下面是将 student 表按照 xuehao 字段大小降序排列的 SQL 语句：

```
select * from student order by xuehao desc;
```

下面是对 teacher 表按照 sex 字段分组统计的 SQL 语句：

```
select sex,count(*) from teacher group by sex;
```

### 3. 数据控制语言

数据控制语言（Data Control Language，DCL）用来描述怎样控制数据实体的访问权限。这类权限操作包含以下 3 种：

（1）授予权限：通过 grant 命令向指定用户开放某个数据实体的某种操作权限。

（2）拒绝授权：通过 deny 命令拒绝向指定用户开放某个数据实体的某种操作权限。

（3）收回权限：通过 revoke 命令收回指定用户对某个数据实体的某种操作权限。

由于只有管理员才能控制用户的访问权限，因此 DCL 主要用于数据库管理员的日常运维工作，在 Java 编程中很少用到。

# 17.2　JDBC 编程

本节介绍如何在代码中通过 JDBC 操作数据库，主要包括：如何使用 JDBC 连接数据库、如何开展常见的数据库管理（建表、删表、增加记录、修改记录、更新记录）、如何通过游标查询数据记录以及如何利用预报告使得数据库操作更加安全高效。

## 17.2.1　JDBC 的应用原理

关系数据库使得海量信息的管理成为现实，但各个数据库提供的编程接口不尽相同，就连 SQL 语法也有所差异，像 Oracle、MySQL、SQL Server 都拥有自己的开发规则，倘若 Java 针对每个数据库单独做一套方法，这些数据库操作方法将变得既庞大又冗余。为了解决不同数据库各自为政的问题，Java 设计了统一的 JDBC 规范，只要程序员按照 JDBC 的方法操作，那么任何数据库都能在 JDBC 框架下正常访问。

JDBC（Java DataBase Connectivity，Java 数据库连接）由 JDK 内部的数据库管理工具类组成，它提供了标准的数据库操作方法，帮助程序员使用统一的方式开展数据库编程，从而提高了数据库编程的开发效率。然而因为 JDBC 屏蔽了相关的内部细节，所以在操作具体数据库之前，需要额外引入对应的数据库连接器，也就是导入该数据库的 JAR 包。

以 MySQL 为例，它的 Java 版本连接器可前往官网下载，下载页面是 https://dev.mysql.com/downloads/connector/j/，在该页面的下方选择操作系统 Platform Independent 之后，会显示两种压缩包（tar.gz 格式与 ZIP 格式），在其中一种的右边单击 Download 按钮开始下载。下载完毕后将文件解压，找到里面的 Java 连接器（如 mysql-connector-java-8.0.16.jar），把 JAR 文件添加到 Java 工程的依赖库，之后即可在 Java 代码中操作 MySQL 数据库。

对于每个数据库来说，JDBC 都要求提供以下 4 个要素：

（1）数据库的驱动：要连接哪种数据库，Oracle 或 MySQL，这得通过驱动名称来区分。例如，MySQL 的驱动类型是 com.mysql.cj.jdbc.Driver，Oracle 的驱动类型是 oracle.jdbc.driver.OracleDriver。

（2）数据库的连接地址：如同 HTTP 地址那样，数据库也有入口的访问地址，该地址包含协议、IP、端口、数据库实例等信息。就 MySQL 而言，它的连接地址格式形如"jdbc:mysql://IP 地址:端口号/数据库实例名称"，注意新版的 MySQL 还需在地址后面补充时区信息，否则运行会报错。下面是一个完整的 MySQL 连接地址的例子：

```
jdbc:mysql://localhost:3306/study?serverTimezone=GMT%2B8
```

（3）数据库的用户名：登录数据库时的用户名称，不同用户拥有不同的权限。

（4）数据库的密码：与用户名对应的密码，登录时会校验用户名与密码是否匹配。

只有正确提供上述 4 个要素，才能通过 JDBC 连接指定的数据库。完整的连接过程分成两个步骤：加载数据库驱动、根据用户名和密码连接数据库，分别介绍如下：

### 1. 加载数据库驱动

由于数据库的驱动以字符串展现，因此必须借助反射技术加载驱动，加载数据库驱动的代码如下：

```java
String driver_class = "com.mysql.cj.jdbc.Driver";  // 数据库的驱动类
try {
    Class.forName(driver_class);  // 加载数据库的驱动（包含初始化动作）
} catch (ClassNotFoundException e) {
    e.printStackTrace();
}
```

正常情况下，程序只要在运行时加载一次驱动，加载动作本身包含初始化操作，后续就不必重复加载驱动了。

### 2. 根据用户名和密码连接数据库

连接数据库的本质是获取该数据库的可用连接，调用 DriverManager 管理类的 getConnection 方法，输入连接地址、用户名、密码 3 个参数，校验通过即可获得当前的数据库连接，也就是 Connection 对象。获取数据库连接的代码如下：

```java
// 数据库的连接地址。MySQL 需要在地址后面添加时区，否则会报错
String dbUrl = "jdbc:mysql://localhost:3306/study?serverTimezone=GMT%2B8";
String dbUserName = "root";              // 数据库的用户名
String dbPassword = "222@@@wwwWWW";      // 数据库的密码
try (Connection conn = DriverManager.getConnection(dbUrl, dbUserName, dbPassword)) {
    // 此处省略了详细的数据库操作代码
} catch (SQLException e) {
    e.printStackTrace();
}
```

上面的代码之所以将 Connection 对象的赋值动作放到 try 的圆括号内部，是因为 Connection 类实现了 AutoCloseable 接口，意味着只要把它放入 try 语句，那么无论是否发生异常，系统都会自动调用 close 方法关闭连接。除了 close 方法外，Connection 还提供了下面几个方法：

- isClosed：获取数据库的连接状态，返回 true 表示连接已关闭，返回 false 表示连接未关闭。
- getCatalog：获取该连接的数据库实例名称。
- getAutoCommit：获取数据库的自动提交标志。若该标志设置为 true，则每次执行一条 SQL 语句，系统都会自动提交该语句的修改内容。
- setAutoCommit：设置自动提交的标志，默认为 true，表示自动提交。
- commit：提交数据库的修改。
- rollback：回滚数据库的修改。注意要先关闭自动提交，才能通过 rollback 方法回滚事务，否则报错 "Can't call rollback when autocommit=true"。
- createStatement：创建数据库操作的执行报告。
- prepareStatement：创建数据库操作的预备报告。

接下来把以上两个连接步骤串起来，形成以下的数据库连接代码（完整代码见本章源码的 src\com\database\jdbc\TestConnect.java）：

```
        String driver_class = "com.mysql.cj.jdbc.Driver";  // 数据库的驱动类
        // 数据库的连接地址。MySQL 需要在地址后面添加时区，否则会报错
        String dbUrl = "jdbc:mysql://localhost:3306/study?serverTimezone=
GMT%2B8";
        String dbUserName = "root";                // 数据库的用户名
        String dbPassword = "222@@@wwwWWW";        // 数据库的密码
        try {
            Class.forName(driver_class);                // 加载数据库的驱动（包含初始化动作）
            // 根据连接地址、用户名、密码来获取数据库的连接
            try (Connection conn = DriverManager.getConnection(dbUrl, dbUserName,
dbPassword)) {
                String desc = String.format("数据库%s 的连接状态为"%s"，已%s 自动提交。",
                    conn.getCatalog(),  // 获取该连接的数据库实例名称
                    conn.isClosed() ? "关闭" : "连上",  // 获取数据库的连接状态
                    conn.getAutoCommit() ? "开启" : "关闭"  // 获取数据库的自动提
交标志
                );
                System.out.println(desc);
            } catch (SQLException e) {
                e.printStackTrace();
            }
        } catch (ClassNotFoundException e) {
            e.printStackTrace();
        }
```

运行上面的连接代码，观察到下面的输出日志，由日志可见成功连上了 MySQL 数据库。

数据库 study 的连接状态为"连上"，已开启自动提交。

## 17.2.2　通过 JDBC 管理数据库

通过 JDBC 成功获取了数据库连接，但是得到的 Connection 对象不能直接执行 SQL 语句，需要引入 Statement 报告工具才能操作 SQL。Statement 对象通过调用 Connection 对象的 createStatement 方法获得，它主要提供了以下两个方法：

- executeUpdate：执行数据库的管理语句，主要包含建表、改表结构、删表、增加记录、修改记录、删除记录等。它的返回值是整型，存放着当前语句的影响记录数量，例如删除了多少条记录、更新了多少条记录等。
- executeQuery：执行数据库的查询语句，该方法专用于 select 命令。它的返回值是 ResultSet 类型，查询的结果集可通过 ResultSet 对象获得。

对于管理类型的 SQL 指令来说，完整的操作过程分成以下 3 个步骤：

（1）获取数据库连接：该步骤调用 DriverManager 工具的 getConnection 方法获得连接对象。

（2）创建该连接的执行报告：该步骤调用 Connection 对象的 createStatement 方法获得执行报告。

（3）命令报告执行 SQL 语句：该步骤调用 Statement 对象的 executeUpdate 方法执行 SQL 语句。

把以上 3 个步骤串联起来，便得到了下面的数据库操作模板：

```
// 先获取数据库连接，再创建该连接的执行报告
try (Connection conn = DriverManager.getConnection(dbUrl, dbUserName,
dbPassword);
        Statement stmt = conn.createStatement()) {
        String sql = "这里是待执行 SQL 语句";  // 注意该例子要换成正确的 SQL 串
        stmt.executeUpdate(sql);              // 执行处理语句
} catch (SQLException e) {
    e.printStackTrace();
}
```

接下来看几个具体的 SQL 执行例子，首先创建一张名为 teacher 的新表，需要编写如下的建表代码（完整代码见本章源码的 src\com\database\jdbc\TestManage.java）：

```
// 创建表格
private static void createTable(Statement stmt) throws SQLException {
    String sql = "create table teacher ("      // 建表语句
        + "    gonghao INT NOT NULL,"           // 工号字段
        + "    name VARCHAR(32) NOT NULL,"      // 姓名字段
        + "    birthday DATE NULL,"             // 出生日期字段
        + "    sex INT NOT NULL,"               // 性别字段
        + "    course VARCHAR(32) NOT NULL,"    // 课程字段
        + "    PRIMARY KEY (gonghao))"          // 以工号为主键
        + "comment = '教师信息表';";
    int count = stmt.executeUpdate(sql);        // 执行处理语句
    System.out.println("建表语句的返回结果为"+count);
}
```

在之前的 try 代码内部调用 createTable 方法，运行测试程序后观察到以下的输出日志：

建表语句的返回结果为 0

由于建表语句本身没有影响任何记录，因此 executeUpdate 方法在建表时的返回值为 0。接着打开 MySQL 的工作台，就能在工作台左侧看到如图 17-53 所示的 teacher 表。

建好了表，还要往里面添加几条记录，于是编写下面的插入表记录代码：

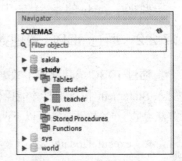

图 17-53　teacher 表

```
// 插入记录
private static void insertRecord(Statement stmt) throws SQLException {
    List<String> sqlList = Arrays.asList(  // 以下每个语句插入一条记录
        "insert into teacher (gonghao,name,birthday,sex,course) VALUES('1','张
老师','1983-03-03',1,'语文')",
```

```
        "insert into teacher (gonghao,name,birthday,sex,course) VALUES('2','李
老师','1984-04-04',0,'数学')",
        "insert into teacher (gonghao,name,birthday,sex,course) VALUES('3','王
老师','1985-05-05',1,'英语')",
        "insert into teacher (gonghao,name,birthday,sex,course) VALUES('4','赵
老师','1986-06-06',0,'物理')",
        "insert into teacher (gonghao,name,birthday,sex,course) VALUES('5','刘
老师','1987-07-07',1,'化学')");
    for (String sql : sqlList) {
        int count = stmt.executeUpdate(sql);  // 执行处理语句
        System.out.println("添加记录语句的返回结果为"+count);
    }
}
```

同样在 try 代码中调用 insertRecord 方法，运行测试程序观察到以下的日志文本：

```
添加记录语句的返回结果为 1
添加记录语句的返回结果为 1
添加记录语句的返回结果为 1
添加记录语句的返回结果为 1
添加记录语句的返回结果为 1
```

因为每个 insert 语句插入一条记录，所以 executeUpdate 方法在插表时返回值为 1。回到工作台查询 teacher 表的所有记录，便能看到如图 17-54 所示的 5 条记录。

然后准备修改记录字段，让所有的女老师去教英语，则包含 update 语句的方法代码如下：

```
// 更新记录
private static void updateRecord(Statement stmt) throws SQLException {
    String sql = "update teacher set course='英语' where sex='1'";
                                        // 记录更新语句
    int count = stmt.executeUpdate(sql);  // 执行处理语句，返回被更新的记录数量
    System.out.println("更新记录语句的返回结果为"+count);
}
```

在 try 代码中调用 updateRecord 方法，运行测试程序后观察到以下的日志信息：

```
更新记录语句的返回结果为 3
```

由日志可见，这个 update 语句更新了 3 条数据库记录，因而 executeUpdate 方法此时的返回值为 3。回到 MySQL 工作台，重新查询 teacher 表，此时的记录结果如图 17-55 所示，果然 3 个女老师的任教课程都变为英语了。

| gonghao | name | birthday | sex | course |
|---|---|---|---|---|
| 1 | 张老师 | 1983-03-03 | 1 | 语文 |
| 2 | 李老师 | 1984-04-04 | 0 | 数学 |
| 3 | 王老师 | 1985-05-05 | 1 | 英语 |
| 4 | 赵老师 | 1986-06-06 | 0 | 物理 |
| 5 | 刘老师 | 1987-07-07 | 1 | 化学 |
| NULL | NULL | NULL | NULL | NULL |

| gonghao | name | birthday | sex | course |
|---|---|---|---|---|
| 1 | 张老师 | 1983-03-03 | 1 | 英语 |
| 2 | 李老师 | 1984-04-04 | 0 | 数学 |
| 3 | 王老师 | 1985-05-05 | 1 | 英语 |
| 4 | 赵老师 | 1986-06-06 | 0 | 物理 |
| 5 | 刘老师 | 1987-07-07 | 1 | 英语 |
| NULL | NULL | NULL | NULL | NULL |

图 17-54　在 MySQL 工作台找到代码插入的 5 条记录　　图 17-55　MySQL 工作台发现课程名称被改了

### 17.2.3　通过 JDBC 查询数据记录

前面提到 Statement 工具专门提供了 executeQuery 方法用于查询操作，为什么查询操作这么特殊呢？这是因为其他语句运行完一次就结束了，顶多像 insert、update、delete 这些方法再返回受影响的记录数量，但 select 命令跟它们不一样，查询语句可能会返回多条记录，每条记录又包含多个字段。似此多条记录、多个字段的情景，返回值无论定义为哪种类型都不太好办，故干脆提供单独的 executeQuery 方法，该方法的返回值也设置成专属的 ResultSet 类型，表示查询方法返回了一个结果集，详细的记录结果可在结果集中遍历获得。

据此可将记录查询的操作过程分成以下 4 个步骤：

（1）获取数据库连接：该步骤调用 DriverManager 工具的 getConnection 方法获得连接对象。

（2）创建该连接的执行报告：该步骤调用 Connection 对象的 createStatement 方法获得执行报告。

（3）命令报告执行查询语句：该步骤调用 Statement 对象的 executeQuery 方法执行查询语句，并返回查询记录的结果集。

（4）循环遍历结果集里面的所有记录：通常该步骤需调用结果集对象的 next 方法不断往后遍历，也就是将结果集的指示游标一步一步向后移动。在遍历过程中，可能要调用结果集对象的其他方法进一步操作，ResultSet 的常见方法分成 3 类，分别说明如下：

#### 1. 移动游标

这类方法可将当前游标移动到指定位置，主要包括以下方法：

- next：将游标移到后一条记录。该方法返回 true 表示尚未移到末尾，返回 false 则表示已经移到末尾。
- absolute：将游标移到第几条记录，如果参数为负数，就表示倒数第几条记录。
- first：将游标移到第一条记录。
- last：将游标移到最后一条记录。
- previous：将游标移到前一条记录。
- beforeFirst：将游标移到第一条记录之前。
- afterLast：将游标移到最后一条记录之后。

#### 2. 判断游标位置

这类方法可判断当前游标是否处于某个位置，主要包括以下方法：

- isFirst：游标是否指向第一条记录。
- isLast：游标是否指向最后一条记录。
- isBeforeFirst：游标是否在第一条记录之前。
- isAfterLast：游标是否在最后一条记录之后。

#### 3. 从当前游标获取数据

这类方法可从当前游标指向的记录中获取字段值，当输入参数为整型时，表示获取指定序号的字段值；当输入参数为字符串时，表示获取指定名称的字段值。相关的获取方法罗列如下：

- getInt: 获取指定序号或者指定名称的字段整型值。
- getLong: 获取指定序号或者指定名称的字段长整型值。
- getFloat: 获取指定序号或者指定名称的字段浮点值。
- getDouble: 获取指定序号或者指定名称的字段双精度值。
- getString: 获取指定序号或者指定名称的字段字符串值。
- getDate: 获取指定序号或者指定名称的字段日期值。

接下来举几个具体应用的例子。首先从 teacher 表查询所有记录，依次连接数据库、创建连接的报告、执行查询语句，再循环遍历结果集，获取每条记录的字段信息。这一连串的查询代码如下（完整代码见本章源码的 src\com\database\jdbc\TestQuery.java）：

```
// 查询所有记录（默认排序）
private static void showAllRecord() {
    String sql = "select * from teacher";  // 查询 teacher 的所有记录
    // 连接数据库、创建连接的报告、执行查询语句
    try (Connection conn = DriverManager.getConnection(dbUrl, dbUserName,
dbPassword);
            Statement stmt = conn.createStatement();
            ResultSet rs = stmt.executeQuery(sql)) {
        while (rs.next()) {  // 循环遍历结果集里面的所有记录
            int gonghao = rs.getInt("gonghao");          // 获取指定字段的整型值
            String name = rs.getString("name");          // 获取指定字段的字符串值
            Date birthday = rs.getDate("birthday");      // 获取指定字段的日期值
            int sex = rs.getInt("sex");                  // 获取指定字段的整型值
            String course = rs.getString("course");      // 获取指定字段的字符串值
            String desc = String.format("工号为%d,姓名为%s,出生日期为%s,性别为%s,
课程为%s。",
                    gonghao, name, getFormatDate(birthday), sex==0 ?"男性" :
"女性", course);
            System.out.println("当前教师信息为："+desc);
        }
    } catch (SQLException e) {
        e.printStackTrace();
    }
}
```

注意 MySQL 未提供将日期转成字符串的 to_char 函数，因而只能先取到 Date 类型的字段值，再通过 Java 代码将其转换为字符串。日期类型转换成字符串类型的方法代码如下：

```
    // 获取指定格式的日期字符串
public static String getFormatDate(Date date) {
    // 创建一个日期格式化的工具
    SimpleDateFormat sdf = new SimpleDateFormat("yyyy-MM-dd");
    // 将当前日期时间按照指定格式输出格式化后的日期时间字符串
    return sdf.format(date);
}
```

接着运行上面的查询方法 showAllRecord，观察到日志窗口完整输出了如下的 5 条记录信息：

当前教师信息为：工号为 1，姓名为张老师，出生日期为 1983-03-03，性别为女性，课程为语文。
当前教师信息为：工号为 2，姓名为李老师，出生日期为 1984-04-04，性别为男性，课程为数学。
当前教师信息为：工号为 3，姓名为王老师，出生日期为 1985-05-05，性别为女性，课程为英语。
当前教师信息为：工号为 4，姓名为赵老师，出生日期为 1986-06-06，性别为男性，课程为物理。
当前教师信息为：工号为 5，姓名为刘老师，出生日期为 1987-07-07，性别为女性，课程为化学。

然后给原先的 SQL 语句添加排序条件，命令所有记录按照生日字段降序排列，修改后的查询代码如下：

```
// 查询所有记录（按照生日字段降序排列）
private static void showAllRecordByBirthday() {
    String sql = "select * from teacher order by birthday desc";  // 所有记录按
照生日字段降序排列
    // 连接数据库、创建连接的报告、执行查询语句
    try (Connection conn = DriverManager.getConnection(dbUrl, dbUserName,
dbPassword);
        Statement stmt = conn.createStatement();
        ResultSet rs = stmt.executeQuery(sql)) {
        while (rs.next()) {   // 循环遍历结果集里面的所有记录
        int gonghao = rs.getInt("gonghao");       // 获取指定字段的整型值
        String name = rs.getString("name");       // 获取指定字段的字符串值
        Date birthday = rs.getDate("birthday");   // 获取指定字段的日期值
        int sex = rs.getInt("sex");               // 获取指定字段的整型值
        String course = rs.getString("course");   // 获取指定字段的字符串值
        String desc = String.format("工号为%d,姓名为%s,出生日期为%s,性别为%s,课
程为%s。",
                gonghao, name, getFormatDate(birthday), sex==0 ? "男性" : "
女性", course);
        System.out.println("当前教师信息为："+desc);
        }
    } catch (SQLException e) {
        e.printStackTrace();
    }
}
```

增加了 showAllRecordByBirthday 方法之后，再次运行测试程序，从日志窗口可见这次的记录结果按照生日字段降序展示了：

当前教师信息为：工号为 5，姓名为刘老师，出生日期为 1987-07-07，性别为女性，课程为化学。
当前教师信息为：工号为 4，姓名为赵老师，出生日期为 1986-06-06，性别为男性，课程为物理。
当前教师信息为：工号为 3，姓名为王老师，出生日期为 1985-05-05，性别为女性，课程为英语。
当前教师信息为：工号为 2，姓名为李老师，出生日期为 1984-04-04，性别为男性，课程为数学。
当前教师信息为：工号为 1，姓名为张老师，出生日期为 1983-03-03，性别为女性，课程为语文。

排序条件仅仅调整返回记录的顺序，然而分组条件就不一样了。因为分组条件存在统计操作，像 count、sum、max 这些函数本身只返回统计结果，但结果集只认字段名称，不认函数名称，所以

需要在统计函数之后加一个别名，相当于将函数的运算结果暂存于该别名变量。比如表达式
"count(sex) count" 说的就是计数结果以 count 命名，游标从 count 字段获取到的即为 count(sex) 返
回的计数值。下面是对 teacher 表按照性别字段分组统计的查询代码：

```
// 查询性别分组。注意要给 count 之类的函数结果分配别名
private static void showRecordGroupBySex() {
    String sql = "select sex,count(sex) count from teacher group by sex order
by sex asc";
    // 连接数据库、创建连接的报告、执行查询语句
    try (Connection conn = DriverManager.getConnection(dbUrl, dbUserName,
dbPassword);
        Statement stmt = conn.createStatement();
        ResultSet rs = stmt.executeQuery(sql)) {
        while (rs.next()) {                     // 循环遍历结果集里面的所有记录
            int sex = rs.getInt("sex");         // 获取指定字段的整型值
            int count = rs.getInt("count");     // 获取指定字段的整型值
            String desc = String.format("%s 老师有%d 位; ", sex==0 ? "男" : "
女", count);
            System.out.print(desc);
        }
    } catch (SQLException e) {
        e.printStackTrace();
    }
}
```

运行包含 showRecordGroupBySex 方法的测试程序，果然正确输出了预期的统计日志：

　　　　男老师有 2 位；女老师有 3 位；

### 17.2.4　预报告 PreparedStatement

在书写各种 SQL 语句时，完全可以把查询条件作为输入参数传进来。比如现在想删除某个课程
的教师记录，那么在编写删除方法时，就把课程名称作为该方法的一个输入参数。据此编写的方法
代码如下：

```
// 删除记录
private static void deleteRecord(Statement stmt, String course) throws
SQLException {
    String sql = String.format("delete from teacher where course='%s'",
course);
    int count = stmt.executeUpdate(sql);  // 执行处理语句
    System.out.println("待执行的 SQL 语句: "+sql);
    System.out.println("删除记录语句的返回结果为"+count);
}
```

接着外部准备调用上面的 deleteRecord 方法，第二个课程参数填写"化学"，表示希望删除所
有化学老师的记录，调用代码如下：

```
        deleteRecord(stmt, "化学"); // 删除记录，正常情况
```

运行包含以上代码的测试程序，观察到以下的输出日志：

待执行的 SQL 语句：delete from teacher where course='化学'
删除记录语句的返回结果为 1

从日志信息可见，本次调用只删除一条化学老师的记录，看起来似乎一切正常，不过课程参数由外部传入，谁知道课程字符串是什么呢？倘若有人闲得发慌，在键盘上随便输入了几个字符，像"' or '1'='1'"这样的字符串当作课程名称，于是删除方法的调用代码变成了下面这般：

```
        deleteRecord(stmt, "' or '1'='1'");  // 删除记录，异常情况
```

再次运行测试程序，发现输出日志变得有点不对劲：

待执行的 SQL 语句：delete from teacher where course='' or '1'='1'
删除记录语句的返回结果为 4

没想到随便输入几个字符竟然也让 SQL 语句执行了，而且是把 teacher 表的剩余记录全部删除了。这可不得了，原语句的格式明明只能删除特定课程的记录，为什么执行结果大相径庭呢？缘由在于待执行的 SQL 语句呆板地将课程字符串原样填了进去，造成出现"or '1'='1'"这种极端条件，自然 MySQL 忠实地删光了 teacher 表。诸如此类的 SQL 缺陷称为 SQL 注入漏洞，它常常被黑客利用，倘若针对该漏洞展开攻击，必将造成重大损失。

上述的实验结果暴露了报告机制的安全问题，一旦条件参数被人恶意篡改，就可能产生意料之外的严重状况。为此，JDBC 设计了另一种预报告机制，预报告定义了新类 PreparedStatement，与原报告 Statement 不同的是，创建预报告对象时就要设定 SQL 语句，并且 SQL 里面的动态参数以问号代替。然后在调用 executeUpdate 方法或者 executeQuery 方法之前，先调用预报告对象的 setString 方法设置对应序号的参数值。下面是引入预报告之后的数据库操作代码（完整代码见本章源码的 src\com\database\jdbc\TestPrepare.java）：

```
// 测试预报告的处理
private static void testPreparedStatement() {
    String sql = "delete from teacher where course=?";  // 使用问号给查询条件占位
    // 先获取数据库的连接，再创建连接的预报告
    try (Connection conn = DriverManager.getConnection(dbUrl, dbUserName,
dbPassword);
        PreparedStatement stmt = conn.prepareStatement(sql)) {
    //stmt.setString(1, "化学");          // 设置对应序号的参数值，正常情况
    stmt.setString(1, "' or 1=1");          // 设置对应序号的参数值，异常情况
    int count = stmt.executeUpdate();   // 执行处理语句
    System.out.println("预先准备的 SQL 语句："+stmt.toString());
    System.out.println("删除记录语句的返回结果为"+count);
    } catch (SQLException e) {
        e.printStackTrace();
    }
}
```

仍以之前的恶意字符串为例，上面的代码在调用 setString 方法时填入了"' or '1'='1'"，意图继续浑水摸鱼。运行包含 testPreparedStatement 方法的测试程序，观察到的日志信息如下：

预先准备的 SQL 语句：com.mysql.cj.jdbc.ClientPreparedStatement: delete from teacher where course='\'\' or 1=1'
删除记录语句的返回结果为 0

从日志结果可见，这次捣乱行为没有得逞，一条记录都没删除。注意此时的条件语句变为"course='\'\' or 1=1'"，显然预报告对字符串中的单引号做了转义，使得转义后的条件语句格式不正确，也就没能成功执行 SQL。由此证明，预报告工具 PreparedStatement 提升了数据库操作的安全性，凡是需要动态传入条件参数的 SQL 语句，最好采取预报告机制加以处理。

# 17.3　数据库连接池

本节介绍数据库连接池的功能及其用法，主要描述 C3P0 与 Druid 两种连接池的操作步骤，以及二者的优缺点及其适用场合。

## 17.3.1　C3P0 连接池

JDBC 既制定统一标准兼容了多种数据库，又利用预报告堵上了 SQL 注入漏洞，照理说已经很完善了，但是它在性能方面仍然不尽如人意。问题出在数据库连接的管理上，按照正常流程，每次操作完数据库都要关闭连接，无论是在代码中手工关闭，还是由 try 语句自动关闭。如果没有及时关闭数据库连接，就会长时间占用有限的数据库内存，导致无谓的系统资源浪费。然而频繁开关数据库连接也有问题，因为每次连接操作都要 CPU 处理，经常连接数据库会加重 CPU 的负担。看来内存与 CPU 像是一对难兄难弟，无论怎么做都会影响其中一个，正所谓鱼与熊掌不可兼得。

其实连接跟线程的情况相似，线程也有头疼频繁创建导致的资源开销，为此 Java 早早就设计了线程池机制，事先在一个池子中容纳若干线程，需要使用线程时便从中挑一个线程执行任务，任务做完再归还线程，如此实现了线程资源的循环利用，有效提高了系统的整体运行效率。既然线程组建了线程池这个大家庭，那么连接能否也组成连接池的大家庭呢？Java 固然自带了线程池工具，却未能推出类似的连接池工具，于是各种第三方的连接池蜂拥而起，例如 DBCP、C3P0、Proxool 等，其中应用广泛的当数 C3P0。

C3P0 是一个开源的数据库连接池，它支持 JDBC 3 规范和 JDBC 2 的标准扩展。若要在 Java 工程中运用 C3P0，则需先导入它的 JAR 包，比如 c3p0-0.9.5.4.jar，同时还要导入该 JAR 包依赖的 mchange-commons-java-0.2.16.jar，也就是一共导入两个 JAR 文件。使用 C3P0 很简单，掌握 ComboPooledDataSource 类的用法就够了，该类的常见方法说明如下：

- setDriverClass：设置连接池的数据库驱动。
- setJdbcUrl：设置数据库的连接地址。
- setUser：设置数据库的用户名。
- setPassword：设置数据库的密码。
- setMaxPoolSize：设置连接池大小的上限。
- setMinPoolSize：设置连接池大小的下限。
- setInitialPoolSize：设置连接池的初始大小。
- setMaxStatements：设置报告的最大个数。

- **setCheckoutTimeout**：设置获取连接的等待时间，单位为毫秒。当连接池中的所有连接都被占用的时候，新请求想获取连接就必须等待，等待现有连接释放之后才能获取空闲连接。若不设置等待时间，则默认为 0，表示一直等待下去。
- **setMaxIdleTime**：设置最大空闲时间，单位为秒。如果某个连接超过该时间仍未使用，就会被自动回收。若不设置空闲时间，则默认为 0，表示不判断是否超时，也就是永不回收。
- **getConnection**：从连接池中获取一个连接。
- **close**：关闭连接池。

引入连接池之后，完整的数据库操作流程分解成了两大步骤：初始化连接池、从连接池中取出一个连接处理。下面分别进行介绍。

### 1. 初始化连接池

该步骤首先创建 C3P0 连接池的对象，再依次调用相关方法设置详细的参数信息，包括数据库驱动、连接地址、用户名、密码以及与连接池有关的规格参数。下面是初始化 C3P0 连接池的代码（完整代码见本章源码的 src\com\database\pool\TestC3P0.java）：

```
private static ComboPooledDataSource dataSource;      // 声明 C3P0 连接池的对象
// 初始化连接池
private static void initDataSource() {
    dataSource = new ComboPooledDataSource();         // 创建 C3P0 连接池
    try {
        dataSource.setDriverClass(driver_class);      // 设置连接池的数据库驱动
    } catch (PropertyVetoException e) {
        e.printStackTrace();
    }
    dataSource.setJdbcUrl(dbUrl);                      // 设置数据库的连接地址
    dataSource.setUser(dbUserName);                    // 设置数据库的用户名
    dataSource.setPassword(dbPassword);               // 设置数据库的密码
    dataSource.setMaxPoolSize(10);                     // 设置连接池大小的上限
    dataSource.setMinPoolSize(1);                      // 设置连接池大小的下限
    dataSource.setInitialPoolSize(3);                  // 设置连接池的初始大小
}
```

### 2. 从连接池中取出一个连接处理

除了一开始调用连接池的 getConnection 方法获取连接之外，该步骤剩余的操作过程与 JDBC 原有流程保持一致，即获得数据库连接之后，同样要创建连接的报告，然后命令报告执行 SQL 语句。下面是通过连接池操作数据库的代码：

```
// 显示性别分组
private static void showRecordGroupBySex() {
    String sql = "select sex,count(1) count from teacher group by sex order by sex asc";
    // 从连接池中获取连接、创建连接的报告、命令报告执行指定的 SQL 语句
    try (Connection conn = dataSource.getConnection();
            Statement stmt = conn.createStatement();
            ResultSet rs = stmt.executeQuery(sql)) {
```

```
        while (rs.next()) {              // 循环遍历结果集里面的所有记录
            int sex = rs.getInt("sex");          // 获取指定字段的整型值
            int count = rs.getInt("count");   // 获取指定字段的整型值
            String desc = String.format("%s 老师有%d 位; ", sex==0 ? "男" :
"女", count);
            System.out.print(desc);
        }
    } catch (SQLException e) {
        e.printStackTrace();
    }
}
```

整合连接池的初始化和具体操作的代码，运行包含整合代码之内的测试程序，观察如下日志可知 C3P0 连接池正常工作：

男老师有 2 位；女老师有 3 位；

## 17.3.2　Druid 连接池

C3P0 连接池自诞生以来在 Java Web 领域反响甚好，已经成为 hibenate 框架推荐的连接池。但是 C3P0 在大型应用场合中暴露了越来越多的局限性，包括但不限于以下几点：

（1）C3P0 管理池内连接时没有采取 LRU 排队规则（最久未使用算法），意味着 C3P0 未能将数据库性能调到最优。

（2）在处理大批量数据的时候，C3P0 过于容忍耗时操作，致使偶有发生线程死锁。

（3）C3P0 不支持监控功能，外界难以实时跟踪连接池的运行情况，不利于按需分配和调度系统资源。

就上面几点问题的看法因人而异，对人口不多的国家来说，很难遇上这种严苛的条件，考虑超大规模的数据处理纯属杞人忧天。但对国人来说，数据库里的业务记录动辄以千万计，亿级以上的海量数据也不罕见，此时一点一滴的性能差距汇总起来就可能出大问题。然而 C3P0 源自国外，人家才懒得搭理这茬事；再说，此等关键要害岂能由外人扼住咽喉？当然要自己掌握核心技术才能放心，于是阿里巴巴推出了国产的开源连接池 Druid，它立足本国国情，在诸多方面加以优化，比 C3P0 更适用于国内的业务系统。

Druid 的用法近似于 C3P0，它拥有自己的连接池工具 DruidDataSource，该工具的常见方法列举如下：

- setDriverClassName: 设置连接池的数据库驱动。
- setUrl: 设置数据库的连接地址。
- setUsername: 设置数据库的用户名。
- setPassword: 设置数据库的密码。
- setInitialSize: 设置连接池的初始大小。
- setMinIdle: 设置连接池大小的下限。
- setMaxActive: 设置连接池大小的上限。
- setRemoveAbandoned: 设置是否抛弃已超时的连接。

- setRemoveAbandonedTimeout：设置超时的时间间隔，单位为秒。如果某连接超过该时间仍未释放，就会被自动回收。
- setMaxWait：设置获取连接所允许的等待时间，单位为毫秒。超过该时间将不再获取连接。
- setTimeBetweenEvictionRunsMillis：设置间隔多久才检测需要关闭的空闲连接，单位为毫秒。
- setValidationQuery：设置检测连接是否有效的 SQL 语句。
- setTestWhileIdle：当空闲时是否需要测试有效性。建议设置为 true，保证安全性。
- setTestOnBorrow：设置为 true，表示申请连接时将调用 validationQuery 方法来检测连接是否有效。
- getDbType：获取数据库的名称。
- getActiveCount：获取活跃连接的数量。
- getConnectCount：获取已连上连接的数量。
- getPoolingCount：获取空闲连接的数量。
- getConnection：从连接池中获取一个连接，连接类型为 DruidPooledConnection。
- close：关闭连接池。

至于 Druid 的编码过程，依然分成两个步骤：初始化连接池、从连接池中取出一个连接处理，分别说明如下：

### 1. 初始化连接池

该步骤首先创建 Druid 连接池的对象，再依次调用相关方法设置详细的参数信息，包括数据库驱动、连接地址、用户名、密码以及与连接池有关的规格参数。下面是初始化 Druid 连接池的代码（完整代码见本章源码的 src\com\database\pool\TestDruid.java）：

```
private static DruidDataSource dataSource;        // 声明 Druid 连接池的对象
// 初始化连接池
private static void initDataSource() {
    dataSource = new DruidDataSource();               // 创建 Druid 连接池
    dataSource.setDriverClassName(driver_class);      // 设置连接池的数据库驱动
    dataSource.setUrl(dbUrl);                         // 设置数据库的连接地址
    dataSource.setUsername(dbUserName);               // 设置数据库的用户名
    dataSource.setPassword(dbPassword);               // 设置数据库的密码
    dataSource.setInitialSize(1);                     // 设置连接池的初始大小
    dataSource.setMinIdle(1);                         // 设置连接池大小的下限
    dataSource.setMaxActive(20);                      // 设置连接池大小的上限
}
```

### 2. 从连接池中取出一个连接处理

注意该步骤的 getConnection 方法拿到的是 DruidPooledConnection 类型的连接对象，再根据该连接创建对应的报告，并开展后续的数据库操作。为了方便观察连接池的运行情况，可在其中添加几个连接池的检测方法，例如 getActiveCount、getConnectCount、getPoolingCount 等。修改后的数据库操作代码如下：

```
// 显示性别分组
private static void showRecordGroupBySex() {
```

```
        String sql = "select sex,count(1) count from teacher group by sex order by
sex asc";
        // 从连接池中获取连接、创建连接的报告、命令报告执行指定的 SQL 语句
        try (DruidPooledConnection conn = dataSource.getConnection();
            Statement stmt = conn.createStatement();
            ResultSet rs = stmt.executeQuery(sql)) {
            while (rs.next()) {                        // 循环遍历结果集里面的所有记录
                int sex = rs.getInt("sex");            // 获取指定字段的整型值
                int count = rs.getInt("count");        // 获取指定字段的整型值
                String desc = String.format("%s 老师有%d 位; ", sex==0 ? "男" : "女",
count);
                System.out.print(desc);
            }
            System.out.println("\ngetActiveCount="+dataSource.getActiveCount());
                                                       // 获取活跃连接的数量
            System.out.println("getConnectCount="+dataSource.getConnectCount());
                                                       // 获取已连接的数量
            System.out.println("getPoolingCount="+dataSource.getPoolingCount());
                                                       // 获取空闲连接的数量
        } catch (SQLException e) {
            e.printStackTrace();
        }
    }
```

然后由外部反复调用以上的 showRecordGroupBySex 方法，假设准备测试连续的 3 次数据库操作，外部的调用代码如下：

```
        for (int i=0; i<3; i++) {          // 多次操作数据库
            showRecordGroupBySex();        // 显示性别分组
        }
```

运行包含上面代码的测试程序，观察到下面的输出日志：

```
男老师有 2 位；女老师有 3 位；
getActiveCount=1
getConnectCount=1
getPoolingCount=0
男老师有 2 位；女老师有 3 位；
getActiveCount=1
getConnectCount=2
getPoolingCount=0
男老师有 2 位；女老师有 3 位；
getActiveCount=1
getConnectCount=3
getPoolingCount=0
```

由日志可见，getActiveCount 方法返回了当前正在使用的连接数量，getConnectCount 方法返回了曾经连上与已经连上的连接总数，getPoolingCount 方法返回了连接池中剩余的连接数量。

# 17.4 实 战 练 习

本节演示两款有关数据库处理的实战练习：在代码生成工具的案例中，阐述如何利用系统表自动生成对应的实体类代码；在诗歌管理系统的案例中，依次运用常见的数据库操作（建表以及记录的增删改查）。其间还将讲解如何在代码中正确地读取配置文件。

## 17.4.1 代码生成工具

在业务系统中，每创建一张新表，都要编写对应的实体类代码。因为程序总得对这张表增删改查，插入操作需要将各项参数存入该表的对应字段，查询操作又需要从该表的记录获取字段值填到某个对象中。如此一来，就要求程序代码事先定义符合表结构的实体类，其中表名与类名对应，字段名与属性名对应，字段类型与属性类型对应。每个属性还得拥有相应的 get\*\*\*和 set\*\*\*方法，如果表格说明与字段说明能够自动添加为代码注释，那真是再好不过了。

但是怎样才能根据表结构自动生成代码呢？其实每种数据库都设计了相关的系统表，有的系统表存放表格信息，有的系统表存放字段信息。就 MySQL 而言，它拥有专门的 information_schema 数据库，该库便保存了这些表格与字段的结构信息。其中，tables 表存放着各表的规格详情，包括表格名称、表格说明、归属的数据库名称等；columns 表存放着各字段的规格详情，包括字段名称、字段类型、字段说明、归属的表格名称等。于是获取表结构的 SQL 语句可分解为以下两个步骤：

（1）根据数据库实例名称到 information_schema.tables 中查询该数据库内部的所有表格信息。
（2）挑出指定表格，再根据表名到 information_schema.columns 查询该表的所有字段信息。

梳理清楚代码生成工具的实现依据之后，接下来就能开始具体的编码了。首先得设计一个代码工具的界面，利用 JavaFX 的 FXML 框架编写如下的主程序入口代码（完整代码见本章源码的 src\com\database\autocode\AutoCodeMain.java）：

```
//代码生成工具的程序入口
public class AutoCodeMain extends Application {
    public void start(Stage stage) throws Exception {    // 应用程序开始运行
        stage.setTitle("代码生成工具");                      // 设置舞台的标题
        // 从 FXML 资源文件中加载程序的初始界面
        Parent root =
FXMLLoader.load(getClass().getResource("auto_code.fxml"));
        Scene scene = new Scene(root, 500, 350);          // 创建一个场景
        stage.setScene(scene);                 // 设置舞台的场景
        stage.setResizable(false);             // 设置舞台的尺寸是否允许变化
        stage.show();                          // 显示舞台
    }

    public static void main(String[] args) {
        launch(args);                          // 启动 JavaFX 应用，接下来会跳到 start 方法
    }
}
```

接着往主程序界面的 auto_code.fxml 中填写详细的控件布局，布局内容如下（完整代码见本章源码的 src\com\database\autocode\auto_code.fxml）：

```xml
<?import javafx.scene.layout.FlowPane?>
<?import javafx.scene.layout.HBox?>
<?import javafx.scene.control.Button?>
<?import javafx.scene.control.ComboBox?>
<?import javafx.scene.control.Label?>
<?import javafx.scene.control.TableView?>

<FlowPane fx:controller="com.database.autocode.AutoCodeController"
    xmlns:fx="http://javafx.com/fxml" alignment="center" hgap="5" vgap="5">
    <Label fx:id="labelDatabase" prefWidth="500" prefHeight="50" text="等待加
载数据库信息"/>
    <HBox fx:id="hbHead" prefWidth="500" prefHeight="40">
        <ComboBox fx:id="dbTable" prefWidth="350" prefHeight="30" />
        <Label fx:id="label1" prefWidth="10" prefHeight="50"/>
        <Button fx:id="btnExport" prefWidth="150" prefHeight="30"
alignment="center" text="导出源码"/>
    </HBox>
    <TableView fx:id="tableInfo" prefWidth="500" prefHeight="250"/>
</FlowPane>
```

这个界面布局主要包含 3 个控件，说明如下：

（1）下拉框 ComboBox：该控件用于下拉展示当前数据库内部的所有表格名称。

（2）表格视图 TableView：该控件用于展示已选中表格的所有字段信息，每行对应一条字段信息，每列对应一种信息类型（字段名称、字段类型、字段说明）。

（3）按钮 Button：该控件用于触发代码文件的生成与保存动作。

以上的布局文件可在 IDEA 中预览界面，预览效果如图 17-56 所示。

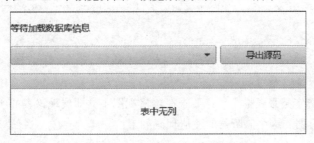

图 17-56  代码生成工具的界面预览

然后在界面控制器中编写详细的代码逻辑，比如下拉框的初始化操作需要从 information_schema.tables 获取当前数据库的表格名称清单，该操作的处理代码如下（完整代码见本章源码的 src\com\database\autocode\AutoCodeController.java）：

```java
    private String mDatabaseName;        // 数据库名称
    private String mTableName;           // 当前表的名称
    private String mTableDesc;           // 当前表的说明
```

```
        private List<Column> mColumnList = new ArrayList<Column>();  //表的字段清单

    // 初始化下拉框
    private void initComboBox() {
        List<String> tableList = new ArrayList<String>();  // 声明一个表格清单
        // 拼接 SQL 查询语句，从当前数据库中查出所有表格
        String sql = "select * from information_schema.tables where table_schema
= '%s'";
        // try 语句分别获取数据库连接、创建该连接的报告、通过报告执行查询语句
        try (Connection conn = DriverManager.getConnection(dbUrl, dbUserName,
dbPassword);
            Statement stmt = conn.createStatement();
            ResultSet rs = stmt.executeQuery(String.format(sql,
conn.getCatalog()))) {
            mDatabaseName = conn.getCatalog();  // 获取当前连接的数据库名称
            labelDatabase.setText("已连上数据库"+mDatabaseName+",请选择要导出源码的
表格");
            while (rs.next()) {  // 循环遍历查询语句的结果集
                String table_name = rs.getString("table_name");  // 获取
table_name 字段的值
                String table_comment = rs.getString("table_comment");  // 获取
table_comment 字段值
                String tableItem = String.format("%s(%s)", table_name,
table_comment);
                tableList.add(tableItem);  // 把查到的表格信息添加到表格清单
            }
        } catch (SQLException e) {
            e.printStackTrace();
        }
        // 把清单对象转换为 JavaFX 控件能够识别的数据对象
        ObservableList<String> obList = FXCollections.observableArrayList
(tableList);
        dbTable.setItems(obList);                        // 设置下拉框的数据来源
        dbTable.getSelectionModel().select(0);           // 设置下拉框默认选中第 1 项
    }
```

又如在下拉框中选定某张表格之后，要求在表格视图中立即展现该表的所有字段信息，需要先给下拉框添加选择监听器。这个监听器的注册代码如下：

```
    // 设置下拉框的选择监听器
    dbTable.getSelectionModel().selectedItemProperty().addListener(
        (ObservableValue<? extends String> observable, String oldValue, String
newValue) -> {
            // 选择某张表之后的操作，主要是查询该表的所有字段，并在表格视图中显示各字段信息
            choose(dbTable.getSelectionModel().getSelectedIndex());
        });
```

上面的选择监听器会在监听到选择事件后调用 choose 方法，该方法的作用是查询表格的所有字段，并在表格视图中显示各字段信息，它的定义代码如下：

```java
    // 选择某张表之后的操作，主要是查询该表的所有字段，并在表格视图中显示各字段信息
    private void choose(int seq) {
        mColumnList.clear();  // 清空字段清单
        // 获取当前选中数据表的完整名称（含名称与说明）
        String fullName = dbTable.getSelectionModel().getSelectedItem().
toString();
        mTableName = fullName.substring(0, fullName.indexOf("("));
        mTableDesc = fullName.substring(fullName.indexOf("(")+1,
fullName.indexOf(")"));
        // 拼接 SQL 查询语句，查询指定表格的所有字段信息
        String sql = "select column_name,data_type,column_comment from
information_schema.columns "
                + "where table_schema = '%s' and table_name = '%s' order by
ordinal_position asc";
        // try 语句分别获取数据库连接、创建该连接的报告、通过报告执行查询语句
        try (Connection conn = DriverManager.getConnection(dbUrl, dbUserName,
dbPassword);
                Statement stmt = conn.createStatement();
                ResultSet rs = stmt.executeQuery(String.format(sql,
conn.getCatalog(), mTableName))) {
            while (rs.next()) {  // 循环遍历查询语句的结果集
            String name = rs.getString("column_name").toLowerCase();
                                                // 获取字段名称
            String type = rs.getString("data_type").toLowerCase();
                                                // 获取字段类型
            String comment = rs.getString("column_comment");  // 获取字段说明
            mColumnList.add(new Column(name, type, comment));
                                                // 把字段信息添加到字段清单
        }
        } catch (SQLException e) {
            e.printStackTrace();
        }
        // 把清单对象转换为 JavaFX 控件能够识别的数据对象
        ObservableList<Column> obList = FXCollections.observableArrayList
(mColumnList);
        tableInfo.setItems(obList);  // 设置表格视图的数据来源
    }
```

再如还要给导出按钮注册单击事件，在单击按钮时弹出文件对话框，并将生成的代码文件保存到指定路径。按钮控件的事件注册代码很简单，只有以下一行代码：

```java
        btnExport.setOnAction(e -> openFileDialog());  // 设置按钮的单击事件
```

上面的代码的目的是打开"保存文件"对话框，根据用户的输入信息获得文件的保存路径，"保存文件"对话框的处理代码如下：

```
// 打开"保存文件"对话框
private void openFileDialog() {
    FileChooser chooser = new FileChooser();          // 创建一个"保存文件"对话框
    chooser.setTitle("保存文件");                       // 设置文件对话框的标题
    chooser.setInitialDirectory(new File("E:\\"));
                                                       // 设置"保存文件"对话框的初始目录
    // 创建一个文件类型过滤器
    FileChooser.ExtensionFilter filter = new FileChooser.ExtensionFilter
("JAVA 代码(*.java)", "*.java");
    // 给文件对话框添加文件类型过滤器
    chooser.getExtensionFilters().add(filter);
    File file = chooser.showSaveDialog(null);          // 显示"保存文件"对话框
    if (file == null) {                                // 文件对象为空，表示没有选择任何文件
        ToastUtil.show("未选择任何文件");
    } else {    // 文件对象非空，表示选择了某个文件
        generateCodeFile(file);                        // 生成代码文件
        ToastUtil.show("已生成 JAVA 代码，路径为："+file.getAbsolutePath());
    }
}
```

紧接着便是组装代码文件的内容，代码文件的生成逻辑如下：

```
// 生成代码文件
private void generateCodeFile(File file) {
    String begin = String.format("\nimport java.util.Date;\n\n//%s\npublic
class %s {\n", mTableDesc, convertCase(mTableName));
    String end = "\n}\n";
    // 根据指定文件路径构建文件输出流对象，然后据此构建缓存输出流对象
    try (FileOutputStream fos = new FileOutputStream(file);
        BufferedOutputStream bos = new BufferedOutputStream(fos)) {
        bos.write(begin.getBytes());            // 把字节数组写入缓存输出流
        for (Column column : mColumnList) {  // 遍历字段清单，拼接实体类的属性代码
            String field = String.format("    private %s %s; // %s\n",
                    getFieldType(column.getType()), column.getName(),
column.getComment());
            bos.write(field.getBytes());            // 把字节数组写入缓存输出流
        }
        for (Column column : mColumnList) {  // 遍历字段清单，拼接实体类的方法代码
            String method = String.format("\n    public void set%1$s(%2$s %3$s)
{\n        this.%3$s = %3$s;\n    }\n    public %2$s get%1$s() {\n        return
this.%3$s;\n    }", convertCase(column.getName()), getFieldType(column.getType()),
column.getName());
            bos.write(method.getBytes());        // 把字节数组写入缓存输出流
        }
        bos.write(end.getBytes());                // 把字节数组写入缓存输出流
```

```
    } catch (Exception e) {
        e.printStackTrace();
    }
}
```

注意上述代码用到了两个公共方法：一个名叫 convertCase，用于把字符串的首字母转为大写；另一个名叫 getFieldType，用于把数据库的字段类型转换为 Java 的变量类型。两个方法的实现代码如下：

```
// 把字符串的首字母转为大写
private String convertCase(String str) {
    return str.substring(0, 1).toUpperCase() + str.substring(1);
}

// 把数据库的字段类型转换为 Java 的变量类型
private String getFieldType(String data_type) {
    String field_type = data_type;              // 数据库与 Java 的整型刚好都叫 int
        if (field_type.contains("date")) {      // 数据库的日期类型
        field_type = "Date";                    // Java 的日期类型
    } else if (field_type.contains("varchar")) {    // 数据库的变长字符类型
        field_type = "String";                  // Java 的字符串类型
    }
    return field_type;
}
```

最后把以上的操作代码整合到 FXML 控制器中，回头运行 JavaFX 的测试主程序，弹出如图 17-57 所示的界面。

由图 17-57 的界面效果可知，代码生成工具连上数据库后，会默认展示第一张表格 student 的字段信息。单击下拉框，在列表中选择另一张表格 teacher，界面下方的表格视图改为显示 teacher 表的字段信息，此时界面效果如图 17-58 所示。

图 17-57 显示学生信息表的表结构

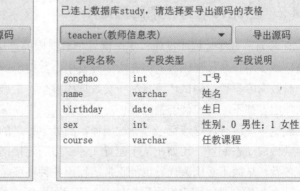

图 17-58 显示教师信息表的表结构

现在准备导出 teacher 表对应的 Java 类代码，单击界面右边的"导出源码"按钮，弹出如图 17-59 所示的"保存文件"对话框。

在对话框中输入待保存的文件名，然后单击下方的"保存"按钮，程序就会把拼接好的代码文件保存到指定路径，操作结果如图 17-60 所示。

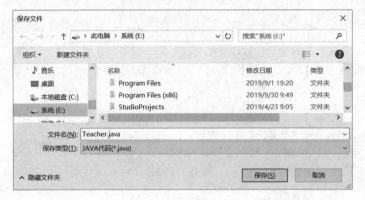

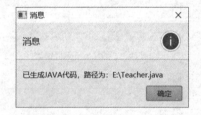

图 17-59　导出 Java 代码的"保存文件"对话框　　　　图 17-60　代码导出的提示窗口

打开资源管理器，在图 17-60 所示的路径中找到 Teacher.java，打开该文件，其代码内容如下（完整代码见本章源码的 src\com\database\autocode\Teacher.java）：

```java
//教师信息表
public class Teacher {
    private int gonghao;          // 工号
    private String name;          // 姓名
    private Date birthday;        // 生日
    private int sex;              // 性别，0：男性；1：女性
    private String course;        // 任教课程

    // 此处省略各属性的get***和set***方法
}
```

显而易见，这正是 teacher 表对应的 Java 同名实体类。至此，完成了代码生成工具的全部业务流程。

## 17.4.2　让 Java 程序读取配置文件

之前为了方便数据库操作，无一例外把数据库的连接信息写在代码里面，包括数据库的驱动、连接地址、用户名、密码等。但在实际开发中，数据库的连接参数不是一成不变的，譬如开发环境有一套数据库参数，测试环境有另一套数据库参数，生产环境又有第三套数据库参数，每个环境的数据库配置都不一样。倘若把连接信息写死在代码中，编译出来的程序能够在开发环境运行，却无法在测试环境运行，这违背了"一次编译，到处运行"的设计准则。理想的做法是，把数据库的连接参数做成动态配置，比如在某个配置文件中写明连接信息，然后程序启动后到该配置文件读取数据库参数，从而不必修改代码也能正常运行于各种环境。

讲到配置文件，似乎可采用文件 I/O 流读写，但它并非简单的文本文件。配置文件内部每行定义一项参数，其格式形如"键名=键值"，程序根据指定的键名到配置文件读取相应的键值。下面是一个数据库配置文件 db.properties 的例子（完整代码见本章源码的 src\db.properties）：

```
#数据库连接信息配置
jdbc.connection.driver_class=com.mysql.cj.jdbc.Driver
jdbc.connection.url=jdbc:mysql://localhost:3306/study?serverTimezone=GMT%2B8
jdbc.connection.username=root
jdbc.connection.password=222@@@wwwWWW
```

如果按照常规的读写方式，只能逐行读取文件内容，再通过等号分拆键名与键值，显然不太方便。对于这种配置文件的处理，Java 早已提供了专门的属性表工具 Properties。属性表本质上是一种特殊的映射，它可将配置文件的内容加载到映射里面，然后就像 Map 那样读写各项配置参数。Properties 的用法不复杂，只需掌握以下几个方法就够了：

- load：把输入流中的数据加载到属性表，也就是加载配置文件的内容。
- getProperty：从属性表获取指定名称的属性值。
- setProperty：把指定名称的属性值写入属性表。
- store：把属性表的数据保存到输出流，也就是将属性表写入配置文件。

为了更方便地使用属性表，最好给它进一步封装，把属性表与文件 I/O 流之间的交互操作封装到工具类中。新写的工具类主要包括 4 项功能：初始化、读取属性值、写入属性值、提交修改，完整的工具类代码如下（完整代码见本章源码的 src\com\database\properties\PropertiesUtil.java）：

```java
//定义属性文件的工具类
public class PropertiesUtil {
    private Properties mProp;            // 属性表
    private String mConfigPath;          // 配置文件的路径

    public PropertiesUtil(String config_path) {
        mConfigPath = config_path;
        // 根据指定路径构建文件输入流对象
        try (FileInputStream fis = new FileInputStream(mConfigPath)) {
            mProp = new Properties();    // 创建一个属性表对象
            mProp.load(fis);             // 把输入流中的数据加载到属性表
        } catch (Exception e) {
            e.printStackTrace();
        }
    }

    // 读取指定名称的属性值
    public String readString(String name, String defaultValue) {
        return mProp.getProperty(name, defaultValue);  // 从属性表中获取指定名称的
属性值
    }

    // 写入指定名称的属性值
    public void writeString(String name, String value) {
        mProp.setProperty(name, value);  // 把指定名称的属性值写入属性表
    }
```

```
    // 提交属性表的修改
    public void commit() {
        // 根据指定路径构建文件输出流对象
        try (FileOutputStream fos = new FileOutputStream(mConfigPath)) {
            mProp.store(fos, "");  // 把属性表的数据保存到输出流
        } catch (Exception e) {
            e.printStackTrace();
        }
    }
}
```

假设配置文件 db.properties 位于 Java 工程的 src 目录下，则对应的配置文件读取代码如下（完整代码见本章源码的 src\com\database\properties\TestProperties.java）：

```
// 以下拼接数据库配置文件 db.properties 的完整路径
String class_path = PropertiesUtil.class.getResource("/").getFile();
String config_path = String.format("%s/%s", class_path, "db.properties");
PropertiesUtil prop = new PropertiesUtil(config_path);  // 创建一个属性工具
String username = prop.readString("jdbc.connection.username", "");
                                                // 读取数据库的用户名
String password = prop.readString("jdbc.connection.password", "");
                                                // 读取数据库的密码
System.out.println("username="+username+", password="+password);
```

运行上面的测试代码，观察到以下的输出日志，可见成功从配置文件读到了数据库的用户名和密码：

```
username=root, password=222@@@wwwWWW
```

至于配置文件的修改操作，可参考下面的 write 方法代码：

```
// 写入属性文件
private static void write(String config_path) {
    PropertiesUtil prop = new PropertiesUtil(config_path);  // 创建一个属性工具
    prop.writeString("jdbc.connection.username", "root");  // 写入数据库的用户名
    prop.writeString("jdbc.connection.password", "111111");  // 写入数据库的密码
    prop.commit();  // 提交属性文件的修改
}
```

有了属性表及其工具类的协助，根据配置文件获取数据库的连接信息就顺理成章了，具体的配置读取代码如下（完整代码见本章源码的 src\com\database\autocode\AutoCodeController.java）：

```
private static String driver_class;    // 数据库的驱动类，从配置文件中读取
private static String dbUrl;           // 数据库的连接地址，从配置文件中读取
private static String dbUserName;      // 数据库的用户名，从配置文件中读取
private static String dbPassword;      // 数据库的密码，从配置文件中读取
static {
    // 以下拼接数据库配置文件 db.properties 的完整路径
    String class_path = PropertiesUtil.class.getResource("/").getFile();
```

```
            String config_path = String.format("%s/%s", class_path,
"db.properties");
            // 根据指定的配置文件创建属性工具
            PropertiesUtil prop = new PropertiesUtil(config_path);
            driver_class = prop.readString("jdbc.connection.driver_class", "");
                                                        // 读取数据库的驱动
            dbUrl = prop.readString("jdbc.connection.url", "");
                                                        // 读取数据库的连接地址
            dbUserName = prop.readString("jdbc.connection.username", "");
                                                        // 读取数据库的用户名
            dbPassword = prop.readString("jdbc.connection.password", "");
                                                        // 读取数据库的密码
        }
```

　　这里要特别注意，通过 getResource 方法获取 class 的文件路径，该做法的前提是代码只被编译为 class，并未整个打包成 JAR 文件。如果工程代码被导出为可执行程序，到时将只有 JAR 包而无 class 文件，此时调用 getResource 方法不会奏效，必须改成以下代码（完整代码见本章源码的 src\com\database\Utils.java）：

```
        // 获取当前程序的本地路径，内部兼容了是否打成 JAR 包的两种情况
        public static String getClassPath() {
            String class_path;
            URL url = Utils.class.getResource("/");  // 获取class文件的根目录
            if (url != null) {
                // class 文件没被打成 JAR 包时，采用下面的办法
                class_path = url.getFile();
            } else {
                // class 文件被打进 JAR 包时，采用下面的办法。同时要把配置文件放到 JAR 包的同级
目录
                class_path = System.getProperty("user.dir");
            }
            return class_path;
        }
```

### 17.4.3　诗歌管理系统——古诗三百首

　　在 17.4.1 小节，利用 MySQL 自带的两张系统表 tables 和 columns 成功实现了代码生成工具。通过表格的结构信息创建对应的 Java 类，该办法不但适用于 MySQL，同样适用于其他能够获取表信息的数据库。比如 Oracle 对应的系统表名叫 all_tables（存放表格信息）和 all_tab_columns（存放字段信息），表格的说明放在 all_tab_comments 中，字段的说明放在 all_col_comments 中，那么联合这 4 张系统表，也能实现基于 Oracle 的代码生成工具。

　　然而代码生成工具仅仅用到了查询操作，没有涉及建表、增加记录、修改记录、删除记录等操作，不足以全面演练数据库的各种处理任务。诸多教程通常会以 XX 信息管理系统作为数据库实战项目，例如图书馆可设计图书信息管理系统，学校可设计学生信息管理系统，商场可设计商品信息管理系统，等等，这些信息管理系统都覆盖了某种实体（人或物）的创建以及增删改查操作。考虑到实用性兼具趣味性，本节以诗歌管理系统作为演示数据库操作的实战练习。

诗歌管理系统既要具备检索功能，又要提供增删改等管理功能。接下来将从建表、检索、增删改 3 个方面展开论述。

**1. 建表和导入初始数据**

一个信息管理系统从无到有逐步搭建，刚开始就得创建该系统用到的所有数据表，譬如诗歌管理系统少不了基本的诗歌表，该表应当包含下列字段：诗歌标题、诗歌作者、所处朝代、诗歌内容等。为了方便、快速地查找表格记录，每张数据表均应设立作为主键的记录编号字段，该字段的编号值是递增的，每条记录的编号都不相同，MySQL 通过 AUTO_INCREMENT 表示此类递增的编号字段。也就是说，待创建的诗歌表拥有 5 个字段：编号、标题、作者、朝代、内容，其中编号字段由 MySQL 自动生成，后面 4 个字段则由程序代码录入。

既然本练习号称"古诗三百首"，就得在程序首次运行时先导入 300 首古诗，这些诗歌的原始信息可放在文本文件中，并以规定格式加以组织编排。一般而言，每行放一首诗歌，诗歌的标题、作者、朝代、内容之间以竖线分隔，就像以下例子示范的这样（完整代码见本章源码的 src\poem.txt）：

```
登鹳雀楼|王之涣|唐朝|白日依山尽，黄河入海流。\n 欲穷千里目，更上一层楼。
春晓|孟浩然|唐朝|春眠不觉晓，处处闻啼鸟。\n 夜来风雨声，花落知多少。
宿建德江|孟浩然|唐朝|移舟泊烟渚，日暮客愁新。\n 野旷天低树，江清月近人。
```

容纳 300 首古诗的文本文件取名 poem.txt，把它放在 src 目录下，然后程序拼接该文件的完整路径，从中读出各首诗歌的信息，并依次插入前述的诗歌表。据此编写的初始化导入代码如下，主要包括建表与数据导入两个步骤（完整代码见本章源码的 src\com\database\poem\PoemController.java）：

```java
    // 导入诗歌的初始记录
    private void importPoem() {
        // try 语句分别获取数据库连接、创建该连接的报告、通过报告执行查询语句
        try (Connection conn = DriverManager.getConnection(dbUrl, dbUserName,
dbPassword);
            Statement stmt = conn.createStatement()) {
            String createSQL = "create table poem ("
                + "    id INT NOT NULL AUTO_INCREMENT comment '序号',"
                + "    title VARCHAR(64) NOT NULL comment '标题',"
                + "    author VARCHAR(16) NOT NULL comment '作者',"
                + "    dynasty VARCHAR(18) NOT NULL comment '朝代',"
                + "    content VARCHAR(512) NOT NULL comment '内容',"
                + "    PRIMARY KEY (id))"
                + "comment = '古代诗歌表'";
            stmt.executeUpdate(createSQL);  // 执行处理语句
            // 获取当前程序的本地路径，内部兼容了是否打成 JAR 包的两种情况
            String class_path = Utils.getClassPath();
            // 以下拼接诗歌选集 poem.txt 的完整路径
            String file_path = String.format("%s/%s", class_path, "poem.txt");
            // 根据指定路径构建文件输入流对象
            try (FileInputStream fis = new FileInputStream(file_path)) {
            // 分配长度为文件大小的字节数组。available 方法返回当前位置后面的剩余部分大小
                byte[] bytes = new byte[fis.available()];
                fis.read(bytes);  // 从文件输入流中读取字节数组
```

```
            String content = new String(bytes);        // 把字节数组转换为字符串
            String[] lines = content.split("\n");     // 每行都是一首诗歌
            for (String line : lines) {
                String[] items = line.split("\\|");  // 标题、作者、朝代、内容等
字段以竖线分隔

                if (items.length >= 4) {  // 4 个字段都齐全的时候才插表
                    String insertSQL = String.format("insert into
poem(title,author,dynasty,content)"
                        + " values('%s','%s','%s','%s')",
                        items[0], items[1], items[2], items[3]);
                    stmt.executeUpdate(insertSQL);        // 执行处理语句
                }
            }
        } catch (Exception e) {
            e.printStackTrace();
        }
    } catch (SQLException e) {
        e.printStackTrace();
    }
}
```

## 2. 数据记录的各种检索

初始化导入之后，还得提供界面查询诗歌表，查询功能的条件区域如图 17-61 所示。

图 17-61　诗歌查询的检索界面

由图 17-61 可见，诗歌的标题、作者、内容都通过输入框供用户填写，唯有朝代使用了下拉框。原因很简单，其他条件字段的取值都很明确，比如诗仙的姓名就叫李白，没有第二个名字。但是朝代名称存在多种叫法，比如苏轼和陆游同为宋朝诗人，"宋朝"和"宋代"都很常用，苏轼还是"北宋"人，陆游还是"南宋"人，于是只宋朝便有 4 种名称。程序可没法通晓古今中外历史，难以智能转换，只能按部就班，给什么就比较什么。因此，代码需要事先到诗歌表中统计一下，看看当前总共有哪些朝代名称，再把这些朝代名称添加到下拉框，这样才能保证用户选择的朝代叫法是统一的。

按照某个字段统计表格记录可使用 group by 语句，譬如以下 SQL 语句能够统计诗歌表中有哪些朝代，每个朝代又有多少条记录：

```
select dynasty,count(*) count from poem group by dynasty;
```

采取 group by 语句统计表格中的朝代分组信息，并通过朝代队列初始化下拉框的代码如下（完整代码见本章源码的 src\com\database\poem\PoemController.java）：

```
@FXML private ComboBox<String> dbDynasty;  // 朝代的下拉框

// 初始化朝代下拉框
private void initComboBox() {
```

```
        int totalCount = 0;
        LinkedList<String> dynastyList = new LinkedList<String>();  // 声明一个
朝代队列
        // 拼接SQL查询语句，从当前数据库中查出所有朝代及其诗歌数量
        String sql = "select dynasty,count(*) count from poem group by dynasty";
        // try语句分别获取数据库连接、创建该连接的报告、通过报告执行查询语句
        try (Connection conn = DriverManager.getConnection(dbUrl, dbUserName,
dbPassword);
            Statement stmt = conn.createStatement();
            ResultSet rs = stmt.executeQuery(sql)) {
          while (rs.next()) {                    // 循环遍历查询语句的结果集
            String dynasty = rs.getString("dynasty");  // 获取朝代
            int count = rs.getInt("count");      // 获取该朝代的诗歌数量
            String dynastyItem = String.format("%s(%d首)", dynasty, count);
            dynastyList.add(dynastyItem);        // 把查到的朝代信息添加到朝代队列
            totalCount += count;
          }
        } catch (SQLException e) {
          e.printStackTrace();
        }
        String dynastyItem = String.format("%s(%d首)", "所有", totalCount);
        dynastyList.addFirst(dynastyItem);  // 把"所有"这项添加到队列开头
        // 把清单对象转换为JavaFX控件能够识别的数据对象
        ObservableList<String> obList =
FXCollections.observableArrayList(dynastyList);
        dbDynasty.setItems(obList);               // 设置下拉框的数据来源
        dbDynasty.getSelectionModel().select(0);  // 设置下拉框默认选中第1项
    }
```

运行包含以上代码的测试程序，单击界面上的朝代下拉框，弹出的下拉列表如图 17-62 所示，说明成功按照朝代名称分组了。

做好朝代下拉框，各种检索条件总算齐全了，接着便是编写常规的查询代码了。因为诗歌标题与诗歌内容要求模糊检索，所以查询语句得采用 like 条件进行正则匹配，SQL 语法利用百分号"%"表示任意字符。例如，现在希望检索诗歌内容中包含"桃花"的所有记录，对应的 SQL 查询语句如下：

图 17-62　分组统计得到的朝代下拉框

```
select * from poem where content like '%桃花%';
```

然后在代码中拼接详细的查询条件，并将检索到的所有诗歌展示到界面上，这些诗歌可显示为分行分列的表格视图，此时根据条件检索诗歌表的代码逻辑如下：

```
    @FXML private TextField fieldTitle;                // 标题的输入框
    @FXML private TextField fieldAuthor;               // 作者的输入框
    @FXML private TextField fieldContent;              // 内容的输入框
    @FXML private Label labelCount;                    // 搜索结果的标签
```

```
    @FXML private TableView<PoemColumn> tablePoem;         // 诗歌信息的表格
    private List<PoemColumn> mPoemList = new ArrayList<PoemColumn>(); // 表格
的诗歌清单

    // 查询符合条件的诗歌清单
    private void searchPoem() {
        mPoemList.clear();                                     // 清空诗歌清单
        String titleText = fieldTitle.getText();               // 获取标题条件
        String authorText = fieldAuthor.getText();             // 获取作者条件
        String contentText = fieldContent.getText();           // 获取内容条件
        // 获取查询条件的朝代名称
        String fullDynasty = dbDynasty.getSelectionModel().getSelectedItem().
toString();
        String dynastyText = fullDynasty.split("\\(")[0];
        if (dynastyText.equals("所有")) {  // 查询范围包括所有朝代，等同于不判断朝代
            dynastyText = "";
        }
        // 拼接 SQL 查询语句，查询指定表格的所有字段信息
        String sql = "select * from poem where 1=1";
        if (titleText.length() > 0) { // 查询条件中包含诗歌标题。%%经过格式化转义后为%
            sql = String.format("%s and title like '%%%s%%'", sql, titleText);
        }
        if (authorText.length() > 0) {  // 查询条件中包含诗歌作者
            sql = String.format("%s and author='%s'", sql, authorText);
        }
        if (dynastyText.length() > 0) {  // 查询条件中包含诗歌朝代
            sql = String.format("%s and dynasty='%s'", sql, dynastyText);
        }
        if (contentText.length() > 0) {  // 查询条件中包含诗歌内容。%%经过格式化转义
后为%
            sql = String.format("%s and content like '%%%s%%'", sql, contentText);
        }
        // try 语句分别获取数据库连接、创建该连接的报告、通过报告执行查询语句
        try (Connection conn = DriverManager.getConnection(dbUrl, dbUserName,
dbPassword);
             Statement stmt = conn.createStatement();
             ResultSet rs = stmt.executeQuery(sql)) {
        while (rs.next()) {  // 循环遍历查询语句的结果集
            String id = rs.getString("id");                    // 获取编号
            String title = rs.getString("title");              // 获取标题
            String author = rs.getString("author");            // 获取作者
            String dynasty = rs.getString("dynasty");          // 获取朝代
            mPoemList.add(new PoemColumn(id, title, author, dynasty)); // 把
诗歌添加到诗歌清单
            }
        } catch (SQLException e) {
            e.printStackTrace();
```

```
        }
        labelCount.setText(String.format("找到%d 首诗歌", mPoemList.size()));
        // 把清单对象转换为 JavaFX 控件能够识别的数据对象
        ObservableList<PoemColumn> obList =
FXCollections.observableArrayList(mPoemList);
        tablePoem.setItems(obList);              // 设置表格视图的数据来源
        tablePoem.refresh();                     // 刷新表格视图
        tablePoem.scrollTo(0);                   // 滚动到第一行
    }
```

添加完上述代码，重新运行测试程序，准备验证它的检索功能有多么强大。众所周知，唐朝人酷爱雍容华贵的牡丹，那么唐朝诗人是否也经常在诗歌中吟哦牡丹呢？于是在查询区域的内容框填入"牡丹"，朝代下拉框选择"唐朝"，然后单击"搜索"按钮，检索结果如图 17-63 所示，未曾想唐诗名篇竟然只有一首带牡丹字样。把内容框的查询条件改为"桃花"，再次单击搜索按钮，检索结果如图 17-64 所示，这下找到了 6 首带桃花的诗歌，原来桃花才是诗人们的最爱。

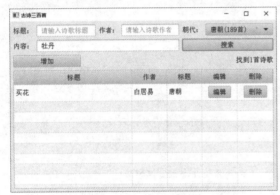

图 17-63　查询"牡丹"找到的诗歌

图 17-64　查询"桃花"找到的诗歌

前一步搜索得到诗歌列表，单击诗歌项理应弹出"诗歌详情"对话框，就像单击链接打开新网页那样。鉴于返回的诗歌列表已经包含所有字段信息，详情页即可通过编号字段精确匹配，从而找到唯一的诗歌记录，不必根据其他字段模糊匹配。按照编号字段查找唯一记录的代码如下（完整代码见本章源码的 src\com\database\poem\PoemDetailDialog.java）：

```
    // 加载诗歌信息
    private void loadPoem(String id) {
        // 拼接 SQL 查询语句，查询指定编号的诗歌记录
        String sql = "select * from poem where id="+id;
        // try 语句分别获取数据库连接、创建该连接的报告、通过报告执行查询语句
        try (Connection conn = DriverManager.getConnection(dbUrl, dbUserName,
dbPassword);
            Statement stmt = conn.createStatement();
            ResultSet rs = stmt.executeQuery(sql)) {
          while (rs.next()) {    // 循环遍历查询语句的结果集
            // 以下获取并组装诗歌详情，然后显示在界面上
            String detail = String.format("%s\n%s (%s) \n\n%s",
                rs.getString("title"), rs.getString("author"),
```

```
                    rs.getString("dynasty"), rs.getString("content"));
            labelDetail.setText(detail);
        }
    } catch (SQLException e) {
        e.printStackTrace();
    }
}
```

在另一个代码文件中书写"诗歌详情"对话框，并添加以上的诗歌加载代码，再给原界面的表格视图添加表格项的选择监听器，在发生单击事件时打开"诗歌详情"对话框。比如单击了搜索结果的《赠汪伦》这首诗，便会弹出如图 17-65 所示的"诗歌详情"对话框。又如检索古诗《龟虽寿》，也能如图 17-66 那样显示完整的诗歌内容。

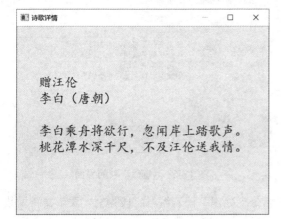

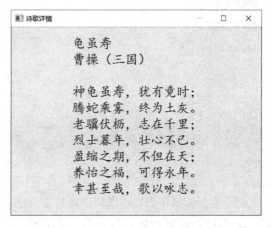

图 17-65　七言绝句的详情窗口　　　　　　图 17-66　五言古诗的详情窗口

### 3. 数据记录的增删改

数据查询是常见的数据库操作，前面演示了分组统计、模糊匹配、精确匹配这 3 类查询操作，除了查询之外，数据的增删改也是基本的管理操作。以删除操作为例，通常每次只会删除单条记录，不会删除多条记录，所以删除条件以精确匹配为主。譬如下面的代码根据编号字段删除了指定位置的诗歌记录（完整代码见本章源码的 src\com\database\poem\PoemController.java）：

```
// 执行删除操作
private void deletePoem(int index) {
    PoemColumn poem = tablePoem.getItems().get(index);
    String sql = "delete from poem where id=?";
    // try 语句分别获取数据库连接、创建该连接的报告、通过报告执行查询语句
    try (Connection conn = DriverManager.getConnection(dbUrl, dbUserName,
dbPassword);
        PreparedStatement stmt = conn.prepareStatement(sql)) {
        stmt.setString(1, poem.getId());        // 给查询条件传入诗歌编号
        stmt.executeUpdate();                   // 执行删除语句
    } catch (SQLException e) {
        e.printStackTrace();
    }
```

```
            ToastUtil.show(String.format("已删除%s的《%s》", poem.getAuthor(),
poem.getTitle()));
            tablePoem.getItems().remove(index);  // 移除被删除的诗歌记录
            tablePoem.refresh();                 // 刷新表格视图
        }
```

至于诗歌的增加和修改操作，可复用统一的编辑界面。二者的区别在于：增加记录时，各个输入框默认都是空的，此时编辑界面如图 17-67 所示；修改记录时，先将原来的诗歌信息填到各输入框，再由用户酌情修改具体文字，此时编辑界面如图 17-68 所示。

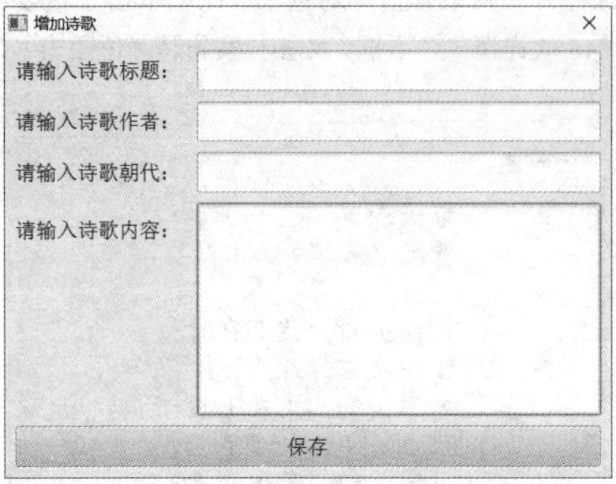

图 17-67　增加诗歌的界面 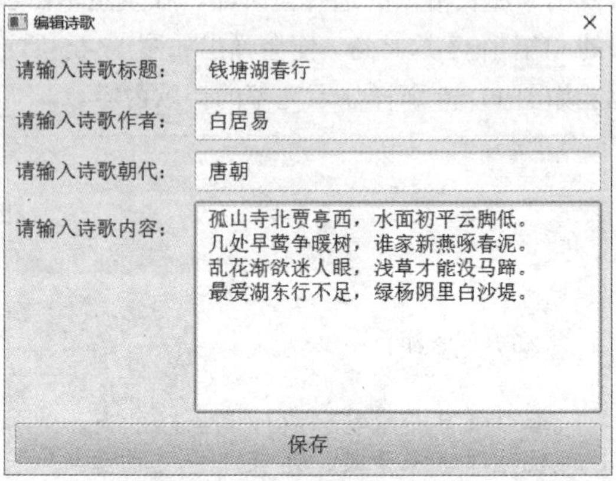　　　　　　　　图 17-68　编辑诗歌的界面

对于数据库操作而言，增加记录与修改记录应当分支处理：倘若编号字段为空，表示要新增数据，此时通过 insert 语句插入记录；倘若编号字段非空，表示修改已有数据，此时通过 update 语句更新记录。详细的诗歌保存代码（同时支持插入操作与更新操作）如下（完整代码见本章源码的 src\com\database\poem\PoemEditDialog.java）：

```
    // 保存诗歌记录（支持插入操作与更新操作）
    private void savePoem(String id) {
        // 拼接记录插入语句
        String insertSQL = String.format("insert into poem(title, author, dynasty,
content)"
                + " values('%s', '%s', '%s', '%s')",
                fieldTitle.getText(), fieldAuthor.getText(),
fieldDynasty.getText(), fieldContent.getText());
        // 拼接记录更新语句
        String updateSQL = String.format("update poem set title='%s',
author='%s',"
                + " dynasty='%s', content='%s' where id=?",
                fieldTitle.getText(), fieldAuthor.getText(),
fieldDynasty.getText(), fieldContent.getText());
        // try 语句分别获取数据库连接、创建该连接的报告（用于插入）、创建预报告（用于更新）
        try (Connection conn = DriverManager.getConnection(dbUrl, dbUserName,
dbPassword);
                Statement stmt = conn.createStatement();
                PreparedStatement pstmt = conn.prepareStatement(updateSQL)) {
```

```
            if (id==null || id.equals("")) {        // 编号为空，表示这是一条新记录
                stmt.executeUpdate(insertSQL);       // 执行插入语句
            } else {                                 // 编号非空，表示这是一条已有的记录
                pstmt.setString(1, id);              // 给查询条件传入诗歌编号
                pstmt.executeUpdate();               // 执行更新语句
            }
        } catch (SQLException e) {
            e.printStackTrace();
        }
        ToastUtil.show(String.format("已保存%s 的《%s》", fieldAuthor.getText(),
fieldTitle.getText()));
    }
```

至此，完成了诗歌管理系统的所有必备功能，基本涵盖了主要的数据库处理技术，其他的信息
管理系统与之大抵相似。

# 17.5　小　　结

本章主要介绍了如何通过 Java 代码操作数据库，为了更好地说明操作流程，首先描述了如何搭
建 MySQL 的运行环境（数据库安装、工作台安装、SQL 语法简介），其次阐述了如何利用 JDBC
标准在代码中管理数据库（建表、记录的增删改、报告查询和预报告查询），再次叙述了如何使用
连接池提高数据库操作的处理效率，最后演示了两个实战练习（代码生成工具和古诗三百首）的设
计与编码。

通过本章的学习，读者应该能够掌握以下编程技能：

（1）学会在本地搭建 MySQL 的开发环境。
（2）学会遵循 JDBC 规范编码管理数据库发
（3）学会在适当的场合运用数据库连接池。
（4）学会在信息管理系统中应用数据库编程。

# 附录 A

# 服务端工程的使用说明

本书 16.2.2 小节在介绍 POST 请求与文件上传时提到了配合演示的服务端工程 NetServer。由于服务器方面的 Java 编程属于 J2EE 开发，因此本书没有介绍这块的服务端技术。不过第 16 章的 POST 调用和文件上传功能又需要服务端配合，故而下面详细说明如何使用 IDEA 运行 NetServer 项目，以便调试 HTTP 接口的示例代码。

## A.1 下载并安装 Tomcat

打开页面 https://tomcat.apache.org/download-80.cgi，下拉找到如图 A.1 所示的 Tomcat 8.5.46 下载地址列表。

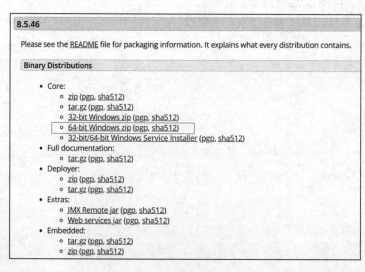

图 A.1 下载地址列表

　　单击 64-bit Windows zip 链接下载 Tomcat 8.5.46，也可根据自己的计算机下载合适的安装包。下载完成后解压到指定目录，如 E:\apache-tomcat-8.5.46。注意，解压路径不能带空格，否则无法在 IDEA 中正常使用。

## A.2　给 IDEA 安装 Tomcat 插件

　　依次选择 File→Settings 菜单，在弹出的 Settings 窗口中单击左边的 Plugins，然后在上方的搜索框内填写 Tomcat，在下方的搜索结果列表中找到 Smart Tomcat，如图 A.2 所示。

图 A.2　Settings 窗口

单击该插件右边的 Install 按钮，弹出如图 A.3 所示的确认对话框。

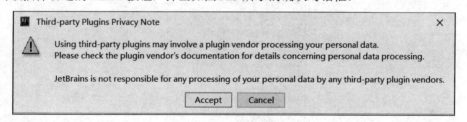

图 A.3　确认对话框

　　单击对话框上的 Accept 按钮，表示同意安装该插件，此后 Smart Tomcat 便自行安装，安装完毕后，Install 按钮的文字变为 Restart IDE，如图 A.4 所示，提示需要重启 IDEA。

　　单击 Settings 窗口右下角的 OK 按钮，弹出如图 A.5 所示的小窗口，提示是否重启 IDEA。

　　单击 Restart 按钮，等待 IDEA 的重启操作。

图 A.4　Smart Tomcat 安装完毕

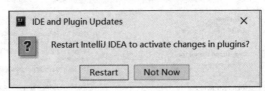

图 A.5　提示重启 IDEA

## A.3　添加 Tomcat 的运行配置

重启完毕，依次选择 Run→Edit Configurations 菜单，弹出如图 A.6 所示的 Run/Debug Configurations 窗口。

图 A.6　Run/Debug Configurations 窗口

　　单击窗口左上角的加号按钮，并选择下拉列表中的 Smart Tomcat，切换到如图 A.7 所示的 Tomcat 配置窗口。单击窗口左上角的加号按钮，表示创建一个服务器实例，此时窗口右边打开默认的名叫 Unnamed 的设置区域。

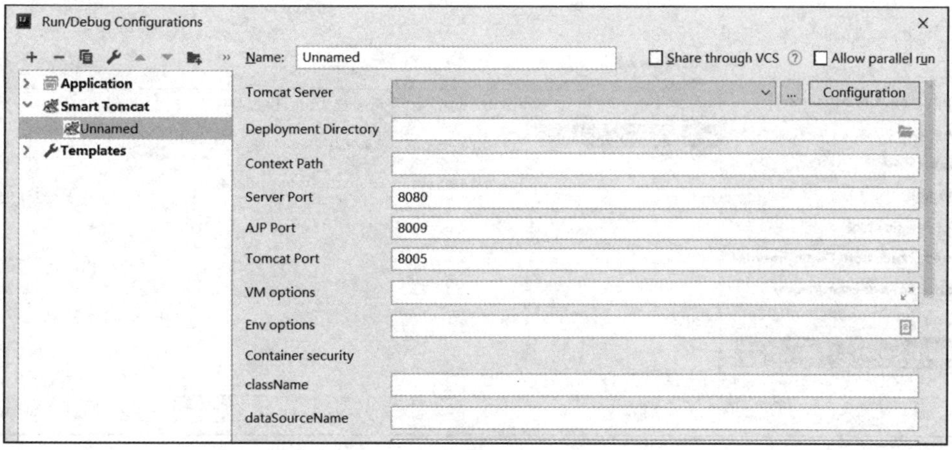

图 A.7　Tomcat 配置窗口

　　单击该窗口右上角的 Configuration 按钮，弹出如图 A.8 所示的 Settings 窗口。

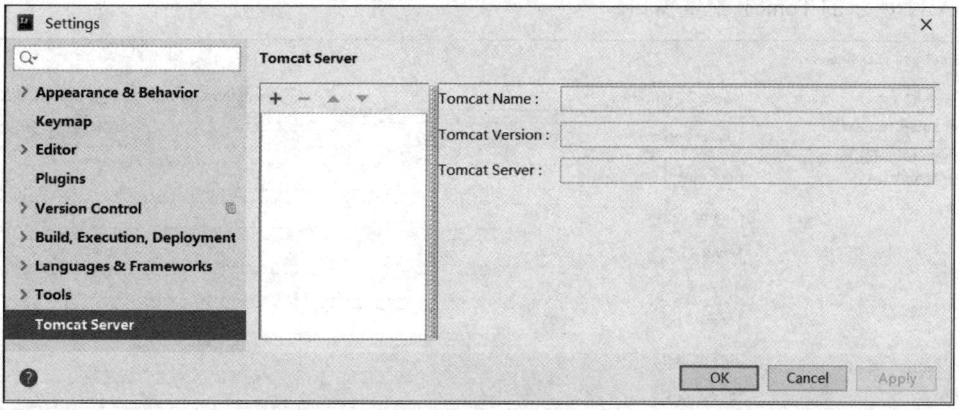

图 A.8　Settings 窗口

　　单击 Settings 窗口中间上方的加号按钮，弹出如图 A.9 所示的 Select Path 窗口。

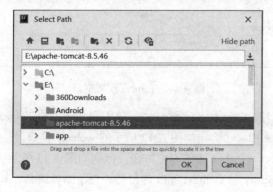

图 A.9　Select Path 窗口

　　在 Select Path 窗口找到 Tomcat 的安装目录，单击窗口下方的 OK 按钮，回到如图 A.10 所示的 Settings 窗口。注意，Tomcat 的安装路径不能带空格，否则 Settings 窗口无法正常识别 Tomcat（只会返回 null）。

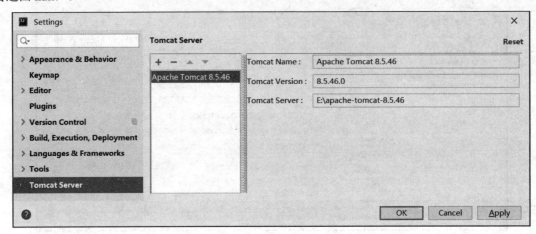

图 A.10　Settings 窗口

　　可以看到 Settings 窗口右侧正常显示 Tomcat 的名称、版本以及路径，单击右下角的 OK 按钮回到如图 A.11 所示的 Tomcat 配置窗口。

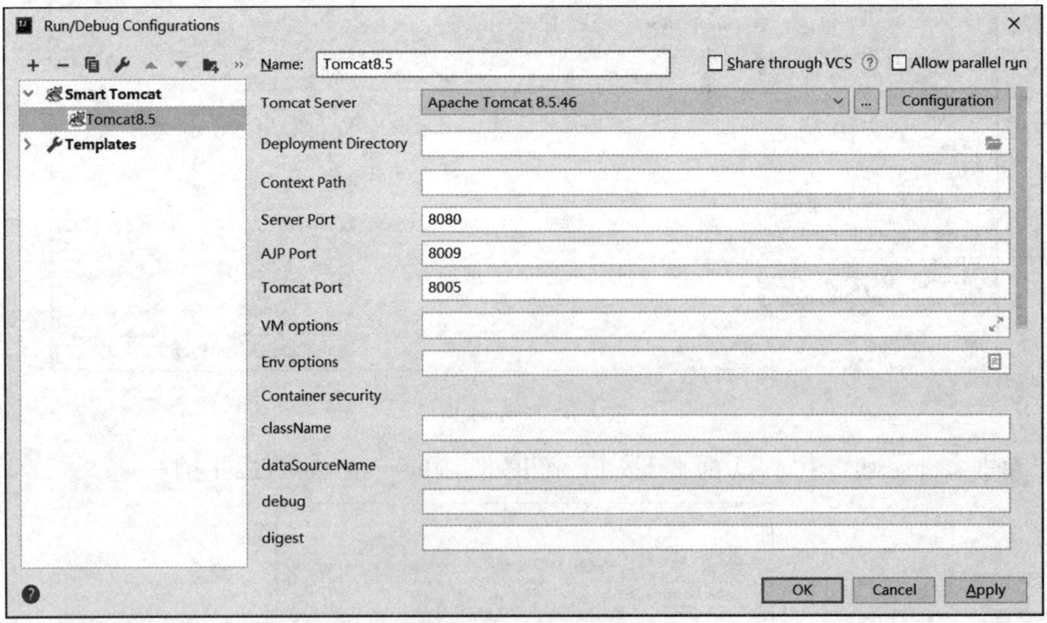

图 A.11　Tomcat 配置窗口

　　发现 Tomcat 配置窗口的 Tomcat Server 一栏已改为刚才选择的 Tomcat 版本，单击 Deployment Directory 一栏右边的文件夹图标，弹出如图 A.12 所示的 webapp 窗口。

　　在该窗口选择 WebRoot，单击下方的 OK 按钮，回到如图 A.13 所示的 Tomcat 配置窗口。

　　此时 Deployment Directory 与 Context Path 都自动补充了路径信息，单击下方的 OK 按钮，完成 Tomcat 服务器的设置。

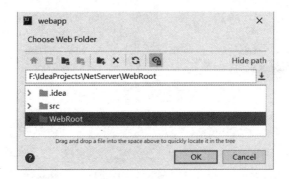

图 A.12　webapp 窗口

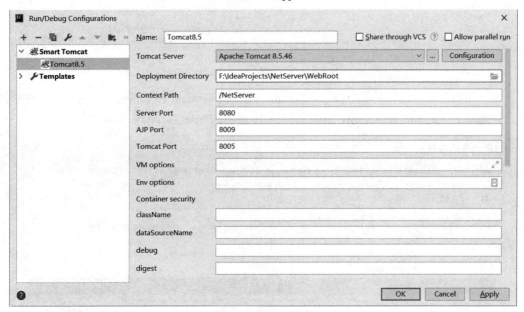

图 A.13　Tomcat 配置窗口

# A.4　启动 Tomcat 服务器

然后在 IDEA 主界面的右上方看到 Tomcat 下拉框，单击右边的绿色三角按钮，即可启动 Tomcat 服务器，如图 A.14 所示。

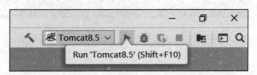

图 A.14　启动 Tomcat 服务器

不料 Tomcat 启动失败，原因是代码编译有问题，提示好几个导入的类不存在。因而接下来要配置 NetServer 的 lib 库路径，首先配置工程自身的 lib 库，依次选择 File→Project Structure 菜单，弹出如图 A.15 所示的 Project Structure 窗口。

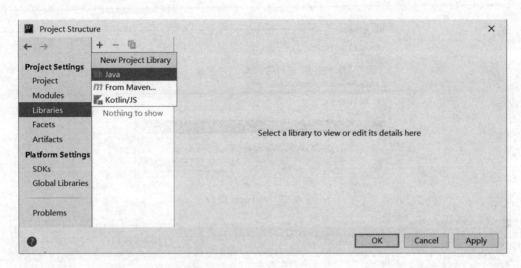

图 A.15　Project Structure 窗口

在窗口左侧的菜单列表中单击 Project Setting 下级的 Libraries，接着单击中间区域左上角的加号按钮，并选择下拉菜单的 Java 选项，弹出如图 A.16 所示的 Select Library Files 窗口。

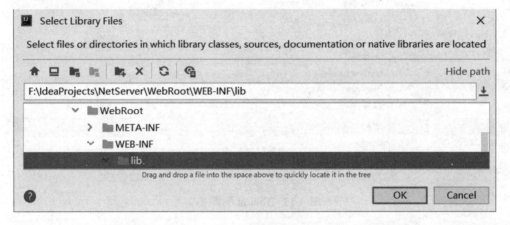

图 A.16　Select Library Files 窗口

在对话框中找到当前工程的 lib 目录，单击下方的 OK 按钮，弹出如图 A.17 所示的 Choose Modules 窗口。

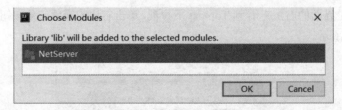

图 A.17　Choose Modules 窗口

单击窗口下方的 OK 按钮，回到 Project Structure 窗口，此时添加了 lib 库的窗口如图 A.18 所示。

然后还要添加 Tomcat 的 lib 库，继续单击 Project Structure 窗口中间区域左上角的加号按钮，并选择下拉菜单的 Java 选项，弹出如图 A.19 所示的 Select Library Files 窗口。

图 A.18　添加了 lib 库的窗口

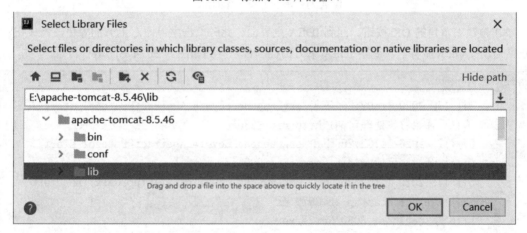

图 A.19　Select Library Files 窗口

在对话框中找到 Tomcat 的 lib 目录，单击下方的 OK 按钮，会弹出如图 A.20 所示的 Choose Modules 窗口。

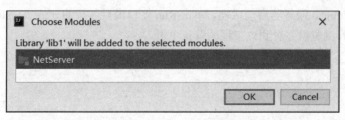

图 A.20　Choose Modules 窗口

单击弹窗下方的 OK 按钮，回到 Project Structure 窗口，此时添加了 lib 1 库的窗口如图 A.21 所示。

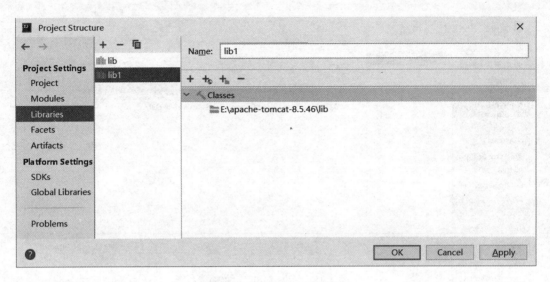

图 A.21 添加了 lib 1 库的窗口

单击窗口右下角的 OK 按钮，回到 IDEA 主界面。此时单击主界面右上方的绿色三角按钮，即可正常启动 Tomcat 服务器。观察 IDEA 下方的控制台，看到如图 A.22 所示的运行日志。

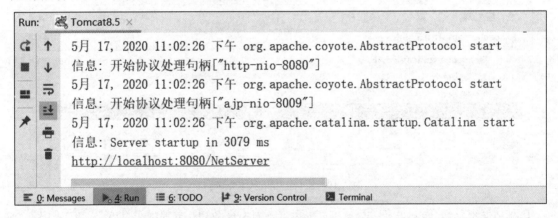

图 A.22 运行日志

图 A.22 说明 Tomcat 服务器启动成功，单击 Run 窗口最后一行的 http://localhost:8080/NetServer 链接，即可自动打开浏览器并看到该工程的默认主页。